# 塔里木石油会战30年技术发展与创新

《塔里木石油会战30年技术发展与创新》编委会　编著

石油工业出版社

## 内 容 提 要

本书全面梳理、总结了塔里木石油会战 30 周年以来在勘探、开发、工程、管理等方面技术的发展历程、现状和创新成果，并收集了相关专业领域具有学术代表性的 50 篇优秀论文，展望了塔里木油田未来发展的目标和挑战。

本书可供从事油田管理、勘探、开发工作的研究人员、工程技术人员和石油院校师生参考阅读。

**图书在版编目（CIP）数据**

塔里木石油会战 30 年技术发展与创新 /《塔里木石油会战 30 年技术发展与创新》编委会编著 . —北京：石油工业出版社 , 2019.3

ISBN 978-7-5183-3179-6

Ⅰ . ①塔… Ⅱ . ①塔… Ⅲ . ①塔里木盆地 – 油田开发 – 文集 Ⅳ . ① TE34-53

中国版本图书馆 CIP 数据核字（2019）第 036377 号

出版发行：石油工业出版社
　　　　　（北京安定门外安华里 2 区 1 号　　100011）
　　　　　网　　址：www . petropub . com
　　　　　编辑部：（010）64523710　图书营销中心：（010）64523633
经　　销：全国新华书店
印　　刷：北京中石油彩色印刷有限责任公司

2019 年 3 月第 1 版　2019 年 3 月第 1 次印刷
787×1092 毫米　开本：1/16　印张：33.5
字数：810 千字

定价：268.00 元
（如出现印装质量问题，我社图书营销中心负责调换）

# 《塔里木石油会战 30 年技术发展与创新》

# 编　委　会

主　任：杨学文

副主任：何江川　郭建军　朱水桥　方　武　田　军　江同文
　　　　周　杰　李亚林

委　员：（按姓氏笔画排序）

王天祥　王清华　朱力挥　朱卫红　杨金华　杨海军
李　虎　李循迹　汪如军　胥志雄　骆发前　滕学清
魏云峰

编写组成员：（按姓氏笔画排序）

王天祥　王晓东　王清华　方　武　田兆武　田　军
冉体文　冯觉勇　师　骏　朱力挥　朱卫红　朱水桥
朱永峰　伍轶鸣　江同文　阳建平　孙　瀚　杨文静
杨　沛　杨　松　杨金华　杨学文　杨宪彰　杨海军
李亚林　李　虎　李国娜　李　勇　李雪超　李循迹
肖承文　肖香姣　何江川　邹应勇　汪如军　张　露
陈永权　陈德飞　青彩霞　罗俊成　周　杰　周　勇
周黎霞　信　毅　胥志雄　骆发前　徐振平　翁乙友
郭建军　梁红军　彭更新　董　斌　敬　巧　蔡振忠
黎丽丽　滕学清　魏云峰　魏明达

# 序

在塔里木石油会战30周年之际，中国石油塔里木油田公司总结了会战30年的科技攻关成果、采撷了相关专业优秀科技论文，编纂成此书。翻看后，由衷感到塔里木油田公司做了一件很有意义的事情。

作为中国陆上最大的含油气盆地，塔里木盆地以其丰富的油气资源成为中国石油工业的热土，由于地面条件恶劣、地下情况复杂、油气埋藏深，也因此成为国内勘探开发难度最大的盆地。1952—1980年的近30年间，塔里木石油勘探经历五次"上马"又五次"下马"的曲折历程，仅发现两个中小型油气田，主要原因就是技术和装备太落后。那时候，面对盆地中央的茫茫沙海，石油人只能望洋兴叹；面对地下复杂的地质结构，地质家们充满困惑；面对层出不穷的钻井难题，工程人员有说不出的无奈……1989年4月开始的新型石油会战，以"两新两高"为工作方针，广泛引进和采用新工艺、新技术，相继攻克一系列世界级难题，最终推动塔里木石油勘探开发走出长期徘徊不前的困局，走上良性发展的道路。

我参与塔里木石油会战10年，经历了会战初期刻骨铭心的艰难探索历程；离开塔里木后，无时不在关注着塔里木油田勘探开发的最新进展。现在的塔里木油田，已经建成2600万吨级的大油气田，成为国家重要油气生产基地和西气东输主力气源地。回顾油田30年的发展历程，我最深的感受是：塔里木油田勘探的目标越来越深，开发的对象日益复杂，制约油田发展的难题层出不穷；塔里木油田能取得今天的成绩，实在得益于一代一代石油人前赴后继、锲而不舍的顽强攻关，得益于长期以来油气地质认识和工程技术的不断进步。

塔里木油田经过30年大规模勘探开发，在我国西部边陲找到大场面、建成大油气田，为国民经济发展提供了大量油气资源，为国家贡献了大量利税财富；伴随着油气事业的发展，油田创新形成了一系列具有特色、行业先进、国际一流的勘探开发配套技术成果，这是塔里木油田为中国石油工业贡献的另一笔宝贵财富。在迎来会战 30 周年之际编纂出版此书，全面收集、总结油田勘探、开发、工程等技术发展和创新成果，既是对那些为塔里木油气事业发展、石油科技进步做出贡献人员的充分肯定，也有助于激励、启发广大科技工作者更好地做好下步工作。

塔里木油田勘探开发程度还比较低，是一个很有希望的油田。过去 30 年，我们已经攻克诸多难题，形成勘探开发技术体系，但塔里木油田客观上非常复杂，勘探开发仍然面临诸多挑战，特别是随着工作的深入，必然会出现许多新的问题和困难，还有很多曲折的路要走。希望塔里木油田科研战线的人员，站在新的历史起点，认真吸取过去 30 年技术发展与创新的经验，坚定信心、顽强攻坚，全力解决制约油田勘探开发的实际难题，推动塔里木油田油气事业不断向前发展。

因此，基于对塔里木石油会战 30 年科技成就的由衷赞叹，怀着对一线科研人员的致敬之心，出于对油田未来发展的期待之情，热烈祝贺本书出版，并特别向大家推荐这部集大成之作。

2019. 3. 4.

# 前　言

　　塔里木是片神奇的地方，在亿万年的亘古岁月中，几番沧海桑田，几度沉降隆起，形成了地貌上四周被险峻高山包围、中央被浩瀚沙漠覆盖，地质上由古生界海相克拉通盆地和中—新生界陆相前陆盆地叠加的大型复合盆地。这样一个盆地，面积之广在我国首屈一指，油气资源之丰富在业界无可质疑，而勘探难度之大在世界上也十分罕见。

　　无论是在背负"贫油国"帽子的中华人民共和国成立初期，还是在油气对外依存度日益增长的今天，塔里木作为中国石油工业的希望，一直是石油人鏖战的一片疆场、心系的一方热土。

　　20世纪50年代到80年代初的30年间，国内石油部门先后五次组织力量，对塔里木盆地进行勘探。虽然那时候我国有石油工业初步发展的基础、有石油工人战天斗地的干劲，老一辈石油人在盆地进行了多手段勘测、完成了上百口井钻探，可终究囿于对盆地认识的不足和技术装备的落后，最后收效甚微，仅在盆地边缘发现依奇克里克、柯克亚两个中小型油气田。

　　"五上五下"，让塔里木石油人付出太多；诸多勘探难题，横在塔里木石油人面前。历史的经验告诉我们，要打开塔里木地下油气宝藏的大门，必须找到"先进技术"这把金钥匙。

　　20世纪80年代末，随着国民经济的快速发展，国内石油需求日益增大，东部主力油田增产难度加大，塔里木再次被国内石油部门寄予厚望。再上塔里木，如何才能避免重蹈覆辙，成为石油部门决策者必须考虑和解决的问题。

　　1989年4月，在塔北轮南地区接连获得突破的基础上，塔里木石油勘探开发指挥部（以下简称会战指挥部）在新疆库尔勒市成立，一场新型石油会战全面拉开序幕。在"两新两高"工作方针指导下，会战指挥部探索采用新的管理体制，广泛引进新的工艺技术，调遣国内石油行业的精兵强将，大战塔北、挺进塔中、挥师南天山，以期尽快找到大场面。

这一次大会战，肩负着落实党中央、国务院关于石油工业"稳定东部、发展西部"战略决策的使命，只能成功、不许失败。得益于前期地质综合研究的成果，得益于大量先进装备、工艺技术的引进，会战指挥部很快在轮南、塔中、桑塔木、东河、牙哈等地相继获得重大突破，首战告捷，不负众望。然而会战并非顺风顺水，轮南地区奥陶系的迷茫、塔中地区的困惑、山前钻井的事故、地震资料的瓶颈、沙漠油田的开发建设难题，一个个挑战接踵而至。

面对勘探开发的"拦路虎"，塔里木石油人没有退却，坚信"科学技术是第一生产力"，发动大规模科技攻坚战役。在国家、中国石油天然气总公司科研专项的支持下，油田充分发挥相关科研院所、机构的作用，针对台盆区碳酸盐岩勘探、山前高陡构造勘探等世界级难题全面展开攻关和研究。伴随着油气地质理论、工程技术的进步和发展，以山地超高压气藏勘探开发、台盆区复杂海相碳酸盐岩勘探开发为代表的技术体系逐渐配套和完善，塔里木油气事业走上发展的快车道。继 1998 年克拉 2 大气田横空出世后，库车山前迪那 2 气田和台盆区轮古、塔中奥陶系碳酸盐岩大油气田在 21 世纪初相继获突破，西气东输"一大五中"气田按期建成投产，2005 年塔里木油田跻身千万吨级油气田行列。基于这次科技攻关的成功实践，塔里木油田持续强化地质理论创新和工程技术攻关，大力引进推广新工艺新技术，库车、塔北、塔中三大阵地战捷报频传，一批深层超深层复杂油气藏实现高效开发，塔里木油田油气产量再上新台阶，建成 2500 万吨级的大油气田。

30 年的会战历程，呈现出一条清晰的铁律：塔里木油田每一次重大突破、每一步发展，都离不开科技的进步；每一次技术的重大进步与创新，都必然带来油气储量、产量、效益大幅增长。可以说：塔里木油田的发展史，就是一部科技进步史。

30 年的科技攻关，塔里木油田取得一系列重要科技成果，其中创新形成 2 大地质理论体系、3 大勘探开发技术系列、10 大特色工程技术，累计获得国家级科学技术奖 25 项、省部级科技进步奖 315 项。今天的塔里木油田，一批勘探开发核心配套技术达到国际先进水平，成为油田实现效益发展的重要基础、保持核心竞争力的重要组成部分。

在油田科技工作取得巨大成就的今天，我们不能忘记开放型科研体制下油田科研部门、项目合作单位、一体化研究机构的共同努力，不能忘记那些为塔里木油气事业顽强攻坚、勇于创新、敢为人先、默默奉献的甲乙方科研生产人员。

所以，值此塔里木石油会战30周年之际，塔里木油田分公司组织编写了本书，向推动油田发展的技术致敬，向塔里木油田的广大科技工作者致敬。

本书主要分为两个板块，其中总论部分全面梳理了油田勘探、开发、工程技术领域的发展历程、现状、成果以及发展的目标和挑战；论文部分遴选出相关专业领域具有学术代表性的50篇优秀论文，全面呈现了油田各个专业不同阶段的创新实践和特色成果，凝聚着科研人员辛勤劳动的成果和心血。

本书在编写过程中，得到了塔里木油田分公司领导和相关单位的高度重视和支持，各专业部分由相关单位的负责人、骨干专家亲自组织编写。很多参编人员都是在繁忙的工作之余，加班加点开展编研工作，体现出认真负责的工作作风和精益求精的科研精神。一些科研人员主动搜集和提供论文，细致开展校核，付出很大努力，在此一并表示感谢。由于本书时间跨度大、涉及专业广、学术观点多，加之编写人员时间仓促、水平有限、经验不足，书中纰漏、不当、争议之处在所难免，敬请广大读者批评指正。

编著者

2019 年 3 月

# 目　　录

# 第三部分　工程技术发展与创新

# 第四部分　管理创新与实践

# 总　论

　　塔里木盆地是我国最大的含油气盆地，被天山山脉、昆仑山山脉和阿尔金山山脉所环绕，东西长约 1500km，南北最宽处 600km，总面积为 $56 \times 10^4 km^2$。中部是有着"死亡之海"之称、面积为 $33.7 \times 10^4 km^2$ 的塔克拉玛干沙漠。盆地可探明油气资源总量 $178 \times 10^8 t$，其中石油 $75.06 \times 10^8 t$、天然气 $12.94 \times 10^{12} m^3$，截至 2018 年底，累计探明石油地质储量 $10.50 \times 10^8 t$，探明天然气地质储量 $1.90 \times 10^{12} m^3$，油当量 $26.55 \times 10^8 t$。油田矿权区内石油和天然气资源探明率分别为 24.24%、20.4%，勘探开发前景十分广阔。

　　近年来库车、塔北、塔中三大阵地战及新区储量大幅增长。截至 2018 年底，累计探明油气当量 $25.06 \times 10^8 t$、三级油气储量当量达到 $34.54 \times 10^8 t$。塔里木油田积极探索开发生产新模式新技术，共开发建设 30 个油气田（图 1），年油气产量当量突破 $2600 \times 10^4 t$，建成我国重要油气生产基地和西气东输主力气源地。累计生产原油超过 $1.30 \times 10^8 t$、天然气 $2737 \times 10^8 m^3$。

　　自 1989 年塔里木石油会战以来，塔里木油田始终坚持"两新两高"工作方针，围绕油田发展的战略目标和现实需求，强化科技攻关，推动管理创新，取得了一系列重要科技成果，发展了两大油气地质理论，形成了 3 大勘探开发技术系列、10 大特色工程技术。勘探技术不断取得突破，促进了油气储量高峰增长；开发技术持续创新发展，推动了油气产量快速上升；工程技术逐步成熟配套，支撑了油田高效勘探开发；管理体系持续完善，保障了创新工作有序开展。

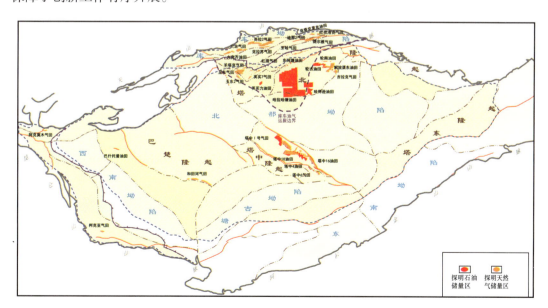

图 1　塔里木盆地油气田分布图

# 1 勘探技术发展与创新

## 1.1 勘探技术现状

塔里木石油会战 30 年来，油气勘探逐步形成了与塔里木盆地石油地质特征相适应的地震、测井、录井三大勘探技术。

### 1.1.1 地震勘探技术

#### 1.1.1.1 前陆区勘探技术

前陆区勘探逐渐形成复杂山地地震采集、复杂山地地震处理、挤压型盐相关构造建模、复杂圈闭落实四大关键技术。

（1）复杂山地地震采集技术。创新形成了包括"宽线＋大组合"地震采集技术，通过宽线采集大幅度提高目的层覆盖次数，大组合压制强侧面干扰，"宽线＋大组合"强强联合、优势互补，既可以利用横向上的叠加压制侧面散射干扰，突出有效信号的能量，又可以利用横向面元组合叠加提高覆盖次数，成像质量较单线显著提高。又进一步形成了高密度较宽方位三维地震采集技术，相对以往窄方位低密度三维地震，信噪比显著提升，有效落实了复杂断块形态及断裂展布特征，为气藏评价与开发提供了高品质三维地震资料。

（2）复杂山地地震处理技术。针对地震资料信噪比低、成像效果差的难题，通过多年攻关，形成了复杂山地各向异性叠前偏移处理技术。采用近地表小圆滑面取代大圆滑面解决偏移基准面引起的波场畸变；阵列式微测井约束下的层析反演技术替代传统小折射解决复杂表层静校正问题；井控三维地震—非地震联合反演辅助速度建模，倾斜介质（TTI）取代水平介质（VTI）、各向异性取代各向同性建立精细速度模型，叠前深度偏移资料品质大幅度改善和提高。

（3）挤压型盐相关构造建模技术。通过地表构造精细解析、盐构造物理模拟实验，建立盐上层、盐岩层、盐下层构造模型，明确盐岩层变形特征及其对盐上层和盐下层构造变形的控制作用，与地震资料解释交互检验约束，建立"三位一体"盐相关构造模型，明确盐相关构造地质结构与变形特征。

（4）复杂圈闭落实技术。以地震地质层位标定和精细解释为基础，形成了复杂山地相控速度建场技术，分析砾岩、膏盐岩等特殊岩性体、压实作用、应力作用对地层速度的影响，建立高精度速度场，准确落实圈闭。又创新形成了叠前深度偏移深时转换圈闭落实技术，通过速度来校正叠前深度偏移构造图的思路，继承了深度偏移归位准确以及时间域资料变速成图技术较成熟、修正及时的优势，进一步提高圈闭研究精度，已在复杂山地三维地震区得到广泛使用。

#### 1.1.1.2 台盆区碳酸盐岩勘探技术

自 20 世纪 80 年代以来，台盆区碳酸盐岩形成五大关键技术。

（1）大沙漠区地震采集技术。开展不同表层条件下不同观测系统、不同激发的接收实验与拟全三维、全三维、数字三分量及 UNIQ 宽方位、高密度三维地震采集攻关，形成了基于碳酸盐岩叠前成像观测系统设计、经济技术一体化的"宽方位＋较高密度"三维地震采集技术。

（2）大沙漠区地震资料处理技术。针对超深缝洞型碳酸盐岩地震成像困难、储层钻遇率低等问题，地震处理由叠后走向叠前、由时间域走向深度域、由各向同性走向各向异性，形成了以多域分步迭代去噪、井驱动真振幅恢复、井震联合各向异性建场、地震相约束火成岩建模、网格层析速度建模、全波形反演（FWI）等单项技术为支撑的高保真各向异性叠前深度处理技术和VSP随钻地震导向钻井快速处理技术。

（3）缝洞型储层描述和量化雕刻技术。形成了岩溶古地貌成图技术，叠后振幅、频率、阻抗、相干多属性洞穴、孔洞预测技术，叠前AVAZ、分方位FRS和OVT域五维地震裂缝预测技术，实现了以不同类型储集体地质建模为基础的缝洞体三维可视化量化雕刻。

（4）缝洞型碳酸盐岩油气藏储量计算方法。以缝洞体地震雕刻成果为基础，分别构建洞穴、裂缝和孔洞型储层的空间结构模型及油藏地质模型，首创了行业标准和技术体系——《碳酸盐岩缝洞型油气藏缝洞雕刻储量计算方法》。

（5）碳酸盐岩高效布井技术。针对钻井成功率低、高效井比例低的问题，通过"大型缝洞集合体"储层刻画及描述技术、多级多尺度走滑断裂解释技术，建立了缝洞带—缝洞系统—缝洞单元（缝洞体）三级描述评价体系，发展形成了富油气缝洞带不规则井网、多井型高效布井技术。

### 1.1.1.3　台盆区碎屑岩低幅度构造、岩性油气藏勘探技术

台盆区碎屑岩勘探自2010年进入超深、低幅度构造、超深构造—岩性圈闭、超深薄砂层岩性勘探阶段。通过攻关，形成了以下针对性的地震勘探技术。

（1）碎屑岩低幅度构造勘探技术。通过基于网格层析的叠前深度偏移处理技术，优化叠前去噪，强化保幅处理，提高子波一致性处理，提高浅层复杂速度场建场精度，提高目的层资料信噪比，有效解决圈闭高点和断裂归位的难题；发展形成基于叠前道集的速度分析、三维速度场误差系数校正、最小曲率法三维速度建场、特殊岩性体速度建场等多信息融合速度建场技术，有效提高中浅层及火成岩等非目的层特殊岩性体速度场精度；形成三维网格化断层与等值线自动交会处理、地震层速度交互分析、井震平面误差交互分析、多信息约束构造成图、复杂构造区三维速度建模、深时转换精细成图等变速成图特色技术，大幅度提高变速成图效率，有效实现多套资料验证对比。

（2）碎屑岩岩性油气藏地震勘探配套技术。主要依靠高精度层序地层学细化储盖组合和沉积微相研究，明确砂体类型和平面可能的展布形态；依靠精细的井震标定，并结合正演模拟技术，明确砂体的井震对应特征；形成基于层序地层格架下的井震结合地震响应特征分析及建模技术，形成伽马拟声波曲线重构储层预测模拟技术；子波分解重构的波形指示反演技术；针对不同沉积类型砂体的地质统计学反演技术；形成基于循环反褶积拓频处理的提高模拟收敛精度的地震反演技术。

## 1.1.2　测井技术

面对塔里木盆地超深层高温高压低孔砂岩、非均质碳酸盐岩，通过多年的技术攻关，形成了针对性的测井采集处理解释技术。

（1）基于油基钻井液条件下声电成像测井，综合评价裂缝的有效性；（2）建立化学元素能谱测井解谱及氧闭合处理技术，实现储层岩性精细描述和基质孔隙度计算；（3）研

发碳酸盐岩储层超深复杂井筒测井采集配套工艺；（4）基于成像测井为基础的非均质碳酸盐岩储层测井描述技术；（5）基于横波成像测井技术，解决碳酸盐岩缝洞体探测与评价难题；（6）发明逐点刻度视地层水电阻率分布谱均值与方差，建立缝洞型碳酸盐岩储层定量评价流体性质的方法与标准。

### 1.1.3 录井技术

为了应对复杂的勘探开发对象，不断引进推广国际上高性能的综合录井仪，紧密结合油田钻井实际进行自主创新、集成应用，逐步形成了"超深层盐底卡层技术""智能工程录井预警技术""超深、复杂井录井解释与评价技术"，有效地支撑了油田油气储量高峰增长及油气快速上产。

## 1.2 勘探技术发展历程与成果

### 1.2.1 地震勘探技术

#### 1.2.1.1 库车前陆盆地

库车前陆盆地早在1952年就开始进行重力、磁力、电法等地球物理勘探工作。20世纪70年代开始实施了模拟地震测线；80年代开始实施数字地震；90年代石油会战之后，开始大规模地震攻关，地震攻关大致可以分为山地沿沟弯线、二维直测线、"宽线＋大组合"、三维地震勘探四个阶段。

（1）地震由二维山地弯线向直测线转变，发现了克拉2气田（1989—1998年）。

库车山地二维地震勘探经历沿沟弯线地震普查阶段（1993年之前）到山地直测线地震攻关阶段（1994—2004年）。1994年之前主要是选择有利于地震施工的大型山间冲沟，采用弯线方式进行数字地震勘探，初步认识了库车前陆盆地的总体构造格架。基本了解了克拉苏—依奇克里克重点构造带的构造轮廓，发现了一批有利构造，提供了一批上钻井位。

随着地震采集设备更新及采集手段提升，从1994年开始，逐步进入直测线勘探阶段，形成了直测线地震采集施工方法和技术。通过规则测网的二维直测线采集、二维叠前深度偏移处理和平均速度法变速成图落实圈闭等方法，结合"断层相关褶皱"理论，较好地解决了复杂构造的地质建模难题，提高了地震资料解释的准确性，发现一大批有利勘探目标，实现了克拉2、迪那2等钻探重大发现。

（2）由山地直测线向"宽线＋大组合"转变，发现克深2气田（1999—2007年）。

在克拉2气田发现之后，塔里木油田加大了库车地区勘探力度，但是，随后的预探由于圈闭不落实，大部分钻探失利，到2005年底，基本没有可供钻探的圈闭。2006年塔里木油田实施物探攻坚战，针对库车山地地表、地下双重复杂，确定"宽线＋大组合"采集思路，围绕提高信噪比和成像质量，开展攻关实验。在地震采集上，以"宽线＋大组合"采集取代单线采集，通过宽线横向面元组合叠加，检波器大组合压制侧面干扰，强强联合，优势互补，使有效覆盖次数较单线提高4～6倍，首次获得盐下目的层清晰反射，原始资料一级品率从25%提高到60%以上。在地震处理上，以三维处理的思路取代传统的二维单线处理思路，逐渐形成了二维宽线拟三维处理技术，进一步提高了宽线资料的处理效果，真正发挥宽线在复杂区的成像优势。"宽线＋大组合"剖面信噪比提高明显，波场相对简单，偏移归位更准确，成像效果得到大幅度改善。经过二维"宽线＋大组合"攻关，锁定了克深 2 号风险目标，实现了克拉苏盐下深层大气田的突破。

（3）"宽线＋大组合"攻关—山地三维地震实施，批量发现圈闭（2007—2010 年）。

克深 2 气藏发现后，为进一步做好圈闭精细描述，部署三维地震采集，在采集方面，采用 15m×30m 采集面元，覆盖次数 120 次，较克拉 2 气藏三维地震翻了一倍。首次在三维地震采集中实施了 4 串 40 个检波器"X"形组合的大组合接收方式。在处理方面，首次开展叠前深度偏移处理，地震资料成像质量更好、构造位置更准确、偏移归位更合理，解决了盐上高陡层、目的层偏移量问题；成像质量好于时间域，断片信噪比更高，接触关系更清楚。变速成图方法上经历了十多年技术攻关，形成了叠前深度偏移融合岩相、地震相、应力相基础上的三相融合相控速度建场技术，逐步形成了"深时域交互转换＋相控变速成图（砾岩、膏盐岩）"核心技术。通过三维规模勘探，发现 7 排构造 9 个圈闭，圈闭总面积达 560km$^2$。

（4）实施宽方位较高密度三维地震二次采集，发现一大批圈闭（2011—2018 年）。

由于窄方位地震资料在成像等方面的局限性，又发展形成了宽方位较高密度山地三维地震采集技术，该三维地震技术的理论出发点是基于各向异性叠前偏移成像需求，目标是更准确地落实山地复杂高陡构造。经过多年攻关探索，逐渐形成了基于叠前深度偏移成像的三维地震观测系统设计技术、基于起伏地表圆滑面的偏移成像技术、TTI 各向异性偏移技术等系列技术，使宽方位较高密度三维地震观测技术在山地得以大范围实施并有效落实了复杂油气勘探目标。

克拉苏构造带目前已陆续获得克深 2、克深 5、克深 8、克深 9 等气田重大发现，已上交天然气探明地质储量超过万亿立方米。

#### 1.2.1.2　塔中、塔北台盆区

（1）大沙漠区二维地震采集准备阶段（1983—1988 年）。

1982 年，新疆石油管理局南疆石油勘探指挥部决定引进国外先进地震技术，向塔克拉玛干大沙漠进军。1983 年 5 月，两个美国 GSI 公司地震队（1830 队、1831 队）和一个美式装备的中国队（1832 队）进入沙漠腹地，历时两年时间，完成了 19 条、全长 5783km 纵贯盆地南北的区域大剖面采集工作，同时沿线还进行了重力概查，完成了 1：20 万的航磁测量，为解剖整个盆地获得了重要的第一手资料。

通过中外合作大沙漠区地球物理勘探，首次揭开了塔里木叠合盆地"三隆四坳"的构造格局。另外，通过这次合作，野外地震技术、装备得到了较大的改善，特别是地震勘探随着模拟多次覆盖技术、数字化地震仪器、计算机数字处理技术以及野外采集技术和装备的改进得到了提升。

（2）大型古隆起二维地震勘探阶段（1989—1997 年）。

到 1989 年底，全盆地已累计完成二维地震 6.45×10$^4$km，塔北、塔中两大古隆起的二维地震测网密度达到 2km×4km 至 4km×8km，为区带评价与目标落实奠定了基础，先后在塔北、塔中发现了一批有利区带和圈闭。

1989 年 5 月，为了探索塔里木盆地中央隆起的含油气性，部署上钻塔中 1 井，同年 10 月，塔中 1 井在奥陶系获得高产油气流，实现了中央隆起勘探的重大突破。

（3）轮南潜山岩溶、塔中礁滩体岩溶三维地震勘探阶段（1998—2005年）。

20世纪90年代，针对轮南大型潜山背斜开展"整体解剖勘探"，完成常规三维地震采集1040km²。1996年底，利用相干体分析技术进行轮南碳酸盐岩潜山储层预测，取得较好效果，轮古1井、轮古2井获得高产稳产油气流。

2000年，通过攻关，三维地震深层资料信噪比取得突破性进展，喀斯特潜山地貌和岩溶得到较好的偏移成像，在已钻井与三维地震精细标定分析的基础上，发现"串珠"状反射，在相干属性体预测基础上，攻关形成地震振幅、频率属性预测溶洞技术，部署钻探的轮古15、轮古15-1、轮古101等井均获得高产。

2002年，塔中大沙漠区首次形成100%高速层激发技术，有效提高地震激发能量，大沙漠覆盖区深层数据信噪比大幅度提高。在塔中16井区发现塔中台缘礁滩相，部署钻探的塔中62井实现了碳酸盐岩稳产，发现了奥陶系良里塔格组礁滩型亿吨级凝析气田。

（4）大面积连片三维地震勘探阶段（2006—2010年）。

2006年，在塔中地区开展较高覆盖次数三维地震资料采集，得到高质量的地震原始数据，在处理解释方面以叠前时间处理技术及地震相干和振幅属性为代表的精细缝洞定性解释技术，对碳酸盐岩储层的宏观分布规律有了全新的认识，实现了储层的定性预测。

2006—2010年，大面积连片三维地震的实施，揭示了塔北、塔中地区碳酸盐岩大面积层间岩溶，发现了大量的缝洞型储层，基于弯曲射线各向异性叠前时间偏移处理、地震多属性技术提高了"串珠"成像质量和"串珠"识别能力，为钻探提供了目标。发现了塔中鹰山组千亿立方米气藏、哈拉哈塘大型油田。

（5）碳酸盐岩缝洞型储层量化雕刻阶段（2010年至今）。

2010年以来，塔里木油田针对奥陶系缝洞型碳酸盐岩储层空间量化雕刻开展持续性攻关，采集上先后开展了哈7井全三维、哈601井拟全三维、轮古17井三分量三维地震采集攻关试验，探索出了一条提高和保障数据质量、满足缝洞型碳酸盐岩储层预测精度的野外采集技术；处理上从叠前时间偏移迈向了叠前深度偏移，开展了各向异性、网格层析建模单程、双程波动方程偏移攻关，缝洞体成像和归位精度进一步得到提高；解释方面，在利用地震多属性、几何体属性信息进行地震地质建模的基础上，结合单井测井相建模、构造信息、反演波组抗信息，求取缝洞连通体有效孔隙度地质模型，然后雕刻有效孔隙度体，开展有效储集空间的量化雕刻，为高效井位的部署、措施制订、储量计算打下了基础，促进塔北、塔中奥陶系碳酸盐岩效益勘探开发，原油年产量突破 $200 \times 10^4 t$。

### 1.2.1.3 台盆区碎屑岩勘探

（1）台盆区碎屑岩地震勘探初期阶段（1983—1989年）。

该阶段主要以二维地震勘探为主，先后在塔北、塔中发现了一批有利区带和圈闭。1987年9月21日，塔北隆起东段的轮南1井在三叠系砂岩中获工业油流，实现了塔里木盆地中生界油气勘探突破，拉开了台盆区碎屑岩勘探的序幕。

（2）大规模二维地震勘探与三维地震探索阶段（1989—2000年）。

1989—1996年，二维地震勘探主要集中在塔北和塔中两大古隆起，开始探索开展三维地震勘探进行储层的预测和评价。1989年，首次在轮南地区部署实施了三维地震勘探。通过技术攻关与实践，这一阶段二维地震勘探技术基本成熟，三维地震勘探技术不断进步，先后发现和探明了轮南三叠系、侏罗系亿吨级油气田群、东河塘、塔中4和哈得逊海相东河砂岩等油田。

（3）连片三维地震勘探阶段（2001—2018年）。

该阶段勘探目标的主要特点是埋藏深（平均大于5000m）、幅度低（平均幅度低于30m）、砂体薄（3～8m）。面临的主要难题是地震资料无法满足构造及岩性圈闭研究需要。在这一阶段，针对前期三维地震勘探中存在的问题，如采集方法存在缺陷（面元大、覆盖次数低、观测方位窄等）、储层预测成功率低等问题，进行了全面系统的技术攻关工作，低幅度构造—岩性圈闭勘探技术逐渐成熟，先后发现英买46、玉东1、玉东7等碎屑岩低幅度构造—岩性油气藏，新落实三级储量 $9600 \times 10^4 t$ 油当量。

### 1.2.2 测井技术

"八五"至"九五"期间，塔里木油田测井主要是以CSU、CLS-3700系列为主体的数控测井采集技术。测井积极参与国家项目攻关，形成塔里木油田海相砂岩和陆相中高孔、中高渗砂岩油气藏测井储层参数研究与油气评价配套技术。主要包括6个方面内容：（1）用毛细管压力、测井响应确定油气水层饱和度；（2）用岩石孔隙结构预测岩石岩电参数；（3）用"岩心刻度测井"确定储层参数（孔隙度、渗透率、饱和度、泥质含量）；（4）用数值模拟方法软件模拟钻井液侵入对油气层感应电阻率的影响；（5）用电阻率时间推移测井识别油气；（6）用RFT/FMT电缆地层测试测井资料确定油、气、水界面。

"十五"以后，随着塔里木油田勘探重点向古生界碳酸盐岩和库车地区裂缝性复杂孔隙结构碎屑岩转移，针对碳酸盐岩储层，测井采集技术以ECLIPS-5700、MAXIS-500、CSU系列为主体，大规模的成像测井配套采集；针对复杂碎屑岩储层，测井采集技术主要通过钻杆传输测井工艺规模化应用、高温高压小井眼油基钻井液声电成像、随钻方位电阻率、方位密度、成像测井、模块或电缆测试"速星"系列等测井采集新技术安全优质高效取好测井资料。塔里木油田技术人员对这些测井采集技术进行了深入研究与开发，并加大科研攻关和勘探实践，形成了具有塔里木特色的三大测井解释与评价技术系列。

#### 1.2.2.1 基于成像测井非均质碳酸盐岩测井储层描述与油气评价技术

基于成像测井非均质碳酸盐岩测井储层描述与油气评价技术主要包括8个方面技术：（1）建成了露头缝洞型碳酸盐岩储层系统取心、不同成像测井系列标准刻度检验的科学探井——图科1井；（2）岩心标定成像测井精准识别碳酸盐岩孔、洞、缝储集空间图版库技术；（3）非均质碳酸盐岩储层类型精细划分技术；（4）井壁成像测井"缝洞刻画"与定量分析技术；（5）多孔介质连通性与孔隙度谱分布定量判识储层有效性技术；（6）逐点刻度视地层水电阻率谱为核心的多种方法联合评价缝洞型储层流体性质专利技术；（7）分储层类型测井参数精细建模与定量评价技术；（8）方位远探测声波反射波井间到井旁30m隐蔽缝洞储层探测与定位技术。

#### 1.2.2.2 基于成像测井碳酸盐岩测井相描述技术

基于成像测井碳酸盐岩测井相描述技术主要包括5个方面的技术：（1）碳酸盐岩FMI/EMI测井相分类体系、识别准则及分析方法；（2）FMI/EMI测井相与岩相的关系研究；（3）FMI/EMI测井相与储层的关系研究；（4）FMI/EMI测井相井间对比及储层分布预测研究；（5）等时地震框架约束下的井间成像测井相对比技术。

这些技术在塔中I号坡折带、轮古东、英买力、哈拉哈塘及塔河南岸的碳酸盐岩油气发现与评价中，发挥了重要的作用，碳酸盐岩缝洞储层评价符合率从 2001 年的 75% 提高到 87% 以上，流体性质符合率从 69% 提高到 87%。上述技术集成碳酸盐岩测井资料处理与解释行业标准，形成塔里木特色缝洞碳酸盐岩软件系统——Greator, 高效支持了塔里木盆地碳酸盐岩开发。

### 1.2.2.3 超深高温高压低孔砂岩测井解释技术

超深高温高压低孔砂岩测井解释技术主要包括 6 个方面的技术：（1）高压致密裂缝性低孔砂岩测井定性识别及有效性评价技术；（2）高压致密裂缝性低孔砂岩储层微观孔隙结构与宏观测井表征技术；（3）利用微电阻率成像测井，结合常规测井，定性—半定量解释评价岩屑砂岩天然裂缝与钻井诱导裂缝，计算砂岩裂缝孔隙度、裂缝渗透率估算技术；（4）高压致密裂缝性低孔砂岩储层参数定量评价与建模技术；（5）高压致密裂缝性低孔砂岩储层产层下限确定方法与标准的建立技术；（6）高压致密裂缝性低孔砂岩储层测井多井解释与储层横向预测技术。

集成碎屑岩测井评价技术，形成塔里木特色的软件系统，库车前陆冲断带裂缝性低孔砂岩气藏流体性质测井解释符合率由 2010 年的 65.4% 上升到 2016 年的 90.0%。

## 1.2.3 录井技术

塔里木油田会战之初，录井仪器主要以国产气测录井仪为主导，同时引进了少量的当时国际上较先进的法国 Geoservices 公司生产的 Vigilance、TDC 综合录井仪。

20 世纪 90 年代初期，与中国石油大学（华东）等石油院校共同进行录井技术攻关，率先完成了对 Vigilance 等老设备的改型工作。同时，积极引进国外先进的综合录井仪，一批 GEO6000、Drillbyte、Datalog 等国际先进录井设备陆续投入塔里木市场，录井仪器中关键的气体分析仪以热导气相色谱为主。90 年代中后期，随着计算机技术的飞速发展，国内外录井技术也得到迅猛发展，国内涌现出一批低成本高性能的"综合录井仪"制造企业，传统的单纯服务于地质工程的"气测录井"迅速被"综合录井"所取代。

21 世纪以来，面对勘探对象的日益复杂，录井设备得到全面更新，代表国际先进录井技术的法国 Geoservices 公司生产的 ALS–2.2、美国哈里伯顿公司的 SDL–9000 型、Advantage、DLS 等设备大量引进使用。同时，国内综合录井生产设备厂商也得到快速发展，研发和系统制造综合录井仪器的能力不断提升，设备更新速度加快，设备技术性能指标接近国际先进设备，具有代表性的有 DML、SnowWolf、CMS、WellStar 等。

"十二五"期间，为了应对复杂的勘探开发对象，在不断引进借鉴国内外先进技术的基础上，紧密结合油田钻井实际进行自主创新、集成应用，逐步形成了"超深层盐底卡层技术""智能工程录井预警技术""超深、复杂井录井解释与评价技术""综合录井信息化建设"等一系列塔里木特色的深层、超深层录井采集、解释与工程录井预警技术，有效地支撑了油田油气储量高峰增长及油气快速上产。

录井新仪器、录井新技术的广泛应用，极大地提高了塔里木油田的录井技术水平，主要体现在以下几方面。

（1）针对裂缝性油气层及越来越快的钻井速度，改进了气测录井的数据采集处理手段，使气测随钻、及时评价油气显示的愿望得以实现，有近 98% 的综合录井仪采用分析周期小于45s的快速色谱分析技术。

（2）大量采用录井配套新技术，近年来，XRF元素录井、三维定量荧光、核磁共振、地球化学和快速定量气测等录井新技术的逐步推广应用，使塔里木油田录井的油气层解释评价水平已由定性—半定量水平逐步提高到定量解释评价的新高度。

（3）钻井工程异常预报技术水平大大提高，智能工程录井预警技术以及钻具震动分析技术等提高了工程事故复杂的预报率、及时率和准确率，有效避免了钻井事故的发生。

（4）建立远程数据传输系统，实现了直接使用现场录井数据的愿望。

（5）建立系统化、平台化、标准化的录井资料数据库管理系统及软件开发平台，完成与数字油田平台的互连互通，实现完全的数据共享。

## 1.3 勘探技术发展目标与挑战

### 1.3.1 三大阵地战精细勘探

#### 1.3.1.1 库车前陆冲断带克拉苏构造带

库车前陆冲断带克拉苏构造带圈闭趋深，圈闭面积趋小，对于圈闭落实的精度要求更高。目前三维地震资料经过多轮次反复处理，地震资料品质提高接近极限，仍难满足圈闭进一步研究需求。技术发展目标和方向：（1）实施高精度三维地震二次采集，通过大幅度提高覆盖次数，进而提高原始地震资料品质；（2）开展三维地震资料连片处理、解释，提高地震资料成像质量；（3）深化盐相关构造、断裂构造建模研究，着重分析构造转换带形成主控因素及其控制变形的过程，建立转换带三维空间构造模型，梳理不同构造带之间的转换关系，厘定断裂展布、圈闭发育规律。

#### 1.3.1.2 塔北富油气区

塔北富油气区勘探目标由大型缝洞集合体转向断控岩溶缝洞体；研究对象从"串珠"雕刻为主转变为断裂破碎带的精细刻画。下步攻关方向：（1）从走滑断裂动力学形成机理出发，加强塔北、塔中地区的断裂构造建模，提高断裂解释可靠性；（2）加强地震采集参数论证，持续强化速度场精细建模与断控岩溶缝洞储集体（简称断溶体）高精度成像处理技术，提高三维地震资料品质；（3）加强工程地质一体化，进一步优化井身结构、钻井液性能设计、配套钻完井工艺。

#### 1.3.1.3 塔中地区精油勘探

塔中地区精细勘探的主要难点：（1）主力目的层内多层层间岩溶精细纵向勘探问题；（2）突破"串珠"，探索新类型精细横向勘探问题。下步攻关方向：（1）通过实施地震资料连片处理，断裂构造建模，油气输导体系与油气运聚研究手段，尝试层间岩溶分层解释与刻画，探索以断裂为核心的杂乱反射地质体圈闭落实，解决纵向与横向油气分布与勘探区带目标问题；（2）要通过地震处理技术、储层反演技术以及大斜度井和水平井技术，实现精确选点、精确中靶地质目的。

### 1.3.2 塔西南山前勘探

塔西南山前构造挤压变形强烈，逆冲—走滑普遍，地表、地下条件极其复杂，造成地震成像困难，资料信噪比极低，导致构造地质建模方案多、分歧大，圈闭落实程度低，油气勘探难以聚焦，突破口选择难。下步技术攻关对策：（1）持续强化地震采集、处理技术攻关，大幅改善地震资料品质，为圈闭井位研究打下基础。做好沿线精细地表地质建模，支撑地震部署、采集方案设计；在厚黄土覆盖区开展极限线束三维地震采集先导性试验，为三维地震采集参数优选提供依据；加强地震地质一体化结合，提高目标区地震资料品质。（2）发展叠合复合盆地理论，通过地表出露区印支—燕山期古构造解析，指导覆盖区古近系之下的地震解释，确定山前主力烃源岩及储层分布，锁定主攻勘探领域及区带。（3）综合应用地表、钻井、地震、非地震等多种信息，建立地下喜马拉雅期新构造的构造模型，聚焦有利目标。

### 1.3.3 台盆区中下组合勘探

台盆区碳酸盐岩以奥陶系良里塔格组至鹰山组上部为代表的上组合勘探已整体进入精细评价至开发阶段，油气预探开始向纵深发展，下步勘探集中在寒武系盐下白云岩（下组合）与上寒武统—下奥陶统（中组合）两个领域。

寒武系盐下白云岩勘探面临难点：（1）源储分布与油气分布认识程度低，制约选准最有利区集中勘探的问题；（2）针对超深孔洞型白云岩的地球物理勘探技术不成熟。下步攻关方向：（1）进一步加强区域地质研究，深化地质认识，选准有利区集中勘探；（2）针对超深孔洞型白云岩的地球物理方法攻关，包括地震采集处理、测井解释、储层预测等技术。

台盆区中组合面临的勘探难点：（1）地质上需要解决油气输导体系、规模储层分布、断裂—盖层与油气保存三大问题；（2）工程技术需要解决超深高温高压油气藏安全钻探技术问题。下一步攻关方向：（1）深化中组合石油地质条件认识，主要在沉积演化、储层分布、储层预测方面加强攻关，特别需要加强油气输导体系与油气藏保存方面研究；（2）工程地质一体化，加强异常压力分布研究，加强钻完井工程技术研究，实现安全效益勘探。

### 1.3.4 隐蔽油气藏勘探

以迪北侏罗系阿合组为代表的致密砂岩气勘探领域，由于受煤层影响，地震资料品质较差，很难精细解释断裂、预测裂缝，很难进行储层评价和认识流体分布规律，油气藏模式认识不清楚。

以吐格尔明构造带侏罗系阳霞组—克孜勒努尔组为代表的近源岩性圈闭勘探，由于垂向上发育多层薄砂岩层组成的岩性圈闭，呈现"一砂一藏"的特征，气水关系非常复杂，地震识别难度较大。

以塔北西部（玉东、英买力等气田）多目的层为代表的滚动评价领域。该领域低幅度构造成带发育、地层岩性圈闭发育，普遍埋藏深度大（平均埋深超过4000m），已发现油气藏类型多，目前的主要问题是低幅度构造圈闭、地层岩性圈闭落实困难。

针对隐蔽油气藏的勘探，需要有序采集高精度三维地震资料，加强处理技术攻关。坚持整体认识，不断深化油气富集机理、输导体系及动态成藏过程研究，明确有利储盖组合，明确圈闭发育规律，不断优选隐蔽圈闭勘探区带；坚持区域构造成图与局部精细成图，明确低幅度圈闭发育的有利构造带。加强碎屑岩叠前储层预测技术和流体检测技术攻关，有效提高成功率。

# 2 开发技术发展与创新

## 2.1 开发技术现状

1989 年 6 月 15 日，轮南油田轮南 2 井投入试采，揭开了塔里木油田开发的序幕。30 年来，先后开发了碎屑岩油气田、高压凝析气田、高压超高压气田、碳酸盐岩油气田共 31 个，油气水井共 2927 口，建成原油集中处理站 10 座、天然气处理厂 16 座，天然气处理装置 41 套，具备原油 $1000 \times 10^4 t/a$、天然气 $400 \times 10^8 m^3/a$ 的处理及外输能力。累计动用原油地质储量 $4.96 \times 10^8 t$，天然气地质储量 $1.02 \times 10^{12} m^3$，生产原油 $1.30 \times 10^8 t$、天然气 $2710 \times 10^8 m^3$、油气当量 $3.46 \times 10^8 t$。

塔里木石油会战以来油气开发经历三个阶段，开发对象经历了从深层砂岩油田快速开发，到深层、超深层复杂油气田开发的转变，实现了跨越式发展。1989—2000 年为油田开发阶段，以稀井高产、高速开采、接替稳产、快速收回投资为目标，快速建成了轮南、解放渠东、东河塘、塔中 4 等一批整装碎屑岩油田，原油产量持续增长，2000 年油气当量突破 $500 \times 10^4 t$；2001—2008 年为油气并举阶段，以油气开发并举、建设西气东输主力气源地为目标，建成了牙哈、克拉 2、英买力、迪那 2 等一批主力气田，2005 年油气产量当量突破 $1000 \times 10^4 t$，2008 年油气当量突破 $2000 \times 10^4 t$；2009 年至今为稳油增气阶段，油气田老区加快开发调整，新区规模产能建设，建成了哈拉哈塘、克深、大北及塔中Ⅰ号等油气田，2018 年年产能达到 $2673 \times 10^4 t$，建成了我国陆上第三大油气田，为保障国家能源安全、促进经济社会发展做出了重大贡献。

### 2.1.1 深层碎屑岩油田高效开发技术

塔里木盆地碎屑岩油藏埋深以超深层、低幅度构造为主，物性差异大、非均质性较强、夹隔层分布及渗流特征复杂。地表条件和深埋藏限制了地震资料品质，稀井网影响了构造控制精度，薄层砂岩储层难以预测，较厚的碎屑岩储层中夹层的类型及分布也难以准确描述。针对上述技术特点和难点，在开发生产实践中创新形成了以下特色技术。

（1）深层、超深层碎屑岩油藏构造精细解释及断裂精细刻画技术。实现了构造误差小于 1‰，描述出幅度小于 5m、面积小于 $0.5km^2$ 的微构造，刻画出垂直断距小于 5m、延伸长度小于 200m 的断层。

（2）超深超薄储层精细刻画及预测技术。采用拟声波、相控非线性、SMI、地质统计学反演等碎屑岩储层反演技术，实现了 1~5m 薄砂层的有效预测。

（3）稀井网条件下水平井辅助建模、相控建模、地震导向建模、块状底水油藏精细建模技术。通过水平井神经网络、沉积微相、地震相等多钟约束条件的应用，大大提高了建模精度。

（4）多方法多手段结合的宏观—微观剩余油精细刻画技术。通过研发的数值模拟前后处理软件 Simtools，实现剩余油精细量化表征，指导了剩余油挖潜对策。

（5）多井型复合高效开发井网和多层系、超深油藏二次开发井网重建技术。通过丛式井、双台阶水平井、分支水平井等多井型井网部署，以及在多层系油藏的"上下兼顾"型二次开发井网部署，实现了哈得逊油田、塔中 4 油田、轮南油田等超深碎屑岩油田的稀井网高效开发。

（6）钻井轨迹调整优化配套技术。建立了水平井轨迹优化调整的"层位厚度控制法"技术规范，解决了复杂水平井钻井过程中油层钻遇率低的难题。

（7）复杂井动态监测配套技术及综合治理技术。通过开展油水井动态监测技术及应用研究，创新形成了适应塔里木油田超深、高温、高压、复杂井况条件下测试仪器输送工艺技术。

### 2.1.2 高压凝析气田开发技术

塔里木油田已投入开发的凝析气田具有埋藏深、压力高、含蜡高、油气水关系复杂、储层类型多样等特点，针对不同储层类型、不同开发方式，通过持续攻关形成了一套完整的凝析气藏高效开发技术，并取得了显著的应用效果。

（1）循环注气提高凝析油采收率技术。牙哈气田是我国最大的整装凝析气藏，2001年全面实施循环注气开发，但受气窜的影响其注气体积波及系数仅为25.5%，为攻克这一世界难题，首次开展了凝析气藏循环注气开发过程中凝析油气非平衡相态非线性渗流规律研究，提出"高注低采"开发模式，最大限度降低注入气横向气窜，扩大注气波及体积。

（2）带薄油环凝析气藏油气同采技术。英买力凝析气田群多数为带薄油环块状底水凝析气藏，油环厚度仅3~5m，面临的最大难题是避免上覆气顶、下伏底水的快速锥进，实现油气水界面的均衡移动。系统研究了水平井开采薄油环过程中气顶、底水的锥进规律，并创新提出防气水"双向锥进"的水平井临界产量新方法，形成带薄油环凝析气藏油气同采技术，该技术实现了油水界面、油气界面的均衡移动。

（3）裂缝性低孔砂岩凝析气藏裂缝预测技术。低渗透储层寻找裂缝发育带是部署高产井的关键，综合应用地应力、构造主曲率、构造滤波、屈曲薄板法及AFE裂缝识别等方法，首创裂缝综合评价及预测核心技术，该技术能够准确描述裂缝等级及裂缝的立体空间展布，裂缝预测准确程度在85%以上，成功指导了迪那凝析气田生产井的部署，实现钻井成功率100%。

（4）高压凝析气藏井底压力预测及地下—井筒—地面一体化千万节点精细数值模拟技术。该技术实现高压气井井底压力预测精准度到0.5MPa，并能将组分模型历史拟合时间缩短20%~30%，历史拟合一次符合率从78%提高到85%。

### 2.1.3 山地高压超高压气田高效开发技术

库车山前地质条件复杂，地表主要为山地，沟壑纵横；地下发育巨厚的膏盐岩，逆冲断块叠置；储层巨厚，断层及高角度裂缝发育；地层压力高，压力系数高。针对这些开发难点，持续攻关、不断实践，逐渐形成了山地高压超高压气田高效开发技术。

（1）山地气藏描述地震采集处理及解释技术。攻关形成了山前复杂区高密度宽方位地震采集技术和TTI各向异性逆时偏移叠前深度偏移技术，解决了复杂构造的成像问题，大幅提高了地震资料品质。

（2）裂缝性砂岩气藏储层描述及地质建模技术。针对致密的基质储层，形成了孔喉配置定量表征方法和气水微观分布可视化表征技术；针对非均质性极强的裂缝，建立了不同构造样式下的裂缝发育模式，形成了基于地质力学的断层活动性和裂缝有效性评价方法。

（3）高压超高压气藏开发机理评价技术。研发了超高压裂缝性砂岩气藏开发机理系列评价技术，包括高温超高压气水相渗测试技术，超高压气藏流体性质评价技术，考虑裂缝、应力敏感等影响多因素的产能评价技术等，明确了超高压裂缝性气藏复杂的渗流机理，形成了温和开采、整体控水、早期排水等开发技术政策。

### 2.1.4　复杂碳酸盐岩油气田高效开发技术

塔里木盆地缝洞型碳酸盐岩油气田储集空间主要是复杂的多期构造作用下形成的缝洞系统，储层非均质性强。地下流体流动以孔隙流、缝隙流、洞穴流等多种流动形式共存且存在相态变化，渗流规律十分复杂。油气分布表现为大油气田、小油气藏特征，单井控制储量规模小、差异大。针对以上难点，在实践过程中形成了一系列技术。

（1）三维地震资料处理攻关技术。实现了"从叠后时间偏移到叠前时间偏移，到叠前深度偏移处理，到各向异性叠前深度偏移"四步跨越式进步。

（2）缝洞型碳酸盐岩雕刻技术。塔里木盆地岩溶缝洞体埋藏深度普遍在 6000m 以下，单个缝洞体规模从几米到几百米不等。通过攻关，已经形成了针对缝洞型海相碳酸盐岩的缝洞雕刻技术，支撑了哈拉哈塘、塔中等大油气田发现和一体化规模上产。

（3）断溶体油藏描述技术。对于断溶体油藏地质认识的提出，其主要内涵认为缝洞型碳酸盐岩储集空间主要是受多期构造作用形成的断溶复合体储层，可概况为"岩性选择、断裂促溶、断溶复合"，构建了立体油气藏模式，井位目标优选领域从单一层状迈向纵向立体。

## 2.2　开发技术发展历程与成果

### 2.2.1　深层碎屑岩油田高效开发技术

#### 2.2.1.1　超深水平井高效开发技术。

自 1995 年 1 月第 1 口水平井投产，水平井技术在塔里木油田得到了广泛应用，超深水平井注采井网部署优化、水平井实钻跟踪与轨迹调整优化、超深水平井钻完井和采油工艺、超深复杂水平井生产动态监测等技术逐步配套，形成塔里木油田"稀井高产、高效开发"的模式。水平井试验与应用可分为四个阶段：

（1）水平井先导试验阶段。塔中 402 CⅢ均质段油藏利用水平井生产压差小、产量高的优势，开展底水油藏水平井开发先导试验，初步形成了水平井钻井完井和产能评价技术。

（2）水平井规模应用阶段。在老油田依据油藏类型、储层物性、剩余油分布特征，优化水平段长度、方向、避水高度，调整优化水平段实钻轨迹，确保水平井准确中靶、顺利完钻并高产高效，支持了轮南油田、东河塘油田中高含水期综合调整挖潜。在超深、低幅度、低丰度、边际效益的哈得逊油田整体采用水平井，建成了塔里木最大的沙漠油田，成为边际效益油田高效开发的样板，初步形成水平井渗流机理、水平井井网优化、双台阶水平井钻井完井、水平井注水等技术。

（3）双台阶水平井开发阶段。第一口双台阶水平井顺利完钻，证明双台阶水平井注水具有吸水能力高、注水压力较低、单井控制范围大、增加注水波及范围、提高储量水驱控制程度、提高开发效果等优势。

（4）水平井注气开发阶段。2013 年开始，针对碎屑岩油藏开发中后期注气提高采收率需求，在东河塘、塔中 402 CⅢ油藏等区块开展注天然气重力辅助驱重大开发试验，利用水平井吸气能力强、注气压差小、有利于注气重力稳定等优势，采用水平井注气开发。初步形成了油藏注气井网部署与注采参数优化技术、高压注气井完井工艺技术、超深水平注气井光纤监测和吸气剖面监测技术，实现了深层油藏高压注天然气开发需求。

### 2.2.1.2 非稳态油气成藏理论

现有的石油地质学理论认为，同一个油藏中的油气水界面是统一的、相对稳定的。但塔里木盆地的勘探开发实践表明，诸多油气藏的油水关系十分复杂。孙龙德、江同文、徐汉林等依据塔里木盆地多年油气勘探开发实践，提出了非稳态成藏理论。2003 年以来，针对典型油藏哈得逊油田，从古构造演化、地球化学、物理模拟、数值模拟等方面对哈得逊地区后油藏过程进行了系统研究，解释了油水界面倾斜的成因，预测了该地区油气分布规律。研究认为油藏正处于调整过程中（2003 年），油气在浮力的作用下向南东方向运移，进而预测哈得逊油田东河砂岩油藏具有继续向西北扩大的趋势。通过进一步的滚动勘探开发，扩大了石炭系东河砂岩油藏的含油范围，目前哈得逊油田探明＋控制石油地质储量超过了 $1 \times 10^8$ t，成为国内第一个亿吨级整装海相砂岩油田。非稳态油气成藏理论成功指导了塔里木哈得逊油田、轮古油气田、桑塔木油田等勘探开发实践。

### 2.2.2 高压凝析气田开发技术

针对不同类型凝析气田，采用高压循环注气、天然能量衰竭式开发以及衰竭中后期注气等差异化开发模式，高效开发了牙哈、英买力、迪那、柯克亚等一批凝析气田。其中牙哈气田是我国第一个采用早期循环注气部分保压开发的高含凝析油凝析气田，牙哈气田循环注气提高采收率技术发展主要包括以下三个阶段。

（1）引进、消化吸收和实验证实阶段（2000 年以前）。

塔里木油田公司联合中国石油勘探开发研究院广泛调研国内外凝析气田循环注气开发技术，并系统开展高含蜡凝析气藏相态理论研究，首次通过高含蜡凝析气藏相态实验，发现了高含蜡凝析气不同于常规凝析气相态特征，实现了准确描述液体油出现的条件及数量；首次研发了地层条件的凝析油气渗流实验装置，并制造了超声波测量饱和度的装置，解决了凝析油气混合后相态变化，饱和度不能测量的难题。

（2）注气实践与应用阶段（2000—2009 年）。

牙哈气田 2000 年投入开发，2001 年实施全面注气，凝析油年产量一直维持在 $50 \times 10^4$ t 以上稳产，注气开发取得较好效果，但部分井气窜严重，前期研究认为的注入气与地下凝析气混相，气窜主要是气体滑脱，沿高渗透条带推进导致的认识存在质疑。期间还形成了凝析气井考虑反凝析边界扩展的试井解释等技术，有效评价了气田循环注气开发效果。

（3）技术创新及引领阶段（2010 年至今）。

通过回注干气窜机理研究以及现场 MDT 取样发现凝析气藏循环注气开发过程中凝析气与回注干气并非瞬间混合，存在凝析气—干气界面，发现了重力超覆现象，为了证实这一现象，首次研制高温高压干气—凝析气非平衡相态实验设备，建立复杂凝析油气体系非平衡实验方法，系统研究了凝析油气非平衡相态特征，并基于实验结果创新建立考虑扩散、相变、纵向组分梯度等因素的非平衡相态非线性渗流数学模型，实现循环注气过程中注入干气与凝析气运移及分布的定量描述，科学指导注气方式及注采结构调整优化。在这一理论创新的指导下，创新形成了重力辅助气驱提高凝析油采收率技术，即"高注低采"开发模式，最大限度降低注入气横向气窜，扩大了注气波及体积。

目前塔里木油田东河 1 C Ⅲ 油藏注天然气重力辅助混相驱重大开发试验已实施近五年，2013 年 8 月开始氮气试注，2014 年开始正式注天然气，重力辅助混相驱效果显著，油藏整体开发指标向好。

从东河注气实践情况看，注气开发已经成为塔里木碎屑岩老油田提高采收率的重要方向，因而提出了油气协同开发规划：注气提高油藏采收率，降低天然气峰谷比，筹备储气库建设，并根据地面实际条件，梳理出有利区域，协同进行开发生产提高原油采收率。

### 2.2.3 山地高压超高压气田高效开发技术

克拉 2 气田的发现和建设，促成了西气东输工程的建设，2011 年以后相继建成大北、克深等山地异常高压气田。克拉 2、克深山地超高压气田的开发标志着塔里木油田的开发从台盆区走到了库车山前，从沙漠走到了山地，开创了塔里木天然气开发的新领域。

1998 年发现的克拉 2 气田开发前期仅有 5 口探井和评价井，储层巨厚且为辫状河沉积，地震资料信噪比和分辨率较低。通过建立高精度的表层数据库和表层模型，建立了迭代做好静校正、逐步提高信噪比和循序渐进地提高分辨率的处理流程；在地震资料解释方面，针对盐下高陡构造成图难题开发了 VP3 速度分析和成图软件，结合应用相干数据体处理解释、三维可视化解释和波形聚类分析等技术，更加精确地刻画了克拉 2 气田的构造形态；地质建模方面，采用进行地面露头详细调查，建立克拉气田储层分布特征、分布规律，优选建模方法，确定建模参数，以此为基础，采用测井、测试及地震约束下随机模拟方法，模型的符合程度高达 90% 以上，为方案制订及优化奠定基础，形成了稀井网条件下储层精细建模特色技术，指导克拉 2 气田高效开发，建成 $107 \times 10^8 m^3/a$ 产能。

2008 年之后发现的克深、大北、博孜等气田，埋藏深度普遍超过 6500m，最深的达到 8000m，地震资料品质相比克拉 2 气田更差，储层更致密、裂缝更发育，气藏精细描述难度更大。针对深层地震资料品质差的复杂构造，开展各向异性叠前深度逆时偏移处理技术攻关，提高地震资料品质；在挤压型盐相关构造理论建立的构造样式基础上，开展山地三维高精度地震正演技术攻关，提高圈闭落实精度；开展超深复杂构造断裂精细解释与评价研究，进行构造精细描述。针对致密砂岩气藏气水分布复杂的特征，开展致密储层气水层识别、饱和度评价、油基钻井液下裂缝识别等测井方法攻关；完善裂缝性致密储层开发实验方法及标准，开展储层微观特征研究，准确描述低孔条件下孔喉缝配置、气水赋存状态等微观特征；研发基于微观成藏动力学的饱和度定量评价技术和同位素地球化学气水层识别技术，实现气藏精细描述。针对裂缝性气藏裂缝分布预测难题，开展裂缝期次划分与成因机制研究，明确裂缝发育控制因素；开展多尺度裂缝描述及表征研究，建立裂缝发育模式，在此基础上对裂缝分尺度、分类型分析，分组系预测，建立综合考虑地应力、裂缝、储层改造工艺等多因素的一体化双孔双渗地质模型。应用该技术已指导克深、大北、博孜等区块钻探开发井 58 口，新建天然气产能 $75 \times 10^8 m^3/a$，钻井成功率 91%，高效井比例 74%，实现了库车山前超深层裂缝性致密砂岩气藏的高效开发。

### 2.2.4 复杂碳酸盐岩油气田高效开发技术

塔里木盆地主要发育塔北—塔中、巴楚和塔东三大海相碳酸盐岩古隆起，塔北—塔中古隆起长期继承发育，已被勘探开发证实为油气最富集的地区。

1989 年，英买 1 井、轮南 8 井、塔中 1 井相继获得高产工业油气流，之后几年在塔中、塔北相继部署了 50 余口井，成功率不到 50%，投产井大多数都高产不稳产，没有形成规模产量，充分暴露了缝洞型碳酸盐岩油气藏的储层非均质性强和油气聚集规律的复杂性。

1996 年底，塔里木油田建立了"轮南奥陶系工业试验区"，地震相干数据体处理解释技术、欠平衡钻井技术、水平井和大斜度井钻井技术的攻关相继获得成功。1997 年初，首次使用地震资料"反去噪"法，部署了国内第一口超深大斜度定向井轮古 1 井，该井于当年裸眼完井试油获高产。1996—1998 年在逼近油源、近源储盖组合、逼近断裂带的勘探思想指导下，塔中碳酸盐岩的勘探从"潜山高部位"向"斜坡区"转移，展开了对塔中南、北斜坡区的探索。1997 年，在塔中 I 号断裂构造带钻探的塔中 26 井、塔中 44 井、塔中 45 井、塔中 162 井，先后获得工业油气流，证实塔中 I 号断裂带是一个油气富集带，开辟了塔中碳酸盐岩内幕油气藏勘探的新战场。

然而，1998—1999 年在轮古 2 井区周围相继钻探的 LG2-1 井、LG2-2 井等 5 口井均告失利；沿塔中 I 号断裂带接连部署塔中 49 井、塔中 27 井等 4 口井也相继失利。在开发试验阶段碳酸盐岩钻井技术攻关进步巨大，打出了一批高产稳产井，但开发依旧难以规模建产。

2000—2007 年以探索储层控油为核心，围绕轮古油田勘探开发一体化实践，在三维地震储层预测、建井工程和开发试采方面取得了长足进步。构造斜坡岩溶储层发育、储层控制油气富集，提出"准层状油气藏模式"。据轮南奥陶系古潜山已完钻井资料统计表明产油气层段从 4100~4800m 均有分布，高差达 700m，局部构造高点、斜坡、低部位都有工业油气流，油柱高度远远大于各局部圈闭的幅度，表明潜山油气分布不受局部构造控制，提出了"轮南奥陶系碳酸盐岩潜山次生残余准层状油气藏模式"。

借鉴轮南奥陶系碳酸盐岩的经验与认识，2002 年重新认识与评价塔中地区的勘探潜力、重新优选主攻方向、重新优化勘探技术与措施。发现并精细刻画了塔中 I 号带礁滩复合体的特征，上钻塔中 62 井，2003 年底该井获工业油气流。针对塔北、塔中奥陶系碳酸盐岩富油气区带，提出了"总体部署、分步实施"的三维勘探战略，并在塔中、英买力、哈拉哈塘等地区得以实施。

中国石油天然气集团公司高度重视碳酸盐岩勘探开发，于 2008 年、2011 年、2014 年先后召开了三次专题会议，大力推进勘探开发一体化，逐步形成了碳酸盐岩缝洞型油气藏一体化开发配套技术，碳酸盐岩的发展步入了勘探开发一体化快速上产阶段。

通过大量的勘探开发一体化生产科研攻关，已实施连片三维地震和大量钻探，对油气藏形成条件和油气富集规律认识已比较清楚，并突出了优选主建产缝洞带、优选 I 类缝洞系统建立高产井组，建立缝洞单元及大型缝洞体为开发基本单元的评价描述方法，开展了大量的现场开发试验，形成了超深古老缝洞型海相碳酸盐岩油气藏的开发技术系列，钻井成功率由 65% 提升至 84%。在勘探开发一体化思想指导下，针对缝洞型碳酸盐岩实行"一井一策、全生命周期"油气藏管理，年产油气当量达到 $300 \times 10^4$t 以上，为塔里木油田原油稳产、碳酸盐岩大幅上产做出了突出贡献。

## 2.3 开发技术发展目标与挑战

### 2.3.1 碎屑岩油藏

主力碎屑岩油藏均已进入开发中后期，面临以下困境：（1）储采失衡，稳产基础薄弱；（2）采出程度高、综合含水高，产量递减大，水驱稳产难；（3）"三高"油藏注气关键技术尚不配套，短期内接替稳产难，高含水、高采出油藏剩余油微观赋存、启动机理及注气微观驱油机理认识不系统；（4）千万级网格注气组分数值模拟方法不成熟；（5）注气关键工艺技术不配套。

下步攻关方向：（1）深化深层碎屑岩油藏注气提高采收率机理实验研究，搞清剩余油微观赋存特征和微观驱油机理，探索降低混相压力和提高驱油效率的新方法；（2）攻关深层碎屑岩油藏注气巨型网格组分数值模拟方法，建立稀井网、高精度三维地质模型和千万级网格组分数值模拟，预测注气渗流特征和开发规律，优化注气开发技术政策；（3）攻关深层碎屑岩油藏注气提高采收率工艺技术，开展注气动态监测技术、注气气窜机理与防治技术、井筒完整性评价与治理技术等现场试验，配套注气关键技术，确保注气安全生产和规模推广。

通过攻关，形成碎屑岩油藏注气提高采收率配套技术，2020 年碎屑岩油藏老区原油年产量保持在 $150 \times 10^4$t 以上，支撑 2020 年老区稳产；2020 年碎屑岩油藏老区自然递减小于 10%，综合递减小于 8%；注气试验区采收率提高 15% 以上，增加可采储量 $100 \times 10^4$t。

### 2.3.2 碎屑岩凝析气藏

目前碎屑岩凝析气藏开发面临困难包括：（1）强水驱凝析气藏前期衰竭开发后气水关系紊乱，剩余凝析油气高度分散；（2）底水带油环凝析气藏衰竭开发后油环高度分散；（3）岩性凝析气藏衰竭开发后期地层压力低，反凝析严重，剩余凝析气多呈液相分布于地下，提高采收率配套工艺技术尚不成熟；（4）循环注气凝析气藏后期提高注采比和控制气窜双重矛盾叠加，剩余凝析油气储量变成经济可采出的产量难度大,高含蜡富含凝析油的凝析气藏全温度、全压力域相态实验研究技术需要攻关突破；（5）多节点、全组分循环注气组分数值模拟方法有待进一步完善；（6）分层注气关键工艺技术需要进一步攻关和推广试验，循环注气条件下天然气凝析油可采储量标定方法需要突破，采收率与不同注采比关系图版需要进一步探索。

下步攻关方向：（1）深化高含蜡富含凝析油的凝析气藏全温度、全压力域相态实验技术攻关，形成全温度、全压力域高含蜡富含凝析油相态实验评价技术；（2）攻关多节点、全组分循环注气数值模拟方法，建立稀井网、高精度碎屑岩凝析气藏三维地质模型和千万级网格、全组分数值模拟技术，指导预测循环注气凝析气藏开发规律，优化注气开发技术政策；（3）攻关突破循环注气条件下天然气凝析油可采储量标定方法，建立采收率与不同注采比关系图版，指导循环注气条件下天然气凝析油可采储量标定。

通过攻关形成碎屑岩凝析气藏开发后期提高采收率关键技术，以及配套工艺技术；

2020 年碎屑岩凝析气藏老区原油年产量保持在 $120 \times 10^4$t 持续稳产，自然递减小于 12%，综合递减小于 10%；推广注气区块采收率提高 15% 以上。

### 2.3.3 库车山前裂缝性致密砂岩气藏

库车山前经过 20 年的开发，已经成功实现了克拉 2、迪那 2 等老气田的高效开发和克深、大北等新气田的高效建产，成为塔里木油田天然气主要产区。

随着勘探发现的新气藏埋藏越来越深，储量规模越来越小，储层越来越差，温度压力越来越高，实现新气田高效建产的挑战也越来越大。目前库车山前地震资料各向异性叠前深度偏移处理技术已逐渐趋于成熟，基本解决了地形条件较好、构造变形相对简单区域的地震成像问题；基本形成了"断层—裂缝—基质"三重介质储层认识，明确了不同构造样式下的裂缝发育规律。但对靠近山前的地表、地下双重复杂区地震成像仍较差，裂缝定量评价及分布预测精度低，不能满足开发高效布井的需求，需要进一步开展构造速度场精细建模、断裂精细刻画、裂缝定量评价、分布预测和地质建模等关键技术研究，形成超深裂缝性致密气藏精细描述及建模技术。

同时，随着老气田的持续开发，水体越来越活跃，水侵越来越严重，老气田稳产难度也在不断增大。由于库车山前气藏多为裂缝性致密储层，包含基质、断层和裂缝多重储集和渗流介质，储层非均质性强且又为高温高压开发条件，渗流机理研究难度大；气藏的产能变化规律、试井动态特征、水体动态特征等与常规气藏差异较大，常规动态分析技术存在较大的缺陷；常规的裂缝建模、数值模拟技术难以正确表征气藏渗流特征，动态指标预测符合率低，对生产的指导性差。需要深入开展裂缝性致密砂岩开发渗流机理和基础理论的攻关，建立适合裂缝性致密砂岩高压气藏的渗流模型和理论，发展基于新理论模型上的动态分析技术，加强多重介质条件下离散裂缝网络建模和数值模拟研究，形成动静态迭代建模数模一体化方法，实现裂缝性致密气藏的准确数值模拟，为合理的治水对策及开发技术政策优化奠定基础。

### 2.3.4 碳酸盐岩油气藏

塔里木盆地台盆区碳酸盐岩油气藏储层高度非均质，流体关系复杂，储层非均质性极强，具有初期产能高、递减快、单井生命周期短、开井率低，关键技术尚不配套。

断溶体精细描述与定量刻画技术攻关。碳酸盐岩断溶体圈闭储层形成及发育机理复杂，特别是断溶体圈闭的发育与走滑断裂规模、活动期次、平面和纵向关系需进一步深化；动静态结合的断溶体圈闭量化雕刻技术需在系统总结前期攻关成果的基础上，针对各类品质差异极大的地震资料和复杂的油气藏单元，形成规范化、标准化、流程化的操作方法并进行广泛的推广。

断溶体连通性分析与内部构型刻画技术攻关。断溶体结构复杂，不同断溶体间包括"洞穴—洞穴、裂缝—洞穴、裂缝—裂缝"等连接方式，摸清不同断溶体间的连接方式，有利于进一步指导油气藏开发及后期提高采收率措施；同一断溶体内部结构复杂，断溶体内部广泛发育类似"蜂箱"的结构，即不同类型的隔板，开展内部构型的研究对老井治理及提高采收率意义重大。

油气藏工程地质一体化建井技术攻关。立足碳酸盐岩断溶体控储控藏认识，打破探井、评价井、开发井界限，在深化油源断裂认识、精细刻画断溶体的基础上，按照全生命周期建井理念实施"定向井穿断裂、多靶点微侧钻",稳步提高开发井成功率。

力争实现缝洞型碳酸盐岩油气藏新井成功率 90%,自然递减控制在 20% 以内,高效井比例由 30% 提高到 40%,实现油气藏整体高效开发。

## 2.4 油气田开发展望

"十四五"期间,要做好以下几个方面工作:(1)集中勘探库车克拉苏构造带,落实天然气规模效益储量;(2)精细勘探塔北、塔中碳酸盐岩、碎屑岩,落实规模与效益石油储量;(3)风险勘探塔西南山前、寒武系盐下、库车北部构造带,寻找战略发现。着眼落实规模效益、经济可采储量,突出天然气、强化石油,2021—2025 年力争新增探明石油地质储量 $13600 \times 10^4 t$、天然气地质储量 $7400 \times 10^8 m^3$,切实奠定上产稳产的资源基础。

全力做好原油稳产、凝析油稳增、天然气上产"三篇文章",突出加快天然气业务发展。包括(1)全面开展老油气田综合治理工作,大力实施老油气控制递减率工程、提高采收率工程、提高动用程度工程、滚动开发工程,确保已开发油气田长期稳产;(2)全面深化油气田效益建产工作,积极落实技术进步提单产,管理创新增效益工程,抓实勘探开发一体化、抓实上产增储一体化、抓实地质工程一体化,确保新区产能建设有序推进,为增产提供强劲动力;(3)全面推进地面生产系统提质增效工作,结合区域地质认识,以整体布局、骨架先行、逐步完善为原则,不断优化地面管网布局,提升地面系统适应性,减少天然气放空、降低运行成本。力争到 2025 年生产石油 $650 \times 10^4 t$、天然气 $350 \times 10^8 m^3$,油气产量当量 $3500 \times 10^4 t$,到 2030 年油气产量当量达到 $4000 \times 10^4 t$。

# 3 工程技术发展与创新

## 3.1 工程技术现状

### 3.1.1 钻完井技术

塔里木盆地的勘探始于 20 世纪 50 年代初至 70 年代末,经历了"五上五下"的艰苦征程,1989 年"六上塔里木",30 年来,尤其是"十二五"以来,随着塔里木盆地勘探开发向深层—超深层领域发展,钻探工作面临诸多技术难题。在库车前陆区,高陡构造发育,普遍钻遇巨厚砾石层、巨厚盐层和致密砂岩等复杂岩性地层,储层面临超 7000m 埋深、190℃ 高温、140MPa 高压,以及低孔、低渗透和非均质性强等难题;在台盆地区,二开裸眼段长达 5000m 以上,二叠系井漏严重,深部井段可钻性差,碳酸盐岩储层压力敏感,碎屑岩目标层系多、储层薄、油水关系复杂;储层面临超 7000m 埋深、180℃ 高温、非均质性强、高含硫化氢,井眼与缝、洞型关系复杂等难题。

直面世界级钻完井技术难题,塔里木油田持续开展了 30 年的技术攻关,形成了深井超深井钻井配套技术、超深高温高压试油完井配套技术、超深复杂储层改造配套技术。库车前陆区钻井周期从 500 天左右降至 300 天左右,试油完井周期从 114 天降至 43 天,缝网改造平均增产 5 倍以上;台盆区钻井周期从 200 天左右降至 100 天左右,试油完井周期从 40 天降至 20 天,改造有效率由 57% 提高至 88%。

### 3.1.2 采油气技术

紧紧围绕"掌控资源、配套技术、控制成本"三项采油气技术核心任务,通过攻关,台盆区碎屑岩油田抽油机井泵挂深度达到 5000m,超深水平井分层注水从偏心分层注水发展到同心集成式分层注水技术;库车山前井筒堵塞井治理周期由 120 天左右降至 10 天左右。

### 3.1.3 地面工程技术

经过 30 年的开发建设,共建成原油联合站 10 座,天然气处理厂 16 座,原油总处理能力 $947 \times 10^4$t/a,伴生气总处理能力 $327.5 \times 10^4$m³/d;气田天然气总处理能力 $440 \times 10^8$m³/a,凝析油处理规模 $350 \times 10^4$t/a。

原油和天然气输送管网方面,建成主要输油管线 20 条,总长度 1664.1km,年输油能力 $1598.3 \times 10^4$t;凝析油以牙哈装车站为外输出口,通过火车装车外运;黑油以轮南储运站为外输出口,进入轮库线管输至兰州石化。天然气管网主要输气管线 14 条,总长度 1716.9km,年输气能力 $464.2 \times 10^8$m³,除塔西南地区的阿克气田、和田河气田及柯克亚气田供南疆管网和周边外,天然气系统基本形成自西向东、由南往北,以轮南集气总站为天然气总外输口的总体流向。

电网分为塔北电网、塔中电网,塔北电网共 10 个 110kV 变电站,以地方电网供电为主,油田自发电调峰为辅的运行方式;塔中电网共 3 个 110kV 变电站,电源依托地方 220kV 变电站,油田自发电已关停。

### 3.1.4 信息通信技术

塔里木油田成立以来,特别是"十二五"以来,牢牢把握制度与标准、安全与保密"两个前提",不断夯实信息与通信基础设施,优化完善专业库和工作平台,开展数据集成与应用集成系统建设,强化信息运维服务保障,为油田勘探、开发、经营、管理主营业务发展起到了显著明显支撑作用。

#### 3.1.4.1 网络通信

"大网络"融合光缆、电缆、卫星、网桥、4G、WiFi 等多种传输方式,光缆总长 6000km,网络设备约 4000 套,卫星网小站 133 套,卫星电话数十部,网络中继站及弱电间 100 多座,网络用户 35000 多个、WiFi 网络用户 40000 多个,语音网用户 20000 多线,网络通信业务遍布油田探区,拓展了甲乙方员工生产、生活的新时空。

#### 3.1.4.2 数据中心

数据中心机房现有服务器 275 台、小型机 26 台、存储总容量 1.18PB,托管 14 家单位 152 台套设备,建立了油田统一的信息运维监控平台,实现了对油田中心机房服务器、数据库、存储、网络、场地设备及应用系统的 7×24h 自动监控和联动报警,"770"运维调度中心以智能化监控预警为手段,打造了信息服务专业化的新品牌。

#### 3.1.4.3 专业数据库

坚持采集、管理、应用、历史资源"四位一体"建设原则,建成和完善 24 个勘探开发专业数据库,数据总量达 342.48TB,结构化数据 3.86 亿条,文档 3081.1737 万份,为精细研究、精准管控、科学决策提供数据支撑。建成和完善 24 个业务工作平台,发布了《塔里木油田公司信息运维管理办法》《专业数据库数据采集规范》。信息系统集成门户、生产指挥系统、一体化数字井史、数字油田搜索引擎等系统，实现了跨专业、跨系统融合访问，开辟了提升数据价值、方便用户使用的新途径。

#### 3.1.4.4 总部系统推广

以 A1、A2 为基础开展深化应用，初步建成软件、硬件、数据和成果共享的协同研究环境。以承担国家油气供应物联网应用示范工程、中国石油天然气集团公司油气生产物联网为契机，推广了 A4、A5 系统，开展了基于 A12、A11、B8 的油气勘探、生产、储运、炼化、销售物联网建设，搭建规范、统一的管控平台，开启了勘探、生产、储运、炼化、销售生产智能化管控的新阶段。ERP 系统覆盖油田勘探、评价、开发、生产、储运、销售六大业务，围绕六条管理主线，构建了"人、财、物、供、产、销"闭环管理的新体系。

#### 3.1.4.5 软件开发技术

软件开发技术采用统一的数据库（Oracle 系列）和国际主流语言（C#、Java），采用 B/S 三层技术架构实现基于浏览器的瘦客户端、胖服务器应用模式，实现统一用户管理、统一权限认证管理、统一数据采集、存储与备份、统一功能集成、统一消息提醒与业务审批，开发了支持 Android、IOS 等平台的手机和平板的 APP，提升了用户体验和工作效率。

## 3.2 工程技术发展历程

### 3.2.1 钻井技术

#### 3.2.1.1 中深层钻探阶段（1989—2000 年）

以轮南油田、塔中 4 油田、哈得油田为代表，井深小于 5000m、温度小于 110℃、压力小于 50MPa。沙漠钻井技术的配套完善，推动了塔中油田的重大发现；薄砂层水平井、双台阶水平井和丛式井技术的应用，打出了塔中 4 油田"五朵金花"，解放了哈得油田 0.5m 超薄储层，助推油田油气产量突破 $500 \times 10^4$t。

#### 3.2.1.2 深层钻探阶段（2001—2008 年）

以克拉 2 气田、迪那 2 气田为代表，井深小于 6000m、温度小于 135℃、压力小于 105MPa。盐膏层钻井技术的突破、垂直钻井技术的引进、PDC 钻头的推广，推动了克拉 2 气田、迪那 2 气田的重大发现和规模开发，促成了西气东输工程建设，油气当量突破 $2000 \times 10^4$t。

#### 3.2.1.3 超深层钻探阶段（2009 年至今）

以克深气田、大北气田为代表，井深 6000～8300m、温度 150～200℃、压力 110～140MP。塔标Ⅱ井身结构、垂直钻井技术、油基钻井液体系、个性化 PDC 钻头等技术的集成与工业化应用，实现了库车前陆区深层—超深层领域的持续突破；塔标Ⅲ井身结构、大扭矩长寿命螺杆 +PDC 钻头、扭力冲击器 + 高效 PDC 钻头等技术的集成与工业化应用，实现了台盆区碳酸盐岩油田"一井多靶"和钻井速度的大幅提升，建成 $2500 \times 10^4$t 大油气田。

### 3.2.2 试油完井技术

#### 3.2.2.1 钻杆中途测试（DST）技术发展完善阶段（1989—1996 年）

塔里木油田从会战开始就发展了以 DST 为代表的现代试油技术，形成了以裸眼中途测试技术为主的测试技术系列，实现了轮南 59 井 5368～5393m 井段日产气 $118 \times 10^4 m^3$、日产油 98.8$m^3$ 的快速测试。

##### 3.2.2.2 高压油气井测试技术引进阶段（1997—2000 年）

为应对地层压力逐渐升高的工况，引进了 APR 测试工艺，配置了 105MPa 高压地面流程，形成了井口压力 70MPa、日产气 $300 \times 10^4 m^3$ 的完井试气技术，满足了克拉 2 气田的勘探需要。

##### 3.2.2.3 高温高压和碳酸盐岩储层试油技术攻关阶段（2001—2006 年）

通过开展管柱力学研究和井筒安全性评价、优选测试工作液体系、超高压射孔器材国产化等一系列技术攻关，基本形成了高温高压和碳酸盐岩储层试油技术，为迪那 2 砂岩和台盆区海相碳酸盐岩储量快速增长提供了技术支撑。

##### 3.2.2.4 超深高温高压油气井测试技术配套完善阶段（2007 年至今）

2007 年大北 3 井完井测试获 $48 \times 10^4 m^3/d$ 高产工业气流，井口压力达到 64MPa，折算地层压力 120MPa，标志着塔里木油田进入了超深超高压高温测试阶段。通过耐高温中高密度试油工作液体系、试油—完井一体化、超深超高压高温气井资料录取及试油安全生产系统等系列技术攻关与配套完善，形成了超深高温高压油气井测试配套技术，创造了测试最大深度 8038m、最高地层压力 156MPa、最高温度 190℃等多项纪录。

### 3.2.3 储层改造技术

#### 3.2.3.1 缝洞型碳酸盐岩储层改造技术

（1）小规模酸化阶段（1989—1995 年）。

轮南 1 井的酸化作业揭开了碳酸盐岩储层改造工作的序幕，由于初期受液体技术、工艺方法及施工装备的限制，主要以常规解堵酸化为主，平均用酸量低于 100$m^3$，施工排量小于 2$m^3$/min。

（2）复合改造阶段（1996—2008 年）。

"九五"初期，建立了碳酸盐岩储层"大排量—高泵压—大液量"的酸压改造新理念，之后逐渐发展形成了以胶凝酸酸液体系为主的前置液酸压、多级注入酸压、多级注入＋闭合酸化等储层改造系列工艺技术。2005 年，塔中 82 井采用变黏酸酸压获得高产，证实了地质学家对塔中 I 号坡折带奥陶系礁滩体整体含油的科学推论，该井的地质突破被美国《勘探者》杂志评为 2005 年全球重大油气勘探新发现之一。

（3）水平井分段改造阶段（2008—2014 年）。

为了提高单井产能，塔中碳酸盐岩储层探索了穿越多串珠的水平井开发模式，2008 年，借鉴国外水平井分段改造技术，在塔中 62-6H 井、塔中 62-7H 井实施"遇油膨胀封隔器＋滑套"分段酸压改造并获得高产。为了降低成本，引进了国产全通径裸眼分段改造工具并在中古 518 井试验成功，之后在塔中地区进行全面推广，与进口工具相比单段成本平均节约 39.6%。

（4）基于 VSP+ 远探测的"多手段、多精度"储层评估方法和"多元化"酸压改造阶段（2015 年至今）。

结合地质研究、三维地震及垂向地震剖面、钻录井显示、常规测井解释及远探测声波与测试资料五位一体、动静结合的改造前综合地质评估技术，对缝洞的探测精度提高到10m级，实现对井筒及井周缝洞空间展布的有效预测，有效支撑碳酸盐岩精细选层和设计优化。结合"断溶体"地质认识，形成"多元化"酸压改造模式。

### 3.2.3.2 低孔裂缝性致密砂岩储层缝网改造技术

（1）探索阶段（2009年以前）。

迪那2气田开发初期储层改造主要采用小规模酸化（压）改造工艺技术，由于普遍高含$CO_2$（最高含量4.86%），需要使用超级13Cr完井管柱，常规酸化缓蚀剂对管材腐蚀严重。通过研究认识到天然裂缝是迪那区块、大北区块、克深区块产能的主控因素，之后储层改造目标由"基质酸化"转向"疏通天然裂缝"，为此研发了针对超级13Cr油管的专用酸化缓蚀剂，形成了低腐蚀、低摩阻、缓速性能好的有机复合土酸酸液体系，配套了黏性暂堵网络酸化（压）工艺，实现迪那2气田的高效开发，平均单井日产气从$48.7 \times 10^4 m^3$上升至$75.2 \times 10^4 m^3$，提高54.4%。

（2）发展阶段（2009—2012年）。

超深、超高压、高地应力是大北、克深区块实现规模加砂和大幅度提高单井产能的障碍，经过优化设计、研发压裂液、优化配置大通径管柱、配套超高压地面设备、完善现场质量控制流程，初步形成"六位一体"的加砂压裂技术，探索了套管封隔器＋滑套分层改造工艺，开展了6井16层次的加砂压裂先导性试验均获得成功，标志着塔里木油田具备井深7000m、泵压140MPa、单层加砂$50m^3$以上的压裂施工能力。

（3）配套阶段（2013年至今）。

针对常规改造工艺提产幅度有限，机械分层工艺在超深井应用风险大的难题，借鉴页岩储层体积改造理念，通过多年持续攻关研究，创新形成了超高压高温裂缝性低孔砂岩储层缝网改造技术（缝网酸压工艺技术和缝网压裂工艺技术）并规模化应用，实现了克深8、克深9等超深气田效益建产。

### 3.2.4 采油气技术

### 3.2.4.1 采油技术

1991年第一口电泵井在LN2-3-4井试验成功，拉开了塔里木油田电泵生产的序幕，经过多年探索形成了电泵井综合防砂技术、电泵防垢和防硫化氢技术、稠油电泵采油技术、井下气体处理器技术、电泵井测压技术、电泵机组防掉等电泵采油配套技术。

1992年在轮南油田LN2-23-3井试验半闭式气举双管管柱采油，试验一次成功，并且经过近30年的不断实践、研究、创新，形成了双管气举技术、邻井气气举排水采气技术、注气助推柱塞气举技术、气举排液技术等气举配套技术。

1994年轮南44井有杆泵采油试验成功，拉开了塔里木油田抽油机生产的序幕，结合老油田比较成熟的工艺技术，经过近30年的发展形成了远程数据采集与监控系统技术、空心抽油杆加热开采稠油技术、油管锚锚定技术、防偏磨技术、超深抽工艺技术、偏心测试技术、有杆泵稠油复合举升技术等具有塔里木油田特色的有杆泵深抽工艺配套技术。

2000年以前的注水均是笼统注水和对应注水，基本满足碎屑岩油藏开发的需求。2000年后随着轮南油田等老油田的不断开发，层间矛盾和层内矛盾日益突出，2002年试验同心分层注水技术和液力助捞技术，试验效果差，并因地层亏空过大，配水芯子未捞出导致试验停滞。2009 年在中国石油天然气集团公司新技术推广应用项目的推动下，油田重启超深井分层注水技术的攻关，形成了针对直井的偏心分层注水工艺，针对哈得双台阶水平井的集成式同心分层注水工艺，并配套形成了可洗井封隔器技术、分层注水测调技术、注水井洗井技术、分层注水井不动管柱酸化技术。

2013 年为解决塔里木油田碎屑岩主力油藏因油藏超深、高温、高盐等影响导致的提高采收率技术不配套问题，在东河 1C Ⅲ油藏开展了注天然气驱开发试验，试验效果较好，并且配套形成了注气井及受效井完整性评估技术、高气液比人工举升技术。

### 3.2.4.2 采气技术

（1）准高压和高压阶段（1998—2005 年）。

以牙哈凝析气田、克拉 2 气田、英买力凝析气田为代表，井深 3700～5500m，压力 55～74MPa，温度 110～130℃。形成了负压射孔完井一次完井工艺技术、油管柱腐蚀评价与选材技术、7in 大尺寸油管井完井及采气工艺技术、高压气井全通径射孔工艺技术、高温高压气井油管柱失效分析及风险评估技术、高压气井带压更换井口技术等六大特色采油气特色工艺技术，新技术新工艺的发展和配套完善确保了西气东输初期主力气田的开发。

（2）超高压准高温阶段（2006—2009 年）。

以迪那 2 凝析气田为代表，井深 5500～6000m，地层压力 105MPa，温度 135℃。该阶段气藏的开发工况苛刻，储层超高压、$CO_2$ 严重腐蚀环境及裂缝性砂岩储层自然产能低的问题对采油气工艺提出严峻挑战。经过技术攻关形成了高压气井负压射孔—酸化—完井一次完井工艺技术、超高压气井大跨度全通径射孔工艺技术、裂缝性砂岩储层缝网酸压工艺技术、高压气井完井质量控制技术、高压气井完整性技术、高压气井 7in 套管井修井工艺技术等，苛刻的工况促使新工艺、新技术不断涌现，逐步形成具有塔里木特色的超高压气井采气工艺技术。

（3）超深超高压高温——三超阶段（2010 年至今）。

以大北气田、克深气田、博孜气田为代表，井深 6500～8100m，压力 120～138MPa，温度 160～187℃。更加苛刻的井况对采油气工艺提出严峻挑战，经过探索初步形成了高压气井完整性技术、高压气井先射孔再下改造完井的二次完井工艺、高含蜡气井清防蜡工艺技术、高压气井井筒解堵工艺技术、高压气井小井眼修井工艺技术等，保障了此类气田的高效开发。

### 3.2.5 地面工程技术

#### 3.2.5.1 原油处理阶段（1992—1999 年）

1992 年 5 月建成投产的轮一联合站，标志着轮南油田正式步入开发阶段，原油处理工艺采用两段热化学沉降脱水工艺。

1994 年投产的东一联合站，全面采用橇装化设计，达到当时国际先进自动化水平，成为国内首座高度自动化的样板油田。

1997 年投产的塔中 4 联合站，是我国首座沙漠腹地的大型现代化联合站，同步建设的外输管线、沙漠公路，确保了塔克拉玛干沙漠中心地带的油气田高效开发。

### 3.2.5.2 天然气处理阶段（2000 年至今）

2000 年 10 月 31 日投产的牙哈凝析气田，天然气处理采用 "J-T 阀节流制冷 + 乙二醇防冻"脱水脱烃工艺，成为塔里木高压凝析气田的经典流程。

2004 年克拉 2 中央处理厂投产，地面集输管线在国内陆上首次大规模使用 2205 双相不锈钢，处理规模达到 $3000 \times 10^4 m^3/d$，是当时国内最大的天然气处理厂。

2009 年投产的迪那处理厂，处理规模达到 $1600 \times 10^4 m^3/d$，是继克拉 2 和英买力等气田之后的又一大主力气田，是国内最大的凝析气田，它的产能建设使塔里木天然气产量稳步超过 $200 \times 10^8 m^3$。

2015 年投产的克深处理厂，单套处理规模达到 $1000 \times 10^4 m^3/d$，为目前国内最大的单套天然气处理装置。

### 3.2.5.3 天然气深度回收

塔里木油田的部分凝析气田天然气处理厂的脱烃装置回收深度仅为满足外输气烃露点要求，轻烃回收率低，还有大量轻烃资源未回收利用，而这些轻烃资源具有较高附加值。为了提高经济效益，在轮南集中建设轻烃回收厂，并于 2017 年 8 月 30 日建成投产。

轮南轻烃回收厂建有两列 $1500 \times 10^4 m^3/d$ 的处理装置，年处理规模为 $100 \times 10^8 m^3$，生产液态烃产品 $45 \times 10^4 t/a$，是目前我国最大的天然气深冷装置。主体工艺采用"磁悬浮透平膨胀制冷 + 优化的 DHX 轻烃深冷回收"工艺，$C_3$ 收率达到 96% 以上，并进一步推进后续塔里木油田乙烷回收及乙烷制乙烯项目的建设，形成上下游一体化格局。

### 3.2.6 信息通信技术

#### 3.2.6.1 网络通信

塔里木油田的网络通信技术历经了人工交换、程控交换、UC 平台、微波、卫星、SDH、OTN 等阶段，主要体现在四个阶段的高速发展。

（1）1989 年 4 月成立通信站，为油田勘探开发业务提供基本通信手段，1995 年油田通信网交换设备已全部实现程控化，现代化通信基本形成。

（2）1996 年建成基地至轮南诺基亚光传输系统，传输带宽 140Mb；2005 年 10 月引进美国 Linkstar 卫星系统，建设了 30 座卫星小站；引进中兴 SDH 光传输系统，带宽由 140Mb 升级到 2.5Gb，2016 年 11 月 SDH 系统升级到 10Gb。卫星网络、光传输覆盖全探区。

（3）2012 年，塔里木油田办公网、生产网、公共信息网"三网分离"，用户总量超过 4 万个。2014 年语音通信网升级为华为统一通信（UC）平台，并与油田办公网融合。三网分离解决了信息高速共享与安全保密的矛盾。

（4）2018 年 6 月建成覆盖全油田的华为 $40 \times 10Gb$ OTN 传送平台，用户接入为 1 个波道 10Gb 带宽，进入 OTN 光传输先进网络时代。

#### 3.2.6.2 信息化

塔里木油田公司自 1989 年成立以来，油田公司信息化建设经历了单机应用、分散建设、集中建设、集成应用、共享服务五个阶段，大体可以归纳为两个方面。

（1）基础设施及信息技术历经了飞跃式发展。

网络、存储容量、服务器计算能力、部署架构、应用接口、应用模式、数据库管理、数据共享模式、数据容灾备份、应用集成、平台技术、应用监控、源代码管理等技术飞速发展，历经了单机应用、分散数据库建设、企业信息系统全面建设三个阶段。

（2）大数据、云计算、虚拟化、物联网等技术开启智慧油田新征程。

2008—2015年油田公司整合数字油田项目组和油田信息中心成立信息管理部，信息化建设进入集成应用阶段。2012—2013年，实现了三大主力勘探区块地震地质协同研究全覆盖，油气生产物联网试点，国家油气供应物联网示范工程项目开工建设。2016—2018年，油田公司以实现油区物联化、机房云端化、服务专业化、数据知识化、科研协同化、生产智能化、管理融合化、决策一体化为具体建设目标，迈向共享服务阶段，开启建设智能油田的新征程。

## 3.3 工程技术及应用成果

### 3.3.1 钻井技术

#### 3.3.1.1 超深复杂地层井身结构优化设计技术

在塔里木油田勘探开发初期，采用API标准5层套管结构基本满足中深层、深层钻探需要，随着勘探目标向克深2等超深层领域的发展，库车前陆区盐层埋深大幅增加（盐顶＞5000m），必封点由3个增加至4个或5个，深层盐层套管抗外挤要求更高，为此，从2003年开始，经过不断的优化、完善和配套，形成了塔标Ⅱ五开结构（$20in \times 14^3/_8in \times 10^3/_4in \times 8^1/_8in \times 5^1/_2in$）和塔标Ⅱ-B六开结构（$24in \times 18^5/_8in \times 14^3/_8in \times 10^3/_4in \times 8^1/_8in \times 5^1/_2in$），目前已全面推广，最大完钻深度8098m（克深21井）。

台盆区碳酸盐岩储层前期采用塔标Ⅰ四开结构（$13^3/_8in \times 9^7/_8in \times 7in \times 5in$），单井成本高，后期开窗侧钻难度大，井深超7000m后钻具抗拉强度不足。从2009年开始，开发了塔标Ⅲ三开结构（$10^3/_4in \times 7^7/_8in \times 5^1/_2in$），钻探能力提升至7700m，且利于后期侧钻，单井成本降低20%以上。

#### 3.3.1.2 超深复杂地层钻井提速技术

（1）高陡构造垂直钻井技术。

高陡构造防斜与加大钻压之间的矛盾一直是制约库车前陆区钻井提速的瓶颈之一，从1993年开始，先后探索了钟摆、偏轴、地面移位等多种防斜打快技术，均未能从根本上解决问题。从2004年开始，引进和工业化应用了Power-V等国外垂直钻井系统，成为塔里木油田乃至国内高陡构造提速标配技术。国外垂直钻井技术的应用促进了国产垂直钻井系统的发展进程，2011年开始，中国石油集团渤海钻探工程有限公司（简称渤海钻探）、中国石油集团西部钻探工程有限公司（简称西部钻探）先后开展了国产垂直钻井系统研发和现场试验，已应用40余井次，综合应用性能正逐渐接近国际先进水平。

（2）复合盐膏层安全快速钻井技术。

1986年南喀1井首次钻遇盐膏层并认识到盐膏层的危害以后，开展了一系列的攻关和实践，形成了水基、油基、有机盐三套高密度（2.60g/cm³）、抗高温（220℃）、抗盐钻井液体系，实践总结出了6种盐底岩性组合模式，配合元素录井、小井眼试钻等技术手段卡层，盐膏层钻井周期由150天左右降至50天左右。

（3）台盆区二开长裸眼快速钻进技术。

台盆区采用塔标Ⅲ井身结构时，二开井段需要穿越10余个层系，裸眼段长达

5000～6000m，且中深部二叠系火成岩、玄武岩和石炭系砂砾岩发育，可钻性差，是制约全井提速的瓶颈之一。通过对提速工具的评价和现场试验，形成了"上部新近系—侏罗系4个层系采用8in大功率螺杆+PDC钻头1趟钻完成、下部三叠系—奥陶系6个层系采用扭力冲击器+高效PDC 2趟钻完成"提速模板，哈拉哈塘地区钻井周期由200天左右降至90天以内。

#### 3.3.1.3　深井超深井水平井钻井技术

（1）薄砂层水平井钻井技术。

哈得4油田超薄储层（0.5～1.5m）采用直井开发单井产量低、效益差，初期采用"导眼校深、精细录井"为主的螺杆+MWD常规水平井技术，井眼轨迹控制难度大、着陆难、易出靶、储层钻遇率低。通过攻关与实践，形成了以"旋转地质导向"为主的水平井钻井技术，储层钻遇率由55.4%提至99.5%。

（2）中深层盐下水平井钻井技术。

针对英买7区块发育"大底水、中部薄油环、顶部气层"的油藏特征，按照"先期采薄油环、后期采顶部气"的思路，2006年提出了水平井开发方式，因盐底与储层顶垂距短（30m），必须在盐层定向钻进，施工难度极大。通过优化钻井液密度、优化井斜方位和井眼轨迹、优选高钢级厚壁套管封盐等措施，攻克了盐下水平井钻井难题，英买7区块共实施盐下水平井7口，成功率100%。

（3）超深缝洞型碳酸盐岩水平井钻井技术。

2003年塔中1号凝析气田由"一井一串珠"的直井开发转变为"一井多串珠"的水平井开发方式，针对储层非均质性强、压力敏感、高含硫化氢等难点，依靠"精细缝洞雕刻、精准靶点预测"的手段，采用"地质导向、精细控压"地质工程一体化技术实施水平井30口，成功穿越多个缝洞系统，优质储层钻遇率由初期的27.1%上升为44.9%，钻井成功率由45%上升至91%。

#### 3.3.1.4　深井超深井钻井液技术

油田勘探初期，钻井液体系主要依靠国外引进，从1993年开始，逐渐开展了钻井液技术的研究、实践，至2008年基本形成了台盆区砂岩储层以蔽暂堵钻井液为主和碳酸盐岩储层以无固相钻井液为主、山地高压气层以聚合醇稀硅酸盐钻井液为主、塔西南柯克亚凝析气田以油基钻井液为主的保护油气层钻井液技术格局。2008年至今，升级了一套抗高温高密度聚磺水基钻井液体系，引进消化再创新了一套抗高温高密度油基钻井液体系，研发了一套抗高温高密度有机盐钻井液体系和全阳离子钻井液体系，形成了以抗高温高密度油基钻井液为主体，长裸眼井壁稳定、高密度防漏堵漏、裂缝性致密砂岩储层保护等配套的深井超深井钻井液技术系列，克深2区块盐膏层段应用抗高温高密度油基钻井液体系，事故复杂时效由10.94%降至4.56%。

#### 3.3.1.5　深井超深井固井技术

油田勘探初期，固井水泥外加剂体系主要依靠国外引进，1996年国产OMEX水泥外加剂体系试验成功，但主要在表层和技术套管固井应用。2001年开始，淡水水泥浆主要使用国产LANDY外加剂体系，在柯深102井成功试验了国产高密度水泥外加剂体系。2003年开始普遍使用国产水泥外加剂体系，同时引进和试验一些国外公司的特殊水泥外加剂体系。"十二五"以来，针对库车前陆区高温高密度固井和台盆区长裸眼固井的需求，在优选引进高密度加重剂、大温差缓凝剂、国产漂珠等外加剂、外掺剂的基础上，形成了高温（180℃）高密度（2.75g/cm³）、常规密度大温差（耐温200℃，温差80～120℃）、低密度大温差等一系列水泥浆体系，配套了超重大尺寸长裸眼下套管、超深大尺寸套管双级全封固井、盐层窄密度窗口固井、高压气层固井、老区碎屑岩固井等工艺技术，创造了下套管最大浮重529t（博孜101井）等多项固井施工国内新纪录。

### 3.3.1.6 深井超深井钻井装备配套技术

（1）深井超深井钻机配套技术。

会战初期，全国的深井钻机会聚塔里木，基本上全是进口钻机，如美国E2100、C-II-2型7000m电动钻机和C-III-2型9000m电动钻机，罗马尼亚F320型6000m和F400型7000m机械钻机。

随着勘探进程发展已逐步不能满足油田深井超深井钻井的需要，在集团公司的组织下开展了一系列钻机改造与国产化研制。

① 常规钻机进沙漠改造技术。

针对常规钻机进沙漠腹地钻井遇到的春季风沙大、夏季炎热、冬季寒冷等一系列技术难题，组织对钻机及其附属主要部件如电磁刹车冷却系统、柴油机电机进风系统等的技术改造，形成塔里木盆地沙漠腹地钻井装备综合配套技术，确保了常规钻机在沙漠腹地的正常作业。

② "八五"科技攻关研制国产沙漠钻井设备。

"八五"期间中国石油天然气总公司牵头组织塔里木油田、国内科研院所及厂家研制国内第一台沙漠电动钻机ZJ70DS、沙漠修井机XJ-1500及沙漠橇装固井机（80MPa），于1995年陆续投入运行。

③ 8000m钻机研制。

针对7000m钻机在库车地区深井难以胜任大口径套管下深的需要，组织国内厂家研制并配套两种系列20多部8000m新系列钻机，成功解决了库车地区超深井大口径套管承载的需要，比9000m钻机节省了可观的费用。

④ 四单根立柱9000m钻机的研制。

针对库车地区井下复杂、事故率高、报废井时有发生及进一步提高钻井时效，中国石油及塔里木油田工程技术行业专家敢于打破常规，走前人没有走过的路，首次提出并研制成功陆地四单根立柱9000m钻机，解决常规三单根立柱钻机难以胜任复杂地层安全钻进及提速提效的技术瓶颈，打成了常规钻机难以打成的井，提速效果显著。

（2）高性能钻具技术。

2005年以前油田主要采用API标准钻具，随钻探深度、难度的不断加大，钻具的抗拉强度、抗扭强度不足，钻具失效时有发生。2005年开始，塔里木油田引进了$5\frac{7}{8}$in高强度钻杆，研发了5in塔标钻杆（钻杆疲劳寿命提升97%）、$5\frac{1}{2}$in165K高钢级钻杆、$4\frac{3}{4}$in高抗扭双台肩钻具、非标小接头钻杆（4in、$3\frac{1}{2}$in、$2\frac{7}{8}$in），逐步形成了高性能钻具系列，极大提升了钻具的安全性。

### 3.3.1.7　深井超深井钻井井控技术

会战初期，根据甲乙方管理体制的特点，甲方井控工作的重点主要放在安全监管方面，这个阶段是井喷高发生期，平均每年一次。2001 年迪那 2 井的井喷失控着火事故发生后，油田井控工作迅速转移到以油田公司为主导的管理模式，开展了一系列井控装备、井控技术的研究，突出加强以井控安全为核心的安全生产管理，树立了"发现溢流立即关井、怀疑溢流关井检查"的积极井控理念，强化井在任何情况下都是可控的思想，大力实施全井筒、全过程、全生命周期井控管理，创新形成了统一井控管理、统一井控标准、统一井控装备、统一井控应急的"四统一"井控管理模式，确保油田连续 12 年无井喷失控事故发生。

### 3.3.2　试油完井技术

#### 3.3.2.1　管柱配置与校核技术

（1）超深高温高压气井管柱配置技术。

针对超深高温高压气井测试工具易失效问题，通过增加一个替液阀两个备份阀，定制加强型 RDS/RD 循环阀（强度提高 30%），提升 RTTS 封隔器抗高温、高压差的能力，优化配置了"RDS+RDS+RD+ 液压循环阀 +E 型阀 +RTTS 封隔器"五阀一封全通径测试管柱，实现解封、压井多重保险，测试成功率由 76% 提高到 92%；同时根据不同改造规模需要，配置了以"气密封油管、超高压安全阀、永久式封隔器"为核心的 3 套改造—完井—投产一体化管柱，保障长期生产安全，一次投产成功率由 80% 提高到 93%。

（2）台盆区碳酸盐岩多功能管柱配置技术。

为缩短超深高含 $H_2S$ 碳酸盐岩井作业周期，研发了可回插封隔器、多次开关滑套等工具，把射孔、测试、封堵、完井工作合为一体，形成四套试油完井一体化管柱，累计推广应用 1000 余井次，平均试油完井周期由 34 天降至 22 天。

（3）井筒评价技术。

针对套管磨损变形井的工况，结合井完整性技术，形成了以地层评价、井筒评价、井口评价为核心的作业前井筒评价技术体系，为计算最低替液密度、最高套管压力、是否需要回接套管等提供了科学指导和依据，保障了野云 2、羊塔 8、大北 3、迪那 3 等超深高温高压套管磨损严重井的安全试油。

（4）管柱力学校核技术。

为保障管柱配置安全可靠，以温度、鼓胀、活塞和螺旋弯曲力学效应为基础，建立了一套超深井三轴管柱力学校核方法，优化管柱配置和施工参数，同时综合考虑高温对屈服强度的折减、接箍压缩效率、温度效应等因素影响，实现精细校核，在库车前陆区已成功应用 100 余井次。

#### 3.3.2.2　高温高压射孔技术

（1）射孔爆轰模拟技术。

通过井下振动测试器的研发，实测发现了射孔瞬间产生的动态负压是高温高压下射孔测试联作卡钻事故的主控因素；研发了射孔爆轰模拟软件，具有判断是否具备联作条件、优化管柱配置与施工参数等功能，近 3 年共应用 62 井次，成功率 100%。

（2）耐高温高压国产化射孔器材。

通过采用氟橡胶密封件，设计 H 形密封结构，优选高强度低合金钢，使国产射孔枪耐压由 173MPa 提高到 210MPa；研发 HNS 耐高温耐高压火工器材，国产 127 型射孔弹最大穿深由 550mm 提高到 1090mm。高温高压国产化射孔器材应用 100 余井次，成功率 100%，节约资金 1.6 亿元，克深 134 井创造了 183.5MPa 的国内射孔作业最高施工压力纪录。

### 3.3.2.3 耐高温试油工作液技术

为应对高温深井长时间测试试油工作液易沉降堵塞井筒的难题，在现有钻井液体系的基础上，通过降低固相颗粒含量、优化油基主辅乳化剂用量、优化重晶石颗粒粒径等手段，研发并推广了 UDM-T1、UDM-T2、UDM-T3 三套抗高温试油工作液体系，沉降稳定性达到了 15 天不沉降，满足了长时间测试的需要。

### 3.3.2.4 试油完井井控工艺技术

（1）安全快速换装井口技术。

通过研发油管内堵塞阀、上钻台采油树和钻采一体化四通，配套了标准化作业流程，形成了超深高温高含硫试油完井井控技术，缩减了工序，实现了钻井转试油换装井口期间的全过程受控，累计应用 2000 余井次，施工成功率 100%。

（2）液面监测预警技术。

针对常规液面监测不准确、成本高等不足，引进采用氮气做动力发出声呐脉冲波，通过环空传至井下液面、计算机定时接收脉冲波信号，进而计算液面深度，实现实时监控液面的井下液面监测仪，结合静止、起钻等不同工况下的吊灌技术措施，保障了井控安全。

### 3.3.2.5 高压地面测试流程

配套形成Ⅲ类（35MPa）、Ⅱ类（70MPa）、Ⅰ类（105MPa）、超Ⅰ类（140MPa）四套多级油嘴节流排污控制系统。其中，超Ⅰ类 140MPa 超高压油气井地面测试流程具备压力级别高、耐冲蚀能力强、可靠性更高、安全风险低、可远程监控等特点。已经完成 121 口井的应用，创下了最高井口关井压力 117MPa（克深 134 井）、最高产量 $120 \times 10^4 m^3/d$（克深 8-2 井）等施工记录。

### 3.3.2.6 超深高温高压气井资料录取技术

为满足高温、高压、高 $CO_2$ 分压和高 $Cl^-$ 的工况，形成了以 DPT 投捞测试为主体、光纤永久监测为辅助的超深高温高压气井资料录取技术，在克深 2、克深 8、克深 5、克深 6、大北等区块应用，实现了不压井作业条件下资料的录取，创造了压力计下深 7189m（克深 102 井）、井口作业压力 89.2MPa（克深 8-11 井）、连续录取时间 52 天（克深 506 井）等作业施工纪录。

## 3.3.3 储层改造技术及应用成果

### 3.3.3.1 缝洞型碳酸盐岩储层改造技术

针对缝洞型碳酸盐岩储层埋藏深、温度高、非均质性强、缝洞关系复杂等改造难题，按照"造长缝、低伤害、高导流、长稳产"的原则，制订了以储层精细评估为基础，以沟通缝洞发育带为目标，以提高单井产量为目的的攻关思路，研究建立了1套压前评估方法，研发了7套改造工作液体系，配套了5套多元化改造工艺，满足了油田碳酸盐岩储层勘探开发的需要。

（1）压前评估方法。

结合地质研究、三维地震及垂向地震剖面、钻录井显示、常规测井解释及远探测声波与测试资料五位一体、动静结合的改造前综合地质评估技术，对缝洞的探测精度提高到10m级，实现对井筒及井周缝洞空间展布的有效预测，有效支撑碳酸盐岩精细选层和设计优化。

（2）改造工作液体系。

针对常规盐酸体系存在黏度低、耐温性差、与地层岩石反应较快、无法实现深穿透等问题，研究了具有缓速、降滤、深穿透特点的温控变黏酸、地面交联酸、自生酸体系。为了降低酸压前置液对储层的伤害及成本，研发了低伤害超级瓜尔胶压裂液体系、黄胞胶压裂液体系。

（3）改造工艺技术。

① 垂向酸化技术。

利用井眼在有利储层顶部，同时酸液具有向地层下部穿透的能力，以最大化的沟通井眼附近储集体，适用于物探解释为强"串珠"状反射区，钻、录井显示好，有一定微漏，而又未钻穿缝洞体的井，一般单井酸液用量80～150m³。

② 深度酸压工艺技术。

利用非反应性压裂液与各种高黏酸液和低黏酸液的黏度差形成"指进"达到非均匀刻蚀的目的，形成较长的且导流能力较高的酸蚀裂缝来提高酸压效果，适用于实测井眼偏离物探解释为强"串珠"状反射区，与储集体缝洞系统连通性差但天然裂缝走向与最大主应力方位一致的储层井，一般多级交替注入，单井液体规模为400～600m³，施工排量5～6m³/min。

③ 转向酸压技术。

核心是使人工裂缝的延伸方向发生偏转或者改变酸岩反应介质，其基本原理就是采用某种物质强行阻挡裂缝的延伸方向或者隔离酸液与岩石的接触面积，主要有纤维暂堵转向酸压工艺和清洁自转向酸压工艺两种，适用于实测井眼偏离物探解释为强"串珠"状反射特征，且储集体缝洞系统连通性差、天然裂缝方位与地应力匹配关系差的井，一般在两级前置液间注入一定量转向液（纤维转向剂或转向酸）。

④ 加砂压裂/交联酸携砂技术。

适用钻遇地震反射为杂乱反射的裂缝孔洞型储层，为了建立长裂缝及裂缝的长期导流能力，采用压裂液和交联酸造缝、携砂。

⑤ 水平井分段改造技术。

针对水平井钻遇多个缝洞系统，通过综合直井改造及水平井特点，物探预测初步将储层分段，地应力解释判断形成裂缝形态，确定改造模式，根据钻井油气显示和测井资料确定最终分段技术和封隔器封位。形成了"水平井滑套＋封隔器分段酸压"和"裸眼封隔器＋压控式筛管全通径分段酸压"针对性分段改造技术。

### 3.3.3.2　库车山前裂缝性致密砂岩储层缝网改造技术

（1）缝网酸压工艺技术。

该技术是射孔及分级技术、复合液体及泵注技术、转向技术、液体用量设计技术的集成配套，首先利用低黏压裂液沟通和激活天然裂缝网络，再利用酸液溶解缝网中钙质填充物和钻完井液堵塞物建立缝网导流能力，用可降解暂堵转向材料实现缝内液体转向、层间液体转向，最终建造出高质量、大规模油气泄流面积的储层改造工艺技术。缝网酸压技术应用 58 口井，无阻流量由改造前的 $50.1 \times 10^4 \mathrm{m}^3/\mathrm{d}$ 提高到 $273.6 \times 10^4 \mathrm{m}^3/\mathrm{d}$，平均增产 5 倍。

（2）缝网压裂工艺技术。

该技术是可压裂性评估及分级方案设计技术、缝网形态预测技术、液体组合设计技术、纤维转向设计技术、返排控制技术的集成配套，核心是用低黏前置液沟通和激活天然裂缝网络，同时制造人工裂缝，再泵注高黏携砂液支撑压裂缝网，用纤维转向材料实现层间液体转向，最终建立高质量、大规模油气泄流面积的储层改造工艺技术。缝网压裂技术应用 17 口井，无阻流量由改造前的 $42.0 \times 10^4 \mathrm{m}^3/\mathrm{d}$ 提高到 $256.2 \times 10^4 \mathrm{m}^3/\mathrm{d}$，平均增产 6.1 倍。

### 3.3.4　采油气技术及应用成果

#### 3.3.4.1　超深高温高压气井井筒解堵技术

库车山前迪那、克深、大北"三超"气田自开发以来均出现了油压波动、井筒堵塞、井筒堵死关井等现象。因井筒堵塞物原因和堵塞规律不明，无法采取针对性的措施，导致气井寿命缩短，针对该问题展开了长期持续攻关。第一阶段以油管穿孔、放喷冲砂措施为主，第二阶段通过连续油管疏通和研发 CA-5 解堵液体系解堵为主，第三阶段开发了拥有自主知识产权的酸液解堵体系，并形成了井筒酸液解堵、连续油管疏通、酸液解堵配合连续油管疏通三套配套工艺技术。至今该项技术已在库车山前 24 口井中应用，平均油压由 33MPa 恢复至 60MPa，平均无阻流量由 $42 \times 10^4 \mathrm{m}^3/\mathrm{d}$ 恢复至 $144 \times 10^4 \mathrm{m}^3/\mathrm{d}$，井口日产气由 $685 \times 10^4 \mathrm{m}^3$ 恢复至 $1013 \times 10^4 \mathrm{m}^3$，取得极好的经济效益。

#### 3.3.4.2　深井超深井特色机采及配套工艺技术

（1）碳酸盐岩捞—防—酸—抽一体化采油工艺技术。

哈拉哈塘油田生产过程中，尤其在机采阶段，因生产压差加大，地层压力和应力释放导致地层垮塌出砂，严重影响了油井产能。经过探索形成了"捞—防—酸—抽"一体化采油工艺技术，从根本上解决碳酸盐岩油井的垮塌问题，至今该技术共应用近 60 井次，电泵井检泵周期提高 118%，抽油泵井检泵周期提高 294%，累计增油 $6.25 \times 10^4 \mathrm{t}$，节约成本 3.41 亿元。

（2）超深碎屑岩油藏深抽及配套工艺技术。

碎屑岩油田部分油井存在泵效低、地层供液不足等问题，经过探索形成了以大载荷抽油机、高强度抽油杆和新型深井抽油泵组合的原油深抽配套采油工艺技术，平均泵挂深度 2860m，最大下泵深度达 5008m，平均检泵周期 750 天，泵效 65.3%，技术指标达到国内领先水平。

为解决油井出砂严重造成的卡泵，探索形成了泵上防沉砂装置，现场试验 4 口井，检泵周期提升 286%；形成的泵下防砂技术系列，现场试验 7 井次，检泵周期提升 73%。

### 3.3.4.3  深层超深层油藏注水配套技术

（1）超深直井偏心分层注水技术。

轮南油田、哈得油田等主力油田均存在纵向非均质性，笼统注水无法有效改善和提高低渗层的水驱动用程度，开发后期具有实施分层注水的需要。2001—2009 年先后攻关液力投捞同心分注工艺技术、液压减载钢丝投捞偏心分注工艺技术、钢丝投捞偏心分注工艺技术；2010 年引进东部油田偏心分层注水工艺技术，根据深井分层注水的特点联合研发出耐高温高压高矿化度的分层注水偏心配水器和封隔器，突破了分层注水的技术瓶颈，同时配套了 5000m 以内的深井投捞测调工具，并且实现了分注工艺标准化，形成"五项"超深直井的分层注水配套技术及分注作业工艺标准化，成为油田分层注水的主体技术，成功应用 20 余井次，有效改善了层间矛盾。

（2）双台阶水平井同心集成式分层注水技术。

哈得油田双台阶水平井偏心分层注水技术投捞测试成功率低，制约了哈得油田的高效开发。2011—2015 年攻关双台阶水平井同心集成分注工艺，针对 5000m 以上的双台阶水平井自主设计出"水平分注、垂直投捞"的分注工艺，将配水器设计成同心集成配水器（一芯两层），并置于直井段，采用常规钢丝投捞工艺进行测调，填补了超深井特殊井型分层注水工艺的难题，已推广应用 5 口井。

（3）超深碳酸盐岩自流注水技术。

哈拉哈塘油田部分偏远区块油井分散、地面设施不配套、注水管网不完善且位于胡杨林保护区，常规注水替油注入水拉运成本高、环保压力大，严重制约了缝洞型碳酸盐岩油藏高效开发。攻关形成了碳酸盐岩油藏自流注水工艺，创新研发了钢丝投捞和液力投捞两大类自流注水控制阀及液压可取式自验封封隔器，持续优化了自流注水控制阀下深，满足油藏需求的同时，降低了管柱冲蚀穿孔风险，已在哈拉哈塘油田现场试验 2 口井 /4 井次，基本实现多轮次可控自流注水，累计增油 8733t，为国内外同类型碳酸盐岩油藏高效开发提供了新思路。

### 3.3.4.4  复杂深井超深井井下作业技术

（1）超深超高压小井眼修井工艺技术。

随着库车山前超深、超高压气井生产的逐步深入，伴随着油管柱堵塞及井完整性问题出现，许多油井无法正常生产，造成巨大的损失。经过多年的技术攻关及现场应用，形成了成熟的超深超高压小井眼修井技术，该项技术涵盖压井技术、封隔器上部管柱处理技术、封隔器处理技术及封隔器下部管柱处理技术。库车山前高压气井在生产过程中封隔器上部管柱出现堵塞、错断、挤扁及环空埋卡故障，在修井作业中存在较大困难。经现场摸索及实践，形成了针对堵塞井采用连续油管疏通后，再切割封隔器上部管柱的技术，针对错断、挤扁及环空埋卡井形成了一系列套铣、磨铣、打捞倒扣的修井工具和修井技术。连续油管解堵工艺在库车山前"三高气井"，并取得了巨大的成功，且作业后产量与投产初期产量持平，均能有效生产，库车山前连续油管作业技术达到了国际先进水平。

（2）深井超深井套损井治理工艺技术。

塔里木油田各区块逐渐进入开采后期，含水上升，作业次数增多，套管物理破坏、电化学腐蚀加剧，近十几年维护、措施等作业频繁，每年作业井次占总开井数的 50% 左右，套管的物理损坏日益加剧，其中以开发事业部最为严重，现阶段开发事业部综合含水高达78.5%，油田地层水矿化度高（10～29×10$^4$mg/L）、氯离子（12×10$^4$mg/L）和二氧化碳含量高（>10%以上），并且部分碳酸盐岩井硫化氢含量高，导致套管腐蚀极为严重。为解决套损问题，经多年探索形成了8套成熟的套损井治理技术，套损治理成功率高达95%，至今该系列技术已应用超200井次。

### 3.3.5　地面工程技术

经过30年的发展，面对复杂的油气藏特性和恶劣的自然环境，地面工程形成了适应塔里木油气田开发系统的地面处理、集输、生产和管理技术。

#### 3.3.5.1　牙哈高压注气压缩机配套技术

20世纪末，首次批量引进7台高压（52MPa）大排量（50×10$^4$m$^3$/d）往复式注气压缩机及配套设施，成功安装并投用，并在使用过程中不断改进完善。原设计注气9年，截至2018年底已运行18年，单机累计运行时间超过11万小时，积累了大量宝贵的高压注气压缩机使用维修管理经验和做法，并成功指导了东河及牙哈二期高压注气压缩机国产化工作。

#### 3.3.5.2　高压集气、长距离油气混输工艺技术

为简化集输和处理工艺，充分利用地层能量，内部集输采用高压集气、长距离气液混输工艺，并结合凝析气田含液多、流速高、地势起伏大的特点，在处理厂设置段塞流捕集器，解决了长距离混输段塞流问题。英买集输半径最长83km，处理厂采用长度90m、容积320m$^3$段塞流捕集器。迪那处理厂采用段塞流捕集器与分级节流相结合工艺，减小段塞流捕集器容积。迪那段塞流捕集器长度45m，容积92m$^3$。

#### 3.3.5.3　天然气脱汞技术

2005年从克拉发现汞，到克深气田、大北气田高含汞，通过持续多年实验研究，基本掌握汞的分布规律，形成了配套的脱汞工艺及装置检修防护规范等特色技术和标准。

（1）天然气脱汞工艺。

目前天然气脱汞采用两种工艺，低含汞气田（≤380μg/m$^3$）采用低温分离法脱汞工艺，适用于克拉2气田、迪那气田；高含汞气田（>380μg/m$^3$）采用低温分离+吸附法脱汞工艺，适用于克深气田、大北气田。

（2）采出水脱汞工艺。

目前已形成了高效分离、絮凝沉降、气浮及吸附相结合的采出水脱汞工艺，与常规水处理流程一致，脱汞同步脱除水中油、悬浮物、固体杂质，处理后采出水中总汞含量低于5μg/L，其他指标达到回注水水质标准。

（3）乙二醇脱汞工艺。

烃—醇—液三相分离器、富液缓冲罐、回流罐等液相设置多级重力沉降脱汞，回流罐气相设置吸附塔，尾气直接进入低压火炬焚烧。

#### 3.3.5.4　天然气脱蜡技术

克深气田、大北气田投产后因蜡堵不能持续正常生产，经分析化验发现原料气中间组分缺失，并含有多环芳烃类等特殊组分，这种组分的不连续性和特殊性没有先例。针对克

深气田、大北气田含蜡问题，通过开展全流程取样分析，应用相态分布、临界析蜡温度计算等理论工具，轻质油现场加注实验，解决了蜡堵问题，突破性的认识到蜡组分以多环芳烃为主，并基本掌握特殊组分的分布规律。

### 3.3.5.5 碳酸盐岩油气田开发地面技术

碳酸盐岩油气藏具有井间差异性大，平均生产周期短、产量变化快、压力递减快，介质变化快的特点。通过对 531 口单井进行生产规律总结分析，形成了碳酸盐岩集输配套技术，包括："骨架工程先行、单井分期实施"建设模式、"单井气液混输、干线气液分输"集输工艺、气田"前置增压 + 自压外输"压力级制及采出水就地处理回注配套技术。

### 3.3.5.6 高温高压天然气分级脱水工艺技术

常规的"一级预冷 + 低温分离"脱水脱烃工艺，因为在高温高压气田存在乙二醇循环量大、损耗高等问题，通过牙哈气田、迪那气田的不断优化，提出增设空冷器和分水器，形成了适用于高温高压气田的"两级预冷 + 级间脱水"工艺，并在大北气田、克深气田推广应用。

### 3.3.5.7 新材料的运用

塔里木天然气气田属高温、高压、高腐蚀气田，安全风险高，克拉 2、克深、大北、牙哈、迪那 2、塔中等气田选用 22Cr、双金属复合管、柔性复合管及复合板，保障了"三高"气田的安全、高效开发。

（1）双金属复合管技术。

2003 年以来，针对牙哈地面系统油气介质高含二氧化碳及水，造成采油树、地面集输管线的严重腐蚀穿孔问题，在单井集输管线上首次试用碳钢 +316L 复合管技术，取得初步的成效，并在迪那的单井管线进行一定的推广。实践证明，经过焊接工艺的不断改进和完善，机械复合管技术在小口径不需通球的单井管线具有一定的推广价值。后来在克深气田和大北气田大面积推广过程中，特别是大口径集输干线管的使用过程中出现了内覆层塌陷及焊缝腐蚀问题。双金属复合管技术还需要我们进一步的探索和攻关。

（2）双金属复合板压力容器。

为克服碳钢压力容器在克拉地区高压强腐蚀环境的耐蚀问题，综合考虑强度和耐蚀性能，根据壳牌的推荐，首次在克拉批量采用碳钢 +2205 双相不锈双金属复合板压力容器。外部本体用碳钢保证强度，内部覆层用 2205 双相不锈钢保证耐腐蚀性能。但是，由于当时国内制造此类压力容器的业绩较少，经验欠缺，投产初期第六套装置的低温分离器出现了问题。后来碳钢 +2205 双金属复合板压力容器没有在油田大面积推广。

针对迪那碳钢容器与不锈钢管线异种材料接触出现的电位差腐蚀问题，在克深气田和大北气田又陆续采用碳钢 +316L 双金属复合板制作了一批压力容器。经过几年的运行，焊缝先后出现了不同程度的点蚀，针对这种情况，在焊缝上采取了一些优化措施，已取得初步成效。克深二期针对 316L 焊缝的点蚀，将内覆层进行了升级采用 825 镍基材料。

### 3.3.5.8 标准化设计

通过工艺流程标准化、处理装置系列化和辅助单元定型化，形成了 3 个系列的天然气处理装置，11 个辅助生产单元 57 个标准化设计成果，38 项标准化技术规格书，实现克深气田、大北气田、轻烃回收项目地面设计周期缩短 34%。其中辅助生产单元的 57 项标准上升为中国石油天然气股份有限公司标准化成果。

2018年针对碳酸盐岩单井寿命3～5年，常规建设模式与之不适应问题，采用系列化、模块化设计成果，按照EP模式设计成橇一体化，实现中小型站场、单井规模化采购和储备，交井后10天建产。

### 3.3.5.9 地面防腐配套技术

2015—2017年，塔里木油田开始进行缓蚀剂配方自主研发，并基本实现地面集输管线用缓蚀剂的自研、自产、自用的目标，2017年自研缓蚀剂经成果转化，形成了TLM101、TLM201、TLM301三种自研配方产品，在现场地面集输系统中应用了427.66t，占油田地面集输缓蚀剂年用量的46%。2018年，油田自研集输缓蚀剂在油田全面推广应用，截至2018年8月，塔里木油田各作业区地面集输系统已全面应用了油田自研集输缓蚀剂。

### 3.3.6 信息通信技术及应用成果

（1）安全域技术打造油田"大网络"，拓展了沙漠腹地、大山深处新时空。

创建了生产网、办公网、公共信息网"三网"安全域网络体系，建立摆渡区和专线接入区实现网络物理隔离，构建$40 \times 10Gb$ OTN传送平台，SDH主干网络带宽达到10Gb，卫星通信带宽13.5Mb。"大网络"融合光缆、卫星、网桥、4G、WiFi等多种传输方式，实现了信息网络主干双核心双万兆、千兆到桌面，油田互联网出口总带宽3.5Gb，至中国石油总部出口带宽622Mb + 155Mb，覆盖全油田角角落落。

（2）虚拟化技术重构了基础设施资源，形成了平稳运行新环境。

采用服务器虚拟化集群技术，整合比高达1：14，降低了成本。融合北塔网管、Vantage、动环监控、Splunk日志分析，自主开发智能化监控平台，实现了对油田中心机房服务器、数据库、存储、网络、场地设备及应用系统的$7 \times 24h$自动监控和联动报警。

（3）信息安全技术构筑了全方位信息保护新屏障。

打造了"病毒防范 + 身份认证 + 行为审计"三套马车，实现了终端安全。以组织管理体系为依据，以运维体系为支撑，以技术体系为保障，构筑了横向到边、纵向到底的网络与信息安全防护体系，全方位保障终端安全、内网安全、系统安全、数据安全、外网安全，实现了油田信息高速共享、安全保密。

（4）专业库技术成就了精细研究、精准管控、科学决策新源头。

按照采集、管理、应用、历史资源"四位一体"原则建设了24个勘探开发专业数据库。通过"一图一表"落实各单位数据采集责任，通过数据采集监督管理平台和专业数据质量监控平台实时监控新数据及时性、完整性和一致性，实现了正常化采集。整理、录入、迁移完成所有历史数据，结构化数据4.82亿条。

（5）工作平台技术提供了经营管理规范运行、依法合规新手段。

建成24个业务工作平台，实现经营管理业务规范化、程序化、网络化运行，提高了办公效率，固化内部控制流程，人、财、物、信息"四流合一"同时流转，为合同审查、经济审计、效能监察提供了便捷高效信息查询手段。

（6）协同研究技术创建了软件、硬件、数据和成果共享研究新模式。

以"专业软件云"和项目数据库为基础的勘探开发协同研究环境，实现了研究模式由单兵单机作战分散研究模式向多人集团作战协同研究模式转变，大大提高了研究工作效率，同时节省了工作站、专业软件购置费用。

（7）物联网技术开启了探、产、运、炼、销生产智能化管控新阶段。

塔里木油田以承担国家油气供应物联网应用示范工程、中国石油天然气集团有限公司A11油气生产物联网为契机，开展了基于A12的钻完井决策支持中心、基于A11的油气生产物联网、油气运销物联网、基于B8的炼化物联网建设，开启从数字油田迈向智能油田新阶段。完成了基于录井传感器钻井物联网概念的钻完井决策支持中心（RTOC）初步具备钻完井远程监视与决策支持能力，实现工程与地质专家远程协同支持，实现多专业之间有效协作，减少现场监督和专家人数。

（8）深化应用技术促进勘探开发协同研究。

以中国石油勘探与生产技术管理系统（A1）、油气水井生产管理系统（A2）项目为基础，构建了勘探开发一体化协同研究环境技术框架体系，初步实现了传统单机研究模式向协同研究模式的转变，实现了大块数据、井筒数据、解释成果数据"三库合一"，统一了数据查询及数据服务，提升数据管理和数据服务效率。

（9）ERP技术提升油田经营管理共享服务水平。

塔里木油田ERP项目加强了油田公司资金流、物流和信息流的统一管理，有效解决了内部信息共享困难的问题，显著促进了精细化管理，切实降低了内部控制风险，为油田公司"降本增效"、建设"百年塔里木"提供了决策支持。

（10）应用集成技术开辟了提升数据价值新途径。

信息系统集成门户，集成门户集成了31个总部统建系统、70个油田自建系统，为用户提供了统一的应用访问入口。集成平台实现了统一消息处理中心，为用户处理待办事宜等日常办公业务提供了集中场所。移动办公平台涵盖了常用审批业务，为移动办公提供了技术手段。

（11）呼叫中心技术打造了"770"信息服务新品牌。

以"770"呼叫中心为枢纽，以智能化监控预警为手段，建立了甲乙方一体化、一站式信息运维服务机制，保障了全油田信息与通信基础设施、信息应用系统 $7 \times 24h$ 正常运行，服务质量通过 ISO 9001：2008 管理体系认证。

（12）"两新两高"体制营造了甲乙方一体化协同工作新机制。

完善信息化建设组织体系，优化信息行业管理制度和信息技术规范，信息与通信项目、承包商、设备与配件耗材采购、信息运维、软硬件资产等实行全过程标准化、规范化、精细化管理，实现了甲乙方一体化协同工作。

## 3.4 发展目标与挑战

### 3.4.1 钻井技术

#### 3.4.1.1 发展目标

聚焦"十三五"勘探开发目标，重点瞄准库车前陆区克拉苏构造带提速提质技术瓶颈，兼顾库北侏罗系提产和台盆区寒武系勘探提速需求，充分依托股份重大专项技术示范和引领作用，强化现场试验和推广应用，配套形成全井筒综合提速、高密度窄压力窗口地层精细控压高效钻井、山前超深盐下定向井／水平井钻井、库北长水平段水平井钻井等 4 项技术，实现库车前陆区钻井整体提速 12%～15% 的目标，高效支撑塔里木油田勘探开发目标的实现。

#### 3.4.1.2　面临挑战

塔里木油田 3000 万吨大油气田建设，库车天然气勘探开发是关键，按照规划部署，2018—2020 年库车前陆区克拉苏构造带将钻井 150 余口井，年钻井工作量较前三年增加 30% 以上，但目前库车前陆区钻井周期整体偏长，主要面临超深井再提速难度大、高密度窄压力窗口地层复杂事故多、2 套以上断层／盐层采用直井实现地质目标困难、部分极端工况（井深＞8000m、温度＞200°、压力＞140MPa）超深井钻井工艺技术不配套等关键技术难题，需要攻关解决。

### 3.4.2　试油完井技术

#### 3.4.2.1　发展目标

围绕制约克深、大北—博孜、迪北等目标区块提速、提产、井筒安全等问题，配套形成适用于超高压高温井 APR 测试工艺、140MPa 地面流程检测方法、有限元分析的管柱力学精细校核方法、超深超高压高温清洁完井与筛管完井工艺、7000m 与大斜度井／水平井连续油管作业配套技术等 5 项技术，实现超 7000m 井试油完井周期由 54 天降至 40 天以内、一次作业成功率大于 90%，为库车 2020 年快速上产至 240×10$^8$m$^3$ 以上提供工程技术支撑。

#### 3.4.2.2　面临挑战

2017 年库车前陆区平均单井起下钻 12 趟，周期 10～20 天，占完井周期的 30% 以上；满加 4 井处理事故复杂达 170 天，暴露出测试工具无法满足温度近 200℃要求、套管与井下工具尺寸不匹配等试油完井工具、工艺不配套，小井眼事故复杂处理困难等难题。库车山前正式投产区块总井数 90 口，开井率 74%（克深 2 区块仅 48%），其中 11 口井因井筒堵塞关井，影响产能 130×10$^4$m$^3$。这一系列难题严重制约 "三超" 气井快速建产与稳产。

### 3.4.3　储层改造技术

#### 3.4.3.1　发展目标

围绕制约克深、大北—博孜、迪北等目标区块提产问题，持续开展高地应力大斜度井／水平井和超深井高地应力储层的提产技术攻关，配套完善超深裂缝性砂岩缝网改造技术，探索超深凝析气藏防垢防蜡提产技术，超 7500m 井改造后产量平均增产 5 倍以上，水平井／大斜度井改造后产能比直井高 2 倍以上，有力支撑库车天然气的效益建产。

#### 3.4.3.2　面临挑战

库车前陆区不同区块自然产能差异很大，且在钻完井期间受到不同程度的伤害，80% 以上的井需通过提产措施才能达到工业产能，前期基本解决了 7500m 以内裂缝性砂岩干气藏的提产问题，但 2018—2020 年勘探开发对象埋深超 8000m、流体介质更复杂、井型更特殊，提产面临新的挑战。压裂液加重技术仍是实现该类井缝网改造的重要手段，但现有的硝酸钠加重压裂液因安全原因禁止使用，需探索低成本环保型加重压裂液。克深 10

等区块为了应对逆掩推覆体和提高甜点钻遇率，拟上钻大斜度井/水平井，但支撑大斜度井/水平井提产的改造设计方法、分段工具和工艺需攻关、试验，同时，大斜度井眼中裂缝的起裂与延伸规律与直井不同，裂缝形态预测更难，施工压力预测和裂缝控制方法需探索、试验。博孜含蜡凝析气藏现有改造技术不能实现提产目标，结蜡严重，需在前期完井阶段考虑后期结蜡的预防问题，需要探索和试验防蜡提产工艺技术。

### 3.4.4 采油气工程

#### 3.4.4.1 发展目标

全力聚焦油田"十三五"开发目标，重点突破制约库车山前高压气井高效开发的技术瓶颈，兼顾台盆区老油气田提高采收率的需求，通过开展一系列的技术攻关，配套形成库车山前井筒结垢机理与防治技术、蜡及水合物的形成机理与治理技术、高压气井找漏堵漏技术、油气田堵水技术、注气提高采收率配套工艺技术、老井快速复产工艺技术、塔中志留系增储上产技术、塔中碳酸盐岩凝析气藏重复改造等八项技术，不断强化新工艺新技术的现场试验，充分依托中国石油重大技术的示范和引领作用，实现台盆区老区油田提高采收率 15%，库车山前日增气 $500 \times 10^4 m^3$，高效支撑塔里木油田开发目标的实现。

#### 3.4.4.2 面临挑战

塔里木油田 3000 万吨大油气田的建设，台盆区老油气田的综合治理及库车山前气田的高效开发至关重要，目前主要面临井筒堵塞机理不清、井完整性技术不完善、气田水的问题日益突出、提高采收率技术不配套、哈拉哈塘油田老井垮塌严重、塔中 12 志留系储量动用难度大、塔中碳酸盐水平井复产难、部分极端工况（井深 > 8000m、温度 > 200℃、压力 > 140MPa）超深井采油气工艺技术不配套等关键技术难题，需要攻关解决。

### 3.4.5 地面工程技术

#### 3.4.5.1 发展目标

按照"十三五"总体规划，针对老油气区块进行挖潜增效，提高装置效率，降低运行费用；针对库车新区开展低成本天然气脱蜡、脱汞等关键技术研究，实现大油气的高效开发；围绕轮南天然气深度回收，促进油气产品链的形成和地方经济发展。

#### 3.4.5.2 面临挑战

塔里木油田 3000 万吨大油气田建设，库车天然气勘探开发是关键，但库车区块天然气组分复杂，对地面系统适应性提出了更高的要求。如博孜区块、神木区块含蜡较高，博孜区块属于常温高压型气藏，低温高含蜡井流物对生产造成严重影响；BZ1 井、BZ101 井、BZ102 井均因井筒蜡堵关井，且凝析油凝固点高，采用气液混输工艺难度极大。克拉、迪那、克深、大北等气田普遍含汞，目前已基本解决天然气和产出水脱汞问题，但污泥脱汞、凝析油脱汞等还未开展研究，国家和行业相关标准也处于空白。

### 3.4.6 信息通信技术发展目标与挑战

建成数字油田、智慧油田是"十五"以来油田公司信息化工作的总目标，为实现这一目标，主要面临两大困难和挑战：（1）信息化复合型、专家型人才短缺，信息系统自主研发率不高；（2）油气勘探、生产、运销领域"两化"融合水平有待进一步提升。面对新形势，需要将信息与通信技术中心打造成为油田勘探开发生产经营大数据的管理和服务中心、油田信息化与工业化深度融合的新技术支持中心、油田生产安全维稳与应急指挥的信息通信保障中心、油田信息安全保密与舆情的有效管控中心。

## 3.5 工程技术展望

### 3.5.1 钻井技术

通过"十三五"后三年的攻关和现场应用，在砾石层、白云岩地层钻头设计与选型获得突破，盐上常规地层提速集成技术模板固化，全井筒系统提速技术具备推广条件，进一步提高钻井速度。系统优化精细控压为核心的盐膏层安全高效钻井技术，降低复杂事故。突破山前超深定向井 / 水平井钻井技术，实现复杂构造"打成井"和提高单井产量。储备研究 2 套以上断层和复杂盐层条件下的井身结构优化、抗 200℃高温固井水泥浆体系和高性能钻具技术，加快单项技术集成，同时积极带动国产垂直钻井、油基钻井液、个性化 PDC 钻头等技术的发展，实现提速、提质、提效，提高中国石油核心技术竞争能力。

### 3.5.2 试油完井技术

紧紧围绕库车前陆超深超高压高温复杂工况气井的安全测试与高效完井问题，通过钻通刮铣一体化井筒准备工具、管柱力学精细校核与清洁安全完井工艺攻关、耐高温井下测试工具改进升级，实现试油完井安全提速；通过借鉴国内外先进和成熟的作业经验和技术，完善配套与标准化 7000m 高温高压气井连续油管复杂井况作业技术，实现"躺井"高效复产及支撑新井提产作业。

### 3.5.3 储层改造技术

通过基础理论研究（缝网改造模型、缝网改造机理）、关键材料研发（低伤害纳米压裂液、低摩阻加重压裂液、"三防"支撑剂评价优选）、分段工具优选、工艺设计方法完善、先导性试验及推广应用，最终形成高地应力裂缝性致密气藏储层提产技术、高应力大斜度井 / 水平井储层改造技术、迪北、博孜含蜡凝析气藏提产技术，为库车前陆区 $240 \times 10^8 m^3$ 天然气产能建设提供技术保障。

### 3.5.4 采油气技术

突破库车山前高压气井井筒堵塞治理技术，实现躺井提高单井产量。储备研究一套高压气井清洁完井液体系，探索出一套解决不同气藏不同阶段的综合治水技术，形成一整套适合塔里木油田小井眼修井配套工艺技术，实现库车山前高压气井高效开发。在台盆区碎屑岩油田提高采收率配套工艺技术与哈拉哈塘区块碳酸盐岩老井快速复产工艺方面获得突破，碎屑岩油田同心集成式分层注水技术与碳酸盐岩油田自流注水技术具备推广应用条件，进一步提高台盆区老油气田采收率。

### 3.5.5 地面工程技术展望

随着油田发展，地面系统适应性面临巨大挑战，地面工程技术将加强对标分析，简化地面工艺，着力开展天然气高效脱蜡、脱汞等方面的试验研究，同时大力推进管道和站场完整性管理，努力开展数字化油气田建设，提升油气开发规模效益，推进绿色矿山建设。

### 3.5.6 信息通信技术展望

按照《2018—2020 年建设 3000 万吨大油气田实施方案》《油田公司数字化信息化工作方案》，遵循"管办分离"的原则，加强信息与通信新技术的应用，提升信息与通信基础设施性能，培养信息与通信技术高端人才，提升自主创新能力，提高"四个中心"的服务能力，为油田提质增效、管控风险、如期建成 3000 万吨一流大油气田提供技术支撑。

未来几年，特别是"十四五"期间，将始终坚定不移打造"塔里木数字油田""塔里木智能油田""塔里木智慧油田"，牢牢把握制度与标准、安全与保密"两个前提"，不断夯实信息与通信基础设施，强化数据采集、数据传输、数据存储技术能力建设，优化完善专业库和工作平台，开展数据集成与应用集成系统建设，打造办公、工控、员工交流三大系统，强化信息运维服务保障，为油田勘探开发主营业务发展提供技术支撑。

# 4 管理创新与实践

油田管理创新实践的发展方向是油公司体制。塔里木油田勘探开发 30 年来，在"采用新的管理体制和新的工艺技术，实现会战高水平和高效益"即"两新两高"模式下，开辟了一条中国陆上石油工业独具特色的油公司模式改革创新之路和"稀井高产、少人高效"的科学发展之路。

## 4.1 "两新两高"形成背景

塔里木盆地是我国面积最大的含油气盆地，也是勘探开发难度最大的油气区。从 20 世纪 50 年代到 70 年代，石油勘探队伍"五上五下"塔里木，均未获得突破。塔里木盆地虽有丰富的油气资源，但装备和技术的落后制约了油气田的勘探开发。80 年代中后期，中国石油天然气总公司决定"六上塔里木"，并根据改革开放的新形势，提出了新要求：一是引进新的管理体制，按照中国海洋石油总公司（简称中国海油）甲乙方合同制及项目管理的方式来组织油田勘探开发，机构要精干、人要少、水平要高，作为石油工业新区勘探改革试点；二是在塔里木引进具有世界水平的勘探新技术、新工艺。这就是后来"两新两高"的雏形，即新体制、新技术，高水平、高效益。与中国石油工业以往历次会战不同，塔里木石油会战正处于国家改革开放历史新时期，"两新两高"的提出是时代的需要和历史的必然。

### 4.1.1 改革开放呼唤石油工业新探索

党的十一届三中全会开启了我国改革开放的历史新征程，随着党和国家的工作重心迅速转移到以经济建设为中心上来，各个行业和领域的改革相继展开。探索建立社会主义市场经济体制是这一时期改革的核心。陆上石油工业率先试点承包经营责任制、扩大企业经营自主权、推行局（厂）长负责制，有效地调动了油气田企业的积极性。塔里木石油会战正是处于特定的改革开放历史时期，具有许多有利条件，使借鉴国外油公司的有益经验和相对成熟技术成为可能，采用"新体制、新技术，实现高水平、高效益"为发展的方向。在塔里木盆地，先行开展新管理体制试点，为陆上石油工业的改革开放积累经验。

### 4.1.2 经济快速发展拉动能源消费需求大幅度增长

改革开放之初，我国石油和天然气消费水平大约分别为每年9000多万吨和$140 \times 10^8 m^3$。随着改革开放持续推进，我国经济社会发展和人民生活水平提高带动能源消费水平快速增长。而同期我国油气产量却长期徘徊不前，1993年开始由石油出口国变成石油净进口国，石油进口量逐年增长。为此，国家明确提出，陆上石油工业要坚持"稳定东部、发展西部、油气并举、扩大开放"的发展方针。西部油气资源是我国石油工业发展的重要战略接替区，在"经济体制转轨"和"经济增长转型"的大背景下，发展西部成为一个涉及资源、资金、技术、区域经济、市场供需、产业结构等多方面的系统工程。实践证明，塔里木油田的大开发符合改革实际，顺应发展要求。

### 4.1.3 海上油气对外合作成功实践"油公司"模式

20世纪80年代初，在我国海洋石油工业的对外开放和合作中，采用了国际上通行的"油公司"管理模式，获得了快速发展，用事实证明这是一套科学、成功的管理体制。而陆上石油能否采用"油公司"管理模式，迫切需要一个勘探新区作为试验基地，塔里木石油会战恰在此时起步。位于塔克拉玛干沙漠腹地的塔里木油田，与海上油田同样远离社会依托地，同样需要国际先进技术破解勘探开发难题，具备将"油公司"运作模式从海上引到陆上的有利条件。中国石油天然气总公司党组决定，塔里木石油会战借鉴中国海油渤海油田经验，探索应用现代"油公司"管理新模式，用甲乙方体制、少人高效开发大油田。

### 4.1.4 传统会战模式在塔里木已难施展

塔里木盆地虽然地下蕴藏着极为丰富的油气资源，但也面临着严峻的挑战，主要是油气埋藏深，油气分布规律与我国东部大不相同，地面是沙漠、戈壁和山前盆地；同时，塔里木盆地生态环境十分脆弱，社会承载能力十分有限。"五上五下"塔里木的历史充分说明计划经济体制下的人海战术会战模式无法适应塔里木油气勘探开发。铺大摊子、拉长战线、"大而全、小而全"的传统模式必须摒弃，需要创新管理模式，走出一条用人少、效率高、效益好的新路子。在学习借鉴中国海油海洋油公司模式的基础上，结合陆上石油特点以及南疆的特殊地理环境、社会条件，塔里木油田大胆探索陆上石油会战新模式。

## 4.2 "两新两高"实践历程

从1986年至今，"两新两高"经历了探索形成、发展成熟和持续创新三个发展阶段。

### 4.2.1 探索形成阶段（1986年3月—1989年3月）

1986年3月20日，塔里木盆地沙漠勘探项目管理经理部正式成立，首次将中国海油海洋油公司模式引入塔里木，实现陆上油田的"两个分离"，即建设单位（甲方）和施工承包单位（乙方）的分离、主要生产和辅助生产的分离。实行项目管理和甲乙方合同制，利用市场化机制组织石油会战。

新体制探索初期，由于传统的计划经济观念根深蒂固，当时人们对新模式不了解，对招标很不理解，认为招标是"奉命投标"，态度是"积极投标，争取不中"。南疆石油勘探公司（原沙漠勘探项目管理经理部，后简称南勘公司）采用"筑巢引凤 + 行政命令"的形式培育市场，依托新疆石油管理局，自行先组建了第一个钻井队，按甲乙方职责分工及合同要求进行钻井生产，开启了会战新模式。后又通过和其他石油局艰难细致的沟通，四川石油管理局、中原石油管理局的钻井队加上中国海洋石油总公司及其他单位的承包队伍才以招标方式陆续进入塔里木盆地，这些队伍人员在 1987 年 5 月到位后，南勘公司就有了基本配套的专业化服务队伍，可以满足 7～10 台钻机正常运行的需要，塔里木油田新模式才真正运转起来。

### 4.2.2　发展成熟阶段（1989 年 4 月—1998 年 12 月）

1989 年 4 月 10 日，塔里木石油勘探开发指挥部在新疆库尔勒市正式成立，明确了工作方针是"两新两高"，管理方式和办法是：计划管理以项目为基础；财务管理实行资金切块使用，以合同为依据，进行项目核算；生产管理以项目运行为中心；科技管理采取稳定骨干，广泛招聘，专项外委的办法；物资管理统一计划和供应；资产管理采取谁投资谁占有、谁使用谁管理的办法；辅助生产服务实行专业化、社会化管理；人事劳资管理实行聘任制、劳动合同制和统一的工资政策。

在这一阶段，塔里木油田管理模式不断在探索中完善，主要有：油田在重大部署、生产安排及下达作业指令时随时听取乙方意见，形成"两分两合"（职责上分、思想上合，合同上分、工作上合）的甲乙方关系；大力改革内部财务管理，实行以定额标价为基础的"日费制"结算方式；1993 年首先在钻井领域探索招标选商，后逐步推广至全油田；1994 年在玛扎塔克项目上探索单井总承包招标，第一口总包井轮南 27 井由塔里木石油勘探开发指挥部（后简称塔指）第四勘探公司承包开钻。第二年继续完善首次实行甲方项目组公开招标；1998 年轮南工业试验区成立，探索甲乙方融合式管理。经过近 10 年的实践，一批具有商业开采价值的油气田逐渐发现，油气产量逐年提高，以甲乙方合同制为纽带的市场化机制走向成熟，甲乙方合作模式不断创新，合作关系不断深化，油地关系更加和谐稳定。

### 4.2.3　持续创新阶段（1999 年至今）

1999 年之后，塔里木石油勘探开发指挥部经历了两次大的重组。1999 年 7 月，塔里木石油勘探开发指挥部核心业务剥离成立了塔里木油田分公司，存续部分成立了塔里木油田服务公司（后恢复塔里木石油勘探开发指挥部称谓）。2004 年 8 月，中国石油天然气集团公司决定对塔里木油田分公司、塔里木石油勘探开发指挥部、塔里木石油化工建设指挥部、塔西南公司进行重组整合，实现中国石油天然气集团公司在塔里木盆地主力队伍的"四塔合一"。

整合后的油田公司，继续坚持"两新两高"方针和党工委统一领导体制，在管理上进行了新的尝试，加速企业管理现代化进程。主要有：在轮南、哈得等作业区成功实施甲乙方"融合式管理"；与技术精湛、装备精良的乙方构建"战略联盟"关系；大力推行区域项目管理，创造了哈得油田高效开发模式和克拉 2 气田快速建产模式，促成了国家"西气东输"工程；2005 年在塔里木石化分公司构建了规范化管理体系，开创了国内同等规模化肥厂用人最少，成本最低，效益最好的典范；2007 年引入杜邦公司安全文化理念和安全文化体系，推行油田公司安全文化建设，连续多年持续保持优秀的安全生产业绩；2010 年开展勘探开发地面建设"一体化"的项目管理，按区域成立勘探开发项目经理部开展实践; 2012 年在钻完井领域推行区块钻完井工程总承包，并在塔中西部产能建设上率先推行 EPCC 总承包探索。2018 年塔里木油田公司确立了建设 3000 万吨大油气田的目标，明确了"11456"，即"沿着一条主线、围绕一个总目标、实施四大战略、五个始终坚持、力争实现六个具体目标"的总体安排，确立持续创新，不断丰富和发展"两新两高"，实现管理模式和管控模式现代化。

## 4.3　主要措施及做法

"两新两高"管理模式，从理念上突破了传统的石油会战思维定式，不求所有、但求所用，依靠市场配置生产要素和资源；从体制机制上打破了过去管理局或勘探局"大而全、小而全"的格局，实行专业化服务、社会化依托、市场化运行、合同化管理，采取"三位一体"的用工制度和党工委统一领导的组织管理，使生产关系更加适应生产力的发展要求，充分解放了生产力，开创了我国陆上石油工业走向市场经济的先河，为我国石油企业体制机制改革创造了新活经验。

历经 30 年的创新发展，"两新两高"管理模式的内涵和外延不断完善和丰富。总结起来，主要体现在以下几个方面。

### 4.3.1　党工委统一领导机制

新型的塔里木石油会战模式，队伍来自四面八方，有来自当时的中国石油旗下的，也有来自中国海油及其他方面的，占参战队伍 3/4 的乙方队伍与甲方没有直接行政隶属关系，而这些队伍又长期工作和生活在塔里木油田。来自不同公司的队伍如何保证党的领导，是一个重要问题。原中国石油天然气总公司党组创造性地确定了党工委统一领导模式，甲乙方作为一个整体，党工委由甲乙方共同组成，重大决策、重大工作部署都经过党工委酝酿讨论，乙方利益和诉求可及时反馈到党工委。甲乙双方都是油田的主人，统一发展目标，共同铸造社会主义条件下的油公司模式，共同为寻找和建设大油田而努力。这种体制既保证了党的建设和思想政治工作的统一领导，又保持了市场竞争机制，实现了党的思想政治优势和市场经济优势的有机结合。

### 4.3.2　甲乙方合同制

实行项目管理和甲乙方合同制是"两新两高"的核心。油田建立了以项目管理为基础、以合同契约为纽带、全方位监督为手段的甲乙方管理机制，与信誉好、技术强的国内外队伍建立稳定的长期合作关系，探索钻井总承包、产能建设项目总承包和融合式管理等甲乙方合作方式，做到"甲方承诺市场、乙方承诺服务，风险共担、双赢互利、共同发展"，充分发挥现代大生产专业分工与协作的优势，发挥甲乙方优势和集团公司整体优势。

经过 30 年发展，甲乙方已发展成为唇齿相依、同舟共济的经济共同体和命运共同体，形成了"油公司"体制下甲乙方共同发展的塔里木油田解决方案。特别是"两分两合"工作方法，充分体现了具有中国特色社会主义制度下的甲乙方关系。主要乙方队伍不断发展壮大，人员技术和装备水平不断提高，资源整合能力、综合服务能力和市场竞争能力持续提升，塔里木石油勘探开发指挥部第一勘探公司、第二勘探公司等 5 家勘探公司的钻井队总数由塔里木石油会战之初的 46 支发展为 91 支，产值由塔里木石油会战之初的 3.7 亿元增加至最高时的 90 亿元。

### 4.3.3　少人高效的发展机制

油田自成立以来，始终坚持以少人高效为目标，不搞"大而全、小而全"、不铺大摊子，以扁平化管理为手段，建立完善的现代企业制度和精干高效的运行机制。依托市场机制，在生产组织、技术研发、人力资源、安全环保等诸多方面，大胆探索和实践，形成了充满活力、富有效率的经营机制和管理模式。计划管理以项目为基础；财务管理实行以合同为依据、按项目核算；生产管理以项目运行为中心；科技管理建立开放的科技管理体制和有效的引进机制；物资管理统一计划和供应，辅助生产服务实行专业化、社会化管理；人事劳资管理实行三位一体的用工制度和统一的工资政策。充分发挥了示范和引领作用，走出了一条符合社会主义市场经济规律、符合石油工业发展实际，用人少、效率高、效益好的科学发展之路。

油田油气当量桶油完全成本低、投资资本回报率居中国石油天然气集团有限公司前列，体制优势、效益优势、发展优势突出，具有较强的抵御风险能力和市场竞争力。投资回报率连续 13 年超过 20%，最高达 65.2%。塔里木油田公司现有员工约 1 万人，甲乙方用工总量约 4 万人，用工总量远低于中国石油天然气集团有限公司同等规模的油气田。

### 4.3.4　开放、协同的技术创新体系

油田着眼长远利益，瞄准国内外成熟的先进技术，大力引进新技术、新工艺和新装备，加强对引进技术的吸收消化和再创新，使塔里木的勘探开发技术始终处于陆上石油勘探开发技术的前列，发展了 2 大油气地质理论，形成了 16 大技术系列和 3 项信息化标志成果，一批核心技术达到国际先进水平，为塔里木油田油气事业发展提供了有力支撑。油田建立了甲乙方、内外部紧密结合的开放式科技攻关体系，吸纳国内外优秀科研队伍和人才共同参与油田技术攻关，形成了以研究院为纽带和节点，包括国内石油院所、高等院校、中科院和国外技术服务公司组成的多维科研网络，实现了"不为我所有，要为我所用"的开放式科研工作组织方式。目前油田已形成了以"两院"为主体、以战略联盟单位、长期合作科研单位、短期攻关科研单位为支撑的多层次科研合作队伍，与 200 多个科研院所联合科研攻关，与 15 个世界一流战略联盟单位建立起稳定牢固的长期技术服务战略合作关系。

### 4.3.5　勘探开发一体化的管理模式和运行机制

在"两新两高"的创新实践中探索建立了勘探开发一体化管理模式。通过整合勘探、评价与开发生产的不同阶段，集油藏管理、地质、科研、钻井、完井、试油、采油、地面建设和开发管理于一体，加快勘探开发进程，缩短油藏评价周期。在获得勘探发现后立即扩大成果，快速形成产能规模，边勘探边开发，减少了管理环节，提高了工作效率。推行"稀井高产"的策略，在中国石油内部最早大规模应用水平井技术，保证了高效开发。油田平均勘探成本低于世界前 30 大石油公司的平均水平，平均单井日产原油、天然气远高于全国平均水平，油田百万吨产能建设投资远低于国内平均水平。勘探开发一体化管理，主要体现在"六个一体化"，即组织机构一体化、投资部署一体化、科研生产一体化、生产组织一体化、工程地质一体化和地面地下一体化。

## 4.4 取得的主要成效

塔里木油田为国家的能源安全、企业的改革开放、边疆的长治久安做出了突出贡献。"两新两高"管理模式的创新实践,具有重要的历史地位和贡献。

### 4.4.1 经济效益

(1)建成 2500 万吨大油气田,单井产量处于板块首位。

经过 30 年的发展,塔里木油田已打下了良好的发展基础。在勘探方面,累计探明石油地质储量 $10.50 \times 10^8$t、天然气地质储量 $1.90 \times 10^{12}$m$^3$,形成了油气产量当量 $2673 \times 10^4$t/a 生产规模。单井日产油和气产量均位于各油田之首,远高于板块平均水平。

(2)经营业绩遥遥领先,人均效益最好。

油田经济效益保持中国石油国内上游业务前列,2018 年实现销售收入 441.36 亿元,同比增长 11%。销售利润率 33.12%,远高于 1.2% 的板块平均水平。油田始终严格控制用工总量,2018 年合同化员工 1 万人,人均利润在中国石油天然气集团有限公司中名列前茅,远远高于板块平均水平。

(3)投资管理成效显著,投资回报率领先。

2018 年,油田百万吨产能建设投资 52 亿元,低于板块平均水平(62 亿元);亿万方产能建设投资 1.46 亿元,同比下降 30%,低于板块平均水平。油田投资回报率远高于板块,2017 年油田投资回报率达 18.46%,是板块最高水平。

(4)成本低于板块平均水平,成本控制力强。

油田在成本方面一直保持领先地位,尤其是天然气成本,在板块中优势显著。2018 年,塔里木油田发现成本 2.09 美元 /bbl,同比下降 8%,低于板块平均水平 2.46 美元 /bbl;油气操作成本 3.70 美元 /bbl,远低于板块平均水平;天然气完全成本 284.29 元 /10$^3$m$^3$,远低于板块平均水平,处在板块最好水平。

### 4.4.2 管理效益和社会效益

(1)陆上"油公司"改革的先行者。

塔里木石油会战成功将"油公司"模式从海上引到陆上,实行"油公司"体制和管理运行机制,解决了陆上石油的一些深层次问题,成为新管理模式的先行者,有力地促进了我国陆上石油发展。"两新两高"解放了生产力,创造了塔里木油田有质量有效益高速度发展。新管理体制的成功实践,也为陆上石油工业改革发展提供了方向和鲜活经验。

(2)石油企业走向海外的练兵场。

塔里木石油会战是我国改革开放以来,石油行业动员力量最多、涉及范围最广、对外开放程度最高、影响最为深远的一次石油会战,因采用了与国际接轨的管理方式,参战单位在这里锻炼了队伍、培养了人才。实践证明,在塔里木石油会战中坚持下来的队伍后来都成了"精兵强将",不断创出石油行业深井、超深井钻井等新纪录,对塔里木油田及本企业做出了重大贡献;众多参与会战的石油队伍也成为 20 世纪 90 年代进军海外市场的先头部队,塔里木油田当之无愧地成为石油企业走向海外的练兵场。

(3)先进油气技术的试验场。

从塔里木石油会战伊始,塔里木油田就瞄准世界先进水平,引进先进技术和方法,在勘探、开发、钻井等领域形成了具有塔里木油田特色的十大配套技术，多数达到国内领先、国际先进水平，破解了塔里木盆地的世界级难题，也为国内石油工程技术发展做出了贡献。

（4）中国天然气产业发展的撬动者。

塔里木油田克拉2大气田的发现及油田天然气资源的有效开发，促成了横贯我国东西大陆4000多km能源大动脉"西气东输"工程的建设，撬动了我国天然气产业的快速发展。西气东输工程是我国西部大开发的标志性工程，也是新世纪四大工程之一，供气范围覆盖我国西北东部、中原、华东、华中、华南地区。

随着西气源源不断流向我国东部沿海发达地区，也培育和促进了我国天然气市场发展。截至2018年7月，塔里木油田已累计向西气东输管网供气$2100 \times 10^8 m^3$，供气市场从最初的4省1市发展到目前的15个省市的120多个大中型城市，输送的天然气相当于替代了$2.52 \times 10^8 t$标准煤，减少有害物排放1400余万吨，为构建我国清洁低碳、安全高效的现代能源体系，为有效改善沿线地区大气环境发挥了重要作用。

（5）新石油精神的贡献者。

塔里木石油会战形成了"艰苦奋斗、真抓实干、求实创新、五湖四海"的塔里木石油精神以及"只有荒凉的沙漠，没有荒凉的人生""征战死亡之海、挑战生命禁区"的世界观和人生观，为石油精神注入了新的内涵，成为推动塔里木油气事业发展的力量源泉。这些特色鲜明的塔里木石油精神，已经成为激励员工、战胜困难、勇往直前的精神支柱。

（6）新疆长治久安的建设者。

长期以来，油田忠诚履行驻疆央企三大责任，扎根边疆、稳定边疆、发展边疆，实施了一系列资源惠民、项目惠民、就业惠民、扶贫惠民举措，建成了南疆天然气利民工程和沙漠公路，在工程建设、交通运输、生产生活服务等方面，积极向当地企业开放市场，走出了一条油区与地方经济融合发展的新路子，为南疆地区经济发展和繁荣带来了历史性的机遇，以现代文化影响改变了南疆人民群众的生活方式，以现代工业影响提升了南疆经济的发展能力，有力促进了南疆社会稳定，为新疆经济社会发展做出了重要贡献。

## 4.5 发展目标与挑战

### 4.5.1 发展目标

（1）体制机制更富活力。持续开展改革创新，推动质量变革、效率变革和动力变革，形成与国际一流大油气田相适应的管理运行机制和资源配置机制，实现管控模式和管控能力现代化，做到体制机制充满活力、效率效益更加突出、业务结构更加科学合理。

（2）质量效益不断提升。单位完全成本原油低于50美元/bbl、天然气低于450元/$10^3 m^3$，可比优势更加明显；年均投资资本回报率不低于12%，员工总量控制在1万人以内，人均劳动生产率保持在300万元以上，主要质量效益指标达到国际先进水平。

（3）队伍更加精干高效。油气生产系统扁平化管理完全实现，两级机关更加精干高效，全员劳动生产率显著提升。甲乙方管理体制更加完善，供应商队伍的素质能力明显提升。

（4）信息化水平明显提升。信息化与生产经营深度融合，勘探开发协同研究、生产经营融合管理等共享服务平台搭建形成，物联网、大数据等新技术推广应用，信息系统集成共享明显增强，逐步实现生产组织扁平化、过程管控智能化和经营管理决策一体化，基本建成数字化油田。

### 4.5.2 面临的挑战

（1）"两新两高"优势有所减弱。近年来，塔里木油田公司面临的环境条件发生了重大变化，现有的体制机制已不能适应新的发展需要，"两新两高"亟待创新和发展。中国石油天然气股份有限公司改制上市后，油田原有的体制优势已不明显。与油田成立之初相比，乙方队伍结构发生了重大变化，党工委统一领导、市场化机制需加强和改进。

（2）部分深层问题需要研究解决。塔西南公司发展中积累了大量历史性难题，油田业务结构有待优化、科技支撑还需提高、信息化建设仍有很大提升空间、员工队伍结构不合理、基层管控能力下降、市场化机制不完善、承包商管控不到位、基层员工负担过重等问题亟待解决。

（3）不能完全满足建设 3000 万吨大油气田要求。与国内外优秀油气田相比，油田管理层次、机构设置和业务流程不够优化简化，生产一线力量相对薄弱，管理手段和管理方式与管理现代化的要求还有差距，整体运行效率和管理水平还需进一步提升，难以满足建设 3000 万吨大油气田的快速上产需要。

## 4.6 管理创新展望

（1）推进业务结构优化调整，建设更加精干高效的油公司。

按照做大做强勘探开发业务、做优做专炼化业务、收缩退出生产辅助业务和矿区服务业务的业务发展思路，加快推进业务结构优化调整。力争到 2020 年，3000 万吨大油气田全面建成，核心业务更加突出；乙烷制乙烯项目如期建成，炼化业务结构更加合理；辅助业务和矿区服务业务市场化社会化工作基本完成，建立更加精干高效的业务结构，形成以勘探开发和炼油化工业务为主的更加精干高效的油公司，优质资源进一步向主营业务集中，分配机制进一步向核心岗位倾斜。

（2）完善甲乙方管理体制，建设经济共同体命运共同体。

加强和改进党工委统一领导，优化调整党工委成员单位，建立油田公司与油服单位"双向双重"考核制度、党工委委员述职评议考核制度和油服成员单位责任追究制度，确保党工委始终总揽全局、协调各方，成员单位目标一致、同心同向、共同建设大油气田。完善战略联盟机制，做实战略合作关系，与主要油服单位建立战略联盟合作关系和共同发展机制，促进甲乙方优势互补、风险共担、利益共享。深入推行钻井一体化总承包和区块总承包、开发生产融合式管理、地面工程建设总承包、科研联合攻关，构建新型合作关系，着力打造利益共同体和命运共同体。

（3）推进组织结构优化调整，建设运行高效的管理体制。

按照"集中统一、精干高效"的原则，理顺管理关系、压缩管理层级、整合同质同类业务、健全分级授权机制、建立差异化一体化考核机制，探索形成"集权为主、分权适度"的管控模式和"战略决策一体化、管理和执行专业化"的运行机制。根据业务结构优化调整进度，适时整合管理单元和组织机构。持续开展全员劳动"五定"工作，精干两级机关，优化管理人员，创新生产组织方式，强化生产一线队伍建设，持续提升管理运行效率。

（4）持续夯实基础管理工作，提高整体运行质量和效率。围绕建设科学高效的现代化油气田的目标，坚持稳健发展方针，秉承"继承不守旧、创新不丢根"理念，聚焦基础管理关键环节，紧扣"优化业务流程"和"落实岗位责任制"两条主线，发挥传统管理优势，融入现代管理理念方法，建立各业务领域可复制可操作的标准模板并广泛推广。加快实现各业务领域数字化、自动化和智能化，同步推进组织机构、管理模式优化，进一步提升一线安全生产管控能力、降低一线员工劳动强度、提高工作效率，促进油气生产系统减员增效，为建设一流油气田提供支持。

塔里木油田公司新一届领导班子上任以来，紧紧围绕"突破瓶颈、激发活力、提质增效、加强党建"，持续深化管理体制、业务结构、市场化机制、人事劳动分配制度和矿区服务等方面改革。油田主要领导对改革工作进行了再动员、再部署、再推动，掀起油田新一轮改革热潮，并在持续深化改革中加强管理创新，不断巩固提升发展动能，为塔里木油田公司建设 $3000 \times 10^4$t 万吨大油气田，中国石油天然气集团有限公司建设世界一流综合性国际能源公司提供强大动力。

# 第一部分

# 勘探技术发展与创新

# 塔里木盆地塔北隆起凝析气藏的分布规律 ❶

梁狄刚[1]　顾乔元[2]　皮学军[2]

（1.中国石油天然气总公司石油勘探开发科学研究院；2.塔里木石油勘探开发指挥部）

摘　要：塔北隆起凝析油气资源十分丰富，探明储量占全盆地的70%以上。天然气中凝析油含量高。凝析气藏在成因上分海相和陆相两类，各有自己的分布规律。塔北隆起被轮台断隆顶部"一分为二"，形成南、北两个海、陆相凝析油气系统。陆相中新生界凝析气藏的分布受两组南掉正断层控制；海相凝析气藏的分布受寒武、奥陶系断至潜山及其上的中生界披覆背斜、断背斜控制。两类凝析气藏都属"下生上储"式"次生"油气藏，气源断层的存在至关重要。沿断裂带寻找凝析气藏是一个重要的勘探方向。

关键词：塔北隆起；海相；陆相；凝析油气田；油气藏分布；勘探区

塔北隆起位于塔里木盆地北部，东西延伸360km，南北宽70～90km，面积$3.7 \times 10^4 km^2$。该隆起构造上凝析油气资源十分丰富，自1989年大规模勘探以来，已探明了牙哈、英买7号、羊塔克、玉东2号、吉拉克和雅克拉（地矿部）等6个大、中型凝析气田，还有提尔根、红旗、吉南4号、东河塘（J）、解放渠东（气顶）等9个工业性含气构造（图1）。8年来，共新增天然气探明地质储量$1550 \times 10^8 m^3$、凝析油储量$4560 \times 10^4 t$，分别占全盆地探明储量的71%和73%。塔北隆起凝析气的组成特征见表1，其甲烷含量一般为71%～91%，个别为94%左右；乙烷以上烷烃含量在轮南地区小于5%，其他气藏为6.8%～24.3%，属湿气；凝析油含量（除个别外）变化于125～790g/m³，一般大于200g/m³，属富含凝析油的天然气，其中牙哈气田的凝析油含量更是高达790g/m³。

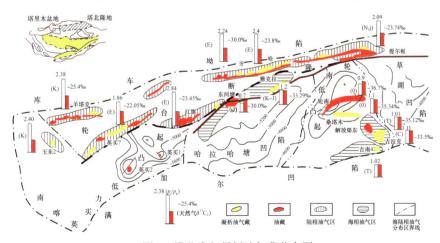

图1　塔北隆起凝析油气藏分布图

---

❶　原载《天然气工业》，1998，18（3）。

表 1  塔北隆起凝析气藏气体组成特征

| 分区 | 气田、含气构造 | 层位 | 密度（g/cm³） | 甲烷（%） | 乙烷（%） | 丙烷（%） | CO₂（%） | N₂（%） | 临界温度（℃） | 临界压力（MPa） | 凝析油含量（g/m³） | 凝析油密度（g/cm³） | 蜡含量（%） |
|---|---|---|---|---|---|---|---|---|---|---|---|---|---|
| 北部陆相凝析气 | 提尔根 | N$j$ | 0.6493 | 84.69 | 7.07 | 2.11 | 0.23 | 4.65 | −70.34 | 4.58 | 617.85 | 0.7640 | 3.67 |
| | 牙哈 | E | 0.6489 | 84.29 | 7.18 | 2.09 | 0.38 | 5.06 | −70.8 | 4.58 | 790.12 | 0.797 | 5～16.5 |
| | 红旗 | E | 0.7576 | 71.61 | 14.88 | 5.81 | 0.38 | 3.69 | −48.30 | 4.58 | 752.94 | 0.780 | 6.74 |
| | 英买力7 | E | 0.6275 | 86.77 | 5.64 | 1.05 | 0.23 | 5.69 | −75.97 | 4.58 | 162.10 | 0.7600 | 10.5～24 |
| | 玉东2 | K | 0.6486 | 84.17 | 7.93 | 2.08 | 0.00 | 4.81 | −70.01 | 4.61 | 176.02 | 0.7804 | 6.90 |
| | 羊塔克 | K | 0.6062 | 91.33 | 5.14 | 1.10 | 0.05 | 1.79 | −74.38 | 4.62 | 245.78 | 0.778 | 19.4 |
| | 台2 | E | 0.7526 | 69.66 | 14.69 | 4.73 | 0.60 | 7.24 | −54.07 | 4.60 | 867.35 | 0.7779 | 3.35 |
| 南部海相凝析气 | 雅克拉 | K–J | — | 74.32 | 4.03 | 2.26 | 6.09 | 10.19 | — | — | — | — | 3.4 |
| | 东河塘 | J | 0.6603 | 86.91 | 5.19 | 1.82 | 1.32 | 0.46 | −71.87 | 4.62 | 904.54 | 0.7651 | （9.5） |
| | 轮南 | O | 0.6299 | 86.93 | 1.98 | 1.00 | 1.23 | 8.22 | −80.49 | 4.56 | 219.70 | 0.8200 | 1.8 |
| | 桑塔木 | O | 0.5864 | 95.51 | 0.72 | 0.29 | 1.41 | 1.69 | −79.82 | 4.65 | 125.24 | 0.8051 | （1.1） |
| | 吉拉克 | T | 0.6287 | 86.82 | 2.66 | 1.36 | 0.73 | 7.80 | −79.73 | 4.55 | 449.31 | 0.7443 | 3.3 |
| | | C | 0.5915 | 94.75 | 0.56 | 0.17 | 0.44 | 3.98 | −83.31 | 3.98 | 71.66 | 0.8062 | 1.3 |
| | 吉南4 | T | 0.6547 | 82.93 | 4.34 | 2.21 | 0.15 | 9.45 | −77.0 | 4.57 | 428.18 | 0.7580 | 0.9 |

注：异丁烷、正丁烷、异戊烷、正戊烷含量较少，其数值在此从略。

塔北隆起的凝析气藏，在成因上可分为陆相和海相两类，它们的分布受隆起地质结构的控制，表现出明显的规律性。

# 1  塔北隆起地质结构的特点

塔北隆起是一个古生代残余古隆起，它的核心是隆起北部的轮台断隆。该断隆是一个夹持在南侧的英买7号—轮台大断裂与北侧的牙哈大断裂之间的断垒块体（图1、图2）。上述两条大断裂在古生代呈背冲式逆断层，到了中新生代反向活动，在其上方派生出（或转化为）两组正断层。轮台断隆东高西低，东窄西宽，向西倾没；核心部分出露前震旦系变质岩，南、北两侧及西段依次保存有寒武系至二叠系（图2）。变质岩埋深东西相差3000多米。

轮台断隆南侧是塔北古生代隆起的南斜坡，在平面上呈"三凸两凹"的构造格局：自西而东依次为英买力低凸起—哈拉哈塘凹陷—轮南低凸起—草湖凹陷—库尔勒鼻隆（图1）。断隆北侧是库车中新生界坳陷的南翼。

塔北隆起上的三叠系和下侏罗统只发育在轮台断隆的南、北两侧，向断隆顶部超覆尖灭或剥缺（图2）。中侏罗统及其以上地层则在整个隆起顶部都有分布，呈区域北倾单斜。新生代以来，由于盆地北缘天山的强烈上升，库车山前坳陷强烈沉降，塔北古隆起就转化为一个向库车坳陷倾没的北倾大斜坡，所以叫它"残余古隆起"。

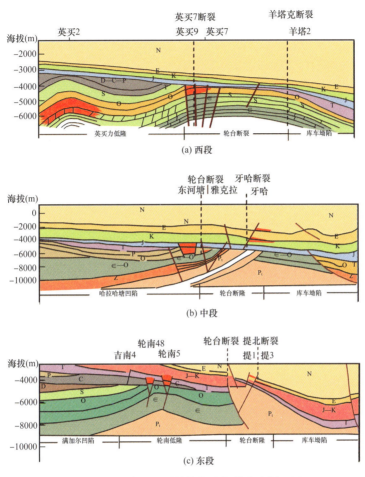

图2　塔北隆起地质结构与油气藏分布剖面图

## 2　塔北隆起被轮台断隆顶部"一分为二"，形成南、北两个海、陆相凝析油气系统

　　塔北隆起以轮台断隆顶部为界。以北的凝析气藏，产层主要是陆相白垩系—新近系砂岩，天然气一律以乙烷碳同位素重（$\delta^{13}C_2 = -25.4‰ \sim -22.05‰$）、凝析油碳同位素也重（$\delta^{13}C = -29.2‰ \sim -25.27‰$）、含蜡量高（一般为6%～24%）、$p_i/p_h > 2$ 为特征，属于陆相成因的凝析油气；相反，位于轮台断隆顶部以南的凝析气藏，不论其产层是陆相三叠、侏罗系砂岩，还是海相石炭系砂岩或奥陶系石灰岩，一律以乙烷碳同位素轻（$-36.7‰ \sim -30‰$）、凝析油碳同位素也轻（$-33.5‰ \sim -31.1‰$）、含蜡量低（一般小于4%）、$p_i/p_h < 1.2$ 为特征，属于海相成因的凝析油气（图1及表2）。

表 2  塔北隆起轮台断隆南、北两侧海、陆相凝析油气的地球化学特征对比表

| | 气田、含气构造 | 层位 | 沉积相及岩性 | $p_r/p_h$ | 三环萜烷 $C_{21}/C_{23}$ | 凝析油 $\delta^{13}C$ （‰） | 天然气 $\delta^{13}C$ （‰） |
|---|---|---|---|---|---|---|---|
| 北部陆相油气 | 提尔根 | Nj | 陆相砂岩 | 2.09 | 1.08 | −25.27 | −23.74 |
| | 牙哈 | E | 陆相砂岩 | 2.4 | 1.33 | −29.2 | −23.8 |
| | 红旗 | E | 陆相砂岩 | 2.84 | 1.47 | −27.4 | −23.45 |
| | 英买力 7 | E | 陆相砂岩 | 1.86～2.6 | 1.43～1.55 | −28.68 | −22.05 |
| | 玉东 2 | K | 陆相砂岩 | 2.4 | — | −26.0 | — |
| | 羊塔克 | E | 陆相砂岩 | 2.38 | 0.98 | −27.1 | −25.4 |
| 南部海相油气 | 雅克拉 | K | 陆相砂岩 | 1.2 | 0.83 | −31.1 | −33.29 |
| | 东河塘 | J | 陆相砂岩 | 0.7 | 0.6～1.08 | −32.8 | −30.0 |
| | 轮南 | O | 海相石灰岩 | 0.90 | 0.67 | −33.49 | −36.70 |
| | 桑塔木 | O | 海相石灰岩 | 1.10 | 0.40 | −31.26 | −35.34 |
| | 吉拉克 | C | 海相砂岩 | 1.11 | 0.63 | −31.3 | −33.50 |
| | 吉南 4 | T | 陆相砂岩 | 1.02 | — | −32.9 | — |

## 2.1  陆相凝析油气系统

轮台断隆北侧的陆相凝析油气，产层是白垩系—新近系的巨厚红层，本身不具备生烃条件，油气来自北面库车坳陷的三叠系、侏罗系湖相泥岩和煤系烃源岩。这两套烃源层厚1080～1280m，有机碳含量为1%～5%，经推算在坳陷中部 $R_o$ 已达 1.8%，进入了凝析油和湿气阶段。泥岩抽提物的 $p_r/p_h$ 和 $\delta^{13}C$ 与塔北陆相凝析油完全可以对比（表 3）。

表 3  塔北隆起海、陆相凝析油与生油岩抽提物的地球化学指标对比

| 对比指标 | 陆相 | | | 海相 | |
|---|---|---|---|---|---|
| | 塔北轮台断隆 K—Tr 凝析油 | 库车坳陷 T、J | | 塔北轮南地区、雅克拉、东河塘 T、J、C、O 凝析油 | 塔北轮南、库南、柯坪露头区 Є—O 泥质碳酸盐岩 |
| | | 泥 岩 | 煤 | | |
| $p_r/p_h$ | 1.86～2.84 | 平均 3.38 | 平均 5.93 | 0.7～1.2（个别） | 0.76～0.90 |
| $\delta^{13}C$（‰） | −29.2～−25.3 | −26.8～−25.3 | −26.4～−25 | −33.5～−31.1 | −33.8～−30 |

从三叠、侏罗系陆相烃源层排出的凝析油气，先是沿本层的砂岩输导层和多个不整合面，从坳陷中心向南侧的轮台断隆高部位作侧向运移，然后再沿断层向上运移，进入白垩系—古近系—新近系圈闭成藏。

喜山运动时期，南天山向南强烈挤压，作为库车前陆盆地前缘隆起的轮台断隆，受压后向上拱张，在顶部中新生界产生了一系列张性正断层和牵引形成的断背斜带（图2）。

来自北侧库车坳陷的陆相凝析油气，在断隆顶部遇到了两排断背斜带的阻隔，很难越过它们继续向南运移；即使其中有一小部分能越过去，但是稍一离开断隆顶部，张性正断层就不发育，缺少圈闭，陆相油气也只能顺区域上倾方向向南运移，最终分散掉而聚集不起来。其结果，轮台断隆顶部也就成为库车陆相凝析油气藏分布的南界线。

## 2.2 海相凝析油气系统

轮台断隆南侧的海相凝析气藏，产层是陆相侏罗系、三叠系和海相石炭系砂岩，以及奥陶系海相石灰岩。研究表明：三叠系、侏罗系泥岩有机质成熟度低，石炭系缺少好的烃源岩；盆地北部可靠的烃源层是寒武、奥陶系，已经发现两套优质烃源岩：一套是中下寒武统的泥质灰岩、白云岩，在塔北库南1井钻遇，厚120～415m，有机碳含量平均为1.24%，最高超过5%，$R_o$为2%左右。这是一套过成熟气源岩，供给了轮南、桑塔木古潜山奥陶系和吉拉克石炭系的高成熟凝析气。另一套是中上奥陶统泥灰岩、泥页岩，实测$R_o$介于1%～1.3%，正处在生油高峰期，但显然尚未进入生成凝析气的阶段。这两套烃源岩抽提物的Pr/Ph和$\delta^{13}C$值，与塔北海相凝析油完全可以对比（表3）。

组成轮台断隆核心的前震旦系变质岩，在海西晚期已经出露，占据了断隆最高部位。自此以后，断隆南侧寒武、奥陶系生成的海相凝析油气，再不可能翻越这一变质岩核心向北运移；喜山运动后，中新生界区域北倾，这些海相油气更不可能向北"倒灌"，进入断隆北翼低部位的白垩系—新近系聚集成藏（图2）。因此，轮台断隆顶部也就成了寒武、奥陶系海相凝析油气分布的北界。

应当强调的是，不论是陆相还是海相凝析油气藏，都具有"下生上储"式"次生"油气藏的特点。

## 3 中新生界陆相凝析气藏受两组南掉正断层控制

轮台断隆南、北两条古生界边界大逆断层上方，在中新生界派生出两组南掉正断层。由于中新生界区域北倾，两组正断层上升盘形成"反向屋脊块"；一条南掉正断层形成一个正牵引断背斜带，控制了一个中新生界凝析油气田的形成。北面的一排是羊塔克—牙哈—提尔根北凝析气田；南面的一排是英买7号—红旗—提尔根凝析气田（图1、图2）。

两排南掉正断层控制油气的作用表现如下。

（1）气源断层的作用。

这些张性正断层都向下切割到三叠系、侏罗系，沟通了烃源层与白垩系—新近系储层。

（2）封堵作用。

这两排断背斜自身的圈闭幅度较小，只有靠断层封堵，才能加大圈闭的面积和幅度。由于储层区域北倾，南掉正断层下盘的膏泥岩盖层能够与上盘的储层相对接，形成侧向封堵，而北掉正断层则无此条件。

（3）断层规模控制凝析油气藏的大小。

从图3中可以看出：反向正断层断距越大、延伸越远，圈闭的幅度就越大，凝析气藏的气柱高度和含气面积也越大。例如牙哈大断裂，东西延伸68km，断距达230m，气田东西长达 60km，最大气柱高度可达 100m；相反，红旗断裂最大断距只有 25m，因此只形成了 3 个局部小高点，古近系气藏高度只有 15m。

（4）断层断开层位控制产油气层位。

从图 3 中可以看出，断层向上通到哪一层位，哪个层位就含油气。例如牙哈断裂，向上切过白垩系、古近系、新近系吉迪克组和康村组，这 4 个层位都含工业油气；相反，英买 7 号断裂只切过古近系，其上的吉迪克组因为没有构造，只产水。

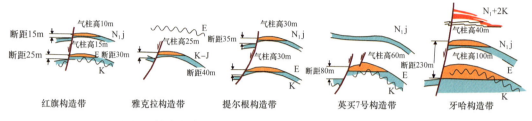

图 3　轮台断隆上反向正断层断距与凝析气柱高度关系图

## 4　海相凝析气藏受寒武、奥陶系断垒潜山及披覆背斜、断背斜控制

从图 2（b）、图 2（c）中可以看出，轮台断隆南侧的海相凝析气藏分布在以下三种类型的圈闭之中。

（1）被"Y"字形逆断层切割的寒武、奥陶系碳酸盐岩断垒潜山，断层向下切割到寒武系气源层。例如轮南和桑塔木潜山上的奥陶系凝析气藏。

（2）断垒潜山上的中生界披覆背斜，背斜附近都有断层与潜山沟通。例如东河塘潜山上的侏罗系披覆背斜和轮南 1 号潜山上的三叠系披覆背斜（LN101 背斜）凝析气藏。

（3）中生界和石炭系断背斜，断层向下切割到下古生界顶部不整合面。例如吉拉克三叠系和石炭系凝析气藏。

综上所述，塔北隆起南坡的海相凝析气藏，气源来自寒武系，都属"次生"油气藏。这类凝析气藏形成的必要条件，就是有沟通寒武系气源岩的气源断层。下古生界顶部不整合面也是重要的运移通道。

## 5　结束语

（1）塔里木盆地经过 8 年较大规模的勘探，已累计探明天然气地质储量 $2180 \times 10^8 m^3$，从而成为我国陆上仅次于四川和陕甘宁盆地的第三大含气盆地。天然气都是湿气，凝析油含量高，目前累计探明的凝析油储量为 $6000 \times 10^4 t$，居全国各盆地之首。认真总结塔里木盆地凝析气田的形成和分布规律，必将指导我们发现更多的凝析油气资源。

（2）塔北隆起是目前全盆地凝析气最富集的地区。它被轮台断隆顶部"一分为二"，形成南、北两个海、陆相凝析油气系统，这在全国各含油气盆地中也不多见。陆相凝析气藏的分布受轮台断隆两组南掉正断层控制；海相凝析气藏则受寒武、奥陶系断垒潜山及其上的披覆背斜、断背斜控制。

（3）两类凝析气藏都属"下生上储"式"次生"油气藏，气源断层的识别至关重要。由此引出在塔北隆起上沿断裂带寻找凝析气藏的勘探方向。

## 参 考 文 献

［1］Liang Di gang. New progress in petroleum  exploratio n of Talimu basin. China Oil and Gas，1994；1（2）：41－47.

［2］梁狄刚，皮学军，彭燕.塔北隆起"一分为二"，形成南、北两个海、陆相油气系统的实例.见：中国含油气系统的应用与进展论文集.北京：石油工业出版社，1997：99-111.

［3］沈平，陈践发.塔里木盆地天然气同位素地球化学特征及气源对比.见：天然气地球化学文集.兰州：甘肃科学技术出版社，1994：132-134.

［4］周兴熙，李梅，姚建军.初论塔里木盆地天然气成因系列.见：塔里木盆地石油地质研究新进展论文集.北京：科学出版社，1996：473-482.

# 克拉2气田的发现及勘探技术 ❶

贾承造　王招明　皮学军　李启明

（中国石油天然气股份有限公司；中国石油塔里木油田分公司）

**摘　要：**克拉2气田探明天然气地质储量达$2840.29 \times 10^8 m^3$，是库车山前逆冲带富含油气的实践证明。它的发现是多年来石油地质研究和勘探技术攻关的结果，从而促进了对库车坳陷石油地质规律的认识，有效地指导了库车坳陷的油气勘探，形成了山前超高压气藏的配套勘探技术，基本解决了山前油气勘探的主要难题，库车坳陷勘探程度低，圈闭多，资源量大，油气勘探大有潜力。

**关键词：**库车坳陷；克拉2气田；地质认识；勘探技术；勘探潜力

克拉2气田发现于1998年3月，这是迄今为止我国发现的最大的整装气田，不仅是我国天然气勘探史上一个新的里程碑，而且使我国前陆盆地山前构造带的油气勘探取得了历史性的跨越。克拉2气田的发现是多年来石油地质研究和勘探技术攻关的结果，为我国"西气东输"工程的实施奠定了物质基础。

克拉2气田所处的塔里木盆地库车坳陷属于南天山造山带的前陆盆地，北邻南天山造山带，南为塔北隆起，东西长约550km，南北宽30～80km，面积28515km²。它可以进一步划分为四个构造带和三个凹陷，四个构造带由北至南分别为北部单斜带、克拉苏—依奇克里克构造带，秋立塔格构造带和前缘隆起带；三个凹陷从西向东分别为乌什凹陷、拜城凹陷和阳霞凹陷。克拉2气田位于克拉苏构造带中部（图1）。

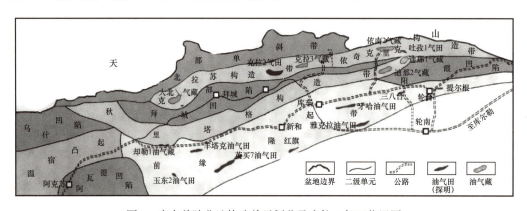

图1　库车前陆盆地构造单元划分及克拉2气田位置图

---

❶　原载《中国石油勘探》，2002，7（1）。

# 1 勘探历程

库车山前逆冲带油气勘探始于1935年，1953年之前主要进行地面地质普查，发现了大量的油气苗；1954～1983年展开了大量的钻探工作，大致经历了"广探构造、钻探浅层""集中山前，两探深层""加深钻探，探索深部构造"三个阶段，共钻探井63口，但最终由于勘探技术的原因，如山地地震资料不过关和地质理论认识的不深入导致深部构造不落实，所以在该勘探阶段仅发现了浅层的依奇克里克油田；80年代中后期，由于针对库车前陆盆地的勘探技术和地质理论没有突破，而使勘探基本停止。1989年开展会战以来，加强了库车坳陷石油地质研究工作，1992年提出重上库车，1994年开始进行地震攻关，特别是"八五""九五"国家重点科技攻关，在地震资料和地质理论上都取得了很大的进展，从而深化了库车前陆盆地石油地质特征和地质结构的认识，为一大批钻探目标的落实奠定了基础，1997年钻探优选后的克拉2号构造，于1998年发现了克拉2大气田。

克拉2气田发现的地质理论和勘探技术的应用，从而在库车前陆盆地之后的几年中相继发现了依南2、大北1、吐孜1气田和迪那2油气田、却勒2油田，确立了库车大油气区的雏形。因此克拉2气田的发现及勘探技术的总结对指导库车前陆盆地乃至我国中西部前陆盆地的油气勘探具有十分重要的意义。

# 2 山前逆冲带的勘探难点

库车山前逆冲带由于受南天山的挤压作用，构造变形非常强烈，地下地质条件十分复杂，这主要表现在：（1）浅层构造高点随深度偏移；（2）深层断裂十分发育，地层破碎严重；（3）膏、膏泥、盐岩、煤层等塑性滑脱层发育，浅、深层构造不协调。从而使库车山前逆冲带存在勘探潜力、地质规律认识不清、山地地震勘探难度大和山前钻井难度大等制约油气勘探的关键问题。

## 2.1 勘探潜力、地质规律认识不清，勘探方向不明确

受当时地球物理勘探技术及钻井技术条件等限制，无法获得深层的地质信息，从而无法获得库车前陆盆地准确的勘探潜力评价和对地质规律的认识。主要表现在对山前逆冲带的有效烃源岩分布不清，煤系烃源岩生烃潜力的大小不清，主要的勘探目的层系不清，构造样式及圈闭形态不清，以及在强烈的挤压构造背景下油气藏的成藏过程和保存条件不清，因此就无法确定勘探方向和勘探目标。

## 2.2 山地地震勘探难度大，勘探目标找不准

80年代后期，虽然地震技术有了长足发展，但面对库车前陆逆冲带的复杂地表，高陡的山体地震测线无法穿越，只能沿沟做地震测线，仅能获得深部构造的基本轮廓，无法落实勘探目标。

## 2.3 山前钻井难度大，无法钻达目的层

除攻关前的钻井设备落后外，在库车逆冲带钻探必须解决由于山前构造的地层倾角太陡而造成的大倾角井斜问题，由于膏、膏泥、盐岩、煤层等欠压实地层发育而在钻井过程

中出现的欠压实地层的缩径、井塌问题，由于构造的强烈挤压作用而在局部构造形成的高应力区大大增加了钻井难度的问题。

总之，库车前陆逆冲带地面条件差，地下地质非常复杂的地区，要想获得突破，必须要进行石油地质理论的攻关和勘探技术的攻关。

# 3 石油地质攻关明确了寻找大油气田的方向

## 3.1 库车前陆盆地是富天然气的含油气盆地

库车坳陷山前中生界大面积出露，油气苗丰富，石油地质评价和综合研究首先从地面地质资料入手，明确了库车坳陷在三叠—侏罗纪表现为伸展构造特征及潮湿的古气候环境，形成了中、下侏罗统和中、上三叠统湖沼富烃相煤系地层，是库车坳陷优质的有效烃源层。

库车坳陷三叠系、侏罗系烃源岩分布范围广，分布面积约 30000km²，厚度大，露头各剖面侏罗系源岩厚 250～770m，三叠系烃源岩厚 90～800m；丰度高，露头剖面和钻井揭示侏罗系泥质烃源岩 TOC 均值为 1.88%～4.31%，产烃潜量平均 1.52～2.45mg/g，属中等—高丰度烃源岩；三叠系泥质烃源岩一般 TOC 均值为 1.07%～2.91%，产烃潜量可达 2.22mg/g，属中等丰度烃源岩。有机质类型主要为腐殖型，成熟度适中，$R_o$ 值在 0.6%～2.5% 之间。喜马拉雅期大幅度、快速沉降为烃源岩生排烃提供了重要的温压环境，库车坳陷前缘隆起带凝析油气田的勘探实践，证实了库车坳陷有丰富的油气资源。1991—1994 年，在前缘隆起带白垩系—新近系共发现了英买 7、提尔根、红旗、牙哈、羊塔克等凝析油气田，累计油当量 15387×10⁴t，油源对比确信，其油气来源于库车坳陷陆相烃源岩。一个远离生烃中心的缓坡构造带，能够聚集如此大的油气储量，由此推论，处于生烃中心附近的构造带则可能聚集更加丰富的油气，为在库车坳陷内寻找大油气田增强了信心。

特别是"九五"攻关期间，在煤成烃理论的指导下，通过大量的生烃模拟研究表明，侏罗系、三叠系较高的成熟程度和偏腐殖型的源岩类型决定了库车坳陷富含天然气，侏罗系烃源岩和三叠系烃源岩的总生气强度超过 13000m³/m²，特别是侏罗系烃源岩具有很高的生气能力，为在库车坳陷内寻找大油气田提供了依据。

## 3.2 基本上认清了白垩系—古近系是一套优质的区域性储盖组合

以古近系库姆格列木组巨厚的膏（盐）岩、膏（盐）质泥岩为盖层，古近系底砾岩、白垩系巴什基奇克组、巴西盖组砂岩为储层，组成了一套优质的储盖组合。白垩系巴什基奇克组、巴西盖组砂岩在库车坳陷的巴什基奇克背斜南北翼、库姆格列木背斜、库车河等剖面均有出露，为巨厚块状砂岩，砂岩平均孔隙度 10%～15%，平均渗透率 10～250mD。古近系库姆格列木组巨厚的膏（盐）岩、膏（盐）质泥岩在克拉苏河、库车河等剖面均有发现，厚度在 300～400m。这套膏（盐）岩在地震剖面上反射特征明显，横向可以追踪，是一套区域性盖层。这套储盖组合在前缘隆起带上的牙哈—羊塔克地区是主要勘探层系，特别是在山前逆冲带上的克参 1、东秋 5 井也钻揭到，进一步说明了这套储盖组合在库车坳陷西部分布稳定，是一套区域性优质储盖组合，是库车坳陷形成大型油气田的重要条件，确定了盐下是寻找大型油气田的方向。

## 3.3 初步建立了库车坳陷天然气晚期成藏模式

库车山前逆冲带构造变形主要形成于新近纪—第四纪，构造变形自北向南依次推进。中新世吉迪克期，首先在北部发生逆冲作用；中新世康村期，克拉苏构造带开始发育；上新世库车期，克拉苏背斜构造带变形进一步加强；库车后期，推覆体前缘发生褶皱变形，秋里塔格构造带开始形成；第四纪，克拉苏构造带定型，同时秋里塔格背斜带继续发育（图2）。因此库车坳陷圈闭主要形成于新近纪之后，这么晚形成的圈闭能否捕捉油气成藏？通过对烃源岩生排烃期的研究，库车坳陷中生界源岩主要生油阶段为23～5Ma，而中新世末期（约5Ma）之后，由于前陆盆地的快速沉降引起有机质成熟度的快速增高，在短暂的时间内，烃源岩快速进入生气阶段。由于库车坳陷烃源岩分布面积广、厚度大，快速的深埋形成很高的生气强度。同时，构造变形提供了烃类运移的动力，构造变形形成的断裂体系和区域性分布的储层为烃类运移提供通道，烃类对圈闭的充注是快速和高强度的，因此，晚期形成的构造圈闭能够形成大型的油气藏。

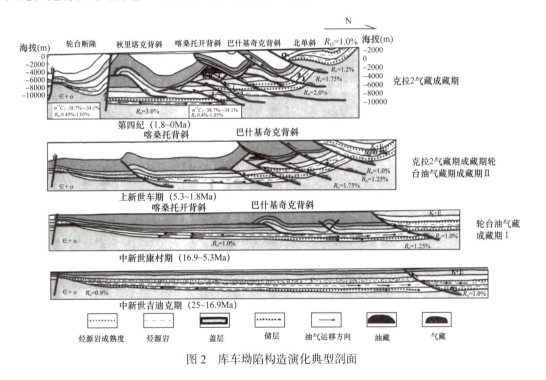

图2 库车坳陷构造演化典型剖面

# 4 勘探技术攻关解决了山前复杂构造的勘探问题

在石油地质攻关的基础上，明确了库车地区寻找大油气田的勘探方向为古近系—新近系盐下圈闭，然而库车地区古近系—新近系盐下圈闭的油气勘探主要存在三大难题：（1）地表复杂、地下构造复杂，地震勘探难度大，勘探目标难以落实；（2）地层倾角高陡，地质结构复杂，地层自然造斜能力强，可钻性差，巨厚复合盐膏层蠕变缩径，钻井工程难度大；（3）山前超高压气井试油工艺难度大。为了实现发现大油气田和落实大场面的最终目标，针对油气勘探技术各方面的难题开展了技术攻关。

## 4.1 山地地震勘探技术

库车坳陷复杂的地表及地下地质条件使得地震资料的野外采集、处理和解释都十分困难，这是库车坳陷油气勘探面临的首要技术难题。

### 4.1.1 地震资料采集技术

受复杂的地表和地下地震地质条件的制约，库车山前逆冲带的地震采集工作存在着施工难度大、技术难点多的问题，突出的技术难点包括复杂地表激发接收难、表层复杂结构静校正难、地下波场复杂观测难等。多年的山地地震攻关已形成了一套适合库车山地采集的配套技术系列。

（1）精细观测系统设计技术。对于地下地质结构复杂、逆掩断裂发育、地层倾角陡的地段，根据地层产状变化设计灵活的观测系统，设计时首先利用已有的地震资料和有关的地球物理参数，建立地下地质模型，运用相关分析软件进行模型正演，把观测排列设计在反射波可以到达的地段；其次根据地层倾角的变化，尽量将观测排列布置成下倾激发上倾接收的方式，构造冀部反射信息较为集中，反射信息丰富，需要的排列长度相对较短。因此，在观测系统的选择上，应根据地层的产状变化设计灵活多变的观测系统。对于地表条件复杂或资料信噪比较低的地段，还可采用切实可行的变观技术，主要采取在复杂地形下的特殊观测系统设计，过构造部位，增加接收道数，提高构造顶部的覆盖次数、过障碍区变观加密，在激发条件较差地段，加密炮点，提高资料的信噪比等手段来提高原始资料采集质量。

（2）科学选择激发、接受方式。测线布置尽量沿着山前最佳的激发介质区，施工中遵循"五避五就"的原则选择炮点或测线，即"避高就低、避干就湿、避碎就整、避陡就缓、避砾就岩"。合理选择激发方式，在戈壁砾石区，针对砾石松散、巨厚，对地震波吸收衰减较强，地震波能量弱的特点，采用可控震源激发来提高激发下传能量；在山体区，由于受地表条件的限制，只能采用井炮激发，在致密介质中应采用较高密度TNT炸药激发，而在疏松介质宜采用较低密度的硝铵炸药激发，同时合理选择药量，保证来自深层的反射有一定的能量，确保资料的信噪比；针对不同地表类型，采用不同检波器组合方式，可最大限度地压制干扰，突出有效信息，提高复杂山地地震勘探资料的信噪比。

（3）配套的野外静校正技术。通过对野外静校正技术难点的深入分析，将多种静校正方法结合起来进行静校正量求取，从而大大地提高了静校正的精度。

### 4.1.2 山地地震资料处理技术

库车坳陷山地地震资料处理的技术难点主要表现在以下几方面：实现静校正难、地震资料去噪难、速度分析难、动校叠加难、偏移成像难。近几年，针对这些难点的技术攻关，形成了一套适合库车山地地震资料处理的配套技术系列，基本能满足勘探工作的需要。

#### 4.1.2.1 配套的山地静校正技术

在处理库车山地地震资料时，首先利用塔里木静校正数据库，建立库车前陆区的统一浮动基准面。在此基础上，利用野外测量资料和小折射资料重新统一计算了所有测线的野外静校正量，在区域上形成了一个统一的静校正量数据库，克服了原来野外静校正不闭合的问题，保证了连片处理解释的要求。针对该区地震资料的实际情况，通过分析监视图件，对野外静校正量应用后仍有问题的测线采用折射波静校正。应用野外静校正和折射波静校正后，由于地表低降速带的影响造成的地表一致性剩余静校正量仍然存在于资料中，对此，采用地表一致性剩余静校正技术加以解决，通过处理后，剖面品质上了一个台阶。

#### 4.1.2.2 切实有效的叠前去噪技术

利用区域异常振幅压制、压制面波技术、多域去噪技术等处理方法，在叠前去噪方面取得了明显效果。

#### 4.1.2.3 综合速度分析技术

速度分析工作在库车山前逆冲带地震资料处理中是一项非常关键和困难的工作。为了提高叠加成像质量，在速度分析中采用了提高速度谱质量、交互速度拾取、速度扫描、实测地层速度约束等一系列相应措施，并取得了较好的效果。

#### 4.1.2.4 高陡复杂构造偏移成像技术

本区构造复杂、地层倾角大，各种绕射波、回转波、断面波十分发育，给叠后偏移工作提出了更高的要求。通过大量试验和分析，采用零速度偏移、偏移前的道插值技术、有限差分串联偏移技术、叠后去噪技术、时空变滤波和增益等措施后，偏移成像效果较好。

通过山地地震勘探方法攻关，采取一系列行之有效的针对性技术和措施后，在以往得不到可靠地震信息的却勒塔格、西秋、黑英山地区，地震资料品质有明显改善，在资料品质相对较好的克拉苏等地区，地震剖面信噪比、分辨率有了进一步的提高，库车山地地震勘探技术攻关为库车前陆区圈闭的发现、落实及勘探目标选择与评价奠定了坚实的基础。

## 4.2 山前逆冲带地震解释与成图技术

### 4.2.1 层位综合标定技术

库车山地地区构造变形强烈、断裂发育、地层产状较陡，层位标定的难度是显而易见的；而且对于如此复杂的地区，使用单一的方法对层位进行准确的标定也是不现实的。因此，在库车地区的层位标定中，普遍使用了 VSP 测井、声波合成记录、实钻时—深曲线和钻井岩性剖面、地面地质等资料，针对不同的资料条件进行层位综合标定，以求最大程度地满足山地地震资料解释的要求。

### 4.2.2 精细构造解释建模技术

构造建模技术是以断层相关褶皱理论为基础，利用数学原理，并将各种地质资料有机地组合起来，建立起断层与褶皱之间的、精确的定量关系。它有助于正确识别断层相关褶皱的典型特征，并利用这些特征进行合理的推测、解析资料较差地区的构造特征，以满足油气勘探工作的需要。近年来，通过大量的工作，已在库车地区建立了断层转折褶皱、断层传播褶皱、滑脱褶皱、双重逆冲构造等 10 种构造模型（图 3），较好地解决了复杂地区地震资料解释的难题，大大地提高了构造解释的合理性和可靠性，并取得了较好的效果。

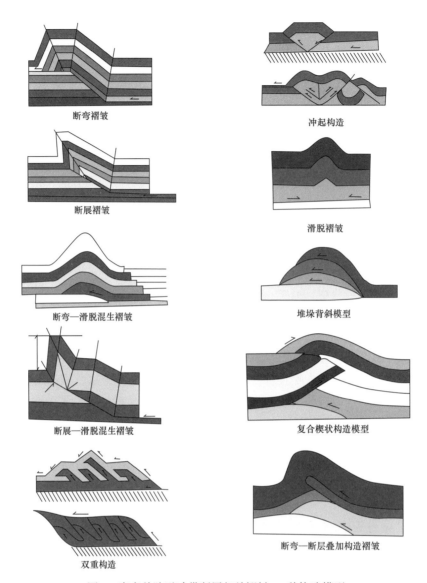

图 3 库车前陆逆冲带断层相关褶皱 10 种构造模型

（断弯褶皱、冲起构造、断展褶皱、滑脱褶皱、断弯—滑脱混生褶皱、堆垛背斜模型、断展—滑脱混生褶皱、复合楔状构造模型、双重构造、断弯—断层叠加构造褶皱）

### 4.2.3 目标区精细速度建场及变速成图

一般是以区域大断层为界，选定速度研究目标区范围，用层位控制法建立速度场，利用钻井资料约束并校正速度场，最后还要进行速度场合理性分析，保证速度场特征符合区域地质规律。

## 4.3 山地超高压气藏钻井技术

库车山前逆冲带钻井难度在世界上也是罕见的，主要表现在：（1）构造高陡，地层倾角大，目的层段之上倾角一般在 35° 以上，钻井中易发生严重井斜；（2）地层可钻性差，机械钻速普遍较低；（3）盐岩、欠压实泥岩厚度大，一般有 400～1000m；（4）井眼失稳严重，同一裸眼井段存在不同压力系统；（5）气层压力高，压力系数一般在 1.6～2.3，超高压气藏的钻井、完井难度大。

针对以上难题的技术攻关，形成了以偏轴防斜、动力钻具、新型钻头等为核心的防斜打快配套技术；以地层压力预测、超高密度钻井液技术、超高压气层固井技术、超高压气层井控技术等为核心的超高压气层钻井配套技术；以强封堵，配合适合钻井工艺技术措施为核心的煤层和泥页岩防塌技术，基本解决了山前超高压气井的钻井技术。

## 4.4 山地超高压气藏试油技术

超高压气藏测试难点很多，最突出的问题是测试压差大，容易引起封隔器失封、管柱漏失，严重时挤坏管柱或套管；气层压力大、产量高，对井口及地面控制设备要求高。针对超高压气藏测试难点，塔里木测试方面的专家在实践中不但在试井工艺方面自行设计了五种测试管柱、两种地面测试流程，成功地完成了超高压、高产气藏的长时间测试，而且在产能评价方面、气层改造方面也形成自己的一套技术。

## 4.5 油气藏描述技术

### 4.5.1 滚动圈闭描述技术

库车山前逆冲带构造十分复杂，给圈闭精细描述带来较大难度，在克拉 2 气田从发现到探明地震攻关采取了采集—处理—解释一体化的联合攻关手段，圈闭描述经历了初步圈闭描述—地震测网加密—圈闭描述—评价钻探—圈闭精细描述的过程。一方面，通过地震资料的采集处理攻关来提高资料品质，及时用钻井资料来修正构造解释模型，约束速度场，来提高构造图的精度；另一方面，用相对准确的构造图来部署地震和评价井，保证地震部署的准确和评价钻探的成功，这就大大加快了气藏评价的速度，同时提高评价勘探的成功率，减少勘探风险。克拉 2 气田的滚动圈闭描述经验在后来的大北 1 气藏、吐孜洛克气藏的评价勘探中也得到了成功应用。

### 4.5.2 单井评价技术

首先是要求单井各项资料录取齐全准确，特别是要合理设计取心井段，细心研究选择适宜本区的技术，特别是测井新技术。

其次是充分利用取得的资料，进行地层划分、岩性评价、储层评价、油气水评价、产能评价，在评价中要综合利用各方面资料，保证单井评价的准确。

# 5 对克拉 2 气田基本地质特征的认识

针对库车山前逆冲带的石油地质攻关，明确了该地区寻找大油气田的勘探方向为古近系—新近系盐下圈闭；而针对古近系—新近系盐下圈闭的一系列勘探技术攻关，是发现和探明克拉 2 大气田的保证；而克拉 2 气田的成功钻探，又深化了对其基本地质特征的认识。

## 5.1 地层

克拉 2 气田地表出露地层为新近系康村组（$N_{1-2}k$），揭开地层由上向下依次为新近系吉迪克组（$N_1j$）、古近系苏维依组（$E_{2-3}s$）和库姆格列木群（$E_{1-2}km$）；下白垩统巴什基奇克组（$K_1bs$）、巴西盖组（$K_1b$）、舒善河组（$K_1s$），缺失上白垩统（图 4）。库姆格列木群和巴什基奇克组是克拉 2 气田的含气层段。库姆格列木群从上到下细分为五个岩性段：泥岩段、膏盐岩段、白云岩段、膏泥岩段、砂砾岩段。膏盐岩段厚 430～757m，为一套优质区域性盖层，白云岩段、砂砾岩段为气层段。白云岩段厚 4～9m，灰色泥晶云岩、生屑云岩及亮晶砂屑灰岩，砂砾岩段厚 15～20m，为浅灰色中—厚层状砂砾岩、含砾细砂岩夹细砂岩。

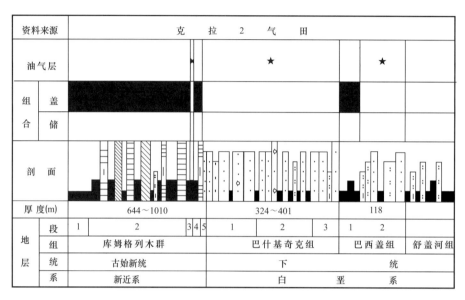

图 4　克拉 2 气田岩性剖面与储盖组合图

下白垩统巴什基奇克组（$K_1bs$）从上到下细分为三个岩性段。第一、二岩性段以中细砂岩为主，夹少量泥岩、泥质粉砂岩薄层，厚度分别为 90～100m 和 150～160m，第三岩性段为棕红色砾岩夹细砂岩，厚 110～150m。巴什基奇克组是气田主要含气层段。

下白垩统巴西盖组厚 120～150m，可细分两个岩性段，第一岩性段为 15～25m 的薄—中层状泥岩、粉砂质泥岩。第二岩性段为浅褐—褐色厚层块状含粉砂质细砂岩、细砂岩，厚约 110～130m。

下白垩统舒善河组为褐色中—厚层泥岩、粉砂质泥岩。

## 5.2　沉积储层特征

克拉 2 气田主要目的层巴什基奇克组主要为扇三角洲前缘、辫状三角洲前缘、辫状冲积平原远端亚相的水下重力流、水下分流河道、水下分流河道间湾、席状砂、河口砂坝、远端辫状河道、浅湖泥等微相沉积；新近系库姆格列木群主要为蒸发边缘海相的扇三角洲亚相和蒸发潮坪亚相，细分为水下辫状河道、潮下带、潮上带和生屑滩、砂屑滩、鲕滩等微相，其中砂砾岩段为低位体系域沉积，白云岩段为海侵体系域沉积。

白垩系巴什基奇克组在气田范围内分布稳定、砂体连续性相当好，泥岩分布零星、断续，为一套纵向和横向上连通性好、沉积厚度大，平面上展布面积广、连片分布的板状砂体。

碎屑岩储层岩石类型主要为褐色中、细粒岩屑砂岩为主，储集类型为孔隙型，储集空间以剩余原生粒间孔为主，次为各种类型的溶蚀孔、晶间孔、杂基内微孔、构造裂缝、收缩缝等。新近系砂砾岩段—白垩系巴什基奇克组储层孔隙度主要分布在8%～20%，最大达22.4%，峰值为15%，平均为12.6%，渗透率主要分布在0.1～1000mD，最大达1770mD，平均为49.42mD。孔渗线性关系好，表明储层孔喉分布较均匀，储层物性较好。

白云岩段主要岩石类型为亮晶砂屑云岩，泥晶砂屑—砂屑泥晶云岩，泥晶生屑云岩，平均孔隙度11.4%，平均渗透率3.6mD，储集空间类型主要为孔隙，其次是裂缝。孔隙类型主要有生物铸模孔、粒间溶孔、晶间孔、晶间溶孔和非组构选择性溶孔等类型。

## 5.3 构造特征

克拉2构造纵向上可分为新近系盐上与盐下两个构造层，盐上构造基本上为古近系沿一滑脱断层面而形成的传播褶皱，地层总体北倾，构造顶面稍有回倾。而盐下构造是一潜伏于滑脱断层之下的叠瓦式双重构造。

构造主要受南北两条背冲断层控制。构造的北翼受一条南倾的逆冲断层所控制，断层断距比较大；构造的南翼破碎比较严重，发育了四条北倾的逆冲断层，这四条断层断距比较大，断开层位比较多；在构造的顶部，发育了一系列逆断层以及少量正断层，这类断层断距比较小，有的断层仅断开新近系白云岩段顶面（图5）。

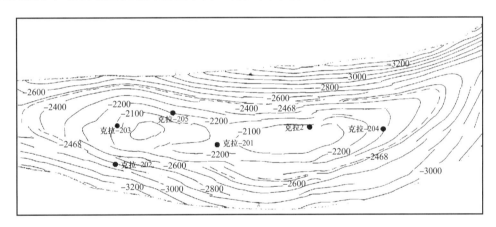

图5 克拉2气田古近系白云岩顶面构造图

在新近系白云岩顶面构造图上，克拉2背斜为一轴向近东西、两翼基本对称的长轴背斜。长轴长约18km，短轴长约3～4km，长短轴之比约为1：4.5。背斜整体呈东西向展布，存在东西两个高点，西高点海拔为−1970m，东高点海拔为−2025m，其间鞍部海拔为−2125m。该构造以−2480m等高线为闭合圈，圈闭面积49.56km²，幅度510m。

## 5.4 气藏特征

气藏中部地层温度100.58℃，地温梯度2.188℃/100m，属正常的温度系统，气藏中部地层压力74.41MPa，平均压力系数为1.95～2.20，属超高压气藏。

天然气具有甲烷含量高，非烃气体含量低的特点。天然气相对分子质量16.4～16.7，相对密度低，平均0.569，甲烷含量高，平均97.265%，重烃含量很小，氮气（$N_2$）含量低，平均1.580%，酸性气体含量很小，$CO_2$含量平均0.686%；干燥系数（$C_1/C_1^+$）高，属于干气，天然气碳同位素较重，$\delta^{13}C_1$ 为 $-27.8‰\sim-27.07‰$，$\delta^{13}C_2$ 为 $-19.4‰\sim-17.87‰$，属典型的煤成气。根据碳同位素与成熟度的关系，推测烃源岩成熟度 $R_o$ 最高可达 2.2% 以上。天然气主要来自侏罗系。

地层水为 $CaCl_2$ 型，密度 $1.082\sim1.111g/cm^3$，氯根（$7\sim10$）$\times10^4mg/L$，总矿化度（$12\sim16.5$）$\times10^4mg/L$，显示封闭条件很好。

克拉 2 气藏幅度大，在新近系白云岩段顶面的构造图上，高点海拔 $-1970m$，气水界面 $-2468m$，气藏幅度 498m，圈闭闭合度 510m，圈闭全充满，且具有统一的压力系统，统一的气水界面，属于同一个气藏（图 6）。

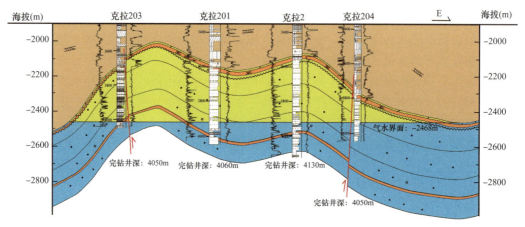

图 6　克拉 2 气田东西向气藏剖面

克拉 2 气田范围内完钻的 5 口井（克拉 2、克拉 201、克拉 203、克拉 204、克拉 205 井）均获高产工业气流，具有单井产能和地层压力高的特点。克拉 205 井采用回压试井方法，对井段 3789.0～3952.5m（层位：新近系砂砾岩段 + 白垩系巴什基奇克组第一、二岩性段）进行了产能测试工作，测试井段总厚 163.5m，射开厚度 159m，有效厚度 148m，用 21.57mm 油嘴求产，日产气高达 $300.44\times10^4m^3$，用三种不同方法求出产能方程及无阻流量，无阻流量为（$1019\sim2333$）$\times10^4m^3/d$。

应用三维地震资料，6 口井控制，选取气田（干气）地质储量的容积法进行计算，克拉 2 气田天然气探明地质储量为 $2840.29\times10^8m^3$，采收率取 75% 计算，可采储量为 $2130.22\times10^8m^3$。

# 6　克拉 2 气田发现的意义

## 6.1　克拉 2 气田发现的启示

库车前陆逆冲带是地表条件恶劣、地下构造非常复杂的地区，综观库车几十年曲折的勘探历程，得知制约该地区油气勘探的瓶颈一是地质认识问题、二是勘探技术问题。首先通过石油地质综合研究攻关，明确了该地区的勘探潜力、主要勘探目的层系和勘探方向；其次通过勘探技术的攻关，即从艰苦的山地地震到复杂的深井钻探、从高难度测井到高压井测试，逐渐形成了库车山前逆冲带落实勘探目标、钻探勘探目标和测试勘探目标等油气勘探的系列配套技术。正是由于对库车山前逆冲带地质认识和勘探技术的突破，才使在盐下深层构造发现大油气田的梦想变为现实。

## 6.2  克拉2气田发现的意义

克拉2大气田的发现不仅揭示了库车坳陷的油气分布规律，有效地指导了库车坳陷的油气勘探，如在克拉2气田发现之后的几年中，相继发现了依南2气田、大北1气田、吐孜1气田和迪那2油气田、却勒2油田，使库车坳陷的圈闭钻探成功率达50%；而且形成了库车山前逆冲带一系列配套的勘探技术，基本解决了库车山前油气勘探的主要难题。同时，克拉2气田的发现所揭示的地质理论及所形成的系列勘探技术对我国中西部前陆盆地的油气勘探也具有十分重要的指导意义。

## 6.3  克拉2气田的发现揭示的勘探前景

克拉2气田的发现说明在以煤成烃为主的库车前陆冲断带具有形成特大、大型油气田的石油地质条件。库车前陆盆地资源量评价结果表明，库车坳陷总资源量为 $26.4 \times 10^8$t，其中天然气资源量为 $2.23 \times 10^{12} m^3$，石油资源量为 $4.1 \times 10^8$t，目前探明油气当量约为 $3 \times 10^8$t，仅为盆地资源量的11.4%左右，勘探程度还很低。

库车山前逆冲带发现构造区带16个，储备圈闭50个，圈闭总面积约 $1650 km^2$，圈闭总资源量约 $25.0 \times 10^8$t（油当量），勘探前景很好。同时，通过克拉2气田勘探形成的地质认识的进步和勘探技术的储备是库车坳陷下步勘探的保证，因此库车坳陷勘探潜力很大，将很快成为现实的资源丰富的大油气区。

# 塔中Ⅰ号坡折带礁滩复合体大型油气田勘探理论与技术 ❶

杨海军　韩剑发　孙崇浩　张海祖

（中国石油塔里木油田分公司勘探开发研究院）

**摘　要**：在不断解决塔中Ⅰ号坡折带礁滩复合体勘探中遇到的诸多世界级难题的过程中，创新了塔中大漠海相碳酸盐岩油气勘探、开发配套技术系列：礁滩复合体地质综合建模技术，礁滩复合体优质储集层地震预测技术，礁滩复合体大型凝析气藏描述技术；礁滩复合体井位优选技术，超埋深、超高温、超高压油气层识别、保护与工艺改造技术。发展了礁滩复合体大型油气田成藏地质理论：剖析了台缘坡折带地质结构的分段性及其对礁滩复合体空间展布的控制，发现了井下奥陶纪最大型生物礁群，建立了大型礁滩复合体空间几何学地质模型，认识了多成因改良的礁滩复合体大型储集体，建立了礁滩复合体大型凝析气藏地质模型（群）；查明了迄今为止全球埋藏最深、时代最老的大型凝析气藏。目前已探明中国第一个奥陶系礁滩复合体大型凝析气田，$3 \times 10^8 t$油气规模基本落实，东部$100 \times 10^4 t$产能已初步建成。地质研究成果丰富和发展了我国台缘高能相带油气成藏理论，勘探开发实践发展了超深复杂油气藏的勘探开发技术，开创了在塔里木盆地奥陶系台地边缘寻找大型礁滩型油气藏的新领域，对塔里木盆地资源战略接替、产能接替具有重大意义。

**关键词**：塔中Ⅰ号坡折带；奥陶系；礁滩复合体；油气成藏理论；勘探配套技术

塔中Ⅰ号坡折带位于塔中古隆起大型碳酸盐岩台地北缘，台缘坡折带长220km，宽8～18km，面积2100km²。发育大型礁滩复合体，其中发育了迄今为止全球埋藏最深、时代最老的大型—特大型凝析气藏[1]。塔中地区地表沙丘起伏大，地下结构复杂，礁滩复合体油气勘探面临一系列世界级难题。塔里木油田公司组织油田和全国著名科研院所的科研力量，经过艰苦攻关，创新了塔中大漠海相油气勘探配套技术系列，形成了一套礁滩复合体大型油气田成藏地质理论，为海相礁滩复合体油气勘探开发理论技术的发展做出了贡献。

## 1　创新了海相油气勘探配套技术系列

（1）礁滩复合体地质综合建模技术。

塔里木盆地奥陶纪是否发育造礁生物，能否形成大规模的生物礁建造，很多专家、学者都曾表示过质疑。通过古地磁、古地理、古生态研究，准确计算奥陶纪塔里木板块古纬

---

❶　原载《新疆石油地质》，2011，32（3）。

度，证实塔中地区存在造礁生物发育的大地构造环境[2]。

通过高频海平面相对变化旋回、碳氧同位素分析研究，建立了塔中奥陶系等时地层格架，结合古生物地层及地震相研究，精细划分大型礁滩复合体沉积微相，确定了台缘高位域是礁滩复合体发育的最有利相带。

通过攻关形成了礁滩复合体三维空间地质建模技术，通过精细剖析与塔中奥陶系礁滩复合体具相似性的塔里木盆地北缘一间房组等野外露头并与澳大利亚大堡礁现代礁滩复合体的空间架构进行了对比，建立了符合塔中礁滩复合体特征的几何学地质模型；同时，确立了地震丘状、杂乱状等异常反射特征与实钻礁滩复合体之间的井震关系，进而根据地震相预测礁滩复合体的空间展布[2, 3]。

（2）优质储集层地震预测技术。

由于大漠区三维资料品质所限，内幕礁滩复合体储集层预测与轮南—塔河油田相比，具有空前的难度。经探索实践，创新形成了分频属性、高频吸收 F3、地层指示器、古地貌三维可视化、多属性聚类分析、缝洞系统雕刻等适合礁滩复合体储集层预测配套技术[4]。随着储集层预测技术的深化与成熟，新部署井位礁滩复合体钻遇率达 97%。

（3）礁滩复合体井位优选技术。

在油气藏综合评价有利区带预测优选礁滩复合体发育区，通过地震剖面精细分析与储集体空间雕刻，寻找地震反射"外部丘状结构明显，内幕串珠状响应较好，或是杂乱反射"的集中区选择井位，使井位实现"靠礁翼、近断裂、打裂缝"的目标。

井位优选技术的创新，突破了礁滩复合体井位选择难关、高产稳产难关，实现了增储上产。礁滩复合体钻井成功率高达 67%，塔中 62 井区探井评价井 10 口，成功率 100%。

（4）超深超高温油气层识别、保护与工艺改造技术。

无固相弱凝胶钻井液体系能够快速地形成低渗透性滤饼阻止外来流体的侵入，使储集层不受伤害；该体系能有效地控制污染带的深度，避免对井壁的冲蚀，起到稳定井壁、保护油气层作用。

针对储集层埋藏深（最深 7260m）、温度高（最高 185℃）、非均质性强等特点，形成了高温深井碳酸盐岩储集层压前评估、加砂压裂、深度酸压裂、压后评估等为代表的深度储集层改造配套技术，研发了温控变黏酸、地面交联酸、清洁自转向酸等具有黏度高、酸岩反应速度慢、伤害低等特点的国内领先水平的新型酸液体系，达到了深度改造目的。其中，温控变黏酸被评为 2005 年中石油十大科技进展之一，清洁自转向酸达到了国际先进水平。

（5）大型凝析气藏精细描述技术。

塔中地区奥陶系碳酸盐岩储集层非均质性强，储集层评价、流体识别难，油气藏建模难。在地质精细建模，地震礁滩复合体储集层预测的基础上，充分发挥新技术测井评价优势，形成礁滩复合体储集性能和流体定量化评价技术体系。诸如基于核磁共振、偶极横波测井的有效裂缝识别、溶洞充填程度判别、次生孔隙发育程度定量评价等技术；基于 P 型核磁资料差谱、移谱技术及 FMI 孔隙频谱分析技术，建立成像测井饱和度计算方法，测井解释储集层与油气藏符合程度达 90% 以上。

综合地质、地震、测井、油藏资料，建立了双孔双渗地质模型，并用随机模拟的方法完成沉积相模拟，通过油气藏动、静态数据一体化研究技术，建立地震相与产能的关系，建立地震储集层预测约束下的礁滩复合体油气藏模型。

## 2 发展了大型礁滩复合体油气成藏理论

（1）台缘坡折带地质发展的分段性控制着礁滩复合体空间展布。

塔中Ⅰ号构造带早奥陶世末—晚奥陶世早期为大型逆冲断裂带，上奥陶统沉积前遭受长期侵蚀形成复杂的断裂坡折带，良里塔格组沉积沿高陡断裂坡折带发育台地边缘礁滩复合体，形成上奥陶统碳酸盐岩沉积坡折带，即断裂和沉积复合叠合坡折带（图1）。

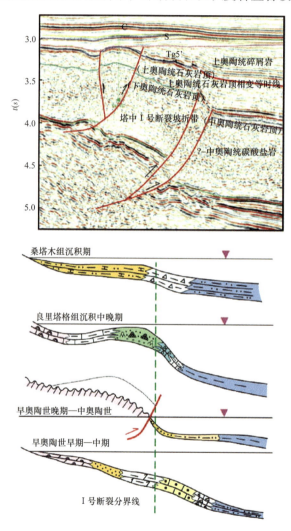

图1 塔中Ⅰ号坡折带形成演化示意

由于构造作用强弱的不同，基底卷入与盖层滑脱程度的不同，并受北东向的走滑断裂影响，坡折带横向分段特征明显。这种地质结构分段性控制了礁滩复合体地貌背景的差异性、沉积相带的复杂性、古生态的多变性，导致礁滩复合体西高东低，东窄西宽，东陡西缓；台缘厚台内薄，中段变化缓，两侧变化快的空间展布格局[5]。

塔中 76 井区以滩相沉积为主；塔中 26 井区礁滩体高陡狭窄，以粒屑滩相沉积为主；塔中 62 井区处于礁滩复合体的主体部位，礁的主体高而窄，沿坡折带边缘分布；塔中 82—塔中 54 井区以宽缓的礁丘滩复合体为主；塔中 85 井区以发育中高能粒屑滩和骨架礁丘组合为特征；塔中 45—塔中 49 井区以滩相沉积为主，滩体宽缓且薄。

古地磁资料，碳氧同位素分析表明，塔里木板块奥陶纪地处古纬度南纬 20°～30°，古水温为 24.22～31.53℃，古气候环境以热带—亚热带的气候为主[6]。

良里塔格组沉积期，塔中地区及邻区处于热带—亚热带地区，海水清澈，盐度正常，缺乏蒸发岩沉积，属温暖湿润气候，适宜于造礁生物的繁殖生长，发育大量钙质海绵、托盘类、层孔虫、群体珊瑚、管孔藻等造礁生物[7, 8]；由块状托盘海绵骨架岩、层孔虫骨架岩、珊瑚骨架岩与藻粘结生屑灰岩、藻粘结砂砾屑灰岩组成礁滩复合体。

（2）建立了大型礁滩复合体空间几何学地质模型。

观察岩心，礁、滩、丘体等各个微相在纵向上多旋回发育，每个旋回结束后另一个旋回开始，多旋回发育，并反映向上水体变浅的特征（图 2），在连续取心剖面进行观察统计，建立一定的比例关系[8]。地震相研究表明，礁滩复合体在地震剖面为丘状凸起或杂乱状，多期次礁、滩体纵向叠置，侧向加积，具有一定的发育规律，平面预测礁滩复合体沿台地边缘成群成带分布[9]。

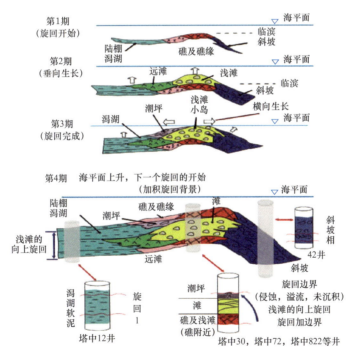

图 2　塔中地区良里塔格组礁滩体发育旋回模式

野外考察，通过对塔里木盆地一间房组剖面的精细剖析及澳大利亚大堡礁的考察，建立了宏观礁、滩、丘体的比例关系。

分形分维计算，通过对井下、野外和地震等礁滩复合体识别，利用数理统计的方法，建立了坡折带礁滩复合体空间几何模型。

应用现代沉积学、生物礁地质学理论和方法，发现井下已明确证实的生物礁群发育带长达 220km，宽度 8～18km，厚度 150～200m，是目前世界上含油气盆地内部发现的最大奥陶纪生物礁群。礁滩复合体纵向多旋回叠置、横向多期次加积，具小礁大滩的结构特征和向上水体变浅的沉积特征，沿台缘成群、成带分布[10]。

（3）提出了多成因改良的储集体概念。

沉积岩相是礁滩复合体储集层发育的基础，各种岩溶作用是储集性能改良的关键，裂缝系统是增强储集体连通性和高产稳产的重要条件，以台缘高位域最为有利[11-13]；由于海平面的高频变化和生物的追长性，礁滩复合体发育过程中频繁暴露发生溶蚀；表生期经历大气淡水的淋滤溶蚀，发生较大规模的岩溶；在火山活动中，礁滩复合体受到热水溶蚀；在烃类演化及成藏过程中，发生硫酸盐热化学还原，产生硫化氢。由于硫化氢对碳酸盐岩的溶蚀作用强烈，含量越高，储层孔隙度越大。由于礁滩复合体各个微相间连通性较差，所以裂缝是油气高产稳产的重要条件。

（4）建立了礁滩复合体大型凝析气藏地质模型（群）。

塔中 I 号坡折带位于隆坳结合部位，是油气长期运聚指向区。烃源岩轻烃、生物标志物、同位素等地球化学特征表明，烃源岩为寒武系碳酸盐岩和泥质岩，原油混源特征明显，天然气为原油裂解气，大量硫化氢的存在（$\delta^{34}S$ 为 15.04‰～18.45‰），间接反映出原油裂解气主要来源于寒武系古油藏（塔参 1 井 $\delta^{34}S$ 为 19.34‰～22.61‰）。礁滩复合体为主要的储集体，与上覆桑塔木组泥岩构成良好的储盖组合。构造演化及包裹体分析表明礁滩复合体具"三期成藏、两期调整、早期成油、晚期注气，复式聚集、普遍含油"成藏特征，晚期气侵是形成非常规凝析气藏的重要机制[1, 14, 15]。

断裂与不整合为油气运移最有利输导体系，北东向的走滑断裂，是晚期气侵三大进气带的重要通道。流体复杂多样，为多期成藏的体现，原油以凝析油为主，局部为弱挥发—正常油；天然气为干气，非烃类普遍，可分为低含氮气和高含氮气，高含硫化氢和低含硫化氢的天然气，为不同岩相烃源岩生成的油裂解形成的天然气，尚未见到明显边、底水，油气藏具有正常的温度压力系统。礁滩复合体具有整体含油，储集层控油，油气具南北分带、东西分段特征，油气准层状分布，东西油柱高度为 2400m。

塔中坡折带控油、整体含油的大油气田模式的构建，实现了断裂带控油—坡折带控油、局部构造含油—整体含油、构造勘探—储层勘探认识的转变，勘探不断获得突破，从而发现了塔中坡折带大油气田的存在。

总之，通过塔中奥陶系针对性的技术创新、理论创新、认识创新、勘探思路创新，发现了塔中 I 号坡折带奥陶系生物礁型大油气田，开辟了塔里木盆地碳酸盐岩坡折带找油新领域，丰富了奥陶纪台缘相带碳酸盐岩找油的范例。

# 3 查明了迄今全球埋藏最深、时代最老大型凝析气藏

钻探证实及攻关研究表明，塔中 I 号坡折带整体富集油气，受礁滩复合体控制油气富集在礁滩复合体顶部 150m 范围内，油气柱超过 2000m，虽钻遇局部定容水，但未见明显的边水（或底水）。塔中 I 号气田在宏观上为大型准层状凝析气藏（群），截至 2009 年年

底，塔中Ⅰ号坡折带礁滩复合体实现了东部连片探明、西部拓展探明的格局，超亿吨油气田（群）已经形成。

塔中Ⅰ号坡折带位于长期稳定发育的塔中古隆起的边缘，油气聚集条件优越，是油气长期运聚的主要指向区，具有良好的保存条件，油气资源丰富，多次评估塔中Ⅰ号坡折带有利勘探面积 $827km^2$。

塔中Ⅰ号坡折带有多套储盖组合，具备多个有利勘探领域。良里塔格组多期礁滩体勘探处于增储上产、整体评价探明阶段，其为整体含油、礁滩体储集层控油，沿Ⅰ号坡折带大面积准层状分布的低丰度大型礁滩型岩性油气藏。

# 4 结论

（1）在大漠区塔中Ⅰ号坡折带发现了超埋深古老的大型礁滩复合体，这一具里程碑意义的重大发现结束了塔里木盆地奥陶纪无大型生物礁的认识历史，开创了在塔里木盆地奥陶系台地边缘寻找大型礁滩油气藏的新领域。

（2）明确了多成因改良的大型礁滩储集体发育及控储控藏机制，发展和丰富了礁滩复合体大型油气田成藏地质理论，创新了我国奥陶系生物礁储集体识别、预测、评价及描述等勘探和开发的技术。

（3）创建形成了塔中大漠超埋深、超高温古老礁滩复合体油藏的钻井、油层保护、油层改造等工艺技术，为加快塔里木盆地的油气勘探开发起了重要作用。

## 参 考 文 献

[1]韩剑发，梅廉夫，杨海军，等.塔中Ⅰ号坡折带礁滩复合体大型凝析气田成藏机制[J].新疆石油地质，2008，29（3）：323-326.

[2]顾家裕，方辉，蒋凌志.塔里木盆地奥陶系生物礁的发现及其意义[J].石油勘探与开发，2001，28（4）：1-3.

[3]王招明，杨海军，王振宇，等.塔里木盆地塔中地区奥陶系礁滩体储集层地质特征[M].北京：石油工业出版社，2008.

[4]杨海军，胡太平，于红枫，等.塔中地区上奥陶统礁滩复合体储层地震预测技术[J].石油与天然气地质，2008，29（2）：230-236.

[5]陈景山，王振宇，代宗仰，等.塔中地区中上奥陶统台地镶边体系分析[J].古地理学报，1999,1(2):8-17.

[6]王振宇，孙崇浩，张云峰，等.塔中Ⅰ号坡折带上奥陶统成礁背景分析[J].沉积学报，2010,28（3）：525-533.

[7]杨海军，王建坡，黄智斌，等.塔中隆起上奥陶统凯迪阶良里塔格组生物群及其生态特征[J].古生物学报，2009,48（1）：109-122.

[8]张园园，王建坡，马俊业，等.礁滩分类以及在岩芯中的识别[J].古生物学报，2009,48（1）：89-101.

[9]邬光辉，黄广建，王振宇，等.塔中奥陶系生物礁地震识别与预测[J].天然气工业，2007，27（4）：40-42.

[10]王振宇，孙崇浩，杨海军，等.塔中Ⅰ号坡折带上奥陶统台缘礁滩复合体建造模式[J].地质学报，

2010，84（4）：546–552.

［11］张宝民，刘静江，边立曾，等.礁滩体与建设性成岩作用［J］.地学前缘，2009，16（1）：270–289.

［12］王招明，赵宽志，邬光辉，等.塔中Ⅰ号坡折带上奥陶统礁滩型储层发育特征及其主控因素［J］.石油与天然气地质，2007，28（6）：797–801.

［13］高志前，樊太亮，王惠民，等.塔中地区礁滩储集体形成条件及分布规律［J］.新疆地质，2005，23（3）：283–287.

［14］韩剑发，梅廉夫，杨海军，等.塔里木盆地塔中地区奥陶系碳酸盐岩礁滩复合体油气来源与运聚成藏研究［J］.天然气地球科学，2007，18（3）：426–435.

［15］韩剑发，梅廉夫，杨海军，等.塔里木盆地塔中奥陶系天然气的非烃成因及其成藏意义［J］.地学前缘，2009，16（1）：314–325.

# 塔北哈 6 区块奥陶系油藏地质与成藏特征 ❶

张丽娟[1]　范秋海[1]　朱永峰[1]　朱光有[2]　李国会[1]
尹峰林[1]　邹克元[1]　左小军[1]　孙　琦[1]　张　超[1]

（1. 中国石油塔里木油田分公司；2. 中国石油勘探开发研究院）

**摘　要：** 近年来，塔里木盆地北部地区通过在隆起的围斜部位和斜坡区域开展三维地震和综合研究以及钻探工作，获得重大发现。通过采样分析以及对哈 6 区块构造演化、地层发育特征及碳酸盐岩油藏的石油地质条件的深入研究，认为围斜区域奥陶系裂缝—孔洞型碳酸盐岩储层发育，与上覆志留系和奥陶系吐木休克组泥岩组形成储盖组合，具有良好的油气成藏条件。通过油源对比、区域构造演化、生烃史及储层流体包裹体等分析，认为哈 6 区块奥陶系原油来自中—上奥陶统烃源岩，在晚海西期充注成藏；燕山期以来，油藏进入调整和保存阶段。哈 6 区块储盖组合配置良好、优势通道和充足的油气在时空耦合关系良好，奥陶系具广阔的勘探前景。该区目前处于油气发现的初期阶段，相关地质认识较为浅显，对目前的认识进行梳理，有利于各项研究工作的进一步深化。

**关键词：** 奥陶系；油气成藏；碳酸盐岩；哈 6 区块；塔北隆起；塔里木盆地

中国古生代海相沉积盆地蕴含着丰富的油气资源。由于经过多旋回叠合和改造，油气分布极为复杂[1-3]。特别是碳酸盐岩储层，目前埋藏大部分都较深，储层致密化严重，非均质性强烈[4-6]；经历了漫长的构造演化过程，油气成藏过程十分复杂[7-9]，造成了海相油气分布预测难度大。塔北地区是塔里木盆地目前油气勘探的重点区域，奥陶系是重点勘探层系。但是，该区油气成因与成藏过程十分复杂，勘探目标隐蔽，对塔北哈 6 区块奥陶系碳酸盐岩油气成藏条件的分析与成藏过程的恢复，将为塔里木盆地碳酸盐岩勘探提供重要决策依据。

## 1　区域概况

塔北隆起位于塔里木盆地北部，夹持于库车坳陷和北部坳陷之间，是重要的海、陆相油气富集带[10]。哈 6 区块位于塔北隆起轮南低凸起西部（图 1），北邻轮台凸起，南邻北部坳陷，西接英买力低凸起。

轮南低凸起为一大型潜山背斜，主体在轮南油田—塔河油田一带，长轴由东部的北东向到西部的北东东向。其周缘已经发现了大量的海相油气藏，如东南部塔河、哈得逊等亿吨级油田。

自 20 世纪 90 年代以来，哈 6 区块范围内以东河砂岩、三叠系为主要勘探目标，但未

❶　原载《中国石油勘探》，2013（2）。

取得突破性进展。2008 以来，以奥陶系碳酸盐岩储层作为勘探目标，一大批探井及后续开发井于奥陶系一间房组石灰岩储层中获得高产油气流，展示了塔北碳酸盐岩油藏具有良好的勘探前景。

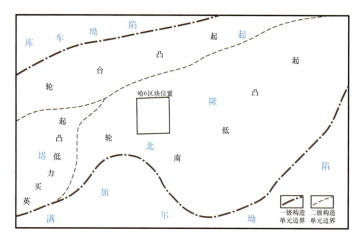

图 1　塔里木盆地塔北地区构造图

## 2　构造演化特征

哈 6 区块现今构造是多期构造叠加改造的结果。轮南低凸起经历了加里东早雏形期、早海西背斜形成期、中晚海西—燕山期断裂形成期、喜马拉雅快速沉降与定型期四大构造演化阶段。

轮南地区在早古生代时期快速隆升，于早奥陶世末形成一个北部抬升、向南倾没的低幅度鼻状隆起雏形，哈 6 区块处于轮南西斜坡上，地层南倾。志留纪—泥盆纪，塔北隆起继承性发展；至泥盆纪末，由于古南天山板块的进一步俯冲，挤压活动不断加强，轮南低凸起进一步发育为一个独立的背斜，轴部呈北东—南西走向，向南西方向倾伏。该阶段轮南地区经历多次升降活动，剥蚀程度较高，累计最大剥蚀量可达 1000m 以上。哈 6 区块处于轮南低凸起的西围斜部位，地层发育较完整，北部剥蚀较为严重，地层呈裙边状分布。

石炭纪—二叠纪，构造主应力呈南北向挤压，哈 6 区块在近南北向挤压应力作用下，特别是二叠纪晚期的较强烈火山活动，多数断层再次活动，形成了一系列与火山岩刺穿相关的断层。三叠纪，塔北地区转入陆相沉积，主要以湖泊相为主；晚三叠世（印支运动），受北东—南西向剪压应力的作用，三叠纪、侏罗系的北东向左行正断走滑断裂发育，同时引发了海西晚期东西向断裂的重新活动。燕山晚期，哈 6 区块在挤压应力松弛作用的背景下，北东—南西向古生界走滑断裂再次活动，撕裂中生代地层，形成一组北东走向、雁列状展布的正断层。多期断裂活动叠加，形成了哈 6 区块复杂的断裂特征。

新近纪以来，由于库车坳陷持续强烈沉降，塔北地区逐渐成为库车再生前陆盆地的前缘隆起和前陆斜坡，上古生界和中生界发生翘倾，与新生界一起呈整体北倾大单斜，哈 6 区块现今构造格局形成。

哈 6 区块整体表现为向西倾的大型鼻状构造，被北东—北西向两组 "X" 形剪切断裂和西南部两条反 "S" 形断裂复杂化（图 2），奥陶系桑塔木组由南向北削蚀尖灭，可划分为东部鼻隆区、中部平台区及西部背斜区三部分，构造整体比较平缓。局部构造圈闭数量多、面积小，形态不规则，平面展布复杂，受走滑断裂控制明显。

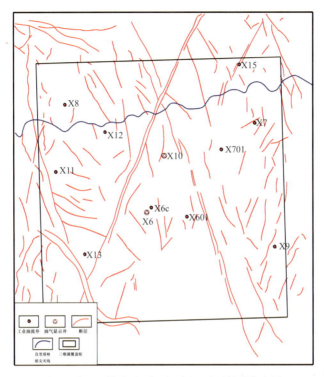

图 2　哈 6 区块奥陶系一间房组顶面断裂分布图

# 3　储层—盖层组合及其特征

## 3.1　地层特征

哈拉哈塘作为轮南低凸起的一部分，整体是在前震旦系变质基底上形成的长期发育的巨型古隆起，发育震旦系—泥盆系海相沉积地层、石炭系—二叠系海陆交互相沉积地层和三叠系—第四系陆相沉积地层。

哈 6 区块钻遇奥陶系主要有桑塔木组（$O_3s$）、良里塔格组（$O_3l$）、吐木休克组（$O_3t$）、一间房组（$O_2y$）和鹰山组（$O_{1-2}y$）。良里塔格组和桑塔木组向北依次逐渐超覆于吐木休克组之上，在哈 6 区块的北部形成北东东向尖灭线（图 2）。尖灭线以北志留系直接覆盖在吐木休克组上面，奥陶系缺失了吐木休克组以上地层，风化、剥蚀严重，称为潜山岩溶区；尖灭线以南奥陶系地层较完整，一间房组顶面剥蚀程度较低，称为层间岩溶区。

## 3.2　储层特征

哈 6 区块碳酸盐岩储层主要分布在奥陶系一间房组和鹰山组，其发育受沉积环境、岩溶及构造断裂作用的多重因素控制，岩石类型以颗粒灰岩为主，储集空间主要为裂缝、溶蚀孔洞。一间房组沉积相属于开阔台地的台内滩和滩间海，以台内滩亚相发育为特征，属于高能环境，原始粒间孔、粒内溶孔和晶间孔较发育，岩性较纯，脆性较大，泥质夹层少。这些特点为其在后期构造运动中形成大量的裂缝和溶蚀孔洞创造了有利的条件[11]。

哈6区块奥陶系碳酸盐岩储层的实测孔隙度和渗透率均非常低，镜下铸体薄片观察仅能看到非常少的粒内溶孔和微裂缝，这些都反映了该区奥陶系碳酸盐岩基质孔隙发育极差。因此该区块奥陶系碳酸盐岩的油气储集空间主要是溶蚀孔洞和构造裂缝，储层分布的非均质性极强。

储集空间类型可划分为洞穴型、孔洞型、裂缝型、裂缝—孔洞型4种。哈6区块地震强"串珠"与洞穴型、孔洞型储层有很好的对应性，振幅属性基本上反映了这两种储层发育的平面分布。在哈6区块奥陶系桑塔木组尖灭线以北地震强"串珠"整体连片发育，密集程度受到大的走滑断层影响（图2）；桑塔木组尖灭线以南由北向南逐渐减少，基本上呈条带状，主要为北西、北东和近南北走向，密集程度受大的"X"形剪切走滑断层控制较明显，也与裂缝平面发育区相关性好。哈拉哈塘地区大型"X"形剪切断裂非常发育，在寒武系顶面相干图上发育大量"网格状"断裂，大量早期发育的剪切走滑断层控制了加里东期岩溶储层发育的富集区[12]，裂缝型、裂缝—孔洞型储层多沿断裂呈条带状展布。

哈拉哈塘地区奥陶系鹰山组——间房组碳酸盐岩经历了多期次岩溶的叠加改造作用。吐木休克组沉积前，哈拉哈塘地区一间房组经历了层间岩溶作用，在一间房组表层形成了大量的溶蚀孔洞（图3）。层间岩溶作用在不同地点的发育程度与古地貌有很大的关系，古地貌高点岩溶作用较强，哈拉哈塘地区吐木休克组沉积前古地貌显示出向东南方向降低的特征，因此西北方向岩溶作用更为发育。

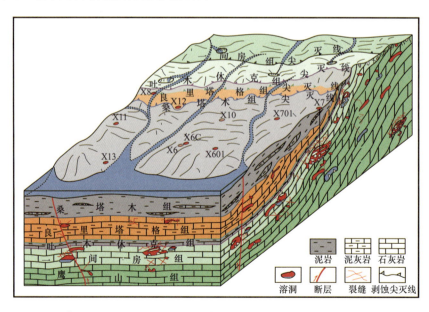

图3　哈拉哈塘地区志留系沉积前奥陶系碳酸盐岩潜山及围斜岩溶储层发育模式

志留系沉积前，由北向南的剥蚀作用使得桑塔木尖灭线以北地区碳酸盐岩储层受潜山风化壳岩溶作用的叠加改造，该作用导致了风化壳表层裂缝发育并与一间房组储层连通。桑塔木尖灭线以南，鹰山组——间房组被顺层岩溶叠加改造，改造强度向南减弱。

## 3.3 盖层特征

盖层主要发育于奥陶系吐木休克组及志留系底部。吐木休克组全区分布，厚度为20～30m且分布稳定，岩性主要为厚层状灰岩、泥质灰岩互层夹中厚—厚层状灰质泥岩，是全区最好的也是最直接的区域性盖层。在潜山区，除了吐木休克组的直接封盖外，上覆的志留系岩屑砂岩段也可以作为盖层，并且其封盖能力已被本区及邻区潜山岩溶区的勘探所证实。

# 4 油源对比

## 4.1 甾、萜烷特征

奥陶系原油富含三环萜烷，$C_{19} \sim C_{30}$呈连续性分布特征。以$C_{20}$、$C_{21}$、$C_{23}$及$C_{24}$为主，普遍以$C_{23}$为主峰；$C_{24}$四环萜烷与$C_{26}$三环萜烷丰度相当，$C_{27} \sim C_{35}$藿烷型三萜烷系列在本区奥陶系原油中也是分布较广的生物标志化合物。五环三萜烷丰度普遍较低，远低于三环萜烷，其中$Ts$与$Tm$丰度相当，伽马蜡烷含量很低，难以识别。升藿烷系列中，仅$C_{31}$升藿烷丰度随着碳数增长快速下降。甾类化合物中，富含孕甾烷和升孕甾烷，$C_{27}$重排甾烷含量较高，$C_{27}$、$C_{28}$规则甾烷的含量较低，$C_{29}$重排甾烷和规则甾烷丰度较高。此外，$\alpha\alpha\alpha$-20S构型甾烷相对较高，而$\alpha\beta\beta$异胆甾烷的丰度相对较低，属于成熟原油。具有成熟意义$Ts/(Ts+Tm)$和$C_{31}$-$22S/(22S+22R)$萜烷参数和$C_{29}$-$20S/(20S+20R)$、$C_{29}$-$\beta\beta/(\alpha\alpha+\beta\beta)$甾烷参数基本上也达到平衡终点值，即原油属于成熟原油。另外，哈6区块原油中含有丰度较高的$C_{25}$-降藿烷，$C_{25}$-降藿烷常常作为生物降解的标志。

## 4.2 三芳甲藻甾烷

前人[13-16]的研究表明，塔里木盆地寒武系—下奥陶统烃源岩以及相应的原油含有丰富的三芳甲藻甾烷（甲藻甾烷），而中—上奥陶统烃源岩及相应原油贫含或不含三芳甲藻甾烷。由哈6区块X601井奥陶系原油的三芳甾烷和甲基三芳甾烷可以看出，该原油不含三芳甲藻甾烷（或甲藻甾烷），应属于中—上奥陶统烃源岩的贡献（图4）。

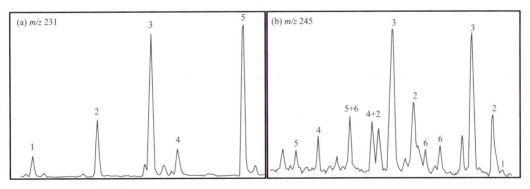

图4 X601井奥陶系原油三芳甾烷（$m/z$ 231）和甲基三芳甾烷（$m/z$ 245）的分布

图（a）：1—$C_{26}$20S三芳甾烷；2—$C_{26}$20R三芳甾烷+$C_{27}$20S三芳甾烷；3—$C_{28}$20S三芳甾烷；4—$C_{27}$20R三芳甾烷；5—$C_{28}$20R三芳甾烷。图（b）：1—4，23，24-三甲基三芳甾烷（$C_{29}$三芳甲藻甾烷）；2—4-甲基-24乙基三芳甾烷；3—3-甲基-24乙基三芳甾烷；4—4-甲基三芳甾烷；5—3-甲基三芳甾烷；6—3-甲基-24甲基三芳甾烷

哈6区块奥陶系原油具有低三芳甲藻甾烷、低伽马蜡烷、低$C_{28}$规则甾烷和高重排甾

烷特征，符合中—上奥陶统烃源岩"二高五低"[4]的特征。根据 Ts/（Ts+Tm）以及甲基菲指数等厘定该区及周缘地区奥陶系原油成熟为 0.86%～1.2%[9]，原油成熟度也相对较低，所以就成熟度而言，哈 6 区块原油也具备台盆区中—上奥陶统烃源岩的特征。

## 5  油气成藏史与成藏过程

### 5.1  油气充注时间

X9 井奥陶系储层中与烃类包裹体共生的盐水包裹体均一温度分布在 80～110℃之间，主频为 95～100℃，分布范围较窄，仅为一期包裹体。结合哈拉哈塘地区埋藏史，推测 X9 井这些与烃类共生的盐水包裹体形成于 270～246Ma，即晚海西期发生油气充注事件（图 5）。

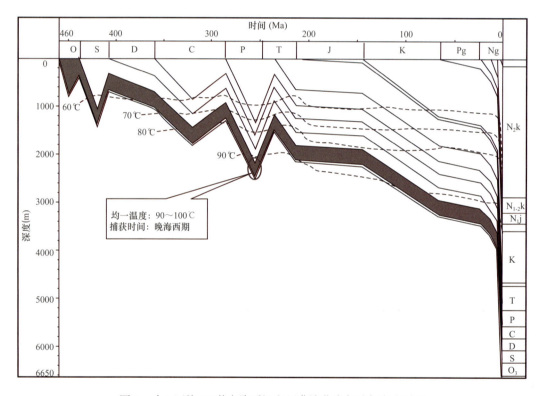

图 5  哈 6 区块 X9 井奥陶系沉积埋藏演化史与油气充注时间

### 5.2  油气成藏过程

综合生烃史、圈闭形成史、流体包裹体定年及构造运动等资料分析表明，哈 6 区块奥陶系古潜山油藏形成分为以下 3 个阶段：

（1）加里东—早海西期：圈闭及储层形成阶段。

塔北隆起经历了多期构造运动，晚加里东—早海西期是塔北区构造运动最强烈的时期[17-26]。奥陶纪末，随着库—满坳拉槽的闭合，初步形成统一的塔北隆起带，轮南—哈拉哈塘—英买力地区为其南斜坡；志留纪—泥盆纪，区域构造继承性发展，至晚泥盆世

（海西早期）由于北西—南东向的挤压，大斜坡背景上形成了现今的轮南大背斜。同时，奥陶纪—泥盆纪末，区内经历多次升降运动，导致地层多次剥蚀。构造高部位上部碎屑岩强烈剥蚀，奥陶系碳酸盐岩长期暴露地表遭受风化剥蚀，岩溶作用十分发育，为奥陶系碳酸盐岩储集性能的改善和哈6区块大型油藏的形成奠定了基础。另外，强烈的挤压构造运动使得奥陶系碳酸盐岩形成了大量裂缝，在后期抬升剥蚀过程中，大气水淋滤作用沿着裂缝常常形成大的溶蚀孔洞，进一步改善了储层的储集性能。此阶段哈6区块一直处于塔北南斜坡上，紧邻南部的生烃凹陷，是油气运聚的有利指向区，良好的储层和油气运移通道也为油气聚集提供有利的条件。

（2）晚海西期：油藏形成与稠化阶段。

海西晚期是塔里木盆地一个最重要的生、排烃期，也是塔里木盆地最有效的成藏期。此时期哈6区块处于塔北南斜坡，为有利的油气运移指向区。南部满加尔凹陷中、上奥陶统烃源岩达到生烃高峰，烃类向北大规模地运移充注进入奥陶系、志留系等有利圈闭中，形成规模巨大的油气藏。但是在三叠系沉积前的构造运动中，奥陶系油气藏又遭到了降解破坏，不过这次破坏的严重程度比早海西期弱。构造高部位如轮南主垒带等由于盖层剥蚀严重，造成油藏破坏；哈6区块处于围斜部位，油气基本都得到保存，但是原油普遍都受到生物降解作用，原油中普遍检测到 25- 降藿烷，东北部 X7、X15 井一带原油降解较为严重，原油密度较大。

（3）燕山期—现今：油藏调整与保存阶段。

燕山晚期以来受库车坳陷整体沉降影响，塔北西部发生构造翘倾翻转作用，油气发生次生调整，奥陶系油藏以及深部位油气沿着断裂和不整合面向上运移，在石炭系、志留系等形成部分次生油藏。钻井揭示 X6 井石炭系底砾岩获得了低产工业油流，就是后期次生调整的产物。但总体来看，晚期奥陶系油藏变化不大，整体受构造影响较弱，是晚海西形成并保存下来的大型古油藏。

# 6　勘探前景及挑战

最新勘探成果表明，塔北隆起上轮南—英买力地区奥陶系是一个统一的碳酸盐岩岩溶缝洞型油藏，从东向西已发现了轮南油田、塔河油田、哈拉哈塘油田及英买力油田，整个塔北隆起奥陶系油藏可概括为"整体含油，局部富集"。

哈6区块位于塔北隆起的中部，紧邻塔河油田，是隆起上的富集区块之一，奥陶系一间房组岩溶缝洞型储层发育，盖层条件优越，目前已发现了多个油气富集单元，且已投入开发，生产情况良好。

哈6区块取得突破后，在其周边相继采集了3块三维地震，经初步分析，这3块新采集的区块与哈6区块在奥陶系碳酸盐岩地层有着相似的油藏发育条件，蕴藏着巨大的勘探潜力，是塔里木油田近年黑油增储上产的重要地区。

但是，碳酸盐岩储层具有极强的非均质性，其形成、分布及发育情况严重依赖碳酸盐岩岩溶及缝洞的发育情况，缝洞间连通性差，难以补充地层能量，开采也主要依靠天然能量，其认识、勘探、开发难度很大，面临很多世界性难题，需要不断提高地震、地质及开发技术。

# 参 考 文 献

［1］金之钧.中国海相碳酸盐岩层系油气勘探特殊性问题［J］.地学前缘，2005，12（3）：15-22.

［2］张水昌，梁狄刚，朱光有，等.中国海相油气形成的地质基础［J］.科学通报，2007，52（增Ⅰ）：19-31.

［3］腾格尔.中国海相烃源岩研究进展及面临的挑战［J］.天然气工业，2011，31（1）：20-25.

［4］赵雪凤，朱光有，刘钦甫，等.深部海相碳酸盐岩储层孔隙发育主控因素研究［J］.天然气地球科学，2007，8（4）：514-521.

［5］马永生.四川盆地普光超大型气田的形成机制［J］.石油学报，2007，28（2）：9-14.

［6］张水昌，朱光有，梁英波.四川盆地普光大型气田 H₂S 及优质储层形成机理探讨［J］.地质论评，2006，52（2）：230-235.

［7］金之钧，蔡立国.中国海相层系油气地质理论的继承与创新［J］.地质学报，2007，81（8）：1017-1024.

［8］冉隆辉，谢姚祥，王兰生.从四川盆地解读中国南方海相碳酸盐岩油气勘探［J］.石油与天然气地质，2006，27（3）：289-294.

［9］何君，韩剑发，潘文庆.轮南古隆起奥陶系潜山油气成藏机理［J］.石油学报，2007，28（2）：44-48.

［10］张斌，崔洁，朱光有，等.塔北西部复式油气区原油成因与成藏意义［J］.石油学报，2010，31（1）：55-67.

［11］张丽娟，马青，范秋海，等.塔里木盆地哈6区块奥陶系碳酸盐岩古岩溶储层特征识别及地质建模［J］.中国石油勘探，2012，17（2）：1-7.

［12］苏劲，张水昌，杨海军，等.断裂系统控制碳酸盐岩有效储层形成与成藏规律研究［J］.石油学报，2010，31（3）：197-203.

［13］Zhang S，Hanson A D，Moldowan J M，et al. Paleozoic oil-source rock correlations in the Tarim Basin，NW China. Organic Geochemistry，2000，31：273-286.

［14］Hanson A D，Zhang S C，Moldowan J M，et al. Molecular organic geochemistry of the Tarim Basin，Northwest China. AAPG Bulletin，2000，（84）：1109-1128.

［15］Zhang S C，Liang D G，Li M W，et al. Molecular fossils and oil-source rock correlations in the Tarim Basin，NW China. Chinese Science Bulletin，2002a，47（Supp）：20-27.

［16］Zhang S C，Moldowan J M，Li M W，et al. The abnormal distribution of the molecular fossils in the pre-Cambrian and Cambrian：its biological significance.Science in China，2002b，45（3），193-200.

［17］　　　王招明，杨海军，等.塔中奥陶系大型凝析气田的勘探和发现［J］.海相油气地质，2006，11（1）：45-51.

［18］严威，王兴志，丁勇，等.塔河南部奥陶系海西早期岩溶的发现［J］.西南石油大学学报：自然科学版，2011，33（3）：53-60.

［19］康玉柱.塔里木盆地寒武—奥陶系古岩溶特征与油气分布［J］.新疆石油地质，2005，26（5）：472-480.

［20］卢玉红，肖中尧，顾乔元，等.塔里木盆地环哈拉哈塘海相油气地球化学特征与成藏［J］.中国科学D辑，2007，37（增刊Ⅱ）：167-176.

［21］王招明.塔里木盆地油气勘探与实践［M］.北京：石油工业出版，2004.

［22］张水昌，梁狄刚，张宝民，等.塔里木盆地海相油气生成［M］.北京：石油工业出版社，2005.

［23］韩剑发，王招明，潘文庆，等.轮南古隆起控油理论及其潜山准层状油气藏勘探［J］.石油勘探与开发，2006，33（4）：448-453.

［24］杨海军，韩剑发.塔里木盆地轮南复式油气聚集区成藏特点与主控因素［J］.中国科学D辑，2007，37（增刊）：53-62.

［25］辛艳朋，邱楠生，秦建中，等.塔里木盆地奥陶系烃源岩二次生烃研究［J］.地球科学与环境学报，2011，33（3）：261-267.

［26］马晓娟，张忠民，陈占坤.塔河南部志留系柯坪塔格组层序地层及沉积相［J］.西南石油大学学报：自然科学版，2011，33（3）：35-40.

# 库车前陆冲断带深层盐下大气田的勘探和发现 ❶

王招明　谢会文　李　勇　雷刚林　吴　超　杨宪彰　马玉杰　能　源

（中国石油塔里木油田分公司）

**摘　要**：克拉2气田发现之后，库车前陆冲断带油气勘探一度陷入低谷，油气勘探陷入两难：中浅层除克拉2气藏外，没有新的可钻探圈闭发现，失去方向；构想进攻深层，又面临勘探遭遇复杂、地质认识不清、圈闭落实困难、技术储备不足等困境。针对上述难题，一是重新认识库车含盐前陆冲断带，坚定勘探信心，锁定克拉苏构造带盐下深层勘探主攻领域；二是开展宽线大组合、三维采集处理、盐相关构造建模、相控速度建场等地震、地质一体化技术攻关，发现克深—大北区带，新发现、落实一大批可钻探圈闭；三是强化钻井技术攻关，成功实现盐下超深高压高温气藏高效快速钻进。十年来，克拉苏构造带勘探深度从4000m拓深至8000m，发现了克深2、博孜1等多个大型气田，克深区带万亿立方米天然气资源逐渐明朗。克拉苏深层盐下大气田勘探突破得益于地质认识的创新、勘探技术的进步和锲而不舍的勘探实践。

**关键词**：库车前陆冲断带；白垩系；深层；盐岩；勘探发现；勘探启示

库车前陆冲断带石油地质条件优越，构造圈闭成排成带，是塔里木盆地天然气勘探主战场[1]。但因地表条件恶劣，地下构造变形复杂，地震资料品质差，圈闭落实难、气藏评价难，导致克拉2气田、迪那2气田发现后，库车天然气勘探一度陷入低谷。近几年，塔里木油田深化基础地质认识，转变勘探思路，强化技术攻关，有效解决勘探技术瓶颈，全面打开了克拉苏盐下深层勘探领域，掀起库车前陆冲断带天然气勘探的新高潮[2-6]。

## 1　地质概况

库车前陆盆地位于塔里木盆地北缘，是一个以中、新生代沉积为主的叠加型前陆盆地[7]，盆地整体呈北东东向展布，东西长约550km，南北宽30～80km，面积约$3.7 \times 10^4 km^2$。与国外经典前陆盆地相比，库车前陆盆地具有其特殊性[8-11]：（1）库车前陆盆地为多期叠合盆地，自古生代至今经历了多期演化阶段，具有明显的多构造层特征；（2）库车前陆盆地主要定型期为新生代晚期，表现为陆内碰撞特征，自造山带至盆地内部应力机制表现出明显的分带差异；（3）库车前陆盆地以陆相沉积为主，古近系沉积了广泛的蒸发岩，在后期挤压过程中形成了形态各异的盐构造，导致构造分层变形、盐下构造层形成大面积的冲断构造。

垂向上，库车前陆盆地可以划分为4个构造层，分别为盐上构造层（古近系苏维依

---

❶　原载《中国石油勘探》，2013，18（3）。

组 $E_{2-3}s$—第四系）、盐构造层（西部库姆格列木群 $E_{1-2}km$ 膏盐岩及东部吉迪克组 $N_1j$ 膏盐岩）、盐下中生界构造层（三叠系—白垩系）及基底构造层（古生界）。油气勘探目的层以中生界为主，目前的构造单元划分主要以中生界构造层展布特征为基准[5]。

自西向东，库车前陆盆地可以划分为 3 个主要的坳陷，分别为西部坳陷（乌什凹陷、温宿凸起），中部坳陷（克拉苏构造带—拜城凹陷—秋里塔格构造带），东部坳陷（依奇克里克构造带—阳霞凹陷）（图 1）。

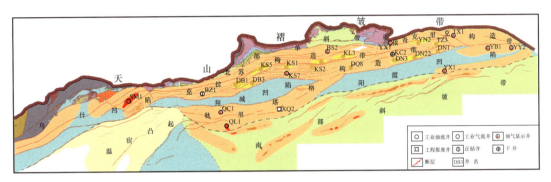

图 1 库车前陆盆地区带划分与勘探成果图

自北向南，受南天山造山带应力作用方式的影响，库车前陆盆地可以划分为 3 个构造变形区[12]：北部南天山造山带以垂向挤压变形为主，地表出露古生界基底；北部单斜带—克拉苏构造带的克拉区带，以斜向挤压为主，构造整体变形，北倾逆冲断层发育，多切穿基底与盖层，构造大幅度抬升，白垩系目的层较浅，发现克拉 2、克拉 3 气藏；克拉苏构造带的克深区带—秋里塔格构造带，以横向挤压为主，受盐岩层、煤系地层等塑性层影响，构造表现明显分层变形，其中克深区带盐下发育大量滑脱断层，形成一系列叠瓦冲断构造，发育大量背斜、断背斜构造圈闭，白垩系目的层埋藏深，近几年发现克深 2、大北 3、博孜 1 等大型气藏，是库车天然气勘探主攻领域（图 1、图 2）。

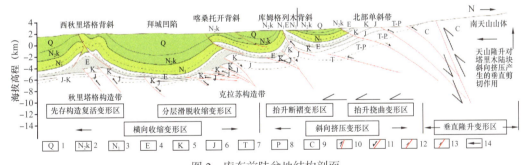

图 2 库车前陆盆地结构剖面

1—第四系；2—新近系库车组；3—新近系吉迪克组—康村组；4—古近系；5—白垩系；6—侏罗系；7—三叠系；8—二叠系；9—石炭系；10—南天山垂向剪切带；11—正反转断层；12—逆冲断层；13—正断层；14—挤压应力方向

## 2 克深大气田的发现

从克拉 2 气田到克深 2 气藏，地理位置上只是山上山下的关系，南北相距仅 5km，构造位置上只是断层上下盘之间的关系，中间仅相隔一个断片，但克深2气藏的发现比克拉2气田整整晚了10年，塔里木石油人经历了从兴奋到失落再重回兴奋的跌宕曲折，领略了从勘探高峰迅速跌入低谷的辛酸，享受了重回勘探高潮的幸福与快乐。

## 2.1 克拉2大气田发现之后的勘探高潮与低谷

1998—2001年，伴随克拉2气田的发现，库车天然气勘探高潮迭起[13]：1998年1月，依南2井获得发现，预测天然气资源量超千亿立方米，打开了库车东部侏罗系的勘探领域；1999年9月，大北1井在白垩系砂岩获得工业气流，发现了大北1千亿立方米级的大气藏；初步揭示了克拉苏构造带具有整带富集天然气的前景；勘探家把克拉苏构造带勘探的地质规律与勘探思路扩展到东秋里塔格构造带，2001年迪那2井在新近系盐下取得了重大突破，发现了两千亿立方米级的迪那2气田，拓宽了库车坳陷大气田的勘探领域。

一批大气田的发现，使勘探工作者们激情高涨、信心百倍，以为找到了开启库车天然气宝藏的钥匙，当时普遍认为库车坳陷"只要发现构造，钻探就可以获得发现，只是大小的问题"。然而，油气预探形势急转直下。

1998—2000年，在克拉苏构造带上先后钻探了吐北1、吐北2、巴什2、库北1四个圈闭，与克拉2处于同一排构造带，同样的勘探目的层，结果均告失利；1998—1999年，在库车东部依南侏罗系断鼻上钻探依南5、依南4两口探井均未得手，甩开钻探依深4、克孜1、依西1、吐孜1四个构造同样无功而返。这一轮的预探失利原因是清楚的：多与地震资料品质和圈闭不落实密切相关。到2000年年底，主攻的克拉苏—依奇克里克构造带已无落实可靠的圈闭上钻，克拉2气田形成的地震技术已经无法适应整个库车坳陷的勘探需求，多方面的因素迫使勘探工作者寻找新的勘探领域，创新发展新的地震勘探技术。从2001年开始，克拉苏构造带转入攻关准备阶段，油气勘探向坳陷周缘扩展。

2001—2006年，油气勘探向坳陷周缘扩展，相继完钻预探井16口，其中克拉苏构造带只有博孜1、克拉4井，且均未钻至目的层。这一轮钻探没有取得实质性突破，东秋8井、乌参1井、神木1井完井试油获得工业油流，但试采效果、评价勘探均不理想，没有一个发现变成了规模储量；其他甩开的预探井颗粒无收，勘探步入低潮。这一阶段的油气勘探给了塔里木油田重要启示：（1）盆地东部、西部储盖组合发生了巨大的变化，东部主力储层变致密，西部要从构造勘探转向岩性油气藏勘探，当时的地质认识和勘探技术储备尚显不足；（2）预探失利主要原因是圈闭不落实所致，"高点带弹簧，圈闭带轱辘"的现象仍然困扰着库车坳陷的圈闭落实，地震资料品质和圈闭研究方法必须成为攻关重点。勘探家进一步认识到，要想在库车坳陷再次发现大气田，必须重新审视勘探思路、重新考虑物探技术的发展、重新认识大气田的勘探方向、重新确定大气田的主攻领域和区带。

经历了坳陷周缘油气勘探的迷茫，作为研究人员与勘探管理者必须回答油气勘探的主攻方向何在？主攻领域在哪？主攻区带在哪？经过重新梳理库车坳陷大气田形成的石油地质条件，基于"古近系巨厚膏盐岩[14]、白垩系巨厚砂岩储层稳定分布，是整个库车坳陷最好的储盖组合，具备大规模油气聚集的条件"的认识，重新明确古近系盐下构造作为再次发现大气田的主攻领域；基于"克拉苏构造带生储盖时空配置好，深层存在巨厚的三叠系、侏罗系煤系烃源岩，新近纪以来快速沉降、快速深埋、晚期持续强充注，已经发现了克拉2大气田和大北千亿立方米级的气藏"的认识，重新锁定克拉苏构造带作为主攻区带：基于"早期地震攻关发现克拉苏构造带深层存在构造显示（图3），推测盐下深层冲断构造可能成排成带"的认识，选定克拉苏盐下深层作为主攻目标。同时明确要想打开库车油气勘探新局面，圈闭落实是关键，山地地震勘探技术必须优先发展，大力实施攻关战略已势在必行。

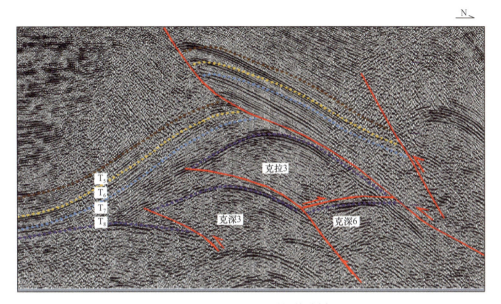

图3　BC98-239叠后时间偏移剖面

## 2.2　坚定勘探信心、强化技术攻关，克深2风险勘探获重大突破

### 2.2.1　重返克拉苏勘探的障碍

重返克拉苏，构想进攻深层，起步并不顺利，遭遇四大障碍。

（1）东部克拉4井由于构造建模原因，历经3次加深，在钻至井深6392.5m时被迫工程报废完钻。克拉4井是克深区带的第一口预探井，该井历经三次加深，由初次设计井深4940m，到第三次加深至6500m，在钻至井深6392.5m（$E_{1-2}km^4$）后由于井眼缩径、键槽原因，起钻至井深6130m卡钻，经处理未解卡，被迫工程报废完钻。实钻表明克拉4井从2447m至井深6358m为厚度达3911m的古近系巨厚膏盐岩，远远超过设计的盐层厚度2280m。井震标定表明克拉4井上钻时认定的目的层强反射为大套膏盐岩地层内部的反射，上钻克拉4井时的堆垛式构造模型不符合实际（图4）。

（2）西部大北气藏评价遭遇复杂，钻探结果从完整背斜气藏打成了多个复杂断块气藏（图5），盐下深层有没有大的构造圈闭、值不值得勘探，出现了较大争议。大北气田自大北1、大北2井突破后，构造解释大北构造为较完整背斜，按完整背斜圈闭控藏认识上交了控制储量。但在对气藏的进一步评价过程中，钻井目的层深度与设计相差较大，5口井打出4个气水界面，三维地震资料显示大北1构造被多条逆冲断层进一步复杂化，由大北1、大北101、大北2、大北103等多个断背斜组成，且每个断背斜都形成了独立的气藏，气藏类型和流体性质相似，但气水界面不一致。

（3）仅有的几个圈闭显示，克深1号、大北3号、博孜1号，埋深均近7000m，超出了地质界划分的储层6000～6500m"死亡线"（图6）。

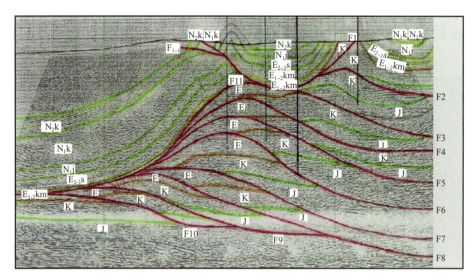

图4 克拉4井上钻时的构造解释模式图

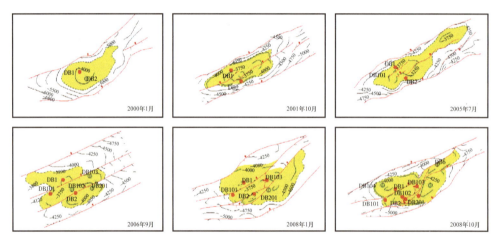

图5 大北区块油气勘探历程图

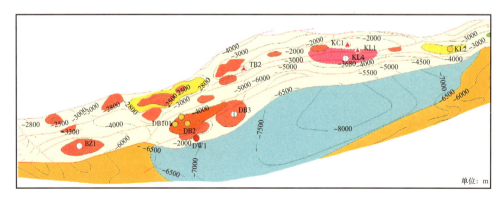

图6 克拉苏构造带构造等值线图

（4）地震资料品质不足以勾勒区带形态，更不满足落实圈闭需求，工程部门能否实现7000m高温高压复杂盐层安全有效钻进、拿出效益产量，勘探技术必须有实质性突破。

这4大障碍，总结起来就是要回答3个问题：地质上要回答克拉苏深层有没有形成大油气藏的可能、值不值得大投入的勘探，需要实实在在的证据；地震上要回答可靠的构造圈闭有没有、在哪里，需要拿出让人信服的剖面；钻井上回答能不能打下去、拿出产量，是来不得半点虚假的。怎么办？

### 2.2.2 地质家从失利与挫折中挖掘有利迹象，坚定深层勘探信心

"勘探无失利，探井无空井"。克拉4井钻探失利，大北区块评价遭遇复杂，这是客观现象，但其中隐藏了大量有利于进一步勘探的地质条件，塔里木的勘探家们从中挖掘出了4点重要信息：

（1）克拉4井钻探揭示克拉苏构造带深部可能存在叠瓦构造带。克拉4井井底钻揭古近系底部的白云岩，其在克拉苏构造带分布稳定，为钻揭白垩系之前的区域标志层。从白云岩到白垩系顶面之间岩性组合较为稳定，表现为厚层石膏、厚层泥岩、薄砂层的岩性组合，厚约10～80m。同时，在过克拉4井的地震剖面上发现，克拉4井井底位置在两个连续性较好的地震反射同相轴之间靠下的部位，据此预测克拉4井井底已接近白垩系巴什基奇克组主力目的层。克拉4井钻遇了3911m的巨厚膏盐地层，其上盘克拉1井、克参1井分别钻遇膏盐岩厚度357.5m和174.16m，膏盐岩层厚度差异巨大，钻后分析认为，膏盐层参与构造变形是克拉4井的膏盐岩巨厚的重要原因。为了确定克拉苏构造带的构造模式，科研人员调研了大量国内外与盐岩相关的构造模型[15~17]，发现所做的物理模拟实验与克拉4井的钻探最符合：膏盐岩参与的构造变形表现为盐上、盐下构造变形不协调，盐下层发育大型逆冲叠瓦构造，盐层在变形过程中产生揉皱，以平衡盐下、盐上构造变形[18]（图7）。推测克拉苏深层发育叠瓦构造带，具备发育大型背斜、断背斜圈闭的构造背景。

图7　国外典型盐相关构造物理模拟实验结果

（2）大北气田评价表明，盐膏层封堵能力强，盐下深层断背斜圈闭可以高效成藏。大北气田的评价虽然遭遇复杂，但研究发现，每一个气藏北部受断背斜圈闭控制，南部受断裂控制，断片与断片之间巨厚膏盐岩形成有效封堵（图8），突破了以往"完整圈闭控藏"的地质认识，可勘探领域大大扩展。

（3）克拉4井钻遇白云岩见气测显示，揭示了克深区带具有油气成藏的基本条件。克拉4井在6358～6363m揭开了古近系白云岩段，在钻井液密度（为2.3g/cm³）远大于地层压力系数的情况下仍见到气测异常（大北气藏压力系数1.65～1.7，克拉2气田压力系数1.95～2.2，后期勘探证实克拉4井区地层压力系数在1.75～1.8之间），全烃由0.09%升至

0.57%，$C_1$ 由 0.0624% 升至 0.2630%，$C_2$ 由 0 升至 0.0200%，$C_3$ 由 0 升至 0.0102%，现场解释为差气层。根据克拉 2 气田和大北气田的钻探经验："白云岩段若为水层，下部白垩系不一定是水层；白云岩段若为气层，则下部白垩系基本为气层"，昭示克拉 4 构造白垩系极有可能存在气藏。从大的成藏环境分析，克拉 4 井以北是克拉 2 大气田，往南油气已远距离运移至前缘隆起带的却勒、羊塔克、英买力、牙哈等区块，克拉苏深层具有近水楼台先得月的成藏优势，也昭示了克深区带蕴藏着大气田。遗憾的是克拉 4 井揭开白云岩后发生工程事故而报废。

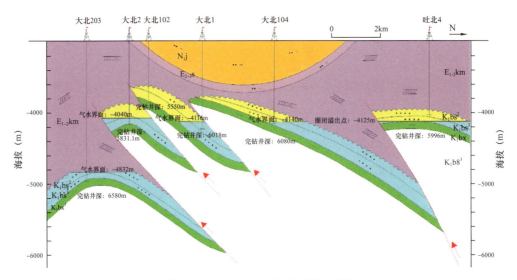

图 8　大北 1 气田南北向气藏剖面图

（4）大北区块的钻探昭示，克拉苏盐下深层白垩系储层受埋深影响较小。克拉 2 井区白垩系巴什基奇克组储层埋深在 3500～4000m，以细砂岩为主，平均孔隙度为 9%～14%，平均渗透率为 14.8～696mD，属中孔中渗储层。大北区块白垩系储层平均埋深在 5550m，储层孔隙度降到了 7.4%，如按克拉 2、大北区块储层随埋深变化推测，储层的死亡线在 6000～6500m，而已发现的圈闭、圈闭显示埋深均在 6500～7000m 之间，值不值得钻探？尽管一些地质家提出"盐层保护""晚期快速深埋"的储层保护机理，但不能从根本上打消勘探家们的疑虑。科研人员在研究大北地区储层特征时发现：大北气田钻遇的白垩系储层埋深在 5300～5900m 之间，深度跨度达 600m，但孔隙度变化不大（表 1）；

表 1　大北气田白垩系储层平均孔隙度统计表

| 井号 | 深度（m） | 平均孔隙度（%） |
|---|---|---|
| 大北 1 | 5550.5～5596 | 7.40 |
| 大北 101 | 5725～5914 | 7.50 |
| 大北 102 | 5315～5531 | 6.80 |
| 大北 103 | 5677～5946 | 5.70 |
| 大北 2 | 5541～5831.1 | 7.90 |

分析认为大北区块具有先深埋再浅埋特点，这些构造目的层早期埋深达 7000m 以上，后期构造运动抬升至现今的深度，目前储层物性代表了当时深埋的结果，说明白垩系埋深在 6500m 以下仍发育优质储层，大北区块储层受埋深影响较小。同时，大北气田储层裂缝均较克拉 2 气田要发育，5%～7% 孔隙度的储层物性完全能满足天然气储集需求[19]。尽管多数专家认为克拉苏深层目的层白垩系储层依旧存在风险，但已不属于"一票否决"的地质风险。

勘探家们从克拉 4 井的钻探失利、大北区块评价遭遇复杂的分析中提升认识，认为克拉苏深层可能存在叠瓦构造、储层发育、成藏条件优越，具备形成大型气藏的潜力，从而坚定了在克深区带寻找大油气田的信心。能否找到大油气田，取决于地震攻关、钻井攻关的效果。

### 2.2.3 地球物理学家创新"宽线＋大组合"采集技术，发现克拉苏盐下大构造成排成带

早在 2001—2004 年，油气勘探主战场转向坳陷周缘期间，克拉苏构造带山地地震攻关仍然没有停止，特别是针对克拉苏深层构造[20]。当时分析认为前期地震攻关虽然消除了坑炮，做到了单深井激发，但在表层结构调查、潜水面之下或高速层中激发等方面不尽完美，因此，针对性提出地震野外采集的"五个精细、两个强化"措施，即精细选线选点、精细表层结构调查、精细参数试验、精细设计激发参数、精细设计观测系统、强化钻井施工、强化检波器埋置。这一轮的攻关，采用常规观测方式，表层结构调查、激发、接收三大关键环节已经做到了"精益求精"，但攻关收效甚微，地震资料品质有一定改善，距落实圈闭仍有较大距离，基本看不到深层盐下构造的影子，物探工作者再次陷入困惑。

2005 年，通过认真分析前期地震攻关的成败得失，油田公司提出："地震攻关必须采取革命性措施！"重新确定了地震攻关思路与方案，围绕库车坳陷中部改善地震成像、发现和落实钻探目标，把如何解决构造主体中、浅层无反射、深层成像差的问题作为攻关重点，转换思路，尝试进行宽线、大组合采集攻关试验。在克深 1 号构造实施了一条南北向 4 线 5 炮的宽线采集攻关测线，在吐北 4 构造区实施了一条大基距组合检波的攻关测线，宽线采集攻关剖面品质得到了较大改善，信噪比明显提高（图 9），较清楚地显示出克拉苏深层构造的存在，但波场复杂，盐下构造仍然反映不清。大组合接收攻关剖面信噪比明显提高，复杂的地震波场有了一定的简化。

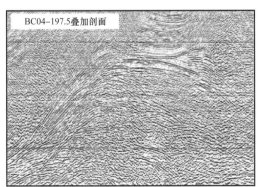
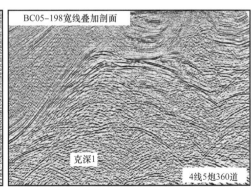

图 9　克深区块第一条宽线与老测线品质对比

用宽线地震攻关资料开展了新一轮构造建模和解释的攻关，一致认为克拉苏构造带发育被动顶板双重逆冲构造。根据构造建模的认识，2005年9月3日，优选克拉苏断裂下盘埋藏最浅的构造上钻了克拉4井。钻后分析，克拉4井失利原因主要是构造建模不准导致目的层识别出现问题，重新标定后认为地震剖面上井底位置的连续反射应该反映了构造真实面貌，宽线攻关、大组合攻关是有效果的。

2006年，塔里木油田公司发出"挑战极限，实施物探攻坚战"的总动员令，提出了"宁要一条过得硬，不要十条过得去，宁要一条精品，不要十条二级品"的新理念，开始了复杂山地新一轮物探攻坚战。

地震采集上，瞄准重点目标，加大山地地震部署的力度，在克拉苏构造带整体实施宽线+大组合测线63条1992km，仅克深1、2构造就部署了9条近300km的宽线。抓住信噪比低、波场复杂两大难点，因地制宜，量身定做，在采集方法上采取了两项革命性的技术措施：观测上以"宽线采集"的方式能数倍提高覆盖次数，从而达到提高覆盖次数的目的；接收上打破了地震采集规范中组合高差的限制，垂直于测线方向尽可能横向拉开，压制侧面干扰，达到简化波场的目的，对低信噪比目标，着重开展宽线攻关（4线3炮480道），对复杂波场目标，主要采取大组合攻关（9串大组合，横向基距116m）。

地震处理上，采用叠前深度偏移处理技术，解决前陆冲断带复杂构造成像、复杂波场的准确归位两大难题，基本解决了"高点带弹簧，圈闭带轱辘"的长期困扰，为井位部署提供了正确的依据。

通过这一系列创新试验和大胆举措，地震资料品质迈上了新的台阶。攻关剖面信噪比明显提高，在构造部位成像效果得到大幅度改善，深层盐下断裂和构造清晰可见（图10）。

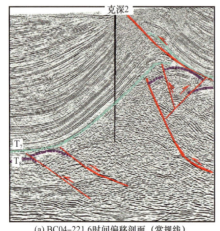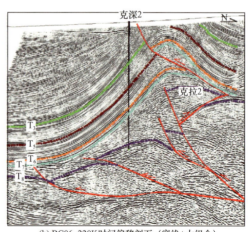

(a) BC04-221.6时间偏移剖面（常规线）　　　　(b) BC06-220K时间偏移剖面（宽线+大组合）

图10　过克深2构造地震剖面对比

地震解释上，用盐相关构造建模的思路重新研究梳理库车前陆冲断带的构造模型，从地表露头出发，以宽线+大组合攻关高质量的地震剖面为载体，以钻井作为控制，以非地震成果为佐证，采用一体化、由表及里的思路建立从浅至深构造地质模型，认识到克拉苏构造带构造成排成带。截至2007年底，克拉苏构造带发现圈闭及圈闭显示21个，总面积858km²，估算天然气资源量$1.1 \times 10^{12} m^3$，落实了克深1、克深2、克深3、克深7、克深8等多个可上钻构造圈闭，部署上钻了克深2风险探井。

#### 2.2.4　钻井工程部门引进、应用、集成和创新新理论、新技术，拿下大气田

为顺利完成克深 2 井钻探，中国石油天然气股份有限公司专门成立了克深 2 井风险勘探项目领导小组、克深 2 井现场工作小组，首次采用非标（塔标Ⅱ）五层套管结构，在原来四层套管基础上增加一层套管，增强应对井下复杂的能力，确保完成地质目的；针对库车地区浅层地层高陡、地层可钻性差、造斜能力强的困难，勘探工作者持续开展钻井技术攻关，引进斯伦贝谢公司的 Power-V 垂直钻井技术，有效地控制了井斜；强化工程方案设计，针对窄压力窗口钻井、超深井钻井液及固井等技术方面的难题，积极推进 UDM 钻井液技术的试验与配套完善、井筒完整性研究、加重压裂液研发、超高压井口及装备配套，大大提升了超深井钻探能力，圆满实现了克深气田的大发现。

克深 2 风险探井于 2007 年 6 月 19 日开钻，经过一年的钻探，于 2008 年 8 月在6500m 以下与克拉 2 和大北相同的层位取得了战略性重大突破，对白垩系巴什基奇克组6573～6697m 井段完井酸化测试，8mm 油嘴求产，获得了日产天然气 $46 \times 10^4 m^3$ 的高产，从而发现了克深 2 气藏（图 11），取得了克深区带油气勘探的重大突破。

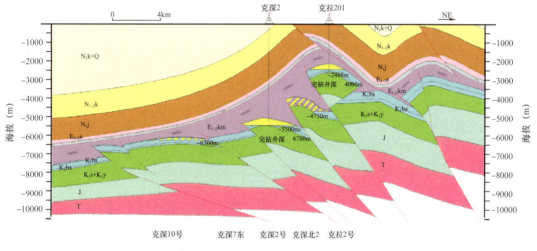

图 11　克拉 2—克深 10 号构造南北向气藏剖面示意图

### 2.3　实施大面积山地三维，整体评价克深区带，万亿立方米级资源逐渐明朗

克深 2 井的发现是克拉苏构造带深层盐下天然气勘探的战略性突破，是继克拉 2 气田后克拉苏构造带最为重要的发现[21]。随着地震勘探程度的加深，勘探家们认识到克深 2 气藏与之前发现的大北 1、大北 3 气藏，以及之后发现的克深 5 气藏，气藏模式相似，属于同一区带，即克深区带，一个万亿立方米级的特大型气田逐步显现。

大北 1 气田的评价经验表明，对于库车前陆区复杂构造圈闭的勘探，二维地震仅适用于区带和大型构造圈闭的发现，评价和落实资源规模必须要以三维地震为主。

克深 2 井发现后，中国石油天然气股份有限公司果断决策，部署了塔里木盆地第一块1000km² 山地三维地震。在采集方面，油田首次在三维地震采集中实施了大组合接收。在处理方面，进行各向异性叠前深度偏移处理攻关；在解释方面，盐相关构造建模指导下精

细解释。本次实施的大面积三维地震勘探效果显著，发现和落实了一批重点圈闭，圈闭总资源量超万亿立方米。上钻克深 1 井、克深 3 井、克深 8 井相继获得突破。

克深 2 气田的发现，不仅实现了克拉苏深层天然气勘探的突破，实现了塔里木石油人在库车坳陷寻找主力大气田的夙愿，而且通过克深 2 气藏的发现促进了克拉苏深层天然气勘探的大发展，2009 年在克深与大北之间的克深 5 风险探井在白垩系获得了工业油气流，储量规模超千亿立方米；2012 年在克拉苏构造带西段博孜地区的博孜 1 井在白垩系取得了重大突破，不仅新发现了一个超千亿立方米的整装气藏，而且将克拉苏构造带的含气范围向西扩展了 40 余千米，证实了克拉苏深层克深 2—博孜 1 井区 150km 范围内整体含气；2013 年，博孜以西 40km 的阿瓦 3 风险探井再获工业气流，克深区带东西 5 段已突破 4 段。同时，克深 2、大北气藏评价勘探取得新进展，含气规模逐渐扩大，天然气储量规模进一步落实。

# 3　克拉苏深层盐下大气田勘探突破的启示

## 3.1　勘探思路决定勘探出路

克拉 2、迪那 2 突破之后，由于天然气下游市场的不明朗和石油勘探的持续低潮，库车前陆盆地的主攻方向放在原油上，在地质认识有限、技术更新有限、人才储备有限的情况下，实行大力度的区域甩开勘探，遇到了一系列的、当时没有条件解决的认识难题和技术难题，勘探严重受挫。2005 年库车前陆冲断带"阵地战"地位的确定，重新把勘探方向集中到克拉苏构造带，主攻盐下白垩系深层目标，大力实施山地地震攻关，勘探持续突破，奠定了万亿立方米大气田的基础。纵观库车前陆盆地 60 年勘探历程，地质认识决定勘探思路，勘探思路决定勘探出路，这个朴素的道理在库车适用，在塔里木适用，在整个石油行业中，无疑也是适用的。

## 3.2　锲而不舍、勇于实践是勘探成功的前提

勘探人员经常面对的是失败与成功两大问题，库车前陆盆地的油气勘探也不例外，关键是面对失败如何进行部署决策。纵观塔里木石油会战以来库车的勘探历史，对库车的油气勘探出现过两轮大的质疑。第一次是东秋 8 井、克参 1 井、克拉 1 井的相继失利，出现了质疑的声音，当时塔里木油田的勘探家们主要质疑的是地震资料能否满足圈闭落实需求，而有一些未曾参与库车勘探的地质家质疑前陆冲断带晚期成藏理论。第二次是克拉 2 气田发现后的低潮期，一部分勘探家对库车的油气资源量和克拉 2 气田深层是否有大气田产生质疑，这种质疑在 2006 年尤为突出。即使在勘探如此艰难的时期，塔里木油田公司决策层依然对库车天然气的勘探充满信心，坚持把库车作为三大阵地战之一，坚持盐下深层的勘探，带来一系列油气发现。勘探人员勇往直前、永不言败、永不满足的锲而不舍的精神是勘探部署决策成功的关键。库车坳陷的油气勘探正是在遭受挫折、遭受质疑时坚持了锲而不舍的基本精神，坚持打"进攻仗"，才会有丰硕的勘探成果。

## 3.3　勘探技术的进步是油气大发现的保障

王涛老部长说："成在物探、败也物探"，在库车的失利探井中，有三分之二属于构造

"打跑"、构造"打偏"、构造"打无"的情况，也就是说，是因地震资料的原因导致勘探的失利，勘探家们将之形象比喻为"高点带弹簧，圈闭带辘轳"。从模拟信号到数字信号，从山地弯测线到直测线，从宽线大组合二维攻关到大面积山地三维，山地地震采集的攻关成果直接促进了库车前陆冲断带油气的大发现[22]。

钻井技术的进步是勘探成功的关键保证。20世纪50年代初人们便看好库车坳陷。由于库车坳陷山前带地形条件恶劣、地层陡立、逆冲带断裂复杂，钻井遇到超高压、强地应力、巨厚膏盐层、垮塌层、软泥岩、井斜等难题，造成探井很难打到目的层，近几年勘探重点放到了盐下深层，目的层埋深主体在6000m以下，地质家们对钻井的需求越来越高，钻井工程技术的持续攻关对地质家们的支持也越来越大。大北3、克深7等井多轮次的加深，都是在不断挑战钻井工程极限！如果没有钻井部门的咬牙坚持，大北3井不可能有重大突破，克深区带也不会持续发现。

随着勘探对象的日趋复杂，勘探深度的不断加大，地质家们在勘探技术持续进步的支持下，思路越来越开拓，想法越来越大胆，勘探实践将会不断提出新问题和新要求，对勘探技术要求也越来越高，因此出现了"地质需求始终高于勘探技术进步"的现象，这也是油气勘探的必然规律。新理论、新技术的引进、应用、集成和创新，是解决库车油气勘探复杂问题的必经之路，是库车油气勘探永恒的主题。

## 4　结语

克拉2、迪那2主力气田的发现，推动了西气东输工程，惠及12省区3亿人口。克拉2周边是否还能找到主力大气田？是关乎国家能源安全和民生工程的大事，不仅仅是经济问题，更是政治问题。克拉2之后，库车坳陷油气勘探一度陷入低谷，油气勘探陷入两难：中浅层除克拉2气藏外，没有新的可钻探圈闭发现，失去方向；构想进攻深层，又面临勘探遭遇复杂、地质认识不清、圈闭落实困难、技术储备不足等困境。

塔里木油田从失利与挫折中挖掘有利条件，转变勘探思路，锁定克拉苏构造带盐下深层勘探领域，锲而不舍地探索。强化地震技术攻关，创新性形成、发展以宽线大组合二维采集、山地三维采集处理、盐相关构造建模、相控速度建场为核心的地震、地质一体化圈闭落实技术，发现了克深—大北区带，上钻一批有利目标。强化钻井技术攻关，成功实现了盐下超深高压高温气藏高效快速钻进，发现了克深2、博孜1等多个天然气储量超千亿立方米级的大型气田。

10年来，克拉苏构造带勘探深度从4000m拓深至8000m，圈闭钻探成功率从43.8%提高到64.3%，上交三级储量近$7000 \times 10^8 m^3$，储备圈闭30个，天然气圈闭资源量近$2 \times 10^{12} m^3$。勘探家们对库车前陆冲断带的油气资源潜力充满信心，对油气勘探前景充满信心，对探明天然气地质储量$2 \times 10^{12} m^3$充满信心，对建成世界级大气田充满信心。

## 参考文献

[1]　皮学军，廖涛.塔里木盆地库车坳陷油气聚集模式[J].勘探家，2000，5（2）：18-20.

[2]杜金虎，何海清，皮学军，等.中国石油风险勘探的战略发现与成功做法[J].中国石油勘探，2011，16（1）：1-8.

［3］雷刚林，谢会文，张敬洲，等.库车坳陷克拉苏构造带构造特征及天然气勘探［J］.石油与天然气地质，2007，28（6）：816-820.

［4］梁顺军，肖宇，刁永波，等.库车坳陷山地复杂构造速度场研究及其应用效果［J］.中国石油勘探，2011，16（4）：59-64.

［5］能源，谢会文，孙太荣，等.克拉苏构造带克深段构造特征及其石油地质意义［J］.中国石油勘探，2013，18（1）：1-6.

［6］梁顺军，肖宇.库车坳陷西秋构造带盐下低幅度构造圈闭研究及勘探思路［J］.中国石油勘探，2012，17（1）：19-24.

［7］漆家福，雷刚林，李明刚，等.库车坳陷—南天山盆山过渡带的收缩构造变形模式［J］.地学前缘，2009，16（3）：120-128.

［8］陈发景，汪新文，陈昭年，等.中国中—新生代前陆盆地的构造特征和地球动力学［J］.地球科学—中国地质大学学报，1996，21（4）：366-372.

［9］雷振宇.中国中西部类前陆盆地与典型前陆盆地类比及其油气勘探前景［J］.地球学报，2001，22（2）：169-174.

［10］徐振平，李勇，马玉杰，等.塔里木盆地库车坳陷中部构造单元划分新方案与天然气勘探方向［J］.天然气工业，2011，31（3）：31-36.

［11］刘志宏，卢华复，等.库车再生前陆盆地的构造与油气［J］.石油与天然气地质，2001，22（4）：297-303.

［12］能源，漆家福，谢会文，等.塔里木盆地库车坳陷北部边缘构造特征［J］.地质通报，2012，31（9）：1510-1519.

［13］贾承造，　　　王招明，等.克拉2气田的发现及勘探技术［J］.中国石油勘探，2002，7（1）：79-88.

［14］吕修祥，金之钧，　　　等.塔里木盆地库车坳陷与膏盐岩相关的油气聚集［J］.石油勘探与开发，2000，27（4）：20-21.

［15］黄少英，王月然，魏红兴.塔里木盆地库车坳陷盐构造特征及形成演化［J］.大地构造与成矿学，2009，33（1）：117-123.

［16］汪新，唐鹏程，谢会文，等.库车坳陷西段新生代盐构造特征及演化［J］.大地构造与成矿学，2009，33（1）：57-65.

［17］邬光辉，蔡振中，赵宽志，等.塔里木盆地库车坳陷盐构造成因机制探讨［J］.新疆地质，2006，24（2）：182-186.

［18］Brent A Couzens-Schult z, Bruno C Vendeville, David V Wiltschko. Duplex style and triangle zone formation : insights from physical modeling. Journal of Structural Geology, 25（2003）：1623-1644.

［19］李世川，成荣红，王勇，等.库车坳陷大北1气藏白垩系储层裂缝发育规律［J］.天然气工业，2012，32（10）：24-27.

［20］梁向豪，李书君，吴超，等.库车大北构造带三维叠前深度偏移处理解释技术［J］.中国石油勘探，2011，16（5-6）：8-13.

［21］赵力彬，石石，肖香姣，等.库车坳陷克深2气藏裂缝—孔隙型砂岩储层地质建模方法［J］.天然气工业，2012，32（10）：10-13.

［22］熊翥.我国西部与盐岩有关构造油气勘探地震技术的几点思考［J］.勘探地球物理进展，2005,28(2)：77-80.

# 库车前陆冲断带高压低渗透储层测井评价新方法与应用 ❶

## 肖承文[1] 赵 军[2] 吴远东[1] 李进福[1]

（1. 中国石油塔里木油田公司勘探开发研究院；2. 西南石油大学石油工程学院）

**摘 要：** 我国中西部地区前陆盆地山前逆冲构造带挤压应力异常强烈，强烈的构造应力不仅改变了储层的性质，而且还使得油气的分布异常复杂，加之沉积地层近物源，储层物性普遍较差，属低孔低渗透储层。针对库车前陆冲断带复杂地质条件下的油气勘探中测井所面临岩性识别、储层参数的计算以及流体识别等一系列技术难题，文章通过在库车前陆冲断带高压低渗透储层综合应用了阵列感应、偶极横波、元素俘获、微电阻率成像等一系列新的测井方法与评价技术，开展了利用新测井资料定量计算地层饱和度、准确识别气水界面、精确确定地层矿物含量并在此基础上评价致密储层的有效性的方法。将这些方法应用在库车冲断带高压低渗透储层的测井评价中，建立了塔里木盆地陆相岩屑砂岩高压低渗透储层测井评价方法与标准，取得了较好的勘探效果，为油田探明、控制、预测等各级储量的测井储层参数和地质工程研究提供了可靠的技术支持。

**关键词：** 前陆盆地；逆冲断层；致密层；测井解释；方法；油气勘探

库车前陆冲断带位于塔里木盆地北缘，是南天山造山带向南逆冲挤压推覆而逐步形成。近年来，在该区勘探先后发现了新近系、古近系、白垩系、侏罗系的天然气藏。受南天山的影响，库车前陆冲断带储层沉积表现为快速堆积与近物源的特征，岩性以岩屑砂岩为主。在古近系中晚期，前陆冲断带沉积环境表现为干旱盐湖相沉积，区域上形成了厚度不等的膏盐岩、膏泥岩盖层。这套优质的盖层对库车前陆冲断带古近系与白垩系砂岩高压油气层（压力系数大于 2.0 以上）的形成起了关键性的作用。而下伏的陆相冲积扇与三角洲的沉积环境形成的大规模的岩屑砂岩，使储层表现为低孔低渗透或者低孔特低渗透特征。笔者试图针对这独特的高压低渗透储层，建立、应用、发展新测井技术与评价方法。

## 1 高压低渗透储层测井评价新方法

### 1.1 用阵列感应资料定量计算地层真实饱和度

阵列感应仪与常规感应仪相比，在设计上放弃了将数对线圈连在一起的硬件聚焦方法，通过不同权值处理的软件聚焦方法得到 10in、20in、30in、60in、90in、120in（1in = 25.6mm）等 6 个径向探测深度的电阻率曲线。该 6 条曲线能更加精细地刻画钻井液滤液

---

❶ 原载《天然气工业》，2006，26（11）。

的侵入特征，并且 90～120 in 的测井电阻率近似地层真实的电阻率，而钻井液的侵入特征（即所谓的"高侵"与"低侵"）是电阻率测井定性判断流体性质的主要手段。因此，阵列感应测井比常规感应测井具有更佳的优越性。同样，斯仑贝谢公司阵列感应仪（AIT）通过不同权值处理的软件聚焦方法得到 10in、20in、30in、60in、90in 等 5 个径向探测深度的电阻率曲线。在库车前陆冲断带高压低渗透储层测井评价中，为该区的气、水、干层准确定量评价提供了有效的技术手段。从图 1 可以看出，阵列感应测井计算的饱和度更接近地层真实情况。

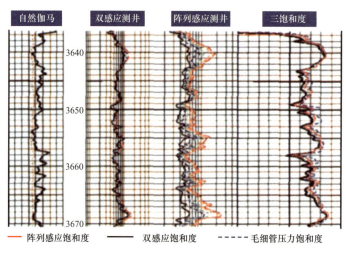

图 1　常规感应、阵列感应与压汞资料计算的饱和度图

## 1.2　偶极横波成像测井识别气层与划分气水界面

克拉 X 气田在气水界面附近，由于储层物性变差，使得利用常规方法判识气水界面存在一定困难。为此，利用克拉 X 气田 4 口井所测偶极横波成像测井资料，提取并得到纵横波速度（$v_p/v_s$）比与泊松比（$PR$），用于对气水界面的识别。

图 2 为克拉气田某井偶极横波识别气水界面图。在 3943m 以上 $v_p/v_s<1.7$，$PR<0.23$；而在 3943m 以下，$v_p/v_s>1.7$，$PR<0.23$。对应 3943m 以上的阵列感应电阻率为 5～6Ω·m，而在 3943m 以下电阻率陡降至 0.7Ω·m，为典型水层。从而证明应用偶极横波识别气层的可靠性。

## 1.3　用元素俘获测井定量计算岩性组分

元素俘获测井（ECS）使用标准的锎铍（AmBe）中子源和 3in 直径的锗酸铋闪烁探测（BGO）系统，通过伽马能谱测量元素浓度。与以前的元素测井不同之处在于 ECS 可以提供定量的地层岩性剖面。

ECS 测量的主要元素有：Si、Ca、Fe、S、Ti、Gd、Cl 和 H，准确计算黏土、碳酸岩盐、QFM（石英、长石、云母）、黄铁矿、膏岩以及煤的含量等。

应用 ECS 可以完成以下工作：（1）实时提供地层岩性剖面；（2）在套管井与裸眼井提供精确的岩石物理模型；（3）定量计算黏土、碳酸盐岩、QFM（石英、长石、云母）、黄铁矿、膏岩以及煤的含量；（4）地层骨架密度和骨架中子俘获截面更准确地识别气层；

（5）进行井间地层对比分析和沉积环境分析；（6）准确探测碳酸岩盐胶结情况，有利于更好地进行岩石机械特性计算和压裂设计；（7）为储层模拟提供详细的模型。

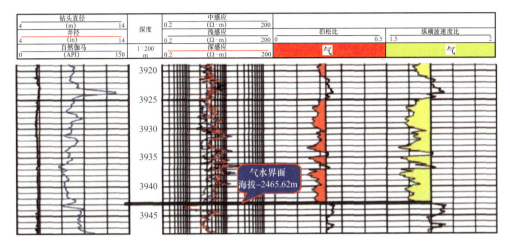

图2　利用偶极子横波测井识别克拉X04井气水界面

在库车前陆冲断带迪那X气田的2口井采集了元素俘获测井资料，应用处理的结果，发现在4803～4813m井段的钙质含量特别低（图3），测井储层参数处理成果证实，该段为块状的有效储层，通过对迪那地区钙质含量与储层有效性分析，这为迪那地区低孔低渗透储层勘探决策提供了重要的依据。

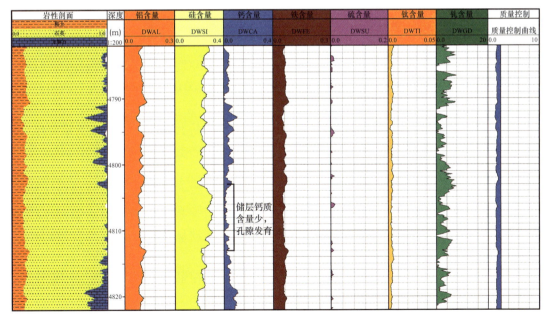

图3　元素俘获测井处理成果图

## 1.4　用成像测井资料评价致密储层裂缝有效性

成像测井（FMI）井壁覆盖面积大（8.5 in井眼可覆盖井壁80%，6 in井眼可覆盖

100%），纵向分辨率高，可利用 FMI 或 FMS 成像测井资料划分砂岩薄层，确定裂缝层，定量计算裂缝倾向和倾角，判断天然有效裂缝发育状况及产生的诱导缝发育程度。

库车前陆冲断带迪那气田 3 口井均采集了成像测井资料，通过对成像测井资料处理成果解释分析，对天然裂缝进行拾取，得到其倾向和倾角，对不规则缝及诱导缝不能拾取，可用线条勾勒出来（图4）。统计各井不同井段天然裂缝与钻井诱导缝发育情况及特征，可以看出裂缝发育和分布有如下认识。

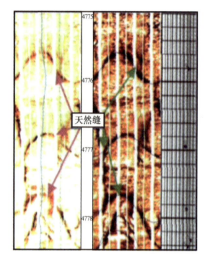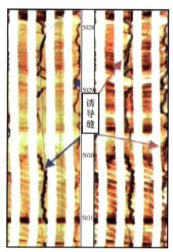

图 4　天然缝处理和诱导缝处理图

（1）处于构造高部位的迪那 X2、迪那 X02 井裂缝发育程度好于处于相对低部位的迪那 X01 井。

（2）天然裂缝以高角度缝为主（40°～85°）。迪那 X2 井裂缝走向为北西—南东及近东西向；迪那 X02 井裂缝走向为北北东—南南西为主；迪那 X01 井裂缝走向近东西向为主，次为北东南西向。

（3）诱导缝发育，以迪那 X2、迪那 X02 井发育诱导缝为多，且在成像测量井段内，下部比上部诱导缝发育。诱导缝多出现在对称极板上，纵向上呈双轨形状或雁行状，发育长度一般在 1m 以上，有些还贯穿天然缝。

（4）天然裂缝的分布层段具有一定的选择性和局限性，一般发育在较致密的砂砾岩地层；而诱导缝的产生受地层岩性、钻井液性能、井况等诸多因素影响。在迪那 X2、迪那 X02 井中，一般砂岩地层见诱导缝，而在迪那 X01 井只在部分砂岩地层见到。

裂缝在迪那 X 气田砂泥岩储层中较为发育，它的存在虽然不参与天然气储量计算，但改善了储层的渗流能力，提高了单井单层产能。

## 2　应用与效果分析

应用上述所建立的评价高压低渗透储层有效性与流体性质的测井新方法，对库车前陆冲断带所有新钻井进行了系统评价，取得了良好的效益。在迪那气田的油气评价与储量上报中，通过测井评价工作，仅用6层试油检验测井评价结果就上报探明天然气储量逾 $1000 \times 10^8 m^3$。同时将该方法推广到乌什洼凹陷，在乌参X井的勘探解释与评价中，在现场及时对偶极横波进行处理解释评价，利用所建立的气层识别标准（$v_p/v_s < 1.7$，$PR < 0.23$），及时解释出乌参X井气层段分为三段，并且明确指出第二段为本井最好的油气层段，完井试油证实了这一观点（图5）。

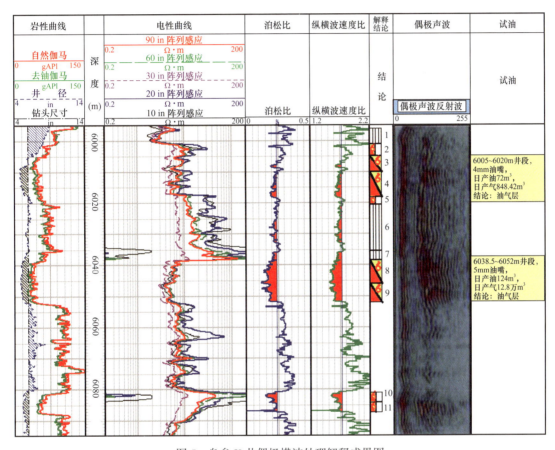

图5　乌参X井偶极横波处理解释成果图

## 3　结论

（1）库车前陆冲断带高压低渗透储层必须采集阵列感应、偶极横波、微电阻率成像以及高精度的密度测井信息，并应用上述信息建立处理解释评价方法与标准，可保证对高压低渗透储层进行有效评价与流体性质识别。

（2）对前陆冲断带近物源快速堆积的低成熟度岩屑砂岩，采用元素俘获测井信息并建立解释标准，能有效地识别岩性成分，从而指导储层评价。

（3）对前陆冲断带高压低渗透复杂储层，天然裂缝与诱导缝也是不可回避的问题，应用微电阻率成像准确解释与评价，这可以指导勘探决策。

# 参 考 文 献

［1］张守谦，等.成像测井技术及应用［M］.北京：石油工业出版社，1997.

［2］谭廷栋.天然气勘探中的测井技术［M］.北京：石油工业出版社，1994.

［3］杨双定.鄂尔多斯盆地致密砂岩气层测井评价新技术［J］.天然气工业，2005，25（9）：45-47.

［4］汪中浩，等.低渗透储集层类型的测井识别模型［J］.天然气工业，2004，24（9）：36-38.

［5］刘芬霞，程启荣.低孔低渗储层测井解释方法研究［J］.高校地质学报，1996，2（1）：65-74.

［6］谭廷栋.测井解释发现油气层［J］.天然气工业，2000，20（6）：47-50.

［7］林绍文，等.洛带气田遂宁组致密砂岩储层测井评价［J］.天然气工业，2006，26（4）：44-46.

# 宽线加大组合地震技术在库车坳陷中部勘探中的应用 ❶

吴　超　彭更新　雷刚林　李　青　徐振平

（中国石油塔里木油田分公司勘探开发研究院）

**摘　要：** 库车坳陷中部石油地质条件优越，但由于地震资料品质差，制约了勘探进程。地震勘探难点主要表现在：地面高大山体发育，地形条件复杂，地表类型多，地震采集困难；表层结构复杂，调查建模不准，求准静校正难；激发接收条件差，资料信噪比低，构造落实难等。针对库车中部地震勘探面临的诸多难题，开展了地震技术攻关，形成了宽线加大组合观测方法及高精度遥感信息选线选点等地震采集技术，从而提高了地震资料信噪比，改善着地震成像质量，为发现和落实钻探目标创造了条件。

**关键词：** 库车坳陷中部；宽线；大组合；高精度遥感

## 1　地质背景

库车坳陷位于南天山造山带与塔北隆起之间，是一个以中、新生界沉积为主的复合前陆盆地，经历多次构造运动，以喜山末期的构造运动最为强烈，其结果形成了库车坳陷"四带三凹"的构造格局[1]，即北部单斜带、克拉苏—依奇克里克构造带、秋里塔格背斜带、南部平缓背斜带及拜城凹陷、阳霞凹陷、乌什凹陷（图1）。库车坳陷中部是指石油地质条件最优越的克拉苏构造带和秋里塔格构造带。研究和钻探结果表明，库车坳陷中部地下蕴藏着丰富的油气资源，勘探前景广阔，库车坳陷已发现克拉2、克拉3、大北1、大北3等气田（藏），但由于地表条件和地下构造都十分复杂，勘探难度大，导致地震资料信噪比较低，地震波场复杂，发现构造较多而落实圈闭较少。地震勘探难点主要表现在：地形条件复杂，地表类型多样，地震采集困难；表层结构复杂，调查建模不准，求准静校正难；激发接收条件差，资料信噪比低等。

## 2　地震采集技术系列

为了改善地震成像质量，发现和落实钻探目标，近两年来围绕库车坳陷中部持续开展了地震攻关，重点开展了宽线加大组合的采集攻关和配套采集技术攻关，以及表层结构调查、复杂地表条件的激发、宽线观测等技术攻关，形成了山地宽线观测技术、大组合接收技术和高精度遥感信息选线选点等技术，地震资料品质和成果的准确率大幅度提高，为发现和落实圈闭创造了条件。

❶　原载《勘探地球物理进展》，2008，31（4）。

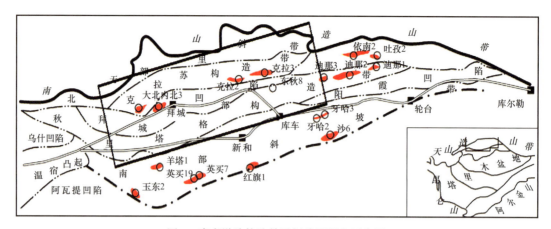

图 1  库车坳陷构造单元划分及研究区位置

## 2.1  宽线观测技术

通过对库车坳陷中部以往的单炮分析，发现单炮资料的干扰十分发育，有折射波、面波、侧面波和次生干扰，其中后两者可以产生垂直测线方向的干扰，目前的处理技术针对沿测线方向的干扰有较强的能力，但对来自垂直测线方向的干扰无能为力，因此要求通过野外采集压制垂直测线方向的干扰。

宽线[2, 3]（相当于一束三维测线）观测系统是在地震资料信噪比较低且散射干扰严重的地区常用的一种观测方式。该观测方式既可以利用横向上的叠加压制侧面散射干扰，突出有效信号的能量，又可以利用横向面元组合叠加提高覆盖次数。宽线采集主要有以下5个方面的特点：（1）炮检点布设更加灵活，适应于复杂山地；（2）有效地提高中浅层覆盖次数，提高信噪比；（3）利用横向多次覆盖压制侧面、散射等干扰；（4）利用三维资料处理技术，提高成像效果；（5）通过三维方法解决二维静校正问题[4]。对于库车山地起伏的地表条件及复杂的构造特征，采用宽线采集来提高复杂山地资料信噪比是非常有效的方法。

通过近年的攻关与运用，宽线观测系统进一步优化、改进，目前该项技术已逐渐成熟。最近又对观测系统进行进一步优化，通过攻关认为5炮4线与2炮2线施工得到的叠加剖面品质相当（单线覆盖次数从60次提高到100～120次），因此将5炮4线改为2炮2线，从而节约了成本，也降低了施工难度（图2）。

在库车坳陷中部影响剖面品质的干扰波主要为与有效波频率接近的面波和次生面波（侧面波），干扰波速度在1600～2400m/s之间，其波长范围在80～200m之间，野外采集常用检波组合基距一般小于30m，对有效波频带内的噪声压制作用较小，因而资料处理过程中信噪分离难度很大。对山地典型单炮进行频谱分析后认为，要对干扰波全波长进行压制是不现实且不必要的，因为12Hz以下的低频干扰在资料处理过程中通过简单的带通滤波就可以得到有效剔除[2]，因此可以重点针对有效波主频段内干扰波进行针对性压制，从而达到提高原始资料信噪比的目的。

## 2.2  大基距组合接收技术

对于二维地震测线沿测线方向的干扰波，目前的处理技术有较强的压制能力，但对来自垂直测线方向的干扰难以消除，因此，必须通过野外合适的检波组合，来实现对垂直测线方向干扰的压制。为此，对研究区 KC131 测线进行了 9 串大基距组合接收攻关研究和试验。通过 9 串大基距组合接收，原始单炮信噪比得到明显提高，剖面品质显著改善，波组特征更清楚，膏盐反射清晰，盐下构造特征更明确（图 3）。

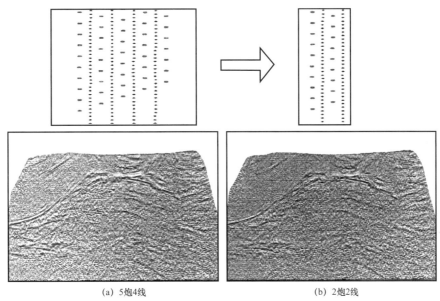

(a) 5 炮 4 线

(b) 2 炮 2 线

图 2　5 炮 4 线与 2 炮 2 线施工效果对比

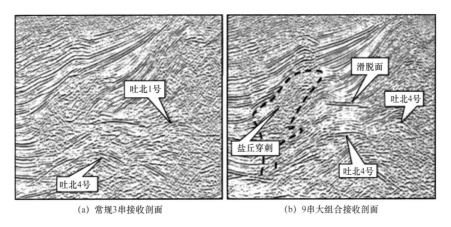

(a) 常规 3 串接收剖面

(b) 9 串大组合接收剖面

图 3　常规 3 串接收剖面与 9 串大组合接收剖面对比

大基距组合检波攻关表明，在噪声（尤其是侧面噪声）极其发育、信噪比非常低的区域，采用大基距组合检波方式，资料信噪比会有较大改善。

最近，又对横向大组合方法进行了优化，重点根据干扰波速度和频率设计横向组合基距，根据表层结构特点，采用高速层速度设计组合高差。以前采用 9 串检波器"丰"字形横向大组合，最大基距为 116m，虽然取得了较好的效果，但在野外难以展开，不利于实施推广，同时根据以往采集实践和试验，9 串大组合在检波器工作上存在重叠。通过对库车干扰波速度、频率特点、表层结构和高速层特点攻关研究，确立了 6 串检波器"米"字形的大组合技术，既提高了横向压噪效果又减少了投入和工作量，降低了施工难度，同时也能保证纵、横向都有噪声压制作用（图4）。

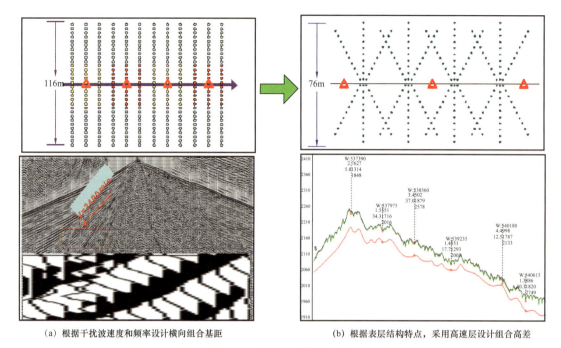

（a）根据干扰波速度和频率设计横向组合基距　　　　（b）根据表层结构特点，采用高速层设计组合高差

图4　两种大组合技术示意

## 2.3　宽线观测加大组合接收技术联合应用

宽线观测技术已逐步成为库车坳陷中部山地复杂构造攻关的一项核心技术，大组合接收技术是关键技术。宽线观测加大组合接收技术的联合，应用效果更加明显。

在对宽线及大组合技术进行优化的同时，也加强了与这两种技术相配套的技术研究，使配套的野外及处理技术不断完善，从根本上为提高库车中部山前地震资料信噪比提供了技术保证。这些技术包括：高精度遥感信息选线选点技术、复杂山地精细表层调查与建模技术、优选层速度激发技术以及钻井设备及工艺改进、检波器埋置工艺改进、基于模型的观测系统优化等。这些技术确保了宽线、大组合勘探的实施。

## 2.4　配套技术

### 2.4.1　基于模型的观测系统优化

由于库车地区大型逆掩推覆构造极其发育，复杂的上覆地质结构以及高速推覆体的存在，造成下伏勘探目的层照明强度的显著下降，目的层界面成像困难[5, 6]。根据波动方程地震波照明结果，利用照明统计（图5），确定针对某勘探目的层的地面最优炮点分布范围，提高这些地下阴影区的地震波照明度。另外，利用波动方程正演（图6）来验证观测系统是否最优，综合这些方法来确定针对这些目的层的最优检波器排列方式和排列长度[7]。最终达到：（1）划定对构造主体成像贡献较大的激发区域，确定针对某勘探目的层的地面最优炮点分布范围，做到"重点部位重点强化"；（2）从地震波场及能量角度分析适宜的排列长度，动态优化观测系统。

### 2.4.2 优选激发点和接收点位置技术

对于库车坳陷中部这类高难度、低信噪比复杂山地，地震资料采集中，测线位置选择、近地表调查点设计、激发点和接收点位置选择都十分重要。以前靠人工现场踏勘目测确定，考虑的因素单一，加上山区地形起伏大、切割严重，受条件限制，很难做到每个点现场优选，工作效率低，效果较差。经过探索，利用遥感资料提取高精度正射制图、地表地质解译、地表松散度、地表导电率、地表相对湿度、数字高程模型、坡度等资料，将遥感信息数字化后形成表层地震地质条件评价值数据文件，合成地貌评价值越大，说明激发、接收条件越好。逐步形成了利用高精度遥感信息资料进行定量辅助测线设计、优选激发点和接收点位置、辅助设计近地表控制点等应用技术有效地指导野外生产，既保证了采集质量，又提高了工作效率，效果非常明显。

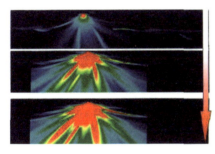
图 5　照明度分析

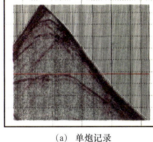
（a）单炮记录

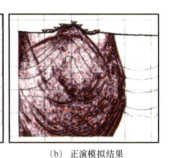
（b）正演模拟结果

图 6　全波场波动方程正演

### 2.4.3 复杂山地精细表层调查和建模技术

多年库车坳陷勘探经验表明，精细表层调查及建模是指导激发参数优化的关键因素。此次地震攻关表层调查的工作重点是：强化山前带、新近系库车组（$N_2k$）、中戈壁表层调查，高精度表层建模。（1）对表层结构复杂的山前带和戈壁区进行加密控制点调查，以提高模型精度。（2）针对表层巨厚的山前砾石区，作超深微测井调查，提高模型精度。（3）优化控制点密度。用高密度控制点进行测试，按"循环迭代"流程加密控制点，研究工区内表层结构模式，确定不同地表条件下的控制点密度。（4）计算法获取合理的相似系数。

### 2.4.4 优选速度层激发技术

库车地区地表的岩性变化非常大，由于条件限制，以往的激发井深往往不能根据每个激发点的情况进行逐点设计，导致有些点的激发井深达不到在高速层中激发的要求，而高速层激发是提高单炮资料品质的关键，本轮攻关就是要通过对该区精细表层建模，逐点设计激发井深，优选激发速度界面，提高单炮记录品质。本次攻关在高速层激发，与以往在降速层中激发对比，单炮信噪比明显提高。

## 3　应用效果

通过宽线技术加大组合技术的联合，山地复杂区采集技术取得实质性突破，地震资料品质有了质的飞跃。

实际采集攻关表明，宽线加大组合加配套技术是保证采集获得成功的关键。其中，宽线技术是核心，它经过不断优化，推广应用价值凸现；大组合是关键，技术在逐步细化、噪声压制效果更加突出；配套技术日益完善，提高了效率，降低了施工难度和成本，推动了宽线大组合技术的规模化生产应用。

依据按构造发育特征设计观测系统的思路，形成了复杂构造、复杂波场区域采用不规则宽线采集方法，为资料处理环节提供了更高品质的原始数据，一定程度上解决了高陡浅层覆盖下深部目的层的复杂波场问题。

通过在库车坳陷中部的克拉苏和西秋构造带实施宽线加大组合采集方法，两个构造带地震资料品质大幅度提高，锁定了一批重点勘探目标如 KS2、KS5 号等构造，推动了西秋构造带的构造研究及圈闭落实。

### 3.1　KS2 和 KS5 号构造的落实及 KS2 和 KS5 井的部署

根据以前的常规采集资料，可见 KS2 号构造轮廓，由于地震资料信噪比低，只能隐约见到构造的南北倾和东西倾，针对该构造，选取 KC220 测线进行了宽线攻关。经过攻关，资料品质显著提高，KC220 测线信噪比明显高于其他测线，构造部位的成像效果得到大幅度改善（图 7），显示的构造目的层信噪比高，连续性好，南北回倾明显，再加上东西方向测线信噪比高，东西倾明显，从而锁定了 KS2 号构造，经过地质论证后上钻了KS2 井。

在对 KS5 号构造进行攻关之前，该区资料信噪比低，构造表现为两个小构造。经过宽线加大组合攻关，KS5 号构造资料品质有明显提高，复杂波场有效弱化，信噪比明显提高，资料品质更加优良，并发现原来的两个小构造为同一构造，且面积大大增加，构造南北向及东西向回倾明显。经过调整及追加部署，锁定并落实了 KS5 号构造，上钻了 KS5井（图 8）。

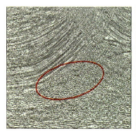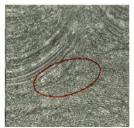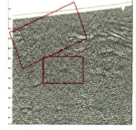

（a）常规剖面　　（b）宽线加大组合剖面　　　　（a）宽线加大组合剖面　　（b）常规剖面

图 7　KS2 构造常规剖面与宽线加　　　　图 8　KS5 构造宽线加大组合剖面

大组合剖面对比　　　　　　　　　与常规剖面对比

### 3.2　西秋构造带攻关前后应用效果对比

针对西秋构造带资料信噪比低，特别是中浅层资料差的特点，通过采用宽线加大组合的联合攻关，增加了覆盖次数，有效地压制了干扰波和侧面反射，改善了中浅层成像质量。

通过提高钻机钻深井能力，满足在低降速带厚度较大的戈壁中激发，使单炮效果明显改善。

图9是2007年新采集的 XQ07-171 宽线与对应位置老测线 XQ99-171 的对比，通过在 XQ07-171 线采用1440道（480×3）接收，浅、中层大幅度增加了有效覆盖次数，提高了地震剖面信噪比，构造主体浅、中层地震成像效果明显。浅层盐层以上反射"从无到有"，中间盐层内部反射丰富，盐下构造层"从弱到强"，反射更加清楚、连续，断裂、波组关系清晰，为构造建模、资料解释和落实构造提供了较高品质的资料。

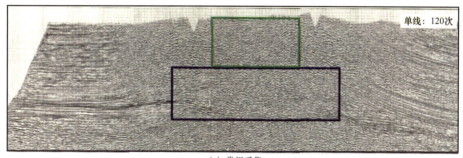

(a) 常规采集

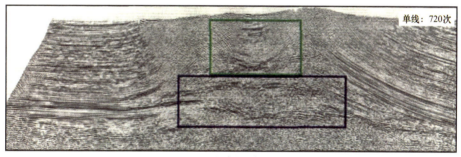

(b) 宽线采集

图9　西秋构造带 XQ07-171 测线剖面对比

## 4　结束语

在库车坳陷中部开展地震攻关获得了以下认识：

（1）宽线加大组合及配套地震采集技术是库车坳陷中部针对中浅层提高资料品质最好的采集方法。探索和总结了一套针对不同地表和目标，特别是复杂构造提高地震资料信噪比的攻关思路和方法。

（2）宽线是核心技术，大组合是关键技术。关键技术的不断优化、核心技术的不断深化、配套技术的日益完善、采集效果的明显提高、采集成本的减少及施工难度的逐步降低，推动了宽线及大组合技术的规模化生产，使其应用前景更加广阔。

（3）宽线加大组合技术的应用使地震资料品质不断提高，从而发现和落实了一批新的区带，重新落实和发现了一批可供钻探的圈闭。

（4）通过库车山地攻关，认为库车山地低信噪比和复杂波场经常共存共生。因此在库车山地攻关中必须将宽线和大组合两种技术进行有机结合，为勘探生产服务。

# 参 考 文 献

［1］贾承造，何登发，雷振宇，等.前陆冲断带油气勘探［M］.北京：石油工业出版社，2000.

［2］熊翥.复杂地区地震数据处理思路［M］.北京：石油工业出版社，2002.

［3］高海燕.宽线地震技术在辽河盆地西部凹陷八一水库区域勘探的应用［J］.东北地震研究，2002，18（2）：57–62.

［4］林伯香，肖万富，李博.层析静校正在黄土源弯宽线资料处理中的应用［J］.石油物探，2007，46（4）：417–420.

［5］赵殿栋，郭建，王咸彬，等.基于模型面向目标的观测系统优化设计技术［J］.中国西部油气地质，2006，2（2）：119–122.

［6］董良国，吴晓丰，唐海忠，等.逆掩推覆构造的地震波照明与观测系统优化［J］.石油物探，2006，45（1）：40–47.

［7］冯伟，王华忠，吴如山，等.面向目标控制照明的合成波源偏移［J］.石油物探，2004，43（3）：223–228.

# 库车山地复杂逆掩构造区变速成图技术研究与应用 ❶

满益志　王兴军　张耀堂　刘昌国　赖敬容

（中国石油塔里木油田分公司勘探开发研究院）

**摘　要**：复杂逆掩构造逐渐成为塔里木盆地油气勘探的重点领域。完善变速成图技术，提高构造成图精度是准确落实这类圈闭的关键。在充分研究目标工区的难点的基础上，本文提出了一套适应浅层速度建模、复杂逆掩区建模、模型层析速度建场、井震联合速度建场等变速成图新技术。在塔里木盆地库车山地的综合应用结果表明，这些新技术取得了良好的效果。

**关键词**：逆掩构造；变速成图技术；浅层速度建模；模型层析；井震联合速度建场

塔里木盆地库车山地发育了众多的逆冲推覆构造。由于该区地表起伏大、速度纵横向变化剧烈（尤其是膏盐层纵横向变化大）及构造复杂等因素，导致该区地震资料品质差、速度建模困难、圈闭难以准确落实。近几年，通过反复试验分析，找出了影响复杂山地成图精度的主要因素，进而研究成功一套与之相适应的浅层速度建模、复杂逆掩区建模、模型层析速度建场、井震联合速度建场等变速成图新技术。

## 1　复杂山地逆掩构造变速成图技术

为了做好复杂山地逆掩构造的变速成图，首先要根据构造解释模型，建立三维空间 $t_0$ 模型，再应用大炮初至层析反演建立浅层速度模型，包括表层和速度谱空白段。然后根据不同工区资料状况，采用不同的速度建场法建立中深层速度模型。在地震资料和速度谱品质较好地区，采用模型层析法建立中深层速度模型，在地震资料和速度谱品质较差地区，宜用井震联合速度建场法建立中深层速度场。

### 1.1　浅层速度建模技术

#### 1.1.1　CMP面高程校正技术

在变速成图过程中，采用 CMP 面作为时深转换的起始面，因此准确求取 CMP 面高程十分重要，常规的思路是利用充填速度 $V_R$ 和速度谱校正量 $\overline{\Delta t}$ 采用下式计算 CMP 高程

$$H^* = \frac{1}{2} V_R \overline{\Delta t} \tag{1}$$

---

❶　原载《石油地球物理勘探》，2008，43（增刊）。

通过分析研究认为，CMP 面高程不仅与充填速度 $V_R$ 和速度谱校正量 $\overline{\Delta t}$ 有关，还与表层速度模型有关，其计算公式为

$$H^* = \frac{1}{2}V_R\overline{\Delta t} - H_i\left(1 - \frac{V_R}{V_i}\right) \tag{2}$$

显然某道集的平均高程为

$$H_i = \frac{1}{n}\sum_{j=1}^{n}\left(H_{Rj} + H_{Sj}\right) \tag{3}$$

式中　$H^*$——CMP 高程；

　　　$V_i$——低降速层平均速度；

　　　$H_{Rj}$——$j$ 点的接收点；

　　　$H_{Sj}$——$j$ 点激发点高程。

### 1.1.2　速度谱空白段反演技术

在复杂山地区，受资料品质影响，速度谱浅层能量团十分发散，第一个速度谱点往往在 CMP 面以下 300～800ms，因此在 CMP 面和第一个速度谱之间存在速度空白段。常规做法是按速度谱的趋势向上外推，但很难真实反映山地浅层复杂地质情况的速度变化规律。本文采用微测井、小折射资料约束大炮初至走时层析反演方法得到了较准确的浅层速度模型，填补速度谱空白段并建立了完整速度场。

## 1.2　复杂逆掩断块三维建模技术

### 1.2.1　逆断层平面网格化技术

逆掩带建模技术的关键是解决逆掩断层的平面网格化问题。我们采用矩形网和三角网相结合的方法，不用传统的网格化插值算法，而采用偏微分方程，通过迭代求取结果，成功地解决了逆掩带和复杂断裂带的网格化问题。

在程序实现过程中对同一断面采用一个编号，其上、下盘以正负号区分。网格计算时，程序通过断层编号和正负号自动判断网格值属于上盘还是下盘，然后分别对上、下盘进行网格化计算。这样做的结果是：上盘等值线不受下盘数据的影响；下盘等值线也不受上盘数据的影响。通过这种方法实现了多重逆掩断层的平面网格化［图 1（a）］。

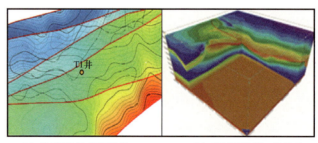

(a) 多重逆掩带平面网格化　　　　(b) 复杂逆掩断块三维模型

图 1　多重逆掩带平面网格化与复杂逆掩断块三维模型对比

### 1.2.2 复杂逆掩断块三维建模技术

在对每个时间解释层位进行逆掩断层平面网格化后，可以通过各层时间曲面与断层的交点计算断面空间模型，也可以网格化地震解释的时间断面形成断面空间模型，然后用时间解释模型与断面模型的叠置接触关系建立复杂逆掩断块三维空间模型［图 1（b）］。

## 1.3 模型层析速度建场技术

在地震资料和速度谱品质较好的复杂逆掩区可采用模型层析速度建场技术。

### 1.3.1 模型层析法计算层速度

模型层析法计算层速度的核心是在建立 $t_0$ 及速度场的空间地质模型的基础上，以地震波做自激自收为切入点，利用射线传播理论计算不同的扫描层速度对应的走时曲线，将这些走时曲线与模型的走时曲线相比较，差值最小的扫描层速度即为该的层速度。

通过模型层析法计算层速度的同时，还能计算反射界面及反射点偏离入射点的水平距离，即是空间偏移量。在已知第 $N-1$ 层的层速度和反射界面时，通过迭代求取第 $N$ 层的层速度并确定第 $N$ 个反射界面，最终建立工区各反射层位控制的层速度场。

### 1.3.2 反图偏与图形偏移成图技术

在变速成图过程中，通常解释偏移剖面，而速度谱资料是叠加速度谱，因此存在跨域的不匹配问题。目前常规处理叠后偏移一般使用时间域的波动方程偏移。包括隐式差分、显式差分、F-K 域相移加插值偏移和逆时偏移等。尽管偏移作法不同，但是叠后波动方程时间偏移的共同特征是：利用层速度进行波场延拓，即考虑了速度场的空间变化，但没有考虑由于速度场空间变化引起的地震射线的弯曲。基于上述认识，我们的反图偏技术也采取基于爆炸反射界面和直射线理论的层速度场射线追踪。首先将时间域的构造图转换为深度域构造图，并逐点计算法线方向余弦，求得反偏移量，然后对偏 $t_0$ 时间进行反偏移。

常规的偏移处理时，由于没有考虑上覆倾斜地层的影响，因此构造高点不偏移，不能完全归位，因此我们推出了基于三维射线追踪的图偏移成图技术。包括层速度射线追踪图偏技术和成像射线追踪图偏技术两种方法，前者是在叠加时间模型基础上，采用射线追踪计算层速度和偏移归位，后者是对经过时间偏移的、在时间域成图的构造图进行成像射线图偏处理，校正构造的偏移和畸变。

模型层析技术利用射线理论建立速度场并进行时深转换，能够提高速度场精度，很好地解决陡倾角地层的高点偏移归位问题，在复杂山地具有广泛的应用前景。图 2 是 YB 构造带成图实例。

## 1.4 井震联合速度建场技术

在地震资料品质差的地区，原始叠加速度谱可信度低，速度变化趋势与构造地质规律明显不一致，无法直接用于速度建场。对于此类地区，可采用井震联合速度建场技术。

### 1.4.1 浅层速度建场

在运用浅层速度建场技术建立相对准确的从 CMP 面至速度谱空白段以下第一个谱点之间的速度模型之后，再建立其下至 VSP 资料的起始点（约 2000m）或声波测井资料的起始点（约 800m）的速度模型。在该深度范围内，通常反射界面变化比较稳定，地震叠

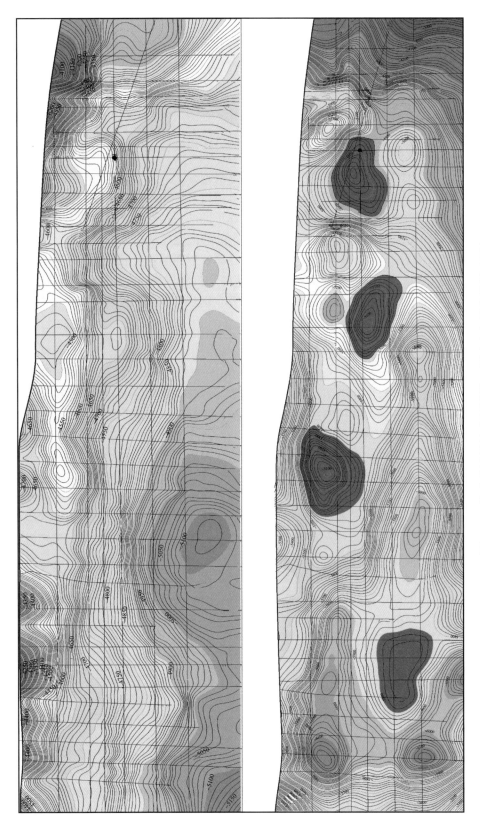

图 2　YB 构造带地震某反射层等 $T_0$ 图（上）及构造图（下）

加速度有一定的利用价值，并且在该范围内没有其他速度资料可供利用，我们可以用地震速度建立其速度模型。

### 1.4.2　中深层速度建场

在复杂逆掩区的中深层，地层倾角大、多期逆冲断层发育、膏盐刺穿现象明显、盐层纵横向变化大、地震资料品质差，地震速度基本不能用于速度建场。因此我们采用 VSP 或声波测井速度建立中深层速度场，并利用盐层时间厚度与盐层速度的相关性来建立盐层速度场。

（1）层速度曲线绘制技术　常规井速度拟合方法是用 VSP 资料得到的各井层速度值进行单公式拟合，遵循的是统计规律，精度受控制点多少的影响而不考虑构造地质因素。层速度曲线绘制技术是把用 VSP 资料得到的（$T$，$V$）对投影到 $T$–$V$ 平面上，并用连续介质真速度随时间的变化关系：

$$V(t_0) = V_0 e^{\frac{V_0 \beta t_0}{2}} \tag{4}$$

式中　$V_0$——初始层速度；

$t_0$——双程反射时间；

$\beta$——曲线拟合系数。

计算层速度曲线，然后根据井资料修正 $T$—$V$ 曲线轨迹。该方法不但充分利用了 VSP 数据，而且考虑了速度与 $t_0$ 时间的关系。与传统方法相比，该方法得到的 $T$—$V$ 曲线 ［图 3（a）］更符合实际的地质构造规律，计算出的层速度也更为准确。

（2）层速度平面计算技术　在传统方法中，层速度平面的计算是把反射层时间代入层速度拟合公式直接计算反射层层速度，这种单公式粗平滑的计算精度不高。

改进的层速度平面计算技术是以层速度曲线轨迹作为输入，用层速度轨迹直接进行层速度计算。其实现方法是把整个轨迹分成若干段（每段的长短取决于设定的拟合半径），每一段曲线对应一个公式，利用分段曲线拟合计算每个反射层的层速度，其精度比传统方法更高。

（3）盐层速度建场　对于盐层速度，常规做法是恒速充填，即在考虑盐层对速度场的影响时认为膏盐的层速度是不变的，盐层时间域的形态即为深度域的形态。但事实并非如此，尤其在复杂山地，膏盐岩的速度在纵、横向的变化都很大。为此提出了盐层速度建场技术。盐层速度建场法是通过研究盐层时间厚度 $\Delta t$ 与层速度的相干性，绘制盐层速度相干曲线 ［图 3（b）］，进而计算盐层层速度。

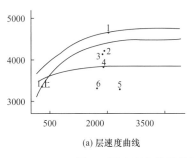
(a) 层速度曲线

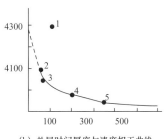
(b) 盐层时间厚度与速度相干曲线

图 3　层速度曲线及盐层时间厚度与速度相干曲线

## 2 结论

通过反复试验研究，形成了一套解决复杂山地逆掩构造区变速成图难题的关键技术。在塔里木盆地库车山地的推广应用，为圈闭落实提供了准确的图件，使复杂山地钻井深度预测误差由 10% 下降到 3%，仅 2006 年在库车地区就新获工业油气流井 5 口，表明该变速成图技术具有良好应用效果。

## 参 考 文 献

［1］马海珍，雍学善，杨午阳等 . 地震速度场建立与变速成图的一种方法 . 石油地球物理勘探，2002，37（1）：53-59.

［2］蔡刚，屈志毅 . 构造复杂地区地震资料速度和成图方法研究与应用 . 天然气地球科学，2005，16（2）：246-249.

［3］王树华，刘怀山，张云银等 . 变速成图方法及应用研究 . 中国海洋大学学报，2004，34（1）：139-146.

［4］王红旗，鲁烈琴，刘文卿等 . 三维叠前深度偏移技术在复杂地区的应用 . 新疆石油地质，2004，25（5）：488-489.

［5］曾照荣，肖玲，白兴盈等 . 声波测井与 VSP 测井平均速度的对比分析 . 新疆石油地质，2004，25（1）：50-52.

［6］孙皓 . 吐哈盆地火焰山断层下盘高陡构造油气勘探技术 . 新疆石油地质，2000，21（4）：290-292.

［7］张华军，王海兰，肖富森等 . 基于反射层的变层速度模型时深转换方法 . 天然气工业，2003，23（1）：35-38.

［8］满益志，黄录忠，舒永斌 . 模型层析成图技术在山前高陡构造区的应用 . 石油地球物理勘探，2002，37（增刊）：125-127.

［9］王树华，刘怀山，张云银等 . 变速成图方法及应用研究 . 中国海洋大学学报，2004，34（1）：139-146.

# 基于地质力学的地质工程一体化助推缝洞型碳酸盐岩高效勘探 ❶

## 碳酸盐岩高效勘探 ❶

### ——以塔里木盆地塔北隆起南缘跃满西区块为例

杨海军　张　辉　尹国庆　韩兴杰

（中国石油塔里木油田分公司勘探开发研究院）

**摘　要：** 受碳酸盐岩断溶体内部复杂性的影响，塔里木油田缝洞型储层钻井一次中靶率低，复杂地层压力和地应力系统导致钻井复杂频发、完井提产措施难以优选和优化，制约了油气勘探开发进程。以地质力学研究为基础，建立了地质工程一体化思路，跨学科协作，结合断裂解剖和断溶体刻画，从井位部署源头、钻井工程过程跟踪和完井提产措施定量优化等环节，确保塔北隆起南缘跃满西区块的钻探成功率。研究中，充分考虑断溶体的分布和主应力方位分布、天然裂缝渗透性方向和井壁稳定性方向等因素，建立了井点优选和斜井井轨迹优化方法，并采用井震联合的方法预测了地层压力分布特征，据此优化井身结构；完钻措施阶段，以井筒周围应力场分布、井眼与储层分布方向等的匹配关系提出了 4 类完井提产措施方法。应用该研究结果，跃满西区块已完钻的 W22、W20 等 3 口井勘探持续突破并获高产，该研究思路为其他缝洞型碳酸盐岩储层勘探开发提供了借鉴依据。

**关键词：** 地质工程一体化；缝洞型碳酸盐岩；地质力学；轨迹优化；提产措施；分类

随着塔里木油田奥陶系碳酸盐岩勘探开发程度的不断深入，塔里木盆地塔北隆起（简称塔北）与塔里木盆地中央隆起（简称塔中）逐步形成连片趋势，油气大场面形势明朗，已成为碳酸盐岩原油上产主力之一。实现塔中、塔北连片的重要资源接替区域为位于塔北南缘的跃满西、跃满、富源、果勒等区块，其主要储层类型为缝洞型碳酸盐岩，前人通过研究，根据断裂与储层分布的关系，将其进一步明确为"断溶体"[1, 2]，但由于断溶体内幕的结构十分复杂，导致储层一次钻遇率较低，中靶难度大；另外，多种因素导致该构造带在奥陶系铁热克阿瓦提组和一间房组、鹰山组出现异常高压，钻井复杂现象日益增多，完井提产措施的论证缺乏定量优化依据，从而影响勘探发现和开发上产。针对该问题，前期研究中论述了勘探开发一体化在塔里木盆地碳酸盐岩提高钻井成功率、单井产量、采收率和钻井速度等几个方面的重要作用，并简要论述了地质工程一体化在地质卡层、特殊岩性预报、精细控压、轨迹调整等方面的应用[3]。对于断溶体内幕储层分布，前人试图从三维地震资料入手，但由于分辨率等因素无法准确预测；对于碳酸盐岩异常高压问题，国内高校学者对其成因和分布特征、预测方法等进行了研究[4-5]，可类比塔里木盆地地质背景，进行适应性论证后借鉴应用；对于超深缝洞型碳酸盐岩的提产措施问题，从实

---

❶　原载《中国石油勘探》，2018，23（2）。

践中论述了塔里木盆地碳酸盐岩储层改造的影响因素及需要解决的问题[6-9]，但未进行分类细化，较为笼统。本文将地质、地球物理、地质力学、石油工程相结合，建立了基于储层地质力学的缝洞型碳酸盐岩高效勘探的地质工程一体化解决思路[10-12]。在井位部署阶段，以精细的断溶体刻画为基础，研究断溶体与区域主应力方位、区域天然裂缝渗透性方位、井壁稳定性方向等因素，优选井点和制订最优井轨迹；钻井工程中，采用井震联合反演的方法获取区域精细三维速度体资料，预测纵向和横向上的地层压力分布特征，从而优化井身结构和钻井液密度设计；进入完井提产阶段，重点开展井周应力场特征、应力方位与储层主体分布方向、井筒天然裂缝力学特性的分析，建立4种分类提产措施方法。在整个过程中，以地质力学参数为桥梁，解决了复杂缝洞型碳酸盐岩储层的井点优选、轨迹优化、钻井参数设计和完井提产措施论证中的问题，在塔北南缘跃满西区块油气勘探中充分实践，实现塔北南缘碳酸盐岩勘探的持续突破，为塔中、塔北连片奠定了基础，助力建设大油气田。

# 1 研究背景

塔北南缘位于塔里木盆地塔北隆起南部、北部坳陷北部，塔里木油田探矿区主要包括跃满西、跃满、富源和果勒等5个区块（图1）。主要目的层为奥陶系一间房组、鹰山组一段、鹰山组二段，储层类型均为缝洞型碳酸盐岩，储层内幕结构十分复杂。通过野外露头考察发现，断溶体内幕结构大致可以分为4种，分别为平面缝洞组合型［图2（a）］、倾斜缝洞组合型［图2（b）］、垂直缝洞组合型［图2（c）］和不规则缝洞组合型［图2（d）］，断溶体内部洞穴直径从0.1m到1.7m不等，洞穴之间的距离约为0.1m至5m不等，距离大于20m的则视为另一断溶体[13]。

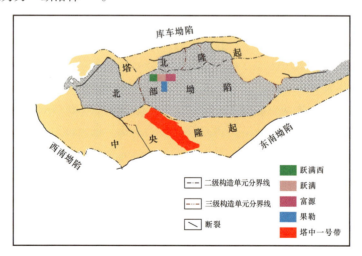

图1 研究区构造区域位置图

由于断溶体内幕结构的复杂性，导致了塔北南缘区块在勘探开发过程中的储层一次钻遇率较低。另外，在该区块的钻井中，陆续遭遇了非目的层奥陶系铁热克阿瓦提组和目的层奥陶系一间房组、鹰山组的孔隙压力异常，导致钻井复杂，一定程度上延误了勘探发现和开发上产。在完井阶段，同样由于断溶体内部的复杂性，为了提高单井产量，采用不同的完井提产措施，但完井提产措施的制订以经验为主，定量优化依据不足，导致完井改造方式参差不齐，部分井提产效果不理想。

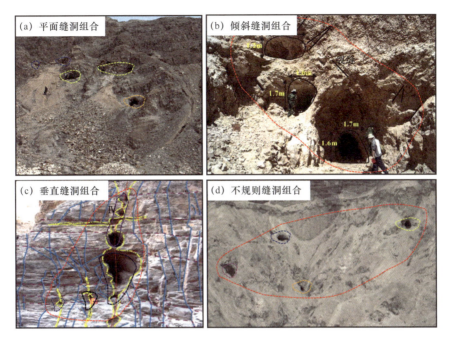

图 2　塔里木盆地野外露头缝洞体组合样式

## 2　地质工程一体化的主要做法及成果

### 2.1　基于地质力学的一体化研究的技术流程

塔里木油田针对塔北南缘断溶体模式的超深复杂碳酸盐岩储层，采用地质工程一体化的研究思路，以勘探发现和油气上产为目标，梳理井位研究、钻井工程、完井提产和科学开发各个环节中的突出矛盾，找到地质与工程的结合点，并将地质、地球物理、地质力学、石油工程、油气开发等多学科融合，形成针对复杂碳酸盐岩储层的地质工程一体化的工作思路[10]，具体分 4 步进行（图 3）。

（1）井位研究阶段。该阶段主要是提供可选择的优质井点，并优化井轨迹。以地质研究和地震解释为基础，对区域断裂系统、断溶体储层分布进行分级别刻画，并利用地震数据体对区域应力场方位进行预测，同时分析已钻井的天然裂缝与主应力关系，根据上述成果确定最优化的井点和最利于稳定、利于压裂、利于穿越更多裂缝的井眼轨迹[14]。

（2）钻井设计阶段。该阶段的主要目的是设计合理的井身结构和钻井液密度，确保安全高效钻进[14]。具体做法是采用井震联合反演的方法获取分辨率较高的三维速度体数据，进而进行全井段的地层压力预测，确定全井段异常压力分布的层位，同时开展诸如二叠系火成岩、奥陶系桑塔木组泥岩等地层的井壁稳定性分析，以及出砂风险的初步预测，最终确定每个层系的最优安全钻井液密度，优化井身结构。

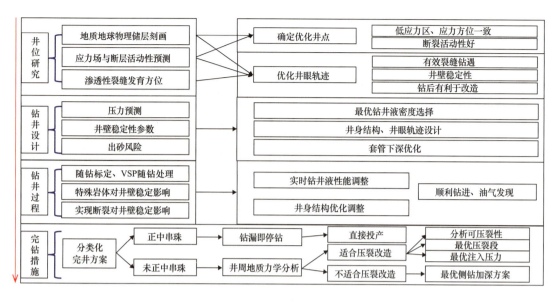

图 3　塔里木油田碳酸盐岩勘探中地质工程一体化解决思路

（3）钻进过程阶段。该阶段主要工作有两个方面：① 加强钻井井壁稳定性跟踪研究，实时调整钻井液性能和井身结构；② 加强随钻地质标定和 VSP 资料处理分析，实时调整井眼轨迹，实现顺利钻进和入靶，获得油气发现。

（4）完钻措施阶段。该阶段主要开展 3 个方面的分析：① 测井解释处理，给出井眼处的储层、天然裂缝发育情况和油气钻遇情况；② 分析井周应力场方位、大小，开展天然裂缝与地应力方位评价；③ 根据上述成果判断井眼是否钻遇储层，并初步判定可能的压裂缝走向是否能够波及储层主体，进而最终确定最优完井提产的方式，如酸化、压裂、加深、侧钻等，并根据优选的方法进行施工参数的定量优化设计，如改造层段、施工压力等。

## 2.2　地质工程一体化具体认识和成果

### 2.2.1　断裂三维解剖及断溶体精细刻画

跃满西区块断裂的精细解释是断溶体刻画的基础。整体上共发育 3 组主干断裂（图 4），北北西向一组，为 F1；北北东向两组，为 F2、F3。沿主干断裂发育 30 余条次级断裂，断裂的形成期次与整个塔里木盆地北部一致，F2、F3 主干断裂及其次级断裂为加里东早—中期，垂向上断面陡立，断距在 20～80m 之间，断开层位可从寒武系至二叠系；F1 主干断裂及其次级断裂为加里东晚期—海西早期，在剖面上断距为 10～30m，同样具有高陡、向下收敛的构造特征，可向上延伸至志留系，平面上延伸距离小于 3km，断裂性质均为走滑型[1, 15-16]。图 4 右图中红色的为主干断裂、紫色的为次级断裂，两级断裂组成了塔里木盆地缝洞型储层具有的典型性"花状结构"。"花状结构"所处的断裂交会处缝洞储集体最为发育，后期的岩溶作用往往对前期岩溶储集体存在较强的改造作用[1, 15]。

以断裂为中心、以地震剖面连续强串珠或杂乱反射特征为依据、以相对连续振幅变化率属性为储层边界，落实了 3 个缝洞带 [图 5（a）]，同时依据断层分段性、地震剖面特征、振幅属性平面特征，刻画出断溶体 23 个［图 5（b）］，且根据储层反射特点和储量控制规模，将断溶体进行细分，Ⅰ类断溶体为 16 个，Ⅱ类断溶体为 3 个，Ⅲ类断溶体为 4 个[17]。

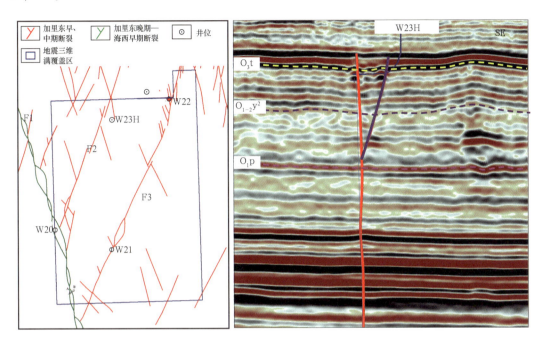

图 4　跃满西区块断裂纲要（左）及断裂剖面解释（右）

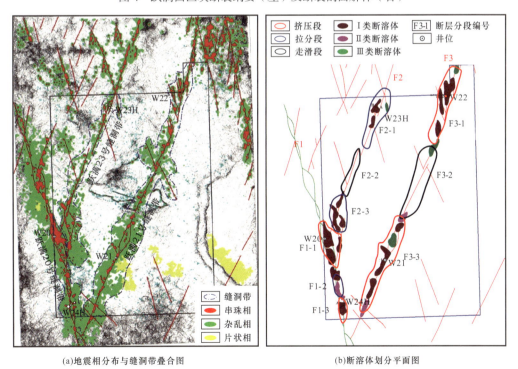

(a)地震相分布与缝洞带叠合图　　　　　　(b)断溶体划分平面图

图 5　跃满西区块奥陶系一间房组地震相分布与缝洞带叠合图、断溶体划分平面图

在井点确定时，优选 I 类断溶体作为钻探目标，该类断溶体储量规模大、内部断裂系统复杂，钻遇储层成功率高，井周天然裂缝发育，有利于压裂动用较大的缝洞系统，获得更高的累计产量。当采用斜井钻探时，开展区域主应力方位与断溶体走向关系研究，确保水力压裂缝走向与断溶体发育方向趋于一致，从而沟通储层主体；同时，还可以根据断溶体内部的断层、串珠的组合特征和形态，设计合理的井斜、方位以及造斜段的长度，确定对储层的控制范围。另外，断溶体内部的断层、层理等弱面也是钻井井壁稳定性需要考虑的重点，需要在开钻前预测钻遇断层的井壁稳定性，预测是否需要提高钻井液密度或者采用井身结构优化的方法防止井壁坍塌，确保顺利钻进。断溶体边界和内幕结构的准确刻画也是完井提产措施制订的重要依据，完井钻遇储层，则可以进行酸化压裂改造，若钻遇储层边界，则需要判断应力方位与断溶体的方向关系、井底距储层的距离等，通过模拟确定是否可以沟通储层，若不能，则采用侧钻、加深或者调整轨迹的方法继续钻进，从而节约成本。

### 2.2.2 基于地质力学的井轨迹优化设计

塔里木油田多年来的碳酸盐岩勘探开发实践证明，采用斜井模式能够有效钻遇具有复杂内幕结构的断溶体储层，而斜井的轨迹设计优化是斜井能够成功钻遇的保障。综合考虑储层的入靶方位、斜井的井壁稳定性、异常压力分布和后期压裂的难易程度等几个方面[18-19]，将地质、地球物理研究结果转化为可以直接应用于工程设计及施工的参数，即搭建"储层地质力学"这座桥梁。

前人研究证实，在正断层型应力机制下，斜井井眼轨迹沿最小水平主应力方向钻进时，最有利于井壁稳定和后期压裂改造，因此现今主应力方位的准确预测[20]是井轨迹部署的基础。前人研究结果表明，现今主应力方位的分布与构造形态、走滑断裂性质等关系密切[18, 21]，由此，在单井实测方位基础上，结合构造倾角、断层走向等信息，预测了跃满西区块的现今主应力方位分布，如图 6 所示。结果显示，整体上现今主应力方位与 F2、F3 两条主干走滑断裂的走向基本一致，为北东向，但在构造东北部 W22 井周围，由于次级断裂的影响，主应力方位发生了较大偏转，为北西向—东西向。主应力方位分布为斜井入靶提供了基础指向，确定了初步方位。

对于跃满西区块缝洞型碳酸盐岩储层，准确的入靶方位还必须考虑区域上渗透性天然裂缝的分布方位，以期井筒能够穿越更多的渗透性较好的天然裂缝。根据跃满西区块东部的跃满区块已钻井成果（图 7），整个区域上的渗透性天然裂缝方位主要为北西向 320°～360° 和南东向 140°～220°，这两个方位区间为井轨迹方位的准确设计提供了进一步的指导。图 7 中所示的圆点为测井成像拾取的天然裂缝的赤平投影，其中白色圆点代表渗透性较好的天然裂缝，黑色圆点代表渗透性相对较差的天然裂缝[21]。

根据地震属性、断溶体分布和地应力场特征，初步选定 W23H 井作为跃满西区块第一口定向探井，如图 8 所示，底图为地震均方根属性，部署时兼顾 3 个靶点，在具体井点优化设计时，充分论证了 3 个靶点轨迹上的井壁稳定性[22-24]；3 个饼状图是 3 个靶点的井壁稳定性预测结果。根据上述论证，最终确定 W23H 井的井点位于主靶点北西方向 320°，往东南方向钻进，与主应力方位夹角为 80° 左右，同时完钻后，井筒与备选靶点 1 的夹角为 80° 左右，与备选 2 靶点的夹角为 60° 左右，3 个点均处于相对稳定的方位。但 3 个靶点井壁稳定性稍有差异，地层坍塌压力当量钻井液密度分别为 1.20g/cm³、1.28g/cm³ 和 1.32g/cm³，实钻中需要适当调整钻井液密度以确保顺利完钻。

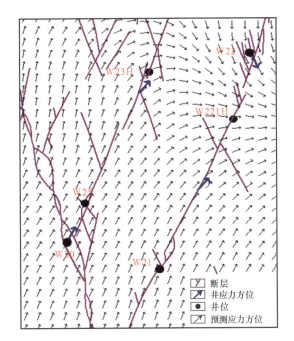

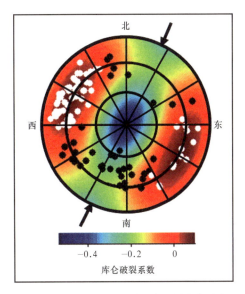

<table>
<tr><td>图 6 跃满西区块主应力方位预测图</td><td>图 7 跃满区块天然裂缝渗透性方位分析</td></tr>
</table>

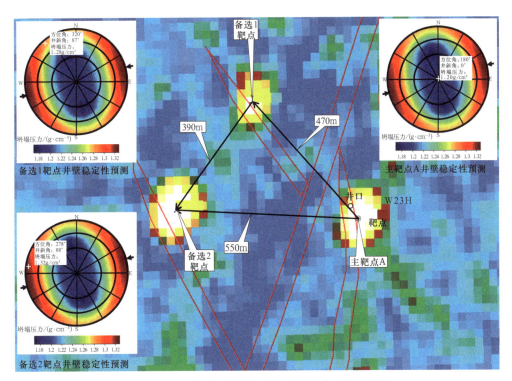

图 8　W23H 井周围断溶体分布及井壁稳定性预测图

　　地质工程一体化不仅需要考虑目的层奥陶系一间房组的井壁稳定性，还必须考虑其他层段的异常压力分布。地质研究认为，跃满西区块钻遇奥陶系铁热克阿瓦提组砂泥岩地层，可能存在异常高压水层的分布。加强地质工程一体化研究，利用地震反演成果，获取地震波阻抗数据体，采用有效应力法[18]，开展铁热克阿瓦提组高压盐水层的地层压力系数分布预测（图9），图9中暖色部分显示为压力较高区域，冷色部分为压力较低区域，结果显示，W23H井点处可能存在异常高压。根据研究结果优化了W23H井的井身结构（图10）[25]，将塔北地区原来通用的三开井身结构优化为四开结构，三开封固可疑高压水层，四开储层专打，以确保安全钻进和实现油气发现。

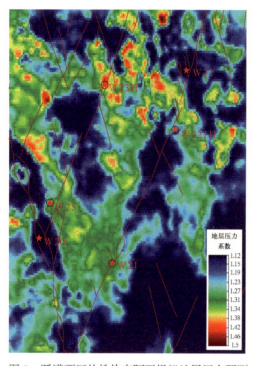

图9　跃满西区块铁热克阿瓦提组地层压力预测

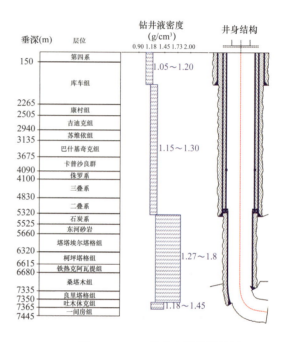

图10　W23H井井身结构设计图

### 2.2.3　完井提产措施分类方法及实践

井完钻后，加强地质力学参数评价[26-27]，根据井周应力场的分布、储层标定成果、井壁垮塌情况、天然裂缝发育情况及其之间的关系[20]，建立复杂缝洞型碳酸盐岩储层的分类提产方案（图11）。第一类是钻遇储层，直接投产，该类井的主要特征是钻进中油气显示活跃、有钻井液漏失或钻具放空现象，成像资料显示井壁垮塌现象不明显，显示为低应力特点，测井解释天然裂缝、溶洞发育；第二类是井底钻遇储层之上，未进入主体储层，则采取加深或加深侧钻的方式继续钻进，该类井主要特点是井震标定显示为尚未钻至储层，钻井无油气显示，无放空漏失，成像资料显示井壁垮塌严重，处于高应力区；第三类是钻至储层边界，钻进中油气显示总烃值低于0.5%，漏失量小，成像资料显示井壁有垮塌，测井解释有少量天然裂缝，分析其地应力方位与储层方位匹配，可以通过压裂改造沟通主体储层，则采用压裂的方式，并进行压裂方案定量优化，实现油气达到工业产能；第四类则是钻遇储层外，其主要特点为无油气显示、无放空漏失、测井无裂缝无油气层，电成像显示井壁垮塌现象十分严重，应力剖面整体偏高，且地应力方位与储层主体发育方位不匹配，无法通过酸压等措施沟通储层，则直接进行侧钻，并优化侧钻井轨迹，实现油气发现。

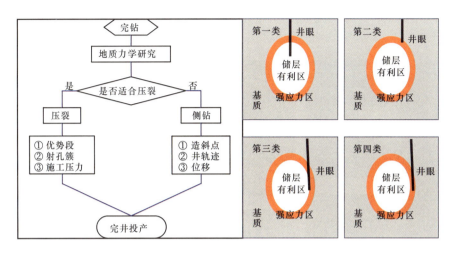

图 11　缝洞型碳酸盐岩完井提产方案论证流程（左）及提产措施分类图（右）

地质力学分析及井底实钻标定认为，跃满西区块率先完钻的 W22 井和 W20 井分属上述第三类和第四类，如图 12 所示，图中底图为奥陶系一间房组振幅属性分布，蓝色箭头为现今主应力方位，图中所标注数字为储层中点到各边界的距离。W22 井最终采用酸压的提产方式，获得高产。W20 井钻井无放空、漏失，无油气显示，测井无裂缝、无油气层，被称为"三无"井，对该井进行了 VSP 测井，VSP 处理[28,29]后，认为串珠主体往南偏移 80m 左右［图 13（a）］，另外，地应力场建模也得出应力场较低部位位于现井点南 140°~200°［图 13（b）］，为最佳轨迹钻遇方位区间，二者结合确定该井侧钻方位为 182°，但从三维井轨迹的井壁稳定性预测可知，该方位上井壁稳定性较差（图 13c），必须将钻井液密度提高至 $1.30g/cm^3$ 以上才能实现顺利钻进，该井最终采用 $1.32\ g/cm^3$ 的钻井液密度顺利完钻，直接命中靶点，完井后采用 4mm 油嘴放喷求产，油压为 31MPa，折日产油 $171m^3$。

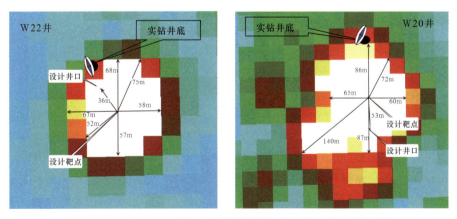

图 12　W22 井、W20 井初次完钻储层标定及与主应力方位关系图

跃满西区块已有 W20 井、W21 井、W22 井完钻，3 口井酸压改造后均获得日产超百吨的产能。采用 4mm 油嘴，平均日产油 $157m^3$。其中 W22 井试采 220 天，累计产油 7800t，累计产气 $111 \times 10^4 m^3$，W20 井试采 160 天，累计产油 $1.1 \times 10^4 t$，累计产气

$350 \times 10^4 m^3$，两口井均油压稳定，未见地层水，处于同类碳酸盐岩勘探领域较高产量水平。

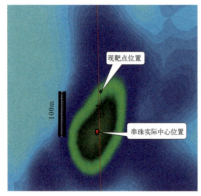 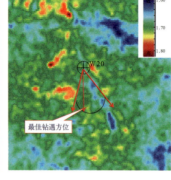 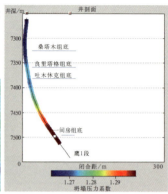

(a) VSP处理后的储层归位　　　(b) 井周最小水平主应力梯度分布图　　　(c) 三维井壁稳定性预测

图13　W20井侧钻轨迹优化过程图

在跃满西区块勘探中，从井位部署、钻井工程到完井提产定量优化等多个环节成功应用地质工程一体化，证实了地质工程一体化理念非常适用于缝洞型碳酸盐岩储层。跃满西区块的勘探突破意义十分重大，将为塔中、塔北碳酸盐岩连片奠定坚实的资源基础。

## 3　认识及建议

（1）塔里木油田通过不断的探索，将非常规油气资源勘探开发中的地质工程一体化理念引入缝洞型碳酸盐岩油气资源中，并以地质力学为贯穿始终的桥梁作为技术引领，赋予地质工程一体化新的内涵，使其具有更丰富的意义，适用范围也更加广泛。

（2）通过基于地质力学的地质工程一体化研究，建立了缝洞型碳酸盐岩储层的基于断溶体刻画的井点优选原则，形成了考虑井壁稳定性、天然裂缝的最佳钻遇和完井压裂难易程度的斜井轨迹优化方法，在完井阶段，提出了根据储层钻遇和井周应力场关系的4类提产方法，避免了传统的笼统酸压的做法，使得完井提产方法更加科学、合理。

（3）地质工程一体化在不同的油气资源类型、不同的油气勘探开发阶段和不同的油气藏类型中具有不同的含义，以及不同的侧重点，故而具有不同的操作程序和生产组织方式。塔里木油田碳酸盐岩地质工程一体化刚刚起步，实践中还存在地质与工程数据的实时对接、专业互信、一体化工作平台缺失等突出矛盾，制约了一体化的推进。针对塔里木油田复杂的碳酸盐岩储层，真正实现地质工程一体化的广泛推广，重点在于"融合式、嵌入型"的学科交流和专业渗透，搭建一体化的工作平台，增进地质与工程人员的了解和互信，在工作中建立综合性的人才队伍，方显地质工程一体化在寻找大场面、建设大油气田中的重要作用。

（4）塔里木油田多年的实践经验证实，地质工程一体化在油田勘探开发中发挥了重要作用，但实际工作中还需要不断加强勘探开发一体化、科研生产一体化、组织结构一体化、投资部署一体化、地面地下一体化等方面的研究，综合考虑多方因素，实现塔里木油田超深复杂碳酸盐岩的效益勘探。

# 参 考 文 献

［1］廖涛，侯加根，陈利新，等.断裂对塔北地区哈拉哈塘油田奥陶系非暴露岩溶缝洞型储集层的控制作用［J］.古地理学报，2016，18（2）：221-235.

［2］鲍典，张慧涛.塔河油田碳酸盐岩断溶体油藏分隔性描述方法研究［J］.新疆石油天然气，2017，13（1）：25-30.

［3］杨海军.塔里木油田碳酸盐岩油气藏勘探开发一体化实践与成效［J］.中国石油勘探，2012，17（5）：1-9.

［4］王淑琴.异常高压碳酸盐岩油藏储层成因及表征技术——以滨里海盆地东缘肯基亚克油田石炭系为例［D］.北京：中国地质大学（北京），2012：26-31.

［5］崔杰.川东北地区深部地层异常压力成因与定量预测［D］.东营：中国石油大学（华东），2010：55-104.

［6］任勇，欧冶林，管彬，等.塔里木盆地碳酸盐岩储层改造实践亟待解决的问题［J］.钻采工艺，2008，31（2）：61-65.

［7］何治亮，金晓辉，沃玉进，等.中国海相超深层碳酸盐岩油气成藏特点及勘探领域［J］.中国石油勘探，2016，21（1）：3-14.

［8］丁志文，陈方方，谢恩，等.塔中M区奥陶系碳酸盐岩凝析气藏综合分类及开发技术对策［J］.油气地质与采收率，2017，24（5）：84-92.

［9］熊陈微，林承焰，任丽华，等.缝洞型油藏剩余油分布模式及挖潜对策［J］.特种油气藏，2016，23（6）：97-101.

［10］胡文瑞.地质工程一体化是实现复杂油藏效益勘探开发的必由之路［J］.中国石油勘探，2017，22（1）：1-5.

［11］王昕，杨斌，王瑞.吐哈油田低饱和度油藏地质工程一体化效益勘探实践［J］.中国石油勘探，2017，22（1）：38-45.

［12］鲜成钢，张介辉，陈欣，等.地质力学在地质工程一体化中的应用［J］.中国石油勘探，2017，22（1）：75-88.

［13］鲁新便，胡文革，汪彦，等.塔河地区碳酸盐岩断溶体油藏特征与开发实践［J］.石油与天然气地质，2015，36（3）：347-355.

［14］吴奇，梁兴，鲜成钢，等.地质—工程一体化高效开发中国南方海相页岩气［J］.中国石油勘探，2015，20（4）：1-23.

［15］邬光辉，成丽芳，刘玉魁，等.塔里木盆地寒武—奥陶系走滑断裂系统特征及其控油作用［J］.新疆石油地质，2011，32（3）：239-243.

［16］石书缘，刘伟，姜华，等.塔北哈拉哈塘地区古生代断裂—裂缝系统特征及其与奥陶系岩溶储层关系［J］.中南大学学报：自然科学版，2015，46（12）：4568-4577.

［17］朱永峰，罗日升，苗青.哈拉哈塘油田跃满西区块预探井位建议［R］.塔里木油田公司井位论证会，2017：5-50.

［18］刘向君，罗平亚.岩石力学与石油工程［M］.北京：石油工业出版社，2004.

［19］李志明，张金珠.地应力与油气勘探开发［M］.北京：石油工业出版社，1997.

［20］Barton C A，Zoback M D. Wellbore imaging technologies applied to reservoir geomechanics and environmental engineering［C］. AAPG Methods in Exploration，2002：229–239.

［21］Zoback M D. Reservoir geomechanics［M］. Cambridge：Cambridge University Press，2007.

［22］张辉，李进福，袁士俊，吴庆宽. 塔里木油田井壁稳定性方法初探［J］. 西南石油大学学报：自然科学版，2008，30（5）：32–36.

［23］金衍，陈勉，张旭东. 钻前井壁稳定预测方法的研究［J］. 石油学报，2001，22（3）：96–99.

［24］吴超，陈勉，金衍. 利用地震反演技术钻前预测井壁稳定性［J］. 石油钻采工艺，2006，28（2）：18–20.

［25］刘伟，李丽，吴建忠，等. 川东北大斜度定向井井身结构优化研究［J］. 石油地质与工程，2010，24（1）：91–93.

［26］Zhang Fuxiang，Zhang Hui，Yuan Fang，Wang Zhimin，Chen Sheng，Li Chao，et al. Geomechanical mechanism of hydraulic fracability evaluation of natural fractured tight sandstone reservoir in Keshen gasfield in Tarim Basin［C］. Abu Dhabi International Petroleum Exhibition and Conference，2015.

［27］Cai Zhenzhong，Zhang Hui，Yang Haijun，Yin Guoqing，Zhu Yongfeng，Chen Peisi，et al. Investigation of geomechanical response of fault in carbonate reservoir and its application to well placement optimization in YM2 oilfield in Tarim Basin［C］. SPE Annual Technical Conference and Exhibition，2015.

［28］张山，白俊辉，李彦鹏，等. 复杂山前带有偏VSP数据处理方法研究［J］. 石油物探，2012，51（2）：164–171.

［29］蔡志东，张庆红，刘聪伟. 复杂构造地区零井源距VSP成像方法研究［J］. 石油物探，2015，54（3）：309–316.

# 塔里木——21世纪天然气的新热点 ❶

邱中建

（塔里木石油勘探开发指挥部）

浩瀚无垠的塔里木盆地，面积 $56 \times 10^4 km^2$，大部分被一望无际的沙漠所覆盖，它的油气远景一直为中外油气勘探工作者所瞩目，认为是中国石油工业的希望。经过两轮油气资源评价，石油的资源量超过 $100 \times 10^8 t$，天然气的资源量超过 $8 \times 10^{12} m^3$，是全国油气资源量估计最多的三大沉积盆地之一。因此，大家都认为这个盆地既富油、又富气。大家都希望在这个全国最大的沉积盆地里，找到大型油田和大型气田。

1949年中华人民共和国成立以来，几代石油人一直怀着强烈的愿望在塔里木寻找油气，但是，塔里木自然条件十分恶劣，盆地的主体覆盖大面积的流动性沙漠，盆地的四周环抱着陡峻的高山，使勘探工作进展异常困难。50年代石油人用骆驼作为运载工具闯进了沙漠禁区进行了少量的重磁力普查，当然那要克服很多想不到的风险和困难，而且只能作短暂的停留。直到80年代初期，勘探的领域主要在盆地的四周，而进入不了沙漠腹地。改革开放的春风，给塔里木的勘探工作带来了春天，首先进入沙漠中心的是中外合作的地震队，他们凭借着特殊的仪器装备和大无畏的精神，先后在盆地南北东西穿越作了19条地震大剖面，逐步地揭开了塔里木盆地神秘的面纱，1986年至1989年进行了少量的预探，很快在塔北轮南地区获得油气的重大发现。

1989年经国务院批准进行塔里木石油会战，这是一场新型的以社会主义市场机制为特征的会战，首次提出"两新两高"的工作方针，即实行新体制，采用新工艺技术，达到高水平和高效益。新体制就是借用国外通行做法，实行"油公司"体制，这个体制的基本框架可以概括为：不搞"大而全、小而全"，实行专业化服务，社会化依托，市场化运行，合同化管理，坚持三位一体的用工制度和党工委统一领导。油公司不组建自己的施工作业队伍，专业施工队伍主要依靠各大油田，辅助生产和生活后勤主要依托社会。实行公开招标，甲乙方合同管理和项目管理，进行全方位监督和监理，甲方实行固定、借聘、临时合同工三位一体的用工制度，乙方专业承包队伍实行定期轮换制度，党的建设、思想政治工作实行党工委统一领导。这场新型体制的会战，取得很好的成就，十年来已发现大中型油气田16个，探明加控制油气储量当量 $8.5 \times 10^8 t$，其中探明油气储量当量 $5.1 \times 10^8 t$，原油年产量 $420 \times 10^4 t$。应该特别指出的是，经过十年会战，天然气获得极大的发展，探明加控制储量已达到 $4800 \times 10^8 m^3$，其中探明天然气储量为 $2200 \times 10^8 m^3$，成为全国四大气区之一。共发现五个大型气田，依次排列为克拉2、依南2、和田河、牙哈及英买7。例如克拉2号气田，尚未全部探明，已批准天然气控制储量 $1856 \times 10^8 m^3$，含气面积 $40 km^2$，主

---

❶ 原载《天然气工业》，1999，19（2）。

力气层为古近系—白垩系砂岩，气层有效厚度为 269m，主力气层单层产量很高，一般日产天然气 $40 \times 10^4 \sim 70 \times 10^4 m^3$，储层孔隙度及渗透率均好，具有规模大、产能高、丰度高的特点，是我国已发现的大型气田中名列前茅的气田。又如和田河气田，已经全部探明，批准的探明储量 $620 \times 10^8 m^3$，含气面积 $145 km^2$，主要气层是奥陶系石灰岩及石炭系砂岩，埋藏深度较浅，一般 $1600 \sim 2400 m$，单井日产量 $（8 \sim 16） \times 10^4 m^3$，是一个比较整装的气田。

塔里木天然气分两大类型，一种是凝析气，如牙哈、英买 7、羊塔克等气田，甲烷含量 $67\% \sim 88\%$，乙烷以上重组分占 $4\% \sim 12\%$，天然气中凝析油含量高，一般为 $300 \sim 700 g/m^3$，牙哈油气田更高达 $780 g/m^3$。因此，塔里木还可以进一步找到大量的凝析油。另一种是干气，如克拉 2、依南 2、和田河等气田，甲烷含量都在 $90\%$ 以上。

十年较大规模勘探实践表明，塔里木盆地是很有特色的，有若干特殊的油气地质特征。第一个特征是，塔里木盆地既有很好的陆相生油层，也有很好的海相生油层，海相生油层除寒武系生油层过成熟外，中上奥陶系生油层目前仍处在生油高峰期，这在全国是独一无二的，其分布面积很广，是盆地内部油气田的主要源岩。陆相生油层主要是侏罗、三叠系，在盆地四周广泛分布，生烃潜力巨大，克拉 2、依南 2 大型气田都来源于这套地层。第二个特征是，塔里木是一个地温梯度很低的凉盆地，一般每 100m 仅 $1.8 \sim 2.0℃$，改善了保存条件，砂岩包括石炭纪沉积以来的砂岩储集性能均很好，一般埋深 5000m 以内的砂岩可以保存原生孔隙，一般埋深大于 6000m 的砂岩储集层仍然可以获得高产的原油。估计生产天然气的深度将更大。第三个特征是，塔里木新构造运动十分强烈，从基本上决定了油气分布的面貌，新近系沉降很深，沉降速度很快，厚度巨大，使油气目的层快速深埋地下，一般可达 $5000 \sim 6000 m$，新近纪沉积晚期有一次剧烈的构造运动，可以认为是全盆地规模最大、影响最深的一次地层形变，盆地四周产生大量的推覆体，在盆地内部和沙漠腹地也产生大量的构造和断裂。正是这次构造变动，形成和重新分配了全盆地的主要油气田。第四个特征是，塔里木有三套分布很广、有一定厚度、质量很高的膏盐层盖层，第一套膏盐层位于古近系下部，覆盖了一批油气田，第二套膏盐层位于下石炭系下部，又覆盖了一批油气田，第三套膏盐层位于中寒武系，因埋藏较深，目前勘探程度很低，预计还会有一批气田发现。第五个特征是，在中下古生代时期确实有一次大规模的油气聚集，主要生油层是寒武系，但遭遇了大面积的破坏，志留系在很大范围内保存了厚度很大的沥青砂岩。正是这些地质特征构成了塔里木油气分布丰富多彩和复杂纷乱的面貌。如果我们认真分析一下这些地质特点，就会感到塔里木盆地的油气远景是十分令人鼓舞的。最近十年来获得的勘探成果为我们取得两点重要的认识，首先是油气资源十分丰富，在盆地的中西部和南北两侧都发现了大量的工业性油气流，分布范围达 $30 \times 10^4 km^2$ 以上，这样大规模的油气聚集不是偶然的，每一个独立的构造圈闭油气充满度都很高，相当一批圈闭充满度竟达 $100\%$，这种现象也不是偶然的，是油气资源丰富的重要证据。其次是勘探难度较大，主要表现在：（1）地表条件困难；（2）油气层埋藏太深；（3）裂缝性储层变化太大；（4）油气分布规律还没有充分掌握。这是制约勘探进程的主要难点。通过最近十年来的努力，我们对上述的困难正在逐步克服，某些方面的进展还是相当大的。因此，近年来大气田已逐步展现，天然气大场面已经明朗。大油田也出现一些曙光，方向逐步明确。我们对在塔里木寻找大型油气田的信心更足了。

从天然气的远景而言，我们认为 1999 年将累积探明天然气地质储量 $5000 \times 10^8 m^3$ 是十分有把握的。由于盆地北部的库车凹陷和盆地西部的巴楚隆起已获得天然气的大突破，而这些地区勘探程度很低，还有一大批大面积的有利构造等待钻探，可以预计在 2003 年以前再控制 $5000 \times 10^8 m^3$ 的天然气应该问题不大。由于储层条件好，储量规模大，单井产量高，天然气的成本将是比较低的。经过可行性研究，天然气远距离东输至长江三角洲一带也是完全可行的。因此，塔里木盆地在 21 世纪初期必将成为天然气的热点，不仅是储量增长的新热点，也是天然气运输、销售和开拓市场的新热点，我们希望政府研究实施一些加速利用天然气的政策，使这个巨大的清洁能源能尽快地造福中国。

# 第二部分
# 开发技术发展与创新

# 轮南油田中高含水期稳产技术研究与实践 ❶

徐安娜[1]　江同文[2]　伍轶鸣[2]　甘功宙[2]

（1.中国石油勘探开发研究院；2.中国石油塔里木油田分公司勘探开发研究院）

**摘　要：**轮南油田是塔里木盆地最早投入开发的百万吨级油田，已进入中高含水采油阶段，急需为油田实现稳产8～10年目标确立稳产技术。利用精细油藏描述等技术对油田三大类潜力类型进行分析，确立了以水平井为主进行调整挖潜的稳产配套技术。通过稳产技术攻关与实践，基本肯定了确保轮南油田稳产的支撑技术是水平井技术、滚动勘探开发技术、注采系统综合调整技术和分阶段优化井网接替式稳产技术。这些技术在油田实践中便于操作，应用效果显著，使轮南油田3年新增可采储量$125\times10^4$t，生产原油近$90\times10^4$t。

**关键词：**塔里木盆地；轮南油田；中高含水采油阶段；稳产配套技术；水平井；调整挖潜

轮南油田是塔里木盆地最早投入开发的百万吨级油田，2000年底进入中高含水采油阶段，综合含水为70.4%，可采储量采出程度为55%，产量自然递减加大，储采比（10.1）小于CNPC稳产评价标准值（12），剩余可采储量采油速率（9.90%）高于稳产评价标准值（8.3%）。当务之急是查明剩余油气相对富集的油元，以合理经济、有效开发油藏为原则，进行一系列稳产技术联合攻关和实践，为油田稳产8～10年的开发目标提供技术储备。

## 1　油田潜力类型及其挖潜对策

首先利用油藏描述技术，结合油藏动态分析、跟踪数值模拟和动态监测等技术，重点利用三维地震精细解释技术，修正或重建构造精细模型，寻找微构造油元，为油田挖潜和滚动扩边提供科学依据；其次依据"旋回对比，分级控制"，细划小层和沉积微相，重建储集层精细空间格架，寻找与储集层非均质性有关的油元，为下步综合调整挖潜指明方向。基于以上研究，初步将剩余油潜力分为三大类（图1）。

第一类油元与微构造有关，主要是分布在局部高点、微断层、微鼻状构造的剩余油[图1（a）]，未被现有井网控制和动用，可

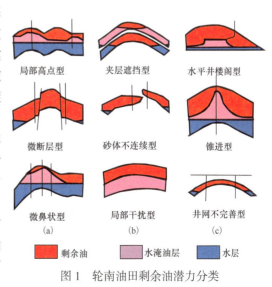

图1　轮南油田剩余油潜力分类

❶　原载《石油勘探与开发》，2002，29（1）。

通过部署水平井挖潜。第二类油元主要因储集层非均质影响而未被动用［图1（b）］，剩余油分布复杂且分散，应根据具体情况，采用有针对性的措施和技术挖潜。第三类油元与开发井网不完善有关［图1（c）］，可通过在剩余油滞留区部署调整井或转注高含水油井动用，锥进型油元可采用在锥体间部署水平井或关井压锥和排水采油等手段调整挖潜，水平井楼阁型油元挖潜难度较大。

## 2　稳产技术研究及实践

根据轮南油田的油藏特点和潜力类型，近几年通过以"稀井高产高效"为原则的稳产技术攻关研究和实践，逐步确立了以水平井为主兼顾其他技术调整挖潜的配套开发技术。

### 2.1　水平井调整稳产技术研究与实践

截至2000年底，轮南油田投产水平井16口，年产量约达 $17 \times 10^4$t，占油田总产量的30%。水平井技术是轮南油田滚动扩边和控水稳油的支撑技术，应用实践证明其关键技术主要表现在以下3个方面。

#### 2.1.1　水平井钻井地质设计

水平井与直井不同，后期调整措施余地小，要求其水平段轨迹一定要与油藏类型、储集层非均质性和油藏天然能量相匹配，所以决定水平井开发效果的关键是钻井地质设计。

水平段最优长度应根据不同油藏类型、储层类型和布井方式优化设计，只要对其控制储量有较高的动用程度，300～600m长度的水平段即可达到高产、高效目的。一般中高渗透油藏水平段长200～400m，中低渗透油藏可适当加长。水平段方位对开发影响较大，最佳水平段方位应与构造轴向平行，并与砂体延伸方向、最大水平渗透率方向、裂缝走向、高渗透带延伸方向、边水侵入方向等相垂直。设计水平井始点和终点位置时，主要考虑两点生产压差和波及能力差异、油层厚度分布、边水侵入方向、注水井远近等因素，始点应放在油层相对较厚部位。底水油藏的始点应适当高于终点，以利于发挥始点生产压差大、波及能力强的优点；边水油藏的始点应距边水较远，终点可相对近些。水平段轨迹是否合理直接影响水平井开发效果，合理的水平段轨迹应与油藏类型、储层非均质性、天然能量、油水界面相匹配，设计时应考虑油藏类型、油层厚度、油水界面、储层物性和夹层分布等因素。底水油藏水平段应距油水界面较远，尽量利用夹层屏蔽作用延缓底水锥进；气顶底水油藏水平段应考虑避气和避水；边水活跃层状油藏水平段应尽量远距边水，穿越储集层物性较好的多期含油砂体。如LN3-H1井台阶式水平段设计既考虑穿越层状油藏2个物性较好的油层（图2），又考虑利用夹层抑制底水锥进，其水平段轨迹合理，单井控制储量近 $80 \times 10^4$t，开发效果较好，6mm油嘴投产日产油164t，不含水，自喷生产近2年，已累计采油约 $7 \times 10^4$t。

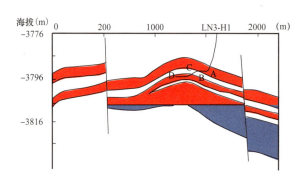

图2　LN3-H1井水平段的实钻轨迹

### 2.1.2 水平井钻进地质跟踪研究

水平井钻进地质跟踪研究是达到设计目的的重要环节。轮南油田利用厚度控制法（水平井中靶前电测一次，依据测井资料确定目的层以上的标志层，根据二者间的厚度卡准目的层深度，控制和调整水平段轨迹），确保了水平井准确中靶、顺利完钻和投入高产、高效开发。如 LN205C 井根据钻进地质跟踪研究，及时改变水平段轨迹设计，避免了因构造高点下移的失误。该井 10mm 油嘴放喷日产油 276t，含水 2.3%。

### 2.1.3 水平井合理化工作制度精细分析技术

影响水平井生产动态的因素主要有水平段轨迹和长度、储层物性、地层能量、生产压差、原油性质、地层伤害等，特别是其工作制度直接影响开发效果和稳产期。在不同开发阶段，确定水平井合理工作制度的考虑重点不同，目前常见的确定方法有系统试井法、数值模拟法和生产动态分析法。

轮南油田的主要做法是：水平井投产和见水前，参考理论计算的临界产量和临界生产压差，结合油藏类型、边底水能量和水平段轨迹、投产初期生产动态，按照经济合理有效开发油藏原则，多次调试和筛选工作制度；见水后，主要依据水平井动态调整工作制度，重点考虑延长中低含水采油期和稳产期、提高产能和采收率等因素，把握好调整时机。例如，LN3-H2 井工作制度调整及时合理，日产液和日产油分别增加 80t、50t，含水率相对平稳；LN3-H1 井工作制度和调整时机不合理，产液量没有变化，含水率却上升到30%，产油量下降了 20t/d 左右。

## 2.2 滚动勘探开发技术研究

塔里木油田分公司近几年已逐步形成一套高节奏、高效益的滚动勘探开发技术，即"整体部署，分批实施，跟踪优化，及时调整，逐步完善"，具体做法是对老区进行老井复查，结合动态资料，查明对油藏的认识与生产动态相矛盾的原因，修正或重建构造精细模型，寻找滚动开发突破口，利用直井导眼井滚动探边，落实油藏构造和储量分布。

LN3 井区是轮南油田实施滚动勘探开发卓有成效的区块。对该油藏的原认识是三叠系为较完整的东西向背斜，有 3 套油水系统 [图 3（a）]，原开发方案设计 4 口采油井，利用 1 套井网开发，年产能力 $5 \times 10^4$t。1998 年初通过油藏精细地质研究，发现油藏动态与对构造、断层展布、区域背景的原有认识相矛盾，实际开发指标与方案指标预测差异大，油水关系存在矛盾，认为区块东西两侧存在扩边潜力，故部署 2 口探边直井导眼井（3-H1 和 3-H2 井），实钻结果证实，该区块三叠系油藏实际为背斜背景下的断块油藏，构造走向为北西—南东向，存在 5 套油水系统 [图 3（b）]，估算石油地质储量比原方案增加约 $250 \times 10^4$t，动用储量仅为中断块储量，东、西断块储量基本处于未动用状态。基于以上认识进行油藏工程和经济评价研究，编制了滚动开发方案，主体部位利用 8 口水平井进行衰竭式开采，采油速率控制在 2.5%，产能 $15 \times 10^4$t/a，方案分 3 步实施。预测该方案投资回收期为 1.45 年，内部收益率 228.7%，财务净现值 2.52 亿元。截至 2000 年底已实施完钻6 口井，日产油 700t，累计产油 $25 \times 10^4$t。

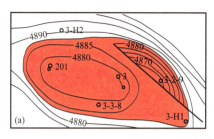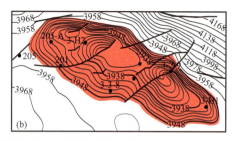

图3 LN3井区油藏原认识模型（a）和现认识模型（b）

## 2.3 注采系统综合调整技术研究

针对水驱油田不同开发阶段的主要矛盾调整完善注采系统，是提高储量动用程度和增加可采储量的前提。轮南油田2井区 $T_I$ 油层组是塔里木油区第一个注水开发单元，1994年采用边缘环状加内部点状注水方式回注污水，近几年进行了一系列注采系统综合调整，形成一套有特色的调整方法。调整原则是充分利用现有井网，优先考虑调整水平井，平面调整与剖面调整相结合，局部调整与整体调整相结合。首先针对油藏注采系统主要矛盾设计调整方案，进行数值模拟研究，优选出开发指标最优方案，然后基于基础注采井网，分步实施一系列改善注采系统的措施，并跟踪优化调整方案。3年来，该油藏进行500多井次的注水井调配试验，变换3口井的注采井别，控制主流线上3口高含水油井，在剩余油滞留区部署5口调整井，3口井实施调剖，近100口井实施酸化增注，5口井进行周期性间注间采试验。通过以上综合调整，地层压力相对稳定，含水上升率明显下降，产量递减幅度明显降低，新增原油产量 $12 \times 10^4 t$ 。

## 2.4 分阶段逐步优化井网的接替式稳产技术

轮南油田有6个区块（2个主力区块和4个零散区块）和多套含油气层系，以三叠系为主力开发层系。在近8年的开发实践中，根据不断深化的油藏认识，不断修正完善原开发方案，分阶段多次布井，逐步优化井网，形成了一套接替式稳产开发技术。区块接替、层系接替的原则是充分完善基础井网，先主力区块后零散区块，先调整主力层系（ $T_I$ ， $T_{II}$ ， $T_{III}$ ），重点完善已有井网，后调整非主力层系（ $J_{II}$ ， $J_{III}$ ， $J_{IV}$ ），利用已有井点后期上（下）返采油，提高水驱储量控制程度，使油藏整体采油速率与单层采油速率相协调，达到不断提高采收率和优化现金流的目的。例如，井网不完善是LN2井区 $T_I$ 油层组的主要矛盾，分阶段部署实施了6口调整井，新增原油产量 $32 \times 10^4 t$ ；LN2井区 $T_{II}$ 和 $T_{III}$ 油层组合采，层间矛盾是中高含水阶段的主要矛盾，分阶段利用油套分采、双管分采、补孔和部署水平井等技术，实施了层系调整和井网完善， $T_{II}$ 和 $T_{III}$ 油层组水驱储量控制程度分别提高了18%、12%，新增原油产量 $10 \times 10^4 t$ 。

## 3 结论

轮南油田针对不同类型油源开展的一系列调整、挖潜、稳产技术研究和实践，不仅提高了该油田整体开发效益，也为其他油田中高含水期的调整、挖潜和稳产提供了技术储备。

本文研究成果是笔者与塔里木油田勘探开发研究院开发所塔北室全体同仁共同完成的，得到孙龙德指挥和刘昌玉院长的指导，一并衷心致谢。

## 参 考 文 献

［1］裘亦楠，陈子琪.油藏描述［M］.北京：石油工业出版社，1996.

［2］范子菲.底水驱动油藏水平井产能公式研究［J］.石油勘探与开发，1993，20（1）：71-75.

［3］Joshi S D. Angment at ion of well productivity with slant and horizont al wells［J］.JPT，1988，（3）；729-239.

# Donghe Sandstone Subtle Reservoir Exploration and Development Technology in Hade 4 Oilfield[1]

Sun Longde   Song Wenjie   Jiang Tongwen   Zhu Weihong
Yang Ping   Niu Yujie   Di Hongli

( Tarim Oilfield Branch Ltd, PetroChina )

Abstract : Hade 4 oilfield is located on the Hadexun tectonic belt north of the Manjiaer depression in the Tarim basin, whose main target layer is the Donghe sandstone reservoir, with a burial depth over 5000m and an mplitude below 34m, at the bottom of the Carboniferous. The Donghe sandstone reservoir consists of littoral facies deposited quartz sandstones of the transgressive system tract, overlapping northward and pinching out.Exploration and development confirms that water-oil contact tilts from the southeast to the northwest with a drop height of nearly 80m.The reservoir, under the control of both the stratigraphic overlap pinch-out and tectonism, is a typical subtle reservoir.The Donghe sandstone reservoir in Hade 4 oilfield also has the feature of a large oil-bearing area ( over 130 $km^2$ proved ), a small thickness ( average efficient thickness below 6m ) and a low abundance ( below $50 \times 10^4 t/km^2$ ) .Moreover, above the target layer developed a set of igneous rocks with an uneven thickness in the Permian formation, thus causing a great difficulty in research of the velocity field.Considering these features, an combination mode of exploration and development is adopted, namely by way of whole deployment, step-by-step enforcement and rolling development with key problems to be tackled, in order to further deepen the understanding and enlarge the fruits of exploration and development.The paper technically focuses its study on the following four aspects concerning problem tackling.First, to strengthen the collecting, processing and explanation of seismic data, improve the resolution, accurately recognize the pinch-out line of the Donghe sandstone reservoir by combining the drilling materials in order to make sure its distribution law ; second, to strengthen the research on velocity field, improve the accuracy of variable speed mapping, make corrections by the data from newlydrilled key wells and, as a result, the precision of tectonic description is greatly improved ; third, to strengthen the research on sequence stratigraphy and make sure the distribution law of the Donghe sandstone ; and fourth, with a stepby-step extrapolation method, to deepen the cognition of the leaning water-oil contact, and by combining the tectonic description and drilling results, to make sure little by little the law of

---

**❶** 原载《Petroleum Science》, 2004, 1（2）。

change of the water-oil contact.The exploration and development of the Donghe sandstone subtle reservoir in Hade 4 oilfield is a gradually perfected process.From 1998 when it was discovered till now, the reservoir has managed to make a benign circle of exploration and development, in which its reserve has gradually been enlarged, its production scale increased, and, in a word, it has used techniques necessary for this subtle reservoir in the Tarim basin.

Key words : Hade 4 oil field ; Donghe sandstone ; subtle reservoir ; seismic explanation ; tectonic description ; pinch-out line ; sequence stratigraphy ; water-oil contact

# 1  Brief introduction of the geological feature

Hade 4 oilfield is located at the edge of a desert south of the Tarim river.The target layer consists of the Donghe sandstone at the bottom of the Carboniferous and thin sandstone layers of the middle mudstone member.The type of this Carboniferous Donghe sandstone reservoir is of a tectonic and stratigraphic compound reservoir.The thin-layered sandstone reservoir of the middle mudstone member is a laminar reservoir with water at the bottom bed.These two reservoirs developed on the same drape tectonic background.The Donghe sandstone reservoir overlapped onto the tectonic top and pinched out, and these two reservoirs are partially polymerized ( shown in Fig.1 ) .They were found respectively at HD1 well and HD4 well in 1998.It is confirmed by the means of rolling exploration and development that the Donghe sandstone reservoir has a water-oil contact, the whole of which is characteristic of tilting from the southeast to the northwest.At present, the proven geological reserve of the whole oilfield is beyond 75000 thousand tons, with a hope to reach one hundred million tons.

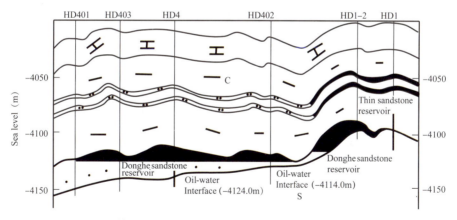

Fig.1    Profile section of the Carboniferous reservoir in Hade 4 Oilfield

The Donghe sandstone reservoir has the feature of super-depth ( $>5050m$ ), low amplitude and low reserve abundance ( $<50 \times 10^4 t/km^2$ ) .The reservoir is made up of marine-facies coastally deposited quartz sandstones and becomes thinner and thinner on the whole from the south to north and even pinches out.The biggest thickness of a single well drilled is 29.0m.The Donghe sandstone trap is a compound trap controlled by the low-amplitude anticline and the Donghe sandstone pinch-out line, and consists of two relatively independent crests, namely HD4 crest and HD1-2 crest, (shown in Fig.2). The crest is at an altitude of −4090.0m, the structural trap amplitude being 34.5m. The trap is small, but its oil-containing area is 136km$^2$, relatively big. The type of the reservoir is of chiefly medium and high porosity and permeability. The porosity is between 12%～24%, averaged 15.65%. The permeability zone is <1～2000mD, averaged 126.51mD. The resistivity of the reservoir is low, so a reservoir of an extremely low resistivity is developed, the lowest resistivity being 0.50Ωm, consistent with the layer of water. The reservoir has a pressure coefficient of 1.10～1.11, and belongs to a normal pressure system.

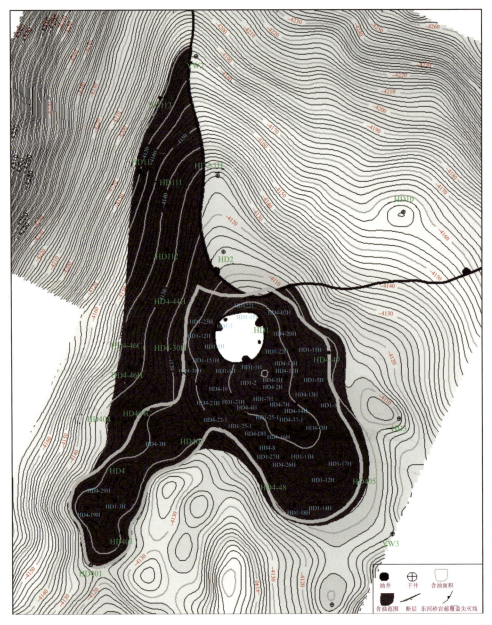

Fig.2　Top tectonic map of the Carboniferous thin sand layer and the Donghe sandstone reservoir in Hade 4 Oilfield

The saturation pressure is far below the stratigraphic pressure, and the gap between the stratigraphic pressure and the saturation pressure is large, so it belongs with an unsaturated oil reservoir.

## 2 Key technical problem and philosophy of research

The exploration of the Donghe sandstone subtle reservoir in Hade 4 oil field is confronted with three key technical problems: The first is the accurate discrimination of the Donghe sandstone pinch-out lines ; the second is the variable speed mapping of lowamplitude structure; and the third is the establishment of the tilting water-oil contact and the analysis of its genesis for an accurate calculation of its oil containing range.

There are some major problems arising in both the study of accurate structure and the horizontal prediction of the reservoir as follows:

(1) The structural amplitude of Hade 4 oilfield is below 34m, the burial depth of the target layer measures over 5050m and is located under the igneous velocity anomaly body.No obvious structure appears in the TO map ; only a broad and gentle nose uplift can be seen, causing great difficulty in speed research and variablespeed spatial correction.

(2) The project is located in an eluvial soil-cover area in a big desert, and the shooting and reception conditions are relatively poor.In addition, the target layer is also buried deep, and the thickness of the reservoir is small (the biggest thickness is below 30m), so, in the condition of existing seismic data resolution, it is difficult to directly recognize the Donghe sandstone reservoir and its pinch-out point.

(3) The Donghe sandstone overlapped the formation of the Silurian deposited sand-shale alternating layers at angular unconformity.Its thickness and physical property itself has the feature of a horizontal heterogeneity.Additionally, the attitude of the underlying layer and the variation of speed can lead to a change of the seismic reflection feature.All these factors brings great difficulties to the transverse prediction of the reservoir.

Moreover, there exists a tilting oil-water contact in the reservoir and it is still difficult at present to give an exact explanation of its genesis, so it is rather difficult to accurately establish its oil-containing range by describing its law of change only according to drilling results.

In order to solve the problems above, research must be done mainly in the following aspects. The first is to utilize a special handling process of "high resolution fidelity processing technique and VTI anisotropic speed processing technique" to reprocess the seismic data and greatly improve the quality of seismic data.The second is to do a good job in horizon explanation and igneous speed research, to establish a 3-D speed field using horizon controlling methods, and, by way of variablespeed mapping, to secure a high-precision tectonic map that can accurately reflect the whole structural shape (average error below 0.8‰).On the basis, new drilling data are to be utilized to constantly revise the tectonic map for an improvement of the precision of reservoir description.The third is to make a prediction of the distribution of the Donghe sandstone, based on the processing and explanation of the high resolution seismic data, combined with the research of sequence stratigraphy, and in various ways.Based on this, a prediction is to be made of both the law of the variation of the physical property and the distribution of oil and gas of the Donghe sandstone.And the fourth, on the basis of comprehensive research, is to optimize the two implementation procedures of the exploration scheme and the deployment of key stepout well sites of the reservoir by combining its drilling and its seismic geological prediction, to discriminate the Donghe sandstone pinch—out little by little, to broaden its oil containing range, and to realize the out—laying of the reservoir for an increase of the reserve.

## 3　History of the exploration and development of the Donghe sandstone reservoir

The exploration and development of Hade 4 Oil field fully showed the basic integrative thought, and can be classified into three stages: reserves found and initially proven, the implement of elementary development scheme and rolling broadening, Hade 11 reserves found and rolling link.

The thin sand reservoir in Hade 4 oilfield was firstly found in HD1 well in the February of 1998, and the HD2 well was deployed in the June of the same year.After HD1 well obtained an industrial oil flow, the development was involved just at the early stage, when five exploration and development wells were deployed with the combination of exploration and development.The Donghe sandstone reservoir was found successively in HD1—2 well and HD 4 oil field, where 3—D seismic data were collected in time.On the basis of the processing and explanation of seismic data, combined with the drilling well materials, the Donghe sandstone pinch—out line was initially drawn out.The proven reserve was submitted in 2000, and a preliminary developmental plan was made in the selected blocks with confirmed structure and reservoir, giving the reservoir an annual ability to produce 300 thousand tons of oil.

In the implementation of the initial development project, in order to strengthen the understanding of the edge of the reservoir, based on a comprehensive research, the HD1—9H well was deployed for the purpose of development and rolling evaluation in the area close to the oil—water contact of the Donghe sandstone reservoir.As a result, the thickness of the Donghe sandstone reservoir was 'increased' by 14m, and the oil—containing area broadened.Combined with exploration, a new round of exploration and development wells were deployed immediately, a newly increased petroleum geological reserve beyond $1000 \times 10^4$t. On this basis, an expansion plan with an annual producing ability of $80 \times 10^4$t and brought into effect in the year of 2001.

The years of 2001 and 2003 were the stage of discovery of Hade 11 reservoir.In the process of production ability construction, we stuck to the principle of whole deployment, step—by—step implementation, selection of key wells, and strengthening the rolling expansion, and optimized the deployment of 8 key wells on which breakthroughs were successively made, thereby greatly enlarging the oil containing range of the Donghe sandstone reservoir, and finding that the water-oil contact of the Donghe sandstone tilts towards northwest.Close to the Donghe sandstone pinch—out line priority was given first to the thin sand—layer reservoir project wells.Through the implementation of the project for such thin sand-layer wells and elaborate drawing of seismic data, the Donghe sandstone pinch-out line was accurately recognized.After Hade 11 reservoir was found, a group of key wells were immediately deployed at the binding point of the two reservoirs and near the pinch-out line in the north of reservoir, further confirming the pinch-out line of the Donghe sandstone, controlling the water-oil contact, and almost doubling the reserve.The Donghe sandstone subtle reservoir is the result of an integration of step-by-step rolling exploration and development.

# 4　Key techniques for exploration and development of the Donghe sandstone subtle reservoir

## 4.1　Recognition techniques of the Donghe sandstone pinch-out

### 4.1.1　Seismic recognition techniques

The Donghe sandstone is buried about 5050m deep, the thickness of the reservoir is less than 30m, and the interval velocity is about 4300m/s.The dominant frequency is 38 Hz and the resolving power is 28m after the routine processing of 3-Ddata.Obviously, if the pinch-out line of the Donghe sandstone is to be accurately determined, it means that the Donghe sandstone layers of less than 10m have to be discriminated.Under the effect of the ground absorption decay, simple 1-D time-domain resolution cannot meet the geological demand of exploration of the Donghe sandstone pinch-out line below 10m.In the existing data collection conditions, to acquire a high-resolution seismic imaging that can match geological explanation is obviously too high a demand on the processing, but, on the existing basis of high resolution processing, only by processing and explaining the resolution of macrogeologic levels (features of compound strata and compound seismic waves) can we acquire the accurate location of the Donghe sandstone pinch-out line.In order to accurately locate the Donghe sandstone pinch-out line to direct the deploying of exploration and development, the special handling process, namely "high resolution fidelity processing and VTI anisotropic speed processing" is employed to reprocess the seismic data.In the reprocessing course, new high-resolution processing techniques are used, such as 3-D time-frequency field spherical spreading and absorption compensation, surface consistency deconvolution, VTI anisotropic speed analysis. The basic flowsheet is: ① 3-D consistency time-frequency field spherical spreading and absorption compensation; ② surface consistency (shot point, geophone station, offset) deconvolution; ③ determination of the speed field that can satisfy the feature of stratigraphic media (determination of VTI anisotropic speed); ④ residual moveout correction ; ⑤ imaging processing that satisfies the feature of stratigraphic media (NMO, DMO, VTI, PTMIG and PDMIG); ⑥ decorative processing that maintains the stratigraphic feature after stack.After the reprocessing of the seismic data, the quality of the cross section is obviously improved, the seismic wave band efficiently broadened, the main frequency raised to 45Hz.Thus, the top and bottom reflection from the Donghe sandstone reservoir that has a thickness bigger than 25m can be directly recognized in the south of the project area, as shown in Fig.3.

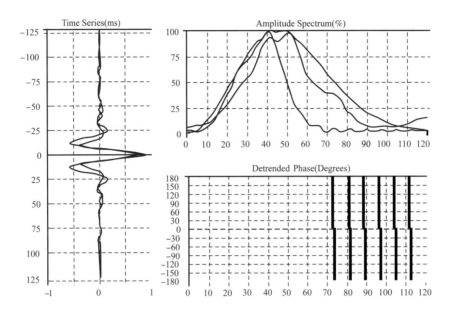

Fig.3　Hade 402 well seismic wavelet contrast

（Annotation : — : reprocessed data ; — : routinely processed data ; ⋯⋯ : 45Hz Richy wavelet）

Based on this, all kinds of processing techniques and geological analysis techniques can be fully brought into play and, through the use of reservoir transverse prediction techniques, the Donghe sandstone pinch-out line distribution was once more confirmed, the distribution range of the Donghe sandstone predicted, and the location of Hade 11 stratigraphic trap reservoir proved in the north of Hade 4 oilfield.This set of techniques included mainly horizon demarcating, model forwarding, impedance inversion, extraction and comprehensive analysis of the seismic attribute, seismic facies analysis, 3-D visible explanation, recovery of sedimentary ancient landform, analysis of tectonic evolution and so on.The extraction and comprehensive analysis of the seismic attribute is the key point among these techniques.On the reprocessed high-resolution seismic profile section, a reservoir with a thickness bigger than 25m can be directly recognized.When the thickness of the reservoir is between 12 and 24m, the amplitude information and waveshape information of the Donghe sandstone section can be used to judge the distribution of the Donghe sandstone ; when the thickness is below 12m, seismic information cannot be used in such a judgement. Thus, ancient landform recovery technique and information about the wells are needed to judge the distribution of the Donghe sandstone.The explanation of the Donghe sandstone pinch-out line adopted mainly the following techniques：① waveshape accumulation technique ; ② utilization of the Donghe sandstone whose tuning amplitude resolution is below a quarter wave length ;③ ancient landform explanation technique.By tackling key problems in the above explanation and processing, we can explain the thickness of the Donghe sandstone as 10m.

Horizon demarcating is for a basis for work at seismic explanation, and reprocessed data makes possible a direct demarcating of the top and bottom reflections from the Donghe sandstone. Model forwarding is an important means to recognize special reflections.In the course of a study of the Donghe sandstone pinch—out line, model forwarding and attribute analysis were conducted as regards many kinds of pinch—out phenomena, and corresponding charts were made to direct real data explanation.

Based on correct horizon demarcating and model forwarding, the planar changing character of seismic data, which have multiple attributes ( amplitude, phase, frequency, arc length, waveshape, wave impedance and so on ), were employed.Combined with geological analysis results, the distribution law of the Donghe sandstone pinch—out line can be synthetically judged. The key point is to correctly master the speed character of the Donghe sandstone and its relative relationship with the stratigraphic speed of the shoulder bed.The change of a stratum will inevitably bring about transverse changes of both the reflection character and seismic attribute, and the stratigraphic pinch—out point tends to accord with the point of change.The essence of attribute analysis is to analyze and classify these points of change on the plane by removing some disturbance to make a comprehensive judgment of the point group that can best reflect the Donghe sandstone pinch—out.Because planar attribute has more recognizable disciplines and reflects tiny changes more easily, the attribute analysis has a higher "resolution" than sectional explanation.

### 4.1.2　Sequence stratigraphy research

On the basis of seismic explanation, the sequence stratigraphy research method is adopted to study the sedimentary genesis, the history of growth and the plane distribution law of the Donghe sandstone.A combination of seism and geology makes the location of the Donghe sandstone pinch—out line clear at large.By using the logging data, core data and seismic data to contrast and analyze the depositional feature and the accurate sequence stratigraphy of the Donghe sandstone, and by making a study of the feature of the sedimentary sequence in combination with the geological background of an area and the whole basin, the basic feature of the sequence stratigraphy of the lower Carboniferous in the studied area is established.The research shows that the Donghe sandstone in the construction area is formed due to a lateral link of the early Carboniferous sedimentary sand bodies ( main body ) of a low and transgression system tract.

Sedimentary model of the Donghe sandstone : Carboniferous Donghe sandstone in the Manxi area belongs to a low and transgression systems tract, and consists of accretion—retrogradation para—sequences which are formed due to the superposition of many para—sequences deposited from the time when sea level slowly rose till the time when it quicklyrose.The Donghe sandstone of the Hadexun area is mid—high shoreface—foreshore sediment of offshore facies.The lower part of the Donghe sandstone is a set of progradational compound sand bodies formed along the regional tilting surface when sea level slowly increased at the late stage of a low system tract.It is made up of mainly mid—low shoreface—offshore sediments.Its higher part is the sediment of a transgression system tract when sea level rose quickly, and the sedimentary range expanded towards the edge of the basin along the ancient shoreline.It is the retrogradational offshore clastic rock sediment developed in the middle and late transgression periods.During the transgression period when the Donghe sandstone deposited, marine mudstone and carbonate rock also developed inside the basin.Offshore sandstone developed in the transgression system tract and sand bodies of the low system tract may be connected in a gentle ancient landform area and, affected by the change of the ancient landform, a set of overtime transgression sedimentary sandstone was formed in some local part.

Classification and contrast of sequences : The bottom of the Donghe sandstone is an angular unconformity surface developed extensively in the whole basin ( seismically corresponding with Tg3 ) .The Donghe sandstone member, low mudstone member and bioclastic limestone overlapped in turn on this interface in a regional sense.Based on contrast between the regional sequence strata of the whole Manxi area, the Donghe sandstone sedimentary sequences in the area are contrasted in detail, and two Hadexun parasequences are classified—pregradational parasequence and aggradational parasequence, both of which reveal a feature of overlapping towards the north and filling and leveling up when influenced by the ancient landform.The parasequence contrast is shown in Fig.4.

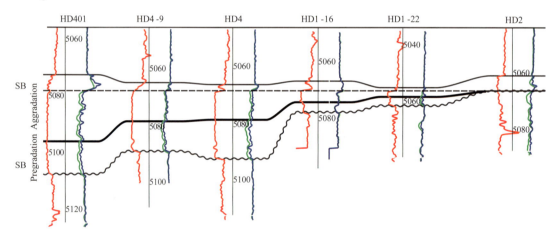

Fig.4    Contrast map of parasequences in the Hadexun area

Research shows that Donghe sandstone body in the Manxi area is distributed like a belt mainly along the source area or coastal lines and shows an obvious character of an offshore sand bar on the plane.Its advantaged reservoir is made up of mainly offshore sand bodies and eolian sand dune bodies.The sand bodies of these two sedimentary facies have a better sorting and roundness and the content of quartz is high.They are resistant to compaction, most of the primary pores arepreserved. but Donghe sandstone that is made of alluvial fan, delta and incised valley parfacies tends to form secondary pore with intergranular solution porosity in most parts and in bad physical characters, because the sorting is middle to worse and the content of debris especially sediment rock debris is high and easily compacted.So the favorable reservoir layers are mainly distributed along the ancient coast line facies, while Donghe sandstone formed stratigraphy overlapping trap along the coast line, so the confirmation of ancient coast line distribution is the key factor to confirm the favorable reservoir layers.On the base of drilling demarcating, using the seismic materials can initially confirm the distribution of coast line, therefore, fully using the drilling, logging, geological and seismic materials, confirming the distribution discipline of Donghe sandstone step by step, can afford proof for the rolling exploration on Donghe sandstone.

### 4.1.3 Deployment of key wells

In the process of rolling exploration, deployment of key wells is the key to success.The complex research of seism and geology can afford direction and proof for the distribution of key wells, while every implement of each key well can put the recognition on reserves greatly forward. After Hade 4 Donghe sandstone reserves is found, 4 key wells deploying are done : the implement of HD1–19H well enlarge the oil containment area of Donghe sandstone reserves nearly 15km$^2$; the deploying of HD1–16H, HD1–18H, HD1–19H, HD1–22H, HD1–3H and other thin sand layer development wells not only broaden and make clear of the distribution of Donghe sandstone pinch-out, but enlarge the oil containment range to the northeast ; the deploying of HD4–26H, HD4–30H well proved the lean oil–water contact of Donghe sandstone, greatly enlarged the oil containment area to the west ; the deploying of HD4–44H, HD111H, HD112H well enlarge the distribution range of Donghe sandstone, connected Hadell block with Hade 4 oil field, and the oil containment area is enlarged nearly 80km$^2$.Graph 5 is the recognition process of Donghe sandstone pinch–out based on drilling.

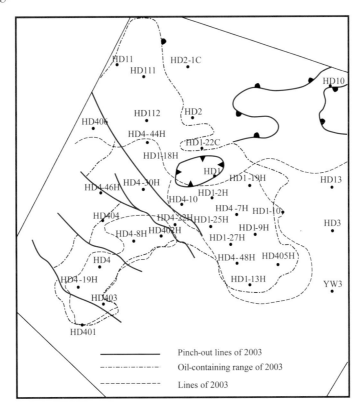

Fig.5　Contrast between new and old pinch—out lines and between oil—containing ranges in Hade 4 Oilfield

## 4.2 Accurate description of the Donghe sandstone reservoir

### 4.2.1 Variable speed mapping technology

The 3–D seismic processing research that tackles the key problems sets up the basis for the Donghe sandstone variable speed mapping technology in Hade 4 oilfield, on the base of accurate layer demarcation, many tectonic explanations are given combined with the drilling materials, in this aspect, many means are adopted, mainly including the combination of autotracing and manual collecting, time slice explanation and 3–D visible explanation, improve the accuracy of layer collection to the most content.In addition, some special means are used in the mapping aspect, such as little net, little semi–diameter, little smoothing (index) and so on, at the same time adjustment is done according to section to ensure the difference between TO map and section below 0.5ms.

Because of the special geological condition of Hade 4 oil field, speed research is the key of improving the tectonic description, layer controlling method is adopted to found field.That means the same layer in the same geological time, the transverse change of layer speed is stable ; on the above precondition, the layer speed is smoothing and corrected on the control and constraint of many geological layers, and also used to reverse calculating the average speed field (used in time–depth transition) .One of the key points in layer controlling method is to correctly master the thickness of speed abnormal layer (it is igneous rock in this area) and layer speed character. First through the demarcating layer, the igneous rock speed abnormal body can be recognized in the section, then through the wave impedance reverse, the speed section of igneous rock can be gotten, after direct explanation and accurate mapping on revertense materials, the accurate igneous rock $\Delta T_0$ map and layer speed plane can be gotten to calculate a more accurate igneous rock thickness map.Mastering the discipline of the effect of speed in igneous rock to below layer, the effect can be declined to the lowest content in the procession of field construction to improve the filed accuracy of speed field.Moreover, the accuracy of speed field that is used to the final time–depth transition can be further improved by using the interval transmit time materials and zero offset, nonzero offset VSP materials to constraint correction on all sets of layer speed.The accurate 3–D speed field can be gotten according to the methods above, the relatively accurate Donghe sandstone top tectonic maps can be gotten (average error below 0.8‰) .

### 4.2.2 Continuous correction after drilling to improve the accuracy

Because the self–constraint of seismic technique, it is hard to further improve the accuracy of tectonic description only depending on the explanation of seism materials, the drilling results must be used to correct continuously.In order to meet the accuracy need of rolling development (average error below 0.2‰), the deploying place of key wells can be pointed out by description of tectonic, on the base of primary tectonic map, the drill data should be continuously used to partly correct tectonic map, and collating explanation with time section, immediate correction should be done while finding the inconsistent layer data with tectonic trend, to ensure the correct of layer classification and accuracy of fruit maps, and afford reliable proof for the next turn well deploying. Repeating like this, the accuracy of variable speed mapping can be continuously improved, after detecting on more than 60 wells in this area, the average error is below 0.8‰ .

## 4.3　Tilting oil–water contact research

### 4.3.1　Recognition of the tilting oil-water contact has greatly enlarged oil-containing areas

The Donghe sandstone reservoir in Hade 4oilfield is characteristic of a tilting oil–water contact, which tilts from the southeast to the northwest.According to existing drilling data, the biggest depth of the oil–water contact is minus 4105.21m, the smallest being minus 4174.62m, the extrapolating oil–water contact being minus 4185m, with a difference close to 80m, as shown in Table.1.The feature of the tilting oil–water contact is recognized through rolling development. First, the thin sand layer reservoir project wells HD1–16H and HD1–18H were optimized as the key rolling wells of the Donghe sandstone.The result of field drilling shows that the whole Donghe sandstone member consists of oil layers, whose bottom borders are buried −4118.77m and −4122.02m deep respectively, both of which are much smaller than the existing average oil–water contact of −4112m deep.The sand layers are connected, with no fault to separate them, thus showing that the oilwater contact is slanting.Data of dozens of wells in whole area are utilized to analyze the trend of the oilwater contact, indicating that the oil–water contact is characteristic of tilting from the southeast to the northwest, so, on the basis of tectonic correction, the oil–containing area of reservoir are initially predicted ; then a number of rolling expansion wells, such as HD4–26H, HD4–30H, HD4–44H and HD4–46H were deployed successively in the west, and other exploration and development wells, such as HD11and HD111, were deployed in the north.Successes were made one after another, enlarging the oil containing areas by nearly 60km². The recognition of the tilting oil–water contact greatly enlarged the oil containing area.

Table.1　Oil–water contact distribution of Hade 4 oil field

| Well number / Layer | | HD405 | HD1–9 | HD4–10 | HD4–30 | HD4–46 | HD4–44 | HD111 | HD11 |
|---|---|---|---|---|---|---|---|---|---|
| Top of Donghe sandstone | Depth | 5054 | 5050 | 5060 | 5070.9 | 5086 | 5077.3 | 5091 | 5125.5 |
| | Altitude | −4102.71 | −4095.47 | — | −4119.38 | −4131.54 | −4125.03 | — | −4170.92 |
| Bottom of Donghe sandstone | Depth | 5078.2 | 5077.5 | 5066 | 5090.3 | 5113 | 50934 | 5101 | 5146 |
| | Altitude | −4126.91 | −4122.97 | — | −4138.78 | −5158.54 | −4141.13 | — | −4191.42 |
| Bottom of oil layer | Depth | 5056.5 | 5063 | 5066 | 5090.3 | 5089.7 | 50934 | 5096.5 | 5129.2 |
| | Altitude | −4105.21 | −4108.47 | — | −4138.78 | −4135.24 | −4141.13 | — | −4174.62 |

### 4.3.2　Genetic research on oil-water contact

It is very important to understand the genesis of the tilting oil–water contact of the Donghe sandstone reservoir, which can serve as a guide to the following rolling exploration.There are many viewpoints on the analysis of genesis of the tilting oil-water contact of the Donghe sandstone reservoir, but none has given enough proofs.There are so far two popular parlances : One is the theory of reservoir readjustment, saying that in the reservoir there used to be oil accumulation, but, due to a destroyed pressure balance, it is being readjusted, with the proofs that the content of asphaltene in the oilcontaining core in HD 4-44, HD111 and other wells in the northwest of the reservoir is increased, but not in the southeast, and that analyses of the physical property of crude oil also shows that the density of crude oil in 20℃ has increased from $0.866g/cm^3$ gradually to $0.926g/cm^3$ from the southeast to the northwest of the oilfield ( Fig.4 ), also showing that the crude oil is adjusted.The other is the theory of fault control.The latest seismic processing data show the faults of the Donghe sandstone reservoir are well developed, but restricted by the resolution of seismic data, the faults recognized so far are not sufficient to solve the oilwater contact tilting problem, nor is there enough dynamic data that can prove the existence of the faults.

## 5　Existing problems

Although the exploration and development of the Donghe sandstone subtle reservoir in Hade 4 oilfield has achieved a great success and has a great directory meaning to the exploration of the whole Hadexun area, some technical problems are still existing :

( 1 ) The distribution of the Donghe sandstone, especially the recognition of the pinch-out line, is a problem that needs further efforts on the explanation of seismic data and improving the resolution ; additionally, the sequence stratigraphy research should be deepened to make sure the distribution law of the Donghe sandstone.

( 2 ) The accurate description of low-amplitude structure is a problem concerning how to efficiently overcome the effect of the Permian igneous rocks on speed, and construct more accurate speed fields to improve the accuracy of variable speed mapping.

Problem concerning how to understand the law of migration and accumulation of oil and gas in order to improve the rate of success of exploration wells.

( 3 ) Problem concerning the research on the genesis of the tilting oil-water contact of the Donghe sandstone reservoir.

## 6　Conclusions

( 1 ) The Donghe sandstone reservoir in Hade 4 oilfield is controlled by the structure, the formation, the tilting oil-water contact and many other factors.It belongs with a typical subtle reservoir.

( 2 ) Success in the exploration and development of the Donghe sandstone reservoir Hade 4 oilfield is the result of many subjects united to tackle the problems and of the combination of exploration and development.The key techniques include :

① Collection and processing of 3-D seismic data ; The resolution of these data is improved step-by-step after special processing and explanation measures suitable to the geological feature of Hade 4 oilfield have been adopted.On the premise of combining with drilling data, the accuracy of discriminating the Donghe sandstone pinch-out line and that of tectonic description have been improved, with the averaged error below 8‰ ;

② The prediction technique of the Donghe sandstone distribution, formed by combining seismic data with solutions of the geological problems ;

③ Optimum well site deployment technique formed due to an integration of exploration and development ;

( 3 ) The Carboniferous bottom sandstone in the Hadexun area and even in the northwest of the Manjiaer depression has advantages to form subtle reservoirs with great potentials for exploration.

( 4 ) Techniques necessary for the exploration and development of subtle reservoirs in Hade 4 oilfield have been formed.

# 塔里木油田典型油气藏水平井开发效果评价 ❶

朱卫红[1]　周代余[1]　冯积累[1]　昌伦杰[1]　刘　勇[1]　王　陶[2,3]

（1.中国石油塔里木油田分公司勘探开发研究院；2.中国石油塔里木油田分公司开发事业部；3.中国石油大学（北京）石油天然气工程学院）

**摘　要**：塔里木油田地处边疆和沙漠，地面条件恶劣，97％以上的油气藏埋藏深，一般在3200～6100m，按效益最大化原则采用"稀井高产"开发，水平井因其明显的增产和提高采收率优势得到广泛应用。目前已建立了不同类型油气藏的水平井开采模式，在巨厚砂岩块状底水藏、低幅度层状边水油藏、大面积超深低丰度薄层油藏、碳酸盐岩潜山油气藏、凝析气藏等不同油气藏类型中，应用水平井采油、水平井注水、循环注气等方式开发，在新油田产能建设、老油田综合调整中取得显著效益。截至2007年12月，塔里木油田已完钻水平井超过260口，占总井数比例近30％，年产油量占全油田的61％，水平井平均单井日产油量是直井的1.73倍，实现了塔里木油田整体高效开发。

**关键词**：塔里木油田；水平井；开发模式；典型油气藏；高效开发

## 1　塔里木油田水平井应用概况

与国内外的油气藏相比，塔里木油田[1-4]除大宛齐油田的油井较浅外，其他油气藏都具有如下突出特点：油气藏埋藏深（一般为3200～6100m）；地处边疆和沙漠，干旱、多风沙、昼夜和全年温差大，地面条件恶劣。自1989年4月10日塔里木石油勘探开发指挥部（简称"塔指"）[5,6]成立以来，以经济效益为中心，所确定的油田开发原则是"稀井高产"。

地处塔克拉玛干沙漠腹地的塔中4油田[7]，首先于1995年应用水平井开发石炭系东河砂岩油藏，之后逐步推广。至2007年12月，水平井已在14个油气藏的开发中得到应用，完钻水平井数超过260口（采油井超过240口、注水井超过10口）。其中，用于底水块状油气藏开发的水平井数占59％、用于层状边水油气藏开发的占37％、用于碳酸盐岩潜山油气藏开发的占4％。日前，水平井在塔里木新油田（塔中4油田、塔中16油田、哈得逊油田）的开发、凝析气田（牙哈气田、英买7气田）的开发和老油田（轮南油田、东河油田）的综合治理中已得到广泛应用，形成了塔里木复杂油气藏配套水平井钻井技术[8]，实现了主力油气藏的高产、稳产，并逐步形成了水平井开发不同油气藏的典型模式。水平井年产油量占全油田的61％，平均单井日产油41.6t（表1），是直井的1.69～2.22倍（平均1.73倍），其中，已有3个整装油田整体采用水平井开发，还在国内首次整体采用了双台阶水平井注水开发哈得逊油田薄砂层油藏。

---

❶　原载《石油勘探与开发》，2010，37（6）。

表 1   塔里木油田典型油藏水平井与直井井数及单井产量对比

| 油田 | 水平井数（口） | 直井数（口） | 水平井井数占总井数比例（%） | 平均单井日产油量 * | | |
|---|---|---|---|---|---|---|
| | | | | 水平井（t） | 直井（t） | 水平井（直井） |
| 轮南 | 28 | 46 | 37.8 | 33.0 | 19.5 | 1.69 |
| 东河 | 7 | 15 | 31.8 | 83.3 | 49.1 | 1.70 |
| 塔中 4 | 18 | 34 | 34.6 | 36.8 | 16.6 | 2.22 |
| 塔中 16 | 12 | 5 | 70.6 | 50.6 | 29.4 | 1.72 |
| 哈得逊 | 108 | 26 | 80.6 | 54.5 | 32.6 | 1.67 |

注：* 数据统计截至 2007 年 12 月底。

实践证明，水平井的开发效果好于直井，主要表现在：同一油藏内投产初期产能高、产量相同时生产压差小，可延缓边底水锥进、延长无水采油期、提高原油采收率；在气藏开发中，可单独开采凝析气藏的薄油环并明显提高原油的采收率。水平井技术已成为塔里木油田"稀井高产"高效开发的关键技术之一。

以下对采用水平井开发的典型油藏、典型凝析气藏的开发效果进行评价。

## 2  巨厚砂岩块状底水油藏的开发

塔中 4 油田 402 井区 C$_{\text{III}}$ 油层组属于带凝析气顶的砂岩底水饱和油藏，储集层为海相石英砂岩，划分为 3 个砂层组。其中，第 1、3 砂层组非均质性严重、夹层多、物性差；第 2 砂层组为主要产层，以分选极好的细砂岩为主，中砂岩次之，泥质和钙质夹层基本不发育。砂层组钻遇厚度为 68.6～108.6m，平均为 91.2m，孔隙度为 17.1%～18.5%，渗透率为 381.3～413.7mD。整个油藏油气柱高度 75m，其中油柱高 50m，气柱高 25m。油藏 1996 年投入开发，开发方案设计为：主体部位采用 5 口水平井（图 1）；边部采用 17 口丛式井和直井；布井方式采用平行构造轴向、行列交错布井；井距为 800～1000m，水平段长 400～600m，水平段避水厚度为第 2 砂层组油层厚度的 2/3。初期采用衰竭式开采，第 2 年转入底部注水开采，2007 年底标定采收率为 52%。

水平井开发效果明显好于直井，截至 2007 年底，水平井平均单井产能仍为直井的 1.73 倍（图 2），且减小了生产压差（表 2），延长了无水采油期，增加了无水采油期产油量，有 4 口井单井累计产油量达到了百万吨以上，其中最高的达 163×10⁴t。5 口水平井初期年产量占塔中 4 油田的 50% 以上。截至 2007 年底，地质储量采出程度为 45.28%，可采储量采出程度为 87.41%，综合含水为 72.9%。与直井的水驱采收率为 48.9% 相比，水平井的水驱采收率提高到了 55.7%，平均单井累计产油量是直井的 4.6 倍，实现了沙漠油田的稀井、高产和高效开发，节省了投资，方便了地面管理，提高了采收率。

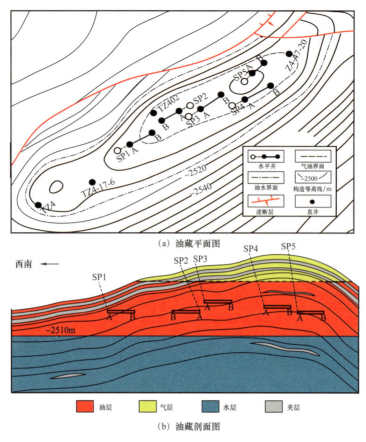

(a) 油藏平面图

(b) 油藏剖面图

图1 塔中4油田402井区水平井部署示意图

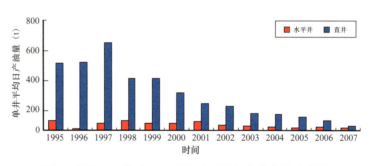

图2 塔中402井区 C_III 油层组水平井与直井产量对比图

表2 塔中402井区 C_III 油层组部分水平井与直井开发效果对比

| 井型 | 初期平均单井日产油量（t） | 平均生产压差（MPa） | 平均无水期（a） | 平均无水期产油量（$10^4$t） | 平均单井累计产油量（$10^4$t） |
|---|---|---|---|---|---|
| 5口水平井 | 747 | 0.85 | 4.0 | 92 | 125 |
| 2口直井 | 151 | 7.00 | 2.3 | 13 | 27 |
| 水平井/直井 | 4.9 | — | 1.7 | 7.1 | 4.6 |

# 3 低幅度层状边水油藏的开发

塔中 16（TZ16）油田油藏构造幅度小于 35m，主油柱高度不足 10m，是典型的低幅度层状边水油藏（图 3）。油藏划分为 5 个小层，1–4 号小层从西至东厚度逐渐减小，表现为退覆沉积。4 号和 5 号小层为主力产层，5 号小层与下伏块状砂层以钙质砂岩夹层分隔 [图 3（b）]。油田 1998 年投入开发，开发方案设计以水平井开发为主（3 口直井、8 口水平井），水平段位于 4 号和 5 号小层的顶部 [图 3（b）]，标定采收率为 36.6%。该油田已建成 $40 \times 10^4$t 的产能，油田以 2% 以上采油速度开采将近 10 年，最高年采油速度达 3.9%。

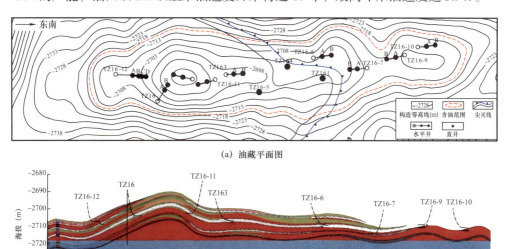

（a）油藏平面图

（b）油藏剖面图（图中 S 为砂岩层，J 为夹层）

图 3　塔中 16 油田水平井部署示意图

截至 2007 年底，共投产水平井 13 口，日产油占全油藏的 78%，其中有 3 口水平井为调整井，调整效果显著（表 3）。

表 3　塔中 16 油田调整水平井生产数据统计

| 井号 | 初期日产量 | | 目前日产量 * | | 累计产油量 *（$10^4$t） |
|---|---|---|---|---|---|
| | 油（t） | 含水率（%） | 油（t） | 含水率（%） | |
| TZ16–aH | 174 | 0 | 127 | 17.6 | 5.49 |
| TZ16–bH | 63 | 3.1 | 7 | 91.0 | 1.22 |
| TZ16–cH | 133 | 17.5 | 61 | 46.7 | 4.04 |
| 合计 | 370 | | 195 | | 10.75 |

注：* 统计时间截至 2007 年底。

截至 2007 年底，采出程度为 26.01%，综合含水为 74.3%，整体采用水平井实现了低储采比条件下的稳产，创造了中小型沙漠油田高效开发的范例（表 4）。

表 4　塔中 16 油田部分水平井与直井生产数据统计

| 井型 | 初期平均单井日产油量（t） | 生产压差（MPa） | 平均单井累计产油量（$10^4$t） |
|---|---|---|---|
| 8 口水平井 | 311 | 4 | 31.8 |
| 3 口直井 | 97 | 8 | 14.6 |
| 水平井 / 直井 | 3.2 | | 2.2 |

## 4　大面积、超深、低丰度薄油藏的开发

哈得逊油田[9-13]包括东河砂岩油藏和薄砂层油藏两套开发层系，油藏埋深超过 5000m。构造幅度低，储集层厚度小且变化大，含油面积大（150km$^2$ 左右），油水界面倾斜（高差最大在 90m 以上）。原油性质分区明显，储量丰度低（大部分含油范围内小于 $30 \times 10^4$t/km$^2$）。具有圈闭复杂（为构造—地层岩性—油水界面控制的复合圈闭）的隐蔽油藏特征，开发方案以水平井开发为主。

### 4.1　东河砂岩油藏

东河砂岩油藏储集层属于海相石英砂岩，砂体厚度小且平面变化大，为 0～29m，整体由南向北尖灭（图 4）。储集层分类评价为中—高孔渗透储集层，平均孔隙度为 15.65％，平均渗透率为 126.51mD。构造幅度小于 34m，含油面积大（2004 年底探明含油面积约为 130km$^2$），油水界面由南东向北西逐渐倾斜加深（高差最大超过 90m）。原油密度为 0.8630～0.9035g/cm$^3$，地饱压差大，储量丰度为 $42.5 \times 10^4$t/km$^2$。油藏类型为受构造、地层及倾斜油水界面控制的未饱和黑油油藏。油藏采用一套井网、以水平井为主的开发方案。采用行列交错不规则稀井网，在油柱高度大于 8m 的范围内部署开发井，井距为 750～1000m，水平段长度为 300m，水平段靠近油层顶部（图 5），同时合理调控生产压差[14]，减缓底水锥进速度。共打井 84 口，其中采油井 71 口（水平井 64 口）、注水井 13 口（水平井 6 口），采油井日产液 6722t，日产油 5000t。截至 2007 年底，年产在 $160 \times 10^4$t 以上已保持 3 年，已累计核实产油 $828.0091 \times 10^4$t，地质储量采出程度为 12.61％，实际开发指标优于预测指标，其中，水平井含水上升速度慢，无水采油期长；初期产油量、阶段累计产油量分别为直井的 1.4～3.8 倍、1.3～8.3 倍（表 5）。

表 5　东河砂岩藏水平井与直井生产数据对比表

| 分区 | 井号 | 井型 | 投产时间（年.月） | 初期产油量（t/d） | 初期含水率（％） | 阶段累计产油量（$10^4$t） | 产量月均递减率（％） | 年含水上升速度（％） |
|---|---|---|---|---|---|---|---|---|
| 纯油区 | HD4-a | 直井 | 2004.06 | 111 | 0 | 13.9334 | 2.20 | 0 |
| | HD4-bH | 水平井 | 2004.09 | 158 | 0 | 18.2677 | 2.13 | 0 |
| 两相区 | HD4-c | 直井 | 2005.05 | 59 | 2.9 | 2.9240 | 3.30 | 20.51 |
| | HD4-dH | 水平井 | 2005.04 | 226 | 0.1 | 17.0312 | 2.02 | 2.52 |

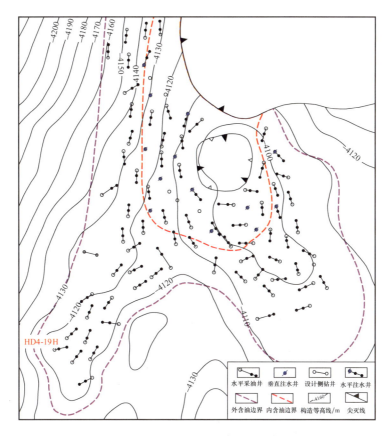

图 4　哈得逊油田东河砂岩油藏水平井部署平面图

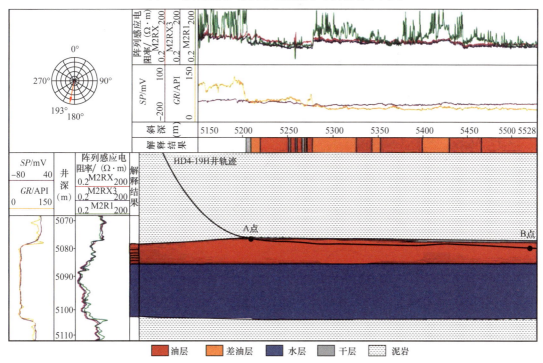

图 5　哈得逊油田东河砂岩油藏水平井 HD4-19H 井眼轨迹与地层关系测井解释结果

## 4.2 薄砂岩油藏

哈得逊油田薄砂层油藏（图6）储集层属潮坪相长石砂岩。纵向上主要发育3个小层，即1、2、3号砂层，分布稳定，其中2、3号砂层为主要产层。2号砂层厚度0.6～2.0m，3号砂层厚度1.5～1.7m。2、3号砂层之间为厚度稳定（厚3.4m）的泥岩隔层。2、3号薄砂层的平均孔隙度分别为11.82%、15.78%，平均渗透率分别为46.21mD、131.25mD，属中孔、中渗透储集层。油藏流体性质与东河砂岩油藏近似。油藏类型为层状边水岩性—构造油藏（图7），储量丰度为$19 \times 10^4 \text{t/km}^2$。油藏采用一套井网、以水平井为主的开发方案，井距为1000～1250m。双台阶水平井（图7）先期的吸水指数约为直井的9倍；注水启动压力小，为0～5MPa，相应直井则为14.4MPa。自2003年10月全面注水以来，地层压力、原油日产量逐渐上升并稳定。截至2007年底，采油井日产液924t，日产油676t，综合含水26.8%，地质储量采出程度为16.02%，注水井日注水919m³，月注采比为0.8，累计注采比为0.58。年产油在$35 \times 10^4 \text{t}$以上已稳产6年，截至2007年底，已累计产油$197.1126 \times 10^4 \text{t}$，期间未发生注水单层突进现象，开发效果与方案设计一致。

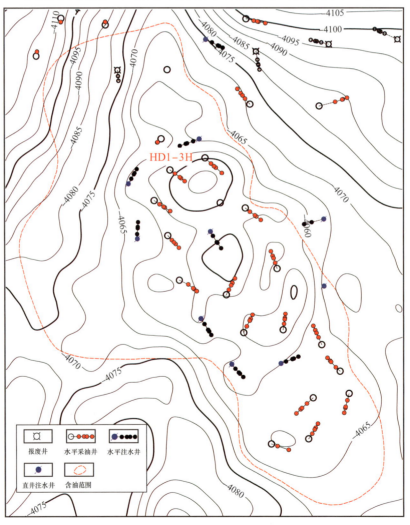

图6　哈得逊油田薄砂层油藏水平井部署平面图

截至 2007 年 12 月，哈得逊油田的水平井数已达 108 口，并建立了水平井注水开发超薄油藏的开发模式。年产油量从 1998 年的 $1.5 \times 10^4$t 上升到 2007 年的 $213.0 \times 10^4$t（图 8），已成为塔里木油田产量最高的区块。

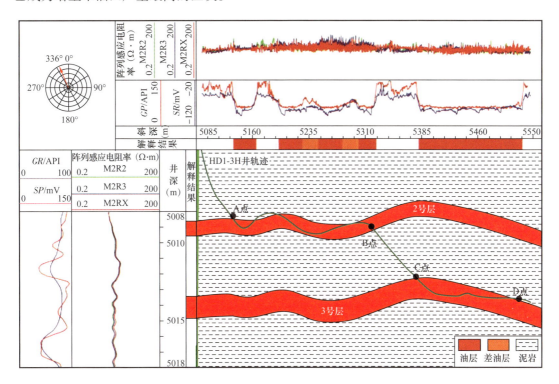

图 7　哈得逊油田薄砂层油藏水平井 HD1–3H 井眼轨迹与地层关系测井解释结果

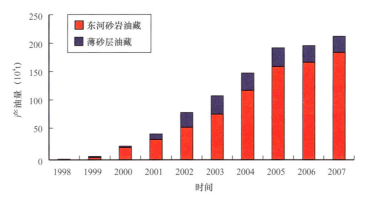

图 8　哈得逊油田历年产油量

# 5　凝析气藏的开发

水平井开采凝析气藏[15, 16]具有生产压差小、延缓注入气突破、延缓底水和气顺气锥进、减小地层反凝析影响、提高最终采收率等优势。截至 2007 年底，水平井已在牙哈 23、英买 7、吉拉克、柯克亚等凝析气山开采中得到应用。

## 5.1 循环注气开采凝析气藏

牙哈 23 凝析气藏[17]埋深超过 5100m，储集层主要为长石砂岩，包括吉迪克组底部砂岩层（$N_1j$）、古近系底部砂岩层（E）和白垩系顶部砂岩层（K）。其中，$N_1j$ 砂岩的平均孔隙度为 16.2%，渗透率为 69.2mD，属中低孔、中渗透储集层；E 砂岩层的平均孔隙度为 15.4%，渗透率为 228.6mD，属中孔、高渗透储层，K 砂岩层的平均孔隙度为 14%，渗透率为 47mD，属低孔、中低渗透储层，非均质性严重。原始压力系数为 1.05～1.16，生产气油比为 925～1565$m^3/m^3$，饱和压力高（50MPa 以上），地饱压差仅为 2～5MPa，凝析油含量高。E+K 层、$N_1j$ 层的凝析油含量分别为 537$g/m^3$、573$g/m^3$，为特高凝析油含量凝析气藏。

牙哈 23 气藏开发主要采用循环注气的方式[18, 19]、部分采用保持压力方式开采。投产时就开始注气，9a 后转为衰竭式开采。开发方案设计总井数 22 口（采气井 13 口、注气井 8 口、观察井 1 口）。E+K 层采用轴部注气、轴部和边部采气相结合的布井方式，部署 6 口注气井、9 口采气井（8 口直井，1 口水平井），采气井合理生产压差为 2MPa，平均单井日产气 $28 \times 10^4 m^3$。$N_1j$ 层采用鞍部注气、高部位采气的布井方式，部署 2 口注气井、4 口采气井，采气井合砰生产压差为 2MPa，平均单井日产气 $10 \times 10^4 m^3$。

气藏 2000 年 10 月投入开发，标定采收率为 38%。为探索水平井在凝析气田开发中应用的可行性，当年 11 月投产了水平井 YH23-1-cH 井，水平段位于气层上部储集层物性较好的位置。表 6 为牙哈 23 凝析气藏水平井与直井生产数据对比表。由表 6 可知，水平井的日产凝析油量明显比 8 口直井同产油量的平均值高，无阻流量比 8 口直井的无阻流量的平均值大，而生产压差明显比 8 口直井的生产压差的平均值小[20]。

**表 6　牙哈 23 凝析气藏水平井与直井生产数据对比**

| 时间<br>（年.月） | 日产凝析油量（t） | | 无阻流量（$10^4m^3$） | | 生产压差（MPa） | |
|---|---|---|---|---|---|---|
| | 水平井 | 8 口直井的平均值 | 水平井 | 8 口直井的平均值 | 水平井 | 8 口直井的平均值 |
| 2001.01 | 280 | 131 | 463 | 250 | 1.50 | 1.70 |
| 2001.12 | 300 | 142 | 670 | 299 | 0.47 | 1.00 |
| 2003.10 | 280 | 100 | 658 | 231 | 0.39 | 2.42 |

气藏自投入开发后，一直处于高速开采状态（采气速度为 5%）。到 2005 年初，部分采气井出现了气窜，综合气油比上升，产油能力下降，层间矛盾严重。鉴于此，于 2005 年 7 月投产了水平井 YH23-1-bH 井并获得了成功，为综合调整提供了新思路，制订了以水平井为主的开发调整方案（图 9）。截至 2007 年底，共投产采气井 14 口（其中水平井 2 口：YH 23-1-cH、YH 23-1-bH）（图 9），合计日产油 1556t，日产气 $311 \times 10^4 m^3$，不含水，累计产油 $402 \times 10^4 t$，可采储量采出程度达 69.48%；注气井 8 口，日注气 $230 \times 10^4 m^3$，累计注气 $46.39 \times 10^8 m^3$。

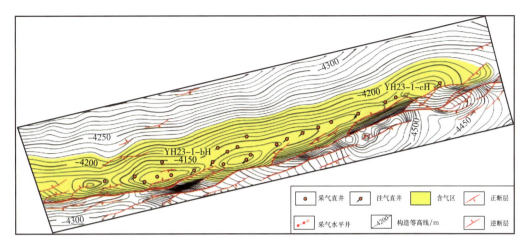

图 9　牙哈 23 凝析气藏水平井部署示意图

## 5.2　单采凝析气藏薄油环

英买 7 凝析油气藏主要分布在古近系底部砂岩中，共发育 4 个油气藏（英买 7-19、英买 21、英买 23、英买 17），包括边水层状带油环、底水块状带底油的凝析气藏（图 10）。气藏顶面埋藏深度为 4449～4646m，储集层厚 10～43m 其中油环厚度小于 5m。采用衰竭式开采，设计总井数 19 口，其中老井 8 口、新钻井 11 口（8 口直井、3 口水平井；M 井为方案外新钻调整井）（图 10）。用直井采底油 1 年左右必须上返采气，用水平井采底油 3 年后再上返采气。设计水平段位置在油气界而之上 1m 左右处，水平段长 300～400m，可建成年产气 $8.58 \times 10^8 m^3$、年产油 $21.31 \times 10^4 t$ 的生产规模。

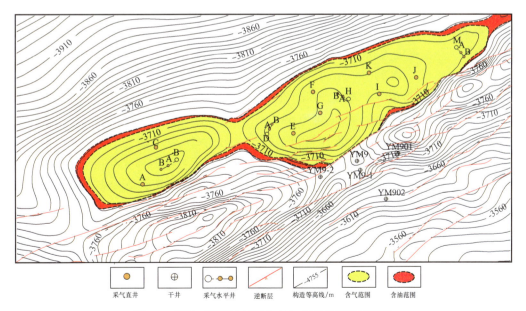

图 10　英买 7 凝析油气藏分布与水平井部署示意图

2003 年 3 月，投产试采了水平井 YM7-hH 井开采底油环。截至 2007 年 12 月，该井日产油 38t，日产气 $21 \times 10^4 m^3$。气油比为 $5518 m^3/m^3$。不含水，累计产油 $4.18 \times 10^4 t$。2007 年又陆续投产了水平井 YM7-dH 井和 YM7-bH 井。表 7 为 YM7-d1H 井和 YM7-bH 井与直井开发效果对比表。

表 7 英买 7 带底油环凝析气田水平井与直井开发效果对比

| 井型 | 井号 | 投产日期（年.月） | 2007 年 12 月产量 | | 累计产油量 *（$10^4 t$） | | | 预测的累计产油量 **（$10^4 t$） | | | 预测比直井多采原油量（$10^4 t$） |
|---|---|---|---|---|---|---|---|---|---|---|---|
| | | | 日产油（t） | 日产气（$10^4 m^3$） | 原油 | 凝析油 | 合计 | 原油 | 凝析油 | 合计 | |
| 直井 | YM7j | 2006.09 | 9 | | 1.22 | | 1.22 | 1.22 | | 1.22 | |
| 水平井 | YM7-dH | 2007.04 | 54 | 31.98 | 0.21 | 1.13 | 1.34 | 4.05 | 5.04 | 9.09 | 2.83 |
| | YM7-bH | 2007.06 | 67 | 4.46 | 0.85 | 0.34 | 1.19 | 4.45 | 7.93 | 12.38 | 3.23 |

注: * 截至 2007 年底上返采气前的底油累计产量；** 预测的 2011 年上返采气前的底油累计产量。

实践证明，水平井可明显提高凝析气藏油环油的采收率。

# 6 中高含水期老油田的开发

水平井还被用于塔里木油田轮南、东河、塔中等老油田的综合调整挖潜。

以轮南油田为例[21]。轮南油田主力开发层系为 LN2、LN3 井区的三叠系和 LN2 井区的侏罗系储集层。其中，三叠系储集层埋深 4650～5000m，厚度 280～350m，自上而下依次分为 $T_I$、$T_{II}$、$T_{III}$ 共 3 个油层组；侏罗系储集层埋深 4250～4650m，厚度为 250～400m，自上而下依次分为 $J_I$、$J_{II}$、$J_{III}$、$J_{IV}$ 共 4 个油层组，为中孔、低渗透—中高渗透储层，原油密度为 $0.84～0.88 g/cm^3$。油田主力开发单元水体以边水（LN2 井区 $T_I$、$T_{II}$ 油层组）、底水（LN2 井区 $J_{IV}$ 油层组）、边底水（LN2 井区 $T_{III}$ 油层组）为主，除 LN2 井区 $T_I$ 油层组注水开发外，均以天然能量开发。

1991 年完成开发方案，总井数为 65 口，全部为直井，其中油井 51 口、注水井 14 口。1992 年 5 月全面投产，开采 10 年后表现出主力油藏层间矛盾突出，块状底水油藏剩余油平面上、纵向上高度分散，局部富集，且剩余油以阁楼油的形式存在于上部差油层等问题。通过精细油藏描述[22]、跟踪和数值模拟，结合动态分析，确定剩余油的分布状况及挖潜潜力后，采用水平井细分层系对注采井网进行调整[23]、挖潜局部剩余油、控制合理的生产压差，抑制底水锥进。根据剩余油的分布情况（图 11），将水平段部署在剩余油最富集的位置，靠近油层顶部，实现了油田中高含水期后的稳油控水，使开发效果得到了明显改善（表 8）。

通过数值模拟预计，单井累计产油量为 $3.1 \times 10^4～16.64 \times 10^4 t$（表 9），平均 $8.26 \times 10^4 t$（相同地质条件、剩余油条件下，直井的则低于 $2.5 \times 10^4 t$），可实现年产 $50 \times 10^4 t$ 并稳产 6 年的目标，以水平井为主的调整方案提高采收率 4.2%（图 12）。截至 2007 年底，该油

田累计产油量达 $1343.89 \times 10^4 t$，可采储量采出程度达 79.88%，综合含水率为 80.5%，被中国石油天然气股份公司评价为提高采收率的典型油田。

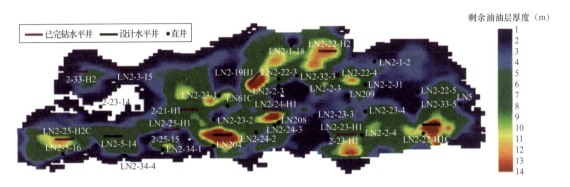

图 11　轮南油田剩余油油层厚度图

表 8　1998—2005 年轮南油田水平井生产数据统计表

| 年份 | 总油井数（口） | 水平井数（口） | 总产油量（$10^4 t$） | 水平井产量（$10^4 t$） |
| --- | --- | --- | --- | --- |
| 1998 | 55 | 2 | 97.20 | 3.96 |
| 1999 | 63 | 9 | 96.70 | 11.92 |
| 2000 | 70 | 14 | 95.76 | 18.76 |
| 2001 | 78 | 19 | 94.62 | 23.07 |
| 2002 | 83 | 23 | 88.70 | 24.14 |
| 2003 | 81 | 23 | 76.34 | 20.90 |
| 2004 | 81 | 24 | 59.87 | 16.32 |
| 2005 | 86 | 26 | 53.57 | 17.56 |
| 2006 | 91 | 29 | 42.91 | 16.02 |

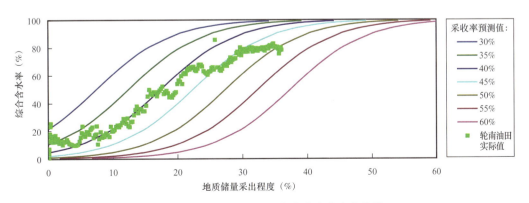

图 12　轮南油田采出程度与综合含水变化曲线

表 9 截至 2007 年 12 月轮南油田水平调整井生产数据统计表

| 井号 | 投产日期（年.月） | 产油量（t） | | 产水量（t） | | 含水率（%） | 预测累计产油量*（10⁴t） |
|---|---|---|---|---|---|---|---|
| | | 日产 | 累产 | 日产 | 累产 | | |
| LN2-1-17H | 2002.07 | 5 | 46669 | 53 | 42870 | 91.0 | 7.18 |
| LN2-2-H1 | 2005.04 | 48 | 60971 | 35 | 33235 | 42.3 | 16.64 |
| LN2-23-H1 | 2000.04 | 8 | 96163 | 163 | 265234 | 95.3 | 9.70 |
| LN2-24-H1 | 2000.05 | 20 | 111990 | 24 | 47754 | 54.3 | 14.35 |
| LN2-25-H1 | 2001.05 | 4 | 69136 | 120 | 138317 | 96.5 | 7.65 |
| LN2-21-H1 | 2006.09 | 35 | 12307 | 30 | 46758 | 46.7 | 5.10 |
| LN2-19-H1 | 2006.08 | 11 | 14929 | 49 | 16046 | 81.3 | 3.10 |
| LN2-22-H2 | 2007.07 | 21 | 4847 | 33 | 4495 | 61.2 | 4.50 |
| LN2-25-H2C | 2007.12 | 94 | 617 | 3 | 14 | 2.6 | 4.60 |

注：* 含水率达到 98% 时的累计采油量。

# 7 结论

水平井技术是实现塔里木油田"稀井高产"和高效开发的关键技术，水平井开发比直井具有明显的产能优势，单位产能下的生产压差比直井小，可延缓边底水锥进、延长无水采油期，明显提高原油采收率。

水平井在塔里木油田开发实践中得到广泛应用，应用领域不断扩大，在新油田开发（塔中 4 油田、塔中 16 油田、哈得逊油田）、老油田综合调整（轮南油田、东河油田）、凝析气田开发（牙哈气田、英买 7 气田）、油田注水开发（哈得逊油田）中都发挥了重要作用。

通过 10 多年来在开发实践中的不断应用，水平井技术不断发展，实现了塔里木主力油气藏的高效开发，形成了塔里木油田不同油气藏水平井开发的典型模式。

## 参 考 文 献

[1] 孙龙德，李日俊，江同文，等.塔里木盆地塔中低凸起：一个典型的复式油气聚集区 [J].地质科学，2007，60（2）：602-620.

[2] 朱长见，肖中尧，张宝民，等.塔里木盆地古城 4 井区上寒武统—奥陶系储集层特征 [J].石油勘探与开发，2008，35（2）：175-181.

[3] 赵孟军，王招明，潘文庆，等.塔里木盆地满加尔凹陷下古生界烃源岩的再认识 [J].石油勘探与开发，2008，35（4）：417-423.

[4] 刘静江，陈国红，黄成毅，等.塔里木盆地原油酸值特征及成因 [J].石油勘探与开发，2009，36（6）：718-724.

[5] 王秋明，张纪易.塔里木盆地四十年油气勘探的回顾与展望 [A].塔里木盆地油气勘探论文集 [C].新疆：新疆科技卫生出版社，1992.1-16.

［6］赵德山.塔里木石油年鉴1996［M］.新疆：新疆人民出版社，1996.135–136.

［7］高志前，樊太亮，刘典波，等.塔里木盆地塔中南坡台缘带油气成藏条件［J］.石油勘探与开发，2008，35（4）：437–443.

［8］朱卫红，牛玉杰，陈新林，等.复杂油、气藏水平井钻井地质设计及跟踪方法［J］.钻采工艺，2010，33（1）：111–116.

［9］孙龙德，周新源，宋文杰，等.哈得4油田东河砂岩隐蔽油藏勘探开发技术（英文）［J］.石油科学，2004，（2）：35–43.

［10］孙龙德，江同文，徐汉林，等.塔里木盆地哈得逊油田非稳态油藏［J］.石油勘探与开发，2009，36（1）：62–67.

［11］朱伟红，江同文，相建民，等.超深超薄油藏的高效开发［J］.石油科技论坛，2005，（4）：38–43.

［12］宋文杰，朱卫红，江同文，等.哈得4油田低幅度薄油层水平井开发技术［A］.塔里木油田会战20周年论文集（开发分册）［C］.北京：石油工业出版社，2009.178–189.

［13］王陶，董志刚，钟世成，等.超深超薄砂岩油藏双台阶水平井开发技术［J］.钻采工艺，2006，29（6）：62–63.

［14］朱卫红，王陶，阮洋，等.未饱和油藏水平井生产压差的调控［J］.新疆石油地质，2009，30（2）：228–231.

［15］朱光有，张水昌，陈玲，等.天然气充注成藏与深部砂岩储集层的形成——以塔里木盆地库车坳陷为例［J］.石油勘探与开发，2009，36（3）：347–357.

［16］孙龙德，王家宏，袁士义，等.塔里木盆地高压凝析气田开发技术研究及应用［J］.中国科技奖励，2006，（8）：51–54.

［17］宋文杰，江同文，冯积累，等.塔里木盆地牙哈凝析气田地质特征与开发机理研究［J］.地质科学，2005，40（2）：274–283.

［18］孙龙德，宋文杰，江同文，等.塔里木盆地牙哈凝析气田循环注气开发研究［J］.中国科学（D辑），2003，33（2）：177–182.

［19］朱卫红，张芬娥，唐明龙，等.牙哈凝析气田循环注气延缓气窜的方法［J］.天然气工业，2008，28（10）：76–77，94.

［20］尹显林，焦文东，张永灵，等.牙哈凝析气藏水平井优化设计及开发跟踪研究［J］.天然气勘探与开发，2004，27（3）：31–34.

［21］徐安娜，江同文，伍轶鸣，等.轮南油田中高含水期稳产技术研究与实践［J］.石油勘探与开发，2002，29（1）：112–115.

［22］韩涛，朱卫红，昌伦杰，等.轮南油田2井区三叠系储集层精细描述［J］.新疆石油地质，2009，30（2）：247–248.

［23］练章贵，朱卫红，昌伦杰，等.轮南油田以水平井挖潜为主的调整研究与应用［A］.塔里木油田会战20周年论文集（开发分册）［C］.北京：石油工业出版社，2009.267–272.

# 塔里木深层高温高盐油藏注气提高采收率技术与实践 ❶

范　坤　江同文　伍轶鸣　周代余　邵光强　闫更平

（中国石油塔里木油田分公司）

**摘　要:** 针对塔里木碎屑岩油藏埋藏深、地层温度高、地层水矿化度高、地层压力高的主要特征，通过室内实验、数值模拟开展前期评价；通过现场试注、井组先导试验、重大开发试验评价气驱适应性和实施效果，明确了注气是塔里木油田提高采收率的主要攻关方向。同时针对塔里木油田碎屑岩老区油藏地质特征、开发规律、油气田地理位置，提出了塔里木油田油气协同开发规划思路，形成了塔里木油田注气提高采收率系列配套技术、找到了塔里木油田老油田稳产的现实方向。

**关键词:** 高温；高盐；注气驱；提高采收率；油气协同

通过 29 年的不懈努力，塔里木已经进入大油气田行列。同时由于多年的高速发展，油气开发也进入矛盾凸显期。为夯实油气开发可持续发展基础，实现 $3000 \times 10^4$t 大油气田建设目标，近年来塔里木油田提出了"库车天然气上产、碳酸盐岩增产、碎屑岩稳产"三大工程，以期实现从经验管理向精细管理的转变，构建合理开发秩序，不断提升开发水平和效益。

碎屑岩主力区块经过多年开发，已处于综合含水高、采出程度高、采油速度低的开发中后期阶段，剩余油高度分散、老井措施难度大、自然递减居高不下、储采比低，同时受油藏埋藏深、地层温度高、地层水矿化度高等条件制约，提高采收率技术难度大，成为制约塔里木油田碎屑岩老区稳产的主要因素。

因此，加快提高采收率技术攻关，以增加原油可采储量，提高储采比，实现碎屑岩老油田的长期稳产迫在眉睫。在股份公司大力支持下，塔里木油田通过近五年的奋力攻关，明确了注气提高采收率主体技术方向，提出了塔里木油田油气协同开发思路，形成了塔里木油田注气提高采收率系列配套技术、找到了塔里木高温高盐砂岩油藏稳产的现实方向。

## 1　碎屑岩油藏基本地质特征

（1）构造相对简单，油藏类型复杂，含油层系多。塔里木盆地碎屑岩油藏分布于志留系至新近系，纵向上发育多套含油气层系[1]。主力油田以块状底水、层状边水油藏为主。

---

❶　2018 年中国油气开发技术大会优秀论文。

（2）储层物性好，总体属于中孔、中渗透油藏。主要以陆相辫状河三角洲和海相滨岸砂体沉积为主，储层物性总体较好[2]。陆相沉积储层平均孔隙度16%～23%，平均渗透率40～450mD；海相沉积储层平均孔隙度略低，一般12%～20%，但由于分选较好，平均渗透率略高，一般60～500mD（图1）。

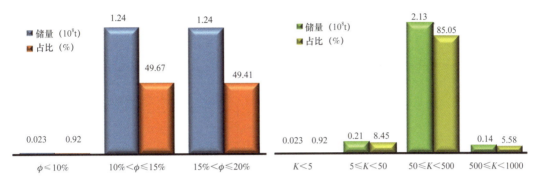

图1　塔里木碎屑岩油田储层物性统计

（3）储层厚度大，非均质性强。碎屑岩油藏储层厚度普遍较大，但受其沉积背景影响，储层非均质性较强。陆相储层厚度分布介于30～100m之间，海相储层分布更加稳定，厚度介于30～200m之间。平面非均质性主要受控于沉积环境，纵向非均质性则主要体现在物性的非均质性和隔夹层造成的非均质性。渗透率变异系数反映层内非均质性普遍强，纵向上渗透率差异大。

（4）原油物性好，水驱采出程度高。塔里木碎屑岩油藏地层原油密度小（图2）、黏度比较低，一般在0.16～4.78mPa.s之间，油水黏度比介于0.44～19.12之间，属于典型的低黏度油藏；主力碎屑岩油田水驱采出程度均在30%以上（图4）。

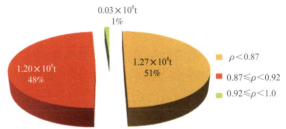

图2　塔里木碎屑岩油田地面原油密度统计

（5）油藏超深，温度高、矿化度高、钙镁离子含量高。油藏埋藏深，一般在3300～5800m；地层温度压力高，地层温度110～140℃，原始地层压力42.55～62.38MPa，属于正常的温度压力系统；地层水矿化度高，最高达到$29 \times 10^4$mg/L；地层水中$Ca^{2+}$、$Mg^{2+}$离子含量高，最高达20000mg/L，水型为$CaCl_2$水型。

# 2　碎屑岩油藏开发形势与挑战

## 2.1　开发现状

塔里木油田整装碎屑岩油藏，采用稀井高产、高速开采、接替稳产的开发模式，历经29年的高速开发，目前已进入综合含水高、采出程度高、采油速度低的开发阶段（图3）。

塔里木碎屑岩主力油藏10年左右采出程度达到了国内老油田开发20～40年的水平，中低含水期内采出程度高于同类油藏，目前水驱采收率35.8%（图4）。

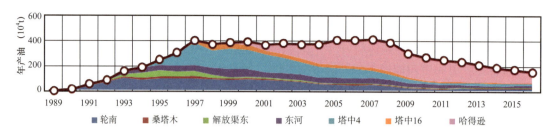

图 3　塔里木主力油田产量构成剖面

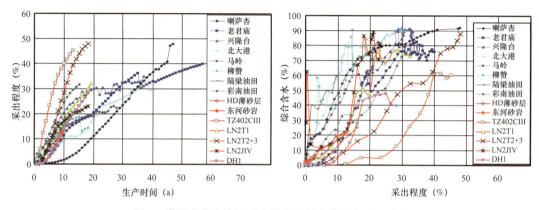

图 4　塔里木主力油田采出程度与国内其他老油田对比

截至 2017 年，碎屑岩油藏累计动用地质储量 $2.5 \times 10^8$t，可采储量 $0.93 \times 10^8$t。采油井开井 620 口，井口日产液 $3.08 \times 10^4$t，井口日产油 $0.42 \times 10^4$t，日产气 $46.43 \times 10^4$m³，综合含水 86.51%，综合气油比 112m³/t，累计产油 $0.87 \times 10^8$t，累计产水 $1.56 \times 10^8$t，累计产气 $125.06 \times 10^8$m³，地质储量采油速度 0.59%，可采储量采油速度 1.55%，地质储量采出程度 33.06%，可采储量采出程度 89.6%；注水井开井 251 口，日注水 $1.21 \times 10^4$m³，累计注水 $0.91 \times 10^8$m³，累计注采比 0.33。

### 2.2　面临的主要问题

（1）碎屑岩油藏储采失衡严重，稳产物质基础薄弱。

碎屑岩油藏探明储量动用程度高达 92.6%，动用地质储量标定采收率 36.9%。平均储量替换率 0.8，探明储采比 7.1，储采平衡系数 0.8，2017 年原油开发储采比 5.4。目前缺少储量接替，储采严重失衡，开发储采比整体较低（表 1）。

表 1　塔里木碎屑岩油藏储量储采情况统计表

| 时间 | 2011 | 2012 | 2013 | 2014 | 2015 | 2016 | 2017 | 近五年平均 |
|---|---|---|---|---|---|---|---|---|
| 替换率 | 0.0 | 0.0 | 0.1 | 0.0 | 0.7 | 0.6 | 2.6 | 0.8 |
| 探明储采比 | 6.8 | 7.1 | 6.9 | 6.6 | 6.4 | 6.8 | 8.9 | 7.1 |
| 储采平衡系数 | −0.9 | −0.2 | 0.4 | −0.2 | 0.6 | 0.6 | 2.6 | 0.8 |
| 开发储采比 | 5.5 | 5.7 | 5.6 | 5.1 | 4.7 | 4.8 | 6.9 | 5.4 |

（2）开发中后期，水驱稳产难度大。

塔里木碎屑岩主力油藏整体水驱采出程度高，可采储量采出程度接近 90%，整体处于高含水、高采出程度阶段。例如，最早投产的轮南油田，目前综合含水90.13%，可采储量采出程度96.09%，水驱潜力非常小。

塔里木碎屑岩主力油藏水驱开发过后，剩余油高度分散。分析典型微观剩余油赋存状态，图5（a）中，岩样水驱后剩余含油饱和度53.1%，但可动油饱和度仅12.6%，其余为吸附态的束缚油；图5（b）中，微观剩余油主要以孔内分散油滴型、喉道滞留型、孔壁油膜型和角隅型等微观赋存状态。宏观上，剩余油分布总体分散、局部富集，主要集中在物性差的储层顶部及夹层附近，稀井网条件下挖潜难度大。

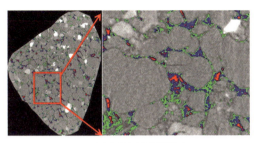 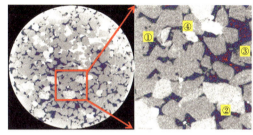

(a) DH 1-6-9井岩样4-2　　　　　　　　　　　(b) TZ 4-7-17井

图5　塔里木碎屑岩油藏水驱后典型微观剩余油赋存状态

水驱开发还面临注水困难的问题。塔里木碎屑岩油藏水驱开发已开展较长时间，受储层非均质性强影响，物性好的层段水淹程度高，形成水驱优势通道，注入水无效利用程度增加。但物性差层段或油藏，注水困难，层间矛盾突出，水驱难度较大。例如，东河1 C Ⅲ油藏物性最好的3、4砂层组水淹程度高达80%以上，但1砂层组水平井注水压力超过40MPa，增注措施无效，无法开展有效注水；塔中402 C Ⅲ油藏均质段已整体水淹，但含砾岩段注水困难，甚至局部不吸水，无法形成有效对应注采。

（3）提高采收率技术面临高温、高盐的难点，技术研究和试验周期长。

碎屑岩油藏整体埋藏深，具有地层温度高、油藏压力高、地层水矿化度高和钙镁离子含量高等特征。受油藏本身高压、高温、高盐等特征影响，常规化学驱、聚合物驱等提高采收率技术手段不适应，需要探索适宜的三次采油技术[3]。

油藏环境苛刻，开发对象日益复杂（层内和层间矛盾突出、剩余油分散、水平井高含水等），超深井精细分层注水、高温高盐油藏堵水调剖和深部调驱、水平井堵水调剖、注气驱、三次采油等提高采收率技术还不配套，探索适宜的三次采油技术基础研究和试验周期长。

## 3　提高采收率技术探索

通过室内实验、数值模拟研究认识到，注气提高采收率技术较水驱相比，具有注入能力提高、驱油效率增加、压力传导系统更有效的优势。从而在油藏注气提高采收率时，较水驱注采井距增加、井网密度降低、单井产能更高，特别契合塔里木油田稀井高产的开发模式，更不受高温高盐等条件限制。综合评价塔里木油田碎屑岩老区适合气驱开发的储量规模约有 $1.30 \times 10^8$ t，气驱可采储量较水驱可增加 $1379 \times 10^4$ t，提高采收率10.6%。

因此，根据碎屑岩老区油藏地质特征、开发阶段，推荐按照"立足东河、推进塔中、评价轮南、准备哈得"的顺序，逐步开展注气提高采收率试注、井组先导试验、重大开发试验、工业化推广的工作。

## 3.1 注气提高采收率室内实验评价

注气提高采收率室内实验的主要目的，是通过动静态实验，确定不同油藏混相条件、注气对流体相态和储层物性的影响、揭示注气开发机理、确定驱油效率、为气驱潜力评价确定理论基础。

注气提高采收率的主要技术方向，按照注入气类型可分为烃类气驱、二氧化碳驱、氮气驱、减氧空气驱、烟道气驱等；按照提高采收率机理可分为混相驱、非混相驱、火烧等；按照注入方式，可分为水气交替、烃气交替、连续气驱等[4]。

塔里木油田以生产问题为导向，集中完成了烃类气混相、非混相驱条件下的水气交替驱、烃气交替驱、连续气驱潜力评价工作[5]。塔里木油田碎屑岩油藏埋藏深、压力高、原油物性好，因此注气大幅提高油藏采收率实现注烃类气混相驱的难度低、效果好（表2）。

表 2  塔里木碎屑岩油藏长岩心驱替实验统计表

| 油田 | 渗透率（mD） | 孔隙度（%） | 水驱驱油（%） | 水驱后连续气驱（%） | 水驱后气水交替驱（%） | 气驱提高驱油效率（%） |
|---|---|---|---|---|---|---|
| 塔中 402 C$_{III}$ | 360 | 21.5 | 55.31 | | 70.23 | 14.92 |
| | 280 | 18.6 | 57.63 | 73.27 | | 15.64 |
| | | | 58.38 | | 70.32 | 11.94 |
| 塔中 422 C$_{III}$ | 150 | 15.0 | 59.92 | 82.50 | | 22.58 |
| | | | 53.84 | | 75.26 | 21.42 |
| 塔中 16 C$_{III}$ | 8 | 9.7 | 45.70 | 71.40 | | 25.70 |
| 塔中 40 C$_{III}$ | 36 | 15.0 | 44.00 | 59.00 | | 15.00 |
| 哈得 4C | 572 | 22.1 | 50.99 | 72.63 | | 21.64 |
| | | | 50.77 | | 74.37 | 23.60 |
| 轮南 2 T$_{I}$ | 355 | 18.6 | 57.82 | 80.25 | | 22.43 |
| | | | 59.62 | | 90.64 | 31.02 |
| 轮南 2 T$_{II}$ | 290 | 19.0 | 56.00 | 78.00 | | 22.00 |
| | | | 59.00 | | 75.51 | 16.51 |
| 轮南 2 T$_{III}$ | 395 | 21.5 | 65.93 | 88.95 | | 23.02 |
| | | | 67.42 | | 92.53 | 25.11 |
| 轮南 J$_{III}$6+7 | 27 | 18.8 | 56.00 | | 74.78 | 18.78 |
| 东河 1 C$_{III}$ | 65 | 13.5 | 61.30 | 89.98 | | 28.95 |
| 东河 4 C$_{III}$ | 23 | 16.7 | 52.00 | 67.83 | | 15.83 |

## 3.2　混相驱提高采收率数值模拟研究

结合室内实验，通过 Eclipse 软件千万级网格、多组分、考虑混相气油相渗、界面张力变化的油藏注气提高采收率数值模拟研究。研究发现，混相后油气共渗区变宽、气驱残余油饱和度变低、共渗区相对渗透率增加，水驱后混相气驱提高采收率效果是非混相气驱的 1 倍以上。进一步明确了塔里木油田主力碎屑岩油藏，影响气驱提高采收率效果的关键因素是混相、近混相驱替[6]。只有确保注入气在地下与原油形成混相，才能在稀井网条件下大幅提高采收率（图 6）。

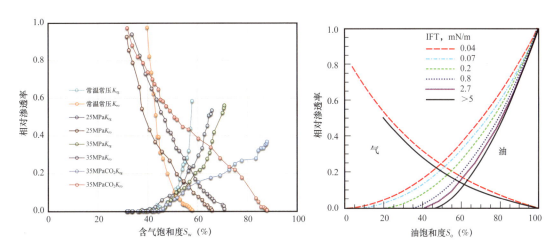

图 6　室内实验与数值模拟理论混相气油相渗曲线对比图

## 3.3　塔里木油田气驱提高采收率潜力

塔里木盆地天然气资源丰富，年产天然气量已经超过 $250 \times 10^8 m^3$ 规模，目前已经建成环塔里木盆地天然气管网，碎屑岩油藏注天然气地面条件完全具备，注气气源有保障，地面处理方便；正在筹建的轮南乙烷乙烯回收工厂，预期年排放副产品二氧化碳 $11 \times 10^4 t$，也可作为混相驱替介质[7]。

美国 Hawkins 油田以及中海油涠洲 12-1 油田采用注气重力辅助驱[8]，实现了注气稳定驱替，取得了很好的开发效果；国内葡北油田采用水气交替混相驱替，提高采收率效果显著。因此塔里木油田针对碎屑岩主力区块，开展了气驱提高采收率方式论证、潜力评价等工作，提出了在轮南油田开展二氧化碳—天然气交替驱、立体注气三次采油；在东河塘油田开展重力辅助天然气驱；在塔中地区开展轻烃—天然气复合驱；在哈得逊油田开展水气交替驱的注气混相驱提高采收率技术方向，预期可提高可采储量 $1379 \times 10^4 t$（表 3）。

目前东河 1 CⅢ 油藏注天然气重力辅助混相驱重大开发试验已实施近五年，塔中 402 CⅢ 油藏注天然气复合驱重大开发试验已经启动。

表3　塔里木油田主力油藏注气提高采收率潜力评价表

| 地区 | 地质储量（$10^4t$） | 可采储量（$10^4t$） | 标定水驱采收率（%） | 累积产油（$10^4t$） | 采出程度（%） | 预计气驱采收率（%） | 注气提高采收率（%） | 增加可采储量（$10^4t$） | 注气方式 |
|---|---|---|---|---|---|---|---|---|---|
| 轮南 | 2436 | 1132 | 46.5 | 1115 | 45.8 | 57.5 | 10.98 | 267 | 二氧化碳—天然气交替 |
| 东河塘 | 2398 | 968 | 40.4 | 881 | 36.7 | 55.7 | 15.33 | 368 | 重力辅助 |
| 塔中 | 2833 | 1328 | 46.9 | 1282 | 45.3 | 54.4 | 7.56 | 214 | 烃气复合 |
| 哈得逊 | 5320 | 2456 | 46.2 | 2285 | 430 | 56.1 | 9.96 | 530 | 水气交替 |
| 合计 | 12987 | 5884 | 45.3 | 5563 | 42.8 | 55.9 | 10.62 | 1379 | |

## 4　气驱提高采收率矿场实践

塔里木东河1 CⅢ油藏构造倾角大、储层厚度大，注气室内实验表明注气可以混相，表明东河1 CⅢ油藏具备顶部注气重力辅助混相驱条件。因此，在构造高部位部署注气井，油藏中下部部署生产井，注入气重力超覆形成人工气顶，逐渐向下驱替，与原油不断接触混相，形成重力辅助混相驱，实现混相驱提高微观驱油效率、重力辅助驱提高注气波及效率，从而大幅度提高油藏采收率[9]。

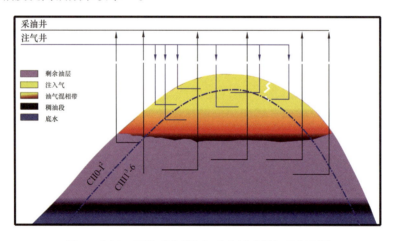

图7　东河1石炭系油藏注气重力辅助混相驱概念图

2013年8月开始氮气试注，2014年开始正式注天然气，截至2018年6月累计注气$2.4×10^8m^3$，累计存气$1.9×10^8m^3$，累计增油$22.5×10^4t$，注采比平均1.1。重力辅助混相驱效果显著，油藏整体开发指标向好，地层压力由40MPa增加到46MPa，单井平均日产油上升2～3倍，注气受效后日产油上百吨井2口，综合递减由12%下降到-2.1%，含水由72%下降到58%（图8、图9）。

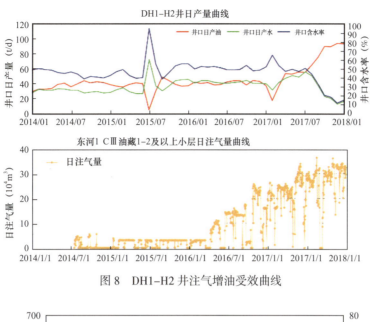

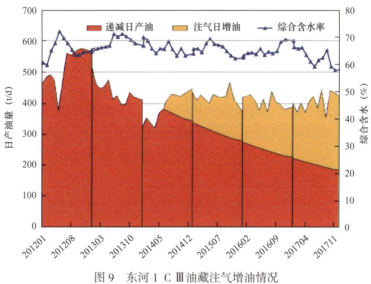

图 8　DH1-H2 井注气增油受效曲线

图 9　东河 1 C Ⅲ 油藏注气增油情况

## 5　油气协同开发规划

塔里木油田天然气资源丰富，预计 2020 年产量可以达到 $300 \times 10^8 m^3$，但天然气产量冬夏季峰谷差大，导致控水难度加大，影响平稳生产。同时从东河注气实践情况看，注气开发已经成为塔里木碎屑岩老油田提高采收率的重要方向，因而提出了油气协同开发规划：注气提高油藏采收率，降低天然气峰谷比，筹备储气库建设[9]，并根据地面实际条件，梳理出四个有利区域，协同进行开发生产。

通过夏季加大油藏注天然气量，混相驱提高原油采收率；冬季适当降低注气量或转为注入二氧化碳、轻烃等其他介质，有利于天然气平峰抑谷；同时东河 1、塔中 402 等海相东河砂岩油藏在注气开发后期可建成储气库，需要时可以将气体在冬季采出。

结合油气生产形势、地域划分，梳理出东河塘油田—英买力气田群、塔中碎屑岩—碳酸盐岩凝析气藏、轮南油田—西气东输门站来气、哈得逊油田—哈拉哈塘塔河南四个有利区域，协同开发促进老区稳产，预期 2025 年实现日注气量 $450 \times 10^4 \mathrm{m}^3$，当年增产原油 $38 \times 10^4 \mathrm{t}$（图9）。

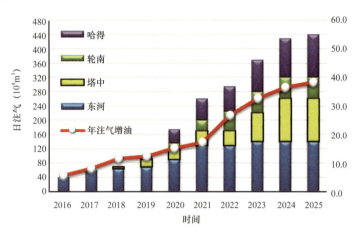

图 10　塔里木油田主力碎屑岩油藏注气增油远景规划图

通过油气协同开发，既能实现塔里木油田碎屑岩凝析气藏和油藏采收率大幅提高，又能实现天然气生产抑峰平谷、降低气井见水风险，同时还能实现乙烷、液化气、轻烃生产提质增效以及二氧化碳等副产品埋存及驱油再利用，是一项具有塔里木特色的油气藏全生命周期开发理念，具有环保、经济、可持续发展的重要意义。

# 6　结论与建议

（1）注气提高采收率是实现塔里木高温高盐碎屑岩老区稳产的现实方向；

（2）塔里木油田气源充足，注天然气提高采收率得天独厚，主力油藏通过全面注气开发，预计采收率可提高 10.6%，增加可采储量 $1379 \times 10^4 \mathrm{t}$；

（3）塔里木油田注气提高采收率，应当按照油气协同开发的思路，逐步评价、分步实施，持续扩大注气开发规模，大幅提高碎屑岩老区油藏采收率；

（4）实施过程中，建议按照立足东河、推进塔中、准备轮南、评价哈得的节奏，有序扩大以"注气混相驱"为主导的矿场试验，配套完善注入气重力超覆及气窜评价、井网优化、注采工艺优化等三次采油技术系列。

## 参 考 文 献

［1］贾承造．塔里木盆地构造特征与油气聚集规律［J］．新疆石油地质，1999，20（3）：177–183.

［2］顾家裕，宁从前，贾进华．塔里木盆地碎屑岩优质储层特征及成因分析［J］．地质论评，1998，44（1）：83–89.

［3］何江川，廖广志，王正茂．油田开发战略与接替技术［J］．石油学报，2012，33（3）：519–524.

［4］郭万奎，廖广志，劲振波，等.注气提高采收率技术［M］.北京：石油工业出版社，2003.

［5］汤勇，孙雷，周涌沂，等.注气混相驱机理评价方法［J］.新疆石油地质，2004，25（4）：414-417.

［6］李菊花，李相方，刘斌，等.注气近混相驱油藏开发理论进展［J］.天然气工业，2006，26（2）：108-110.

［7］郭平，苑志旺，廖广志.注气驱油技术发展现状与启示［J］.天然气工业，2009，29（8）：92-96.

［8］姜瑞忠，马勇新，杨仁锋.涠洲11-4油田水驱后注气提高采收率预测方案评价［J］.石油天然气学报，2010，32（1）：103-105.

［9］杨胜来，陈浩，冯积累，等.塔里木油田改善注气开发效果的关键问题［J］.油气地质与采收率，2004，21（1）：40-44.

# 断溶体内部缝洞结构组合模式研究及应用 ❶

姚　超　赵宽志　孙海航　张国良　曹　文　刘　宇　李绍华

（中石油塔里木油田分公司勘探开发研究院）

**摘　要:** 深化断溶体内部缝洞结构描述认识，对于进一步挖掘已钻断溶体内部的储量动用潜力，指导油水关系复杂的碳酸盐岩油藏高效开发和提高新井投产成功率具有重要的意义。本次研究运用野外地质剖面、地质建模、正演分析三种技术手段研究了断溶体内部缝洞结构组合模式，表明地震上的串珠反射是断溶体的综合响应，而不是某个缝洞体的反映。在此基础上，根据实钻井情况，结合动静态资料研究提出了四种缝洞结构组合模式，即垂向组合模式、平面组合模式、斜向组合模式以及不规则组合模式。应用研究成果优选出剩余油潜力较大的断溶体实施内部侧钻，成功地为提高碳酸盐岩油藏的采收率提供重要的理论依据。

**关键词:** 断溶体；缝洞结构；组合模式；内部侧钻；碳酸盐岩油藏

　　碳酸盐岩油藏的断溶体指上奥陶统覆盖区碳酸盐岩受多期次构造挤压作用后，沿深断裂带发育一定规模的破碎带，经多期岩溶水沿断裂下渗或局部热液上涌致使破碎带内断裂、裂缝被溶蚀改造而形成的溶蚀孔、洞储集体，在上覆泥灰岩、泥岩等盖层封堵以及侧向致密灰岩遮挡下，形成一种由不规则状的断控岩溶缝洞体构成的圈闭类型[1]。地震反射特征分析是寻找断溶体的重要技术手段，指导了前期低断溶体动用程度下的井位部署[2]，前期井位主要围绕未钻断溶体滚动部署，对已动用的断溶体内部是否还有潜力较少考虑，少数井就算属于对已动用断溶体的再次挖潜也没有对此进行深入分析，其主要原因在于以前认为地震上的一个强串珠反射仅表明一个断溶体的单一缝洞体。随着塔里木碳酸盐岩油气藏断溶体动用程度不断提高，通过多种技术手段证实断溶体内部缝洞结构具有复杂性，为在油水关系复杂的碳酸盐岩油气藏进行高效井位加密部署提供了新的思路。如何精细描述已动用断溶体内部复杂的缝洞结构是指导井位加密部署的关键。断溶体内部缝洞结构可能呈现出多种组合模式，但前人还未深入分析到底都有哪些组合模式，目前也无有效的方法精细描述已钻断溶体内部的复杂缝洞结构。根据实钻井情况，结合井的动静态资料深入研究提出了四种主要缝洞结构组合模式，即垂向组合模式、平面组合模式、斜向组合模式以及不规则组合模式。在此基础上，应用研究成果优选出剩余油潜力较大的已动用断溶体实施内部侧钻，最大化挖掘已动用断溶体的剩余油潜力，为提高碳酸盐岩油气藏的采收率提供新的思路和方法。

---

❶　2018 年油气田勘探与开发国际会议（TFEDC）交流论文。

# 1 断溶体内部缝洞结构复杂性验证

断溶体内部如果是单一的缝洞体，缝洞结构组合模式就无从谈起。本次研究运用野外地质剖面、地质建模、正演分析三种技术手段从三个不同的角度进行验证。

## 1.1 野外地质剖面方法

图 1[3-4] 展示了野外露头四种不同组合的缝洞结构，表明断溶体内部具有强非均质性，存在多个相互分隔的缝洞组合，而不是单一的缝洞体。

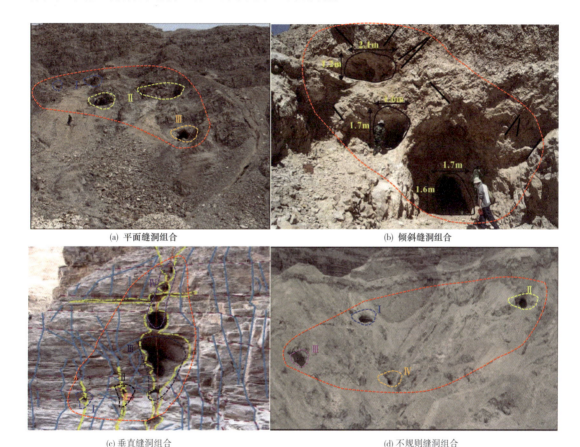

(a) 平面缝洞组合　　　　　　　　　　　(b) 倾斜缝洞组合

(c) 垂直缝洞组合　　　　　　　　　　　(d) 不规则缝洞组合

图 1　碳酸盐岩地层野外地质剖面

## 1.2 地质建模方法

典型井哈 601 井地震反射剖面图（图 2），该井原井眼与侧钻井眼属于断溶体内部侧钻，且均投产成功。运用 Petrel 软件依据反演剖面图对哈 601 井进行地质建模，刻画出该井断溶体内部缝洞结构为两个互不连通且呈斜向分布的缝洞体（图 3）。由点及面，表明不同单井钻遇的断溶体内部缝洞结构较为复杂，在此认识下，可以建模出断溶体内部缝洞结构分布模式理论模型图，其缝洞的空间分布可以呈现出多种组合（图 4）。

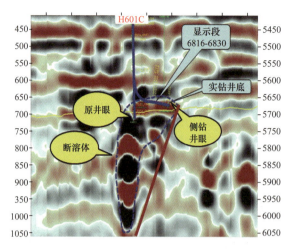

图 2　H601 井地震剖面　　　　　　　　　　图 3　H601 断溶体内部缝洞斜向分布

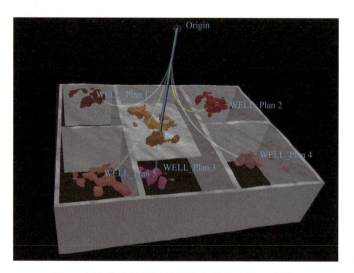

图 4　断溶体内部缝洞结构分布模式建模理论模型

## 1.3　正演分析方法

野外地质剖面表明断溶体内部具有复杂缝洞结构，那么野外地质剖面所示的断溶体内部复杂缝洞结构在地震上表现为多个串珠还是一个串珠就显得尤其重要。如图 5 所示，通过对一组断溶体规模一致、缝洞结构组合形式不同的断溶体进行正演结果分析发现断溶体规模一致，不管缝洞组合形式怎么变化，其正演结果在地震剖面上都表现基本一致的串珠状。就如野外露头所示的多个缝洞组合，地震上就显示为一个串珠。因此，串珠是断溶体的综合响应，而不是其中某个缝洞的反映。综上三个不同的角度分析得出最终一致结论：断溶体内部的缝洞结构具有复杂性。

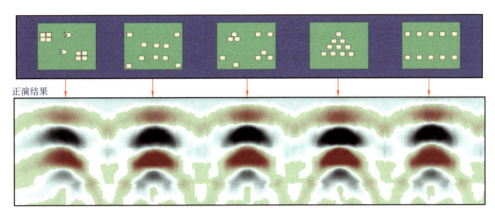

图5 不同缝洞组合下的断溶体正演结果

## 2 断溶体内部缝洞结构组合模式研究

通过对实钻井的静态和动态资料研究与分析，解剖典型井详细刻画已动用断溶体内部缝洞结构的组合模式，表明已动用断溶体内部缝洞结构主要表现出垂向组合模式、平面组合模式、斜向组合模式以及不规则组合模式（图6、图7）。

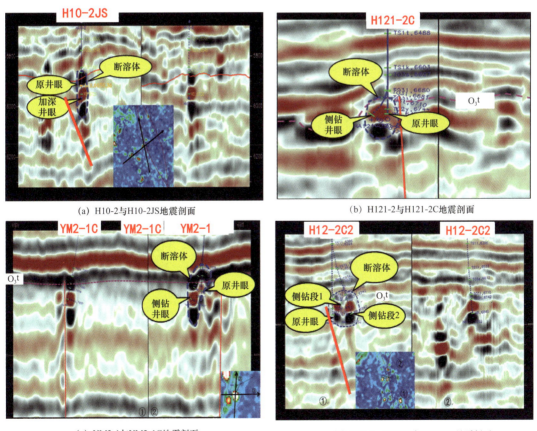

(a) H10-2与H10-2JS地震剖面

(b) H121-2与H121-2C地震剖面

(c) YM2-1与YM2-1C地震剖面

(d) H12-2、H12-2C与H12-2C2地震剖面

图6 四组典型井地震剖面

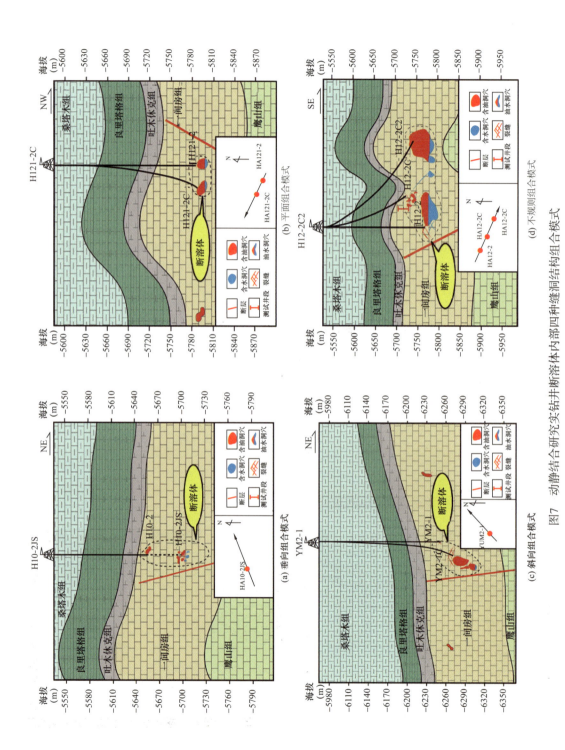

图7 动静结合研究实钻井断溶体内部四种缝洞结构组合模式

（1）垂向组合模式（图7，H10-2与H10-2JS）。

串珠纵向发育，H10-2JS为同一断溶体垂向加深60m，原井眼与加深井眼互不连通且均投产成功。两口井的储层规模都不大，原井眼酸压未沟通远处缝洞，压力导数曲线后期上翘，物性内好外差，非均质性强。结合两口井的油压降与累产液关系曲线分析该断溶体内部缝洞结构为垂向组合模式，且组合类型为上洞穴—封闭型与下裂缝孔洞型。

（2）平面组合模式（图7，H121-2与H121-2C）。

串珠横向较发育，试油段和井底海拔基本一致，同一断溶体内部水平侧钻57m。原井眼与水平井眼互不连通且均投产成功，酸压曲线表明原井眼储层物性较差，两口井的生产曲线表现洞穴封闭型特征，综合分析缝洞结构为平面组合模式，且组合类型为左右洞穴封闭型。

（3）斜向组合模式（图7，YM2-1与YM2-1C）。

串珠形态呈斜向展布，原井眼打在断溶体较高位置，侧钻井眼处于断溶体左下位置，均无放空漏失。原井眼酸压未沟通大规模储层，储层偏干，侧钻井眼经酸压获得成功，结合生产动态曲线综合验证该井所钻断溶体内部缝洞结构为斜向组合模式，且组合类型为右上裂缝左下洞穴—洞缘型。

（4）不规则组合模式（图7，H12-2、H12-2C与H12-2C2）。

串珠呈核桃状，H12-2井无漏失，酸压沟通储层，生产上表现定容、油压低、初期供液能力差，判定缝洞结构为边角缝连接洞穴—封闭型，H12-2C井发生漏失，生产响应为油压低、压降缓慢、初期供液能力差，缝洞结构为裂缝孔洞型，H12-2C2井出现放空漏失，投产时油压较高、初期供液能力强及定容特征，表现为洞穴—封闭型。三种缝洞结构空间分布不规则，表明断溶体内部缝洞结构存在不规则组合模式。

# 3 应用实例分析

YM3-2井是部署在哈拉哈塘油田跃满区块跃满3断裂带的一口开发井，目的层是奥陶系一间房组。该井于2015年5月10日投产，钻遇洞穴—封闭型储层，累计产油787t后于2016年3月7日不出油关井停产（图8）。该井钻遇的串珠反射强且呈斜向发育，完钻井底处于断溶体高部位，静态雕刻储量$8.9 \times 10^4$t，动态储量$1.3 \times 10^4$t，静态储量远大于动态储量的严重不匹配矛盾，储量动用严重不完善。在此基础上，由前文研究分析得知断溶

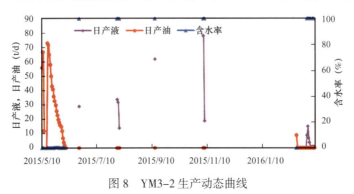

图8　YM3-2生产动态曲线

体内部缝洞结构是呈现多种组合的，因此依据该指导思想考虑对该井实施斜向侧钻，最终YM3-2在斜向侧钻后投产成功也证实了该井断溶体内部缝洞结构为斜向组合模式，实现了老井盘活，深度挖掘了该井所钻断溶体的剩余储量潜力（图9）。

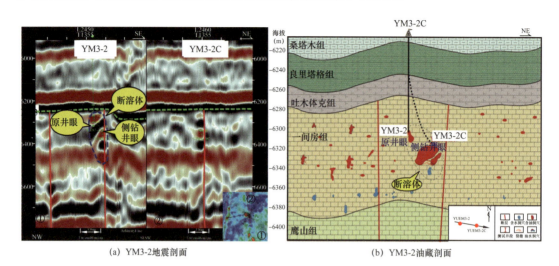

(a) YM3-2地震剖面　　　　　　　(b) YM3-2油藏剖面

图9　YM3-2与YM3-2C地震与油藏剖面

## 4　结论

（1）野外地质剖面、地质建模、正演分析多个技术角度证实了断溶体内部缝洞结构是具有复杂性的，基于这种理论认识，可以对已动用断溶体部署多口加密井，深度挖掘已动用断溶体的剩余油储量。

（2）断溶体内部复杂缝洞结构可以精细描述成四种缝洞结构组合模式，即垂向组合模式、平面组合模式、斜向组合模式以及不规则组合模式，且四种缝洞结构组合模式是以不同类型的缝洞结构实现组合。

（3）应用研究成果优选出剩余油潜力较大的已动用断溶体实施内部侧钻，针对垂向组合模式采用垂直加深，平面组合模式采用水平侧钻，斜向组合模式采用斜向侧钻，不规则组合模式采用多方位侧钻，最大化挖掘已动用断溶体的剩余油潜力，为提高碳酸盐岩油气藏的采收率提供新的思路和方法。

## 参 考 文 献

［1］鲁新便，胡文革，汪彦，等.塔河地区碳酸盐岩断溶体油藏特征与开发实践［J］.石油与天然气地质，2015，36（3）：348-349.

［2］荣元帅，胡文革，蒲万芬，等.塔河油田碳酸盐岩油藏缝洞分隔性研究［J］.石油实验地质，2015，37（5）：599-600.

［3］田飞.塔河油田碳酸盐岩岩溶缝洞结构和充填模式研究［D］.东营：中国石油大学（华东），2014.

［4］石书缘，胡素，云刘伟，等.基于野外资料和Google Earth影像的地质信息识别与提取方法——以塔里木盆地西克尔奥陶系古岩溶露头为例［J］.海相油气地质，2016，21（3）：57-58.

# 塔里木盆地牙哈凝析气田循环注气开发研究 ❶

作者中文

孙龙德　宋文杰　江同文

（中国石油塔里木油田分公司）

**摘　要**:牙哈凝析气田是我国最大的、首次采用高压循环注气方式开发的凝析气田，介绍了该凝析气田的地质特征、流体相态特征，建立了气藏流体单井产出注入方程，对气田的开发方式、布井方式进行了优化；通过方案实施跟踪研究，对方案进行了合理调整，研究制订了凝析气藏循环注气的射孔原则及射孔方案，对循环注气开发指标进行了预测，形成凝析气藏循环注气配套技术。目前，牙哈凝析气田实施循环注气已有两年时间，年产凝析油在 $50 \times 10^4 t$ 以上，实现了凝析气田的高效开发，牙哈凝析气田循环注气开发的实施对今后我国其他凝析气田的开发具有重要的理论和实际指导意义。

**关键词**:塔里木盆地；牙哈凝析气藏；流体相态特征；开发方式；循环注气；数值模拟

## 1　气田概况

牙哈凝析气田位于新疆维吾尔自治区库车县境内，构造处于塔里木盆地塔北隆起轮台断隆中段牙哈断裂构造带上（图 1），探明凝析气地质储量 $252.32 \times 10^8 m^3$，其中天然气 $226.51 \times 10^8 m^3$，凝析油 $1573.8 \times 10^4 t$，是我国目前发现的最大的凝析气田。该气藏为高温、高压、高含蜡、富含凝析油、地露压差小的凝析气藏，含油气储层属于新近系吉迪克组底砂岩、古近系底砂岩及白垩系顶部砂岩。新近系吉迪克底砂岩凝析气藏（$N_1 j$）为层状边水凝析气藏，古近系底砂岩加白垩系顶部砂岩凝析气藏（E+K）为块状底水凝析气藏（图 2）。

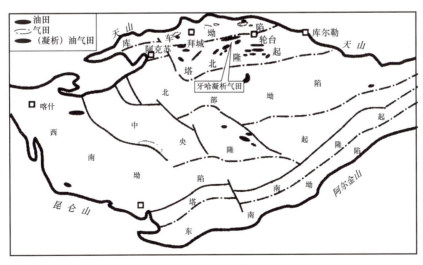

图 1　牙哈凝析气田位置示意图

❶　原载《中国科学（D 辑）》，2003，33（2）。

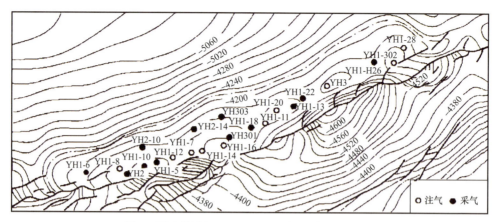

图 2　牙哈凝析气田 YH23E+K 层顶面构造井位图

# 2　牙哈凝析气田循环注气开发研究

## 2.1　构造储集特征

牙哈 23 气藏是牙哈凝析气出的主力气藏之一（图 3），循环注气开发研究主要是针对该气藏，牙哈 23 构造呈北东东—南西西展布，构造带整体东高西低[1]。产层埋深平均在 5000m 左右，其形态为长轴背斜，长短轴之比为 9∶1。该构造地层产状表现为南陡北缓，倾角分别为 4.5° 和 2.7°，构造南翼有北东东—南西西走向的正断层。储层岩性以中—粉砂质细砂岩为主，为河流—湖泊沉积体系[2]。

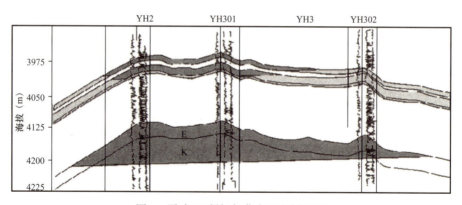

图 3　牙哈 23 凝析气藏东西向剖面图

新近系吉迪克组储层，储集类型为孔隙型，平均孔隙度为 15.6%，渗透率为 51.1mD，属中低孔中渗透储层，均质程度好，连通性好。单层有效厚度一般 9～20m。

古近系和白垩系储层，储集类型为孔隙型，古近系底砂岩，平均孔隙度为 15.4%，渗透率为 228.6mD，属中孔高渗透储层，均质程度好，连通性好。白垩系顶部砂岩，平均孔隙度为 14%，渗透率为 47mD，属低孔中低渗透储层，储层非均质严重，连通程度中等。单层有效厚度一般 25～40m。

## 2.2 流体相态特征

### 2.2.1 流体组成特征

凝析气组成：$C_1+N_2$ 含量为 77.71%～81.95%（摩尔分数）；$CO_2+C_2$—$C_6$ 含量为 11.81%～16.75%（摩尔分数）；$C_7+$ 含量为 5.48%～7.7%（摩尔分数）。原始地层压力 56MPa，地层温度 138℃，生产气油比 925～1565$m^3/m^3$，牙哈凝析气田地层流体为富含凝析油的凝析气。

### 2.2.2 地层流体常规 PVT 实验衰竭特征

牙哈凝析气藏饱和压力高（50MPa 以上），地饱压差仅 2～5MPa。等容衰竭开采最大反凝析液量在 20% 以上，最大反凝析压力 20～32MPa。衰竭开采时，$C_1$ 逐渐上升，$C_2$，$C_3$ 变化不大，$C_4$ 以上组分逐渐减少，越重的组分递凝析度越快，说明随压力下降，重组分大多损失到地层中。

### 2.2.3 流体相包络线特征

牙哈凝析气田地层流体相图（图 4）。相包络线特征为：（1）相图表明为近饱和凝析气特征，地饱压差 2～5MPa；（2）饱和压力接近最大反凝析压力，地层温度接近最大反凝析压力下的温度，衰竭开采时反凝析范围大、反凝析严重，衰竭开采采收率低；（3）临界压力（$p_c$）、临界温度高（$T_c$），表明凝析油含量高。

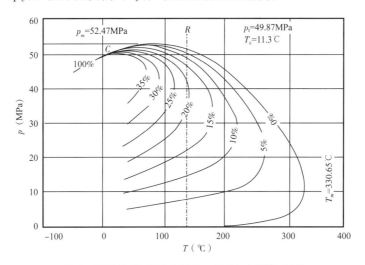

图 4　YH301 井 E 层（5109～5117m）流体相图

$p_i$—临界压力（MPa）；$T_i$—临界温度（℃）；$p_m$—最大反凝析压力（MPa）；$T_m$—最大反凝析温度（℃）

### 2.2.4 多孔介质对流体相态特征影响的实验研究

（1）对凝析气露点压力的影响。根据多孔介质中牙哈凝析油气体系露点预测的相平衡数学模型及实验结果，多孔介质条件下测试的牙哈凝析气藏地层流体的露点压力与实验室中 PVT 筒中测试的露点压力相差不大，因而对注气保持压力开发的区块，注气时机的确定可根据实验室 PVT 筒中确定的露点压力，而不考虑多孔介质的影响作用[3]。

（2）对凝析气反凝析油饱和度的影响。在定容衰竭过程中，与不考虑介质作用相比，考虑介质作用时液相体积分数以及地层反凝析油饱和度明显增加（表1、图5）。这是由于随压力降低从介质表面而脱附的气体中，重烃组分含量相对较大，因而使得体系中参与相平衡的重组分含量相对增加，在相同的压力下，析出的凝析油量也就相应增加的结果。

表1　YH6 和 YH301 井最大液相摩尔分数和反凝析油饱和度

| 参数 | YH6 | | | YH301 | | |
|---|---|---|---|---|---|---|
| | 无介质 | 有介质 | 相对偏差 | 无介质 | 有介质 | 相对偏差 |
| 最大液相体积分数（%） | 16.3 | 21.54 | 31.8 | 15.60 | 20.39 | 30.7 |
| 反凝析油饱和度（%） | 18.3 | 23.83 | 30.3 | 16.56 | 21.8 | 29.7 |

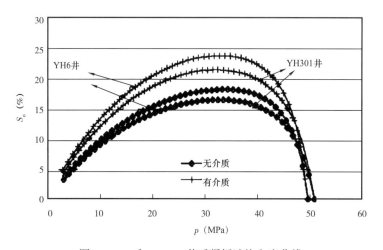

图 5　YH6 和 YH301 井反凝析油饱和度曲线

也说明在真实的储层条件下，衰竭式开采凝析气藏时，损失的凝析油比我们理论计算的要大得多，因此，应采取注气保持压力开采，以提高凝析油采收率[4]。

## 2.3　产出、注入方程的建立与分析

### 2.3.1　生产能力分析

（1）单井无阻流量。

根据试油、系统试井资料，利用单点法无阻流量公式（1）计算各气藏无阻流量。

$$Q_{AOF} = \frac{6Q}{\sqrt{1+48p_D}-1} \tag{1}$$

式中　$Q_{AOF}$——无阻流量，$10^4 m^3/d$；

　　　$Q$——凝析气（气和凝析油）产量，$10^4 m^3/d$；

　　　$p_D$——无因次压力，定义为 $p_D = \dfrac{p_R^2 - p_{wf}^2}{p_R^2}$。

（2）$N_{1j}$，E，K 层单井产能方程。

通过建立无阻流量与地层系数的关系及气藏平均产能方程求得平均单井产能方程：

$N_{1j}$（新近系吉迪克底砂岩凝析气藏）：

$$p_R^2 - p_{wf}^2 = 14.23Q + 0.7807Q^2$$
$$Q_{AOF} = 54.68 \times 10^4 \, m^3/d \tag{2}$$

E（古近系底砂岩凝析气藏）：

$$p_R^2 - p_{wf}^2 = 5.4573Q + 0.1118Q^2$$
$$Q_{AOF} = 146.39 \times 10^4 \, m^3/d \tag{3}$$

K（白垩系顶部砂岩凝析气藏）：

$$p_R^2 - p_{wf}^2 = 67.4753Q + 17.0967Q^2$$
$$Q_{AOF} = 11.84 \times 10^4 \, m^3/d \tag{4}$$

式中　$Q_{AOF}$——无阻流量，$10^4 m^3/d$；

　　　$Q$——凝析气（气和凝析油）产量，$10^4 m^3/d$；

　　　$p_R$——平均地层压力，MPa；

　　　$p_{wf}$——流压，MPa。

（3）牙哈凝析气藏合理生产压差分析。

由于牙哈凝析气藏未见出砂现象，合理生产压差主要考虑 3 个方面：（1）井底附近地层没有明显反凝析；（2）具有足够的携液能力；（3）井口附近不生成水合物。考虑以上 3 个因素，确定合理生产压差为 2MPa。

（4）产能预测。

在合理生产压差下，计算了气藏平均单井合理产量，见表 2。

表 2　牙哈凝析气藏平均单井指标

| 层位 | 无阻流量（$10^4 m^3/d$） | 合理压差（MPa） | 平均单井产量（$10^4 m^3/d$） |
|------|------|------|------|
| $N_{1j}$ | 55 | 2 | 10 |
| E | 146 | 2 | 26 |
| K | 12 | 2 | 2 |

### 2.3.2　注气能力分析

凝析气藏产出气、注入气可以互溶，均属气相，没有相对渗透率和毛细管压力的差异，故仍以产能方程代替注气能力方程。

（1）注气能力方程。

$N_{1j}$（新近系吉迪克底砂岩凝析气藏）、E（古近系底砂岩凝析气藏）：

$$p_{wfi}^2 - p_R^2 = 0.03923 p_R^2 (Kh)^{-0.3937} Q_i + 0.01847 \times 10^{-5} p_R^2 (Kh)^{-0.7874} Q_i^2 \tag{5}$$

K（白垩系顶部砂岩凝析气藏）：

$$p_{wfi}^2 - p_R^2 = 9.1575 p_R^2 (Kh)^{-1.0228} Q_i + 100631970 \times 10^{-5} p_R^2 (Kh)^{-2.0456} Q_i^2 \qquad （6）$$

式中　$Q_i$——注入量，$10^4 \text{m}^3/\text{d}$；

　　　$p_R$——平均地层压力，MPa；

　　　$p_{wfi}$——井底注入流压，MPa；

　　　$Kh$——地层系数，$10^{-3} \mu\text{m}^2 \cdot \text{m}$。

（2）地层压力保持水平。

既要减少反凝析，使平均流压保持在露点附近，同时地层压力保持水平又不过高，地层压力保持在54MPa左右较合理。

注入井口压力50MPa，平均单井注入量（20～30）$\times 10^4 \text{m}^3/\text{d}$时，注入井底流压（$p_{wfi}$）63MPa，正常生产时取其0.95，为59.85MPa，则注入压差5.85MPa，可满足注采平衡。

（3）最大注入压差分析。

保持地层压力54MPa时，最大注入压差 $\Delta p_{injm}$ 为：$N_1 j$ 层9.093MPa，E+K 层9.393MPa。

（4）平均单井注入量。

保持54MPa压力时，平均单井最大注入量为 $N_1 j$ 层 $30 \times 10^4 \text{m}^3/\text{d}$，E+K 层 $75 \times 10^4 \text{m}^3/\text{d}$；保持54MPa压力时，注入流压为最大注入流压的0.95，平均单井注入量为 $N_1 j$ 层 $22.6 \times 10^4 \text{m}^3/\text{d}$、E+K 层 $56.9 \times 10^4 \text{m}^3/\text{d}$。

## 2.4　开发方式、布井方式及方案优化[5]

$N_1 j$，E+K 属不同的油气水系统，储量丰度、生产能力具备单独开发的条件。因此分为两套开发层系。

循环注气开采经济极限井距，$N_1 j$ 为900m左右，E+K 层为725m左右；根据数模结果，确定注采井距上限为1100m。确定合理注采井距为800～1100m。

通过 E+K 层布井方式、开发方式优化认为：布井方式以轴部注气，轴部及边部采气相结合为最佳[6]；开发方式以部分保持压力注气开采方式为最佳。$N_1 j$ 层布井方式、开发方式优化认为：轴部（鞍部）注气、轴部（高部位）结合边部采气布井方式最优；循环注气部分保持压力开发方式最佳。

优化方案设计新钻井17口，总井数为22口（图2）。$N_1 j$ 层为2口注气井，4口采气井，E+K 层为6口注气井，9口采气井，1口观察井。

## 2.5　开发方案设计指标与实施效果[7]

牙哈凝析气田投产后，各项开发指标基本达到方案设计水平，见表3。根据牙哈凝析气藏开发指标数值模拟预测，从投产时开始注气，注气时间9年，年产凝析油（50～60）$\times 10^4 \text{t}$，稳产时间6年；注气期间，地层压力由55.24MPa降至51.79MPa，平均采气速度为4.59%。注气结束时，凝析油采收率30.85%，天然气采收率3.06%。预测

25 年末，凝析油采收率 48.14%，天然气采收率 64.1%。通过研究表明，牙哈凝析气田实施循环注气开发方式凝析油的采出程度，比衰竭式开发方式提高 25% 以上。

表3　牙哈凝析气田开发指标与方案设计指标对比表（2001年6月）

| 项目 | 平均单井日产油能力（t/d） | | 平均单井日产气能力（$10^4$m³/d） | | 气油比（m³/t） | | 生产压差（MPa） | | 采气指数（m³/MPa²） | | 无阻流量（$10^4$m³/d） | |
|---|---|---|---|---|---|---|---|---|---|---|---|---|
| | 方案 | 实际 | 方案 | 实际 | 方案 | 实际 | 方案 | 实际 | 方案 | 实际 | 方案 | 实际 |
| $N_1j$ | 65.2 | 75.8 | 10.15 | 13.31 | 1557 | 1533 | 2 | 3 | 463 | 483 | 55 | 61 |
| E+K | 138.7 | 165.4 | 23.26 | 31.32 | 1677 | 1725 | 2 | 2.15 | 1137 | 1550 | 146 | 183 |

牙哈凝析气田循环注气于 2000 年 10 月投产，2001 年年产凝析油 $60 \times 10^4$t，年产液化气 $3 \times 10^4$t，日注气能力 $290 \times 10^4$m³，最高注气压力 50MPa，实际注气压力 43～46MPa。工程总投资 8.38 亿元，投资回收期 2.5 年，百万吨产能建设的投资仅为 16.76 亿元，远低于国内油田百万吨产能建设投资 21 亿元的平均水平。

## 3　结论

（1）牙哈凝析气田为一构造相对简单的长轴背斜构造，含凝析气储集层纵向上分为 3 个层系且均为以砂岩为主的碎屑岩储层。新近系吉迪克组属中低孔中渗透储层，均质程度好，连通性好。古近系和白垩系储层以薄夹层相隔，古近系属中孔高渗透储层，均质程度好，连通性好。白垩系属低渗透储层，非均质严重，连通程度中等。

（2）地层流体为富含凝析油的凝析气，饱和压力接近最大反凝析压力，地层温度接近最大反凝析压力下的温度，随压力下降反凝析现象越来越严重，越重的组分越容易凝析出来，凝析油大部分损失在地层中，采收率较低。

（3）通过研究计算无阻流量在（12～146）$\times 10^4$m³/d 之间，生产压差保持在 2MPa 左右比较合理。采用循环注气开发方式，地层压力保持在 54MPa 左右可减少反凝析现象，加之布井方案的优化采用循环注气开发与衰竭式开发相比凝析油的采出程度可以提高 25% 以上。

（4）牙哈凝析气田实施循环注气已有 2 年的时间，循环注气开发研究设计的各项技术指标、技术参数和结论与实施结果基本吻合，证明了研究成果的正确性，同时，该项研究及其实施所形成的理论与配套技术，对我国其他凝析气田的合理开发也具有十分重要的指导意义。

## 参 考 文 献

［1］李秋生，卢德源，高瑞，等.横跨两昆仑—塔里木接触带的爆炸地震探测，中国科学，D辑，2000，30（增刊）：16-21.

［2］林畅松，刘景彦，张燕梅，等.库车凹陷第三系构造层序的构成特征及其对前陆构造作用的响应.中

国科学，D 辑，2002.32（3）：177–183.

［3］伊克库 C U. 天然气藏工程 . 北京：科学普及出版社 .1992.49–50.

［4］马世煜 . 凝析油气藏开采技术 . 北京：石油工业出版社，1996.108–120.

［5］李仕伦 . 凝析气藏开发技术论文集 . 成都：四川科学技术出版社，1998.24–37.

［6］Sanger P J，Hagoort J.Recovery of gas condensate by nitrogen injection compared with methen.SPE，1995，No.30795：3–5.

［7］Massonnat G J，Bachtanik C. Early Evaluation of Uncertainties in the incremental condensate recovery. SPE，1995，30569：2–5.

# The Study of Development Mechanism and Characteristics for Kela 2 Abnormally High Pressure Gas Field[1]

Jiang Tongwen    Zhu Weihong    Xiao Xiangjiao    Wang Hongfeng

PetroChina Tarim Oilfield Company

Abstract：Kela 2 Gas Field is the main West-to-East gas transmission pipeline gas field with the feature of high geologic reserve，high well productivity，high reservoir pressure，high pressure coefficient，high structure angle and extremely thick reservoir and so on. Base on the main geologic features，has established the geological model fitting the gas reservoir.Through the further study of the geologic features and the development mechanism，has made the conclusions as follows：（1）Because of the good quality of reservoir rocks，stress sensitivity has little impact on development effect.（2）The static water body is about 5 times of hydrocarbon volume through geological evaluation，so the water drive energy is weak and has little effect on the field development.Thus the field can be developed in high recovery rate，and the reasonable recovery rate is around 4%.（3）There is less interlayer interference between high and low permeability zones.Therefore，It is considered that commingled production should be taken for Kela 2 gas field.Base on the conclusion，has builded up Kela 2 gas field，which is the largest scale deliverability in China.The fundamental theory for Kela 2's productivity evaluation and dynamic analysis is well applied to th the Dina and the Dabei gas field which is the similar abnormal high pressure character.Through the applicantion，has formed a systematic development techniques suitable for the submountain region with ultra deep and surpressure of Tarim basin.

Keyword：Kela 2 gas field；abnormal pressure；Geologic Modeling；Stress-Sensitive；dynamic monitoring

Basic point and exploitation difficulty of Kela 2 Gas Field：Kela 2 Gas Field is the main West-to-East gas transmission pipeline gas field with the feature of high geologic reserve，high well productivity，high reservoir pressure，high pressure coefficient（2.02），high structure angle （stratigraphic dip is about（15-22°）and extremely thick reservoir（gas column height is close to 400m）and so on.It is an unusual large-scale mono-block dry gas reservoir in the world.Presently，how to efficiently and scientifically develop Kela 2 gas reservoir，there is little proven experience that we can use for reference.Due to the shortage of wells for early evaluation，it is difficult to

---

❶  原载于《Society of Petroleum Engineers》，2010，131953。

describe gas reservoirs correctly and to establish accurate three-dimensional geologic model ; Due to the influence of abnormal high pressure production capacity introduced by stress sensibility, it is difficult to evaluate the production capacity : Due to the special geologic characteristics of Kela 2 gas field, it is difficult to formulate scientific countermeasure for exploitation ; And due to the security risk when monitoring the formation pressure of strata with abnormal high pressure, it is difficult to detect the wellhead pressure.Moreover, an abnormal situation occurs that the recovering data of the shut-in well pressure measured at the wellhead of Kela 2 gas field declines continuously.

## 1 Fine 3D Geologic Modeling under the Conditions of Wide Spaced Wells in the Kela2 Gas Reservoir.

According to the present problems of shortage of wells and geologic model with low accuracy, the geologic characte ristics of outcrop of Kela 2 gas field have been fully studied.By use of the vertical and horizontal resolution of well logging and seismic respectively.applying the random simulating method, the space distribution heterogeneity of reservoir physical property has been described in detail.Through estimating or modeling the space distribution of reservoir parameters of Kela 2 gas field, the relationship between wells and seismic data can be recognized so that the uncertainty of results can decline prccipjtousi.pacing seismic is more than tight spacing ones. Seismic guidance can promote the accuracy and resolution greatly ( throug hvacuating testing ) in the outer well control zon.Combining the optimizing of reservoir modeling, when there are only 5 exploration and evaluation wells in the kela 2 gas field and the well spacing is about $3\sim6$km, the fine 3D geologic modeling can be constructed by fully using seismic, logging data, testing and surface exposure. Now it was proved that the kela 2 geologic modeling accord with geologic characteristic. It is not good basis for making development scheme of Kela 2 gas field, but good experience for constructing 3D model of other reservoir under the conditions of wide spaced wells in the future.

## 2 The productivity appraisal system of the abnormal high pressure stress sensitivity reservoir.

The study shows that the abnormal high pressure gas reservoirs, Kela 2 has stress sensitivity in the stress sensitivity experiments of abnormal high pressure gas reservoirs, the lower the reservoir permeability the stronger the stress sensitivity, even the fracture reservoir with high permeability also has the stress sensitivitv.So the various reservoir parameters such as permeability, viscosity, Z factors, etc, may change with the pressure in the exploiting process.The well rational productivity is also respond to changes of the formation pressures.Based on the system research about the seepage theory of abnormal high pressure gas reservoirs, the paper deduced the unstable seepage productivity equation which integrated the permeability modulus. Based on this study, can provide advice to establish the productivity equation, predict the rational productivity, establish the appraisal system of the abnormal high pressure stress sensitivity reservoir, determine the well rational productivity of Kela 2 reservoir, provides the reliable basis to well-net array, etc.

## 3  The reasonable policies of Kela 2 reservoir exploitation.

On the basis of geological modeling, through the study of reasonable production rate, well type, well pattern, the degree of penetration, drawdown pressure, reservoir heterogeneity, water body energy etc are carried out, technical policies were established. The main results of research are as follows: ① Because of the good quality of reservoir rocks, stress sensitivity has little impact on development effect. ② The static water body is about 5 times of hydrocarbon volume through geological evaluation, so the water drive energy is weak and has little effect on the field development. Thus the field can be developed in high recovery rate, and the reasonable recovery rate is around 4%. ③ There is less interlayer interference between high and low permeability zones. Therefore, It is considered that commingled production should be taken for Kela 2 gas field. The degree of penetration is around 60%~70% .The drawdown pressure of a single well is around 3~4MPa. ④ It is proven that depletion can be taken to develop Kela 2 gas field after economic evaluation.

## 4  The Emendation method's Research of Abnormal Data of The KL 2 Gas field THP Comeback.

The Kela 2 gas field is featured by high formation pressure with 74.35MPa and large production with $500 \times 10^4 m^3/d$, which may cause high difficulty and high risk by using the conventional monitoring technology. High-grade pressure gauge should be the first choice for pressure monitoring, and an accurate evaluation of formation pressure according to wellhead pressure is crucial for pressure monitoring. Analysis of actual pressure data from wells of the Kela 2 gas field indicates that the wellhead pressure showed abnormal downward trend ( normal wellhead pressure showed rising trend ), which make evaluation more difficult and risky. This paper draws a conclusion that temperature is the main factor leading to abnormal wellhead pressure and deduces the flowing pressure calculation model for the Kela 2 gas field which considering the kinetic energy by applying the static pressure calculation method. The calculation result has better tally with test result and the result proves that this calculation model effectively solved the problem of pressure monitoring for abnormal high pressure gas wells, thus to lay a theoretical foundation for productivity evaluation and dynamic analysis of the similar abnormal high pressure gas wells such as the Dina gas field and Dabei gas field. and can realize the safety production.

# Reference

［1］Dranchuk, P.M., Purvis, R.A., and Robinson, D.B., "Computer Calculations of Natural Gas Compressibility Factors Using the Standing and Katz Correlation," Inst.Of Petroleum Technical Series, No.IP 74-008, 1974.

［2］Dranchuk, P.M., and Abu-Kassem, J.H., "Calculation of Z-factors for Natural Gases Using Equations-of-State," JCPT, July-Sept., 1975, PP.34-36.

［3］Hall, K.R., and Yarborough, L., "A New Equation-of-State for Z-factor Calculations," Oil and Gas Journal, June 18, 1973, PP.82-92.

［4］Hankinson RW, Thomas L K, Phillips K A.Predict Natural Gas Properties.Hydr, proe, 1969, 48（4, zApr）: 106-108.

# 塔里木盆地迪那2气田特低渗透砂岩储层应力敏感性研究❶

江同文　唐明龙　肖香姣　王洪峰

（中国石油塔里木油田分公司勘探开发研究院　新疆库尔勒　841000）

**摘　要:** 迪那2气田是西气东输的主力气田之一，地层压力高（106MPa）、压力系数高（2.25），是一个带裂缝低孔、特低渗透异常高压凝析气藏。为正确评价在开采过程中储层岩石随着地层压力的下降而发生的弹塑性形变，开展了迪那2气田储层应力敏感性实验研究。通过对岩心样品在不同有效应力下的孔隙度、渗透率的测试，分析了储层岩石物性随压力的变化规律，得到了迪那2气田典型储层的全应力应变曲线，定量地描述了地层压力降低后岩石出现的永久塑性变形特征。该成果为确定迪那2气田单井产能、制订气田开发规划奠定了基础，也为类似气田的开发基础研究提供了有效的技术方法和手段。

**关键词:** 迪那2气田；异常高压；有效应力实验；储层物性；应力敏感性；产能

国内外对于储层的应力敏感性研究，主要集中于储层物性参数如孔隙度、渗透率、孔隙压缩系数随地层压力变化的规律。1953年，Hall通过研究得到油藏工程中广泛应用的Hall图版。随后，Vairogs J、Jones、Alihs、Jelmartta等[1-4]大量的学者也进行了研究。近年来国内的研究者[5-8]也在油气储层的应力敏感方面做了不少的实验研究，实验的有效应力范围一般在0～55MPa之间，没有做过迪那2气田这样的实验压力，并且以前没有对裂缝随有效应力变化的敏感进行定量研究，对应力敏感岩心进行往复实验研究也少见报道。

迪那2气田地层中深4950m，原始地层压力106.03MPa，压力系数2.0～2.25，储层岩性以粉砂岩、细砂岩为主，填隙物含量较高，占岩石总成分的10%以上，局部可达30%以上。杂基主要有泥质、铁泥质；胶结物以碳酸盐居多；储集类型为微裂缝—孔隙型，储集空间类型以剩余原生粒间孔为主（46%～73%）；岩心分析孔隙度4.9%～8.97%、渗透率0.09～1.11mD，属低孔、低渗透—特低渗透储层，非均质性强。针对这种低渗透储层异常高压气藏，采用OPP高压孔渗仪（压力0～10000psi）及恒温箱（0～150℃）进行不同有效应力（0～65MPa）下储层应力敏感性实验，并开展裂缝随有效应力变化的敏感性实验定量研究，开展应力敏感岩心往复实验研究。这对该气藏合理开发是非常必要的，并且对动态储量计算、产能评价及合理生产工作制度的确定具有重要意义。

---

❶　原载《沉积学报》，2007，25（6）。

# 1 储层基质物性参数变化规律

迪那 2 气田上覆地层平均密度 $\rho$ 取 $2.36\mathrm{g/cm}^3$，上覆地层厚度取气藏中部深度 4950m，孔隙流体压力由完井试油资料提供，压力取值 106MPa，进而得到初始有效应力为 10.82MPa。表 1 为迪那 2 气田有效应力从 10～65MPa 变化条件下的实验结果。

表 1  迪那 2 气田不同有效应力下渗透率、孔隙度实验数据

| 样品号 | 10MPa | | 20MPa | | 30MPa | | 40MPa | | 50MPa | | 65MPa | |
|---|---|---|---|---|---|---|---|---|---|---|---|---|
| | $K$ | $\phi$ | $K$ | $\phi$ | $K$ | $\phi$ | $K$ | $\phi$ | $K$ | $\phi$ | $K$ | $\phi$ |
| D2–1 | 0.64 | 11.94 | 0.57 | 11.72 | 0.53 | 11.58 | 0.51 | 11.48 | 0.49 | 11.40 | 0.48 | 11.31 |
| D2–7 | 0.64 | 11.55 | 0.59 | 11.36 | 0.57 | 11.25 | 0.55 | 11.17 | 0.53 | 11.10 | 0.53 | 11.02 |
| D2–6 | 0.86 | 12.45 | 0.78 | 12.23 | 0.74 | 12.11 | 0.72 | 12.02 | 0.7 | 11.96 | 0.68 | 11.87 |
| D–7 | 1.61 | 14.22 | 1.5 | 13.95 | 1.44 | 13.79 | 1.4 | 1368 | 1.38 | 13.59 | 1.35 | 13.48 |
| D2–10 | 0.88 | 12.45 | 0.8 | 12.26 | 0.77 | 12.15 | 0.74 | 12.07 | 0.73 | 12.00 | 0.72 | 11.91 |
| D–40 | 5.32 | 15.43 | 5.23 | 15.21 | 5.19 | 14.89 | 5.16 | 14.71 | 5.14 | 14.57 | 5.11 | 14.42 |
| D–6 | 4.5 | 14.14 | 4.31 | 13.86 | 4.22 | 13.63 | 4.13 | 13.45 | 4.01 | 13.30 | 3.95 | 13.16 |
| D–17 | 0.53 | 11.36 | 0.5 | 11.26 | 0.47 | 11.18 | 0.47 | 11.11 | 0.45 | 11.05 | 0.43 | 10.98 |
| D–39 | 0.46 | 10.91 | 0.43 | 10.77 | 0.41 | 10.68 | 0.39 | 10.61 | 0.38 | 10.54 | 0.36 | 10.47 |
| D–37 | 0.28 | 7.88 | 0.26 | 7.76 | 0.25 | 7.65 | 0.24 | 7.58 | 0.23 | 7.51 | 0.22 | 7.45 |
| D–20 | 0.11 | 9.68 | 0.09 | 9.49 | 0.08 | 9.38 | 0.07 | 9.31 | 0.06 | 9.25 | 0.06 | 9.18 |
| D–36 | 0.02 | 5.11 | 0.01 | 4.90 | 0.01 | 4.75 | 0.01 | 4.63 | 0.01 | 4.53 | 0.01 | 4.43 |
| D–42 | 0.05 | 5.33 | 0.02 | 5.07 | 0.02 | 4.88 | 0.01 | 4.74 | 0.01 | 4.63 | 0.01 | 4.51 |
| 单位：渗透率（mD）；孔隙度（%）。 | | | | | | | | | | | | |

图 1 为迪那 2 气田归一化渗透率 $K_\mathrm{D}$ 与有效应力 $p_\mathrm{e}$ 的关系曲线，迪那 2 区块渗透率随有效应力的变化大致可以分 $K \geq 0.2\mathrm{mD}$、$0.1\mathrm{mD} \leq K < 0.2\mathrm{mD}$ 和 $K < 0.1\mathrm{mD}$ 三个区间，处理后得到 3 条 $K_\mathrm{D}$ 与 $p_\mathrm{e}$ 呈较好的幂函数关系。分析得出，初始渗透率越低，则应力敏感性越强。当有效应力从 10MPa 变化到 65MPa 时，三个渗透率区间的岩心渗透率分别为初始值的 75%、28% 和 9.9%；D2-2 岩心虽然渗透率大于 0.1mD，但由于存在微裂缝，应力敏感较强，当有效应力从 10MPa 变化到 65MPa 时，渗透率只有初始值的 42% 左右。低渗透岩心在低有效应力下表现出强应力敏感是由于岩心在这个阶段发生了微量软塑性变形，同一区块岩心微量软塑性变形基本相同，那么对渗透率低的岩心受到的影响肯定比渗透率高的岩心大得多。

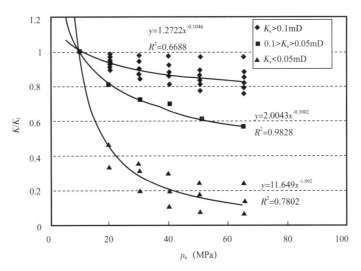

图 1　归一化渗透率与有效应力关系

图 2 为迪那 2 气田归一化孔隙度 $\phi_D$ 与 $p_e$ 关系曲线，大致可以分为 $K \geqslant 0.1\text{mD}$ 和 $K < 0.1\text{mD}$ 两个区间，其变化趋势与渗透率相同，但应力敏感性相对较弱，当有效应力从 10MPa 变化到 65MPa 时，两渗透率区间岩心的孔隙度变化分别在 6%、15% 左右。而含有裂缝的岩心 D2-2，虽然渗透率随有效应力的变化较敏感，而孔隙度随有效应力的变化并不敏感。

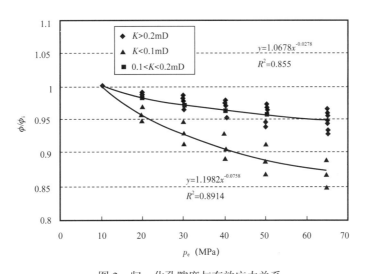

图 2　归一化孔隙度与有效应力关系

表 2 为迪那 202、迪那 22 和迪那 201 等井储层剖面上不同渗透率区间的厚度分数统计。将储层物性变化类型与厚度百分数综合起来，可得出储层平均渗透率、孔隙度随地层压力下降规律（表 3、图 3），其表达式分别为

$$K_D = 1.3719 p_e^{-0.136}, \quad R^2 = 0.9982 \tag{1}$$

$$\phi_D = 1.0704 p_e^{-0.0288}, \quad R^2 = 1 \tag{2}$$

表2  不同渗透率变化区间厚度统计

| 项目 | 类型 | 渗透率变化区间 | $h/\sum h\,(f)(\%)$ |
|---|---|---|---|
| 覆压渗透率 | 1 | $K>0.2\text{mD}$ | 86.20 |
| | 2 | $0.1<K\leq0.2\text{mD}$ | 11.60 |
| | 3 | $K\leq0.1\text{mD}$ | 2.20 |
| 覆压孔隙度 | 1 | $K>0.1\text{mD}$ | 97.80 |
| | 2 | $K\leq0.1\text{mD}$ | 2.20 |

表3  迪那2气田储层物性参数随压降变化结果

| $p_e$（MPa） | | 10 | 20 | 30 | 40 | 50 | 60 | 70 | 80 | 90 | 100 |
|---|---|---|---|---|---|---|---|---|---|---|---|
| $p_f$（MPa） | | 106.82 | 96.82 | 86.82 | 76.82 | 66.82 | 56.82 | 46.82 | 36.82 | 26.82 | 16.82 |
| $K_d$ $(f)$ | （1）$K>0.2$ | 1 | 0.9300 | 0.8914 | 0.8649 | 0.8450 | 0.8290 | 0.8158 | 0.8044 | 0.7946 | 0.7859 |
| | （2）$0.2\geqslant K>0.1$ | 1 | 0.8154 | 0.7220 | 0.6623 | 0.6193 | 0.5864 | 0.5598 | 0.5378 | 0.5192 | 0.5030 |
| | （3）$K\leq0.1$ | 1 | 0.4421 | 0.2840 | 0.2074 | 0.1626 | 0.1332 | 0.1126 | 0.0973 | 0.0856 | 0.0763 |
| | 平均 | 1 | 0.9060 | 0.8583 | 0.8270 | 0.8038 | 0.7856 | 0.7706 | 0.7580 | 0.7470 | 0.7375 |
| $\phi_D$ $(f)$ | （1）$K>0.1$ | 1 | 0.9825 | 0.9715 | 0.9637 | 0.9578 | 0.9529 | 0.9488 | 0.9453 | 0.9422 | 0.9395 |
| | （2）$K\leq0.1$ | 1 | 0.9548 | 0.9259 | 0.9059 | 0.8907 | 0.8785 | 0.8683 | 0.8596 | 0.8519 | 0.8451 |
| | 平均 | 1 | 0.9819 | 0.9705 | 0.9625 | 0.9563 | 0.9513 | 0.9471 | 0.9434 | 0.9403 | 0.9374 |

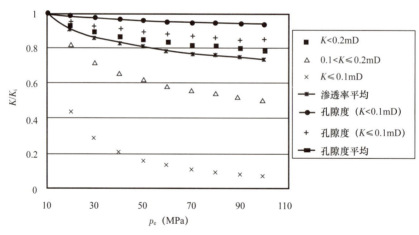

图3  储层物性参数与有效应力关系

## 2  不同有效应力下带裂缝岩样的变化规律

由于迪那2气田裂缝发育，为研究带裂缝储层的应力敏感性，专门取带裂缝岩样进行实验。表4为不同有效应力下带裂缝岩样渗透率、孔隙度实验数据。由实验数据所作图4可以看出：

表 4　迪那 2 气田带裂缝岩样渗透率、孔隙度实验数据

| 样品号 | 10MPa | | 20MPa | | 30MPa | | 40MPa | | 50MPa | | 65MPa | |
|---|---|---|---|---|---|---|---|---|---|---|---|---|
| | $K$ | $\phi$ | $K$ | $\phi$ | $K$ | $\phi$ | $K$ | $\phi$ | $K$ | $\phi$ | $K$ | $\phi$ |
| D2–2 | 2.2 | 11.60 | 1.51 | 11.41 | 1.15 | 11.29 | 1.07 | 11.20 | 0.99 | 11.14 | 0.93 | 11.05 |
| 单位：渗透率（mD）；孔隙度（％）。 | | | | | | | | | | | | |

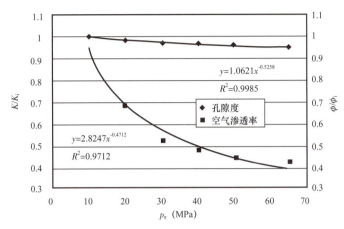

图 4　裂缝岩样归一化渗透率和归一化孔隙度与有效应力关系

（1）当有效应力由 20MPa 增至 65MPa 时，相同渗透率基质岩样和裂缝岩样相比，归一化空隙度差别不大，基质岩样归一化空隙度变化范围 94%～98%，裂缝岩样归一化空隙度变化范围 91%～97%，裂缝样孔隙度变化要比基质大，并且下降速率有所增快。

（2）当有效应力由 20MPa 增至 65MPa 时，相同渗透率基质岩样和裂缝岩样相比，基质岩样归一化渗透率变化范围 84.3%～93.4%，裂缝岩样归一化渗透率变化范围 42.3%～68.2%，裂缝岩样受压后，裂缝闭合导致渗透率迅速下降，下降幅度比基质样大得多，但由于有缝后渗透率大幅增加，虽然裂缝渗透率下降速率很快，高压下仍能保持较高渗透率。

（3）裂缝岩心归一化渗透率和孔隙度与有效应力的关系仍满足乘幂关系式。

## 3　有效应力往复变化对渗透率的影响

为了研究气井生产过程中开关井时，有效应力往复变化对渗透率的影响，本次采用压力循环回路实验，实验过程是有效压力增大（升压 1）—减压（降压 1）—再增压（升压 2）—再减压（降压 2），测定不同有效压力下的渗透率。这有助于选择开采方式和确定合理的工作制度。通过对迪那 22 井 2 块岩样（D2-3 号、D2-5 号岩心）压力循环回路实验，实验数据见表 5。

由实验数据所做的图 5 可以看出，有效压力由小增大时，储层渗透率降低；当有效应力再由大变小时，储层渗透率又由小向大方向返回，但无法恢复到原来的水平。并且升降压过程中渗透率在低压段差异较大，高压段差异小，即岩样承受高有效应力后，产生了部

分塑性变形，释压后不能完全恢复。这种塑性变形对渗透率的影响较大，因为低渗透储层岩石的孔隙和喉道本身就很细小，受压后较小的变化就会对渗透率产生较大的变化。每次加压后渗透率有所降低，而两次释压恢复曲线则基本重合。

有效应力增大和减小（或地层压力下降和恢复）所导致的岩石变形现象，对气藏的生产有很重要的指导意义。若用大油嘴放喷时，井区附近如果渗透率小于 0.1mD，会使近井区域造成明显的渗透率降低，气井反复多次改变工作制度会使气井产能发生不可逆的变化。从生产应用角度来说，对于低渗透高压气藏采用反复关井的方法虽然能够恢复地层压力，但每一轮次都会给渗透率带来不同程度的不可逆伤害，因此气井的产量会越来越低，对于像迪那 2 气田这样的裂缝性高压气藏来说，这种情况会更为典型。

表 5   迪那 22 井压力循环回路实验数据

| 岩样 | D2-3 号（$K_s$=0.7894mD） | | | | | | D2-5 号（$K_s$=0.8975mD） | | | | | |
|---|---|---|---|---|---|---|---|---|---|---|---|---|
| $p_e$（MPa） | 10 | 12 | 15 | 20 | 30 | 40 | 10 | 12 | 15 | 20 | 30 | 40 |
| 一增压 | 0.7894 | 0.7499 | 0.7262 | 0.6947 | 0.6655 | 0.6513 | 0.8975 | 0.8616 | 0.8526 | 0.8347 | 0.8167 | 0.7943 |
| 一减压 | 0.7112 | 0.6970 | 0.6891 | 0.6734 | 0.6639 | 0.6481 | 0.8463 | 0.8392 | 0.8302 | 0.8122 | 0.7988 | 0.7898 |
| 二增压 | 0.7128 | 0.7026 | 0.6986 | 0.6907 | 0.6647 | 0.6497 | 0.8481 | 0.8401 | 0.8347 | 0.8167 | 0.8033 | 0.7916 |
| 二减压 | 0.6986 | 0.6947 | 0.6868 | 0.6718 | 0.6631 | 0.6473 | 0.8445 | 0.8383 | 0.8257 | 0.8095 | 0.7943 | 0.7880 |

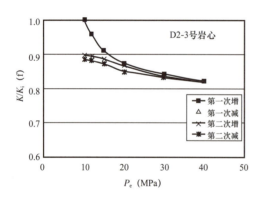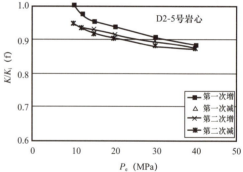

图 5   有效应力往复变化对渗透率的影响曲线

## 4   结论

（1）迪那 2 气田储层应力敏感性较强，岩心孔隙度对有效应力的变化范围为 5%～15%，岩心渗透率对有效应力的变化很敏感，渗透率较高的岩心敏感较小（$K_s \geq 0.2$mD 的储层在有效应力为 65MPa 时，渗透率的最小值不低于初始值的 75%），而渗透率真小的储层有效覆压的变化更敏感（小于 0.1mD 的储层在有效覆压为 65MPa 时渗透率仅为原始的 15%）。

（2）带裂缝的岩心比不带裂缝岩心的应力敏感性强（有效应力由 20～65MPa 时，无缝岩样无因此渗透率变化率范围 84.3%～93.4%，有裂缝岩样范围 42.3%～68.2%），但由于有缝后渗透率大幅增加，虽然裂缝渗透率下降速率很快，高压下仍能保持较高渗透率。

（3）由于在有效应力的作用下岩石产生了不可恢复的塑性变形，对储层物性造成的伤害是永久性的和不可逆的，因此迪那2气田在生产和测试等过程中必须严格控制生产压差，确保开发效果。

（4）迪那2气田储层渗透率以大于0.2mD为主(厚度占86.2%)，岩石变形在开发后期(地层压力20～30MPa)产能影响较大，考虑裂缝影响，应力敏感对产能影响应更大，因此，岩石变形对产能及开发效果的影响较大。

## 参 考 文 献

［1］Ali HS，Al-Marhacn MA.The effect of overburden pres-sure on relative permeability.SPE15730，1987.

［2］Jones F O.A laboratory study of the effects of confining pressure on fracture flow and storage capacity in carbonate rocks.Journal of Petroleum Technology，1975，9（2）：21–27.

［3］Vairogs Jetal. Effect to frock stress gas production from low permeability reservoirs.Journal of Petroleum Technology，1971；（9）：1161–1167.

［4］Jelmart T A，Selseng H.Permeability function describes corepermeability instress-sensitive rocks .Oil&Gas Journal，1998，96（49）：60–63.

［5］孙龙德，宋文杰，江同文．克拉2气田储层应力敏感性及对产能影响的实验研究.中国科学D辑地球科学.2004，34（增刊I）：134–142.

［6］阮敏，王连刚.低渗透油田开发与压敏效应.石油学报，2002，（5）：73–76.

［7］刘建军，刘先贵.有效应力对低渗透多孔介质孔隙度、渗透率的影响.地质力学学报，2001，7（1）：41–44.

［8］张新红，秦积舜.低渗岩心物性参数与应力关系的实验研究.石油大学学报(自然科学版)，2001，25（4）：56–57，60.

# 库车前陆盆地克深气田超深超高压气藏开发认识与技术对策 ❶

## 江同文 孙雄伟

中国石油塔里木油田分公司

**摘 要:**塔里木盆地北缘库车前陆盆地克深气田是罕见的超深超高压裂缝性致密砂岩气藏。在气田开发先导试验阶段,开发井成功率、产能到位率均低,气井产能递减快,开发效果不佳。为此,在深入认识气藏地质特征、产能控制因素、储层连通关系与渗流特征、气水关系与水侵规律的基础上,经过持续的开发试验和技术攻关,探索形成了"高部位集中布井、适度改造、早期排水"的开发对策和"超深复杂构造描述技术、裂缝性致密砂岩气藏井网优化技术、裂缝性致密砂岩储层缝网酸化压裂改造技术、超深超高压气井动态监测技术、高压气井井筒完整性管理与评价技术"等5大配套开发技术,在该气田开发过程中取得了良好的应用效果:(1)目的层钻井深度误差由125m下降到30m以内;(2)克深8区块扩大试验区产能到位率达100%;(3)单井平均天然气无阻流量提高5倍,由改造前的$50 \times 10^4 m^3/d$提高到$273 \times 10^4 m^3/d$;(4)克深气田实现了高温高压条件下的安全平稳生产。该气田的成功高效开发为国内外其他同类型气藏的开发提供了经验,其开发对策和配套技术具有重要的指导和借鉴意义。

**关键词:**塔里木盆地;克深气田;白垩纪;巴什基奇克组;超深;超高压;高温;裂缝性;致密砂岩气藏;开发技术对策

克深气田位于塔里木盆地北缘库车前陆盆地克深构造带,自2008年克深2井获得天然气勘探突破以来,该构造带已先后发现19个气藏,累计探明天然气地质储量超过$8000 \times 10^8 m^3$。目前,气田已有13个气藏投入开发和试采,建成天然气产能规模$75 \times 10^8 m^3/a$,是近年来塔里木气区天然气上产的重点区域。克深气田兼具裂缝性致密储层和超深超高压特征,是国内外罕见的超深超高压裂缝性致密砂岩气藏[1-2]。由于该类气藏开发缺乏可借鉴的成熟技术和经验,为了实现高效开发,中国石油塔里木油田分公司(以下简称塔里木油田)组织开展了持续不断的攻关和试验,先后在克深2、克深8区块进行了开发先导试验和扩大试验,深化了气藏地质认识,形成了相应的开发对策和配套的开发技术,取得了良好的开发效益,开辟了超深超高压裂缝性致密砂岩气藏开发的新领域。

---

❶ 原载《本刊视点》,2018,38(6)。

# 1 气田地质特征

## 1.1 构造特征

库车坳陷是一个典型的挤压型含盐前陆盆地[3]，古近系库姆格列木群（$E_{1-2}km$）发育厚层石膏和盐岩，在南天山强烈的挤压应力作用下，存在"盐上、盐岩、盐下"分层差异变形，形成"盐上褶皱、盐下冲断"的构造特征[4-6]。盐下层在冲断带北部发育一系列基底卷入逆冲断层，形成楔形冲断构造；在冲断带南部发育一系列滑脱断层，形成滑脱冲断构造和突发构造（图1）。由于巨厚膏盐层的有效封堵，油气在盐下层各个断块内聚集成藏，形成资源丰富的克深气田。

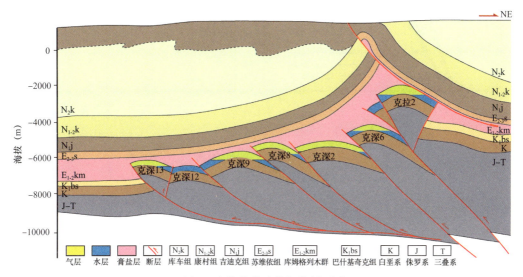

图1 克拉苏构造带气藏剖面图

## 1.2 储层特征

克深气田目的层为下白垩统巴什基奇克组（$K_1bs$），属于扇三角洲—辫状河三角洲前缘沉积，砂体厚度大（280～320m），横向叠置连片，隔/夹层不发育[7-8]。由于巴什基奇克组埋藏深度大（6500～8000m）、压实作用强[9-10]，储层基质物性较差。岩心孔隙度介于2%～8%，平均值为4.1%；基质渗透率介于0.001～0.10mD，平均值为0.05mD；储集空间以粒间溶蚀孔为主，其次为粒内溶孔[11]；裂缝发育，以半充填—未充填高角度缝为主，其次为斜交缝及网状缝[12]。裂缝对克深气田储层渗流能力改善很大，试井解释储层渗透率介于1～10mD，远高于基质渗透率，表明储层为裂缝性致密砂岩[13]。

## 1.3 温压系统及气水关系

克深气田目前已发现的气藏埋深普遍超过6500m，原始地层压力介于90～136MPa，压力系数介于1.60～1.85，地层温度介于125～182℃，属超深超高压高温气藏[13]。其中克深2区块原始地层压力116.06MPa，压力系数为1.79，地层温度为168℃；克深8区块原始地层压力为122.86MPa，压力系数为1.84，地层温度为169.3℃。气藏中地层水多以层状边底水的形式存在，地层水矿化度介于 150～200g/L，氯离子含量介于 80～170g/L，为 $CaCl_2$ 水型。

### 1.4　气藏类型

克深气田储层埋藏深、地层压力高，基质物性差、裂缝发育，兼具超深超高压和裂缝性致密砂岩储层特征，是国内外罕见的超深超高压裂缝性致密砂岩气藏（图 2）。气藏整体受构造控制，气藏高度一般较大，多发育层状边水，水体普遍较活跃。

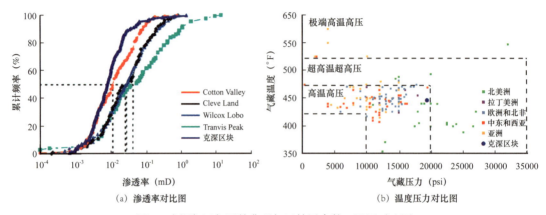

（a）渗透率对比图　　　　　　　　（b）温度压力对比图

图 2　克深气田与国外典型气田储层参数、温压对比图

注：1psi=6.8948×10⁻³MPa；华氏温度（°F）= 摄氏温度（℃）×1.8+32

# 2　气田开发试验及主要认识

## 2.1　开发试验历程

### 2.1.1　克深 2 区块开发先导试验

由于超深超高压裂缝性致密砂岩气藏开发缺乏成熟的技术和经验，塔里木油田首先在克深 2 区块进行了开发先导试验。克深 2 区块储层致密，第一轮评价井未钻遇气水界面，借鉴致密气和连续型油气藏的概念[14-17]，认为克深 2 区块整体含气。因此，以大面积含气为依据，采用面积井网加体积压裂技术，进行克深 2 区块的开发。

克深 2 区块开发试验方案设计生产规模 $35×10^8m^3/a$，由于方案设计和井位部署时缺少地震资料可靠性评价，没有意识到地震资料偏移归位不准造成的断层偏移、构造变陡等风险，导致失利井、低效井较多。方案共实施新井 28 口，其中失利井 5 口、低效井 6 口，老井利用生产 5 口，初期建成产能 $22×10^8m^3/a$，钻井成功率 60.7%，产能到位率 62.8%，开发效果较差。

克深 2 区块投产后地层压力下降快，气藏动态储量与静态储量存在较大偏差，实际开发指标与方案设计偏差大：（1）气藏投产后见水快，投产 3 年该区块产水井达到 12 口；（2）产能递减快，投产 3 年该区块气井无阻流量总和仅为投产初期的 30%。这些情况表明，对于裂缝性致密砂岩气藏，初期对气藏地质认识程度不够，储层渗流机理不清，需要进一步深化气藏地质认识。

克深 2 区块开发过程中，为提高单井产量，试验并大规模推广应用了新的储层改造工艺（体积压裂），初期提产效果显著，但投产一段时间后出现明显的井筒堵塞现象，井筒完整性也面临巨大风险。造成克深 2 区块井筒异常井多达 19 口，工程技术的适应性较差。

### 2.1.2　克深 8 区块的扩大试验

在克深 2 区块先导试验的基础上，塔里木油田总结经验教训，深化气藏地质认识，积极开展关键技术攻关，按照"局部构造控藏、天然裂缝控产"的地质认识，沿构造轴线高部位集中布井，在克深 8 区块开展了扩大试验。

克深 8 区块开发方案设计新钻井 18 口，利用老井 3 口总生产井 21 口，生产规模 $25 \times 10^8 \mathrm{m}^3/\mathrm{a}$。方案共实施新井 14 口，全部成功，老井利用 3 口，17 口生产井，建成天然气产能 $25 \times 10^8 \mathrm{m}^3/\mathrm{a}$；在比开发方案设计少钻 4 口井的情况下，达到方案设计产能，开发建产效果显著。

克深 8 区块在开发过程中，按照"精准适度改造"理念，通过精细的储层 / 裂缝评价，分类确定改造方案，改造规模及成本逐年降低；同时配套完善高温高压气井全生命周期井筒完整性技术，取得良好效果。克深 8 区块投产后，生产平稳，目前没有气井见水，产气量、压力等开发参数与方案设计参数较吻合，开发效果好。

## 2.2　开发主要认识

在克深 2、克深 8 两个区块的开发试验过程中，不断总结深化气藏地质认识，逐渐认识到超深超高压裂缝性致密砂岩气藏与常规气藏不同，具有自身的独特性。

### 2.2.1　不同区带发育不同构造样式，不同构造样式裂缝发育特征不同

由于南天山隆升过程中挤压应力的差异，克深构造带表现出较强的分带变形特征，变形强度由北向南逐渐减弱。北部区带（克深 2 区块—克拉 2 区块）为强烈挤压变形区，发育一系列基底卷入式逆冲断层，多个断片垂向叠瓦状堆垛，形成楔形冲断构造；南部区带（克深 2 区块以南）为水平收缩变形区，发育一系列滑脱断层，形成滑脱冲断构造和突发构造[18-19]（图 1）。

受强烈的挤压作用影响，储层普遍发育裂缝，不同的构造样式具有不同的裂缝发育特征[20-22]：（1）楔形冲断和滑脱冲断形成的单断背斜上的裂缝，裂缝性质从上到下变化明显，上部主要发育高角度张性缝，中部发育张剪缝，下部主要发育低角度剪切缝，逆冲前缘裂缝更发育；（2）突发构造从上到下裂缝性质无明显变化，均发育高角度张剪缝，轴线部位裂缝更发育。

### 2.2.2　天然裂缝控制产能，疏通天然裂缝是储层改造的关键

对于裂缝性气藏，裂缝是主要的渗流通道，通常也是产能的主要控制因素之一[20-22]。克深气田作为一个典型的裂缝性致密砂岩气藏，其成像测井解释的天然裂缝密度与单井无阻流量之间存在明显的正相关关系［图 3（a）］。需要特别说明的是，除了天然裂缝密度之外，天然裂缝剪切滑移率也是单井产能的重要控制因素［图 3（b）］。天然裂缝剪切滑移率常用来表征裂缝的有效性，天然裂缝剪切滑移率是指压裂过程中，在相同的静液柱压力下，发生剪切滑移的裂缝占所有裂缝的比例，其值越高，裂缝有效性越好。通常情况下，

天然裂缝走向与最大水平主应力方向的夹角越小，天然裂缝剪切滑移率越高。因此，天然裂缝密度和有效性共同决定了克深气田的单井产能，天然裂缝控制高产井分布。

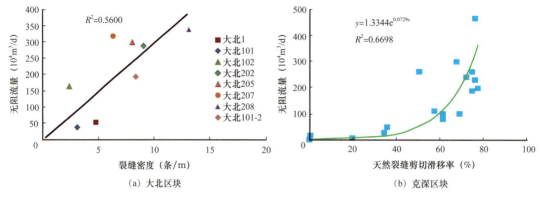

图 3　克深气田天然裂缝与产能关系图

　　克深气田单井初始产能较低，改造前平均无阻流量约为 $50 \times 10^4 \mathrm{m}^3/\mathrm{d}$。在开发初期，认为克深气田开发需要借鉴国外页岩气开发思路，进行大规模加砂压裂储层改造，以大幅提高单井产能，改善开发效果。大规模加砂压裂改造在气井试油和投产初期效果显著，单井无阻流量高达（$300 \sim 800$）$\times 10^4 \mathrm{m}^3/\mathrm{d}$，但投产一段时间后产能下降很快，改造的有效期仅有半年至 1 年，1 年后加砂压裂井的单井产能与常规的酸压改造井基本相当。因此，天然裂缝对气井产能起决定性作用，疏通天然裂缝是储层改造的关键。

### 2.2.3　气藏存在裂缝、基质两套渗流场，整体连通性好，基质供给较慢

　　克深气田断裂、裂缝发育。井间干扰测试结果表明，气藏内井间干扰强，干扰信号在十几分钟内就能影响到 1km 外的邻井［图 4（a）］，相距超过 10km 的两口井之间的干扰信号响应时间仅为 $7 \sim 10 \mathrm{h}$；在开发过程中，气藏内不同部位的地层压力基本保持同步下降。这表明由于低级序断裂及裂缝发育，气藏整体连通性好。另一方面，气井的压力恢复双对数导数曲线多数呈现明显的下凹特征［图 4（b）］，表明储层类型属于裂缝—孔隙双重介质型，储容比和窜流系数均较低，平均储容比为 0.029，平均窜流系数为 $3.15 \times 10^{-7}$，表明基质向裂缝系统补给的速度较慢。

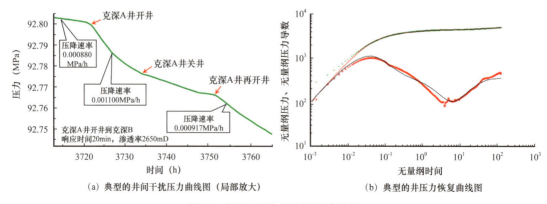

图 4　克深 2 区块压力测试曲线图

根据多重介质中压力波传播速度的差异，通过数值模拟计算气井的控制半径及其随时间的变化情况，结果表明，对于裂缝性致密砂岩气藏，在裂缝系统内压力波可以在短时间内波及整个气藏，而在基质系统内压力波传播很慢。裂缝、基质两套渗流场相互协同作用，使气藏表现出整体连通性好、井间干扰明显、基质供给较慢等特征。

### 2.2.4 气藏具有裂缝、基质两套气水系统，发育较厚的气水过渡带

致密砂岩气藏普遍具有气水关系复杂的特征，存在气水倒置或局部构造高位残留地层水等现象[23-26]。克深2区块早期开发实践表明，气藏气水关系较复杂，发育裂缝、基质两套气水系统，不存在统一的气水界面。裂缝系统毛细管力弱，排驱压力小，具有统一的气水界面；基质系统受储层毛细管力影响气水界面高低不同，形成较厚的气水过渡带，无统一的气水界面（图5），故局部出现高部位产水、低部位产气现象。基质中的束缚水饱和度主要受黏土矿物含量、小孔隙占比程度控制，可动水饱和度主要受气柱高度、孔隙结构控制。储层黏土矿物含量越高、小孔隙占比越大、平均孔喉半径越小，气水界面越高。该气田储层基质中的气水过渡带厚度一般介于80~200m。

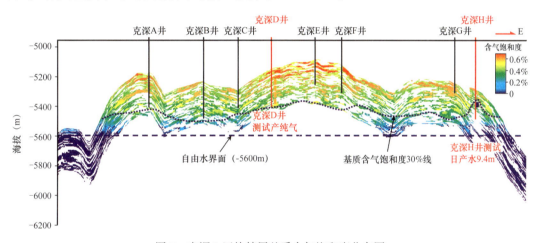

图5　克深2区块储层基质含气饱和度分布图

### 2.2.5 两相渗流共渗区较窄，水驱效率低，沿断裂、裂缝水侵速度快

克深气田高温高压地层条件下的水驱气相渗模拟实验表明，基质岩心两相渗流共渗区较窄，驱替效率较低（60%~70%）；带裂缝岩心在地层条件下驱替效率仅为17%~45%，驱替效率更低；见水后气相相对渗透率急剧下降，说明气井见水后产能会快速下降。同时，在克深2区块开发过程中，靠近断层的边部井即使避水高度达到190m，投产后仍很快见水，表明存在沿断裂、裂缝的水侵"高速公路"。

## 3 开发对策与关键技术

### 3.1 开发对策

面对克深气田这种国内外罕见的复杂开发对象，塔里木油田稳步推进开发试验，不

断总结开发经验和教训，逐步摸索出一套适用于超深超高压裂缝性致密砂岩气藏的开发对策。

### 3.1.1 坚持地震资料采集处理攻关，坚持沿轴线高部位集中布井

克深气田地表主要为山地和戈壁，相对高差大，地下发育巨厚塑性膏盐层，构造结构复杂，造成地震资料信噪比低、偏移归位难度大，使得圈闭、断裂的落实十分困难。为了提高圈闭的落实程度，塔里木油田持续不断地开展地震资料采集处理攻关，通过推广应用宽方位、高覆盖、高密度的地震采集技术和TTI（具有倾斜对称轴的横向各向同性介质）各向异性叠前深度偏移处理技术[27]，大幅度提高了地震资料的品质，为高产井部署奠定了坚实的基础。在井位部署中，始终坚持"沿轴线高部位集中布井"的部署思路，通过在裂缝发育、远离边底水的轴线部位集中布井，有效规避了构造偏移风险和水侵风险。两者结合使克深气田的钻井成功率由50%提高到100%，产能到位率由64%提高到100%，实现了高效布井。

### 3.1.2 坚持较大规模试采，动静态结合深化气藏认识

克深气田由于地震资料品质差、储层孔隙度低、含气性评价困难，在开发评价阶段构造出现较大的变化，气藏的地质储量评估也存在较大的偏差。在早期开发的克深2区块和大北区块，实际开发指标与方案设计指标偏差较大。针对这种情况，塔里木油田坚持试采先行，通过较长时间、较大规模的试采和动态资料录取分析，动静态结合落实构造的连通关系、气藏的可动用储量、气井的稳产能力、水体的活跃程度等，不断深化气藏地质认识，为开发方案编制奠定了坚实的基础。后期开发的克深8、克深9等区块，实际开发指标与方案设计指标吻合程度高，开发效果显著。

### 3.1.3 坚持地质工程一体化，根据气藏地质特征确定工程技术路线

克深气田储层基质致密，与国外的典型致密砂岩气藏具有一定的相似性。在开发先导试验阶段，认为克深气田开发需要借鉴国外致密气开发思路，以水平井+大规模加砂压裂改造为主要开发方式，大幅提高单井产能，改善开发效果。但实践表明，克深气田复杂的地质结构，水平井钻探难度极大，试验以失败告终；大规模加砂压裂改造储层在初期大幅提高了单井产能，但改造的有效期短，且带来了严重的井筒堵塞，工艺适用性较差。塔里木油田充分吸取经验教训，依据克深气田断层裂缝发育、天然裂缝控制产能的特征，制订了优选甜点区布井、进行适度改造的开发对策，新井部署以获取最大自然产能为目的，工程上差异化施策，以缝网酸压改造为主体技术，在改造规模、成本逐年降低的同时，使改造效果逐年提高。

### 3.1.4 在气藏开发全生命周期内考虑气藏整体治水

克深气田断裂、裂缝十分发育，水侵物理模拟实验和开发实践均表明，边底水会沿断裂、裂缝快速突进，封堵基质中的气相渗流通道，产生"水封气"效应，影响气井的稳产，降低气藏的最终采出程度。因此，裂缝性致密砂岩气藏开发要以防水控水为主要技术对策，在气藏开发全生命周期内考虑防水、控水、排水。在克深气田井位部署时重点考

虑：（1）采用构造高部位集中布井的方式，延长气藏的无水采气期；（2）采用适宜的气井配产以实现基质持续稳定供气，延缓气井见水的时间；（3）采用早期主动排力的开发对策来减弱水侵的影响，保护气井产能，提高气藏的采收率。克深气田初步的排水采气实践表明，气藏边部位井排水可以降低水层压力，有效延缓水体向气藏内部的侵入，保护气井产能。

## 3.2 关键技术

通过地质工程一体化持续攻关，塔里木油田探索形成了一系列超深超高压裂缝性致密砂岩气藏高效开发配套技术。

### 3.2.1 山前超深复杂构造描述技术

针对克深气田深层地震资料品质差的复杂构造，在宽方位高密度地震采集资料基础上，开展各向异性叠前深度逆时偏移处理技术攻关，提高地震资料品质；在挤压型盐相关构造理论建立的构造样式的基础上，开展山地三维高精度地震正演技术攻关，对比优选最佳构造模型，提高圈闭落实精度；开展超深复杂构造断裂解释与评价研究，进行构造精细描述；集成形成山前超深复杂构造描述技术，使目的层钻井深度误差由 125m 下降到 30m 以内。

### 3.2.2 裂缝性致密砂岩气藏井网优化技术

克深气田不稳定试井资料表明，气藏中存在断裂—裂缝—基质多重介质复合渗流，气藏整体连通性好。根据气藏压力拟稳态传播和流场协同原理，利用压力波前缘追踪方法评价不同井区的剩余天然气可采潜力，形成了裂缝性致密砂岩气藏井网优化技术，明确了"沿轴线高部位集中布井"的部井思路，形成了"沿长轴、占高点、选甜点、避断层、避低洼、避边水、避叠置"的布井原则，指导克深 8 区块井位部署，实现了该区块实际钻井较方案设计少钻 4 口井，节约投资 8 亿元。

### 3.2.3 裂缝性致密砂岩储层缝网酸化压裂改造技术

通过大岩样实验及微地震监测，证实高地应力差条件下在库车山前可以形成复杂缝网，确定了规模化激活和连通天然裂缝系统的改造技术路线，创新形成了缝网酸化压裂改造技术：针对充填、半充填缝，用酸液溶蚀缝内钙质充填物，用转向技术提高改造波及面积，疏通天然裂缝、形成高导流缝网。该技术在克深气田推广应用 58 口井，单井平均无阻流量由改造前的 $50 \times 10^4 \text{m}^3/\text{d}$ 提高到 $273 \times 10^4 \text{m}^3/\text{d}$，平均增产 5 倍。

### 3.2.4 超深超高压气井动态监测技术

克深气田储层埋藏深度超过 6500m，原始地层压力超过 90MPa，井筒状况复杂，井下动态资料录取难度大。塔里木油田通过改进投捞绞车、高防腐钢丝、井口防喷设备、井下坐落工具、抗震压力计等工艺设备，突破形成了超深超高压气井动态监测技术，采用投捞方式，实现了井深 7000m、井口压力 90MPa 条件下的井下温压资料录取，监测时间可达 30 天。该技术已在克深气田应用 20 余井次，录取资料质量高，为气藏动态描述奠定了坚实基础。

### 3.2.5　高压气井井筒完整性管理与评价技术

针对克深气田高温高压气井严峻的环空带压问题，塔里木油田持续攻关，形成了一套覆盖钻井、完井、开发、弃井全过程，涵盖设计、施工、后评估的全生命周期井完整性配套技术。重点对组成井屏障的"套管柱、水泥环、油管柱、井口"四大核心部件进行科学设计、严格施工质量控制，加强投产初期管理，力争在建井阶段建立两道良好的井屏障，并在生产期间维护好两道井屏障，保障高温高压井安全平稳生产。

## 4　结论

（1）克深气田具有埋藏超深、高温超高压、基质致密、断层裂缝发育、气水分布复杂等特点，属于超深超高压裂缝性致密砂岩有水气藏。

（2）克深气田具有构造控藏、应力控储、裂缝控产、断裂控水侵等特征，开发过程中气藏具有整体连通、井间干扰明显和基质供给较慢等特点。

（3）高品质地震资料和较大规模试采是深化气田认识、实现气田高效开发的根本保障；优选高部位甜点区布井、适度改造、早期排水是超深超高压裂缝性致密砂岩气藏高效开发的主要对策。

（4）裂缝性致密砂岩气藏需要在开发全生命周期考虑气藏整体治水。沿轴线高部位集中布井可以延长气藏的无水生产期，温和开采可以控水、延缓气井见水时间，早期排水可以减弱水侵的影响，保护气井产能，提高气藏采收率。

（5）克深区块探索形成了"高部位集中布井、适度改造、早期排水"的开发对策和"超深复杂构造描述技术、裂缝性致密砂岩气藏井网优化技术、裂缝性致密砂岩储层缝网酸化压裂改造技术、超深超高压气井动态监测技术、高压气井井筒完整性管理与评价技术"等5大配套开发技术，在气田开发过程中取得了良好的开发效果。克深气田开发开辟了超深超高压裂缝性致密砂岩气藏开发的新领域，为国内外其他同类型气藏的开发积累了经验和教训，其开发对策和技术具有重要的指导和借鉴意义。

## 参 考 文 献

［1］江同文，滕学清，杨向同.塔里木盆地克深8超深超高压裂缝性致密砂岩气藏快速、高效建产配套技术［J］.天然气工业，2016，36（10）：1-9.

［2］康玉柱.中国致密岩油气资源潜力及勘探方向［J］.天然气工业，2016，36（10）：10-18.

［3］王招明，李勇，谢会文，等.库车前陆盆地超深层大油气田形成的地质认识［J］.中国石油勘探，2016，21（1）：37-43.

［4］能源，谢会文，孙太荣，等.克深构造带克深段构造特征及其石油地质意义［J］.中国石油勘探，2013，18（2）：1-6.

［5］汤良杰，金之钧，贾承造，等.塔里木盆地多期盐构造与油气聚集［J］.中国科学D辑 地球科学，2004，34（增刊1）：89-97.

［6］王招明，谢会文，李勇，等.库车前陆冲断带深层盐下大气田的勘探和发现［J］.中国石油勘探，

2013, 18（3）：1-11.

［7］肖建新，林畅松，刘景彦．塔里木盆地北部库车坳陷白垩系沉积古地理［J］.现代地质，2005，19（2）：253-260.

［8］潘荣，朱筱敏，刘芬，等．新疆库车坳陷克深冲断带白垩系辫状河三角洲沉积特征及其与储集层发育的关系［J］.古地理学报，2013，15（5）：707-716.

［9］冯洁，宋岩，姜振学，等．塔里木盆地克深区巴什基奇克组砂岩成岩演化及主控因素［J］.特种油气藏，2017，24（1）：70-75.

［10］潘荣，朱筱敏，刘芬，等．克深冲断带白垩系储层成岩作用及其对储层质量的影响［J］.沉积学报，2014，32（5）：973-980.

［11］张惠良，张荣虎，杨海军，等．超深层裂缝—孔隙型致密砂岩储集层表征与评价——以库车前陆盆地克深构造带白垩系巴什基奇克组为例［J］.石油勘探与开发，2014，41（2）：158-166.

［12］刘春，张荣虎，张惠良，等．库车前陆冲断带多尺度裂缝成因及其储集意义［J］.石油勘探与开发，2017，44（3）：463-472.

［13］中华人民共和国国家质量监督检验检疫总局，中国国家标准化管理委员会．GB/T 26979—2011 天然气藏分类［S］.北京：中国标准出版社，2011.

［14］邹才能，陶士振，袁选俊，等．连续型油气藏形成条件与分布特征［J］.石油学报，2009，30（3）：324-331.

［15］邹才能，陶士振，袁选俊，等．"连续型"油气藏及其在全球的重要性：成藏、分布与评价［J］.石油勘探与开发，2009，36（6）：669-682.

［16］邹才能，朱如凯，吴松涛，等．常规与非常规油气聚集类型、特征、机理及展望——以中国致密油和致密气为例［J］.石油学报，2012，33（2）：173-187.

［17］戴金星，倪云燕，吴小奇．中国致密砂岩气及在勘探开发上的重要意义［J］.石油勘探与开发，2012，39（3）：257-264.

［18］能源，漆家福，谢会文，等．塔里木盆地库车坳陷北部边缘构造特征［J］.地质通报，2012，31（9）：1510-1519.

［19］谢会文，尹宏伟，唐雁刚，等．基于面积深度法对克深构造带中部盐下构造的研究［J］.大地构造与成矿学，2015，39（6）：1033-1040.

［20］张福祥，王新海，李元斌，等．库车山前裂缝性砂岩气层裂缝对地层渗透率的贡献率［J］.石油天然气学报，2011，33（6）：149-152.

［21］吴永平，昌伦杰，郑广全，等．低渗裂缝性气藏产能分类方法［J］.天然气地球科学，2013，24（6）：1220-1225.

［22］刘玉奎，郭肖，唐林，等．天然裂缝对气井产能影响研究［J］.油气藏评价与开发，2014，4（6）：25-28.

［23］陈冬霞，庞雄奇，李林涛，等．川西坳陷中段上三叠统须二段气水分布特征及成因机理［J］.现代地质，2010，24（6）：1117-1125.

［24］位云生，邵辉，贾爱林，等．低渗透高含水饱和度砂岩气藏气水分布模式及主控因素研究［J］.天然气地球科学，2009，20（5）：822-826.

［25］王泽明，鲁宝菊，段传丽，等．苏里格气田苏 20 区块气水分布规律［J］．天然气工业,2010,30( 12)：37-40.

［26］代金友，李建霆，王宝刚，等．苏里格气田西区气水分布规律及其形成机理［J］．石油勘探与开发，2012，39（5）：524-529.

［27］杨平，高国成，侯艳，等．针对陆上深层目标的地震资料采集技术——以塔里木盆地深层勘探为例［J］．中国石油勘探，2016，21（1）：61-75.

# Dynamic Characteristic Evaluation Methods of Stress Sensitive Abnormal High Pressure Gas Reservoir[1]

Xiao Xiangjiao    Sun Hedong    Han Yongxin    Yang Jianping

( Tarim Oilfield Company, PetroChina )

Abstract: Gas reservoirs with abnormally high pressure have been encountered all over the world. Due to unusual stress environments, a potential impact to reservoir performance is the stress-sensitive permeability. The result of skin factor will be abnormally positive if we interpret the sensitive data using traditional welltesting analysis software. Interpretation of well testing and performance prediction is a major challenge.

This paper establishes a numerical well test model and develops a simulator by finite element method withconsideration of stress sensitive permeability. LOG-LOG curves are obtained and their characteristics are analyzed. In the earlier period, the pressure response of sensitive reservoir is identical to that of the normal reservoir. In the latter period, the pressure reservoir reaches a semi-log straight line, but the value of the derivative curve is less than 0.5. The transitional period is controlled by sensitive permeability. For lower permeability module, the transitional period is longer. In the log-log plot, the distance between pressure and pressure derivative is larger than the normal reservoir. Permeability modulus will be obtained by log-log analysis.

An evaluation method of the effect of stress sensitivity on gas deliverability is presented using the concept of permeability modulus. By combining the LIT equation with the material balance equation, the performance prediction model is also established. The tank material balance equation for gas reservoirs has been written taking into account the effective compressibility of formation.

This paper presents an analysis of a flow after flow test in the Tarim abnormally, stress-sensitive gas reservoirs. The effect of stress-sensitive permeability on well test response is analyzed through numerical simulations. Permeability modulus is about0.01MPa$^{-1}$; Skin is -1.48( traditional software is 60.8; $q_{AOF}$ decrease is 14% ; period of stabilized production decrease is 5.5a ; and, degree of reserve recovery decrease is 6.8%. The interpretation results show that numerical well test analysis can accurately identify gas reservoir parameters and acidizing effectiveness and that the decrease degree of gas deliverability is different and depends on the 'permeability modulus' in the formation on whichthe gas well is located.

Key Words: Stress Sensitive; Abnormal High Pressure; Gas Reservoir; Well Test; Deliverability Evaluation

---

❶ 原载《Society of Petroleum Enginess》, 2009, 124415。

Gas reservoirs with abnormally high pressure have been encountered all over the world.In recent years, alot of overpressured gas reservoirs were discovered in Tarim and Sichuan basins, such as Kela 2, Dina, and Dabei gas reservoirs.This overpressured gas reservoir exhibit stress-sensitive permeability characteristics.

Well test analysis has been used for many years to assess well conditions as well as to obtain reservoir parameters.In many cases, the existing well test interpretation models satisfactorily describe the well pressures measured during the test.However, there are also situations when the observed pressure datadoes not "fit" predictions from any of the existing fluid-flow models, but rather exhibit distinctively different trends.Such trends in the pressure data can be attributed to anumber of causes.One factor that can lead to inconsistencies would be that both the rock and fluid properties are stress dependent[1].The physics of stress-dependent permeability is based on the deformation of porous rock under changing effective stress.Increasing the effective stress on rock leads to reduction in the size of pores and pore throats which is a consequence of deformation of the matrix.While the relative change of porosity is generally fairly small ( within several percent ), the relative change of permeability may be as large as one or two orders of magnitude[2].

The effect of pressure dependent rock properties on the pressure transient response of reservoir systems has been studied and discussed by anumber of investigators.Since the 1960s, significant progress has been made towards understanding and modeling of flow processes in stress sensitive formation[3-17], investigated[18] in Table.1.Raghavan et al.defined a pseudo pressure function, whichincludes variable reservoir properties, as well as pressure-dependent fluid properties. Recently, an approximate analytical solution has been published to analyze pressure transient tests in stress sensitive reservoirs using the concept of "permeability modulus"[4, 5].Pedrosa[4] introduced the concept of permeability modulus fractional change of permeability with unit change in pressure, whichis equivalent to exponential variation of permeability with pressure.

$$\gamma = \frac{1}{K}\frac{\partial K}{\partial p} \qquad (1)$$

where $K$ is the permeability of the porous medium at the system pressure, p.Integration of Equation ( 1 )yields

$$\frac{K}{K_i} = \exp\left[-\gamma\left(p_i - p\right)\right] \qquad (2)$$

where $K_i$ is the initial permeability of the porous medium at the system pressure, $p_i$.Permeability modulus of zero corresponds to the absence of stress sensitivity.It can be called a one-parameter model[6].

The characteristics of transient pressures due to stress sensitive permeability effect are[19]: constantly changing slopes of $p_{wf}$ vs.log t, i.e., time dependent logarithmic derivatives of transient pressure, rate-dependent logarithmic derivatives of transient pressure, inconsistent results

Table.1　Well Test Model of Stress Sensitivity Reservoir[18]

| Year | Author | Reservoir | Permeability Model | Solution |
|------|--------|-----------|--------------------|----------|
| 1972 | Raghavan [ 3 ] | Homogeneous | | Numerical |
| 1971 | Vairogs [ 2 ] | Homogeneous | | Numerical |
| 1986 | Pedrosa [ 4 ] | Homogeneous | One−Parameter Model | perturbed solution−0 |
| 1991 | Pedrosa [ 5 ] | Homogeneous | One−Parameter Model | perturbed solution−2 |
| 1994 | Zhang [ 6 ] | Homogeneous | Stepwise permeability model | Numerical |
| 1977 | Evers [ 7 ] | Homogeneous | Two−Parameter Model | Numerical |
| 1995 | Ambastha [ 8 ] | Homogeneous | One−Parameter Model | Numerical |
|      |          |             | Stepwise permeability model | |
|      |          |             | Two−Parameter Model | |
| 2004 | Wang Yanfeng [ 9 ] | Homogeneous | Radial variation | Finite element |
| 2005 | Liao Xinwei [ 10 ] | Composite | One−Parameter Model | Perturbed solution−0 |
| 2006 | Yang Lei [ 11 ] | Composite | 2 one−Parameter Model | Fully implicit method |
| 2005 | Wang Wen Huan [ 12 ] | 3 composite | One−Parameter Model | Perturbed solution−0 |
| 2006 | Shi Lina [ 13 ] | Dual permeability | One−Parameter Model | Predestinate difference |
| 2001 | Duan Yonggang [ 14 ] | Fracture | One−Parameter Model | Perturbed solution−0 |
| 2002 | Tong Dengke [ 15 ] | Fracture | One−Parameter Model | Predestinate difference |
| 1994 | Celis [ 16 ] | Fracture | One−Parameter Model | Perturbed solution−0 |
| 2004 | Ning Zhengfu [ 17 ] | Composite | One−Parameter Model | Perturbed solution−0 |

between drawdown and buildup tests, or between falloff and injection tests, unusual skin value ( additional skin caused by changing permeability ), radial flow in the pressure derivative curve shows continuously increasing slope for drawdown and continuously decreasing slope for buildup. For suchreservoirs, pressure−transient analysis based on constant rock properties, especially permeability, can led to significant errors in parameter estimation.

Forecasting the performance of naturally fractured reservoirs is amajor challenge for reservoir engineering.Various authors have tackled the problem throughout the years using tank material balance calculations.Gao[20] presented a method using conventional material balance to predict the performance of low permeability gas reservoirs.The effect of compressibility has been ignored in MB equations for gas reservoirs.On the basis of Gao's research, Yang[21] presented a method using overpressured material balance to predict the performance of overpressured gas reservoir.The LIT equation of gas wells did not take into account the effect of stress sensitivity.An evaluation method of the effect of stress sensitivity on gas deliverability is presented by Sun [22].Stress sensitive permeability property is taken into account using the one parameter model.By combining the LIT equation of gas wells with material balance equation, the basic performance prediction model is established.

The purpose of this study is to investigate further effects of stress-sensitive permeability on pressure transient behavior, productivity evaluation and performance prediction by integration core data, static geologic data and well test to improve our understanding of reservoir flow characteristics.This paper is divided into three sections.In the next Section, we briefly describe the field and discuss the main characteristics.We then gather evidence from core analysis and well test interpretation to look for apossible stress sensitive permeability in the second Section.Finally in the last Section, we present different sets of single well models to qualitatively describe the potential stress sensitivity of the field.

# 1  Stress Sensitive Permeability

The X field is the largest condensate gas reservoir in the Tarim basin, which is one of a major gas field of west to east gas transportation projects. Open fractures seen on cores, Fig.1, is evidence of natural fractures within the field. The reduction of air permeability, porosity, compressibility taken from core analysis of the $E_{2-3}$ formation as a function of hydrostatic confining pressure is shown on Fig.2, Fig.3 and Fig.4. An 80% loss of permeability is observed in the worst case when increasing the net confining stress from 10 to 65MPa. Fig.2 shows the expected behavior of having lower permeability rocks affected by stress more than permeable rocks [2].Similar results are obtained for porosity and compressibility. While the relative change of porosity is generally fairly small (within several percent), the relative change of permeability may be as large as one or two orders of magnitude [2].

Fig.1    Core of X Gas Filed

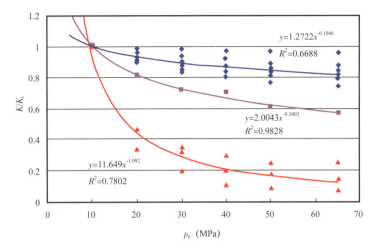

Fig.2　The Relationship Between Unitary Permeability and Effective Stress

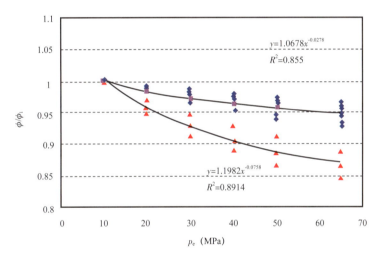

Fig.3　The Relationship Between Unitary Porosity and Effective Stress

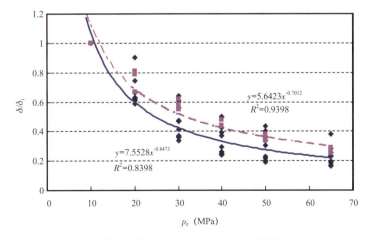

Fig.4　The Relationship Between Unitary ct and Effective Stress

Comparison of flow capacity, *Kh*, estimated from PBU and core data, gives about 1–320 times higher values to PBU's,as shown in Table 2. Skin value is unusual, as shown in Table 3. This is potential evidence of stress–sensitive permeability [19].

Table.2    Permeability of Core data and Well Test Analysis

| Well | X–1 | X–1 | X1 | X–2 | X–2 |
|---|---|---|---|---|---|
| $K_{air}$ ( mD ) | 0.86 | 1.84 | 1.14 | 0.57 | 0.27 |
| $K_{eff}$ ( mD ) | 2.14 | 2.01 | 1.91 | 10.55 | 85.29 |
| $K_{eff}/K_{air}$ ( mD ) | 2.5 | 1.1 | 1.7 | 18.5 | 315.9 |

Table.3    Skin of Well Test Analysis

| Well | X1 | X–1 | X–2 | X–4 | |
|---|---|---|---|---|---|
| Zone | $E_{2-3}S_1$ | $E_{2-3}S_3$ | $E_{1-2}km_2$ | $E_{2-3}S_3$ | $E_{2-3}S_1$ |
| Skin | 60.8 | 3.15 | 224 | 49.5 | 90.2 |

## 2    Well Test Analysis Model

Equations governing isothermal, single–phase fluid flow in a deformable porous medium are derived in this section. We consider radial, Darcy flow of a slightly compressible liquid of constant viscosity to a well located at the center of a circular drainage area. The reservoir thicknesses are uniform with pressure–dependent permeabilities as given by Pedrosa [4]. A well is produced at a constant total rate.

According to the characteristics of the pressure–sensitive fractured formation, a transient flow model is developed for the naturally–fractured reservoirs with different outer boundary conditions.

The pressure equation in dimensionless variables is

$$U_1 \frac{1}{R_D} \frac{\partial}{\partial R_D} \left[ R_D \frac{\partial U_1}{\partial R_D} \right] = \frac{\omega}{C_D e^{2S}} \frac{\partial U_1}{\partial T_D} - \lambda_D (U_2 - U_1) \qquad (3)$$

$$\frac{1-\omega}{C_D e^{2S}} \frac{\partial U_2}{\partial T_D} - \lambda_D (U_2 - U_1) = 0 \qquad (4)$$

Initial condition

$$U_1(R_D, 0) = U_2(R_D, 0) = 1 \qquad (5)$$

Inner boundary condition is formulated using the following expressions

$$R_D \frac{\partial U_1}{\partial R_D}\bigg|_{R_D=1} = \beta + \frac{1}{U_1} \frac{\partial U_1}{\partial T_D} \qquad (6)$$

The outer boundary condition is

$$U_1\left(R_D \to \infty, T_D\right) = U_2\left(R_D \to \infty, T_D\right) = 1 \qquad (7)$$

or

$$U_1\left(R_{eD}, T_D\right) = U_2\left(R_{eD}, T_D\right) = 1 \qquad (8)$$

or

$$\frac{\partial U_1\left(R_{eD}, T_D\right)}{\partial R_D} = \frac{\partial U_2\left(R_{eD}, T_D\right)}{\partial R_D} = 0 \qquad (9)$$

The finite element equations for the model are derived [25].After generating the unstructured grids in the solution regions, the finite element method is used to calculate the pressure type curves for the pressure–sensitive fractured reservoir with different outer boundaries, such as the infinite boundary, circle boundary and combined linear boundaries.

In the early period, the pressure response of sensitive reservoir is identical to that of the normal reservoir.The first typical regime observed on the type curve of Fig.5 is wellbore storage effect.For pressure, the curves merge on a single asymptote of slope equal to unity.When the infinite acting radial flow regime has been reached, and all the derivative curves merge to asecond asymptote, but the value of derivative curve is less than 0.5.Between the earlier period and the latter period it is the transitional period.The transitional period is controlled by sensitive permeability.For lower permeability module, the transitional period is longer.In the log–log plot, the distance of pressure and pressure derivative is larger than normal reservoir.The result of skin factor will be abnormally positive if we interpret the sensitive data using traditional software.

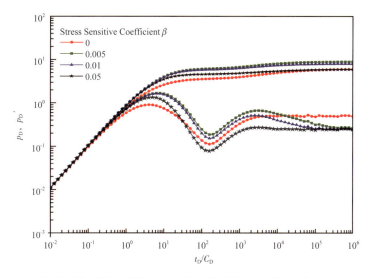

Fig.5    The Effect of Stress Sensitive Coefficient on Type Curves

# 3  Method of Deliverability Evaluation with Stress Sensitive Gas Reservoir

Based on Meunier's work, the real gas diffusivity question considering the variation of permeability with pressure, a new pseudo pressure is defined as [22]:

$$m(p) = p_i + \left(\frac{\mu Z}{pk}\right)_i \int_{P_i}^{P} \frac{pk}{\mu Z} \, dp \qquad (10)$$

The Forchheimer flow equation [26] has been used to represent turbulent fluid flow through porous media:

$$\frac{dp}{dr} = \frac{\mu}{k} v + \beta \rho_{sc} v^2 \qquad (11)$$

According to Equation (10):

$$\frac{dm}{dr} = \left(\frac{\mu Z}{pk}\right)_i \frac{T p_{sc} q_{sc}}{2\pi h T_{sc}} \frac{1}{r} + \left(\frac{\mu Z}{pk}\right)_i \frac{k}{\mu} \frac{\beta M}{R} \frac{p_{sc}^2 q_{sc}^2}{T_{sc}^2} \frac{T}{4\pi^2 h^2} \frac{1}{r^2} \qquad (12)$$

Integration of Equation (12) yields,

$$\Delta m = Aq + Bq^2 \qquad (13)$$

where

$$\Delta m = \left(\frac{\mu Z}{p}\right)_i \int_{P_w}^{P_i} \frac{\exp\left[-\gamma\left(p_i - p\right)\right] p}{\mu Z} \, dp$$

$$A = 6.345\left(\frac{\mu Z}{pk}\right)_i \frac{T}{h}\left(\ln\frac{r_e}{r_w} + S\right)$$

$$B = 6.345\left(\frac{\mu Z}{kp}\right)_i \frac{T}{h} D$$

Equation (13) can be written as

$$\frac{\Delta m}{q} = A + Bq \qquad (14)$$

A graph of $\Delta m/q$ versus $q$, on Cartesian coordinates, gives a straight line of slope $B$ and intercept $A$. From this straight line and Equation the $q_{AOF}$ or the deliverability of the well against any sandface back, pressure may be obtained

$$q_{AOF} = \frac{-A + \sqrt{A^2 + 4B\Delta m}}{2B} \qquad (15)$$

An evaluation method of the effect of stress sensitivity on gas deliverability is described as Equations (13) ~ (15); permeability modulus $\gamma$ of zero corresponds to the absence of stress sensitivity.

# 4 Method of Performance Prediction with Stress Sensitive Gas Reservoir

A material balance for overpressured gas reservoirs can be written as follows [27]:

$$\frac{p}{Z} = \frac{p_i}{Z_i}\left(1 - \frac{G_p}{G}\right)\frac{1}{1 - C_e(p_i - p)} \tag{16}$$

where

$$C_e = \frac{C_w S_{wi} + C_f}{1 - S_{wi}} \tag{17}$$

The rule of compressibility is determined in the laboratory using cores from the reservoir under study, see Fig.4. By combining the LIT equation of gas wells (Equation 15) with material balance equation (Equation 16), the basic performance prediction model is established. The procedure of performance forecasting is adopted by the method of Sun [22].

## 4.1 Examples Well X1

### 4.1.1 Well Test Analysis

Well X1 is a vertical well. A flow after flow test was performed after stimulation treatment. The pressure and rate histories of the test are shown in Table 4. $p_i$, 105.06 MPa, $p_{wfmin}$, 10.0 MPa, $q_{min}$, $10 \times 10^4 m^3/d$, $T_i$, 405 K, $\gamma_g$, 0.63, $T_{pc}$, 203 K, $p_{pc}$, 4.601 MPa, $S_w$, 0.33, $C_f$, $4.3659 \times 10^{-4}$ 1/MPa, $C_w$, $3.05 \times 10^{-4}$ 1/MPa.

Table.4  Well X1 Deliverability Test Data

| No. | Pressure | Oil Rate | Gas Rate | Equivalent Gas Rate |
|-----|----------|----------|----------|---------------------|
|     | MPa | $m^3/d$ | $10^4 m^3/d$ | $10^4 m^3/d$ |
| 1 | 99.2272 | 26.88 | 26.28 | 26.62 |
| 2 | 94.4251 | 43.68 | 40.34 | 40.89 |
| 3 | 89.0139 | 47.52 | 54.68 | 55.28 |
| 4 | 80.4079 | 60.00 | 65.00 | 65.76 |

A dual-porosity model was used to obtain the main reservoir parameters from the last buildup test using Ecrin 4.0 and new numerical simulator NWTA-PS V1.0, as shown in Fig.6 and Fig.7. A summary of the analysis results for X1 is given in Table 5.

The result of skin factor is abnormally positive (+60.8) if we interpret the sensitive data using traditional software. The skin is −1.48 by the newly developed numerical simulator. The permeability module is about 0.01 MPa$^{-1}$. The interpretation model is supported by geological results. The results show that numerical well test analysis can accurately identify gas reservoir parameters and acidizing effectiveness.

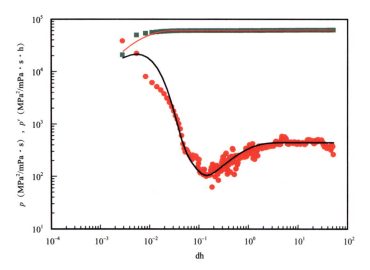

Fig.6    Log–Log Plot of Conventional Well Test Analysis–X1

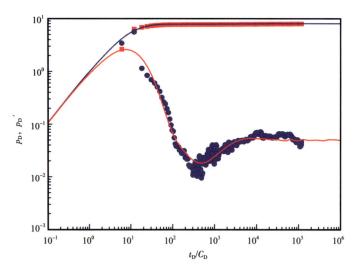

Fig.7    Log–Log Plot of Numerical Well Test Analysis of Stress–Sensitive–X1

### 4.1.2    Deliverability Evaluation

Based on experimental dataand well test theories, the LIT binomial equation is determined by

$$\Delta m = 0.14954q + 0.00246q^2 \qquad (18)$$

$q_{AOF}=127.3 \times 10^4 \text{m}^3/\text{d}$, see Fig.8.The results show that permeability module $\gamma$ is a very important parameter on deliverability evaluation.For lower permeability module, the $q_{AOF}$ is larger.If there is no stress sensitivity, the value of $q_{AOF}$ would be $147.97 \times 10^4 \text{m}^3/\text{d}$. ( See Fig.9 )

Table.5  The Results of Well Test Interpretation

|  |  | PS–V1.0 | Saphir |
|---|---|---|---|
| $S$ |  | −1.485 | 1.58 |
| $St$ |  | −1.485 | 60.8 |
| $D$ | ( m³/d )⁻¹ |  | $9.0 \times 10^{-5}$ |
| $Pi$ | ( MPa ) | 105.2 | 105.169 |
| $Kh$ | ( mD · m ) | 306.5 | 391 |
| $K$ | ( mD ) | 14.95 | 19.1 |
| $\omega$ |  | 0.06 | 0.06 |
| $\lambda$ |  | $30 \times 10^{-4}$ | $2.6 \times 10^{-6}$ |
| $\alpha_k$ | ( 1/MPa ) | $9.0 \times 10^{-3}$ |  |

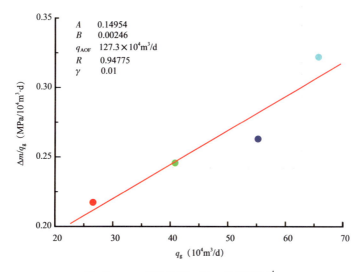

Fig.8  $q_{AOF}$ of Well X1 with $\gamma$=0.01MPa⁻¹

### 4.1.3  Performance Prediction

The results show that permeability module $\gamma$ is a very important parameter on performance prediction. For a higher permeability module, the stabilized production period is shorter, the recovery of the prediction period is lower, and the recovery of abandonment period is lower. When the $q_g$ equal to $45 \times 10^4 m^3/d$, $\gamma$ is equal to 0.01MPa⁻¹, the stabilized production period is 13.5a ; the recovery of prediction period is 67.44% ; and, the abandonment recovery is 71.24% . When the $q_g$ equal to $45 \times 10^4 m^3/d$, $\gamma$ is equal to zero ; the stabilized production period is 19a ; the recovery of prediction period is 75.77 % ; and, the abandonment recovery is 78.02 % ( see Fig.10 ) .

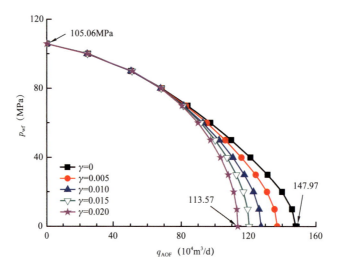

Fig.9   $q_{AOF}$ of Well $X1$ with $\gamma$ Variation

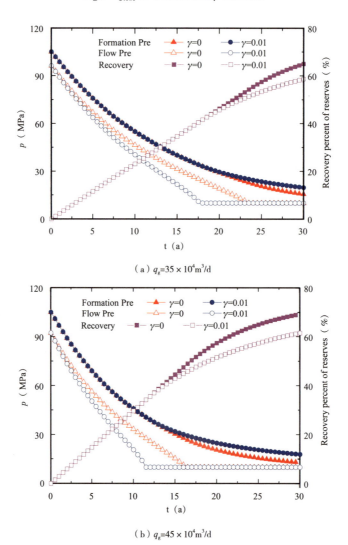

（a）$q_g = 35 \times 10^4 \text{m}^3/\text{d}$

（b）$q_g = 45 \times 10^4 \text{m}^3/\text{d}$

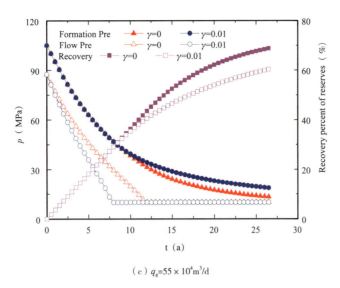

( c ) $q_g$=55 × $10^4m^3$/d

Fig.10    Performance Prediction with $\gamma$ Variation

# 5    Conclusion

（1）In this paper，the characteristics of the stress sensitive typical curve are determined.The reasons for abnormal skin factor are also explained.

（2）The stress–sensitive parameter is determined by numerical methods used in this article.In the X overpressured，stress–sensitive gas reservoirs，permeability module is about $0.01MPa^{-1}$.

（3）Gas well production capacity and long–term dynamics of production with stress sensitivity is evaluated using dynamic data.Permeability module $\gamma$ has avery important effect on the result of deliverability and performance prediction.The stress sensitive absolute open flow potential $q_{AOF}$ is about 86% of that when permeability module $\gamma$ is equal to zero，the period of stabilized production decreases 5.5a，and the degree of reserve recovery decreases 6.8% than normal gas reservoir （$q_g$=45 × $10^4m^3$/d）.

## Nomenclature

$A$ : coefficient  of  LIT deliverability equation ；

$B$ : coefficient  of LIT deliverability equation ；

$C_f$ : rock compressibility，1/MPa ；

$C_w$ : water compressibility，1/MPa ；

$D$ : coefficient  of  non–Darcy，（$10^4m^3$/d）$^{-1}$;

$G$ : reserve，$10^8m^3$;

$h$ : depth of stratum，m ；

$K$ : permeability，mD ；

$Kh$ : formation conductivity，mD.m ；

$m$ : normalized pseudo pressure ;

$q_{AOF}$ : absolute open flow potential, $10^4 m^3/d$ ;

$q_{min}$ : economic limit rate, $10^4 m^3/d$ ;

$r_e$ : single well controlled distance, m ;

$r_w$ : wellbore diameter, m ;

$S$ : skin factor ;

$T$ : formation temperature, K ;

$T_{sc}$ : temperature of standard state, 293.15K ;

$T_{pc}$ : critical temperature, K ;

$p_i$ : initial formation pressure, MPa ;

$p_R$ : formation pressure, MPa ;

$p_w$ : flowing wellbore pressure, MPa ;

$p_{fmin}$ : min flowing wellbore pressure, MPa ;

$p_{pc}$ : critical pressure, MPa ;

$p_{sc}$ : Pressure of standard state 0.101MPa ;

$S_w$ : water saturation ;

$Z$ : Z–factor ;

$\alpha$ : coefficient of unit ;

$\beta$ : gas turbulence factor, $m^{-1}$;

$\gamma$ : permeability module, $MPa^{-1}$;

$\gamma_g$ : gas gravity ;

$\mu$ : gas viscosity, $mPa \cdot s$.

Dimensionless Variables :

$$p_D = \frac{2.714 \times 10^{-5} K_i h T_{sc} \Delta\psi}{q_g T_f p_{sc}} , \quad \psi = 2\int \frac{p}{\mu Z} dp$$

$$C_D = \frac{0.1592C}{\phi h C_t r^2_w} , \quad t_D = \frac{3.6 \times 10^{-3} K_i}{\phi \mu C_t r^2_w} t$$

$$T_D = t_D / C_D , \quad \omega = \frac{\phi_1 C_{t1}}{\phi_1 C_{t1} + \phi_2 C_{t2}}$$

$$\lambda = \alpha r^2_w \frac{K_2}{K_1} , \quad \lambda_D = \lambda e^{-2S}$$

$$\beta = \frac{\gamma q_g T_f p_{sc}}{2.714 \times 10^{-5} K_i h T_{sc}} , \quad U = e^{-\beta p_D}$$

$$R_D = \frac{r}{r_w e^{-S}} , \quad R_{eD} = \frac{r_e}{r_w e^{-S}}$$

# References

[ 1 ] Ildar Diyashev, Problems of Fluid Flow in a Deformable Reservoir [ PhD ], Texas A&M University, December 2005.

[ 2 ] Vairogs, Juris, Hearn, C.L., Dareing, Donald W., Rhoades, V.W., Effect of Rock Stress on Gas Production From Low-Permeability Reservoirs, JPT, September, 1971, 1161–1167.

[ 3 ] Raghavan, R., Scorer, J.D.T., Miller, F.G., An Investigation by Numerical Methods of the Effect of Pressure-Dependent Rock and Fluid Properties on Well Flow Tests, SPEJ, June, 1967, 267–275.

[ 4 ] Pedrosa Jr., Pressure Transient Response in Stress-Sensitive Formations, SPE15115–MS.

[ 5 ] Kikani, Jitendra, Pedrosa, OswaldoA.Jr.Perturbation Analysis of Stress-Sensitive Reservoirs, SPEFE, September, 1991, 379–386.

[ 6 ] Zhang, M.Y., Ambastha, A.K., New Insights in Pressure-Transient Analysis for Stress-Sensitive Reservoirs, SPE 28420.

[ 7 ] Evers, J.F., Soeiinah, E., Transient Tests and Long-Range Performance Predictions in Stress-Sensitive Gas Reservoirs, JPT, August, 1977, 1025–1030.

[ 8 ] A.K.Ambastha, Meng Yi Zhang, Iterative and Numerical Solutions for Pressure-Transient Analysis of Stress- Sensitive Reservoirs and Aquifers, Computers & Geosciences archive, 22 ( 6 ), 1996, 601–606.

[ 9 ] Wang Yanfeng, Liu Yuewu, Jia Zhen-qi, Well Test Analysis Under the Variation of Porosity and Permeability Caused by Formation Deformation, Journal of Xi' an Shiyou University ( Natural Science Edition ), 2004, 9 ( 2 ), 17–20.

[ 10 ] Liao Xinwei , and Feng Jilei, Well Test Model Of Stress Sensitive Gas Reservoirs With Super-Hign Pressure and Low Permeability, Natural Gas Industry, 2005, 25 ( 2 ), 41–44.

[ 11 ] Yang Lei, Lin Hong, Well Test Model of Stress Sensitive Composite Reservoirs, West-China Exploration Engineering, 2006 ( 2 ), No.118, 73–74.

[ 12 ] Wang Wenhuan, Three Zone Composite Well Test Model of Condensate Gas Reservoir in Stress-Sensitive Sandstone, Petroleum Exploration and Development, 2005, 32 ( 3 ), 117–119.

[ 13 ] Shi Lina, Tong Dengke, Pressure Analysis of Double Permeability Model in Deformed Medium with Well Bore Storage Effect , Chinese Quarterly of Mechanics, 2006, 27 ( 2 ), 206–211.

[ 14 ] Duan Yonggang, Huang Cheng, Chen Wei, Pressure Transient Analysis For Naturally Fractured Reservoir With Stress Sensitivity, Journal of Southwest Petroleum Institute, 2001, 23 ( 5 ), 19–22.

[ 15 ] Tong Dengke, Jiang Dongmei, Wang Ruihe , Generalized Flow Analysis of Fluid in Deformed Reservoir with Double-Porosity Media, Chinese Journal of Applied Mechanics, 2002, 19 ( 2 ), 56–60.

[ 16 ] V.Celis, R.Silva, M.Ramones, Intevep, S.A. ; J.Guerra, ; G.DaPrat, ANew Model for Pressure Transient Analysis in Stress Sensitive Naturally Fractured Reservoirs , SPE Advanced Technology Series, 2 ( 1 ), 1994, 126–135.

[ 17 ] Ning Zhengfu, Liao Xinwei, Gao Wanglai, Sui Mingqing, Pressure Transient Response in Deep-Seated Geothermal Stress-Sensitive Fissured Composite Gas Reservoir, Journal of Daqing Petroleum Institute, 2004, 28 ( 2 ), 34–36.

[ 18 ] Sun Hedong, Zhang Feng, Lv Jiangyi, Xiao Xiangjiao, Advance of Well Test Analysis in Stress-

Sensitive Formations, Well Testing 2007, 16（3）, 1–4.

[19] ClaudiaL.Pinzon, Her-Yuan Chen, Lawrence W.Teufel, Complexity of Well Testing Analysis of Naturally- Fractured Gas-Condensate Wells in Colombia, SPE 59013.

[20] Gao Chengtai, The Material Balance Equation with a Supplying Region and its Use in Gas Reservoir, Petroleum Expoloration and Development, 1993, 20（5）, 53–61.

[21] Yang Fangyong, Application of Dynamic Prediction Model for Overpressured Gas Reservoir, Journal of Southwest Petroleum Institute, 2004, 26（6）, 24–27.

[22] Sun Hedong, Xiao Xiangjiao, Yang Jianping, and Zhangfeng, Study on Productivity Evaluation and Performance Prediction Method of Overpressured, Stress-Sensitive Gas Reservoirs, SPE 108451, Asia Pacific Oil and Gas Conference and Exhibition, 30 October-1 November 2007, Jakarta, Indonesia.

[23] Jiang Tongwen, Tang Minglong, Xiao Xiangjiao, Wang Hongfeng, The Study on Stress Sensitivity of the Particular Low Permeability Reservoir in Dina2 Gas Field of Tarim Basin, Acta Sedimentologica Sinica, 2007, 25（6）: 949–953.

[24] Song Wenjie, Jiang Tongwen, Wang Zhenbiao, Li Ruyong, Feng Jilei, Zhu Zhongqian, Development Techniques for Abnormal High-Pressure Gas Fields and Condensate Gas Fields in Tarim Basin, SPE 88575, SPE Asia Pacific Oil and Gas Conference and Exhibition, 18–20 October 2004, Perth, Australia.

[25] Sun Hedong, Han Yongxin, Xiao Xiangjiao, Yang Jianping, Zhang Feng, Numerical Well Test Analysis of Stress-Sensitive Fractured Gas Reservoirs, Acta Petrolei Sinica, 2008, 29（2）: 270–273.

[26] Swift, G.W., Kiel, O.G., The Prediction of Gas Well Performance Including the Effect of Non-Darcy flow, JPT, 1962, 14（7）, 791–798.

[27] R.Aguilera, Effect of Fracture Compressibility on Gas-in-Place Calculations of Stress Sensitive Naturally Fractured Reservoirs [C], SPE100451, SPE Gas Technology Symposium, 15–17 May, Calgary, Alberta, Canada.

# 第三部分

# 工程技术发展与创新

# 塔中四油田水平井钻井完井技术 ❶

俞新永　　唐继平　　周建东　　周跃云

（塔里木石油勘探开发指挥部）

**摘　要：**塔里木盆地沙漠腹地的塔中四油田有 3 个高点，其中 402 高点的 $C_{III}$ 油组是一个块状底水油藏，均质段油层厚度大、物性好、夹层不发育、底水活跃、储量大，用水平井开发能防止底水锥进。从 1994 年 4 月至 1996 年 2 月，在近 2 年时间内完成了 5 口水平井，平均造斜点井深 3323.32m，平均斜深 4230.62m，平均垂深 3593.50m，平均水平段长 492.01m，平均水平位移 785.62m。平均钻井周期 195.46 天，初产原油都在 1000t/d 以上，稳产原油都在 600t/d 以上，生产 50 天就可收回全部钻井投资。文中介绍了优化井身结构和优化井眼剖面设计，着重介绍了直井段防斜打直技术，造斜段以动力钻具为主和以转盘钻为主的井眼轨迹控制技术，水平段以转盘钻配 DTU 导向钻具和 PDC 钻头为主的井眼轨迹控制技术，利用计算机预测井眼轨迹控制技术，钻井液和完井技术以及通过施工得到的几点认识。

**关键词：**塔里木盆地；深井；生产井；水平钻井；井身结构；井眼轨迹；井底钻具组合

　　塔中四油田是塔里木盆地沙漠腹地发现的第一个石炭系整装大油田。它的开发关系到塔指"九五"期间上产 $500 \times 10^4 t$ 原油目标的实现。从一开始，中国石油天然气总公司领导就提出"少井高产、高效开发""开采工艺技术上要有大的突破""$C_{III}$ 油组以水平井为主开发""三个同步，五个高水平"等一系列指示。根据这些指示精神，开发方案中 $C_{III}$ 油组的水平井布署由 2 口增加到 5 口。由于时间紧、任务重，但利用新体制的优势，采用招标的方式，择优选择全国实力最强的几家定向井专业技术公司参加塔中水平井的作业。从 1994 年 4 月到 1996 年 2 月，在近 2 年的时间内完成了 5 口水平井，平均造斜点井深 3323.32m，平均斜深 4230.62m，平均垂深 3593.50m，平均水平段长 492.01m，平均水平位移 758.62m，平均钻井周期 195.46 天，平均初产原油 1000t/d 以上、天然气 $30 \times 10^4 m^3/d$ 左右，平均稳产原油 600t/d 以上、天然气 $18 \times 10^4 m^3/d$ 左右，取得了较好的效益，详见表 1。

　　塔中 5 口水平井总投资 18477.9 万元，如采用割缝套管完井，单井综合成本为 3633.58 万元（直接钻井成本在 2100 万元左右），每米成本为 8540 元；如采用射孔完井，单井综合成本为 3943.58 万元，每米成本为 9279 元。在陆上油田这个成本是最高的，但其效益也是可观的。SP1 井 $\phi$22.6mm 油嘴生产近 1 年，生产原油 $25 \times 10^4 t$，地层压力仅下降了 1MPa。开发效果明显优于直井，如 TZ402 井 $\phi$13mm 油嘴日产油量 444t，生产压差为 2.31MPa；SP1 井 $\phi$12mm 油嘴日产油量 475t，生产压差 0.648MPa，在产量相当的情况下，直井生产压差是水平井生产压差的 3.6 倍。5 口水平井用 $\phi$15mm 油嘴试采每口井产量

❶　原载《石油钻采工艺》，1997，19（6）。

都在 620t 左右，每天每口井收入是 74.4 万元，生产 50 天就可以收回全部钻井投资。如下游工程投产，天然气加以利用，投资回收期会更短。

表 1　塔中四油田 5 口水平井主要经济技术指标

| 井号 | SP1 | SP3 | SP5 | SP2 | SP4 |
|---|---|---|---|---|---|
| 钻井周期（d） | 235.38 | 259.24 | 218.51 | 121.17 | 143 |
| 钻机月速度（m/台月） | 547.58 | 509.58 | 662.96 | 1020.95 | 959.56 |
| 机械钻速（m/h） | 2.33 | 1.98 | 3.02 | 5.47 | 4.63 |
| 斜深（m） | 4293 | 4255 | 4162.50 | 4124.63 | 4318 |
| 垂深（m） | 3610.39 | 3595.40 | 3590.40 | 3589.3l | 3582 |
| 造斜点深（m） | 3361 | 3270 | 3299 | 3343.10 | 3343.50 |
| 最大造斜率（°/100m） | 42.4 | 44.56 | 44.79 | 63 | 59.36 |
| 平均造斜率（°/100m） | 20.26 | 18.45 | 21.18 | 23.44 | 23.37 |
| 最大井斜角（°） | 91.5（4024m） | 93（4068m） | 91.7（3838m） | 91.9（3773m） | 91.79（4318m） |
| 水平段长（m） | 507 | 506.5 | 441.50 | 404.45 | 600.60 |
| 总水平位移（m） | 797.71 | 801.97 | 690.57 | 650.30 | 852.53 |
| 完井方法 | 割缝套管 | 套管固井射孔 | 割缝套管 | 割缝套管 | 割缝套管 |
| 初产原油（t/d） | 1042（$\phi$22.6mm） | 1060（$\phi$24mm） | 1035（$\phi$24mm） | 1012（$\phi$20mm） | 1192（$\phi$20mm） |
| 初产天然气（$10^4m^3$/d） | 26.78 | 34.2 | 30.35 | 30.97 | 26.58 |
| 稳产原油（t/d） | 648（$\phi$15mm） | 615（$\phi$15mm） | 666（$\phi$l5mm） | 622（$\phi$15mm） | 620（$\phi$15mm） |
| 稳产天然气（$10^4m^3$/d） | 16.65 | 20.69 | 17.32 | 18.55 | 19.22 |
| 综合成本（万元） | 3173.36 | 5440.23 | 4356.40 | 2681.86 | 2826.51 |

# 1　优化钻井设计

塔中四油田包含 402、422 和 401 三个高点，钻遇的地层有新生界第四系、古近系—新近系，中生界侏罗系、三叠系，上古生界二叠系、石炭系。目的层为石炭系，钻遇厚度 515m 左右。地质研究结果表明，塔中 402 高点的 $C_{Ⅲ}$ 油组是一个块状底水油藏，均质段油层厚度大、物性好、夹层不发育、底水活跃、储量大，具备水平井开发的地质基础。此外，用水平井开发 $C_{Ⅲ}$ 油组，能够防止底水锥进。

## 1.1　塔中水平井的钻井难点

与国内其他油田相比，塔中四油田水平井钻井的难点主要表现在以下几个方面：

（1）油层理藏深。油层平均埋深 3600m，平均造斜点井深 3370m 左右。1996 年以前，塔中四油田水平井的斜深、垂深、造斜点深度在全国都是最深的。

（2）地层较老。900m 后进入中生界地层，3200m 后进入古生界。主要目的层石炭系有大段的泥岩，岩石可钻性差，$\phi$311mm 井眼的平均机械钻速在 2m/h 以下；地层自然造斜能力低，造斜困难。

（3）$C_{III}$ 油组的气顶活跃。水平段靶心轴线距气顶 19m，靶区要求较严，井眼轨迹必须在高 × 宽 × 长 =6m×20m×500m 的矩形方盒内运行。

## 1.2 优化井身结构

根据塔中四油田的油层特点和完井要求，出于对深水平井安全钻进、油气层保护的考虑，优选出如下井身结构。

（1）$\phi$508mm 表层套管下深 300m，封固地表散砂层。井眼 $\phi$660.4mm。

（2）$\phi$339.72mm 技术套管下至 2200m，封固侏罗系易垮塌的井段。井眼 $\phi$444.5mm。

（3）$\phi$244.47mm 技术套管下至 A 点，封固整个造斜段，为水平段安全钻进创造条件。井眼 $\phi$311mm。

（4）水平段完井采用 $\phi$139.7mm 割缝套管顶部注水泥和 $\phi$139.7mm 套管固井射孔完井两种方式。$\phi$139.7mm 套管下深 4316～3720m，$\phi$178mm 套管下深 3720m 至井口。水平段井眼 $\phi$216mm。

## 1.3 优化井眼剖面设计

塔中四 5 口水平井都是中半径水平井，其中 3 口井（SP1 井、SP2 井、SP4 井）的剖面设计采用了三增剖面，即直—增—增—增—稳剖面，其中，第一、第三增斜段采用动力钻具增斜，增斜率分别为 30°/100m 和 35°/100m；第二增斜段为转盘钻增斜，设计增斜率为（15～17.5）°/100m。采用三增剖面主要是缩短动力钻具造斜段，尽可能多地采用转盘钻提高钻井速度。另外 2 口井（SP3 井和 SP5 井）采用了双增剖面，即直—增—稳—增—稳剖面，其中，第一、第二增斜段采用（25～30）°/100m 的增斜率，中间稳斜段放在石炭系双峰灰岩标志层。这样设计的主要目的是，在动力钻具造斜率不稳定的情况下，用中间稳斜段来调整井眼轨迹，调节入靶垂深。

# 2 钻井施工

## 2.1 直井段防斜打直

塔中四油田 5 口水平井的造斜点基本上都在 3300m 左右，而且有 2 口井在丛式井平台上，所以无论从直井的防碰还是从避免打三维水平井来说，严格控制直井段的井斜和水平位移都显得十分重要。过去在塔中的预探井、评价井中曾对防斜打直问题做过一些研究，并通过实践摸索出一套在 $\phi$311mm 井眼中采用双扶正器钟摆钻具有效控制井斜在 3°以内，井底水平位移在 40m 以内。尽管上述指标在直井中已经比较先进，但离水平井设计要求的井斜控制在 3°以内和造斜点处的水平位移控制在 10m 以内仍有相当的差距。因此，把 5 口水平井分成两组进行防斜打直试验，第一组 2 口井（SP3、SP5）为满眼钻具和钟摆钻具交替使用，采用 98～147kN 的钻压吊打；第二组 3 口井（SP1、SP2、SP4）为全井采用双扶正器钟摆钻具，用 196～245kN 的钻压放开打。试验结果表明，两种方法基本都能将井斜控制在 3° 以内，水平位移控制在 10m 以内。

值得指出的是，采用吊打方法尽管能有效地控制井斜和位移，但使直井段的钻井速度降低了近 12%。而采用双扶正器钟摆钻具放开钻压打的方法，不仅井斜、水平位移能控制在要求的范围内，而且钻井速度也较快。

## 2.2　井眼轨迹控制

通过 5 口水平井的钻探实践，基本形成了比较成熟的塔中四油田水平井井眼轨迹控制技术。

### 2.2.1　造斜段井眼轨迹控制技术

#### 2.2.1.1　以动力钻具为主的水平井井眼轨迹控制技术

SP3 和 SP5 井基本是以动力钻具为主完成造斜段钻进工作的。这套模式的特点和基本内容是造斜段的施工以单弯或双弯动力钻具为主要钻进方式，以转盘钻清除岩屑床和修整井眼，并完成稳斜段或造斜率较低的调整段，每口井以 8～10 套钻具组合，20～26 趟钻钻完造斜段。造斜段井眼轨迹控制技术的重点是，选择不同角度的单弯或双弯动力钻具来获得需要的造斜率。井眼轨迹控制的对象是控制稳定的全角变化率，以得到与设计的井眼轨迹相符的连续的轨迹点位置和矢量方向。通过调整和控制动力钻具的工具面，可以获得比较稳定的井眼全角变化率，几乎不存在方位漂移的问题。转盘钻以通井为主，调整造斜率为辅，既可以克服动力钻具循环排量的不足，通过通井和大排量清除岩屑床，调整动力钻具造斜率的偏差和调整井眼垂深，又可以加大钻压钻掉可钻性差的硬地层，是水平井安全钻进的有效措施。

实践表明，以动力钻具为主进行造斜段和水平段井眼轨迹的精确控制有重要的价值，但也存在一些缺点：

（1）动力钻具使用量过大。

（2）动力钻具钻进的井段用刚度较大的转盘钻钻具组合通井、划眼非常困难，容易出钻具事故，钻井速度较慢。

（3）由于上述两条原因，造成斜井段成本较高。

#### 2.2.1.2　以转盘钻为主的水平井井眼轨迹控制技术

SP1、SP2 和 SP4 井的井眼轨迹控制属于以转盘钻为主的控制模式。这套模式的中心思想就是通过较长的转盘钻钻进井段，既要达到增斜目的，又要提高钻井速度，降低综合成本。其主要做法是通过调整钻具组合和钻井参数，可以有效地实现对强增斜、微增斜井眼轨迹的控制。主要内容如下。

（1）第一造斜段采用带偏心扶正器的单弯和双弯动力钻具，选择合适的弯壳体度数，使实际造斜率尽可能接近或达到 30°/100m。井斜角达到 25° 左右时换转盘钻钻进。

（2）选择合适的转盘钻增斜钻具组合，使增斜率达到 18°/100m 左右，并根据实际增斜率及时调整钻井参数或更换钻具组合，必要时用动力钻具进行井斜和方位的修正。

（3）转盘钻钻进过程中，要经常短起下钻和交叉接力循环，以清除岩屑床和修整井壁。

这套模式的特点是钻井速度明显高于以动力钻具为主的模式，其缺点是采用单扶正器柔性增斜钻具组合时方位漂移较大。此外，钻具受复杂交变应力的影响，易产生疲劳断裂，钻具事故较多。

#### 2.2.1.3 造斜段的钻具组合模式

（1）动力钻具造斜钻具组合：$\phi$311m钻头+$\phi$196.85mm双弯（或单弯）动力钻具+$\phi$203.2mm无磁钻挺（带$\phi$203.2mmMWD无磁短节）。该套钻具组合用于以动力钻具为主的整个造斜段钻进和以转盘钻为主的第一和第三造斜段，平均造斜率（25～30）°/30m。根据所选不同角度的单弯（或双弯）动力钻具，在不同井段使用时造斜率也有不同。比如在SP4井，第一造斜段平均造斜率35.36°/100m，最大造斜率42.76°/100m，而在第三造斜段平均造斜率达43.5°/100m，最大造斜率达47.52°/100m。

（2）转盘钻增斜钻具组合。转盘钻增斜段主要在近钻头扶正器和第一钻柱扶正器间用$\phi$158.75mm+$\phi$177.8mm（$6\frac{1}{4}$in+7in）、$\phi$177.8mm+$\phi$203.2mm（7in+8in）、$\phi$158.75mm+$\phi$203.2mm（$6\frac{1}{4}$in+8in）的无磁钻挺来组成下部钻具组合，简称"6+7""7+8"和"6+8"组合，并可通过钻具组合的调整和钻井参数的配合来实现对增斜率的调整。上述组合也可变成只带1个近钻头扶正器的钻具组合。

转盘钻增斜钻具组合用于第二增斜段，平均造斜率为（14～18）°/100m。

在实际钻井过程中，通常根据地层的自然造斜率和当时井眼的井斜条件来优选钻具组合。钻具的增斜能力依次为"6+8"＞"6+7"＞"7+8"，但"6+8"组合易漂方位，"6+7"组合属于稳定性较好的钻具组合。在SP4井使用"6+8"组合，实际平均造斜率达到了18.55°/100m。

#### 2.2.2 水平段井眼轨迹控制技术

水平段以转盘钻配DTU（即异向双弯动力钻具+MWD）导向钻具和PDC钻头为主要钻进方式，采用倒装钻具组合，通过调整和控制工具面及调整钻井参数实现微增、微降、调整方位等目的，将井眼轨迹严格控制在设计靶区范围内。采用大排量循环，提高钻井液悬浮性、携砂性，以转盘钻钻进、短起下钻、正划眼等多种方式彻底地清除水平段的岩屑床。

水平井段导向钻具组合：$\phi$216mm钻头+$\phi$165mmDTU（0.32°～0.64°）导向钻具+$\phi$216mm扶正器+$\phi$165mm无磁钻挺（带MWD无磁短节）+$\phi$127mm斜台肩钻杆+$\phi$127mm加重钻杆。

导向钻具配合PDC钻头，用MWD无线随钻测量系统跟踪监测，有效地提高了钻井速度和井眼轨迹的控制精度，5口水平井中靶数据见表2。

表2 水平井中靶数据

| 指标 | SP1 | | SP3 | | SP5 | | SP2 | | SP4 | |
| --- | --- | --- | --- | --- | --- | --- | --- | --- | --- | --- |
| | $A$点 | $B$点 | $A$点 | $B$点 | $A$点 | $B$点 | $A$点 | $B$点 | $A$点 | $B$点 |
| 靶心距（m） | 2.38 | 13.34 | 9.50 | 6.46 | 2.85 | — | 2.04 | 3.73 | 3.65 | 9.42 |
| 横距（m） | 2.33 | 13.24 | 9.26 | −6.45 | 2.63 | — | −1.19 | 3.57 | −3.65 | 9.42 |
| 纵距（m） | −0.49 | 1.66 | 2.15 | −0.21 | −1.09 | — | −1.65 | 1.10 | 0.10 | 0.00 |

#### 2.2.3 利用计算机软件技术进行井眼轨迹预测

实钻井眼轨迹和设计井眼轨迹总是存在差异的。在实际钻进中，由于具体条件的变化

（诸如钻具组合的改变、地层岩性的差异、钻井参数变化等）都会造成实钻轨迹的偏差，需要及时对下部井段进行预测，以选择最佳施工方案。同一钻具组合在相同的条件下钻进时，由于钻头离测量点有相当一段距离，也需要及时地预测分析未测量井段的轨迹状况，特别是使用动力钻具钻进时显得尤为重要。在塔中的水平井钻进过程中，利用在"八五"期间研制开发的水平井计算机软件包预测井眼轨迹，指导施工，取得了很好的效果。

例如，SP2 水平井在施工中，用 MWD 动态数据和有线随钻跟踪监测，利用水平井二段、三段增斜的计算机预测程序预测下部井段数据。在钻到井深 3675.95m，井斜 72.4°时，根据预测结果需要使用造斜率为 35°/100m 的钻具组合才能入靶。经过对使用的各种钻具组合实钻造斜率的分析，选用 2°×1° 的双弯动力钻具达到了这一要求，实际增斜率为 43.52°/100m。

塔中四油田水平井段的轨迹控制精度要求高，5 口水平井的水平段均要求控制在 6m×10m×（400~600）m 的矩形盒中，对超深水平井来说，井眼轨迹预测就显得更加重要了。例如，SP4 井设计水平段长 600m，要求在整个水平段内井斜角波动范围是 ±0.95°，轨迹控制难度非常大。施工中，通过对底部钻具组合在东河砂岩地层中稳斜作用的优选，合理调整钻井参数，使水平段井斜角控制良好，实钻轨迹在轴线上下摆动为 +0.07~−0.45m。

# 3 钻井液技术和完井技术

## 3.1 钻井液技术

水平井钻井液必须满足水平井对井壁稳定、井眼清洁净化、降低摩阻和保护油层等要求。通过大量的室内实验和塔中多口定向井的现场实践，总结完善了一套能满足塔中水平井生产要求的钻井液体系。5 口水平井的直井段分别使用了正电胶聚合物、聚磺和阳离子三套钻井液体系。水平段使用了聚磺和油基钻井液两套体系。

造斜弯曲井段是水平井最关键的井段，井眼大，排量小，造成钻井液携砂困难。为了保证井下安全，施工顺利，在钻井液的维护处理方面采取了以下几项措施：

（1）加足正电胶及高分子聚合物，维护较高的动塑比值，保证钻井液具有良好的携带钻屑能力。在保证钻井正常施工的前提下，采取较高的黏度和初终切值，使钻屑不会在短时间内迅速沉积，避免形成严重的岩屑床。

（2）加足防塌剂和降失水剂，改善滤饼质量，保证井眼不垮不塌。

（3）加入适量润滑剂和 20%~30% 的原油，同时加入 SN-1 防卡乳化剂促油乳化，提高钻井液的润滑特性，降低起下钻时的摩阻及钻进时的扭矩。5 口水平井中斜井段的最大摩阻为 100kN。

（4）用好固控设备，降低钻井液中的含砂量及劣质固相；用好离心机，消除由于频繁起钻加重而人为造成的密度升高过快的不利影响，将密度控制在合适的范围内。

四开水平井段采用水基钻井液基本解决了井眼净化问题，但使用油基钻井液却暴露了比较大的问题。主要表现在水平段的岩屑床难以清除，钻井过程中摩阻、扭矩较大，钻压传递困难。从保护油气层的效果看，水基钻井液与油基钻井液基本相当。

5 口水平井的电测、中完及完井作业基本都是一次成功。

## 3.2 完井技术

塔中5口水平井的井身结构基本上是一致的，第二层 $\phi$244.5mm 技术套管必须下至 A 点，一是封固石炭系 $C_I$、$C_{II}$ 油组的油气层和 $C_{III}$ 油组的气层；二是为水平段安全钻井创造条件。$\phi$244.5mm 技套采用了双级固井，第一级按水平井油层固井的要求，固井质量达到优质，施工作业采取了以下措施：

（1）井眼净化。下套管前调整好钻井液性能，使其有较高的动塑比和较好的携岩性能，大排量分段循环，尽可能地清除下井壁的岩屑床；下完套管后以 40～45L/s 的大排量循环洗井，彻底清除岩屑床。

（2）保持套管居中度。由于没有合适的钢性扶正器，故采用双弓弹性扶正器，从造斜点到 A 点每根套管加1个，分级箍附近加10个，井口附近加5个。

（3）优选水泥浆体系。根据塔中四油田的特点，优选了进口和国产两套水泥添加剂体系，通过试验和合理的配比，达到了零析水的要求，在水泥浆密度 1.85g/cm$^3$ 的情况下具有良好的流动度。

（4）保持正常连续施工，水泥浆密度没有大的波动，顶替尽可能实现紊流顶替。

由于采取了上述措施，保证了5口水平井的固井质量都达到良好，声幅值基本在20%以下。

完井采用了水平段割缝套管顶部注水泥和水平段套管固井射孔完井两种方式。

（1）水平井割缝套管顶部注水泥技术在4口井上应用。在水平段下入进口割缝套管（缝宽 0.508mm，缝长 50.8mm，每米缝数 480 条），将 A 点以上的套管环形空间用水泥封固，其技术关键是防止水泥浆下沉堵塞割缝管和伤害油层。

SP4 井实际井身结构如图1所示。

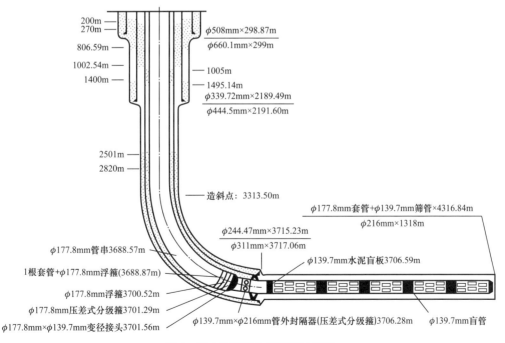

图1 SP4井实际井身结构示意图

（2）下 $\phi$139.7mmTM 特殊螺纹套管、尾管悬挂、回接套管、固井、水平段射孔。这项技术在 SP3 井（图 2）应用获得成功，其技术关键是将 $\phi$139.7mm+$\phi$177.89mm 复合套管顺利下到井底，尾管悬挂器顺利坐挂和送入工具倒扣；优选零析水水泥浆体系并注入井内；下射孔管柱，采用环空加压多级延时起爆技术对 500m 水平段进行定向射孔。第一射孔段长 286.50m，第二射孔段长 178.40m，采用 89 枪、SYD89 弹，孔密 16 孔 /m，射孔相位为水平方向和水平以下 30° 交叉排列，发射率 100%，孔径偏差 ±0.5mm，误差 ±5°。

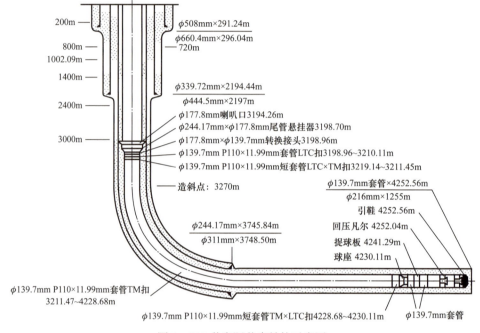

图 2　SP3 井实际井身结构示意图

上述两种完井方法都取得了较好的效果，投产后均达到单井日产千吨的水平。

# 4　作业中遇到的问题和几点认识

## 4.1　存在的问题

（1）造斜井段钻具事故较多。特别是采用双扶正器转盘钻增斜钻具组合，事故率高于动力钻具增斜组合，SP1、SP2、SP3、SP4 井造斜段共发生 11 起钻具事故。

（2）水平段出现事故处理难度大。SP5 井钻至 4162.50m 时，安放在井斜 35° 左右的随钻震击器心轴断裂，钻具落井。用卡瓦打捞筒捞获钻具后提至 2156kN 无效，爆炸松扣后取出卡瓦打捞筒，下打捞震击器震击无效。倒扣至水平段 3773m，下入进口打捞震击器至水平段震击 300 次不能解卡，后泡柴油 2 次也不能解卡。最后采用硬倒的办法倒至 4050.20m，余 112.30m 落鱼完井。

（3）造斜段、水平段的扶正器、钻头磨损严重，钻压传递困难。有时在 $\phi$311mm 造斜段加压到 392kN，$\phi$216mm 井眼加压到 294kN 才能见到进尺，但动力钻具也没有被"压死"的迹象。

（4）岩屑床清除困难。水平段采用油基钻井液时，下井壁沉淀了许多有机土、钻屑和氧化沥青的混合物，类似胶泥，较坚韧，不溶于柴油，即使加温至120℃也不溶于柴油，形成了难以清除的岩屑床，增加了水平段的摩阻和扭矩。

（5）加套管扶正器易遇阻。SP1井下φ139.7mm割缝套管前，并眼准备的不够充分，没有彻底清除岩屑床，加之管串中加了近20个流道面积较小的钢性扶正器，导致岩屑、滤饼在钢性扶正器处堆集，套管下至4237.17mm遇阻，多次处理无效。

## 4.2 几点认识

（1）垂深3500m以上的水平井采用中半径剖面，作业难度适中。

（2）采用φ244.5mm技套下至A点的井身结构，为深水平井的安全钻井提供了保障。

（3）采用以转盘钻为主的井眼轨迹控制模式能够大幅度提高钻井速度，采用导向钻井系统能够保证水平段轨迹严格控制在靶区之内，同时能够提高水平段的钻井速度。

（4）非水敏性和弱水敏性地层应使用水基钻井液体系，用屏蔽暂堵技术保护油气层。而采用油基钻井液，存在无法清除下井壁"胶泥状"的岩屑床和钻井液费用过高等问题。

（5）对胶结较好，不易出砂的砂岩油藏，采用割缝套管完井不仅能减少对油层的伤害，而且能大大降低完井费用。

（6）对造价较高的水平井，经济水平段长度应控制在300～350m。

（7）要特别重视深水平井作业中钻具及配合接头的安全问题。注意勤换钻挺、扶正器和配合接头，造斜段每2～3趟钻必须更换，水平段每趟钻都必须更换，更换下的钻具、扶正器和接头不能再次入井。另外，要加强钻具的探伤工作，震击器的安装位置必须在造斜点以上。

（8）现有扶正器的形状不能很好地解决钻压传递问题，容易在下井壁啃出台肩，造成传压困难。应重新设计既能解决传压问题又能满足扶正效果的新的扶正器。

（9）要重视岩屑床的清除，保持井眼的清洁，有条件时一定要配备顶驱装置。

（10）下套管前一定要将井眼准备好，并打入3%的塑料小球和足量的润滑剂

（11）井眼剖面的设计要依据地层岩性、机械钻速、动力钻具造斜能力等多种条件，第一造斜段不应追求过高的造斜率，应循序渐进，因为同样一套增斜钻具组合在初始造斜段和在有一定井斜角的井段其造斜率是不同的，越往下造斜率越高。钻井参数的变化对造斜率也有一定的影响。

（12）水平段的靶区应设计为扇面靶。由于MWD和电子多点测斜仪所测数据存在一定误差，如采用矩形靶，可能MWD的数据不出靶，但电子多点测斜仪的数据可能已出靶。设计成扇面靶后减轻了担心出靶的压力，同时为调整方位作业增加了作业空间，有利于提高钻井速度。

（13）对钻井速度较慢的深水平井，要设计适合于造斜段和水平段钻进的PDC钻头，以减少起下钻次数，提高工作时效。

（14）塔中水平井的钻井成本是定向井钻井成本的2倍，用φ13mm油嘴生产，直井产量为444t/d，水平井的产量为510t/d，但直井的生产压差是水平井的3.6倍。由此可见，采用水平井开发底水油藏能充分发挥地层能量，防止水锥突进和地层出砂，延长无水采油期，经济效益是很好的。

总之，钻深水平井是一个投入大、风险大、回报率高的项目，需要用先进的技术和装备，同时也需要严密组织和密切合作，包括勘探、开发、油藏、钻井部门及各承包作业单位的合作，任何一个环节的疏忽都可能导致危险的后果。

## 参 考 文 献

［1］王浦潭，郭呈柱.塔里木盆地塔中四油田采油工程方案.中国石油天然气总公司石油勘探开发科学研究院、塔里木石油勘探开发指挥部.1995-04.

［2］孙海芳，赵子荣.TZ4—7—H4（SP1）井完井技术报告.胜利定向井技术公司，1994-10.

［3］赵子仁，陈德山.TZ4—27—H14（SP3）井钻井工程总结报告.新疆定向井公司，1995-04.

［4］王立华，史玉钊.TZ4—37—H18（SP5）井水平井完井报告.中海石油技术服务公司定向井公司，1995-04.

［5］魏方忠.TZ4—7—H8（SP2）水平井完井技术报告.胜利定向井技术公司，1996-01.

［6］孙海芳，赵子荣.TZ4—8—H14（SP4）水平井技术报告.胜利定向井技术公司，1996-03.

［7］张祖兴，司艳姣.国外水平井技术.中国石油天然气总公司情报研究所，1992-07.

# DX1 井高压高产储层氮气安全钻井技术 ❶

胥志雄[1,2]　孟英峰[2]　李　锋[1]　王春生[1]　梁红军[1]　舒小波[2]　周柏年[2]

（1. 中国石油塔里木油田分公司；2."油气藏地质及开发工程"国家重点实验室·西南石油大学）

**摘　要**：针对高压、高产储层氮气钻井过程中储层"岩爆"以及高速流体携带岩屑对井控设备的冲蚀作用，开展了高压、高产储层氮气安全钻井技术研究。通过结合前期氮气钻井作业中存在的井控安全风险问题，采用井口装置升级改造、井控地面管汇优化改进、井下内防喷工具改善、井控监测与控制系统提升等措施，提高了井控设备的抗冲蚀冲击能力，实现了风险及时预测以及井控系统远程自动化控制。通过后期氮气钻井现场应用表明，该技术有效地保证了储层氮气钻井的安全钻进，对今后高压、高产储层氮气安全钻进提供了技术支持。

**关键词**：高压高产储层；氮气钻井；井控装备；井控安全；安全钻井

氮气钻井技术是以氮气作为钻井流体进行钻进的一种钻井方式，与空气钻井相比，其最大特点在于氮气与烃类的混合气体不可燃，可避免井下燃烧[1-2]。此外，氮气钻井对于提高机械钻速，避免储层损害，及时发现和准确评价油气层具有积极作用，因而广泛用于储层钻进[2-5]。高压、高产储层氮气钻井过程中，由于地层流体失控，极易引发钻井井喷，造成人员伤亡，钻井设备损坏，油气井报废，自然环境伤害等严重后果，使得高压、高产储层氮气钻井井控安全问题成为整个钻井过程中至关重要的问题[6-7]。为此，针对高压高产储层氮气钻井特点，深入研究氮气钻井井控装备存在的问题并及时进行改进，是实现储层氮气安全钻进的有效途径。

## 1　氮气钻井风险分析

氮气钻井不同于常规钻井，需使用专用井控和循环设备实现井底压力控制、循环携带岩屑、旋转分流、流体处理等多项功能，以保证安全、快速钻井[8]。高压、高产储层氮气钻井时，井筒内无液柱压力平衡地层压力，井筒返出流体返速极高，极易携带地层岩屑及流体倒流堵塞钻头水眼或损坏井下工具。同时，高速气流携带地层岩屑可对井口设备及地面管汇产生冲蚀影响，造成井口设备部分失效或地面管线刺漏，严重影响井口和地面设备的正常运行，增加了井控风险。此外，当氮气钻井即将钻遇裂缝时，裂缝与井筒间岩石墙强度不足以抵抗地层与井筒间压差形成的破坏力时，岩石墙瞬间崩裂、破碎，产生"岩爆"现象。由于高压气体的突然释放和大量沉砂，致使大量岩屑倒灌，从而造成钻头堵塞、内防喷工具失效，还会对钻具产生巨大上顶力，很容易造成井口井控设备损坏。

❶ 原载《钻采工艺》，2013，36（5）。

## 2  现场井控设备安全隐患

DX1井是西部某致密砂岩深盆气勘探潜力的一口重点预探井，为避免储层液相伤害，获取地层原始产能，做出准确的产能评价，在该井储层层段实施氮气钻井技术。通过前期氮气钻井现场应用，针对高压、高产气层氮气钻井中的井控安全问题取得以下认识。

### 2.1  井口井控装置

前期氮气钻井井口装置从上到下依次为旋转控制头、变径变压短节、环形防喷器、单闸板防喷器、双闸板防喷器、多功能四通、变压法兰、套管头。岩屑返出通道为旋转控制头壳体旁通，由于旋转控制头壳体旁通无防冲蚀处理措施，氮气钻井一段时间之后，对旋转控制头壳体旁通壁厚进行检测，最大冲蚀深度达到8mm，影响了氮气钻井安全作业。同时，旋转控制头两胶芯之间的腔室堆积较多的砂粒，造成钻具通过旋转控制头时，存在较大的摩阻，造成胶芯刺漏，加速胶芯失效，影响了正常氮气钻井。

前期氮气钻井测试通道经多功能四通，3号和4号平板阀，由三通连接至测试流程。采用该测试通道测试时易对多功能四通造成冲蚀，如果将多功能四通冲蚀坏，可造成井喷失控的危险。通过钻后测试表明，虽然多功能四通悬挂器密封面与试压塞密封面目测未发生冲蚀，密封试压检测完好，但是多功能四通本体和旁通则发生了明显的冲蚀损害。多功能四通本体内腔表面有3/4圆弧面被冲蚀，最宽为35mm，最大冲蚀量达3mm；多功能四通左右旁通均出现不规则的冲蚀凹痕，合金脱落现象，局部表面有轴向裂纹产生。其防冲蚀措施不能完全满足环空测试需要，钻具接头形成的流场加剧了冲蚀。

### 2.2  井控地面管汇

节流管汇是井控管汇中的关键设备，其节流阀的正常运行直接影响压井的成败[9]。通过对前期氮气钻井使用的节流管汇进行评估表明，节流管汇节流阀阀芯端部有冲蚀痕迹，其他部件完好。其中J1阀芯端部水平段中心有深1.5mm、宽10mm的冲蚀凹槽，J4阀芯端部水平段中心有深3mm、宽15mm的冲蚀凹槽。节流管汇与多功能四通之间的平板阀，其阀板从通孔下半部发生断裂，阀板断口属脆性断口，阀板表面合金层存在裂纹并延伸到基体，说明焊接工艺存在问题，且阀板各点硬度存在较大差异。平板阀起断流作用。因此，阀板所要承受的高压气流的冲击作用更大，冲击作用损坏也更严重，从而影响节流管汇的正常功能，易造成严重的井控问题。

前期氮气钻井排砂管线分为主排砂管线和副排砂管线。主排砂管线从旋转控制头壳体旁通直接连接至燃烧池。由于井架底座的影响，在安装排砂管线时，排砂管线无法直接从井架底座穿出，从旋转控制头壳体旁通外连接了弯头，绕过井架底座阻挡位置。气体携带岩屑返出弯头位置时，一方面加速了对弯头的冲蚀，另一方面对弯头造成一定的冲击。因此，存在不安全因素。同时，排砂管线支撑架固定采用双腿固定，固定稳定性差；副排砂管线从旋转控制头壳体经过滤管线、欠平衡节流管汇至燃烧池。旋转控制头壳体至过滤管汇之间的管线采用软管线，抗冲击能力和耐冲蚀性不足。

## 2.3 井下内防喷工具

前期氮气钻井采用的内防喷工具为常规钻井所用的内防喷工具。第一趟氮气钻井时，钻遇良好油气显示，因钻遇储层时发生"岩爆"，大量岩屑倒灌入近钻头位置的箭形回压阀，造成钻头水眼和箭形回压阀堵塞。为防止钻进到高压储层时钻具水眼再次堵塞，第二趟氮气钻井在近钻头位置安装了一只浮阀，将箭形回压阀移至第一根钻铤之上，并在钻头上安装喷嘴，限制岩屑进入钻具水眼。第二趟氮气钻井时，钻遇高产油气流，未造成钻具水眼的堵塞。压井之后，起出内防喷工具发现近钻头内防喷工具均有不同程度的损坏（图1），如箭形回压阀密封面损坏、箭形回压阀密封盘根损坏、浮阀损坏、旋塞损坏等。造成此种现象的主要原因是常规钻井液所用内防喷工具结构与氮气钻井不匹配，工具材料的机械性能不能满足氮气钻井条件，密封性能也不能满足高压气体的冲蚀。

(a) 箭形回压阀密封盘根损坏

(b) 旋塞损坏

(c) 箭形回压阀密封面损坏

(d) 浮阀损坏

图1 部分失效井下内防喷工具部件图

## 2.4 监测与控制系统

氮气钻井监测系统主要采用常规录井所用的监测系统，主要包含以下监测：立管压力、扭矩、钻压、转速、悬重等参数的监测；返出气体的全烃浓度、$CH_4$ 浓度、$CO_2$ 浓度、CO 浓度、$H_2S$ 浓度、湿度等参数的监测。由于缺乏对氮气钻井过程中井下憋卡钻和钻具上顶的监测，以及注入气量与返出流量、岩屑返出量的监测，因此，在氮气钻井过程中可能出现的井控控制反应时间长和预警监控力度不够的问题，同时该井储层又属于高压气层，出现井控问题时易造成发现事故不及时、关井不迅速，从而造成较大的井控事故。该井前期氮气钻井采用常规井控所用的控制系统。关井位置只能在司控台和远控台操作，当遇到特殊情况人员无法靠近司控台和远控台时，无法实现对井控装备的远程控制；所用闸门绝大部分采用手动控制。需要倒换闸门时，既增加了倒换闸门的时间，影响了下一步的作业，同时人员去倒换闸门存在不安全因素。

## 3 氮气钻井井控设备的改进

### 3.1 井口装置升级改造

针对前期氮气钻井井口装置存在的问题，联合提供服务的川庆钻探公司钻采工程技术研究院对后期氮气钻井井口装置进行了改进，从上到下依次为旋转控制头、环形防喷器、双闸板防喷器、排砂四通、双闸板防喷器、多功能四通、套管头、变压法兰、套管头，如图 2 所示。

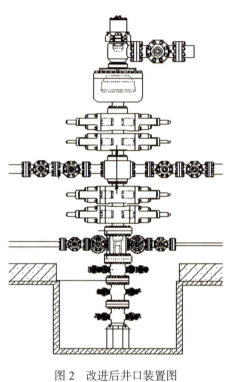

图 2　改进后井口装置图

为防止对旋转控制头壳体旁通的冲蚀，加工了专用排砂四通，返出通道由排砂四通返出，同时对其进行防冲蚀处理，降低冲蚀作用的影响。同时，对旋转控制头结构进行改进，直接与环形防喷器连接；在旋转控制头上加工了吹扫孔，用于吹扫堆积在旋转控制头内的积砂，防止岩屑在旋转控制头内大量堆积；对旋转控制头壳体旁通进行防冲蚀处理，内径镶嵌 YG8 硬质合金套，减缓返出岩屑对旋转控制头的冲蚀。由于多功能四通易受冲蚀影响，首先对多功能四通进行防冲蚀处理，其本体旁通径、双法兰内径镶嵌 YG8 硬质合金套，并保证内径与阀门通径一致，同时相贯线处喷焊 Ni60 合金。另外，将测试通道改为经排砂四通至测试流程，避免了测试时对多功能四通的冲蚀。

### 3.2 井控地面管汇改进

针对前期氮气钻井节流管汇中节流阀出现的冲蚀问题，后期氮气钻井时在节流管汇安装了防冲蚀短节，节流阀的生产焊接工艺也进一步提高，经过现场试验，改进后的防冲蚀短节具有较好的抗冲蚀性能，规整流场，能有效保护节流阀以及下游的管路，有利于有效地控制钻井安全。根据前期氮气钻井排砂管线的使用情况，为提高排砂管线的稳定性和抗冲击能力，对排砂管线的布置遵循"大、通、直、低、稳"的原则。排砂管线间采用钢圈密封，支撑采用框架固定式，变径变向处采取防冲蚀处理。改进后的排砂管线，经氮气钻井后测试表明排砂管线均无明显冲蚀，使得生产作业更安全。

### 3.3 井下内防喷工具改进

通过对前期氮气钻井内防喷工具失效原因分析，进行了内防喷工具改进。分体式箭形止回阀：取消了箭座的橡胶圈，提高了抗冲击破坏能力；采用金属和橡胶组合密封，提高了有效关闭能力；缩短了钻头到内防喷工具的长度。整体式箭形止回阀：采用金属和橡胶组合密封，提高了有效关闭能力；密封件焊镶硬质合金后提高抗冲蚀性能；在整体结构上提高了抗扭强度和抗拉强度。在处理工艺上，采用多个内防喷工具，优化组合方式，确保其整体的有效性。气举结束之后，起钻换全新的内防喷工具，保证内防喷工具处于清洁的环境，防止杂质堆积在箭形回压阀内。氮气钻进过程中，钻具水眼内放入钻杆滤子，滤掉注入钻具流体中的杂质，确保内防喷工具的可靠性。去掉钻具内涂层，入井每根钻具通内径，防止钻具内涂层或杂质掉入箭形回压阀之内卡在密封面造成箭形回压阀失效。

## 3.4 监测与控制系统提升

为提升预警监控力度，在原有监测系统基础上，增加了新的监测手段。在顶驱旋塞处安装了应力波检测仪，监测钻具的横向和纵向振动，对于及时发现井下憋卡和钻具的上顶具有重要作用；在排砂管线上增加了对返出流体的流量、压力、成分、声音的监测，及时发现返出流量以及岩屑返出量；在钻台、井口、两端燃烧池安装了视频监视系统，既可监视旋转控制头胶心是否存在泄漏，又可观察燃烧池返出流体的情况；在注气管线上增加了对注入气体的流量、含氧量、温度、压力的监测；增加了地层岩性随钻监测，为氮气钻井技术措施的制订提供重要参考。在井控装备控制系统方面，实现氮气钻井井控装备的远程控制和自动化。实现司控台、远控台、辅助控制台、无线控制台四种方式对井控装备的控制，实现对井控装备的远程控制。节流管汇、压井管汇、内控闸门、排砂四通、平衡管汇等关键闸门采用液动控制，提高了倒换闸门的效率和人员的安全性。安装了一键点火联动放喷系统，能够实现一键打开放喷阀、放喷管线点火、关闭环形防喷器等动作，提高了关井放喷的效率。在内控闸门之间安装了套压传感器，配套了套压超压报警器，提高了井控安全。

## 4 结论与建议

（1）储层"岩爆"以及高速流体携带岩屑对井控设备的冲蚀作用严重影响了氮气钻井安全钻进。因此，需对井控设备中的流体流场细致分析，确定冲蚀造成的原因，并进行相应的防冲蚀处理。提高井控设备的生产材料质量和生产工艺水平，增强井控设备的密封性能，从而提高井控设备的抗冲击能力。

（2）高压高产储层氮气钻井过程中，井控反应时间短。因此，对井控监测系统与控制系统要求很高，并非常规监测系统与控制系统就能解决，而是要实现多样化的控制，安全化控制，提前监测，提前发现，尽早处理，只有多项目多指标的监测作用下，通过多种控制系统综合控制井控设备，才能更好更安全地完成井控任务。

### 参 考 文 献

[1]杨虎，王利国.欠平衡钻井基础理论与实践［M］.北京：石油工业出版社，2009：54–58.

[2]Allan P D. Nitrogen Drilling System for Gas Drilling Ap - plications［R］. SPE 28320，1994.

[3]Negrão A F，Lage A C V M and Cunha J C. An Over - view of Air/Gas/Foam Drilling in Brazil［J］. SPE Drilling & Completion，1999，14（2）：109–114.

［4］吴志均，周春梅，唐红君.气体钻井应用于致密砂岩气藏开发的思索［J］.钻采工艺，2009，32（4）：5-7.

［5］侯树刚，刘新义，杨玉坤.气体钻井技术在川东北地区的应用［J］.石油钻探技术，2008，36（3）：24-28.

［6］阎凯，李锋.塔里木油田井控技术研究［J］.地球物理学进展，2008，23（2）：522-527.

［7］吴志均，陈刚，郎淑敏，等.天然气钻井井控技术的发展［J］.石油钻采工艺，2010，32（5）：56-60.

［8］杨盛杰，张克明.吐哈气体钻井技术的研究与应用［J］.钻采工艺，2006，29（6）：29-32，86.

［9］李振北，刘绘新，许文潮，等.节流管汇冲蚀磨损研究及结构改进［J］.石油机械，2012，40（10）：31-33.

# 库车前陆盆地超深井全井筒提速技术 ❶

滕学清[1, 2]　陈　勉[1]　杨　沛[2]　李　宁[2]　周　波[2]

（1.中国石油大学（北京）石油与天然气工程学院；2.中国石油塔里木油田分公司油气工程研究院）

**摘　要：**库车前陆盆地90%油气资源集中在深层和超深层，但该区块地质条件复杂，油气埋藏深（5000~8000m）、温度高（100~178℃）、压力大（100~140MPa）。上部地层为高陡构造，普遍发育巨厚砾石层，防斜打快矛盾突出；中下部大段复合盐膏层、高压盐水层（2.4~2.6g/cm³）和低压漏失层并存，压力系统多变，作业风险高；储层岩石研磨性高，带来了机械钻速低等一系列技术难题。针对上部高陡构造钻井问题，引进垂直钻井系统，改进控制系统原件，建立了垂直钻井标准作业程序，同时基于岩石可钻性分析和垂直钻井系统受力特点，建立砾石层钻头优选原则：（1）在整个保径部分上必须镶有侧向切削齿，并且保径部分越短，越适合造斜和降斜；（2）外锥部位越短（并且有侧向切削能力），越适合造斜和降斜；（3）内锥的形态越浅，越适合造斜和降斜。针对复合盐膏岩地层问题，通过室内实验优化油基钻井液水油配比，将油水比从引进时的95∶5降低至80∶20，大幅降低成本，同时建立油基钻井液中转处理站，配套废弃物处理技术，对油基钻井液进行回收利用，一方面降低成本，另一方面保证废弃物达到环保要求。针对储层地层研磨性强、可钻性差的特点，引进国外涡轮钻具和ONYX360钻头并开展现场试验，孕镶金刚石钻头来对抗岩石的高研磨性，ONYX360钻头是在普通金刚石钻头研磨性要求高的地方安装可以旋转的金刚石复合片，保证钻头的切削能力。在以上关键技术的组合下，最终形成库车前陆盆地超深井全井筒提速技术，克深—大北区块钻井周期由2011年的456.6天（平均井深6690m）降到2014年的267天（平均井深6485m）。

**关键词：**库车前陆盆地；超深井；高陡构造；提速；垂直钻井；油基钻井液

　　盐下油藏在世界范围内占有越来越重的比例，但目前盐下油藏普遍具有地质构造复杂、埋藏深、温度高、压力大等特点[1-4]，复杂的地质构造给工程带来一系列难题，其中高陡构造导致井斜难以控制，无法施加适合的钻井参数；盐层的蠕变导致卡钻等复杂事故频繁发生；同时超深井导致能量难以有效传递到储层，储层机械钻速低[5-9]。

　　通过调研发现，在世界范围内库车前陆盆地与南美洲安第斯山前的地层倾角最大达到80°，在高陡构造钻井时常规防斜措施难以见到成效，普遍采用垂直钻井系统。南美洲安第斯山前钻井，以阿根廷为例，采用的是Straight–Hole Drilling Device（简称SDD）的垂直钻井技术；巴西深水盐下钻井防斜前期采用螺杆+MWD防斜，后期采用旋转导向（RSS）技术；北海钻井以大位移井为主，主要采用贝克休斯公司的Auto Track旋转导向钻井技术。

　　在膏盐岩地层安全钻井方面，国外普遍选用油基钻井液和合成基钻井液作为主要技

---

❶ 原载《中国石油勘探》，2016，21（1）。

术[2]。其中油基钻井液的性能受温度影响较小，高温下其性能易控制且具有较强的抑制性能。此外，油基钻井液抗盐、抗钙和抗黏土等能力强，保护油气层效果好，润滑性好、钻速快，能有效降低钻具扭矩，防止钻具腐蚀，以及有效预防深井、超深井压差卡钻。与高密度水基钻井液相比，高密度油基钻井液在防塌、润滑、防卡等方面具有无可比拟的优势，能有效解决深井泥页岩、盐岩、膏泥岩井段失稳问题。合成基钻井液由于成本问题，在国内尚未推广应用。

面对库车前陆盆地钻井面临的诸多技术难题，工程技术人员通过开展技术调研和国内外交流，消化吸收国外先进技术，初步解决了库车前陆盆地超深井钻井关键技术难题，配套形成了山前超深井钻井提速系列技术。

# 1  地质概况

库车前陆盆地地层从上至下依次为新近系库车组、康村组、吉迪克组，古近系苏维依组、库姆格列木群，白垩系巴什基奇克组，见表1。

**表 1  库车前陆盆地典型井地层岩性剖面**

| 层位 | | 底深（m） | 岩性 |
|---|---|---|---|
| 新近系 | 库车组（N₂k） | 2965 | 杂色厚层细砾岩、中砾岩、砂砾岩不等厚互层，夹灰黄色薄层泥岩、粉砂质泥岩 |
| | 康村组（N₁₋₂k） | 4105 | 中上段棕褐色泥岩、粉砂质泥岩，局部夹中砾岩层；下段棕色粉砂质泥岩与粉砂岩和泥质粉砂岩不等厚互层，底部为一套厚层粉砂岩 |
| | 吉迪克组（N₁j） | 4785 | 上段顶部以泥岩、粉砂质泥岩为主；中段以含砾细砂岩、含砾中砂岩、细砂岩和粉砂岩为主；下段以大套泥岩为主，下部为棕色、棕褐色泥岩夹薄层、中厚层粉砂岩，底部为一套含砾细砂岩、粉砂岩 |
| 古近系 | 苏维依组（E₂₋₃s） | 5020 | 上段为棕褐色、棕色厚层—巨厚层泥岩夹浅灰色薄层粉砂岩；下段为褐色厚层泥岩、含膏泥岩、灰褐色薄层膏质泥岩夹粉砂岩 |
| | 库姆格列木群（E₁₋₂km） 泥岩段 | 5155 | 中厚层—巨厚层泥岩、含膏泥岩、膏质泥岩夹薄层—中厚层泥质粉砂岩 |
| | 膏盐岩段 | 6399 | 白色厚层盐岩为主，夹褐色盐质泥岩、膏质泥岩、泥岩、泥膏岩 |
| | 白云岩段 | 6406 | 灰色泥晶云岩、生屑云岩、亮晶砂屑云岩为主 |
| | 膏泥岩段 | 6449 | 褐色厚层—薄层含膏泥岩、膏质泥岩、泥岩夹薄层泥质膏岩 |
| | 砂砾岩段 | 6455 | 灰褐色厚层含膏细砂岩与褐色泥岩互层 |
| 白垩系 | 巴什基奇克组（K₁bs） 第一段 | 6520 | 褐色、棕褐色中厚层—巨厚层砂岩为主，局部夹薄层、中厚层泥岩 |
| | 第二段 | 6678 | 棕褐色厚层—巨厚层砂岩夹薄层—中厚层泥岩、粉砂质泥岩 |
| | 第三段 | 6755 | 棕红层、浅棕色厚层—巨厚层细砂岩、中砂岩为主，夹薄层—中厚层泥岩 |

库车前陆盆地地层自从上到下发育了巨厚砾石层、复合盐膏岩层和超硬砂岩地层，给钻井工程带来一系列难题：

（1）库车前陆盆地盐上高陡构造砾石层发育，厚度大且分布广，最厚 5850m，平均厚 1251m，地层可钻性差，平均机械钻速 0.84m/h，防斜与提速矛盾突出。库车组—康村组承压能力低，断层发育，易发生井漏。

（2）复合膏盐岩普遍发育，埋深在 484～7945m，属盐岩、膏岩和"软泥岩"等组成的复合盐岩层，沉积厚度为 400～1000m，局部地区厚度较大，超过 3000m，盐底变化大导致盐底卡层困难，易造成井漏和漏封。同时膏盐岩层内存在多套高压盐水层，压力梯度为 2.4～2.6g/cm$^3$，压井难度大，而且频繁进行堵漏压井作业极易造成恶性卡钻，事故复杂时效高，严重影响钻井速度。

（3）储层为超硬砂岩地层，抗压强度高（250～300MPa）、研磨性强，地层可钻性差，钻头平均机械钻速和行程钻速低，提速难度大；同时储层裂缝发育，构造应力大、水敏性强，带来了井壁坍塌严重、井内钻井液恶性漏失等难题。

## 2　高陡构造巨厚砾石层提速技术

为解决高陡构造条件下的砾石层提速难题，从 1993 年开始，研究应用了多种不同的技术，从最初简单的控压吊打，到中期采用偏轴接头、螺杆、涡轮、液动冲击、短保径 PDC 钻头等工具，至后期采用地面移位中靶、预弯曲动力学钻具等技术，都因无法根据实际的地层造斜率设计钻具组合及施工参数，而未能有效解决防斜与加大钻压之间的矛盾。直至 2004 年塔里木油田公司率先在国内引进了斯伦贝谢公司的垂直钻井系统 Power V，这一矛盾才首次得到有效解决[10-11]。随着近几年工作量的增大，塔里木油田公司又先后引入了贝克休斯公司的垂直钻井系统 Auto Track V 及国产的垂直钻井系统 BH–VDT5000 和 AVDS。目前垂直钻井系统 + 个性化 PDC 钻头已成为库车前陆盆地地区盐上层段防斜提速的核心技术。

### 2.1　垂直钻井系统的工作原理

垂直钻井系统是垂直钻井技术的核心，基本原理是在钻进时通过仪器测量并处理井斜数据，当监测到有井斜趋势时，启动液压部件，通过伸缩机构向井壁施加作用力以抵抗井斜趋势，达到降斜目的。当井眼完全垂直时，伸缩机构全部伸出，并对井壁各方向施加相同的力，将钻头居中，保持垂直钻进。这是一个全自动的重复过程，不需要人为干预。在高陡构造地层钻进中，垂直钻井技术有效解决了防斜和加大钻压之间的矛盾，可以大幅度提高钻井速度。目前，塔里木油田公司主要推广应用了 Power V、Auto Track V 两套垂直钻井系统，国产的垂直钻井系统 BH– VDT、AVDS 系统正在开展现场试验与完善。

#### 2.1.1　Power V 垂直钻井系统

Power V 垂直钻井系统是斯伦贝谢公司开发的防斜打直系统，可实时监测钻进时的井斜情况，如果发现井斜超过设定的范围（在直井中是 0.5°），可利用近钻头的扶正块定向推出，迫使钻头向井斜相反的方向钻进。这是一种具有自动控制能力的闭环井斜控制系统，能够在不影响正常钻井参数使用的情况下实现主动防斜。

该系统包含测量控制单元与执行单元，结构示意图如图1所示。测量控制单元可测定井斜与方位情况，可以接收地面通过钻井泵发出的指令，从而随时改变工作状态。当钻具旋转时，执行单元的扶正块在旋转到井斜的方向就推出，从而迫使钻头向井斜的相反方向钻进。在工具100%工作效率情况下，每个扶正块在旋转到井斜的方向即推出一次。

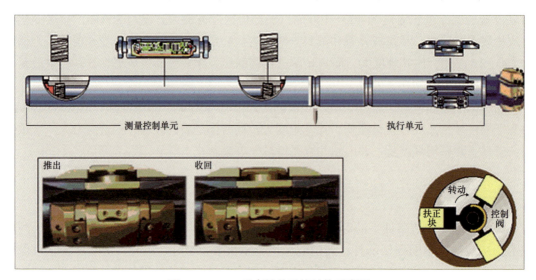

图1　Power V 垂直钻井系统结构示意图

Power V 垂直钻井系统控制软件包内有5个指令，即180°/20%、180°/40%、180°/60%、180°/80%、180°/100%。其中，分子代表工具面角大小，如180°代表降斜工具面；分母代表降斜力度，如20%表示有20%的时间系统处于全力降斜状态，其他80%的时间系统处于"中性"工作状态，不起降斜作用，100%为全力降斜，代表工具的最大降斜能力。塔里木油田经过现场试验发现，只有设定180°/100%状态才能取得较好的防斜效果，目前，油田在使用该系统时只采用这一模式。

### 2.1.2　Auto Track V 垂直钻井系统

Auto Track V 垂直钻井系统是一个模块化的钻井系统，包括导向系统、MWD系统和一个高性能 X-treme 电机动力短节。Auto Track V 垂直钻井系统的导向系统的执行部分为三轴向可伸缩导向块，3个导向块相位相差120°。通过不同导向块的组合（每2个或1个进行组合）实现导向力的改变，可以提供足够的侧向力。预应力弹簧作用下的伸缩块在液压驱动下实现连续的过程控制。这项技术十分成熟，既不受钻井参数的影响，也不受地层性质的影响。

Auto Track V 垂直钻井系统的动力系统采用了 Navi-Drill 生产的 X-treme 动力电机，与相同尺寸的常规钻井液电机相比，其提供的动力要超出60%~100%。这种滑动式垂直井自动导向系统的3个伸缩块作用在井壁上，其本身及其上部钻具组合并不旋转，可减少井壁稳定难题，但易形成井眼台肩，发生复杂。

## 2.2 垂直钻井配套技术

垂直钻井系统在引进初期存在一系列的问题，包括数据通信模块失效、电子控制元件失效、密封件失效等技术问题，经过研究人员的努力，这些问题得到了比较完善的解决，在工具的本地化及降低成本方面主要做了以下工作。

### 2.2.1 垂直钻井系统的优化

塔里木油田公司经过多年的持续应用和不断地优化改进垂直钻井系统操作工艺，首次提出了垂直钻井专用工作模式的概念，固化工具为100%降斜模式；同时研制了抗振动性能更佳的电子控制模块，将控制指令失灵概率降低到10%；并改变推力块材料，优选密封部件材料配方，满足不同尺寸井眼的应用。除此之外，首次提出了适合陆上油田钻井特点的垂直钻井标准作业程序（SOP）（图2），配套完成了以垂直钻井系统为核心以及与之相匹配的个性化PDC钻头、钻进工具、钻井液及现场操作工艺技术。

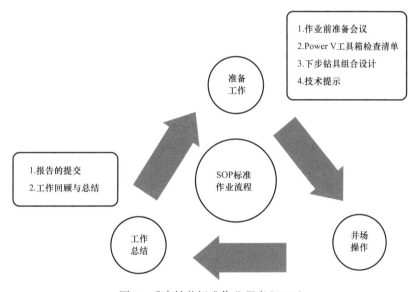

图2　垂直钻井标准作业程序（SOP）

### 2.2.2 垂直钻井系统的国产化

在规模化应用国外先进垂直钻井系统的同时，国产垂直钻井系统也迅速发展，比较典型的有中国石油集团西部钻探工程有限公司研发的AVDS系统，适用于311.15mm、333.375mm、406.4mm、444.5mm井眼，2014年AVDS工具现场试验2口井（7井次），累计进尺3626m，各项指标达到设计水平，控斜能力在0.5°以内，性能已逐步接近国外先进水平。中国石油集团渤海钻探工程有限公司研发的BH–VDT系统，目前已基本实现了311.15mm、333.375mm、406.4mm、444.5mm等井眼尺寸的系列化。

表2和表3分别为444.5mm井眼和333.375mm井眼的国产垂直钻井系统与其他垂直钻井系统各项指标的对比，可知国产垂直钻井系统的井斜控制已达到预期效果，但在液压系统和电子元件的稳定性方面还需进一步加强，以增长井下作业时间和进尺数。

表 2 444.5mm 井眼国产垂直钻井系统与其他垂直钻井系统指标对比

| 名称 | 单趟最大进尺（m） | 单趟最大井下工作时间（h） | 单趟最大纯钻时间（h） | 最高井斜（°） |
|------|------|------|------|------|
| Power V | 1290 | 328.3 | 206.9 | 1.42 |
| ATKV | 2033.06 | 388.5 | 265.2 | 0.7 |
| BH–VDT | 1555 | 192 | 153.7 | 4.6 |
| AVDS | 1015 | 110 | 79 | 1 |

表 3 333.375mm 井眼国产垂直钻井系统与其他垂直钻井系统指标对比

| 名称 | 单趟最大进尺（m） | 单趟最大井下工作时间（h） | 单趟最大纯钻时间（h） | 最高井斜（°） |
|------|------|------|------|------|
| Power V | 1570 | 372 | 237 | 1.65 |
| ATKV | 1081 | 327 | 196.8 | 0.97 |
| AVDS | 117 | 78.5 | 36 | 0.9 |
| AVDS | 1015 | 110 | 79 | 1 |

### 2.2.3 配套 PDC 钻头的优化改进

垂直钻井技术应用效果的好坏不仅受垂直钻井系统的稳定性影响，还取决于钻头选型是否合理，合适的钻头选型是充分发挥该项技术的关键。因此，通过对破岩情况进行分析，建立了垂直钻井系统配套的钻头优选筛选条件，得到适合于砾石层的钻头系列。

从理论上讲，垂直钻井系统对钻头型号并没有限制，但一些类型的钻头具有更好的使用效果。一般利用钻头的各向异性特征来描述钻头的侧切削能力。钻头的各向异性指数由 Ho 在 1987 年定义：

$$I_B = \frac{E_S}{E_A}$$

式中　$I_B$——钻头的各向异性指数；

　　　$E_S$——钻头的侧向钻井效能；

　　　$E_A$——钻头的轴向钻井效能。

这里的钻井效能被定义为单位钻压下的钻速。当 $I_B$ 大于 1 时，垂直钻井将具有较好的使用效果。表 4 中列出了常用钻头特征及对应的钻头各向异性指数。

表 4 常用钻头特征及对应的钻头各向异性指数

| $I_B = 0$ | 抗回旋或长保径钻头 |
|------|------|
| $I_B = 1$ | 牙轮钻头 |
| $I_B > 1$ | 无保径的 PDC 钻头 |
| $I_B \gg 1$ | 侧钻钻头 |

影响钻头选型的另一个因素是钻头的保径长度。在最大偏置状态下，垂直钻井系统的导向能力由钻头的接触点、伸缩块和安装在控制系统上部的稳定器组成的圆弧曲率决定。如果保径较长，那么垂直钻井系统的最大导向能力就要受到影响。这个圆弧曲率同样可以说明上稳定器对导向能力的影响。通常情况下，满尺寸的稳定器有益于导向能力的提高。与垂直钻井系统配合较好的钻头的主要特征为钻头的径向尺寸大于轴向尺寸，也称为低纵横比钻头。

在垂直钻井系统使用过程中，一般对钻头的保径部分有较高的要求。有两种保径方式：一是在保径部分密布主动切削齿，主要适用于对侧向钻井有较高要求的定向井作业；二是在保径部分只安装两个主动切削齿，主要适用于对侧向造斜要求不高的井段，比如稳斜井段。

对垂直钻井系统来说，需要使用具有以下特征的钻头：

（1）在整个保径部分上必须镶有侧向切削齿，并且保径部分越短，越适合造斜和降斜。

（2）外锥部位越短（并且有侧向切削能力），越适合造斜和降斜。

（3）内锥的形态越浅，越适合造斜和降斜。

（4）侧削齿具有以下特征：① 保径部位上切削齿的外径要大于保径部位的直径；② 传统形式的保径镶嵌物被主动切削齿取代；③ PDC 布齿密度尽可能要大。

## 2.3　垂直钻井系统规模应用及效果评价

2004—2014 年，塔里木油田公司累计应用垂直钻井系统 316 井次，总进尺 $62.95 \times 10^4$m，最大井斜基本控制在 1° 以内。从表 5 可以看出，垂直钻井系统完成进尺占比由 2009 年的 32.74% 上升至 2014 年的 68.72%，盐层及以上层段基本使用垂直钻井系统，在井深不断增加的条件下，机械钻速仍然保持较高水平，是山前钻井提速取得重大突破的关键技术手段。

表 5　2009—2014 年垂直钻井应用比例统计

| 年份 | 2009 | 2010 | 2011 | 2012 | 2013 | 2014 |
|---|---|---|---|---|---|---|
| 钻井数（口） | 20 | 26 | 36 | 63 | 85 | 61 |
| 完成进尺（$10^4$m） | 6.23 | 8.06 | 11.14 | 22.42 | 31.04 | 14.61 |
| 垂直钻井系统应用井数（口） | 8 | 11 | 22 | 44 | 76 | 29 |
| 垂直钻井系统完成进尺（$10^4$m） | 2.04 | 3.47 | 4.85 | 10.78 | 21.88 | 10.04 |
| 垂直钻井系统应用井数占比（%） | 40 | 42.31 | 61.11 | 69.84 | 89.41 | 47.5 |
| 垂直钻井系统完成进尺占比（%） | 32.74 | 43.05 | 43.54 | 48.08 | 70.49 | 68.72 |
| 机械钻速（m/h） | 5.01 | 4.23 | 2.56 | 4.14 | 3.44 | 4.47 |

# 3 超厚复合膏盐岩地层安全钻井技术

## 3.1 超厚复合膏盐岩地层安全钻井难点

库车前陆盆地复杂的地质条件要求钻井液具有抗高温、抗饱和盐的良好稳定性，并且密度要求更高。在钻井时所使用的钻井液密度达到 2.55g/cm³ 以上，最高温度达到 182℃（电测温度），含盐量超过 190000mg/L。钻井液面临的"高温高压、高密度、高矿化度"问题更加突出[12-15]，具体表现在如下几个方面。

（1）库车前陆盆地高压盐水层压力梯度高，高压盐水层分布无规律，导致钻井过程中钻遇盐水层常常成为遭遇战，高压盐水层极难压稳，伴随盐水浸、井漏，关井压力高，压井难度大，而此过程中往往会造成钻井液的严重污染，引发井下的复杂，甚至造成井下发生恶性卡钻。

（2）同一裸眼段的安全密度窗口窄，裂缝、微裂缝发育，导致溢漏同存现象时有发生，井漏和溢流交替发生，复杂处理时间长，难度大，钻井液损耗严重，存在较大的井控风险[16, 17]。如大北 301 井钻至 6901m，同一裸眼段存在盐水层与低压漏层，钻井液密度反复在 2.45～2.52 g/cm³ 之间调整，对钻井液性能提出了极高的要求。

水基钻井液在处理以上难题时面临一系列瓶颈，塔里木油田公司结合现场钻井需要，从钻井液的适应性、经济性、先进性等方面着手，在引进国外油基钻井液的基础上，经过多年的技术攻关，逐步形成了适合塔里木油田的油基钻井液体系及配套技术，保障了复合膏盐岩地层的安全钻井。

## 3.2 油基钻井液的优化技术

目前在库车前陆盆地规模化应用了两套油基钻井液体系，一种是 INVERMUL 油基钻井液体系（表6），另一种是 VERSACLEAN 油基钻井液体系（表7）。

表 6  INVERMUL 油基钻井液基础配方

| 配方 | 浓度（kg/m³） | 作用 |
|---|---|---|
| EZMUL NT | 35～50 | 高温乳化剂 |
| INVERMUL NT | 20～40 | 高温乳化剂 |
| DURATONE HT | 30～50 | 高温降滤失剂 |
| CaO | 25～35 | 调碱度、皂化 |
| GELTONE V | 5～15 | 高温增稠剂 |
| CaCl₂ | 15～20 | 调矿化度 |
| DRILTREAT | 5～8 | 高温乳化增进剂 |
| RM 63 | 2～4 | 高温流型调节剂 |
| SUSPENTONE | 2～5 | 高温增稠剂 |
| 柴油体积：水的体积 =（95～75）：（5～25） | | |

表 7　VERSACLEAN 油基钻井液基础配方

| 配方 | 浓度（kg/m³） | 作用 |
|---|---|---|
| 氯化钙 | 25.6 | 控制水相活度 |
| VERSAMUL | 22.8 | 高温主乳化剂 |
| VERSACOAT HF | 22.8 | 辅乳化剂，兼润湿剂 |
| VERSAGEL HT | 8.6 | 黏度调节剂 |
| VERSATROL | 11.4～14.3 | 降失水剂 |
| ECOTROL RD | 1.43 | 降失水剂 |
| SOLTEX-O | 2.85～5.7 | 抗高温降失水剂 |
| 石灰 | 22.8～28.5 | 碱度控制 |
| 重晶石 | | 加重剂 |
| 柴油体积：水的体积 =（95～75）：（5～25） | | |

INVERMUL 油基钻井液体系采用了抗高温的 INVERMUL NT、EZMUL NT、DURATONE HT 和 GELTONE V 等主要添加剂，2014 年在 INVERMUL 油基钻井液体系基础上又引进了哈里伯顿的无土相油基钻井液 INNOVERT 体系，INNOVERT 体系主要采用了抗温的 EZMUL NT、FACTANT、RHEMOD、ADAPTA-450、TAUMOD 等主要添加剂，主要解决高压、高温（204℃）和高密度（2.2g/cm³）条件下重晶石的沉降问题。

VERSACLEAN 油基钻井液体系属于低毒逆乳化油包水钻井液，主要的添加剂是 VERSAMUL、VERSACOAT HF、VERSAGEL HT、VG-PLUS、VERSATROL 等。

虽然引进 INVERMUL 油基钻井液体系和 VERSACLEAN 油基钻井液体系可以直接解决面临的难题，但同时存在以下难题：油水比过高，导致钻井液成本居高不下；废弃物难以有效处理。工程技术人员结合所钻地层的地质情况，根据钻井液性能需要，重新计算控制合理的油水比，保证钻井液性能稳定，同时还降低了油基钻井液成本，具体优化参数见表 8 及表 9。

表 8　不同油水比条件下油基钻井液性能对比

| 油水比 | 塑性黏度（mPa·s） | 屈服值（Pa） | 初切力（Pa） | 终切力（Pa） | 高温高压滤失量（mL） | 高温高压滤饼厚度（mm） | 破乳电压（V） |
|---|---|---|---|---|---|---|---|
| 95：5 | 82 | 6.5 | 4 | 6 | 3 | 1.5 | 1360 |
| 90：10 | 91 | 7 | 4.5 | 7.5 | 3.2 | 1.5 | 1170 |
| 85：15 | 92 | 7.5 | 5 | 8 | 3.4 | 1.5 | 1020 |
| 80：20 | 93 | 9 | 6 | 9 | 3.6 | 1.5 | 930 |
| 75：25 | 95 | 9 | 5 | 8 | 3.5 | 1.5 | 870 |
| 46：54 | — | — | 16 | 23 | — | — | 未破乳 |

表 9  现场油基钻井液性能

| 时间 | 井号 | 密度（g/cm³） | 黏度（s） | 塑性黏度（mPa·s） | 屈服值（Pa） | 初切力（Pa） | 终切力（Pa） | 高温高压滤失量（mL） | 高温高压滤饼厚度（mm） | 固相含量（%） | 油水比 | 破乳电压（V） |
|---|---|---|---|---|---|---|---|---|---|---|---|---|
| 2010 | 克深 7 | 2.26 | 76 | 74 | 7 | 6 | 8 | 3.8 | 1.5 | 44 | 95∶5 | 1318 |
| 2011 | 克深 101 | 2.4 | 123 | 131 | 12 | 8.5 | 12.5 | 2 | 1 | 48 | 90∶10 | 850 |
| 2012 | 克深 2-2-9 | 2.29 | 83 | 70 | 5 | 3 | 5 | 2.8 | 3 | 46 | 90∶10 | 850 |
| 2013 | 克深 2-1-6 | 2.3 | 72 | 73 | 6 | 3 | 5 | 2 | 1 | 45 | 85∶15 | 510 |
| 2014 | 克深 503 | 2.34 | 94 | 61 | 5 | 3 | 5 | 3 | 1 | 45 | 80∶20 | 520 |

通过表 8 和表 9 可以发现，随着油水比降低，钻井液流动性、高温高压滤失量有小幅上升，破乳电压下降，但仍能满足现场生产需求，同时还可降低钻井液成本。通过合理控制油水比（由 95∶5 优化为盐层 80∶20，异常高压盐水层 90∶10）及破乳电压，实现配方最优化，钻井液体系稳定性强、高温高压滤失量低。最终形成的钻井液体系抗温大于 180℃，密度大于 2.30g/cm³，同时滤失量低，钻井液黏度、流变性更合理。

## 3.3  油基钻井液废物处理技术

使用油基钻井液钻井作业后，会产生大量的含油钻屑。含油钻屑含有大量的石油烃类、重金属和有机物等有害物质，必须对含油钻屑进行适当的处理，以降低其对人类健康和生态环境的影响。目前国外使用的油基钻井液含油钻屑处理方法主要有热降解法、脱干法、焚烧法、微生物法、热分馏法、化学清洗法等，但它们自身存在各自缺点，不适用于塔里木地区含油钻屑的大规模处理。

最终采用国内企业开发的油基钻井液含油钻屑浸取无害化处理与油回收资源化利用技术，该技术利用高选择性、不溶于水的溶剂将油基钻井液含油钻屑中的油分抽提到溶剂相中，分离液体和固体，最后通过传质分离回收溶剂和柴油。处理后的固体可直接堆填或作为生产水泥或石膏的原料，溶剂可循环使用，油可回收再次利用（图 3）。

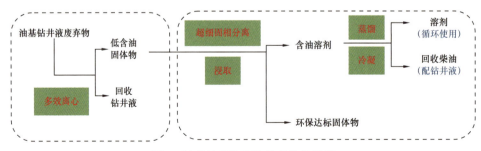

图 3  油基钻井液废物处理技术原理

油基钻井液中的固相含量通过技术处理后已经达到排放标准，具体数据见浸取处理排放固体污染物检测结果（表10），通过钻井液回收利用和废弃物处理再利用，膏盐岩层与储层的油基钻井液成本由17000元/m³降至9250元/m³，钻井成本降至11448元/m，与水基钻井液钻井成本相当（图4）。

表10　浸取处理排放固体污染物检测结果

| 类别 | 检测结果 | 国家标准 | 评价结论 |
| --- | --- | --- | --- |
| 石油类 | 0.6% | 2% | 达标 |
| 铜 | 29.8mg/kg | 35mg/kg | 达标 |
| 铅 | 12.1mg/kg | 35mg/kg | 达标 |
| 砷 | 13.9mg/kg | 15mg/kg | 达标 |
| 铬 | 63.9mg/kg | 90mg/kg | 达标 |
| 锌 | 102mg/kg | 100mg/kg | 达标 |

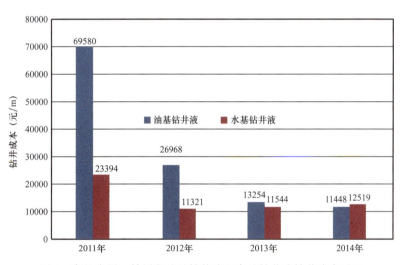

图4　膏盐岩层＋储层段油基钻井液和水基钻井液钻井成本对比

## 3.4　油基钻井液的应用效果

库车前陆盆地油基钻井液应用规模逐年增加（图5），克深—大北区块油基钻井液应用井数和进尺逐年增加，完成井井深逐年增大，事故复杂时效逐年降低（表11）。其中克深2区块的油基钻井液与水基钻井液相比，钻井周期缩短23.1%（盐层缩短42.1%）。2014年克深9区块共完成4口井，高压盐水导致溢流6井次，其中克深903井在库姆格列木群膏盐岩段钻遇高压盐水发生两次溢流（7175.79m、7234m），钻井液加重至2.59g/cm³压井后，钻至7559m中途完井，套管一次下入井底。

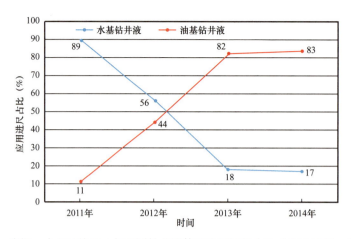

图 5　克深—大北区块近 4 年不同钻井液体系应用进尺占比（膏盐岩层＋储层）

**表 11　克深—大北区块近 5 年完成井井深及事故、复杂时效对比**

| 时间 | 完成井井深（m） | 事故时效（%） | 复杂时效（%） |
| --- | --- | --- | --- |
| 2010 | 6869 | 12.66 | 6.03 |
| 2011 | 6719 | 5.84 | 5.43 |
| 2012 | 6658 | 7.22 | 5.39 |
| 2013 | 6772 | 5.36 | 5.36 |
| 2014 | 6829 | 4.59 | 3.15 |

# 4　裂缝性储层提速技术

## 4.1　克深—大北区块储层岩性及可钻性分析

库车前陆盆地盐下主力储层为白垩系巴什基奇克组致密砂岩，岩性为褐色、灰褐色中—厚层细砂岩、粉砂岩及含砾砂岩，夹少量褐色薄层泥岩，其岩石压实性强，硬度大，研磨性高，钻头进尺少，钻速慢。为深入研究巴什基奇克组岩性特点，在克深 201 井典型井段进行取心，并对其进行岩石力学性质实验。

通过研磨性、硬度和塑性系数实验，结果表明巴什基奇克组岩石研磨性为 33.55mg，硬度为 146.08MPa，塑性系数为 1.04。PDC 钻头可钻性实验在钻头钻进 1.5～1.65mm 后就开始打滑，无法继续钻进，无法评价岩石可钻性。对岩样进行岩石三轴实验，岩石的抗压强度高，在 71.3MPa 围压条件下强度达到 550.08MPa，岩石的内聚力为 10.07MPa，内摩擦角为 50.90°，实验具体结果见表 12。

**表 12　克深 201 井岩石三轴实验结果**

| 井段（m） | 层位 | 实验围压（MPa） | 抗压强度（MPa） | 弹性模量（MPa） | 泊松比 |
| --- | --- | --- | --- | --- | --- |
| 6705.38～6705.51 | 巴什基奇克组 | 42.8 | 353.3 | 48091.2 | 0.354 |
| | | 71.3 | 550.8 | 56696.7 | 0.346 |

通过岩石动静态参数转化，最终建立巴什基奇克组岩石可钻性剖面，最高抗压强度为 262MPa，地层可钻性差。

## 4.2 克深—大北区块储层提速模板的建立

库车前陆盆地砂岩、粉砂岩储层具有较高的研磨性和强度，常规 PDC 钻头存在复合片耐磨性不足，钻头进尺低导致的起、下钻次数多等问题。通过岩石研磨性和已钻井分析可知，巴什基奇克组一段虽然局部研磨性强，总体较硬，但岩性变化较大，对钻头抗冲击性要求较高；巴什基奇克组二段为均质砂岩地层，研磨性极强，对于钻头的抗研磨性要求较高[11]。通过调研分析，优选出两种适用于高研磨性地层的钻头和提速工具。

### 4.2.1 ONYX360 复合片钻头

引进旋转复合片技术，设计出一种新型的轴承嵌套，将常规复合片加工后装入特殊设计的套筒内，在钻头钻进过程中在侧向力的作用下自主旋转，而不是以某一固定点切削岩石，从而增加了复合片的使用寿命。

2014 年 ONYX360 钻头在克深—大北区块储层应用 5 井次，平均机械钻速为 0.77m/h，单只钻头平均进尺为 93.7m，与同区块常规钻头相比，使用 ONYX360 钻头后单只钻头进尺提高 221%（表 13）。

表 13　2014 年克深—大北区块储层不同钻头钻井指标对比

| 钻井指标 | 单只钻头进尺（m） | 机械钻速（m/h） |
| --- | --- | --- |
| ONYX360 钻头 | 93.7 | 0.77 |
| 涡轮钻具 + 孕镶钻头 | 182.54 | 1.3 |
| 常规钻头 | 42.41 | 0.77 |

### 4.2.2 涡轮钻具 + 孕镶钻头

涡轮钻具是一种井底液动电机，涡轮壳体里面装有多级成对的定子和转子。当钻井液沿钻具进入定子后，定子使钻井液具有一定的方向和速度进入转子，转子利用液流在叶片两面产生的压差来使其转动，将钻井液的动能转变为驱动涡轮轴转动的机械能带动钻头，通过高速旋转磨削达到提速目的。

孕镶钻头是金刚石钻头的一种，较细金刚石颗粒均匀包镶于钻头胎体内，钻进过程中胎体磨损，金刚石不断露出磨削岩石，钻头可配备不同硬度的胎体。孕镶钻头适用于中等硬度以上岩石，具有较强抗冲击、耐磨性强的特点，可有效延长钻头的使用寿命。

孕镶钻头充分暴露后磨削钻进高研磨性硬地层，单次切削地层量很小，且不需要过大的扭矩，但其局部切削引起的整体机械钻速会随着涡轮输出转速的升高而变快。

2014 年涡轮钻具 + 孕镶钻头在克深—大北区块储层应用 6 井次，平均机械钻速为 1.3m/h，单只钻头平均进尺为 182.54m，同常规钻头相比，使用涡轮钻具 + 孕镶钻头后平均机械钻速提高 168.8%，单只钻头进尺提高 430%（表 13）。

### 4.2.3　提速模板的建立

通过开展钻头、提速工具评价优选，目前已经初步形成以 ONYX360 钻头、涡轮钻具 + 孕镶钻头为主体的克深—大北区块储层提速模板（表14）。随着提速模板的推广应用，自2012年以来，在克深—大北区块储层深度逐步增加的条件下，单只钻头进尺逐步增加，储层钻井工期从2012年的43.7天下降到2014年的31.5天，钻头用量从2012年的8.7只下降到2014年的5只，机械钻速则由2012年的0.43m/h上升到2014年的0.77m/h（图6）。

**表 14　克深—大北区块储层提速模板**

| 地层 | 地层特点 | 提速工具 |
| --- | --- | --- |
| 巴什基奇克组一段 | 研磨性中等，抗冲击性强 | 常规高效 PDC 钻头 |
| 巴什基奇克组二段 | 研磨性强，抗冲击性中等 | 涡轮钻具 + 孕镶钻头或 ONYX360 钻头 |

图6　2012—2014年克深—大北区块储层钻井指标对比

## 5　结论及建议

经过近年的持续攻关，基本形成了适用于库车前陆盆地的全井筒提速技术，并开展了广泛的现场试验，该技术的成功，实现了库车前陆盆地钻井由早期的打得成向目前的打得好、打得快的转变。该成果的成功应用确保了塔里木油田超深（＞7000m）油气资源勘探开发的顺利进行，促成了克深、大北、博孜、神木和迪北等超深层油气的重大突破，落实了克拉苏构造带 $2 \times 10^{12} m^3$ 天然气储量，给油田带来了巨大的社会、经济效益。

虽然库车前陆盆地钻井提速技术取得了一定的进步，为提高勘探开发的效益而在以下3个方面开展持续攻关，使得钻井速度和质量得到提升。

（1）上部砾石层防斜打快技术虽然取得了一定的突破，但同其他区块相比，砾石层的机械钻速偏低，仍有一定的提升空间，特别是博孜等巨厚砾石层区块目前正在探索使用空气钻及其他方式进行提速。

（2）膏盐岩地层建立了以油基钻井液为核心的安全钻井技术，但随着新环保法的实施，油基钻井液的推广应用面临一系列限制，如何探索研发既能保证安全钻井同时零污染的钻井液体系是下步工作的重点。

（3）虽然建立了储层的提速模板，但 ONYX360 钻头在实际使用过程中表现出较大的差异性，下步需在钻头优化及适用性评价上加强研究；涡轮钻具＋孕镶钻头虽然可以大幅提高储层的机械钻速和进尺，但同时面临着超深井循环压耗大、地面管线长期维持高压的风险，另外若遇到漏失地层，也将面临巨大风险。

## 参 考 文 献

［1］Belhaj H A，Lay G F T，Lau L J，et al. Comprehensive energy price model including deepwater drilling risk，01/01/2011［C］. Macaé，Brazil：Society of Petroleum Engineers.2011.

［2］Han G，Osmond J，Zambonini M.A USD 100 million "rock"：bitumen in the deepwater Gulf of Mexico［J］. SPE Drilling & Completion，2010，（9）.

［3］Husband F J，Bitar G，Begnaud T，et al. Re-engineering barge drilling for deep miocene HP/HT frontiers in a Mature Basin，01/01/2006［C］. Miami，Florida，USA：Society of Petroleum Engineers，2006.

［4］Islam N. Case study：Drilling horizontal exploration shale gas wells efficiently by collaboration of subsurface and drilling teams utilizing geosciences technology，01/01/2010［C］. Calgary，Alberta，Canada：Society of Petroleum Engineers.

［5］Weatherl M H. Gulf of Mexico deepwater field development challenges at green canyon 468 Pony，01/01/2010［C］. Galveston，Texas，USA，2010.

［6］Zhang J，Standifird W B，Lenamond C. Casing ultradeep，ultralong salt sections in deep water：a case study for failure diagnosis and risk mitigation in record-depth well，01/01/2008［C］. Denver，Colorado，USA：Society of Petroleum Engineers，2008.

［7］Akers T J. Salinity-based pump-and-dump strategy for drilling salt with supersaturated fluids［J］. SPE Drilling & Completion，2011，（3）.

［8］Whitfill D，Rachal G，Lawson J，et al. Drilling salt-effect of drilling fluid on penetration rate and hole size，01/01/2002［C］. Dallas，Texas：2002，. IADC/SPE Drilling Conference，2002.

［9］Whitfill D L，Heathman J，Faul R R，et al. Fluids for drilling and cementing shallow water flows，01/01/2000［C］. Dallas，Texas：Copyright 2000，Society of Petroleum Engineers Inc.，2000.

［10］侯冰，陈勉，金衍，等.多套复合盐层的地应力确定方法［J］.天然气工业，2009，29（1）：67-69.
Hou Bing，Chen Mian，Jin Yan，et al. A method for determining the in-situ stresses in multi-compound salt formation［J］.Natural Gas Industry，2009，29（1）：67-69.

［11］ 唐继平，滕学清，等.库车前陆盆地复杂超深井钻井技术［M］.北京：石油工业出版社，2012.
An Wenhua，Tang Jiping，Teng Xueqing，et al. Kuche foreland ultra-deep complex well drilling technique［M］. Beijing：Petroleum Industry Press，2012.

［12］Meize R A，Young M，Hudspeth D H，et al. Record performance achieved on Gulf of Mexico subsalt well drilled with synthetic fluid，01/01/2000［C］. New Orleans，Louisiana：IADC/SPE Drilling Conference，2000.

［13］张跃，张博，吴正良，等.高密度油基钻井液在超深复杂探井中的应用［J］.钻采工艺，2013，36（6）：95-97.

Zhang Yue, Zhang Bo, Wu Zhengliang, et al. Application of high density oil-base drilling fluid in Keshen Well 7 of Tarim oilfield［J］. Drilling & Production Technology 2013, 36（6）: 95–97.

［14］Xiangling K, Ohadi M. Applications of micro and nano technologies in the oil and gas industry-overview of the recent progress, 01/01/2010［C］. Abu Dhabi, UAE : Society of Petroleum Engineers, 2010.

［15］王延民, 梁红军, 李皋, 等. 塔里木 DB 区块砾石层特征及对优快钻井影响［J］. 新疆地质, 2012, 30（1）: 113–115.

Wang Yanmin, Liang Hongjun, Li Gao, et al. Characteristics of gravel layer in DB block Tarim and it's affection of fasten drilling［J］.Xinjiang Geology, 2012, 30（1）: 113–115.

［16］Han G, Hunter K C, Osmond J, et al. Drilling through bitumen in Gulf of Mexico : the shallower vs the deeper, 01/01/2008［C］, 2008.

［17］Cristescu N D. A general constitutive equation for transient and stationary creep of rock salt［J］. International Journal of Rock Mechanics and Mining Sciences & Geomechanics Abstracts, 1993, 30（2）: 125–140.

# 塔里木油田水平井酸化工艺技术研究及应用 ❶

常泽亮[1]　袁学芳[1]　陆　伟[1]　陈　竹[2]

（1. 中国石油塔里木油田分公司勘探开发研究院；2. 中国石油塔里木油田分公司开发事业部）

**摘　要：**超深水平井水平段存在储层伤害，酸化解堵成为首选措施。论述了塔里木油田超深水平井完井的特点，对水平井段储层伤害的主要原因进行了对比分析。开展了塔里木油田深层水平井酸液配方研究与优化、砂岩基质酸化工艺技术的研究与现场试验推广，取得了增产效果和良好的经济效益、社会效益。

**关键词：**水平井；储层伤害；缓速酸；酸化；工艺；研究；应用

由于水平井井身结构特点和不同于直井的地层渗流规律，决定了水平井的水平段易受到钻井液固相及滤液的伤害，加上水平段钻井时间相对较长，外来流体与地层原油在一定地层条件下形成乳状液，产生乳液堵塞，对单井的产能影响也较大。

为了更好地解除水平井储层伤害，恢复水平井产能，开展了水平井砂岩基质酸化工艺技术的研究和现场应用，首次在 LN2-24-H1 井应用（两次酸化），达到了预期目的，获得日增产 82t 原油的良好酸化效果。将该井成功的经验应用到 HD4-9H 等水平井，同样取得了非常显著的酸化增产效果，获得了显著的经济效益和社会效益。

## 1　超深水平井伤害分析

### 1.1　储层伤害原因分析

以 LN2-24-H1、HD4-9H 井为例，通过对其钻井历史和完井求产过程的分析，认为影响这两口水平井产能的主要原因在于储层受到了严重的伤害，（1）钻井液固相浸入对储层造成的伤害。钻井模拟实验数据显示，固相颗粒进入岩心 1～4 cm，使井壁表面厚约 3mm 地层的渗透率受到严重伤害。一般情况下，储层物性越好，伤害越严重。这两口水平井水平段储层物性较好（两井储层孔隙度在 24.0% 左右，渗透率超过 100mD），采用聚璜钻井液体系钻井，由于 LN2-24-H1 井在钻水平段时未用暂堵剂保护油层，并且该井在钻开水平段的过程中，漏失钻井液近 300m³，因而其固相堵塞比较严重。（2）钻井液滤液对储层造成的伤害。由于钻井液滤液的侵入，滤液与地层流体的不配伍性，容易产生沉淀或乳化堵塞。（3）颗粒运移和乳化堵塞。井底附近储层黏土膨胀及颗粒运移，对储层造成新的伤害。轮南油田三叠系、哈德石炭系储层均存在一定的碱敏、酸敏特性，一则现场钻井所采用的钻井液均为碱性，会对储层造成一定的碱敏伤害；二则在钻经水平段时，钻井液中

---

❶　原载《油气井测试》，2004，13（2）。

一般混入部分油，因而滤液更容易在储层孔喉形成水锁及乳化堵塞。

综上所述，LN2-24-H1 和 HD4-9H 水平井均存在着较为严重的固相颗粒、乳液、水锁等储层损害。

## 1.2 储层伤害对产能的影响

塔里木油田 143 口超深水平井中，大部分水平井产液情况和测试资料表明水平段存在储层伤害，导致水平井的实际产量与地质配产存在差距，分析归纳为三种类型：（1）有的井投产就不产液。调查表明，超深水平井储层伤害非常严重，主要伤害原因来自钻井液固相及滤液对储层的伤害；（2）部分井生产初期产量较高，但随着生产的进行，产量急剧下降。这类水平井的数量占大多数。通过对这类井生产数据及作业情况的分析对比，确定除地层能量原因外，引起这类井单井产量急剧下降的重要原因就是乳液对地层的堵塞；（3）初期产量较低，但随着生产的不断进行，在工作制度不变情况下，单井产量逐渐上升。表明储层堵塞逐渐消除。

## 2 砂岩基质酸化探索研究

### 2.1 酸化可行性分析

分析可知，造成水平井单井产量较低的原因主要是储层受到了较为严重的伤害。这是水平井的井身结构特点决定的。若不采取合理措施，水平井单井产量势必受到影响，难以发挥水平井单井产量高的优势。根据塔里木油田超深直井砂岩基质酸化的经验和现有的储层改造技术措施，认为对超深水平井砂岩储层进行酸化解堵可以进行尝试探索。

但是，水平井酸化也存在一定的技术难点：（1）井深、地层温度高，对酸化工作液配方的性能要求高。超深水平井酸化用酸量较直井大得多，要求酸液具有更好的耐高温性能。（2）酸化施工时间长，对施工设备及施工后的残酸返排都带来许多难题。（3）酸化规模难以确定，没有成熟的设计软件提供设计参数。（4）施工工艺选择有难度，水平井段均匀布酸困难。这些技术难点为超深水平井砂岩基质酸化工作的研究和现场实施带来了许多的风险。

通过对国内外水平井相关资料的调研分析认为，在室内开展酸液配方调试和优化、精心设计用酸量、施工参数、选择合理有效残酸返排工艺的基础上，超深水平井砂岩基质酸化工艺有望获得成功。

### 2.2 酸液配方研究与优化

（1）酸液类型确定及酸液配方综合性能评价。

根据储层堵塞类型分析，水平井存在一定程度的深部伤害，因此宜选用活性酸穿透距离大的酸液。

酸液体系优选实验，确定选用泡沫酸和深穿透缓速酸两种体系。两种体系溶蚀能力强，活性酸穿透距离远，清洗油污效果好，能够解除油水乳化物和有机沉淀物堵塞，残酸 pH 值低，减少二次沉淀损害、酸液表面张力低利于返排等。泡沫酸还具有密度小、悬浮能力强的特点，具体性能见表 1 至表 3。

表 1 不同时间内酸液对 LN209 岩心的溶蚀率

| 酸液 | 溶蚀率（%） | | | | |
|---|---|---|---|---|---|
| | 0.5h | 1.0h | 2.0h | 4.0h | 8.0h |
| 土酸 | 30.1 | 32.7 | 34.5 | 35.9 | 36.5 |
| 深穿透缓速酸 | 28.6 | 33.9 | 39.7 | 44.5 | 48.1 |
| 泡沫酸 | 8.0 | 9.8 | 13.4 | 16.8 | — |

表 2 残酸液 pH 值与时间关系

| 残酸液 | pH 值 | | | | | |
|---|---|---|---|---|---|---|
| | 10min | 20min | 30min | 40min | 50min | 60min |
| HCl | 4.5 | 5.0 | 5.5 | 5.5 | 5.5 | 5.5 |
| 深穿透缓速酸 | 1.7 | 1.8 | 1.8 | 1.8 | 1.9 | 1.9 |
| 泡沫酸 | — | — | 1.8 | — | — | 1.9 |

表 3 酸液综合性能评价实验结果

| 酸液 | 腐蚀速率［g/(m²·h)］ | 残酸表面张力（mN/m） | 30min 破乳率（%） | 黏度（mPa·s） |
|---|---|---|---|---|
| 土酸 | 3.40 | 39.3 | 100 | 3.000 |
| 深穿透缓速酸 | 0.90 | 27.5 | 100 | 0.533 |
| 泡沫酸 | 0.96 | 31.6 | 86 | — |

由于水平井较直井用酸量大，施工泵注时间长，残酸返排时间也较长。在酸化添加剂筛选过程中，特别考虑加大高温酸化缓蚀剂用量，实际为 2.0%。

（2）酸液岩心流动实验。

选取轮南油田三叠系同层位岩心进行三种酸液岩心流动实验，实验结果见表 4。

表 4 酸液对污染岩心的解堵实验

| 岩心号 | 渗透率（mD） | | | $K_2/K_1$（%） | $K_3/K_{岩}$（%） | 酸液 |
|---|---|---|---|---|---|---|
| | 伤害前 $K_1$ | 伤害后 $K_2$ | 解堵后 $K_3$ | | | |
| LN5-15 | 73.89 | 36.95 | 81.81 | 50.00 | 110.71 | 常规土酸 |
| LN5-17 | 55.51 | 31.72 | 61.68 | 57.14 | 111.11 | 缓速酸 |
| LN5-16 | 63.33 | 31.21 | 74.25 | 49.28 | 117.24 | 泡沫酸 |

注：伤害条件 90℃下，动态伤害 2h；酸化解堵在 90℃下驱替。

## 2.3 酸化工艺方案的优选

（1）酸化前预处理。

采用常规的 73.025mm 或 88.90mm 油管（而不是采用连续油管），加深管柱到水平段，采用预处理液对地层进行预处理。

（2）用酸量确定。

塔里木油田直井（油井）基质酸化用酸强度大多在 0.62～1.80m³/m 的范围，对伤害严重的井用酸强度可以适当增加。结合超深水平井实际情况，水平井酸化用酸强度确定为0.4～0.8m³/m，根据水平井实际情况，伤害严重的井用酸强度选择高限。

（3）施工参数。

水平井酸化施工泵注压力，利用直井最大泵注压力计算公式，即

$$p_{max}=（a-b）H+p_{摩}$$

式中　　$a$——地层破裂压裂梯度，MPa/m；$b$——静水柱压力梯度，MPa/m；$p_{摩}$——管柱摩阻压力损失，MPa。

施工排量的确定：在假定水平井和直井的裂缝破裂梯度相等的情况下，一般直井和水平井酸液注入速度比为

$$\frac{qi_{maxh}}{qi_{maxv}}=\frac{\left(K_v/K_h\right)^{1/2}L\left(\ln 0.472 r_e/r_w+S\right)}{hF}$$

式中　　$L$——水平段长，m；$h$——油层厚度，m；$K_v$，$K_h$——垂相、水平渗透率，mD；$qi_{maxv}$，$qi_{maxh}$——直井、水平井最大注入速率，m³/（m·min）。

利用上式计算出的水平井注入速率比直井注入速率大得多。

实际上考虑施工设备方面的因素，通常水平井酸化施工的排量不一定大于直井酸化的情况，尤其是在采用连续油管进行酸化时。

（4）排液措施的选择。

根据直井酸化的经验，水平井酸化后排液措施与直井相同，分别采取气举排液（包括制氮车气举助排）和抽汲排液等排液方式。

# 3 实施效果及效益分析

## 3.1 水平井酸化实施效果

截至 2003 年 6 月，塔里木油田共实施水平井酸化 13 井次，施工成功率 100%，增油效果显著。在此主要分析 LN2-24-H1 和 HD4-9H 两口水平井的酸化实施效果（表 5、表 6）。

LN2-24-H1 井：酸化施工井段为 5002.5～5088.5m、5106.0～5194.0m（水平段长174m），筛管完井，采用原井气举管柱酸化。采用泡沫酸酸化和深穿透缓速酸酸化工艺技术在该井砂岩基质酸化现场试验取得了非常好的酸化增油效果。通过酸化，使这口储层伤害严重的水平井成为目前轮南油田的高产井，平均日产油 82t。

表 5 水平井酸化效果对比表

| 井号 | 酸化层位 | 酸前生产情况 | | | 酸后生产情况 | | | 累计增油（注）（m³/d） |
|---|---|---|---|---|---|---|---|---|
| | | 油（m³/d） | 气（m³/d） | 水（m³/d） | 油（m³/d） | 气（m³/d） | 水（m³/d） | |
| LN2-24H1 | TⅢ | 7 | 333 | 1 | 35 | 1590 | 1 | 215 |
| LN2-24H1 | TⅢ | 10 | 447 | 0 | 69 | 11950 | 2 | 52283 |
| HD4-9H | CⅢ | 27 | 767 | 1 | 99 | 797 | 5 | 40300 |

注：表中所列为 LN2-24H1 井两次酸化。

表 6 水平井酸化施工参数与设计参数对照表

| 井号 | 施工时间 | 井段（m） | 酸型 | 酸液用量（m³） | | 泵压（MPa） | | 排量（m³/min） | |
|---|---|---|---|---|---|---|---|---|---|
| | | | | 设计 | 实际 | 设计 | 实际 | 设计 | 实际 |
| LN2-2-24H1 | 2000.7 | 174.00 | 泡沫酸 | 120 | 116.27 | 30～38 | 38～40 | 1～2 | 0.56～0.60 |
| | 2000.9 | | 深穿透缓速酸 | 253 | 250.00 | 30～40 | 30～40 | 0.4～0.5 | 0.8～0.9 |
| HD4-9H | 2000.11 | 208.34 | 深穿透缓速酸 | 285 | 260.00 | 30～40 | 38.0～39.5 | 0.4～0.5 | 0.80～0.95 |

HD4-9H 井：筛管完井，采取同样的酸化施工工艺措施和深穿透缓速酸酸化，施工后获得了日增产原油 76t 的酸化效果。

水平井酸化的成功取得了超深水平井砂岩基质酸化理论认识的突破，而且得到了现场的验证。

## 3.2 经济效益分析

到 2003 年 5 月，水平井酸化累计增产原油 $15 \times 10^4$ t，直接经济效益 15000 万元，平均单井酸化费用 130 万元，净效益 12000 万元以上。

通过水平井酸化技术研究，使 LN2-24-H1 井成为目前轮南油田的高产井。自 2000 年 7 月第一口水平井酸化施工，至今超深水平井酸化已经形成配套技术，成为塔里木油田一项成熟的增产措施。

# 4 结论

（1）采用泡沫酸酸化及深穿透缓速酸酸化工艺技术在超深水平井砂岩基质酸化现场应用中取得了非常显著的酸化增产效果，这两种工艺措施在超深水平井酸化中是可行的。

（2）在进一步推广应用深穿透缓速酸酸化工艺的同时，还要结合超深水平井储层及完井特点，建立超深水平井砂岩基质酸化酸液推进模型及相应的数学模型。

（3）水平井酸化效果显著，但也有酸化后没有结果的实例，还要进一步分析研究超深井砂岩基质酸化工艺技术，优选并完善塔里木油田超深水平井酸化工艺配套技术。

## 参 考 文 献

［1］常泽亮，吴刚，袁学芳，等．水平井、大斜度井酸化技术研究．塔里木油田分公司勘探开发研究院．2002.

［2］张怀文，等．水平井酸化处理工艺技术综述．新疆石油科技，2000，23（4）：61-65.

［3］沈建国，王素兵．四川压裂酸化技术新发展．天然气工业，2001，21（5）：70-73.

［4］马卫荣，王俊．侧钻水平井分段酸化工艺技术．新疆石油管理局采油工艺研究院．1998.

［5］Buijse M A et al. Novel application of emulsified acids to matrix stimulation of heterogeneous formations. SPE65355, 2000.

［6］Mohammed Y, Al-Qahtani. A mathematical algorithm for modeling geomechanical rock properties of the khuff and pre-khuff reservoirs in ghawar field. SPE68194，2001.

［7］Frick T P. Horizontal well damage characterization and removal.SPE21795，1991.

# 塔里木油田超深高温高压致密气藏地质工程一体化提产实践与认识 ❶

张　杨¹　杨向同¹　滕　起¹　徐永辉²　薛艳鹏¹　徐国伟¹　李　伟¹　彭　芬¹

（1. 中国石油塔里木油田分公司；2. 能新科（西安）油气技术有限公司）

**摘　要**：塔里木油田库车前陆区致密砂岩气藏是天然气主力建产区块，自然产能低，需要改造提产才能效益开发，储层超深、高温高压、高地应力、天然裂缝发育且非均质性强，面临的主要挑战是提产机理不清、缺乏有效技术手段，井况苛刻和改造工况复杂，大规模改造施工存在安全风险。针对以上挑战，塔里木油田坚持地质工程一体化，建设多学科一体化提产团队，创新一体化工作模式，利用开放的市场合作机制，协同国内国际技术力量，通过技术资源整合，攻关研究提高储层认识，厘清了提产机理，确定了以改造天然裂缝为目标的缝网改造提产理念，创新形成了缝网酸压和缝网压裂工艺技术，建立了基于天然裂缝可压裂性的改造工艺优选策略；基于井况和改造工况认识，配套了高压压裂车组、大通径完井管柱，研发两套加重压裂液，研发一项专用酸液缓蚀剂，保障了大规模改造需要。地质工程一体化提产模式在实践中不断发展和完善，取得的关键技术推广应用76口井，单井平均产量提高3.28倍，为库车前陆区致密砂岩气藏效益开发提供了提产技术保障。

**关键词**：高温高压；致密；天然裂缝；地质工程一体化；市场合作机制；技术资源整合；缝网酸压；缝网压裂；提产

2008 年，库车前陆区克拉苏构造带上部署的克深 2 井在白垩系巴什基奇克组完井测试获 $46.64 \times 10^4 m^3/d$ 高产工业气流，标志着深层盐下天然气勘探的战略性突破，由此揭开了库车前陆地区超深超高压复杂气藏开发的序幕。截至 2017 年底，克拉苏构造带深层盐下白垩系相继发现克深 2、克深 8、克深 9、克深 6、大北 1、大北 3、博孜 1、博孜 3 等致密砂岩气藏，形成了万亿立方米天然气区格局，为西气东输的气源保障奠定了坚实基础[1-6]。

克拉苏白垩系致密砂岩气藏具有埋藏深（6500～8000m）、储层巨厚（300～650m）、裂缝发育（裂缝密度为 0.13～0.6 条 /m）、高地应力（130～180MPa）、高温（130～180℃）、高压（116～138MPa）、储层基质致密（渗透率介于 0.01～0.1mD）等特点，由于工程地质条件复杂，建井周期长（300～390 天）、建井成本高（2 亿元～2.2 亿元）、单井产量低（平均单井产量 $17 \times 10^4 m^3/d$），需要进行储层改造作业，才能实现效益建产[7-14]。储层改造面临主要挑战是：（1）提产机理不清，缺乏有效的提产技术手段；（2）高温高压

---

❶ 原载《中国石油勘探》，2018，23（2）。

井况、安全作业风险大，改造规模和提产效果受限；（3）储层厚度大（120～300m），缺乏纵向均匀改造手段；（4）储层非均质性强，井间差异大，改造工艺优选难。

塔里木油田以安全有效改造、更快更好地将储量转化为产量为攻关目标，坚持地质工程一体化，创新攻关组织模式，利用开放的市场合作机制，整合和协同国内国际技术力量，按照"持续基础研究、形成配套技术、拓展研究成果、加快规模化应用"的总体技术思路，在装备配套、核心改造理论攻关、材料开发、设计方法优化、实施与控制等方面取得攻关进展，确定了改造天然裂缝为目标的缝网改造提产理念，创新形成缝网酸压和缝网压裂工艺技术，完成了超高压压裂车组、大通径完井管柱配套，研发两套加重压裂液，研发一项专用酸液缓蚀剂，实现超深高温高压气井安全改造，取得的系列关键技术确保了76口高温高压气井改造施工成功率为100%，其中95%的井显著提高了产量，为库车前陆区致密砂岩气藏效益开发提供了提产技术保障。

# 1 攻关模式与技术成果

## 1.1 创新市场化协同攻关模式，提高攻关质量和时效

塔里木油田根据攻关需要，规划建设T（一体化提产攻关团队）T（一体化软件研究平台）E（协同工作环境）W（协同工作流程），实现最优的技术整合，提高攻关质量和时效。首先，整合生产、科研单位技术力量，创新组建了涵盖地质、测井、油气藏、岩石力学、储层改造等多专业技术小组；同时，坚持"以我之长引领攻关、以他人之长提升攻关能力"的理念，利用开放的市场合作机制，积极引进国内国际技术力量，完善形成学科完备、技术能力优良的一体化协同攻关团队（图1）。搭建了一套统一的具备储层评价、改造设计、产能预测功能的综合研究软件平台，提高研究成果的兼容质量，装修了具备办公、远程会议功能的一体化办公室，最大限度地减小油田与合作技术量协同过程中的时空限制；梳理优化一套地质气藏—工程一体化、生产—科研一体化工作流程，进一步提高了协同工作效率。

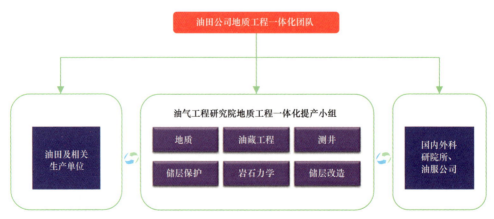

图1 塔里木油田油气工程研究院地质工程一体化提产团队与各协作单位合作示意图

## 1.2 地质工程一体化凝练储层改造技术，提升超深致密气藏开发水平

要应用储层改造实现库车前陆区白垩系超深超高温高压致密气藏的增产目标，亟待解决复杂气藏地质特征与改造理念、储层改造攻关的工作节奏与技术认识周期、关键技术精细研究与改造方案全局优化、新的改造工艺技术实践与潜在风险等主要矛盾。塔里木油田在一体化协同工作模式保障下，开展系统攻关，凝练了两项裂缝性致密砂岩缝网改造工艺技术，安全有效提高了单井产量。

### 1.2.1 完善基础装备配套、研发改造工作液，提高改造安全性

基于克拉苏构造带致密气藏超深、高温、高地应力特点，评估井况和改造工况，系统配套了 140MPa 压裂车组，优配 $4\frac{1}{2}$in 大通径完井管柱 [图 2（a）]，研发了两套加重压裂液体系（硝酸钠加重压裂液，最高密度为 1.32g/cm$^3$，耐温 170℃；氯化钾加重压裂液，最高密度为 1.15g/cm$^3$，耐温 160℃）[图 2（b）]。以上措施有效保障了压裂施工安全。

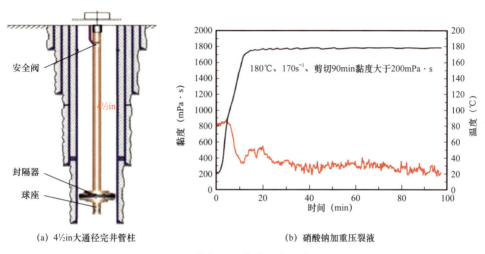

（a）$4\frac{1}{2}$in 大通径完井管柱　　　　　（b）硝酸钠加重压裂液

图 2　装备和工作液配套示意图

### 1.2.2 聚焦地质力学基础研究，确定缝网改造之路

克拉苏白垩系致密砂岩气藏渗透率介于 0.01～0.1mD，天然裂缝渗透率介于 20～300mD，从石油工业界的裂缝性致密储层改造实践经验看，改造天然裂缝、制造缝网是实现单井高质量提产的关键[15-20]；油田聚焦地质力学基础研究和现场先导性试验，论证了克拉苏白垩系致密砂岩气藏高水平应力差条件下，仍然可以通过适当的工程手段改造天然裂缝、制造缝网。首先，与页岩气地质力学指标"比个子"，针对与页岩气不同的地质力学指标（表 1），根据储层地质力学特点设计储层露头大岩样压裂模拟实验，实验结果证明即使在高水平主应力差条件下仍能形成缝网；同时，在克深气藏选择两个井组开展"滑溜水＋线性胶＋冻胶"复合泵注、纤维携砂暂堵转向的缝网压裂工艺技术先导性实验[图 3（a）]，微地震监测信号显示形成了压裂缝网[图 3（b）]；最终确定了克拉苏白垩系致密气藏单井提产要走缝网改造之路，即规模化激活和连通天然裂缝系统以实现单井的增产目标。

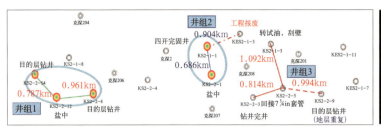 

（a）缝网改造先导性试验井组　　　　　　　（b）KS2-1-1井微地震监测结果

图3　缝网改造现场先导性试验

**表1　有利于激活天然裂缝的地质力学指标对比**

| 对比指标 | 页岩气 | 克拉苏致密砂岩气 | 对比情况 |
|---|---|---|---|
| 岩石脆性指数 | 一般大于50% | 大于50% | 相似 |
| 天然裂缝（水平层理） | 发育、较发育 | 发育、较发育 | 相似 |
| 水平主应力差 | 小于7MPa | 15～30MPa | 不同 |
| 应力状态 | $s_{hmin}<s_v<s_{hmax}$ | $s_{hmin}<s_v<s_{hmax}$ | 相同 |

注：$s_v$—垂直主应力，$s_{hmin}$—最小水平主应力，$s_{hmax}$—最大水平主应力。

### 1.2.3　精细储层地质认识，创新形成了两项缝网改造工艺技术

缝网酸压工艺技术，适用于张性裂缝发育、裂缝内以钙质充填为主、裂缝力学活性好的井。该工艺技术的特点和内涵是多种工艺技术的集成配套，重点包括了射孔及分级技术、复合液体及泵注技术、转向技术、液体用量设计技术。利用低黏压裂液沟通和激活天然裂缝网络，再利用酸液溶解缝网中钙质填充物和钻完井液堵塞物建立缝网导流能力，用可降解暂堵转向材料实现缝内液体转向、层间液体转向，最终建造高质量、大规模油气泄流面积。

缝网压裂工艺技术，适用于裂缝内没有钙质充填、裂缝力学活性差的井。该工艺技术的特点和内涵是多种工艺技术的集成配套，重点包括了可压裂性评估及分级方案设计技术、缝网形态预测技术、液体组合设计技术、纤维转向设计技术、返排控制技术。采用低黏前置液沟通和激活天然裂缝网络，同时制造人工裂缝，再泵注高黏携砂液支撑压裂缝网，用纤维转向材料实现层间液体转向，最终建造高质量、大规模油气泄流面积。

暂堵转向技术是实现缝网压裂和缝网酸压的关键技术，该技术特点是：横向上对于与最大主应力平行的天然裂缝，通过天然裂缝暂堵和转向，形成更宽的人工裂缝带；对于与最大主应力垂直的天然裂缝，通过天然裂缝暂堵实现人工裂缝更长穿越，提高缝网改造程度。纵向上通过铺设可降解的纤维来暂时堵塞改造层段，使液体进入其他层段从而实施液体的转向，起到机械桥塞分段压裂的作用，大大提高储层纵向上的改造程度，增大改造体积。改造结束后，可降解纤维可以在储层温度下完全降解返排，对储层无伤害，恢复裂缝与井筒的流通通道，实现清洁暂堵转向改造；并且可以替代机械桥塞，节省压裂后钻磨或桥塞作业环节，大大缩短了分段压裂施工作业周期与综合成本。

#### 1.2.4 建立了基于可压裂性的缝网改造方案设计方法

改造工艺优选方面，在不断总结不足和持续优化研究后，统筹考虑裂缝发育情况、力缝夹角（最大水平主应力方向与天然裂缝走向的夹角）来优选改造工艺，形成了基于天然裂缝发育模式及天然裂缝渗透率的改造工艺优选方法，提高了工艺优选准确度。对于天然裂缝系统是网状特征的情况，裂缝渗透率高，采用酸压即可实现增产。对于天然裂缝是简单缝的情况，小力缝夹角类型井，天然裂缝的正应力低，裂缝渗透率中等，采用缝网酸压可实现增产；大力缝夹角类型井，天然裂缝的正应力高，裂缝渗透率低，需进行缝网压裂。裂缝不发育井（类基质型）采用加砂压裂（表 2）。

表 2　改造工艺优选原则

| 分类标准 | | | 改造工艺优选 |
|---|---|---|---|
| 天然裂缝发育模式 | | 裂缝渗透率（mD） | |
| 裂缝发育井 | 网状缝 | >10 | 缝网酸压 |
| | 简单缝　力缝夹角小于30° | 3～10 | |
| | 力缝夹角大于30° | <3 | 缝网压裂 |
| 裂缝不发育井 / 局部集中发育井 | | | 加砂压裂 |

以上改造工艺优选原则是基于裂缝发育质量建立的，核心是天然裂缝发育质量评价，库车前陆区不同区块天然裂缝发育质量评价方法和评价参数有很大差异[21-26]，具体实施过程中需要坚持地质工程一体化，分区对待和评价。

改造参数设计方面，在依据摩尔—库仑准则确定裂缝被激活的井底压力基础上，持续优化裂缝激活井底压力计算方法，综合考虑水力裂缝延伸压力计算井底施工压力，提高预测的准确性，优化管柱配置和施工参数。过去单纯依据天然裂缝激活压力确定井底施工压力可能不准确，造成配置管柱、施工参数设计不合理，目前在原有基础上，综合考虑水力裂缝延伸压力（取 3 种水力延伸压力的最小值）计算井底施工压力，通过液体黏度、排量优化，达到天然裂缝的激活条件。

射孔和分级方案设计方面，充分应用地质力学研究成果，综合储层品质、完井品质、可压裂性指数等多属性，优选起裂甜点及射孔簇。分级采用应力相似、可压裂性相近原则，优选可压裂性指数高的位置分簇射孔。射孔原则优化后采用大段射开的射孔方案，现场实施效果良好。

## 2　实践成效

### 2.1　总体效果

创新取得的两项主体改造工艺技术在克拉苏构造带裂缝性致密砂岩气藏的高效开发中发挥了关键的作用。推广应用 76 井次，单井平均产量由 $14 \times 10^4 m^3/d$ 提高到 $60 \times 10^4 m^3/d$，增产 4.28 倍。以克深 8 区块效益开发为例（图 4），该区块方案设计井数 21 口，设计产能 $25 \times 10^8 \text{m}^3$，实际实施了 17 口井就完成了产能建设，其中 16 口井经过改造，平均单井提产 3.8 倍，高效井比例为 100%，产能到位率达 114%。

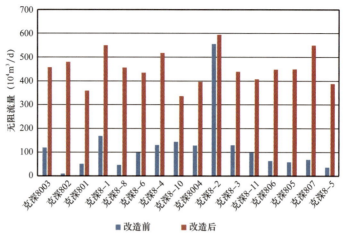

图 4　克深 8 区块改造效果统计图

## 2.2　地质工程一体化实现博孜 104 井产量突破

### 2.2.1　生产问题

博孜 1 凝析气藏位于克拉苏构造带西部，与邻区克深 5、大北 3 气藏相比，更靠近物源，博孜 1 气藏储层物性较好，应力环境、裂缝发育密度与克深 5 气藏、大北 3 气藏相近（表 3）；博孜 1 气藏天然气含蜡量为 15.6%，析蜡、结蜡条件随压力环境复杂多变；博孜 101 井、博孜 102 井进行了缝网酸压，压后产量为（10~16）$\times 10^4 \text{m}^3/\text{d}$，生产压差为 34~55MPa，井口温度为 22℃ 以下，气井结蜡、出砂严重，不能持续正常生产。博孜 104 井是一口新钻评价井，首要目标是准确评价天然裂缝发育质量，制订合适的改造工艺提高单井产量，改善出砂和结蜡问题。

表 3　气藏物性和应力环境统计表

| 气藏 | 储层埋深（m） | 钻揭厚度（m） | 岩心孔隙度（%） | | 岩心渗透率（mD） | | 应力梯度（MPa/100m） |
|---|---|---|---|---|---|---|---|
| | | | 分布范围 | 平均值 | 分布范围 | 平均值 | |
| 博孜 1 | 6700~7100 | 150~180 | 4.0~12.0 | 5.93 | 0.1~1 | 0.341 | 2.1~2.2 |
| 大北 3 | 6900~7200 | 150~200 | 3.5~9.5 | 5.4 | 0.01~1 | 0.055 | 2.1~2.2 |
| 克深 5 | 6350~6800 | 180~220 | 4.0~8.0 | 5.5 | 0.01~0.5 | 0.055 | 2.0~2.1 |

### 2.2.2　精细博孜区块裂缝评价方法，建立改造工艺优选方法

在研究博孜区块天然裂缝时重点参考井漏特征，加强测井成像裂缝参数的精细分类，通过实验和老井施工数据分析获得不同类别天然裂缝的 Biot 系数，实现裂缝力学激活条件

的精细评价。钻井井漏特征上：博孜 1 井有 2 点较为分散的漏失，博孜 101 井下部有 3 点较为集中的漏失，博孜 102 井和博孜 104 井没有漏失，表 4 数据显示漏失与井的无阻流量对应关系好。邻区克深 5 区块东部克深 503 井、克深 504 井、克深 505 井钻井漏失呈现多段分散特点，实施酸压后即获得高产；西部的克深 501 井、克深 508 井、克深 506 井漏失点少且较为集中，其中克深 501 井、克深 506 井酸压后低产，后进行加砂压裂获得高产，克深 508 井酸压后产量低。从井漏特征上认识到，漏失点多且分散的井优质裂缝发育的储层厚度大，酸压即可获得高产；不漏或者漏失点集中的井优质裂缝发育的储层厚度薄，压裂提产与裂缝发育特征更匹配。

基于上述认识，通过成像测井参数分析，应用裂缝宽度、倾角和力缝夹角形成了天然裂缝的分类标准和储层改造工艺优选标准（表 5）。

表 4　井漏与产量的关系

| 井名 | 钻井液密度（g/cm³） | 井漏量（m³） | 无阻流量（10⁴m³/d） | 备注 |
|---|---|---|---|---|
| 博孜 1 | 2 | 241.9 | 38.2 | 自然产能 |
| 博孜 101 | 1.92 | 98.8 | 22.6 | 酸压产能 |
| 博孜 102 | 1.88 | 0 | 13.77 | 酸压产能 |
| 博孜 104 | 1.89 | 0 | — | — |

表 5　博孜区块天然裂缝发育质量分类

| 裂缝分类 | Ⅰ类裂缝 | Ⅱ类裂缝 | Ⅲ类裂缝 |
|---|---|---|---|
| 井漏特征 | 明显漏失 | 高密度（>3 条 /m）发育时渗漏，低密度（<3 条 /m）发育时不漏 | 不漏 |
| 测井识别裂缝描述 | 裂缝宽度大于 0.1mm，裂缝倾角大于 70°，力缝夹角小于 30° | 裂缝宽度多小于 0.1mm，裂缝倾角中高角度，力缝夹角小于 30° | 裂缝宽度多小于 0.1mm，裂缝倾角中低角度，力缝夹角大于 30° |
| Biot 系数 | 1 | 0.85 | 0.7 |
| 激活难易 | 容易 | 中等 | 难 |
| 单井的裂缝发育特征 | 发育Ⅰ类裂缝储层厚度大 | 发育Ⅱ类裂缝储层厚度大 | 发育Ⅲ类裂缝储层厚度大 |
| 代表井 | 博孜 1 | 博孜 101、博孜 104 | 博孜 102 |
| 改造工艺优选 | 缝网酸压 | 缝网压裂 | 常规压裂 |

### 2.2.3　博孜 104 井通过缝网压裂获得产能突破

根据上述研究成果，博孜 104 井设计纤维暂堵转向缝网压裂工艺，改造层厚 93m，射孔 36m/8 簇，根据储层纵向应力与裂缝发育差异分为两级压裂（6757.0～6800.0m，6800.0～6850.0m），采用滑溜水 + 线性胶 + 冻胶混合泵注，通过产能预测设计压裂裂缝尺寸、优化施工规模参数和改造完井一体化管柱，产能预测模型综合考虑基质、天然裂缝、水力裂缝的渗透率，以及应力敏感效应、流体 PVT 属性、相对渗透率等因素，改造规模为 1171m³，陶粒为 49.5m³，排量为 5m³/min。完井管柱 $4\frac{1}{2}$in 油管 4471m，$3\frac{1}{2}$in 油管 2198m，预测生产压差 5MPa 下改造后初期产气量为 $34.3 \times 10^4 \text{m}^3/\text{d}$，井口温度将会达到 37℃，能明显改善井筒出砂、结蜡问题。

博孜 104 井实际施工改造规模为 1153m³，陶粒为 51.2m³，排量为 5.3m³/min；改造后博孜 104 井折日产气 $51.6 \times 10^4 \text{m}^3$，生产压差为 7.2MPa，井口温度为 45.4℃；目前已稳定生产 356 天，累计产气量为 $2.13 \times 10^8 \text{m}^3$，累计产油量为 4644t，平均日产气 $58.9 \times 10^4 \text{m}^3$，平均日产油 21t，油压稳定在 75MPa 左右。博孜 104 井与邻井博孜 101 井、博孜 102 井生产参数对比（图 5），实现了提产目标，同时改善了井流动保障性差的生产问题，为博孜区块千亿立方米储量的动用建立了信心。

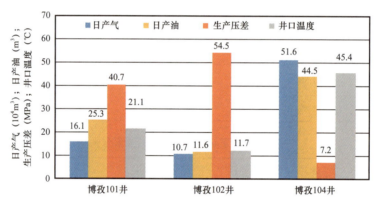

图 5　博孜 104 井与博孜 101 井、博孜 102 井生产参数对比

## 3　结论和认识

（1）地质与工程一体化兼具技术与管理的双重内涵，技术上多专业深度融合，在一致的成果平台上各专业有针对性开展前瞻性、预测性的研究，提高地质工程融合度和统一性；同时，需要具有一体化理念和决心的决策者及开放心态的团队，建立科学的管理架构和可量化的考核制度，确保地质工程一体化有保障、有目标的高效运行。

（2）塔里木油田地质工程一体化提产实践中建立了一体化的研究团队、软件平台、协同工作环境及工作流程，为加深储层地质特征认识及攻关形成超深高温高压致密气藏缝网改造技术奠定了重要基础，该技术在克深等气藏的高效开发中发挥了重要作用。

（3）针对博孜超深低地温梯度裂缝性凝析气藏气井蜡堵严重、无法正常生产的问题，制订了大幅度提产兼顾提高井筒温度、解决井筒蜡堵的技术策略；综合应用测井成像分析、钻井井漏等信息厘定了博孜气藏天然裂缝系统有效性总体偏差，制订并实施了缝网压裂方案，提产效果好，井筒温度大幅上升，试采一年产量稳定。

# 参考文献

［1］王招明，谢会文，李勇，等.库车前陆冲断带深层盐下大气田的勘探和发现［J］.中国石油勘探，2013，18（3）：1-13.

［2］雷刚林，谢会文，张敬洲，等.库车坳陷克拉苏构造带构造特征及天然气勘探［J］.石油与天然气地质，2007，28（6）：816-820.

［3］王招明，李勇，谢会文，等.库车前陆盆地超深层大油气田形成的地质认识［J］.中国石油勘探，2016，21（1）：37-43.

［4］能源，谢会文，孙太荣，等.克拉苏构造带克深段构造特征及其石油地质意义［J］.中国石油勘探，2013，18（2）：1-6.

［5］王珂，张荣虎，戴俊生，等.库车坳陷克深2气田低渗透砂岩储层裂缝发育特征［J］.油气地质与采收率，2016，23（1）：53-60.

［6］王洪浩，李江海，维波，等.库车克拉苏构造带地下盐岩变形特征分析［J］.特种油气藏，2016，23（4）：20-24.

［7］江同文，滕学清，杨向同.塔里木盆地克深8超深超高压裂缝性致密砂岩气藏快速、高效建产配套技术［J］.天然气工业，2016，36（10）.

［8］邹鸿江，袁学芳，张承武，等.高温高压裂缝性储层分层加砂压裂技术及应用［J］.钻采工艺，2013，36（3）：55-58.

［9］Fuxiang Zhang，Yongjie Huang，Xiangtong Yang，Kaibin Qiu，Xuefang Yuan，Fang Luo，et al. Naturral productivity analysis and wel stimulation strategy optimization for the naturally fractured Keshen reservoir［C］. SPE-178067-MS，SPE OIL & Gas India Conference and Exhibition，Mumbai，India，24-26 November，2015.

［10］冯洁，宋岩，姜振学，等.塔里木盆地克深区巴什基奇克组砂岩成岩演化及主控因素［J］.特种油气藏，2017，24（1）：70-75.

［11］冯虎，徐志强.塔里木油田克深区块致密砂岩气藏的储层改造技术［J］.石油钻采工艺，2014，36（5）：93-96.

［12］郑维师，邹鸿江，周然，等.超深高压裂缝性储层加砂压裂技术研究［J］.钻采工艺，2013，36（6）：71-73.

［13］滕学清，陈勉，杨沛，等.库车前陆盆地超深井全井筒提速技术［J］.中国石油勘探，2016，21（1）：76-88.

［14］李永平，程兴生，张福祥，等.异常高压深井裂缝性厚层砂岩储层"酸化＋酸压"技术［J］.石油钻采工艺，2010，32（3）：76-81.

［15］翁定为，雷群，胥云，等.缝网压裂技术及其现场应用［J］.石油学报，2011，32（2）：280-284.

［16］雷群，胥云，蒋廷学，等.用于提高低—特低渗透油气藏改造效果的缝网压裂技术［J］.石油学报，2009，30（2）：237-241.

［17］陈守雨，刘建伟，龚万兴，等.裂缝性储层缝网压裂技术研究及应用［J］.石油钻采工艺，2010，32（6）：67-71.

［18］逄仁德，崔莎莎，尹宝福，等.鄂尔多斯盆地陆相页岩气缝网压裂技术应用分析［J］.中国石油勘探，2015，20（6）：66-71.

［19］杨向同，郑子君，张杨，等.地质工程一体化在应力敏感型致密储层产能预测中的应用——以库车西部某区块为例［J］.中国石油勘探，2017，22（1）：61–74.

［20］张杨，王振兰，范文同，等.基于裂缝精细评价和力学活动性分析的储层改造方案优选及其在博孜区块的应用［J］.中国石油勘探，2017，22（6）：47–58.

［21］Xiangtong Yang, Yongjie Huang, Ju Liu, Xian Chenggang, Qiu Kaibin, Teng Qi, et al. Understanding production mechanism to optimise well stimulation by production analysis in Keshen HPHT and natural fractured tight gas reservoir［C］. SPE-181817-MS，SPE Asia Pacific Hydraulic Fracturing Conferences，Beijing, China, 24–25 August，2016.

［22］Haijun Yang, Hui Zhang, Zhenzhong Cai, Chen Sheng, Yuan Fang, Wang Haiying, et al. The relationghip between geomechanical response of natural fractures and reservoir productivity in Keshen tight sanddtone gas field, Tarim Basin， China［C］. SPE-176840-MS，SPE Asia Pacific Unconventional Resources Conference and Exhibition，Brisbane， Australia, 9–11 November，2015.

［23］张惠良，张荣虎，杨海军，等.超深层裂缝—孔隙型致密砂岩储集层表征与评价——以库车前陆盆地克拉苏构造带白垩系巴什基奇克组为例［J］.石油勘探与开发，2014，41（2）：158–167.

［24］田东江，部国喜，牛新年，等.库车坳陷克深地区低孔裂缝性气藏储层改造产能评价研究［J］.油气藏评价与开发，2013，3（2）：57–61.

［25］屈海洲，张福祥，王振宇，等.基于岩心—电成像测井的裂缝定量表征方法——以库车坳陷KS2区块白垩系巴什基奇克组砂岩为例［J］.石油勘探与开发，2016，43（3）：425–432.

［26］任康绪，肖中尧，曹少芳，等.库车坳陷致密裂缝孔隙型砂岩储层评价的物性界限探讨［J］.地球科学前沿，2012，2（4）：187–192.

# 库车山前高温高压气井测试管柱优化配置与应用 ❶

刘洪涛[1]　黎丽丽[1]　吴　军[2]　刘　勇[1]　何　毅[2]

（1.中国石油塔里木油田分公司；2.川庆钻探工程公司钻采工程技术研究院）

**摘　要**：塔里木库车山前储层具有"超深、高温、高压"的特点，存在井下工具易失效、中高密度工作液在高温下长时间静置易老化沉淀堵塞管柱、埋卡封隔器等问题，同时要求测试管柱兼具替液、测试、改造、循环压井等功能，常用的两阀一封测试管柱已不能满足超深高温高压储层安全测试的要求，本文在原有两阀一封基础上通过优化管柱结构、优选井下工具、优化配套工艺（采用无固相压井液、研发稳定耐高温专用试油工作液）等方法，建立了一套适用于不同井况的"三阀一封、四阀一封、五阀一封"测试管柱体系。该管柱体系有力地支撑了塔里木库车山前超深高温高压气井、"三超"气井的安全高效试油。

**关键词**：库车山前；超深高温高压；测试管柱；三阀一封；四阀一封；五阀一封

塔里木油田在发现克拉2、迪那2气田的过程中，经过摸索形成了针对6000m内的高压气井"两阀一封：RD安全循环阀+RD循环阀+RTTS封隔器"测试管柱，利用这套管柱先后安全地发现了大北1、大北2、大北3气田以及克深2气田，并完成了克拉2、迪那2气田的评价测试工作[1, 2]。但自2010年以来随着克拉苏气田勘探开发工作的深入推进，井深、温度、压力不断升高，出现了克深2、博孜、克深8、克深9等典型的超深高温高压的"三超"区块，陆续有井发生测试失效事故，由此认识到"两阀一封"测试管柱已无法满足库车安全高效试油的需要，开始对测试管柱展开一系列优化[3, 4]。

## 1　塔里木库车山前测试主要难点及管柱功能需求

### 1.1　主要难点

塔里木库车区块储层普遍埋藏较深，其中克深2、博孜、克深8、克深9等构造埋深均超过了6000m，部分超过7000m甚至8000m，地层压力多在120MPa，储层温度普遍超过160℃，例如TKeS9井实测井深7447m处地层压力为127.62MPa、最高温度183.2℃，最高关井压力达104.68MPa。库车超深、超高压、超高温的井况对测试管柱、测试工具的安全可靠性和可操作性都提出了较高要求。同时，由于一般中高密度工作液在超高温下长时间测试会发生沉降堵塞井下通道，容易造成井下工具操作失效而无法循环压井、封隔器解封困难等井下复杂问题[5, 6]，限制了"三超"气井的测试成功率。

---

❶　原载于《钻采工艺》2016，39（5）。

## 1.2 管柱功能需求

库车山前"两阀一封"测试管柱结构多用于射孔—测试联作（图1），但随着井深和地层压力升高，先后出现了 TKeS2、TKeS201、DB6、DN2-16 等多口射孔测试联作井测试后封隔器不能解封的问题，经研究认为射孔瞬间的冲击载荷是导致封隔器失效的主要原因。为了减少射孔冲击载荷对封隔器与测试管柱密封可靠性的影响，改为先射孔再测试—

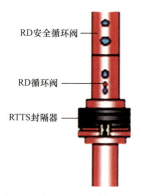

图1 两阀一封测试管柱结构

改造联作工艺[7]。此工艺需要在高密度原浆中下入测试管柱，管柱下到位后，用中低密度测试工作液替出原浆再座封封隔器。先替液再座封往往会造成井口带压，换装井口作业存在井控风险；而先坐封封隔器则无法进行替液作业，环空在高密度原浆条件下，其操作压力受限，不能满足测试期间井下工具操作要求。此外，由于库车山前大部分属于超深低孔低渗透砂岩储层，为获得理想产能需要采取大规模改造措施，施工泵压较高，相应的平衡套压也较高，因此环空压力除满足井下工具操作要求外，还必须满足增产改造期间施加平衡套压的需要。最后，要求测试管柱具备循环通道能够循环压井，以达到井控安全的目的[8-11]。

# 2 测试管柱优化

## 2.1 结构优化

为满足库车山前超深储层测试需求，针对两阀一封测试管柱存在的问题，通过研究和现场试验，逐步优化管柱配置形成了三种特色管柱结构。

### 2.1.1 "三阀一封"测试管柱

针对"两阀一封"管柱不能先坐封再替液的问题，在"两阀一封"测试管柱的基础上增加了E型阀，形成了"三阀一封"测试管柱。E型阀在入井过程中侧壁循环孔处于打开状态，替液结束后通过投球油管内打压关闭循环孔，封闭油套沟通通道。与"两阀一封"测试管柱相比，使用E型阀后，"三阀一封"测试管柱可以在坐封封隔器、装好测试井口后再替液，确保了替液过程安全。为防止替液时不同工作液体系之间产生混浆沉淀埋卡封隔器，E型阀的位置应尽量靠近封隔器，管柱结构简图如图2所示。"三阀一封"测试管柱目前主要用于引流测试、"三超"气井侦察性测试，由于负压验窜、侦察性测试时间短，测试阀失效概率低，因此选用配置相对简单的"三阀一封"测试管柱，保证测试成功率的同时实现降本增效。

图2 三阀一封测试管柱结构

### 2.1.2 "四阀一封"测试管柱

RD循环阀是测试过程中压井的主要通道，同时RD阀打开后可使封隔器水力锚内外压力平衡，有利于封隔器解封。但超深高温高压井测试期间，由于测试工作液高温下长时间静置稳定性差或不同液体混浆产生的沉淀物可能会堵塞循环阀孔眼，使循环阀失效，不能实现安全压井和封隔器解封。因此，经过研究和实践在"三阀一封"基础上增加液压循环阀作为 RD 循环阀的备用工具，形成"四阀一封"测试管柱，解决 RD 循环阀无法打开导致封隔器解封困难的问题。该阀通过上提下放管柱打开、关闭循环孔，和 RD 循环阀的环空打压打开循环孔的方式进行有效互补，形成了解封时平衡封隔器上下压力的双保险，管柱结构简图如图 3 所示。"四阀一封"测试管柱目前主要用于超深高温高压气井常规测试工艺。

### 2.1.3 "五阀一封"测试管柱

RD 循环阀使用液压循环阀作为备用阀后，使封隔器解封有了保障。按照行业标准的要求，高温高压气井测试管柱宜配备备用阀。由于"三超"气井测试风险高、井下工具易失效，且一般中高密度工作液在超高温条件下长时间静置稳定性差、长时间测试易发生沉降堵塞管柱，为保证循环压井顺利实施，在"四阀一封"的基础上增加 E 型常闭阀作为 RDS 循环阀的备份，形成了"五阀一封"测试管柱。E 型常闭阀通过油管内投球加压方式打开循环孔，与 RDS 循环阀通过环空打压打开循环孔的方式进行有效互补，实现了循环压井的双保险。"五阀一封"测试管柱使解封封隔器平衡上下压力、循环压井均有双重方式有效互补，保证了测试成功率，目前主要应用于库车"三超"气井、超高风险井、新区探井等井的测试工作，管柱结构简图如图 4 所示。

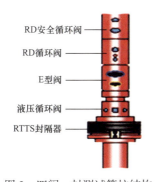
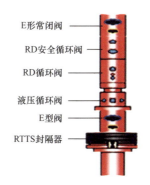

图 3  四阀一封测试管柱结构　　图 4  五阀一封测试管柱结构

## 2.2  井下工具优选

井下工具的可靠性是测试成功的保证。塔里木库车山前三超气井测试对井下工具的耐温和耐压性能要求高，为提高井下工具的安全可靠性，在优化管柱结构的同时对井下工具的性能进行了优选。

RD 循环阀、RD 安全循环阀是测试管柱的主阀，由于井越来越深、地层压力越来越高、地层温度越来越高，普通型 RD 循环阀、RD 安全循环阀已不能满足安全测试的要求。通过调研，在普通型 RD 循环阀、RD 安全循环阀基础上引进加强型 RD 安全循环阀、RD 循环阀。加强型 RD 循环阀、RD 安全循环阀在抗内压、抗外挤强度等方面均有所提升，参数对比见表 1。除此之外，加强型 RD 循环阀、RD 安全循环阀将芯轴密封性做了改进，把能够接触到测试流体的密封部位由原来的单 O 形圈密封改为双 O 形圈密封，提高了芯轴的密封性能，防止高温高压下单密封圈失效造成芯轴无法下移的事故发生。

表 1　3$^7/_8$in 普通型与加强型 RD 循环阀、RD 安全循环阀性能参数对比

| 名称 | 抗内压强度（MPa） | 抗外挤强度（MPa） | 抗拉强度（kN） | 密封压力（MPa） | 耐温（℃） |
|---|---|---|---|---|---|
| 普通型 RD 循环阀 | 162 | 151 | 832 | 105 | 204 |
| 加强型 RD 循环阀 | 197 | 197 | 832 | 105 | 204 |
| 普通型 RD 安全循环阀 | 162 | 151 | 832 | 105 | 204 |
| 加强型 RD 安全循环阀 | 197 | 197 | 832 | 105 | 204 |

在引入加强型 RD 循环阀、RD 安全循环阀的同时，对其他井下工具的性能进行了优选，分别采用了高性能液压循环阀、E 型阀、E 型常闭阀，提高工具可靠性，具体参数见表 2、表 3。

表 2　3$^7/_8$in 液压循环阀技术参数

| 规格 | 抗内压强度（MPa） | 抗外挤强度（MPa） | 抗拉强度（kN） | 压力等级（MPa） | 耐温（℃） |
|---|---|---|---|---|---|
| 3$^7/_8$in | 105 | 105 | 852.6 | 70 | 204 |

表 3　3$^7/_8$in E 型阀、E 型常闭阀技术参数

| 规格 | 抗内压强度（MPa） | 抗外挤强度（MPa） | 抗拉强度（kN） | 压力等级（MPa） | 耐温（℃） |
|---|---|---|---|---|---|
| 3$^7/_8$in | 105 | 105 | 970.2 | 70 | 204 |

## 2.3　配套工艺优化

为保证测试顺利进行，在优化测试管柱结构、优选测试工具性能的同时，对配套工艺也进行了优化，如环空采用无固相完井液、研发中高密度耐高温耐高压试油工作液体系等。其中，通过研发中高密度耐高温试油工作液体系，提高其耐温能力、延长抗高温稳定时间，防止了试油工作液在高温下长时间测试发生沉降影响测试作业，性能指标见表 4。

表 4　耐高温试油压井液体系性能指标

| 序号 | 体系名称 | 室内实验 | | | 现场试验 | | |
|---|---|---|---|---|---|---|---|
| | | 密度（g/cm$^3$） | 耐温（℃） | 沉降稳定性描述 | 最高密度（g/cm$^3$） | 最高温度（℃） | 沉降稳定性描述 |
| 1 | UTM-1 水基试油压井液体系 | 2.00 | 200 | 15 天无沉降 | 2.10 | 173 | 15 天无沉降 |
| 2 | 油基试油压井液体系 | 2.35 | 200 | 15 天无沉降 | 1.88 | 168 | 15 天无沉降 |
| 3 | 超微重晶石试油压井液体系 | 2.10 | 180 | 15 天无沉降 | 2.14 | 158 | 15 天无沉降 |

## 3 应用效果

以"三阀一封""四阀一封""五阀一封"管柱为核心的超深高温高压测试工艺先后在塔里木库车山前应用 38 井次（2012.1—2015.10），其中"三阀一封"15 井次，"四阀一封"18 井次，"五阀一封"5 井次；其中 7000m 以上井测试 12 井次，工艺施工成功率 100%，测试成功率 94.7%（两口井因压力计问题未取到资料）。其中 KeSX 井测试井深 7430m，地层压力 133.518MPa，最高关井压力 109.61MPa，地层温度 178℃，是目前国内井口关井压力最高的井，采用"五阀一封"测试管柱，测试成功，取得了合格的压力温度资料，有力地支撑了库车山前超深储层勘探评价工作（图 5）。

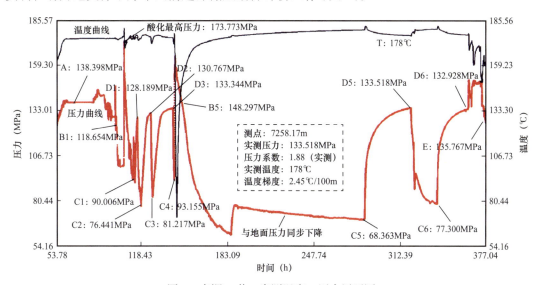

图 5　克深 X 井 1 实测温度、压力展开图

## 4 结论和建议

（1）以"三阀一封""四阀一封""五阀一封"测试管柱为核心的超深超高压高温测试工艺体系，有力地支撑了库车山前超深储层的勘探评价，也为国内同类超深高温高压气井的测试提供借鉴和依据。

（2）测试管柱使用加强型 RD 循环阀、RD 安全循环阀，采用高性能液压循环阀、E 型阀，通过现场试验，具有较高的可靠性。

（3）研发的中高密度耐高温试油工作液体系，提高了试油工作液在高密度、高温环境下静置时间，可在国内同类"三超"气藏推广应用。

（4）管柱配置的特殊要求：为提高管柱的安全性，降低替液过程中混浆沉淀埋卡封隔器的风险，E 型阀应尽量靠近封隔器。

### 参 考 文 献

[1]阎根岐，谢宇，高尊升，等 . 超深超高压高温井试油工艺 . 油气井测试［J］.2009，18（5）：59-60.

[2]曾志军，胡卫东，刘竟成，等 . 高温高压深井天然气测试管柱力学分析［J］. 天然气工业，2010，30

（2）：85-87.

[3]冉金成，骆进，舒玉春，等.四川盆地L17超高压气井的试油测试工艺技术[J].天然气工业，2008，28（10）：58-60.

[4]魏军.深井试油试气测试工艺技术研究与应用[J].油气井测试，2010，19（2）：36-38.

[5]窦益华，张福祥.高温高压深井试油井下管柱力学分析及其应用[J].钻采工艺2007，30（5）：17-20.

[6]杨东，窦益华，许爱荣.高温高压深井酸压封隔器失封原因及对策[J].石油机械.2008.36（9）：129-131.

[7]李海涛，韩岐清，张国辉，等.射孔与测试联作管柱可靠性评价[J].天然气工业，2008，28（7）：96-98.

[8]吴运刚，李勇，范连锐.高压高含硫裸眼低承压井筒气井测试工艺—以毛坝1加深井试气测试为例[J].油气井测试，2008，17（3）：35-37.

[9]Fuxiang ZHANG, Mingguang Chen, Xiangtong Yang, Fujian Zhou, Xuefang Yuan. Adding Sand Fracture Stimulation Technology in Tarim Ultra-deep and High Stress Sandstone Gas Reservoir[C]. Paper SPE155732 presented at the IADC/SPE Asia Pacific Drilling Technology Conference and Exhibition, Tianjin China, 5-7 July.

[10]Dake,L.P. Fundamentals of Reservoir Engineering[M]. Elsevier,Developments in Petroleum Science 8, 1978: 215-220.

[11]杜现飞，王海文，陈实，等.含硫超深井试气技术难点分析[J].油气井测试，2007，16（5）：67-69.

# Well Integrality Technical Practice of Ultra Deep Ultrahigh Pressure Well in Tarim Oilfield[1]

Zhang Fuxiang，Yang Xiangtong，Peng Jianxin，Li Ning，Lv Suanlu，
Zeng Nu，Zhang Rixing

（ PetroChina Tarim Oilfield Company ）

**Abstract**：There is abundant natural gas in Kuqa foreland area of Tarim basin，it has characteristics of reservoir burial depth（ 5500～7500m ），high gas reservoir pressure （ 105～125MPa ），complex corrosive medium（ the partial pressure of $CO_2$ is beyond 2 MPa，the chlorinity is between 100000 ppm and 140000ppm ），and the overburden lithology of gas reservoir is complex（ there is heavy calcium rock and mudstone layer ），which bring well integrality high challenge. During over three years practice， through exploring the extreme high pressure down hole string shock checker，tubing tongs torque field proving，establishing extreme high pressure complex corrosion behavior pipe simulation behavior laboratory evaluation criterion，supporting air spider and threaded He gas tight detection device，several techniques are formed initially including extreme high pressure gas well pipe simulation behavior evaluation technique，extreme high pressure gas well wellbore evaluation technique，extreme high pressure gas well string layout and mechanical check technique，completion string quality control technique，it provides dynamic guarantee for long-term secure manufacture in Kuqa extreme high pressure extreme deep gas reservoir.

**Key Words**：Ultra high pressure gas well ; well integrality ; Gas seal detection ; wellbore evaluation technology ; Abnormalhighpressure ; Completionstring ; Simulated wellbore evaluation technology

## 1 Introduction

There are tremendous natural gas resources in Quka foreland area of Tarim Basin. But the deep buried depth（ 5500～7500m TVD ），high gas reservoir pressure（ 105～125MPa ）， complex corrosive medium（ $CO_2$ partial pressure: 1～4MPa，chloride ion concentration: 100000～140000ppm ）and complex overlying rock lithology all have brought big challenges for well integrity management after being brought into production. According to the international generally accepted definition（ as shown in Figure 1 ），gas reservoirs in Quka foreland area of Tarim Basin

❶ 原载《International Petroleum Technology Conference》17126，2013。

are typically "Extreme Deep, Extreme High Pressure and High Temperature" with very complex operating conditions. Considering that the low reservoir porosity generally less than10%, low permeability less than 1md and along with some natural fractures developed, most wells have to get better performance after acidizing or hydraulic fracturing. At the initial stage of development, super 13Cr gas seal tubing were used as working string in completion operation. Considering the cost and well control factor, we did the hydraulic fracturing through the same completion string and then put into production directly. Wellbores have already suffered from abnormal high pressure during drilling. Given 115MPa reservoir pressure, weighed fracturing fluid were used during treatment in most wells and we had 100~120MPa pumping pressure with 136MPa as the highest wellhead pressure and 210MPa bottom of hole treating pressure. Meanwhile, acidizing inhibitor only could limitedly protect super 13Cr tubing under over 150℃, even tubing/casing corrosion or piercement has happened just during treatment and flowback. Initial statistical result of shows that 35.48% of wells have well integrity problems, 63% of which are tubing string failures, 16% are casing string failures, 21% are wellhead failures and other failures. Workovers have been operated in 5 shut off wells to reproduce, each of which cost 20~40 million RMB. After Analysis above, Tarim Oilfield focus on the tubing string failure as the key well integrity research direction, which cover 63% of all well integrity failures. By fully considering casing program before completion, pressure control during operation, field quality control during tubing trips and practices in some other key parts, the better effectiveness is gained.

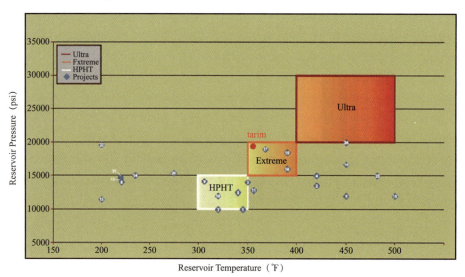

Figure 1　HPHT wells classification schematic diagram ( red point means wells of Tarim )

## 2　Well integrity practices

### 2.1　Casing program optimization and cementing

To leave a healthy wellbore for production, for different geological purposes, 2 series casing design with 6 types casing programs were developed during casing program design.

For development wells with depth＜5500m and exploration wells with depth＜6000m, TB I casing program is chosen, which featured by using $9^5/_8$in or 7in casing to isolate composite salt layers and using 7in or 5in casing as production casing.

TB II casing program design is used in exploration wells with depth ＞6500m, which features are that there will be 5 spuds in with 5-layer casings or 6 spuds in with 6-layer casings and using $8^1/_8$in or $6^1/_4$in casing to isolate composite salt layers and using $6^1/_4$in or $4^1/_2$in casing as production casing.TB II casing program is independently developed by operator, which basically ensure the extreme deep target formations in foreland area to be drilled and found. But TB II casing program could not meet the requirements of large fluid volume stimulation and high productivity in single well.

Since 2011, as the development of some extreme deep gas reservoirs such as KS2, these reservoir formations have been further understood. At the mean time, the more drilling rigs that could drill 8000m and 9000m also have been mobilized to these areas. Finally, the capacity of using 7in casing as production casing was formed.

In 2012, the extreme deep complex casing programs for Quka foreland tectonics were designed: TB I -B and TB II -B ( as shown in Figure 3 ). TB I -B standard casing design uses 10.19in casing to isolate salt layers and TB II -B standard casing design uses $11^3/_8$in or $8^1/_8$in casing to isolate salt layers. The two standard casing designs not only ensure safe drilling, but also create favorable conditions for large volume stimulation and increasing productivity.

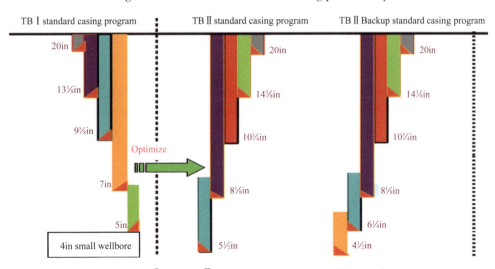

Figure 2　TB I and TB II standard casing program schematic diagram

Cementing quality is very important for drilling and completion safe in extreme deep wells. Composite salt layer cementing and anti-gas channeling cementing are the keys for the "three-extreme" wells cementing. For the cement slurry system, several mature cement slurry systems have been developed, including salt-resisting cement slurry system, high temperature/extreme high temperature cement slurry system, anti-gas channeling cement slurry system and etc. On that basis, through the introduction of GM-1, Micromax, and superfine cement material and so

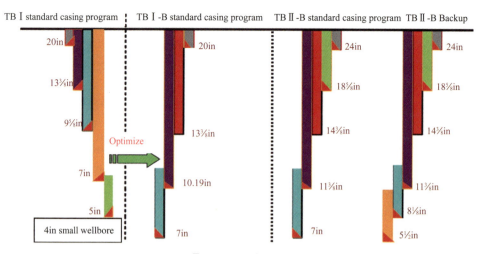

TB I standard casing program | TB I-B standard casing program  TB II-B standard casing program  TB II-B Backup

Figure 3　TB II-B and TB I-B casing program

on, the super high density cement slurry system was formed. Cementing slurry density in actual use reached 2.61 g/cm³. By upgrading equipments and optimizing surface operating technologies, several distinctive surface operating processes were developed, including recycling mix slurry process, proportioning process with direct injection air cement separator, and continuous operating process in large volume with high density and so on. Even $13^3/_8$in casing was used on surface to keep pumping rate at 3m³/min, and the density difference could be control at ±0.01 g/cm³. For process engineering, gas channeling was mitigated by optimizing the cement slurry column structure, using separable setting cement slurry system, liner hanger cementing process with external packers and one time continuous cementing (without stage cementing collar) after casing tie-back.

## 2.2　Well integrity evaluation before well completion

Overburden thick gypsum layer/salt layer and long drilling period over 360 days all caused casing severe wear, which is liable to be compressive deformation in completion period and even junked. Meanwhile, it is necessary to take steps to keep production casing and annular casing integrity during extreme high pressure hydraulic fracturing. After years of practice, for complex formations and complex working condition, one set of well integrity evaluation methods before well completion have been initially developed.

### 2.2.1　Formation analysis and evaluation

According to daily drilling report and well log report, the following contents were described:

(1) Overburden complex lithology formations description: during comleiton and well tesing, the formations that affect wellbore safe include reservoir and overburden formations (high pressure saltwater zones, gypsum-mudstones layers and salt layers and so on) with complex lithology. Describe these layers by listing and indicate the depth of salt top and the depth of salt bottom in layering map by real drilling data.

(2) Target layer data: describe the lithology and forecast the fluids and if there are acid gas

such as hydrogen sulfide in target layer according to offset and coring data.

(3) Leak-off data: describe drilling fluid loss and cementing fluid loss data during drilling target formation and cementing. If the leak-off is servere, removing sand and anti-stab method should be considered at the later stage of flowback.

### 2.2.2　Casing program and quality analysis and evaluation

"Basic data" should be listed, such as casing outside diameter, wall thickness, steel grade, tensile strength, burst resistance, collapse resistance and casing setting depth. High deviation and variation of azimuth should be ticked off.

### 2.2.3　Drilling fluid usage

Drilling fluid density basically corresponds to formation stress, therefore, drilling fluid usage data in each section should be listed and target formation pressure factor should be decided in accordance with target formation drilling mud density and offset data. If the salt layer above target formation is relatively near by intermediate casing shoe, wellhead tubing pressure and annulus pressure should be carefully controlled during well testing and variation range of wellhead tubing pressure and annulus pressure should be limited as less as possible to avoid generating excessive alternating load resulting in plastic formation transformation, and then even casing collapse could happen.

### 2.2.4　Cementing quality evaluation

According to liner cementing evaluation result, expected testing or completion section cementing quality and liner hanger leaking data should be described and then packer setting depth could be suggested based on this description. If cement bond is bad in tie-back casing section, pressure testing string must be tripped in and underbalanced pressure test must be conducted to check liner tieback equipment leaking data. Testing fluid or completion fluid should be the same density as target formation drilling mud to void liner hanger leaking or bad cement bond in tie-back casing section affecting operation.

### 2.2.5　Production casing evaluation

Using drilling daily report and actual drill pipe/casing abrasion test data to analyze the abrasion degree of production casing, especially that of production casing with hanger. Finite-element analysis was used to verify remaining strength of abraded casing (Figure 4, 5 and 6) from eccentric cylinder model. According to these results, well testing/completion fluid density and annulus pressure limits could be decided. The allowable lowest replacement mud density has to be decided by remaining strength of lower casing. Using drilling mud density record at the deepest abrasion depth in drilling daily report to Forecast formation pressure, the lowest replacement mud density $\gamma_{min}$ ( $g/cm^3$ ) can be calculated by formula 1; remaining casing burst strength decides the highest allowable annulus pressure, and the highest allowable annulus pressure $[\rho_{os}]$ ( MPa ) can be gained through Formula 2. For example, Figures 4, 5 and 6 show the analysis results of production

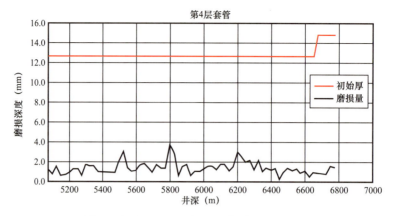

Figure 4    7in casing abrasion depth of BZ1 well

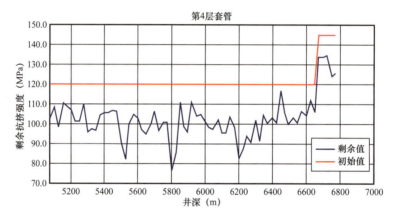

Figure 5    7in casing remaining collapse strength of BZ1 well

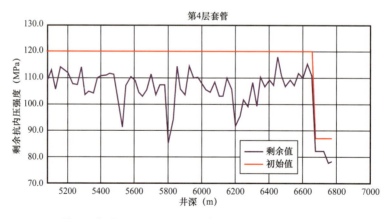

Figure 6    7in casing remaining burst strength of BZ1 well

casing abrasion depth; remaining casing collapse strength and remaining casing burst strength of BZ1 well. Calculated trough Formula 1 and 2, the lowest replacement mud density is 1.28g/cm³, and the highest annulus balanced pressure is 50.8MPa.

$$\gamma_{\min}=\text{drilling fluid density }(\text{g/cm}^3)-\frac{\text{Remaining collapse strength }(\text{MPa})}{\text{Collapse safety factor}\times\text{well depth }(\text{m})/100} \quad (1)$$

$$[\rho_{\text{os}}] = \frac{\text{remaining burst strength}}{\text{burst strength safety factor}} + [\ 1\text{-kill fluid density}\ (\ \text{g/cm}^3\ )\ ] \times \frac{\text{well depth}\ (\ \text{m}\ )}{100}\quad (\ 2\ )$$

## 2.3　Tubular evaluation and selection based on ISO13679

TN gas field is the first extreme high pressure condensate oil and gas reservoir brought in production in Tarim. Super 13Cr tubing, safety valves and permanent packer are the main assembly in completion, and wells were put into production after acidizing. Just 30 days after being acidized, tubing-casing annulus pressure was continuous high in the first development well TN2-8. To deeply understand the failure mechanism and reason, working string was tripped out and each tubing single joint was taken samples, and then described corrosion. This is the first time to observe and understand that tubular failure is related with acid fluid, temperature and pressure profile, which played a key role in material selection and technology optimization in this area.

### 2.3.1　Checking result of tubing connections made up in the field after disconnection

（1）There are 91 collars in the whole tubing string. The more near wellhead, the more leaking collars were found (except the tubing with 7.34mm wall thickness). The most servere leaking collars mainly located from 1615.51～499.29m section (Figure 7).

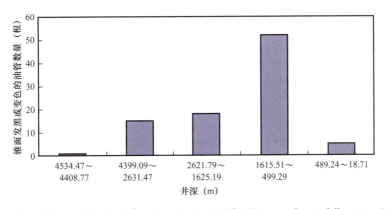

Figure 7　tubing outside thread ( made up in the field ) leaking number in different sections

（2）From 4534.47m to 4408.77m and from 489.24m to18.71m sections, no one inside wall of tubing outside thread shoulder ( there were 63 tubing joints ) was corroded; in 4399.09～499.29m section, there were 81 tubing outside thread shoulders with inside wall corroded; in 2621.79～1625.19m section, there were 61 tubing outside thread shoulders with inside wall corroded and the corrosion in this section was the most servere ( figure 8 ). In the most corrosion section, flowing temperature was 91.5～75.4℃ and flowing pressure was 108.4～100.8MPa.

（3）All the inside diameters at shoulders of tubing inside and outside threads made up in the field were all in the tolerance range provided by manufacture. It means that there was not over-torqueing during making up treads in the field.

（4）At tread connections and tubing inside wall, sheet corrosion and spot corrosion pits were observed, and tubing connection corrosion is more servere than that on tubing body. 14 tubing joints have corrosion at gas seal part and 1 tubing joint has corrosion on tubing outside thread. It has been verified that leaking did have happened in tubing thread connection, and this indicated that there was corrosion medium in leak–off natural gas ( shown in Figure 8 ) .

Figure 8    inside wall corrosion at the shoulder of tubing outside tread

（5）The main factor caused tubing connection leaking was that the contact pressure on metal sealing face was not high enough, and corrosion facilitated leaking.

### 2.3.2   Checking tubing connection made up by manufacture after disconnection

（1）11 tubing joints have leak points.

（2）Inside wall corrosion were found at connection shoulders of tubing outside threads on 107 tubing joints. Corrosion has happened at the position where connection inner bevel disappears on tubing outside threads of 63 tubing joints.

### 2.3.3   Causes of tubing leak and corrosion

（1）The tubing connection torque made up on field met the requirements of manufacture, while the connections made up on field and in manufacture were both leaked. It's indicated that this kind of tubing connection didn't fit TN's real working condition.

（2）The tubing outside thread connection corrosion numbers in different sections is normally distributed. Corrosion in 2621.79～1625.19m section is most servere, so it means 13Cr tubing under the temperature of this section is most likely to be corroded. Corrosion of tubing outside thread connections is mainly located at shoulders and where connection inner bevel disappears on tubing outside threads. It means that these positions are corrosion centralization.

### 2.3.4   Material selection and assessment plan was developed based on ISO 13679

（1）Special tubing thread connections should be evaluation test according to Ⅳ level of ISO 13679 standard and Tarim tubing technology condition supplement.

（2）Special casing thread connections should be evaluation test according to Ⅳ level of ISO 13679 standard.

（3）Tarim supplement test requirements include that simulate the bearer condition in real acidizing, tubing vibration condition and over – torqueing and so on.

（4）To reduce corrosion centralization at tubing/casing connection, strict requirements on special thread connection precision, inner bevel and roughness were proposed. On Thread, torqueing shoulder and inner bevel surface, there cannot be any burr, damage and corrosion pits that could be felt by hands. The included angle between inner bevel at outside thread connection and axle must≤5°, the roughness of inner bevel surfaces $R_a$≤6.3.

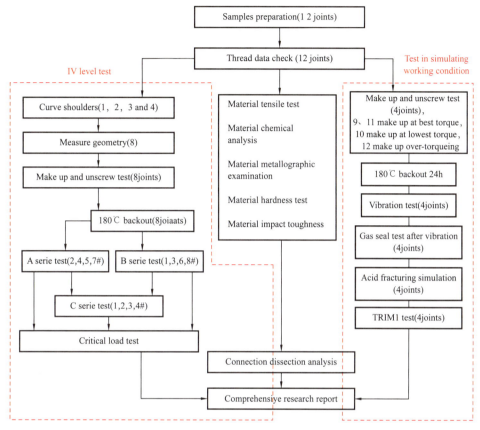

Figure 9　test flow chart

Optimizing and evaluating tubular according to the methods above, no similar failure happened again.

## 2.4　String assembly and mechanics check

Because of great uncertainty in formations, especially during well testing in exploration wells, some parameters ( such as oil and gas production, pressure and temperature and so on ) range a lot, sometimes even beyond expectation. This increases the risk of packer seal failure and string damage. Therefore, before well testing, it's necessary to analysis the string mechanics for each well. Through calculation, we could assemble working string reasonably, choose appropriate wellhead ( X-mas tree or flow head ), select suitable packer and other accessibility, and understand string's load, stress and deformation during well testing, understand string's margin of safety ( safety factor ) and determine operation ( pressure ) limits. Cooperating with Xi'an Petroleum University, after years of theory research, laboratory test, field test and field application in tens of HTHP wells, one theory, one integrated and practical calculation methodology and method of work have been developed:

Based on the casing program, initial well testing/completion engineering design, according to related technical standard, requirements, and practices, considering tubing stock, working string could be calculated through trial-and-error method, optimized and assembled. And then, string bottom depth, loads, strength, axial deformation and so on should be calculated based on string and operation features. After the steps above, practical conclusion and operation suggestion could be proposed, including: how to optimize working string, how long tubing distance should be compressed after setting packer, weather to add slip joints in stimulation string and perforation-testing string or not, how many slip joints should be added, weather to pump balanced pressure in annulus and how much the wellhead pressure should be controlled. Analyzing by actual implement effects, this method could basically solve the difficulties in packer string mechanism analysis in HTHP wells.

However, as exploration and development going on, well depth is being deeper and temperature is being higher. The geological conditions in Tarim DB and KS areas are more complex than North Sea of Norway, equivalent with Golf of Mexico. KS2 will be the first development EHTHP oil and gas reservoir in China, with increasing pumping rate and pumping pressure in extreme deep well. Until now, the highest pumping pressure has reached 135MPa and the highest pumping rate is $10 \sim 12m^3$/min. In the new situation, resent string mechanism analysis method has many challenges from requirements of completion, such as that completion string failure in KS201 well, multi-packer string insolation failure during fracturing KS202 well. The well integrity failures obviously increased during completion. To verify resent string mechanism analysis method and find new mechanism analysis method, stimulators such as WELLCAT were used. Combined with field job data, it was determined that triaxial stress safety factor in KS area should over 1.4. Meanwhile, the method that use packer loading curves and safe valve loading curves (Figure 10 and 11) to determine fracturing job data is developed. Now, this method should be further modified.

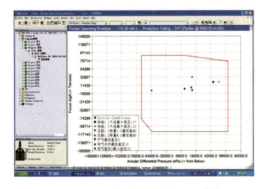 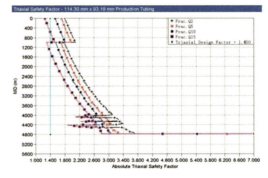

Figure 10    packer loading analysis in different
working conditions

Figure 11    string check result

The mechanism analysis and check results show that 110 grade $3\frac{1}{2}$in tubing with thin wall could not meet the requirements of high pumping rate and high pumping rate treatment, so the same steel grade tubing with thick wall or higher steel grade tubing are needed. Therefore, combination of $4^1/_2$in and $3^1/_2$in tubing is recommended for extreme high pressure wells in foreland area. The specified length should be determined by string mechanism analysis.

## 2.5　Field quality control of tubing/casing string

After HP well integrity failure analysis, some problems are found, including that several tubing has quality defect, biting marks can be found after making up connections, making up torque is not enough or thread gluing happened. To solve these problems, we checked and controlled quality for each tubular going to run in hole, established quality control standard and specifications and introduced key experiments and support equipment and so on. Finally, completion quality control system for high pressure gas well in foreland areas was established and completion quality was improved a lot.

### 2.5.1　Quality control before tubular run in hole

Detailed quality inspection process is made, including goods inspection before put in storage and run in hole on field, field transportation and carefully quality inspection before run in hole. Quality inspection should be done from source to prepare for subsequent string integrity and ensure that no leak would happen.

### 2.5.2　Quality control during tubular running in hole

Operating progresses for running in hole were established, including tubing, perforation gun, packers, safety valve and other tubular and equipment. Equipped with air spider, hydraulic torque check and calibration instrument, gas seal inspection and other key equipment for quality control, tubing string integrity was improved a lot.

Air spider: considering regular elevators could not make thread connection made up by manufacture and field simultaneously, air spider was introduced with no-teeth mark pipe tongs to void pipe tong's teeth from damaging tubing, improve safe and reliability. It could prevent pulling tubing out of hole with single lift ring and improve trips' speed.

Hydraulic torque check and calibration instrument: in traditional calibrating torque recorder, the torque value of hydraulic pipe tong cannot be checked directly, so system error could not be calibrated and traditional calibrating cost time. Then, two hydraulic torque check and calibration instruments were developed with measuring range $0\sim10000$N·m and $0\sim15000$ N·m, which have past the national measurement regulator's first level and second level authentication, could be used on field, have solved system error problem that traditional calibration couldn't solve and ensure the accuracy of connections made up on field.

Gas seal inspection equipment: in order to control source quality and reduce the risk of thread leak at later period, gas seal inspection equipment was introduced, improved and equipped, which could inspect many different size tubing/casing from $2^7/_8$in to $13^3/_8$in and many different variable diameter tubing with 140MPa as the highest test pressure. Until November, 2012, this technique has been implied in 100 wells/times, 94 wells/times failure have been found. Implying gas seal inspection, thread leak was reduced a lot and tubing/casing string integrity was great improved.

## 3 Conclusion

After over 3-year continuous research and practice, wellbore evaluation before completion, completion string design and calibration, corrosion evaluation test and material selection, field quality control and other key techniques have preliminarily formed with distinct effect after implement on field. After put into production, the ratio of wells with well integrity problems changed from 35.48% to 16.67% of all. Meanwhile, through huge amount of field tests, it is concluded as following:

This technique fit wells with depth<6500m TVD, bottom of hole temperature < 150℃ and gas reservoir pressure<110MPa.

For the developing wells with 7000~7500m TVD, 170℃ temperature, gas reservoir pressure 125MPa, and plan to fracturing before putting into production, the well integrity of which need to be further research and perfected.

# 安全、平稳、高效开发塔里木盆地天然气 ❶

何　君　　王天祥　　朱卫红　　滕学清　　韩易龙　　周理志　　阳建平

（中国石油塔里木油田分公司）

**摘　要**：塔里木盆地是中国最大的含油气盆地，天然气资源丰富，天然气勘探开发处于早期阶段，是"西气东输"工程的供气源头。中国石油塔里木油田公司在该盆地天然气开发过程中始终坚持依靠科技，强化管理，确保了天然气开发生产的安全、平稳、高效。自2004年正式向"西气东输"工程供气以来，塔里木盆地天然气开发形势快速发展，截至2007年底，已建成以克拉2气田为龙头的共计5个天然气生产基地，天然气产量平稳快速上升，2007年天然气产量超过 $150 \times 10^8 m^3$，已经具备向"西气东输"工程稳定供气的条件，履行了对国家和社会的承诺，实现了经济、政治、社会三大责任。

**关键词**：塔里木盆地；天然气；开发方案；工程设计；生产能力；产量；管理；安全

塔里木盆地气藏类型多，地质条件复杂，埋藏超深，大部分气藏为异常高压，"三高"气田比重大，同时面临着产能建设任务重、安全生产管理难度大等挑战。近年来中国石油塔里木油田公司（以下简称塔里木油田公司）不断加大科技攻关、产能建设和生产管理力度，主要包括：针对具体的气田特征集成应用新技术、新方法加强气藏描述和气藏方案编制；针对地下、地面特点和需求集成应用新技术取得了工程技术的重要进展，满足了气田开发的需求；针对工期紧任务重和天然气开发的特点，创新组织管理模式，实现了气田如期建成投产及安全平稳生产。经过近几年来的艰苦努力，塔里木油田现已建成克拉2气田等5个天然气生产基地，到2007年底天然气产量超过 $150 \times 10^8 m^3$ 实现了天然气产能、产量的快速增长和向"西气东输"项目安全、平稳供气的目标。

## 1　以气藏精细描述为基础，加强产能评价，及时优化方案，夯实上产基础

### 1.1　加强山前地震叠前处理技术攻关，构造精细描述取得重要进展

库车坳陷山前的迪那区块，由于气藏上部地层复杂，厚度变化大，构造倾角大，探井和评价井钻井表明常规偏移处理资料解释，构造误差大。为此，首次开展了 $676km^2$ 山地三维地震叠前深度偏移处理解释，重点进行了以下4个方面的技术攻关：（1）选取并建立合理偏移基准量；（2）建立合理的时间域模型；（3）求取相对准确的初始速度模型；（4）处理解释一体化，修正深度及速度模型。

---

❶　原载《天然气工业》，2008，28（10）。

通过处理解释攻关，深入认识了迪那凝析气田主要目的层的构造特征，发现迪那2气藏构造形态发生了很大变化，构造轴部整体西移，西高点向南西方向偏移2.7km，东高点偏移较少，同时构造面积增大。利用3口新钻开发井的电测和录井资料对比发现，新构造图底砾岩深度与实测基本一致（表1）。在构造精细描述的基础上，重新落实了迪那凝析气田探明天然气地质储量，完成了开发井位部署的优化。

表1 迪那凝析气田新钻开发井实钻深度与设计深度对比表

| 井号 | 层位 | 设计深度（m） | 实钻深度（m） | 误差（m） | 构造深度（m） |
|------|------|--------------|--------------|-----------|---------------|
| A | 古近系顶 | 3175.0 | 3087.1 | 27.1 | 3060 |
| B | 古近系顶 | 3203.0 | 3102.9 | 7.9 | 3095 |
| C | 古近系顶 | 3111.0 | 3123.7 | 23.7 | 3100 |

在塔里木盆地碳酸盐岩区块，针对储层的高度非均质以及对油气和产能的控制作用，加强了以储层预测和评价为核心的地震采集、处理、解释攻关，也取得了重要进展，基本建立了高产稳产的布井模式。

## 1.2 加强对低渗透、裂缝性、非均质性储层的精细描述和评价

除克拉2等已投入开发的主力气田外，塔里木盆地正在进行开发建设和开展前期评价气田的储层基本为低渗透、裂缝性、非均质性砂岩储层或碳酸盐岩储层，如迪那凝析气田、塔中Ⅰ号气田等。这类储层表现为基质孔隙度、渗透率低，但是试井解释却反映出有效渗透率较高的裂缝型储层特征。

在迪那凝析气田，综合应用岩心观察、岩石力学分析、构造应力分析、测井解释、地震预测、试井解释等方法，开展储层精细描述，建立了三维地质模型。主要开展了以下6个方面的基础工作：

（1）岩心裂缝参数描述，主要对包括裂缝方位、产状、力学性质、充填性、含油气性、密度、开度、孔隙度、渗透率等参数描述，研究影响裂缝发育的因素；（2）微观裂缝参数描述，主要对包括微观裂缝密度、开度、孔隙度、渗透率等参数描述；（3）岩石力学性质测试，针对不同储层类型进行取样，完成10组岩石力学性质实验对比分析；（4）测井裂缝解释，主要包括应用常规测井、成像测井等新技术研究裂缝段划分与裂缝开度、裂缝孔隙度、裂缝渗透率等参数，研究现今地应力的大小和方向；（5）裂缝的数值模拟，主要包括应力场分析、地质模型、力学模型与数学模型建立、边界条件与岩石破裂准则建立、应力场与裂缝的数值模拟，裂缝随地层压力变化模拟；（6）现今地应力对裂缝的改造作用。在上述研究的基础上，评价了迪那凝析气藏裂缝发育规律，预测有利裂缝发育区带、综合分析裂缝对开发效果的影响，综合利用地震属性、地震相干体、测井、地震应力模拟等地质研究成果，识别和预测裂缝分布规律，包括裂缝分布规律的定性和定量评价，给出裂缝平面与纵向分布规律、分组裂缝有效性、各向异性及渗流网络；将裂缝分布特征表征到地质模型中，创立了一套合理的地质建模方法，精细描述迪那储层特征，建立三维地质模型。

在塔中Ⅰ号气田，在地质认识的基础上，建立了合理的试井解释模型，准确解释了探测半径以及有效渗透率等储层参数，进一步深化了储层评价；利用地震、地质、试井、试采等资料对储量进行分区分类评价，将开发试验区已上交储量划分为Ⅰ类、Ⅱ类、Ⅲ类储量。优先在Ⅰ类、Ⅱ类优质储量区块进行开发试验区部署。

### 1.3　加强实施再认识研究，及时优化开发方案，保证了产能到位率

在开发方案实施过程中，采用了整体部署，分批实施，优化调整的思路，优先实施在储层及构造可靠性高部位的开发井，以及对储层、构造及气藏特征具有进一步评价认识意义的开发井，根据第一批开发井取得的地质再认识，及时优化开发井位部署。实施结果表明，主力气藏构造和储量变化都不大。

对每口新井均进行放喷求产，同时对关键井开展产能测试，取全取准了产能及流体资料，不断加深对气藏的认识，及时优化实施方案，达到了方案设计指标（表2）。

**表2　塔里木盆地某气田单井方案配产指标与实际求产结果对比表**

| 井号 | 方案设计配产 | | | | | | 实际求产结果 | | | 备注 |
|---|---|---|---|---|---|---|---|---|---|---|
| | 日产气（$10^4$m³） | 日产油（t） | 油压（MPa） | 年产气（$10^8$m³） | 年产油（$10^4$t） | 油嘴（mm） | 日产气（$10^4$m³） | 日产油（t） | 油压（MPa） | |
| A | 20.0 | 49.6 | 34.8 | 0.73 | 1.81 | 8 | 33.06 | 57.52 | 35.20 | |
| B | 20.0 | 49.6 | 34.4 | 0.73 | 1.81 | 8 | 27.53 | 61.52 | 34.80 | |
| C | 20.0 | 49.6 | 34.8 | 0.73 | 1.81 | 7 | 21.79 | 49.23 | 34.07 | 古近系与白垩系合采 |
| D | 15.3 | 18.3 | 43.2 | | | 8 | 32.72 | 44.91 | 40.60 | |
| E | 33.6 | 40.4 | 38.3 | 1.23 | 1.48 | 8 | 36.65 | 43.11 | 41.43 | |
| F | 13.4 | 16.1 | 43.9 | 0.49 | 0.59 | 8 | 36.77 | 48.80 | 38.93 | |
| G | 15.3 | 18.3 | 43.2 | 0.56 | 0.67 | 8 | 34.72 | 30.78 | 38.73 | |

### 1.4　建设开发实验区，开展酸性气田开发攻关，为整体开发方案提供依据

塔中Ⅰ号气田主要产层为碳酸盐岩储层，储层非均质性强，流体分布复杂，既有凝析气，也有黑油，油气藏类型复杂多样，天然气中普遍含 $H_2S$，含量变化大（11～32700mg/m³）。

塔中Ⅰ号气田开发难度很大。2007年6月塔中Ⅰ号气田开发试验被中国石油天然气股份有限公司确立为碳酸盐岩酸性气田开发重大攻关研究项目。塔里木油田公司立即成立了攻关领导小组，下设立了气藏工程、钻井采气工程、地面集输工程三个专业组；特邀数十名国内知名专家和4家科研院校召开了攻关开题论证会，就技术思路、技术难点、预期目标等进行了充分研讨，最终确定储层描述、钻井、水平井完井及储层改造、开发防腐、高酸性气田地面工艺等7个课题35个研究专题。

首先开展了储层预测和钻井（大水平井、大位移水平井、分支井和欠平衡钻井）、完井、水平井的增产等技术攻关研究。目前已成功进行了第一口水平井现场试验，日产油超

过 $40m^3$，日产气（$2\sim4$）×$10^4m^3$。整个项目计划用 $2\sim3$ 年完成。通过一系列技术攻关，预计最终形成一整套酸性气田开发、操作、安全环保的技术规范、标准体系和配套技术，从而实现高酸性气田的有效、安全开发，为整体开发塔中 I 号气田提供依据。

## 2 加强工程技术引进推广和集成创新，工程技术手段进一步完善和配套

### 2.1 超深复杂地层钻井技术取得重要进展

（1）推广使用 PowerV 垂直钻井系统。

该系统解决了山前高陡构造地层"防斜打快"问题，井身质量显著提高，钻井周期大幅降低。山前高陡构造垂直钻井一直是一个困扰钻井工作的世界性难题。塔里木石油会战以来，针对山前高陡构造地层倾角大（$15°\sim70°$），极易井斜的钻井难题，开展了持续不断的攻关，先后使用了钟摆钻具、塔式钻具、偏轴接头防斜打快技术、定向反扣技术、动力钻具 +PDC 钻头等多项防斜打快技术。但从总体上讲，这些技术都属于轻压吊打的被动防斜技术，钻压没有得到完全的解放，没有从真正意义上解决防斜打快的问题，井斜仍得不到有效控制；同时机械钻速低，钻井周期长，钻井成本难以控制，不能达到高效开发高压气田的目的。以 POWERV、VTK 等为代表的主动防斜的垂直钻井技术的出现使这一难题得到了较好的解决。

2004 年随着西气东输主力气田——克拉 2 气田的开发，塔里木率先引进斯伦贝谢垂直钻井技术，并在该气田全部开发井中应用，取得成功。2006 年以来，该项技术又被引入迪那凝析气田开发井钻井中，效果显著。

在克拉 2 气田，使用斯伦贝谢 POWERV 垂直钻井系统的开发井进尺 26477m，平均钻速 6.08m/h。与井身结构基本相同的井相比，通过使用垂直钻井技术，在相同井段钻速可提高 $5\sim8$ 倍；同时通过对垂直钻井技术措施与管理的不断完善，垂直钻井技术的效能也大大提高。使用 POVERV 的井段，井斜全部控制在 1.75° 以下，大多数井控制在 1° 以下。与井身结构基本相同的另一口井相比，16in（1in=25.4mm，下同）井眼钻井周期提前 43.67 天；平均每井费用 34 万美元，每米费用 180 美元。按照 10 万元 / 天钻井费计，平均每口井节约钻井技术综合服务费用 170 万元人民币，同时大大减少因井身质量不好和裸眼段长所带来的工程风险和复杂事故出现频率。

迪那凝析气田的开发井 16in~17$\frac{1}{2}$in 全井段使用垂直钻井技术 8 井次，总进尺 29457.66m，平均钻井周期 33.8 天，垂直钻井平均机械钻速 9.84m，平均日进尺 96.82m。而未使用垂直钻井技术的共 5 井次，总进尺 17217.67m，平均钻井周期 80.51 天，平均机械钻速 3.11m/h，平均日进尺 42.77m。垂直钻井技术使平均机械钻速提高 217%，平均日进尺提高 126%。

从克拉 2 和迪那凝析气田开发井使用情况看，垂直钻井技术能显著提高井身质量。由于解放了钻压，在山前高陡构造使用中，上部大尺寸井眼钻速大幅提高，综合经济效益显著。

（2）推广使用"轻钻井液"体系，钻井速度大幅提高。

降低 ECD 的轻钻井液钻井提速技术在羊塔克地区开发井试验获得成功后，2007 年在

该地区另一口井中进行了技术完善性试验，取得了良好的提速效果。在该井的 0～4009m 井段采用"轻钻井液"技术钻进，全段钻井液密度为 1.06～1.15g/cm³，比本地区邻井钻井液密度降低了 0.20g/cm³ 以上，与第一口井相比降低 0.03g/cm³，整个试验井段井壁基本稳定，无垮塌掉块现象，井斜为 0.1°～1.6°；钻井速度大幅提高，平均钻井速度达到 9.93m/h，机械钻速提高了 2.17m/h，增幅 28%。全试验井段比设计钻井周期节约了 43 天。在 $12\frac{1}{4}$in 井段（1802～4009m），平均机械钻速达到了 10.92m/h，创造了羊塔克区块本井段机械钻速最高纪录；最高单日进尺达 246m，创造了羊塔克和英买力地区同井段最高日进尺纪录。

（3）控压钻井技术在气井中推广应用取得明显效果。

2007 年在全盆地 15 口井中先后采用了控压钻井技术。在控压钻井作业中，试验和推广了井下液面监测系统，先后在塔中等区块的钻井中全面使用了井下液面监测技术，及时、准确监测到井下液面变化（溢流报警准确率达到 100%），确保了控压钻井起下钻、测井期间的井控安全。另外，由于发现井下液面变化及时，处理措施合理，大大减少了井漏失状态下各种作业的钻井液消耗量。

采用控压钻井技术，在提高钻井效率和油气发现方面均取得了良好的效果。在塔中地区奥陶系碳酸地层裂缝溶洞发育，采用常规钻井技术，井下情况异常复杂，一些井没有钻达设计井深。而在使用了控压钻井技术后，顺利钻至设计井深，并且钻井期间均有良好油气显示，完井试油均获得高产油气流。

（4）盐下水平井钻井获得成功。

英买力气田目的层是古近系底砂岩，目的层上部盐膏层发育，地层易蠕变，钻井难度很大。盐下水平井的主要难题集中在 $\phi$311mm 井眼的造斜钻井和完井中。针对上述难题采取了以下措施：

① 优化水平井设计。根据工具造斜能力，改常规三段增斜方式为二段增斜方式，把 $\phi$311mm 井眼造斜率控制在 20°/100m。避免大井眼造斜段出现大的全角变化率。

② 优化钻井液性能。增强钻井液抑制性、润滑性、防塌性，尤其是改善钻井液的润滑性，为定向钻井和中完作业创造条件。

③ 制订周密的通井技术措施。针对井下情况，采用四套通井组合，循序渐进，逐步提高通井钻具刚性，最终达到甚至超过 $\phi$273mm 套管刚性，确保复合套管下到中完井深。

通过以上措施，在塔里木油田第一次成功完成了盐下水平井。其中 $\phi$311mm 井眼从 4412.00m 开始定向造斜，用 41 天时间安全钻达设计中完井深 4719m，井斜达到 60°，轨迹平滑。在塔里木油田第一次成功将 $\phi$244mm+273mm 高刚性复合套管下入 $\phi$311mm 复合盐层斜井眼中，达到了设计目的，攻克了盐下水平井钻井的最大难题，完井周期 185 天，成功投产并获得方案预期的油气产量。该井的成功是水平井钻井技术的又一重大突破，验证了盐下水平井技术方案的可靠性。随后优化部署的 2 口水平井全部获得成功，进一步提高了气田开发效益。

## 2.2 加强高压气井完井工艺技术研究与攻关，引入高压气井完井风险评估理念，确保气田完井方案顺利实施

高压气井完井工作是一项系统工程，必须依据气田、气藏的特点，采取相应的技术确保气井长期安全、平稳、高效生产。近几年在气田完井过程中大力推广使用成熟技术，并

研究或引进适用技术，取得了良好效果。

（1）推广使用负压射孔一次完井工艺技术，取得良好效果。2006 年在气田完井中推广应用一次性完井工艺，累计应用 14 井次，成功率 100%，不仅充分保护了气藏免受完井过程中的二次伤害，降低了完井费用，还确保了完井安全。

（2）首次在陆上气田采用 7in 油管柱生产。克拉 2 气田单井配产（300～500）×$10^4m^3$/d，通过摩阻、携液及冲蚀分析，生产管柱选择了 7in 油管。充分吸收国外高压气井完井经验，管柱结构除采用了国外高压气井常采用 PBR 完井密封方式之外，在其上部还专门设计了一个大尺寸永久式封隔器和井下安全阀，实现了高产条件下安全生产。

（3）首次进行了管柱安全状况论证。由于克拉 2 气田 7in 油管柱在封隔器坐封过程中，管柱缩短量较大，而正常生产过程中管柱伸长量较大，加之管柱两端受限制，为此进行了封隔器坐封前后及正常生产时的受力分析。研究结果表明，在配产条件下，油管柱及封隔器是安全的。

（4）首次引进了模块枪射孔工艺。正常射孔是在下完井管柱之前或随完井生产管柱一次完成，而克拉 2 气井引进了模块枪射孔工艺。该工艺不仅可以实现射孔后丢枪，同时可以实现带压起枪作业。近两年共实施了 7 口井，全部一次成功。

（5）采用了单井安全控制系统，确保了异常情况及时关井。高压气井安全控制系统由井下安全阀、地面安全阀及控制系统组成。可以实现高、低压关井、火灾关井、现场紧急关井、远程无线紧急关井等功能，可现场或远程调节节流阀。克拉 2 气田"6·3"事件发生时，仅在几分钟之内便完成了对所有井的远程关井。

（6）高压气井动态监测技术逐步配套，保障气田合理开发。克拉 2 气田由于地层压力高、产量大。采用常规的监测技术难度高、风险大。出于工艺及安全的考虑，采用高精度压力计在井口进行压力监测，两口观察井采用井下毛细管进行压力监测。实测结果表明，井口压力恢复出现了下降的异常现象。针对以上情况，应用第一热动力学定律优选出异常高压特高产气井静压计算方法，推导了考虑动能项的流压的计算模型，并通过压力恢复机理研究，得出温度是影响井口压力异常的主要因素。在此基础上建立了单井从井口到井底的温度变化剖面图，对井口压力异常进行校正，基本解决了克拉 2 气田的地层压力监测难题，为动态分析、产能评价等研究奠定了基础，从而保障了气田的合理开发。

## 2.3 初步探索出了"安全、高效、节能、环保、科学、适用"开发塔里木高压、高产、气质复杂、环境恶劣气田的地面建设工艺及配套技术

塔里木盆地的气田具有高压、高产、气质复杂、环境恶劣的特点，给天然气的地面建设提出了更高的要求。近年来在吸收国内外天然气开发建设经验的基础上，初步形成了"安全、高效、节能、环保、科学、适用"的地面建设工艺及配套技术：

（1）针对不同的气质采用不同的处理工艺。克拉 2 第一处理厂采用注醇防冻、J—T 节流制冷低温分离脱水脱烃工艺；第二处理厂则采用了三甘醇脱水工艺；英买力气田群采用了分子筛脱水、透平膨胀机节流制冷低温分离脱烃、产品气增压外输工艺；吉拉克气田石炭系天然气较贫，采用注醇节流制冷低温分离脱水脱烃工艺，三叠系天然气较富则采用分子筛脱水、透平膨胀机节流制冷低温分离脱烃、产品气增压外输工艺；桑南气田含 $H_2S$、

压力低则采用了 MDEA 溶液脱硫、丙烷制冷低温分离脱水脱烃工艺。

（2）探索出了大型高压、高温及变工况运行设备设计及制造加工经验。主要是学习借鉴国内外同类大型、特殊设备的设计参数、制造及管理经验；组织国内知名专家与设计单位一起进行设备选型，制订科学的规范及制造要求，从源头把好质量关；成立驻厂监造小组，确保过程质量控制；聘请知名专家在施工过程、投产前对设备进行安全评估，确保投产安全。

（3）探索出了适合塔里木气田建设特点的安全保护及自动化控制设计思路。

（4）成立技术小组进驻设计院，全力配合设计院的设计工作，缩短设计时间，努力将设计问题解决在源头。

# 3 强化项目管理和过程控制，确保产能建设按计划推进

在产能建设管理和运行方面，注重实效，探索和创新项目管理模式，强化重点项目组织管理。成立以塔里木油田公司领导挂帅的领导小组，分工负责，靠前指挥，加强协调；为保证重点产能建设，成立了产能建设项目部；配备了精干的、不同专业的项目组成员，对工程施工全过程进行管理；制订严密科学的投产方案，装置投运前进行多次检测、试压、吹扫，确保投产成功。

探索出多种地面建设组织管理方式，确保了建设任务顺利完成。实行"上统下分，两头延伸，加强衔接"的一体化管理和经营化管理架构；按照 PDCA 循环模型突出预测功能，实行动态控制；探索 IPM 项目管理模式，与国外合作高效完成山前复杂钻井；推行地面工程强化目标管理（MBO）和"AB"管理的过程管理。制订了大型设备、主要设备驻厂监造，催交催运，入场检验制度，严格把关，杜绝了缺陷产品带来的安全隐患；加强现场施工管理，实行"小甲方、大监理"管理模式，实行第三方无损检测；单元分工，落实到人，实行联合大检查，加强经验交流，及时发现问题、解决问题；塔中 6 凝析气田建设采用工程设计、采购、施工总承包试点，为塔里木油田公司进行工程总承包的推广提供了参考依据。

# 4 创新管理模式，强化生产组织和运行管理，确保生产运行平稳

塔里木油田公司始终瞄准世界一流气田开发水平，借鉴国内外气田开发先进经验，高起点建立气田生产管理制度和标准，积极探索超高压高产气田和凝析气田生产运行模式，实现安全平稳足量供气。

## 4.1 超前组织，生产运行安全平稳，确保超额完成产量任务

积极推行"精细管理"模式，超前组织，加强生产工作的计划性，及时排出近期重点工作运行大表，通过每周通报工程进度，每月进行总结调整，提高生产计划的科学性和执行力，确保"安全、足量、稳定、优质"供气。加快生产信息传递，不断完善生产情况动态表，及时全面掌握生产动态，提前做好物料、机具、通信等保障工作，做到有序衔接，

促进了重点工作有序开展，确保超额完成产量任务。

## 4.2  优质高效完成年度检修，保证装置平稳运行

针对天然气装置年度检修工期紧、任务重、安全风险大，存在动火作业多、交叉作业和特种作业多等困难，确立以"步步确认，全面受控"为检修原则。装置检修必须做到"四个充分结合、四个充分讨论、四个专人负责、四个必须到位"：（1）检修管理要做到"与杜邦文化相结合、与 TnPM 体系相结合、与西太经验相结合、与塔里木油田公司安全活动月相结合"；（2）检修计划方案做到"作业区上报方案前与站队及岗位充分讨论、技术部门与各作业区充分讨论、参检甲乙方主要管理及技术人员充分讨论、事业部与油建项目部对配套工程项目充分讨论"；（3）检修施工规范做到"盲板加装（拆卸）有专人负责、氮气置换及检测有专人负责、重点设备的吊装外运及维修有专人负责、高空作业及动土动火作业等关键操作有专人负责"；（4）检修队伍准备做到"参检队伍资质及合同签订必须到位、参检人员的思想认识和统一组织必须到位、参检队伍所有人员的检修专项培训必须到位、外协队伍的供料、机具及专用工具等组织必须到位"。通过参检的全体甲乙方员工共同努力，实现了"解决存在问题，提高装置效率，确保装置和设备安全、平稳、高效运行"的装置检修目标，优质高效完成了装置的年度检修。

# 5  突出抓好安全环保和节能减排，实现安全、清洁和节约发展

## 5.1  抓好安全管理，确保本质安全

（1）全面建设杜邦安全体系。

为建立符合塔里木油田实际，并且能够与世界一流水平看齐的企业安全管理体系，引进了杜邦安全管理理念，全面开展企业安全文化建设，从油田安全管理的领导、组织、操作执行和工艺安全管理四个方面共 22 个基本要素着手，对照世界最先进的安全管理实践和标准，全面提升油田安全管理体系。

（2）严格落实安全生产责任制。

按照"一岗一责、一职一责"的要求，对各级安全生产责任制进行了梳理。配合属地管理的实施，细化职责内容，建立适应岗位职责要求的员工技能培训矩阵，制订员工安全环保业绩考核指标体系。逐级签订 HSE 业绩合同，加大 HSE 考核奖惩力度，逐级实行安全环保风险抵押金制度和安全生产联系制度，层层分解 HSE 管理指标，落实责任、传递压力。

（3）强化 HSE 管理的全过程控制。

强化全过程控制，以实用性和可操作为重点，努力夯实安全生产的根基。根据各项操作的难易程度和操作重要性及误操作可能产生的后果，将操作划分为一般操作与关键操作、核心操作，分别执行一般操作卡与操作确认卡和核心操作卡，从制度上杜绝"自选动作"。目前已 4 次修订操作卡，共编制各类操作卡 96 项，收到很好的成效，并在中国石油天然气股份有限公司推广。

（4）强化应急预案的修订、培训与演练，逐步提高员工应急能力。

强化应急预案演练，演练强调突发性，采取《应急预案》卡片化等方式增强演练效果，把提高员工的应急反应能力作为演练的着力点。结合演练中暴露出的问题，修订和完善预案，形成了《应急预案》演练、讲评、修订的闭环管理。

## 5.2 突出抓好环保、节能减排，成效显著

塔里木油田公司结合油田建设和技改实际情况，积极安排资金加大环保投入，抓好资源回收利用和实施污染治理与排放达标工程。

（1）加大污水回灌力度，减少污染物排放。

2007年油田各部门通力配合，协调落实污水回注层位、修井改层、回注设备选型、地面工艺流程安装调试等各个环节的工作，成功在克拉2气田实施污水回注工作，截至9月初共完成污水回注16912m³，彻底解决了山前敏感区环境污染隐患。克拉2气田污水回注成功后，其他已开发气田利用躺井实施了污水回注工程，将生产污水全部注入地下，扎实推进高压气田产出水的减排工作，取得了良好效果。

（2）大力开展放空天然气回收工程，效果显著。

2004年塔里木油田公司组织开展了放空天然气的规划设计工作，根据天然气回收利用的难度，将放空天然气分为3类，以确定合理的回收方式。2007年继续加强天然气回收工作，成效显著。目前已完成第一类气（站场、管道具有良好的依托条件，在技术和经济上可行）的全部回收。第二类气（偏远站场或天然气回收可依托的条件差，但具有回收价值，在经济上可行的）的回收项目正在建设中，年底可投产。第三类气（偏远站场或天然气回收可依托的条件差，不具有回收价值，或具有回收价值，但因勘探开发总体形式决定，暂时不考虑回收措施）已完成了初步设计工作。

随着环保日益受到关注和国家能源结构的改变，国家对天然气资源的需求日趋强烈，需求量大。塔里木气区肩负着保障北京、上海为中心的华北、华东等12个省市80多个城市的供气任务。西气东输作为绿色奥运的重要举措之一，天然气正在帮助北京市改善环境质量，其巨大的经济效益、环保效益和民生效益已充分显现。

近几年，塔里木盆地天然气勘探开发形势发展良好，天然气储量、产量快速上升，一定能担负起主力供气区的作用。下一步要强化科技攻关，完善气田开发配套技术；强化生产运行管理和安全隐患治理，实现安全平稳供气；加强人才培养和队伍建设，建立一支适应塔里木油田天然气业务快速发展的管理、技术、操作人才队伍，真正做到发现大气田、建设好大气田、开发好大气田。

# 沙漠中的长城

## ——记 95 全国十大科技成就项目"塔里木沙漠公路工程" ❶

杨长祜

　　"塔里木沙漠公路工程"项目被评为 95 全国十大科技成就之一。

　　塔里木沙漠公路修建在荒凉的地方,修建在号称"死亡之海"的塔克拉玛干沙漠中。若干世纪以来,这个沙漠一年 365 天,每天 24 小时是什么样?无人知晓。即便人们想了解,也难以战胜自然,像彭加木同志那样献身沙海。

　　有了这条路,揭开了沙漠沿途神秘的面纱。

　　在那里,可以看到石油工作者在茫茫沙海里打井、勘探开发石油。那种感觉是兴奋、是激动、是赞许、是苦中含乐。其味无穷……

　　沙漠公路,是科技开拓之路,是石油工业希望之路,是南疆人民幸福之路,是人类与荒漠化做斗争的成功之路。

　　塔里木盆地位于南疆,北临天山,南依昆仑山和阿尔金山,面积 56 万平方公里。塔克拉玛干沙漠位于其中部,面积 33.7 万平方公里,这里石油和天然气资源量非常丰富,分别占全国石油和天然气总资源量的 1/7 和 1/4,是中国石油工业希望所在。

　　1989 年冬,沙漠腹地的塔中 1 井喷出高产油气,继之发现可建年产油 200 多万吨的塔中四号油田,预示沙漠腹地是寻找大油气田的主战场。但是进入沙漠要用特殊的进口沙漠车,且绕道沙漠南缘行程达 2000 公里,道路不便成为制约油气勘探开发的瓶颈。为了加速沙漠腹地油气勘探和开发,中国石油天然气总公司经过反复论证,将《塔里木沙漠石油公路工程技术研究》报国家计委,列入"八五"国家重点科技攻关项目。

　　说起塔克拉玛干沙漠,数百年来令人望而生畏。古丝绸之路的雄风早已荡然无存,探险家称它为"死亡之海",维吾尔族语意为"进去出不来",是当今地球上无人区之一。它是世界上第二大流动沙漠,浩瀚沙海,层层叠叠,是地球上极端干旱的地区,有"九大世界之最"的自然条件特点,即为内陆距海洋最远;气候最干燥,年降雨量 20～30mm,蒸发量 3600mm;植被最少;沙丘类型最复杂,有金字塔型、高大沙垄、复合沙丘链、新月状沙丘、沙丘洼地等;沙丘流动性最强;沙粒最细,粒径 0.08～0.1mm;沙层最厚,高大沙丘厚达 300～400m;流动性沙漠面积占总面积比例最大;公路通过流动沙漠路段最长。这项科技攻关经受诸多世界级难题的考验,诸如公路走向如何选择?路面结构建筑材料如何优选?公路施工工艺和用什么样特殊装备?公路即使修通如何防止不被沙埋?公路经过游荡性内陆河流塔里木河桥渡如何设计等。

　　为解决上述难题,确定攻关总目标为:在沙漠公路选线,防沙治沙,路基稳定和路面结构、公路施工和养护,公路沿线工程地质和水文地质,塔里木河桥水文分析和导流高

❶ 原载《科技成果纵横》,1996,25(4)。

施、环境评价 7 个方面，开拓出一套适合我国国情和塔克拉玛干大沙漠特点先进适用的配套技术，确保建成 50 公里等级公路。

按以上述目标，塔里木石油勘探开发指挥部组织中国石油天然气总公司系统内、中科院、铁科院、新疆维吾尔族自治区内 14 个单位科技人员和筑路工人，进行 4 年科技攻关，经过预研决策，先导试验、工业性试验、工业性应用、工业化推广 5 个阶段，采用 10 项新技术，开展 10 项大型试验、进行 10 项现场观察和观测试验，建立 10 个大型示范点中试线和试验基地，取得 5 个方面攻关和应用的成果。

第一，形成沙漠公路工程 10 项配套技术。即：（1）沙漠公路选线技术；（2）沙漠公路防沙治沙技术；（3）路面结构优化和路基稳定技术；（4）塔克拉玛干风沙运动规律研究技术；（5）风积沙工程特性试验和应用技术；（6）沙漠公路快速施工技术；（7）游荡性内陆塔里木河桥渡设计和防护导流技术；（8）沙漠公路清沙和路面应急修补技术；（9）公路沿线水文地质和工程地质调查分析技术；（10）沙漠公路环境综合评价技术。

第二，通过攻关对沙漠环境和公路工程技术研究获得 15 个新理论和新认识。主要有：沙漠腹地诸多风沙地貌类型及其发育过程新认识；风沙流风积风蚀瞬时行为理论；风沙流湍流特征及沙波纹形成理论；控制沙脊移动固沙理论；公路沙基振动干压实理论；土工布加固公路基层理论；土工格栅加固公路基层设计理论；道路 ALF 加速加载试验计算新方法；沙漠沙胡杨林土物理、化学力学特性新认识；沙漠淡水透镜体形成与分布理论；塔里木河游荡性粉细砂河床演变、输沙规律及桥渡设计理论，沙漠公路是一项优化沙漠境的工程环评新认识等。

第三，通过攻关开发应用 10 种新材料和一项新设备，制订 3 项流动性沙漠公路设计施工标准，编绘了前所未有的 8 种新图件。

开发 10 种新材料有：MRD 路面防变材，改性聚丙烯土工编织布，聚乙稀土工格栅，NS 系列固沙材，RH 型路面应急修补材，压沙脊复膜沙袋，尼龙网阻沙栅栏，改性芦苇固沙材，LP 系列化学固沙剂，沙拐枣、棱棱、刺沙蓬、盐生草等改性耐旱固沙草本植物等。研制成功了沙漠公路清沙车。制订了流动性沙漠公路选线、施工和质量控制、工程定额 3 项标准。这 3 项标准目前不仅国内没有，在世界上也未查到。

编绘 8 种前所未有的图件：沙漠公路沿线景观图，风沙地貌图，工程地质图，水文地质图，综合剖面图，动植物分布图，环境评价图，塔里木河中游流域景观图。

第四，通过攻关培养一支沙漠公路工程科研、设计、施工队伍。攻关过程中编写各类技术报告 246 篇，其中在乌鲁木齐召开的塔克拉玛干国际沙漠科学大会，在东京、墨西哥召开的国际性沙漠会议发表 32 篇，攻关成果编写成一部专著，许多国际上研究沙漠的专家，参观沙漠公路后，给予高度评价，在国际上引起了强烈的反响。

第五，攻关成果应用于生产有 3 个方面成就：

一是建成北起轮台县境内轮南油田轮 2 井南到民丰县洽汗，南北贯通塔克拉玛干沙漠公路，全长 522km。其中从肖塘至洽汗沙漠路段长约 446 公路，称之为"沙漠长城"。全线移动沙基 $935.43 \times 10^4 m^3$，用砾石量为 $116.73 \times 10^4 m^3$；沥青路长为 446km，沥青量为 25358t，铺防沙草方格面积为 $5730.6 \times 10^4 m^2$；设置防沙栅栏长 952.4km；移动沙方和砾石积成高宽各为 1m 堤长达 10520km，相当万里长城两倍的长度。

二是运用攻关成果，在塔中四油田建成油田干线和井场路 49km，为该油田投入开发实现道路先行。

三是利用攻关成果设计并架设的塔里木河大桥，全长 625m，成为沙漠中一大景观。科研成果直接转化为生产力。

以上成果，国家科委的验收结论为："塔里木沙漠石油公路技术研究课题，解决了在世界上流动沙漠中修建一条长距离上等级公路的难题，并形成了一整套具有我国特色的沙漠公路修建配套技术，在多个领域里填补国内外空白。从整体上讲，该项研究达到国际领先水平"。

国外沙漠研究知名学者高度赞誉该项成果，联合国环境规划处高级顾问、美国国际干旱研究中心主任屈林克教授说：中国能在塔克拉玛干沙漠修建长达 200 多公里的公路是件了不起的工程，无论在施工规模和研究深度上都是第一流的。长期在撒哈拉沙漠筑路的法国专家博鲁瓦察看沙漠公路后高度评价说："你们这条路就是新的长城"。

以色列荒漠应用研究所所长帕斯特奈克教授了解到中国修筑沙漠公路，看到幻灯片后说："在沙漠中修筑这样一条公路，国际上是没有的。特别值得提出的是，该项工程以科研为基础，科研和生产单位密切地配合，克服各种困难，加快了沙漠公路建设。"

这项成果综合效益尤为显著，在公路建设期和运营一年内，由于采用攻关成果，降低工程费用和缩短进入沙漠腹地运输里程，创直接经济效益 1.98 亿元。这条公路北段修到塔中四油田，1994 年通车后，加速了沙漠腹地油气勘探开发——没修这条路我们用沙漠车运输物资，只能保证 2～3 台钻机打井，勘探石油；有了这条路可以动用 12～15 台钻机在沙漠腹地展开勘探，也为国外石油公司参与沙漠中招标勘探油气提供了条件。这条路还保证了塔中四油田早期试采和进行开发建设，仅 1995～1996 两年内通过这条公路运输原油就近百万吨，创产值 12 亿元。这条公路大大缩短了南疆边陲有关地市县与乌鲁木齐的距离，对促进南疆经济发展，加强民族团结，维护社会稳定，巩固国防具有日益显著的社会效益。另外，这条公路从区域上看对塔克拉玛干沙漠具有分隔作用，公路及其防沙带有利于固沙和动物导向，是一项优化环境工程，对当今人类与荒漠化做斗争的国际行动做出了重大贡献，具有举世瞩目的生态效益。

沙漠公路是科技开拓之路，石油工业希望之路，南疆人民幸福之路，人类与荒漠化做斗争的成功之路。

# 塔里木油田标准化设计的组织与实施 ❶

王天祥[1]  朱力挥[1]  院振刚[1]  岳良武[1]  胡益武[2]  李玉春[3]

（1.中国石油塔里木油田分公司；2.中国石油集团工程设计有限责任公司塔里木分公司；
3.大庆油田工程有限公司）

**摘　要：** 为适应塔里木油田公司勘探开发建设新形势，以及塔里木油田规划目标，塔里木油田全面推行了标准化设计，以实现 $3000 \times 10^4 t$ 的产能目标。介绍了标准化设计的组织机构与体系；标准化设计的技术路线；标准化设计成果的 3 种形式；标准化成果的管理和应用；标准化设计对产能建设的推动；市场化运作的实施；信息化的专业归口管理等方面，并对塔里木油田标准化设计工作取得的成果进行了总结。最后，对油田标准化设计提出了几点认识与建议。

**关键词：** 塔里木油田；标准化设计；模块化；定型图；一体化；信息化；市场化

作为中国石油上游业务的一项重点工作，标准化设计工作取得了明显的成效。塔里木油田分公司结合油田实际，务实开展标准化设计各项工作，取得了一系列阶段成果。

目前，塔里木油田分公司正大力推进 $3000 \times 10^4 t$ 产能建设目标，为适应勘探开发建设新形势的要求，满足 $3000 \times 10^4 t$ 产能建设的需要，对标准化设计工作组织实施方案进行了调整完善，使标准化设计工作迈上了一个新台阶。

## 1　组织机构与体系完善

### 1.1　组织机构

机构框架为：领导小组—工作组—专业小组。领导小组组长为油田公司总经理，领导小组负责标准化设计工作的组织、领导工作；工作组组长由油田公司分管领导担任，负责标准化设计的日常管理以及外部协调与沟通联络工作；专业小组下设设计专业小组、计价专业小组、设备专业小组、采购专业小组及实施专业小组 5 个专业小组，各专业小组组长由相关单位分管领导担任，专业小组负责起草本专业小组标准化设计工作业务与管理制度、编制年度实施方案及各专项工作计划。

### 1.2　体系完善

自开展标准化设计工作以来，塔里木油田不断完善标准化体系框架，先后编制、整理了几十条体系文件。目前，正在结合中国石油新的体系文件结构要求和油田机构调整后一些职责的变化，对文件进行重新编码调整。此外，不断建立健全计价文件，在工程实践

---

❶　原载《石油规划设计》，2013，24（1）。

中，结合现场使用经验，对工程设计文件实施动态管理，不断进行优化简化和适应性修改，并组织专家重新审定后发布，不断增强其在油气田建设中的生命力。

# 2 标准化设计的实施

## 2.1 标准化设计的思路及技术路线

### 2.1.1 设计思路

标准化设计遵循"技术先进、标准统一、经济高效、因地制宜"的原则，积极推行标准化工艺、模块化设计、橇装化施工，节约投资，缩短建设周期。按照"统一油气田类型、统一工艺模式、统一站场分类、统一模块划分、统一平面布置、统一设备选型、统一建设标准、统一配套标准、统一施工技术要求、统一技术规格书"的思路，渐进明细地开展塔里木油田标准化设计工作，分析工艺模块的复用性，从个性中找出共性规律。

### 2.1.2 技术路线

首先，根据油气藏类型、开发方式、生产参数、技术水平、生产管理和地面建设条件等因素，合理划分油气田类型，形成标准化的工艺模式；其次，按照已确定的标准化工艺模式，形成有代表性的、统一的工艺流程和平面布局，形成符合塔里木油田的通用技术规定；然后，根据标准化工艺流程和功能，将站场分成若干个生产单元，生产单元内部进行模块分解和定型，把相对独立的功能分区模块化，再根据典型的设计参数将模块系列化，形成模块系列定型图；最终，通过选用不同功能模块系列组合拼装，完成大、中、小型站场定型图。

### 2.1.3 工作方式

在标准化设计思路和技术路线的指引下，采用"以标准化的模块组合差异化的项目"的工作方式。

## 2.2 标准化设计的成果形式

在总结经验教训的基础上，标准化设计成果的体现形式逐步发展为推荐做法、单行技术规定、通用技术规定、标准化定型图和一体化集成装置等 5 种，通过这些形式将技术成熟的设计成果进行固化。其中，通用技术规定、标准化定型图、一体化集成装置为标准化设计成果的 3 种最终表现形式。

### 2.2.1 通用技术规定

通用技术规定是针对项目方案、可研和初步设计阶段中的通用成果和重要关键技术编制的基础文件，是符合塔里木油田勘探开发特点的纲领性技术文件，其内容按照油气田类型、工艺模式和典型流程、油气站场、平面布局、模块划分、仪表与自动化、给排水与消防、供配电、通信、设备材料、防腐保温、信息化管理、建筑结构、视觉形象等方面进行分类。

### 2.2.2 定型图

定型图是将成熟的、复用性及通用性强的设计成果以图纸的形式进行固化。分为两种情况：

（1）中、小型站场主体工艺及配套工程模块划分。根据统一的工艺模式和使用功能，将站场分成若干个生产单元，生产单元内部进行模块分解和定型，把相对独立的功能分区设计成标准化定型模块，形成不同规模的模块。各功能模块根据压力等级、设备规格、功率进行系列划分。配套工程根据中、小型站场建设要求和功能需要进行模块划分。中、小型站场定型图包括说明书（技术、施工要求，适用技术条件等）、设备材料汇总表、主体专业定型图、配套专业定型图、预算。

（2）大型站场及配套工程模块划分。油气处理厂的构成复杂，一步到位实现整体标准化、模块化的难度较大。因此，将其分为主体工艺装置、辅助生产单元两大类型，按单元逐步推行标准化设计，辅助生产单元优先实现标准化设计、模块化安装及部分设备橇装化。

首先，根据主体工艺流程，将主体工艺装置划分为 6 个单元装置，分别为 MDEA（甲基二乙醇胺）脱硫脱碳装置、J—T 阀脱水脱烃装置、丙烷制冷法脱水脱烃装置、CPS（中国石油硫黄回收）装置、乙二醇再生装置、凝析油稳定装置；然后，按照功能将每个单元装置划分为模块，再将每个模块按照特定的设计参数划分为系列。根据功能，将辅助生产单元划分为 12 个核心模块和 7 个辅助单元装置。12 个核心模块分别为中央控制室、分析化验室、变电站、维修车间、库房、门卫、硫黄成型装置、硫黄储存设施、凝析油罐区、空气氮气站、火炬放空系统、燃料气系统，再将每个模块按照特定的设计参数划分为系列。7 个辅助单元装置分别为导热油炉装置、开工蒸汽装置、采暖换热机组装置、给水系统、循环水系统、消防系统和排水系统，先按照功能将每个单元装置划分为模块，再将每个模块按照特定的设计参数划分为系列。大型站场主体工艺装置定型图主要为说明书、设备材料表、工艺管道规格表、流程图、设备布置图、技术规格书、非标设备制造图等。

### 2.2.3 一体化集成装置

塔里木油田在一体化集成装置的研发和推广工作中，将原来开展的主要以"自主研发"和"合作研发"的工作模式，调整为"分级合作研发"和"考察选用"两种模式。

"分级合作研发"按照优化简化集成部分功能，到采用新技术、新工艺进行科学论证，实现深度全面集成开展工作：（1）通过对已有标准化定型图进行优化简化，先行集成 2 至 3 种功能，阶段性逐步试用；（2）通过采用新工艺、新技术将第一阶段产品科学地进行集成组合，达到最终深度集成的目标。

"考察选用"是根据塔里木油田开发特点，优选其他油田成熟的一体化集成装置，并组织油田基建行业专家和设计院专家进行现场考核论证，将重点引进装置进行适应性分析和改造后，在塔里木油田范围内推广应用。

## 2.3 标准化设计对项目的推动

目前，塔里木油田公司正大力推进 $3000 \times 10^4 t$ 产能建设目标，开展标准化设计工作，包括对比分析上产油气田的特性和共性、总结 $3000 \times 10^4 t$ 产能建设所急需的工程模块和系列、完成模块定型图，对推动 $3000 \times 10^4 t$ 产能建设具有至关重要的意义。

### 2.3.1 分析气藏特性，特性中找共性

分析即将建设的 4 个油气田（克深 2 区块地面工程、大北气田地面工程、和田河气田

地面工程、塔中Ⅰ号凝析气田）的气藏特性，从特性中找共性。例如，克深、大北气田属于不含 $H_2S$，含 $Cl^-$、$CO_2$ 气田，与已建的迪那、克拉气田类似，气田气量相差不大，工艺流程相同，可采用相同的模块系列定型图进行组合、拼装；和田河、塔中Ⅰ号凝析气田中古8—中古43区块属于含 $H_2S$ 凝析气田，与已建的塔中Ⅰ号带试验区类似，但是，和田河气田部分井的产量比塔中气田高，可采用相同模块不同系列的定型图成果进行组合、拼装。

### 2.3.2 菜单式管理，系列化储备，组合式应用

为整体高效推动塔里木油田标准化设计工作的有效开展，塔里木油田组织两家设计院按照集输、外输、站场3种类型完成了油气田标准化定型图目录清单，目录中完成了主要模块和系列的划分，已经设计完成的模块系列按照清单进行储备，供将来项目进行组合选用。若项目中涉及未完成的系列，应结合项目的具体情况，优先于项目设计正常进度，在目录清单中补充完善，供项目组合选用。

系列的储备是项目组合化应用的基础，项目的组合应用存在3种方式：（1）系列的直接复用；（2）结合项目的特点，在已有模块的基础上补充完善系列；（3）对尚未设计的模块系列，通过项目验证目录清单合理划分后，在项目的初步设计阶段优先于项目进度完成该部分模块系列定型图的补充，并通过施工图的设计进行完善。

通过标准化设计工作的实施，最终实现了的目标：（1）设计工期同比缩短40%，建设工期同比缩短20%，新井当年贡献率提高5%，地面工程投资同比降低3%；（2）整体实施的单井站等小型站场标准化设计覆盖率达到95%，集气站等中型站场标准化设计覆盖率达到90%；（3）大型厂站推行单元标准化，标准化设计覆盖率达到60%。

## 2.4 模块化建设的落实

结合油田实际情况，2012年，模块化建设采用了工厂预制和现场预制。工厂预制按照区域覆盖的原则，选择在库车和大二线建立预制工厂，实现工厂化预制；现场预制是通过标准化设计保障生产辅助设施的优先建设，在项目正式开工前完成库房、料场、维修间等设施的建设，作为现场预制的场地和厂房。

预制工厂的主要工作内容有小型设备的橇装化预制、工艺管汇的预制、大型设备的分段预制。具体项目下达后，由设备专业小组组织生产运行处、基建工程处、概预算管理部、物资采办事业部、项目承建单位、设计院、预制厂等相关单位，根据设备类型、项目地理区域、进度要求对需预制的设备目录进行合理划分。

其运行模式是预制厂与EPC总承包方签订分包合同，按照标准化设计要求，标准化工艺模块所涉及的材料和设备由建设方定型，设备由采办组织采购，材料由预制厂在合格供应商中自行采购。

## 2.5 市场化运作的实施

### 2.5.1 规模化采购

单井站场的设备及材料利用定型图提前进行批量采购，对于一般的工程项目，在初步设计完成后提交约80%的材料订货清单。借鉴塔中西部试采的经验，在方案批复后同步开展初设和施工图的设计工作，打破单个项目集中采购的原始模式，实现多个项目的集中

规模化采购。

### 2.5.2  厂家筛选与设备定型

在物资采办事业部配合下，组织相关单位按照优选厂家、高效设备筛选、技术规格书模板化、形成厂家设备短名单的技术思路进行。统一设备、管阀、配件标准以及技术参数，实现设备定型化，非标设备尽量统一设备外形、接口方位和接口标准。进一步开展设备材料的优选与定型工作：（1）按照设备选型指导意见，在已有设备推荐意见的基础上，细化设备材料选择指导手册，同时，健全设备材料技术规格书汇编库，从工程技术和供应商管理两个方面规范物资选型和选商工作；（2）深入开展设备定型化工作，在定型图发布的 2 个月内，完成定型图的设备定型，为规模化采购创造条件。

### 2.5.3  标准化计价的审定

计价专业小组在标准化设计技术文件基本完善的前提下，加快工程投资概预算的编制，提高编、审、结工作效率，实现快速、合理和有效控制工程造价；系统制订标准化设计估算、概算、预算指标，形成计价手册，适时发布油田各种计价信息（设备材料）；总结计价体系在运用当中存在的问题，进一步梳理制度流程，研究解决标准化计价体系使用中的重点及难点问题，在理顺工作的基础上全面推广应用。

### 2.5.4  进一步理顺采购流程

在总结规模化采购工作开展中存在问题的基础上，提高设备物资批量化、规模化采购的比例；通过战略联盟等形式，与供应商开展深层次合作，推进设备定型化和国产化；加强设备监理、监造工作，保证产品质量，在调节阀、大口径球阀等引进物资国产化方面有新进展，在非标设备定型化、系列化方面有新突破；开辟标准化规模采购绿色通道，优化程序，提高采购工作实效，进一步探索并理顺了一体化集成装置等特殊设备的采购报批审核程序。

## 2.6  信息化管理专业归口

建成功能完善的塔里木数字油田，建立以计算机技术、互联网技术、多信息融合应用技术、油藏地质数字模型等为基础的数字化油田，是塔里木油田"十二五"信息发展总体目标。

信息管理部是担任信息化、数字化组织的专业管理部门，制订油田数字化、信息化的整体发展方案并组织实施，参与相关项目的技术审查工作，并及时将实施过程中出现的问题通报给基建工程处。基建工程处负责协调新建、改建、扩建项目中单井到各站场中央控制室范围内涉及数字化、信息化建设的相关问题。

# 3  认识与建议

塔里木油田坚持覆盖范围着眼建设全局；工艺技术着眼优化先进；建设标准着眼规范统一；工作效果着眼实际应用，扎实推进标准化设计工作，追求 4 个"有利于"的工作目标：有利于缩短设计周期、提高设计质量；有利于推行规模化采购、降低工程造价；有利于实施工厂化预置、缩短施工周期；有利于方便造价管理、提高投资利用效率。

通过标准化设计工作的开展，技术资源得到了整合，达到了目录的菜单式管理；成果的系列化储备；项目的组合式应用。标准化设计工作在突出速度、稳定质量、节省人力资源等方面取得了明显的成效。今后，应进一步加强和完善标准化设计工作，建议如下：

（1）应主动加强在标准化设计中的技术创新工作，将模块标准化、成套成橇一体化、专利技术产业化等有机结合，保证将成熟的新工艺、新材料及时应用到标准化设计中，以便大规模地推广应用。

（2）结合塔里木油田正在设计的工程项目，建议优先完成工程所需模块系列定型图，同时，在工程项目中全面推进标准化设计，特别应保证在克深2、大北、塔中、和田河、阿克气田等重点工程中的实施。

（3）对标准化定型图应不断评估、扩充、更新和完善，使标准化成果处于一个动态的发展过程，保证成果的实用性和适应性。

（4）建议采取一定的激励措施，对知识产权采取积极地引导和必要的保护。

（5）建议从程序上进一步加强和完善标准化成果应用的强制性管理依据。

## 参 考 文 献

［1］闫红军.全面推行标准化设计模块化建设问题及对策探讨［J］.油气田地面工程，2009，28（10）：79-80.

［2］李庆，孙铁民.一体化集成装置在油气田地面工程优化中的应用及发展方向［J］.石油规划设计，2011，22（5）：12-14.

# 迪那 2 气田地面集输及处理工艺技术 ❶

班兴安　蒋小兰　黄　琼　王旭辉

（中国石油塔里木油田分公司）

**摘　要**：迪那 2 气田是西气东输管道供气的主力气田之一，气田压力高、温度高、单井产量高，处于 $CO_2$ 和 $Cl^-$ 腐蚀加剧的敏感区域内，地理环境恶劣，开发难度大。对迪那 2 气田集输计量工艺及油气处理厂凝析气处理、轻烃回收及凝析油稳定工艺的选择及方案比选进行了分析；对管道材质的选择、腐蚀监测、压力级别的确定进行了论述，并介绍了迪那 2 气田建设采用的新工艺、新技术及新设备。

**关键词**：迪那 2 气田；集输；处理；管材；压力；工艺技术；优化；选择

迪那 2 气田是国内目前开发最大的整装凝析油气田，气田呈东西向延伸，包括迪那 1 气田和迪那 2 气田。迪那 2 气田地处人烟稀少的戈壁和山体起伏较大的山区，地理环境恶劣，气田单井配产高 $[（16.88 \sim 56.95）\times 10^4 m^3/d]$、井口压力高（$64.74 \sim 81.39MPa$）、井口温度高（$45.13 \sim 102.3℃$），气田水矿化度高、$Cl^-$ 含量高（$4000 \sim 59000mg/L$）、气质条件较复杂、气油比高（$8100 \sim 12948m^3/m^3$），$C_3^+$ 含量高（$3.12\%$）、$CO_2$ 分压为 $0.043MPa$，气田集输系统处于 $CO_2$ 和 $Cl^-$ 腐蚀加剧的敏感区域内。

本着"安全、环保、节能、科学、高效、适用"的原则，地面建设与地下开发方案紧密结合，选择地面集输及处理工艺。在建设规模、设备能力和总体布局方面，充分考虑了工艺的灵活性，以适应气田开发后期产量和参数变化需要，力争气田开发达到最优化。

## 1　集输计量工艺

### 1.1　集输工艺

迪那 2 气田是异常高压高温气田，为确保给天然气处理提供足够的压力能，气田采用长距离高压混输工艺。

#### 1.1.1　气液输送工艺的确定

目前，国内外凝析气田集输主要有两种方式，即气液混输和分输。本工程采用两相流软件分别对气液分输和混输进行了稳态及动态模拟计算。结果表明，分输方案气相管道与混输方案管道管径相同，但分输方案还需要增加液相输送设施和气液分离设备，且投资高、运行管理难度大，而输送压力最大只能节省 $0.32MPa$。鉴于迪那 2 气田异常高压，井口能量充足，因此决定采用气液混输工艺方案。

---

❶　原载《石油规划设计》，2009，20（6）。

### 1.1.2 集输流程

常用的集输流程有单井集气和多井集气两种方式。

迪那 1 气田面积较小，各气井呈放射状布置，分布相对比较集中，适宜采用多井集气方案。因此，在迪那 1 气田建设一座集气站，将单井来气汇合后输送至油气处理厂。

迪那 2 气田井场分布呈长条形，井数多达 30 口，且分布较分散，采用单井集气和多井集气均可，因此进行了方案对比。迪那 2 气田东西轴线长达 20 多千米，集气干线内输量由西至东增大，无论单井集气或是多井集气，其集气干线由西至东均需要采用变径方案。单井集气方案：天然气在各气井井口节流，未分离湿气就近进入迪那 2 集气干线，考虑到干线需要清管，主干线从西至东变径一次；多井集气方案：迪那 2 气田设置 3 座集气站，单井油气就近进入集气站，每座集气站之间的集气干线由小到大进行变径。通过经济对比，多井集气方案比单井集气方案增加投资 47895 万元，因此决定采用单井集气方案。

## 1.2 计量工艺

采用多井集气流程的迪那 1 气田，是在集气站内进行轮换计量。采用单井集气工艺的迪那 2 气田，既可采用单井连续分离计量，也可采用非连续分离计量。

采用单井连续分离计量，需在单井设置计量分离器或采用孔板计量方式。在单井采用分离连续计量，所需设备多，投资高，管理难度大。如采用孔板计量，虽然投资少，但由于迪那 2 气田凝析油含量较高，要用移动撬装测试设备定期测试，需在单井站场拆装。同时，迪那 2 气田处于地形起伏较大的山区，冬季路面容易积雪，移动计量车存在安全隐患。另外，高压连接头国内无法生产，国外生产厂家少、订货周期长、价格也较高。单井非连续分离计量可采用计量管道 + 清管站内轮换计量方式。此方法较单井孔板计量多了一条专门的计量管道，投资需增加约 200 万元，但运行安全、可靠性高、操作管理方便。因此，迪那 2 气田计量方式采用计量管道 + 清管站内轮换计量。

## 1.3 集输管道材质选择及腐蚀监测

迪那 2 气田含有 $CO_2$ 和 $Cl^-$ 等腐蚀气体和离子，同时还有液态水存在。在高温高压环境中，地面管道及设备易产生 $CO_2$ 腐蚀；在高 $Cl^-$ 含量影响下，容易出现点蚀和氯化物应力腐蚀；又由于其地形起伏大，管道内气流速度高，这将加剧管道内壁腐蚀，造成管壁减薄、穿孔。为确保集输管道运行安全，必须采取适当的防腐措施，加强管网腐蚀监测力度。

### 1.3.1 集输管道材质的选择

根据迪那 2 气田介质的腐蚀情况分析，适合本工程的管材有碳钢 + 缓蚀剂、22Cr 双相不锈钢、316L 不锈钢和双金属复合钢管。采用碳钢 + 缓蚀剂投资最少，但由于气田井多、地形起伏大、缓蚀剂注入设施多，运行费用高。而塔里木油田的特点是点多面广、运行管理人员少，采用此方案，管理难度大。采用 22Cr 双相不锈钢投资最高，316L 不锈钢投资次之，但抗点蚀能力不如碳钢 + 缓蚀剂，双金属复合钢管投资较 316L 不锈钢低，但现场焊接工艺较复杂。本工程从投资、气田集输系统运行安全及防腐难点与重点方面进行综合衡量，最终确定单井集气站场及进油气处理厂前 200m 管道采用 22Cr 双相不锈钢，单井集气支线采用双金属复合钢管，集气干线则采用碳钢 + 缓蚀剂。

### 1.3.2 腐蚀监测

由于迪那 2 气田介质复杂，综合考虑迪那 2 气田集输处理系统管道、设备材质及可能出现的腐蚀状况，在集输及处理系统共设置了 7 个腐蚀监测点。重点放在站外集输系统，采用挂片与电阻探针相结合的方法，实时监测气田腐蚀动态，并同步检测介质的温度、压力及流速，以分析介质压力、流速、温度等工艺参数对腐蚀的影响；掌握气田所选材料的腐蚀速度及管道、设备腐蚀现状，筛选缓蚀剂，并评估缓蚀剂使用效果，确定合理的加药周期。

## 2 确定压力级制

迪那 2 气田从井口至商品气外输的整个工艺系统组成如图 1 所示。

### 2.1 确定分离压力

为满足西气东输管道沿线不出现液态烃，外输天然气烃、水露点必须满足下列条件：

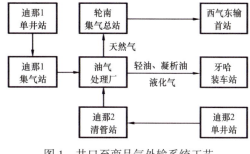

图 1 井口至商品气外输系统工艺

水露点：10MPa　　　　　　　<-5℃

烃露点：4.0MPa　　　　　　　<5℃

　　　　6.0MPa　　　　　　　<0℃

　　　　7.0MPa　　　　　　　<-5℃

迪那 2 气田天然气处理在不同分离压力下产品气的烃、水露点见表 1。

表 1 不同分离压力下产品气的烃、水露点

| 方案 | 分离压力<br>（MPa） | 分离温度<br>（℃） | 4.0MPa 烃露点<br>（℃） | 6.0MPa 烃露点<br>（℃） | 7.0MPa 烃露点<br>（℃） | 10MPa 烃露点<br>（℃） |
|---|---|---|---|---|---|---|
| 方案 1 | 8.85 | -18.8 | 16 | 8 | 4 | -8 |
| | 8.85 | -25 | 16 | 8 | 4 | -14 |
| | 8.85 | -30 | 16 | 8 | 4 | -18 |
| 方案 2 | 8.0 | -25 | 4 | -2 | -9 | -5 |
| | 8.0 | -20 | 7 | -6 | 0 | -5 |
| 方案 3 | 7.1 | -20 | -1 | -8 | -15 | -5 |

表 1 数据表明：分离压力 8.85MPa 时，若不降压而只降低温度，对烃露点几乎无影响；如果分离压力为 8MPa，其分离温度不能高于 -25℃，且烃露点、水露点接近临界值，低温分离效率和操作有波动，外输气质量无法保证。由于轮南气田与西气东输管道的交气压力为 5.8MPa，在 $50 \times 10^8 m^3/a$ 气量的情况下，外输管道选择 $\phi 813mm$，油气处理厂天然气出站压力只需要达到 6.8MPa 即可，因此分离压力定为 7.1MPa，分离温度为 -20℃。

## 2.2 确定集气压力

气田集输压力级制的确定是整个天然气系统压力级制确定的关键，直接影响到总体方案在技术经济上的合理性。气田集输压力级制应结合井口压力、天然气气质条件、天然气处理工艺及外输用户压力要求综合确定。

根据预测，迪那 2 气田前 14 年大部分井口流动压力高于 15MPa，第十六年部分井口压力低于 12MPa，以后压力逐步降低。考虑集输系统的压力损失，同时考虑国内设备的制造能力，确定处理厂进厂压力为 12MPa。

在确定输送两相流的采、集气管道的设计压力时，一方面应考虑管道正常运行时的最高操作压力；另一方面还应考虑集输管道清管时管内液位差对设计压力选择的影响。迪那 1 气田集气支线最高操作压力为 12.7MPa，迪那 1 气田集气干线最高操作压力为 13.1MPa，迪那 2 气田集气干线最高操作压力为 13.26MPa，综合考虑各工况运行情况及清管时管内液位差影响，迪那 2 气田内部集气管网和站场设计压力定为 15MPa。

# 3 凝析气处理工艺

## 3.1 脱烃工艺方案选择

迪那 2 气田压力高，有充足的压力能可以利用，为降低凝析气处理能耗，选择气体节流膨胀致冷工艺。本工程针对分子筛脱水、J—T 节流脱烃工艺（方案一）和 J—T 节流注醇脱水脱烃工艺（方案二）进行了方案比选。由于两方案的选择将直接影响外输管径选择，因此将外输管道作为方案比选内容之一，以确保所选方案最优化。

方案一：先采用分子筛脱水，以满足产品气水露点要求；再经 J—T 阀节流致冷低温分离脱烃，以满足产品气烃露点要求。并进行液化石油气和轻油回收，以增加经济效益。

气田的天然气通过集气干线混输至油气处理厂集气装置，在 11.0MPa（受分子筛塔加工制造限制）、42℃条件下，经入口分离器一级分离后，凝析油直接去凝析油闪蒸罐，天然气进入处理规模为 $400 \times 10^4 \text{m}^3/\text{d}$ 的 4 套分子筛脱水装置进行脱水后，节流至 5.5MPa、-44℃进入轻烃回收装置处理。从轻烃回收装置出来的产品气增压后作为产品气外输。

在外输气量 $50 \times 10^8 \text{m}^3/\text{a}$ 时，不同管径的起点压力、压缩机功率和投资比较见表 2。

**表 2 不同管径投资比较**

| 管径（mm） | 起点压力（MPa） | 末点压力（MPa） | 压缩机计算功率（kW） | 投资（万元） | 运行费用（万元/a） | 总投资（万元） |
|---|---|---|---|---|---|---|
| φ762 | 7.10 | 6.0 | 8052 | 46439 | 1585 | 58643 |
| φ813 | 6.80 | 6.0 | 6944 | 45970 | 1366 | 56488 |
| φ865 | 6.60 | 6.0 | 5596 | 45600 | 1102 | 54082 |
| φ914 | 6.45 | 6.0 | 4902 | 47100 | 964 | 54530 |

方案二：采用注入水合物抑制剂——乙二醇、J-T 阀节流致冷低温分离工艺，一次性完成脱水脱烃，满足外输气烃、水露点的要求。

从集气装置来的原料天然气（约40℃、12MPa），与乙二醇混合后，进入脱水脱烃装置原料气预冷器冷却至约0℃，经J—T阀节流至7.1MPa，温度降至约－20℃，进入低温分离器进行分离；分出液态醇烃液后与原料气逆流换热后计量外输。

通过经济对比，方案一比方案二每年增加收益9462万元，但其流程复杂，产品气需增压才能外输，且能耗高，管理难度及运行操作风险大。方案二虽然经济效益稍差，但能耗低、流程简化、管理方便、操作风险较小。目前，全世界能源日趋紧张，节能减排受到了全世界关注，综合经济及社会效益，迪那2气田选择了J—T节流注醇脱水脱烃工艺。

### 3.2 凝析气脱水脱烃工艺

凝析气脱水脱烃采用J—T节流注醇防冻低温分离工艺。集气装置分离出来的原料天然气（约40℃、12MPa）与从乙二醇再生装置来的乙二醇贫液混合后进入原料气预冷器，与干气聚结器来的冷干气进行换热，冷却至约0℃，经J—T阀节流至7.1MPa，温度降至约－20℃，进入低温分离器进行分离，分出液态醇烃液。低温分离器顶部出来的干气进入干气聚结器，进一步分离出夹带少量的醇烃液后，进原料气预冷器与原料气换热后计量外输。

从低温分离器底部出来的醇烃混合液换热后进入三相分离器进行分离，三相分离器顶部出来的闪蒸气与产品气掺混后外输；底部分离出的凝液和乙二醇富液分别进入轻烃回收装置和乙二醇再生装置。

### 3.3 轻烃回收工艺

为提高经济效益，地面处理工艺还设置了轻烃回收装置，对低温分离出来的液烃及凝析油闪蒸气中的轻烃组分进行回收，并生产液化气和轻质油。轻烃回收工艺流程：从三相分离器分离出的凝液节流后进入脱乙烷塔顶分馏出甲烷、乙烷后，塔底液烃混合物进入脱丁烷塔进行分馏。塔顶产品——液化气冷却后，部分回流塔顶，部分外输；塔底产品——轻质油冷却后外输。

### 3.4 凝析油稳定工艺

凝析油稳定采用三级节流闪蒸（7.1MPa、2.5MPa、1.0MPa）＋提馏稳定工艺。从集气装置油气分离器分离出来的凝析油节流至7.1MPa后，进行一级闪蒸；分离出来的凝析油节流至2.5MPa后，进行二级闪蒸；分离出来的凝析油节流至1.0MPa进入闪蒸罐闪蒸。分离出的液体与凝析油稳定塔塔底流出的稳定凝析油换热至65℃，再进入到凝析油稳定塔。塔顶闪蒸气去闪蒸气增压装置，塔底稳定后的凝析油换热降温、空冷后，经泵加压后外输。

# 4 新工艺、技术及节能措施

## 4.1 新工艺、新设备、新技术、新材料的应用

### 4.1.1 长距离高压混输工艺

迪那2气田集气管道分两部分，即迪那1气田和迪那2气田，迪那1气田采用多井集气，集气支线最长为3.7km，集气干线长29.2km，迪那2气田采用单井集气，集气支线

短，但干线长达 29.4km，整个集气系统均采用油气混输工艺，设计压力高达 15MPa。长距离高压混输节约了投资，简化了集输流程，方便了操作管理。

### 4.1.2　专用计量管道

根据迪那 2 气田井位及地理特征，采用专用计量管道与集气干线同沟敷设，在清管站内设分离器对单井实施轮换计量，不仅合理有效解决了单井计量难题，而且大大简化了单井井场流程。

### 4.1.3　段塞流捕集器技术

迪那 2 气田分布在山体起伏较大的群山中，采用气液混输工艺势必会产生段塞流。为消除段塞流的影响，确保装置正常运行，利用两相流软件对管道的持液量进行了计算。根据计算结果，在油气处理厂集气装置设液塞捕集器。如迪那 2-1 清管站至油气处理厂集气装置清管时排出的最大液量 69.8m³，因此在集气装置设置 2 台公称压力为 13.6MPa、容积 70m³ 多管式段塞流捕集器，实际有效容积为 120m³。

### 4.1.4　音速火炬技术

根据迪那 2 气田油气处理厂放空气压力差异情况，厂区设置 2 套火炬及放空系统，1 套为高压火炬，1 套为低压火炬。音速火炬具有高效、低辐射、无烟燃烧高压燃气、不需要蒸汽或者助燃空气等优点。迪那 2 气田高压火炬采用音速火炬，在处理同样放空气量条件下，火炬筒体体积减少约 40%。

### 4.1.5　双金属复合管

迪那 2 气田单井集气管道采用双金属复合管，提高了集气系统运行安全，简化了注缓蚀剂流程，降低了管理及运行难度。

## 4.2　节能措施

采用气液混输工艺，建设清管设施，充分利用天然气自身压力能，采用 J—T 阀节流注醇防冻低温脱水脱烃工艺，大大降低了天然气集输及处理能耗。

优化油气处理厂换热程序，采用高效设备，提高能量利用效率。

利用迪那 2 气田环境温度长年较低的优势，大量采用空冷设备，油品外输则充分利用起始点位能差，从而达到节约能耗的目的。

通过合理细化节能措施，迪那 2 气田油气集输处理能耗仅为 2890MJ/10⁴m³，远远低于同类水平。

## 参 考 文 献

[1]冯叔初，等．油田油气集输设计技术手册［M］．北京：石油工业出版社，1994．
[2]四川石油管理局．天然气工程手册［M］．北京：石油工业出版社，1984．
[3]蒋洪．凝析天然气处理工艺方案研究［J］．石油与天然气化工，2000，29（5）．
[4]金侠杰，林财兴．油田伴生气轻烃回收及综合利用技术［J］．油气田地面工程，2003（11）．

# 高温高压复杂组分天然气脱蜡工艺在塔里木油田的应用与实践❶

张 波 崔兰德 艾国生 赵建彬 王 坤 王玉柱

（中国石油塔里木油田分公司）

**摘 要：**塔里木油田克拉苏气田具有高温、高压、组分复杂的特点，其中克深区块克深天然气处理厂于2015年进气投产，处理过程中J—T阀及低温分离器有蜡析出导致系统堵塞，致使天然气装置处理量受限，同时外输气烃露点不合格。针对这一问题，展开除蜡工艺研究，通过实验及软件模拟分析蜡堵具体原因，摸清了蜡的形成机理及分布规律，并制订出对应的除蜡措施，解决了蜡堵问题，单套处理装置恢复设计处理量。研究成果成功同步推广应用到蜡堵的大北处理厂，取得良好效果，对今后含蜡气田的建设具有借鉴意义。

**关键词：**天然气脱蜡；蜡堵；低温分离器；除蜡工艺

塔里木气田具有"高温、高压、组分复杂"等特点，多项指标创国内外之最。气田单井压力高达105MPa，温度高达110℃，同时含蜡等特殊介质。克深处理厂2013年开工建设，于2015年投产运行，设计规模 $60 \times 10^8 m^3/a$，2套装置，单套设计规模 $1000 \times 10^4 m^3/d$。处理厂主要工艺装置包括：集气装置1套，脱水脱烃装置2套（采用J—T阀低温冷冻分离工艺），脱固体杂质装置2套，乙二醇再生及注醇装置2套，凝析油处理装置1套。辅助生产设施及公用工程为：包括凝析油罐区及装车设施，火炬及放空系统，空气氮气站，燃料气系统等。天然气处理采用注乙二醇防冻、J—T阀节流膨胀制冷、低温分离的脱水脱烃工艺，乙二醇富液经再生后循环使用。脱固体杂质采用化学反应吸附法工艺，凝析油处理采用常压闪蒸工艺。

## 1 天然气处理厂工艺现状及存在问题

### 1.1 脱水脱烃装置工艺简介

干线来气，经生产分离器初步分离后，气体经过空冷器初冷，再经过原料气预冷器与干气热量交换，进入原料气分离器再次分离，气体经过原料气后冷器与干气热量交换后经J—T阀节流降温，进入低温分离器进行低温分离，分离干气再去脱固体杂质的系统，液体去乙二醇再生系统。克深天然气处理厂脱水脱烃装置流程示意图如图1所示。

---

❶ 收录于全国天然气学术年会（2018），并取得储运、安全环保及综合专业优秀论文评选一等奖。

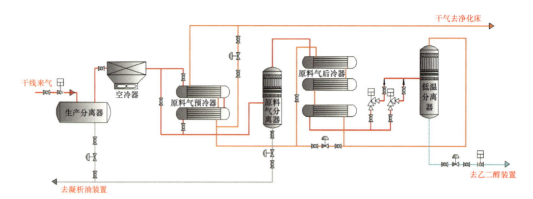

图 1　脱水脱烃装置流程图

## 1.2　存在问题

克深天然气处理厂第一套脱水脱烃装置于 2015 年进气投产，在投产过程中存在 J—T 阀开度不变的情况下，处理量呈下降的趋势；开度由 30% 调至 70% 时处理量不变、而后出现远程无法操作；切换备用 J—T 阀后开始效果明显变好，随后也相继发生同样现象；低温分离器压差随着增大，当压差大于 40KPa 时，低温分离器基本无分离效果，液相调节阀开度为 0，乙二醇无法回收，打开低温分离器发现有白色固体结晶。在蜡堵期间产量无法提高，最高只达到 $350 \times 10^4 \text{m}^3/\text{d}$，平均 5～7 天就需要切换装置停产洗蜡，严重影响了处理厂的正常运行。

# 2　原因分析及解决措施

## 2.1　取样化验确定蜡堵成分

为了找出造成脱水脱烃装置低温分离器内构件堵塞的原因，对低温分离器内水洗出的结晶物进行了取样和质谱分析，取样照片如图 2 所示，质谱分析如图 3 所示。

图 2　低温分离器取样照片

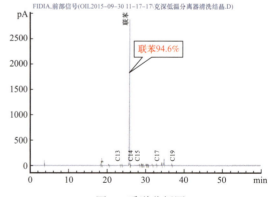

图 3　质谱分析图

单从取样分析结果看，低温分离器水洗结晶物中联苯为 94.59%，和少量蒽、菲。且水洗结晶物的熔点为 65℃。这与联苯凝固点为 68～70℃性质接近，由此确定蜡堵成分为联苯、蒽、菲等多环芳烃类物质。

## 2.2 对比分析

对比分析迪那、牙哈、英买区块天然气中也含有一定量的多环芳烃，由于他们的组分比较连续，在系统运行过程中，能将气体中的多环芳烃溶解到液相中进行分离开来。克深区块的天然气组分缺项，$C_5$ 至 $C_8$ 类的组分缺失，致使组分不连续，多环芳烃类物质存在于气相中，无法被溶解分离，从而进入低温环境后，容易凝结析出，最终导致低温分离器内构件堵塞。通过实验和现场运行经验以及理论计算，根据相似相溶原理制订技术路线，通过 HYSYS 模拟，从原料气空冷器前注入迪那轻质油，观察 $C_{14}$ 和 $C_{18}$ 在原料气中的变化，发现原料气分离器和低温分离器气相中 $C_{14}$ 和 $C_{18}$ 被溶解转移到了液相中，如图 4 和图 5 所示。

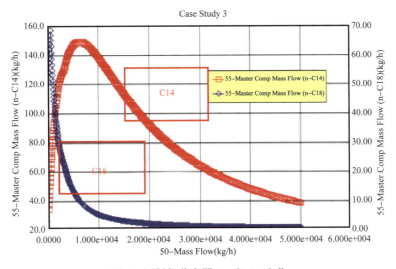

图 4　原料气分离器 $C_{14}$ 和 $C_{18}$ 变化

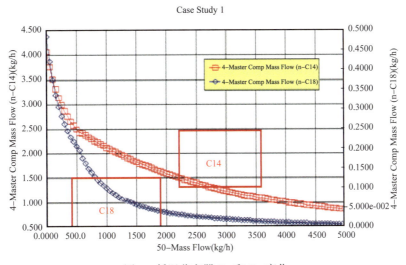

图 5　低温分离器 $C_{14}$ 和 $C_{18}$ 变化

## 2.3 解决措施

利用 HYSYS 工具摸清楚了天然气处理过程中，蜡在系统中的分布规律，以及蜡的临界析出温度，如图6所示。根据轻质油相似相溶原理，向系统中注入迪那轻质油进行解堵。并制订出处理量、轻质油加注量、及析蜡温度对应关系表。图7是 $900 \times 10^4 m^3/d$ 处理量下，轻质油加注量及析蜡温度关系。

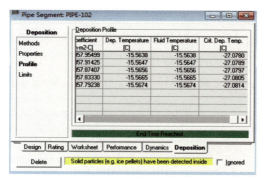

图6 HYSYS 中 Pipesegment 工具计算

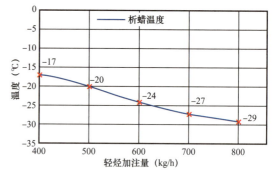

图7 轻质油加注量及析蜡温度关系

注入点的选择：在系统中有原料气空冷器前及原料气后冷器C处有已安装的注醇口可以利用，不需要进行动火改造如图8中红星标注位置。根据理论计算及现场试验验证，前端注轻质油效果优于后端，同时可以减少低温分离器液滴分离负荷。优选原料气空冷器前端注轻质油。

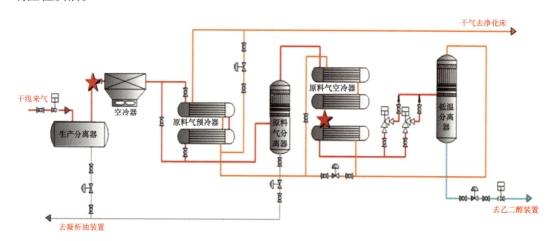

图8 轻质油注入点

注入源的选择：利用塔里木油田现有迪那、牙哈、英买、克拉、大北、大宛齐等作业区自产轻烃及凝析油资源进行组分分析，迪那轻烃是最佳的注入源。

## 3 应用效果

通过本次研究，取得如下成果：
（1）国内首创了"注油熔蜡"天然气脱蜡技术。

通过对原料气组分取样分析对比，揭示了组分缺失是蜡堵的主要原因。堵塞物主要成为为联苯、蒽、菲类多换芳烃物质、首次利用 PIPESEGMENT 工具建立了装置处理量与注油量关系模型，应用相似相溶原理，通过模拟计算及现场实验，筛选确定熔蜡剂及加注点。创新新城了高温、高压、复杂组分天然气脱蜡工艺，成功解决了天然气处理装置蜡堵问题，该工艺处于国际先进水平。

（2）解决了克深处理厂脱水脱烃装置 J—T 阀和低温分离器结蜡堵塞的问题。

天然气处理厂采用前注脱蜡剂，装置由 5～7 天停产洗蜡达到稳定连续生产，单套处理能力由 $350 \times 10^4 m^3/d$ 提升到 $900 \times 10^4 m^3/d$，投产至今累计输送天然气 $105 \times 10^8 m^3$、解决蜡堵和频繁停产洗蜡问题。

（3）成功应用到大北处理厂

大北处理厂 2014 年投产运行，投产后脱水脱烃后冷器发生蜡堵现象，1 个月就需要进行装置洗蜡操作，克深处理厂问题得到解决以后，大北处理厂采用相同除蜡措施，成功解决了蜡堵问题，装置运行正常。

"注油熔蜡"技术为塔里木含高含蜡、复杂组分气田蜡堵问题提供了解决办法，也为类似气田解决蜡堵问题提供了技术思路，值得研究和推广。

## 参 考 文 献

[1]王开岳.天然气净化工艺——脱硫脱碳、脱水、硫黄回收及尾气处理［M］.北京：石油工业出版社，2005.

[2]王协琴.天然气脱水脱烃方法介绍［J］.天然气技术，2009，3（5）：51-54.

[3]晁宏洲，王赤宇，陈旭，等.天然气中含蜡成分对处理装置运行的影响分析及对策［J］.石油与天然气化工，2007，36（4）：282-284.

[4]晁宏洲，王赤宇，薛江波，等.克拉 2 气田天然气处理装置工艺运行分析［J］.天然气化工，2007，32（3）：63-67.

[5]谭建华，陈青海，李静，等.迪那 2 气田天然气处理工艺优化研究［J］.石油与天然气化工，2013，42（5）：482-486.

# DATA GUARD 数据容灾策略 ❶

刘　爽　陈　伟　彭　轼　陈　鑫　李俊峰

（中国石油塔里木油田，新疆库尔勒 841001）

**摘　要：** 石油行业由于业务种类多，环节复杂，在勘探开发生产过程中产生了海量数据，这些数据是地震处理、解释、研究的基础，也是油田重要的宝贵资产。如何提高数据资产的安全性，防止灾难事故的发生，是每个企业面临的难题。为解决该难题，ORACLE 公司提出了一套基于数据库级别的数据卫士（DATA GUARD）容灾解决方案。文中介绍了数据卫士的一些基本架构、原理和特点，以及应用情况，并在实际工作中做了一些探索和尝试。

**关键词：** ORACLE DATA GUARD；数据卫士；日志传输服务；主数据库；辅助数据库

随着信息化的不断推进，企业生产、经营对信息系统的依赖越来越紧密，信息数据的安全和业务运行的可靠性越来越重要。企业业务数据量的增加以及广泛应用，使得对数据的有效汇集、集中管理、综合分析以及容灾备份等处理要求日益提高。如何保护数据资产安全，保证业务系统的实时性和高可用性是人们面临的挑战。

为避免灾害发生时造成应用系统瘫痪和数据丢失，保障系统业务的持续性，在限定时间内成功地完成数据恢复，建立数据异地容灾备份系统并制订相应的数据备份、恢复制度和操作文档，按照重要程度配置数据备份和异地容灾策略是保障企业业务发展的最佳选择。

要想实现一个容灾备份系统，需要考虑很多因素，如：备份/恢复数据量的大小；应用数据中心和备援数据中心之间的距离和数据传输方式；灾难发生时所要求的恢复速度；备援中心的管理及投入资金的多少等。

ORACLE 公司作为数据库的领航者，提出了一套基于数据库级别的数据卫士（DATA GUARD）容灾解决方案，该方案使用灵活、实用。通过对该方案的深入理解，可以制订出安全性高的容灾方案。

## 1　ORACLE DATA GUARD 原理和机制

### 1.1　ORACLE DATA GUARD 介绍

DATA GUARD 是 ORACLE 公司主推的数据容灾方案，它在主数据库与辅助数据库之间通过日志同步来保证数据的同步，从而可以实现快速切换与灾难性恢复。该方案包括一个生产数据库（也称为主数据库），以及一个或多个辅助数据库，这些辅助数据库与主数据库是在事务上一致的副本。当主数据库中发生事务时，则生成重做数据并将其写入本地

---

❶　原载《石油地球物理勘探》，2008，43（增刊 1）。

重做日志文件，还将重做数据传输到备用站点上，并应用到备用数据库中，从而使备用数据库与主数据库保持同步。这些备用数据库可能位于距主数据库数千里的远程灾难恢复站点，也可能位于同一城市、同一机房。当主数据库由于计划中断或意外中断而变得不可用时，DATA GUARD 可以将任意备用数据库切换到生产角色，从而使与中断相关的停机时间减到最少，并防止数据丢失。它简化了主数据库和选定的备用数据库之间的转换和故障切换，从而减少了由计划停机和计划外故障所导致的总停机时间。DATA GUARD 只是在软件上对数据库进行设置，根据自身的网络、硬件、应用需求等多种因素来配置软件，实现主数据库和辅数据库的同步。该方法比较灵活，而且成本低，所以被不少企业选作数据容灾方案。

## 1.2　创建辅助数据库环境要求

辅助数据库的创建要满足下面环境要求：

（1）操作系统必须相同，版本允许有小的差异，例如主数据库服务器采用 SOLARIS 操作系统，那么辅助数据库服务器也必须采用 SOLARIS 操作系统，但允许服务器操作系统版本有小的差异，例如主辅服务器操作系统分别采用 SOLARIS 8 和 SOLARIS 9 是可以的；

（2）主机必须运行在归档模式下，因为主、辅数据库是依靠重做日志文件来达到同步的；

（3）主数据库软件和辅助数据库软件的版本必须相同，并且要求软件同时在 32 位或者 64 位以下。

## 2　ORACLE DATA GUARD 架构和原理

DATA GUARD 的架构如图 1 所示。

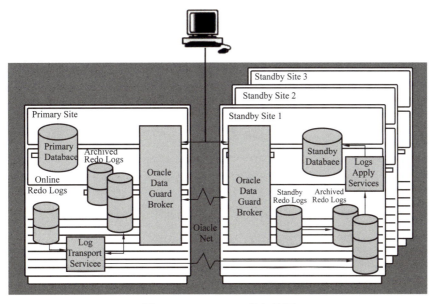

图 1　DATA GUARD 的架构图

Data Guard 最核心的 3 个部件是 Log Transport Services（日志传输服务）、Data Guard Broker（数据卫士代理）、Log Miner（日志分析器），通过这 3 个部件协同完成数据库的容灾。

（1）日志传输服务（Log Transport Services）日志传输服务架构图如图 2 所示。它提供的功能包括在主数据库和辅助数据库之间的日志传输安全控制、日志传输机制、日志传输错误处理以及在系统失败后获取丢失的日志等。

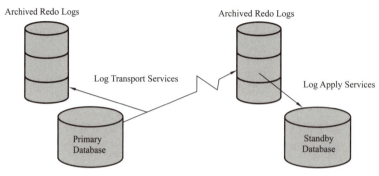

图 2　日志传输服务架构图

日志传输服务在主数据库需要用到以下进程：

· Log writer（LGWR）；

· Archiver（ARCn）；

· Fetch archive log（FAL）client；

· Fetch archive log（FAL）server。

（2）Data Guar d Broker 提供了对日志传输服务和日志应用的配置、监测、控制。

（3）Oracle Log Miner 是一个日志分析工具，DBA 可以利用这个工具使用 SQL 进行读、分析和解释日志文件。Log Miner 可以用来查看联机的和归档的重做日志文件。

## 3　ORACLE DATA GUARD 容灾保护模式

ORACLE DATA GUARD 提供了 4 种容灾保护模式（表 1），其特点分述如下：

表 1　ORACLE DATA GUARD 容灾保护模式

| 数据保护模式 | 日志写进程 | 网络传输模式 | 磁盘写 | 接受重做日志类型 | 保护策略 |
|---|---|---|---|---|---|
| Guar anteed protection | LGWR | SYNC | AFFIRM | Standby redo log | PROT ECTED |
| Instant protection | LGWR | SYNC | AFFIRM | Standby redo log | UNPROT ECTED |
| Rapid protection | LGWR | ASYNC | NOAFFIRM | Standby redo log | UNPROT ECTED |
| Delayed protection | ARCH | SYNC | NOAFFIRM | Archived redo log | UNPROT ECTED |

（1）Guaranteed protection　该种模式最安全，但是对网络、主机、存储的要求很高，对数据库性能的影响最大。这种模式在修改主数据库时，要求必须有一个辅助数据可用。假如主数据库和辅助数据库之间的连接中断，则此模式会通过中断主数据库的实例来保证和辅助数据库的一致。

（2）Instant protection　该种模式要求在修改主数据库时，至少有一个辅助数据库可用。与 Guaranteed protection 模式不同的是当主、辅数据库之间的连接中断时，允许主数据库继续工作，不中断主数据库实例，但是不提交数据，只有辅助数据库至少有一个可用时才同时提交数据。这种模式对主数据库的性能影响较小。

（3）Rapid pro tection　该种模式是日志写进程把重做日志传输到辅助数据库上，有出现数据丢失的可能性，但对数据库的性能影响较小。

（4）Delayed protection　该种模式是当数据库进行日志归档时，归档进程把重做日志传输到辅助数据库，辅助数据库接收到重做日志后应用到备用数据库上。Rapid protection 和 Delayed protection 模式即使在网络连接有效时，也允许主数据库与所有的备用数据库有数据分歧，数据的丢失量等同于主数据库联机重做日志的未归档数，这两种模式对数据库的性能影响较小。

## 4　DATA GUARD 类型

辅助数据库可以分为物理辅助数据库和逻辑辅助数据库，其特点如下。

（1）物理辅助数据库在物理上和主数据库的结构完全一样，恢复时使用 ROWID 一块对一块进行。物理辅助数据库有两种模式：一种模式是 Managed recovery mode，该模式是把归档文件从主数据库传到备用数据库，然后 log apply services 把这些日志应用到备用数据库中，以实现两台机的同步；第二种模式是 Read only mode，该模式可供用户只读的操作数据库，归档日志仍然会从主数据库传到备用数据库，但 Log apply services 不可以把这些日志应用到备用数据库中。

（2）逻辑辅助数据库是将归档的日志转化为 SQL 事务，并将它们应用到打开的辅助数据库中。主数据库和辅数据库的表、视图等数据库对象必须保持一致，但物理结构上则不需要保持一致。逻辑辅助数据库是靠把主数据库传过来的归档日志通过日志分析器 log miner 解析成 SQL 语句，并应用到辅助数据库上来进行更新，同时它可以对外提供查询服务。

## 5　ORACLE DATA GUARD 优点

在 DATA GUARD 环境中，主数据库和辅助数据库有 switchover 和 failover 两种切换模式。在主数据库正常工作时，采用 switchover 操作可以将主数据库和辅助数据库互相切换，切换的步骤是：首先将主数据库角色切换成辅助数据库角色，然后将需要切换的辅助数据库切换成主数据库角色。当主数据库由于操作系统、软件、存储等因素的错误发生当机，且不能及时恢复时，采用 failover 操作，DATA GUARD 就会丢弃主数据库，将辅助数据库转变为主数据库，但辅助数据库丢失了辅助数据库的所有能力，也就是说，不能再返回到备用模式。

由于 DATA GUARD 是基于数据库级的容灾方案，与其他容灾方案相比，有明显的优点，主要体现在以下几个方面：

（1）DATA GUARD 提供了 4 种容灾模式，企业可以根据数据安全性、高可用性、网络、服务器、存储等实际情况来决定采用那种模式；

（2）减轻了主数据库的备份压力，增加了数据库的安全性，特别是对上 TB 级的大容量数据库的备份；

（3）当主数据库需要恢复时，可以利用辅助数据库的数据文件进行快速恢复；

（4）在主数据库和辅助数据库上同时支持所有的 DDL 和 DML 语句，例如 CREATE TABLESPACE，CREATE TABLE，CREATE USER 等命令；

（5）逻辑辅助数据库可以同时提供查询任务，对于大量的分析查询，可以把这些任务放置到辅助数据库中，减轻主数据库的压力；

（6）在逻辑辅助数据库中可以建立索引和物化视图，提高系统的查询速度，特别是对于 OLAP 分析的应用；

（7）基于 DATA GUARD 的容灾方案，相对于其他容灾解决方案，能节约投资。

# 6 结束语

数据是企业的重要资产，是企业的生命，"911"事件爆发后，全世界对数据容灾提高到了前所未有的高度。建立容灾中心的方法有多种，上面介绍的 DATA GUARD 是其中一种，我们也可以参考其他容灾方案，结合自身业务特点、网络硬件现状以及投资等诸多因素来综合考虑，找出一种更加适合自己的容灾方案。

## 参 考 文 献

［1］Oracle Corporation. Oracle 9i Database Documentation Release（9.0.1）″ ［CD］.

［2］Oracle Corporation. Oracle 9i Streams Documentation Release 2（9.2）″ ［CD］.

［3］Oracle 白皮书：Oracle Data Guard 以最低的成本实现最好的数据保护.

［4］诺克斯 . oracle database 10g 安全性高效设计 . 北京：清华大学出版社，2006.

［5］滕永昌 . oracle 10g 数据库系统管理——oracle 技术丛书 . 北京：机械工业出版社，2006.

［6］盖国强 . 循序渐进 Oracle 数据库管理、优化与备份恢复 . 北京：人民邮电出版社，2007.

［7］（美）Hart M,（美）Jesse S 著，刘永健，孔令梅译 . Oracle Database 10g 高可用性实现方案——运用 RAC、Flashback 和 Data Guard 技术 . 北京：清华大学出版社，2005.

［8］（美）罗尼，（美）布莱拉著，朱洁梅，王海涛译 . Oracle Database 10g DBA 手册：管理健壮的、可扩展的 . 高可用的 Oracle 数据库 . 北京：清华大学出版社，2006.

# 物联网技术在塔里木油田的应用 ❶

肖　楠[1]　徐秋云[2]　吴金峰[1]　方　昉[1]　陈　锐[1]

（1.中国石油塔里木油田分公司信息与通信技术中心；

2.中国石油塔里木油田分公司勘探开发研究院）

**摘　要：**本文介绍塔里木油田物联网系统架构，以及传感器技术、自动化技术、TD-LTE 4G 无线通信技术、无线网桥技术、网络安全技术、SOA 等物联网关键技术在塔里木油田各业务应用效果。

**关键词：**物联网；油气供应；TD-LTE；应用；SOA

在油气生产领域，正在重点建设"油气生产物联网系统"来进一步提高整个中国石油及油气田的自动化控制管理水平。

## 1　塔里木油田油气供应物联网整体方案

### 1.1　油气供应物联网建设目标

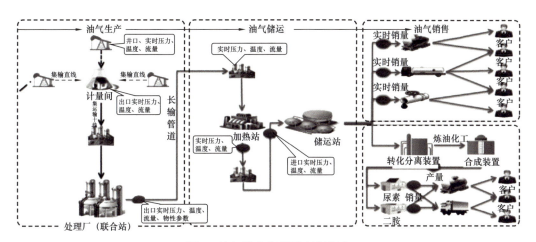

图 1　油气供应物联网建设目标

利用物联网技术，建立覆盖油田地面生产、储运、炼化、销售各环节的数据采集与监控子系统、数据传输子系统、生产管理子系统。

---

❶ 原载《数字通信世界》，2018，7。

## 1.2 油气供应物联网系统架构

油气供应物联网分为数据采集与监控子系统、数据传输子系统和生产管理子系统三部分。

图2 国家油气供应物联网应用示范工程架构图

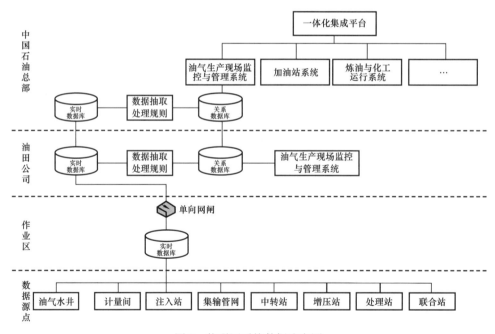

图3 物联网系统数据流向图

### 1.2.1 数据采集与监控子系统

该系统主要实现生产数据自动采集、物联设备状态采集、生产环境自动监测、生产过程监测、远程控制等功能。

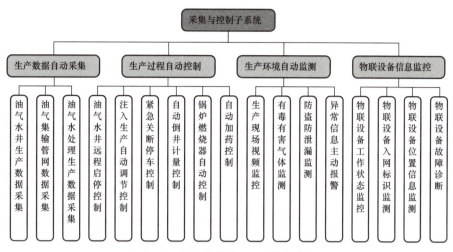

图4  采集与监控子系统功能架构图

### 1.2.2  数据传输子系统

数据传输子系统所承载的业务数据包括：实时生产数据、控制命令数据、视频图像数据及语音数据。

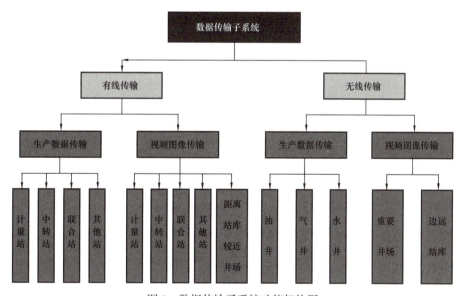

图5  数据传输子系统功能架构图

### 1.2.3  生产管理子系统

生产管理子系统如图6所示。

## 2  塔里木油田油气供应物联网建设概况

油气运销物联网采取分步实施原则，优先选取2个油气储运中心、具有代表性的10条油气管道先期实施，实现阀室气液联动阀、压力及温度变送器、可燃气体检测仪等生产参数自动采集，降低劳动强度，配套手持终端，提高巡检效率，结合油田管道完整性管理的业务需求，通过统一数据采集与数据维护功能，将长输管道规划、设计、施工、运行、检测等各业务环节数据统一采集，集中管理，多专业应用，结合天然气及油品销售管理业务，实现销售计划数据的录入、查询、调整、与实际情况对比分析，生成和发布各类销售报表，实现用户用气量趋势预测。

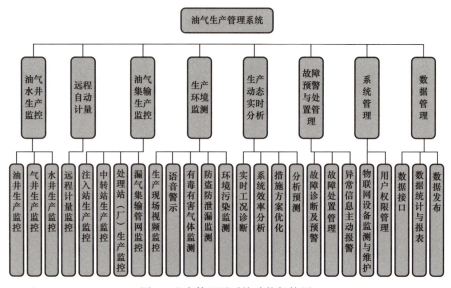

图 6　生产管理子系统功能架构图

炼化物联网充分结合 MES2.0（Manufacturing Execution System，制造执行系统），部署物联网系统，接入化肥装置等生产实时数据及视频监控信号，同时在应用层搭建炼化管理系统，实现油田炼化业务从原料消耗、合成氨生产、尿素生产、包装销售各业务环节生产指标综合集成展示，基于炼油与化工运行系统（B1），实现自动生成生产日报、对比分析报表，实现石化厂三维可视化管理，提高工作效率。

## 3　塔里木油田油气供应物联网关键技术及应用效果

### 3.1　传感器技术

油田物联网应用传感器包括：无线压力变送器、无线温度变送器、电流电压互感器、示功仪、流量计等。以电泵井为例（表1），将采集与监控子系统参与现场仪表对比，油压与套压误差在 0.1% 左右，温度误差在 1% 左右；生产管理子系统中，油压与套压误差约为 0.05%，温度误差约 0.2%；而抽油机井（表2），采集与监控子系统与现场仪表对比，油压与套压误差为 0，温度误差在 0.4% 左右，生产管理子系统中，油压与套压误差约为 0，温度误差约 0.1%；可以看出，无线压力变送器、无线温度变送器在生产参数一致性方面效果良好。

表 1 电泵井生产实时数据误差率对比表

| 抽查项 | 现场仪表 | 数据采集与监控<br>子系统（生产） | 生产管理子系统<br>（办公） | 绝对误差 % | 相对误差 % |
|---|---|---|---|---|---|
| 油压 | 1.30MPa | 1.32MPa | 1.34MPa | 0.029（生产）<br>0.04（办公） | 1.53（生产）<br>3.07（办公） |
| 套压 | 1.66MPa | 1.51MPa | 1.65MPa | −0.15（生产）<br>−0.01（办公） | 9.03（生产）<br>0.60（办公） |
| 加热前油温 | 40.44℃ | 41.27℃ | 40.62℃ | 0.83（生产）<br>0.18（办公） | 2.05（生产）<br>0.45（办公） |

表 2 抽油机井生产实时数据误差率对比表

| 抽查项 | 现场仪表 | 数据采集与监控<br>子系统（生产） | 生产管理子系统<br>（办公） | 绝对误差 % | 相对误差 % |
|---|---|---|---|---|---|
| 油压 | 1.49MPa | 1.49MPa | 1.49MPa | 0 | 0 |
| 套压 | 1.52MPa | 1.52MPa | 1.52MPa | 0 | 0 |
| 加热前油温 | 1.49MPa | 22.49℃ | 22.75℃ | −0.37（生产）<br>0.11（办公） | 1.62（生产）<br>0.48（办公） |

## 3.2 自动化技术

石油行业是较早利用物联网的行业，在物联网概念提出之前，石油行业就广泛应用 DCS、SCADA、PLC 等自动化控制系统，实现信息的感知、传输和处理。

油田物联网建设过程中将已有的 DCS、PLC 以及 SCADA 等系统集成，从而将这些封闭系统采集的油气加工、处理数据接入国家油气供应物联网系统中，实现对油气生产加工设备工作状态的远程监视，提高处理油气加工设备异常状况的速度（表 3），联合站压力参数在生产管理子系统中误差为 0，可以看出数据一致性方面效果很好。

表 3 联合站生产实时数据误差率对比表

| 抽查项 | 现场仪表 | DCS | 数据采集与<br>监控子系统 | 生产管理子<br>系统 | 绝对误差 % | 相对误差 % |
|---|---|---|---|---|---|---|
| 2# 污水除油器入口压力 | 0.17MPa | 0.17MPa | — | 0.17MPa | 0 | 0 |
| 进站三相分离器入口压力 | 0.41MPa | 0.41MPa | — | 0.41MPa | 0 | 0 |

## 3.3 TD-LTE 4G 无线通信技术

油田采用 TD-LTE 4G 无线通信技术弥补光纤网络的不足，解决沙漠腹地网络布线困难的问题。应用效果方面，在油田戈壁区域，地势较平坦，选用 30m 铁塔部署基站，信号覆盖范围可达到 10km，单基站平均上行吞吐率 75Mb/s，下行吞吐率 63Mb/s，满足现场生产实时数据及视频图像传输需求；在油田沙漠腹地区域，由于沙丘起伏较大，对 4G 信号遮挡影响也很大，选用 55m 铁塔部署基站，覆盖范围达 12km，基本满足传输需求，但个别单井由于地势较低，信号质量较差。

### 3.4　无线网桥技术

油田物联网建设过程中，无线网桥技术作为传输层中无线传输的补充部分，用于偏远井场无线网络覆盖，满足偏远井口生产数据及视频信号的传输需求，在油田沙漠腹地偏远单井应用效果较好。

### 3.5　网络安全技术

油田物联网建设中，采用防火墙来过滤由 TD—LTE 无线网上传的各种信息，防止不法分子对无线传输网络的恶意入侵；作业区生产网和办公网之间安装单向网闸，保证作业区的数据只能上传，保护生产网的安全；在油田公司及总部的数据库前端安装数据库防护网关，对生产数据进行保护。

### 3.6　SOA

SOA 组件模型可以实现重复使用软件模块功能，可以把油田已建的应用系统互连起来，软件设计中选用标准接口整合已有的应用程序、把新的应用程序构建成服务，那么其他应用系统就可以很方便的使用这些功能服务。油田物联网应用平台将油气生产物联网（A11）平台与油气供应物联网应用平台进行了无缝融合，同时与油气水井生产数据管理系统（A2）、地理信息系统（A4）采油与地面工程系统（A5）、作业区统一采集平台、油气生产综合预警、安防及物联设备预警、油田集输管网及处理站预警系统、油田产运炼销综合展示等子系统的应用功能进行集成，将油田的油气生产、储运、炼化、销售各板块的业务功能整合到统一软件平台，实现跨专业、多部门的数据和应用集成，提高平台开发效率和应用集成的灵活性，形成一个面向应用的，集开发、运行、支撑部署、管理和维护为一体的集成平台架构。

## 4　结束语

以下需要在后续物联网建设中进一步完善：

（1）智能仪表作为采集层最前端设备，对生产实时数据准确性有至关重要的作用，提高智能仪表数据准确性、一致性是物联网建设的基础；

（2）为实现油田物联网监控管理全覆盖，需要在现有建设基础上，优选油气区块开展物联网建设、扩大数据采集与监控子系统覆盖率，提高单井、站库数字化率，进一步提高物联网系统在油气生产、储运、炼化、销售业务中的作用；

（3）虽然油田在油气指标预警、智能安防及物联设备健康度预警、油气管道智能巡线、处理站预警等应用功能方面做尝试，取得一定效果，但如何充分发挥已采集海量生产实时数据的作用，需要在今后的物联网建设中一并考虑，为油气生产等全业务链提供更好的决策支持。

### 参 考 文 献

［1］ITU. ITU Internet Reports 2005. The Internet of Things［R］. 2005.

［2］ROY W，SCHULTE，Yefim V，et al. Service Oriented Architectures［EB/OL］. 1996. http：//www.gartner.com/Display-Document?id=302868.

# 塔里木油田钻井一体化设计平台建设及应用 ❶

杨　沛　杨成新　秦宏德

（中国石油塔里木油田分公司）

**摘　要：**《钻井工程设计书》是单井钻井施工作业的"指导书"，是组织钻井生产和技术协作的基础，是搞好单井"控投降本、提速提效"的科学依据。针对钻井设计科学性不强、统计分析工作量大、不同学科协作性差的缺点，塔里木油田自 2008 年开始启动钻井设计一体化软件平台建设，经过近十年的建设及使用，目前该系统已基本成熟。该系统在底层数据库层面包含有钻井设计数据库、现场实时生产数据库、科研成果知识库。在平台层方面，包含有塔里木油田依据行业标准、科研成果等研究开发的适合塔里木油田的钻井设计模块，同时该平台同其他软件留有相应的接口，可以相互调用数据。在应用层方面，目前已经实现了所有操作在网络实现，所有成果均在数据库中存储。在功能实现上，目前已经初步实现了钻井设计—实钻调整—钻头评估—指导下口井设计的闭环优化流程。

**关键词：**钻井设计；一体化平台；后评估

深井、超深井是我国目前以及未来石油勘探开发的重点方向，复杂的地下地质环境及油田勘探开发新的要求对钻井设计与施工提出新的挑战。如何降低深井、超深井的非生产时间，缩短建井周期，除了应开发新的钻井设备、工具和仪器之外，钻井工程设计和分析软件是最本质也是最有效的手段。钻井工程设计是一个系统工程，好的设计人员要求有扎实的钻井工艺理论基础、丰富的现场经验、熟练掌握各种标准规范。针对塔里木油田超深井钻井设计特点，利用计算机、信息技术，结合油田最新钻井成果，开发适合于塔里木油田的一体化钻井工程设计平台十分必要。

## 1　传统设计方法及问题

目前，中国石油集团公司各油田都执行 SY/T 5333—2012《钻井工程设计格式》、Q/SY 122—2007《探井钻井设计规范》、Q/SY《开发井钻井设计规范》等标准规范，设计内容基本一致。虽然各油田根据自身特点形成了设计方法和经验，但大多数设计模式基本相同，存在以下不足：

（1）分析地质设计阶段。由于尚未建成系统规模的电子数据库，只能分析设计目标井的地质数据，对于邻井、邻区块地质特征分析缺失，工程地质情况主要靠设计人员的经验和个人能力。

（2）查邻井资料阶段。由于缺乏一体化数据库，无法借助计算机分门别类同步分析钻井数据（如钻头、钻井参数、钻井周期、时效等），也无法自动优选参数。

---

❶　"2018 年第四届全国石油石化行业信息化创新发展论坛"优秀论文。

（3）工程计算与设计阶段。未搭建起一体化设计平台，设计软件同其他软件未留有兼容接口，设计软件无法同其他软件兼容，每次运算不同模块均需重复输入各种数据。如轨迹设计、水力学分析、摩阻／扭矩等，都需要分别在各个软件中输入基本参数，计算后还需分别导出结果，再进行文档合并，一是效率低，二是容易出现差错。

在科研成果指导钻井设计方面，未将最新的科研成果整理纳入钻井知识库中，同时也未整理最新的理论成果并将其编入设计软件之中，导致科研成果对于设计和现场的支撑无法体现。

（4）设计文档处理阶段。通常是拷贝一本邻井设计书作为蓝本，根据工程方案和计算结果进行修改、编辑形成钻井工程设计书。手动修改存在以下问题：① 设计效率低；② 没有及时吸收利用现场钻井成果；③ 引用的标准规范过期，导致设计出错。

（5）钻井实施阶段。由于缺少钻井数据库，现场实时数据无法及时入库，导致钻井设计缺少现场实施与跟踪环节。

（6）钻井后评估阶段。未建立起钻井专家知识库系统，钻井后评估的结果仅保留在钻井跟踪人员手中，无法及时到达设计人员首宗，导致钻井后评估无法指导井的设计。

## 2 需求分析

近年来随着勘探开发不断向深部推进，传统的设计模式已不能完全满足该地区安全快速钻井需要，需要在设计理念、设计方法、设计工具等方面进行创新和尝试。项目组决定对设计平台进行全面升级和完善，主要思路是：首先建立钻井设计数据库、钻井数据库和钻井专家知识库。其次最大限度地运用计算机统计分析功能，总结分析已钻井数据、评价筛选科研成果并纳入设计，消化科研成果自主研发优化完善关键参数计算模型、升级完善设计文档处理功能等手段，大幅提高设计质量和设计效率，增加钻井实施和后评估模块，建立一体化的钻井设计平台。新设计平台应具备以下功能：

（1）底层数据库一体化集成。平台由钻井设计库、钻井数据库、钻井知识库三个数据库组成。

（2）集成和钻井设计相关的最新的工程计算模块和图形与文档处理模块，用户在一个平台上可以完成所有钻井工程设计内容。

（3）自动分析和筛选功能。设计人员输入地质设计主要设计参数后，平台能对钻井知识库、钻井数据库和规范数据库中的内容进行优选，并形成一个或多个设计方案供设计人员选择。

（4）强大的计算和图形处理功能。设计人员可以利用该平台完成所有的工程计算和图形处理，若平台的计算模块计算结果不能满足设计要求，应具备与国外先进软件数据交换接口，可以借助国外的软件完成部分计算。

（5）设计数据自动入库储存功能。用户完成设计初步审查后，所有的设计结果全部进入设计库，并通过后台处理成为设计经验知识库，使设计数据库得到良性循环。

## 3 数据库建设

（1）实现钻井信息对钻井工程设计的全方位支撑。2008 年塔里木油田重新开发了钻井数据库系统，实现了钻井设计和钻井实钻信息的一体化应用，整合了原油田的钻井数据资源，为后期的数据深度应用提供了有利条件。本次平台开发了辅助钻井设计的设计优选模块，可以根据实时现场数据不断地完成数据优选，如防碰、井身结构、钻具组合、钻井参数、事故复杂提示等，一改传统的数据使用模式，使实钻数据由被动查询变为主动应用；也是钻井数据深度挖掘的一次有益尝试。

（2）建立的钻井知识库有力地支撑钻井工程设计钻井工程设计需要强大的知识库的支撑。平台建立了知识库处理模型，将钻井工程设计有关知识结构化，变成易操作、易利用、全面有组织的知识集群，以满足钻井工程设计的需要。知识库的数据源不仅包含设计专家的经验总结，也包括各成熟区块的钻井方案以及正式版钻井设计，这些知识通过处理后进入钻井知识库，可以在设计过程中直接被设计人员调用以确保设计质量，如各区块的井身结构优化、井口装置组合、分段施工重点要求（难点及应对措施）、固井工艺、新技术应用等。

## 4 应用层建设

（1）开发的设计审查模块减小了低级错误发生概率。平台开发了钻井设计审查模块，该模块可以检查设计中引用的标准是否正确，能根据设计结果数据对完成的设计数据做前后一致性分析，避免了设计中常出现的低级错误。

（2）集成了国内先进的计算模块，并能与国外部分软件实现数据对接。集成了国内钻井设计的最新算法，完全覆盖了钻井设计涉及的所有计算模块，其中在定向井设计、水力学计算、套管设计、注水泥设计等模块的计算精度易用性不输于国外同类软件。同时平台的设计参数还能与国外的 PVI 等公司的先进钻井工程设计软件完成数据对接，避免数据的重复录入，也进一步提高了外购软件的使用效率。

（3）纳入了油田科研成果，确保了设计的先进性。近年来塔里木油田通过科研攻关形成了一系列超深井钻井科研成果，平台在建设过程中对油田近年来的科研成果进行了梳理，并将主要的技术成果纳入了设计平台，同时也对国内最新的钻井相关的新工艺、新技术、新算法进行了整理，以确保设计的先进性。

## 5 应用效果

塔里木钻井一体化设计平台目前已经在塔里木油田所有井的钻井设计中推广应用，该平台体现了计算机科学技术在钻井设计综合应用的较高水平，使钻井工程设计的科学性、实用性、经济性得到进一步加强，将大幅提高设计质量，减轻设计人员的劳动强度，对提升国内其他油田的钻井设计质量也有积极的辐射意义。

### 参 考 文 献

[1]孙海芳，钱浩东，杨成新，等.利用钻井数据库搭建远程钻井辅助决策规划[J].钻采工艺，2011，34（6）：1-3.

[2]钱浩东，龚俊，彭轼，等.国内钻井数据库现状及发展应用前景[J].钻采工艺，2010，33（1）：100-102.

# 论如何提升石油化工行业工业控制系统信息安全防护能力 ❶

熊　伟　肖永红　袁　骁

（中国石油塔里木油田分公司）

**摘　要：** 近年来，工业控制系统信息安全事件频发，"震网""火焰""毒区""Havex"等恶意软件严重影响了关键工业基础设施的稳定运行，充分反映了工业控制系统信息安全面临的严峻形势。面对越来越严峻的信息安全形势，我国高度重视工业控制系统信息安全工作，并且先后出台了一系列政策和标准，要求企业加强工业控制系统信息安全管理，提升安全防护能力。对于石油化工行业，工控系统安全关乎国家能源安全，重要程度更加不言而喻。本文将论述石油化工行业通过做哪些方面的工作，可以有效提升企业工控系统信息安全防护能力。

**关键词：** 石油化工企业；工业控制系统；信息安全；防护能力；能源安全

自国家提出两化融合的战略部署以来，恰逢网络新技术、新理念层出不穷，石油化工行业工业控制系统深受影响。一方面企业信息化应用不断深入，物联网应用不断推广，工控系统已经不再是过去独立封闭的系统，逐渐发展到与企业信息系统集成，工控系统边界在不断扩大。基层工艺装置的自动控制回路已成为企业信息系统的一部分，企业信息化程度有了很大提高。另一方面，由于信息化需要，出现工业控制系统通过各种接口技术实现互联互通，或与公司办公网连接，或与互联网连接，甚至采用无线通信技术，使得工业控制系统网络架构越来越复杂，不仅系统管理难度增加，同时也为网络安全威胁向其加速渗透提供了条件。

## 1　工控业控制系统信息安全能力评估

鉴于目前石油化工行业工业控制系统信息安全管理还处于空白阶段，没有体系化的管理制度、建设标准、技术保障体系和运维支撑体系，建设过程和使用中仅考虑了系统功能的实现而忽略了信息安全风险，抗风险、抗攻击能力极低。因此对照国家要求和行业标准，请第三方权威部门，开展一次全面的工控系统信息安全能力评估，有助于企业快速摸清现有工控系统安全隐患，按照风险管理办法，有针对性的优先解决便于整改、影响大的安全隐患，并为后期建立适合自身的管理制度和技术规范提供依据。

工控系统信息安全能力评估可以包括以下几个方面。

---

❶　"2018 年中国石油石化企业信息交流大会"优秀论文。

（1）边界安全防护。

工业生产的工控化、智能化会导致工业控制网络中的工业控制设备（PLC、DCS）暴露在网络中，而这些设备本身就存在安全漏洞，针对这些漏洞的工业攻击手段（如病毒、木马、攻击脚本）很有可能会从管理网、生产局域网等途径入侵，传统安全设备（如防火墙、IDS等）无法识别和防范工业攻击，一旦发生攻击必然会导致工业控制设备异常，进而影响整个生产网络的正常运行。因此，必须在工业控制网络中部署工业安全设备，自动检测并防范网络攻击，保证工业控制网络稳定、安全运行。工业控制网络边界安全防护包括工业防火墙、工业网闸、单向隔离设备以及边界安全防护网关等。企业应根据实际情况，在不同的网络边界或安全域之间部署安全防护设施，实现安全访问控制，阻断非法网络访问，严格禁止没有防护的工控网络连接互联网。

（2）恶意代码防护。

工业生产网络上位机操作系统老旧且长期未升级，存在很多的安全漏洞，一旦遭受病毒、木马破坏，很有可能会导致操作系统异常甚至崩溃，依托其运行的工业控制软件必然会受到影响，进而影响整个工业控制网络的正常运行。因此，必须针对上位机操作系统采取安全加固措施，阻断病毒、木马和入侵行为带来的安全威胁。

（3）补丁配置管理。

限于工业控制软件自身的环境要求，工业控制网络内上位机和服务器的操作系统相对比较固定，很少升级打补丁，以免对工业生产运行造成影响。但是系统会存在漏洞又不打补丁修复，易被利用攻击，造成严重后果。因此，需要考虑对操作系统漏洞进行自动检测，并对发现的问题进行提示和评估。

（4）安全软件管理。

由于上位机操作系统不能频繁进行配置更新，需通过安全技术手段保证指定的工控软件和配套的数据库软件。可建立白名单机制，只允许经过工业企业自身授权和安全评估的软件运行，确保上位机运行环境安全。

（5）移动介质管理。

工业控制网络中通过U盘进行工控摆渡是常见的现象，由此也会带来病毒木马传染的安全隐患，需对上位机、服务器的USB口进行安全管理，经过认证合法的U盘才能被识别使用，也可使用光盘或者中间机进行数据交互，防止移动介质带来的安全威胁。

（6）远程访问安全。

生产网络中很多工业设备（如FGS、ESD等系统）的维护需要依赖供应商，有时需要开启远程维护通道以便厂方人员进行设备远程维护，一旦维护通道被攻击者攻破，必然会导致设备暴露在攻击者面前，带来较大的安全威胁。原则上应严格禁止工控系统面向互联网开通HTTP、FTP、Telnet等高风险通用网络服务。确实需要远程访问的，可采用数据单向访问控制策略进行安全加固，对访问时限进行控制。同时应通过对远程接入通道进行认证、加密等方式保证其安全性，并保留工控系统相关访问日志，对操作过程进行安全审计。

（7）物理和环境安全。

很多工业企业工控系统缺少物理防护措施，例如：缺少物理安全环境控制，未授权人员访问物理设备，不安全的远程访问组件，双网卡连接多个网络，安全变更测试准备不充分等。工业企业应对重要工程师站、数据库、服务器等核心工业控制软硬件所在区域采取访问控制、视频监控、专人值守等物理安全防护措施。应当拆除工控系统上不必要的外设口，确实需要使用应通过主机外设安全管理技术手段实施严格访问控制。

（8）责任落实。

很多工业企业并未建立完整的工业控制系统信息安全管理制度，缺乏组织保障、制度保障、技术支撑和应急保障。应建立健全工控安全管理机制，明确工控安全主体责任，成立由企业负责人牵头，信息化、生产管理、设备管理等相关部门组成的工业控制系统信息安全协调小组，负责工业控制系统全生命周期的安全防护体系建设和管理，制订安全管理制度，部署安全防护措施。

## 2　工业控制系统信息安全组织体系建设

一个完整的工业控制系统管理体系应具备六项基本职能。其中监督与检查职能、技术研究与标准化两个职能可以是两个虚拟的机构，可以由某单位统一组建，也可以与第三方联合组建；决策和管理职能是指工业控制系统的决策层和管理层，一般是工业控制系统的责任单位（部门）；监测与保障职能是针对工业控制系统的监测与保障单位（部门），负责工业控制系统的运行维护。组织机构划分如图1所示。

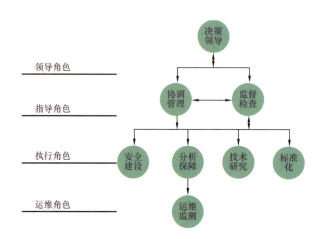

图1　工业控制系统信息安全组织体系机构

（1）四线决策。

工业控制系统安全防护的领导层，负责确定工业控制系统安全防护的总体方针及政策，明确工业控制系统组织机构及职责、提供或授权相关部门为工业控制系统提供各方面的资源保障工作。

（2）三线管理。

在决策层的统一组织和领导下，负责工业控制系统的安全、稳定运行提供管理性支撑，其职能主要包括依据决策层要求或委托，组织工业控制系统安全防护体系建立和完善工作。

（3）二线保障。

在管理机构的组织、领导下，对工业控制系统提供安全、稳定的运维服务，负责工业控制系统的日常运维及技术调整等工作。

（4）一线监测。

主要负责工业控制系统的故障收集及简单故障处理工作。

## 3　工业控制系统信息安全管理制度体系建设

工业控制系统安全防护管理（制度）体系，主要包括"三级"管理（制度）体系及相关文档，具体内容包括。

（1）一级文档。

单位工业控制系统"公司层面"总体战略方针、要求、方案等。一级文档应适用于全公司，应具备普遍性和通用性，偏重于宏观的工业控制系统安全防护要求。如《安全防护总体基本要求》《安全防护总体实施方案》《人员安全管理规定》《安全建设规定》《安全运维规定》《安全防护应急预案》等。

（2）二级文档。

单位基于一级文件开发的各类基于基层组织、具有各自安全侧重点的管理制度、安全防护策略、基线等，如《机房管理制度》《网络接入制度》《终端管理制度》《安全介质管理制度》《系统安全配置策略》《操作系统安全配置基线》《网络设备安全配置基线》《防火墙安全配置基线》等。

（3）三级文档。

单位依据二级文件开发的各类具备"可执行性"的记录表单、流程、作业指导书、记录表单等，如《系统网络安全接入流程》《操作系统安全配置基手册》《网络设备安全配置作业指导书》各类记录表单等。

## 4　工业控制系统信息安全技术保障体系建设

基于业务深度融合的工控系统信息安全总体防护策略应着眼于现代工控系统所面临的安全风险，为工控系统可能面临的诸多安全攻击等问题提供完备的解决方案。包括（1）对工控系统的关键部位的重点防护；（2）对 APT 等新型威胁的感知与预防；（3）建立健全工控系统的安全评估体系，包括工控漏洞的发现和修复以及配置的合规性检查等方法。技术体系架构如图 2 所示。

总体方案框架设计主要以保障工控系统中的主机、网络、应用软件（控制软件、组态软件）以及控制器为主要目标，从管理、操作、技术三个方面的措施来保障公司工控系统的安全，主要以安全入网、分区分域、纵深防御、统一监控、实时预警为总体策略，强化综合防护的能力，落实安全管理要求，通过有效的安全运维手段来保障工控系统全生命周期安全。

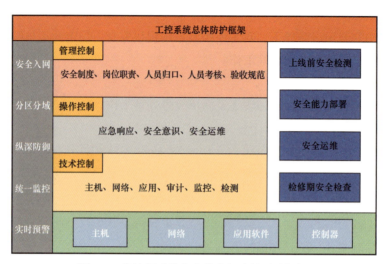

图2　工业控制系统安全技术保障体系总框架

## 参 考 文 献

［1］《国务院关于深化制造业与互联网融合发展的指导意见》［国发〔2016〕28号］.

［2］《工业控制系统信息安全防护指南》工信软函〔2016〕338号.

［3］王浩，吴中福，王平.工业控制网络安全模型研究［J］.计算机科学，2007，34（5）：96-98.

# ODI 技术在塔里木油田专业数据库至中石油 EPDM2.0 主库数据同步中应用 ❶

## 李家金 侯 琳

（中国石油塔里木油田分公司）

**摘 要：** 为了解决以往塔里木油田各专业库到 EPDM2.0 中心主库数据同步接口存在的维护困难和潜在的数据不一致等问题，塔里木油田经过考量对比，引入了 ORACLE ODI（Oracle Data Integrator，简称 DOI）技术。本文在阐述 ODI 技术架构和主要特点的基础上，着重介绍了使用 ODI 技术实施塔里木油田专业数据库至中石油 A1 EPDM2.0 主库数据同步接口开发的 ODI 项目和拓扑结构设计思路、ODI 项目开发和调试项目主要实施步骤和相关要点。通过 ODI 技术在塔里木油田实施，实现了各专业库到 EPDM2.0 中心主库统一、高效和可控的数据同步接口，可以为类似项目实施提供有益的参考。

**关键词：** ODI；数据迁移；数据同步；EPDM2.0 数据库

中石油勘探与生产技术数据管理系统（简称 A1 系统）在"十二五"期间，从 1.0 版系统继续升级建设 2.0 版本，实现了勘探开发技术数据集中管理，进一步满足综合地质研究与生产管理等业务的应用需求，最终实现"标准统一、数据唯一、业务协同、数据共享"的目标。

A1 2.0 系统的主数据库系统用于存储和管理塔里木油田公司的各类勘探和生产技术基础数据，具有数据加载、数据存储管理、数据查询与下载服务等功能。A1 2.0 系统采用了 EPDM 2.0（Exploration and Production Data Model 2.0，简称 EPDM2.0）数据模型，数据范围涵盖了基本实体、地球物理、地质油藏、钻井、录井、测井、试油试采、井下作业等专业数据和相关文档等。EPDM2.0 主库由于涉及井筒相关专业的各类重要原始和成果数据，数据类别繁多，其数据正常化工作一直以来困扰各油田。

塔里木油田在 A1 系统实施前已经针对各专业数据建立完善的专业数据库，实现了完整的数据采集、基本的数据查询应用功能，所采集数据包括了 EPDM 主库要求绝大多数类别，可以作为 EPDM 主库较好的数据源。

为了避免数据重复采集，在 A1 1.0 系统实施时，分别组织各专业数据库运维单位开发了相关专业库到 EPDM1.0 中心主库的数据同步接口，一定程度上保证了 EPDM1.0 所需数据能够正常入库。但经过一段时间运行，发现存在两个方面问题：（1）接口由不同乙方公司采用不同的技术手段开发，技术标准不统一，给接口后期维护困难和数据上传质量检查造成了很大困难；（2）一些接口采用的数据同步技术，只能保证新数据的同步，但当修改源数据或者删除源数据时，数据的一致性就极有可能被破坏。

---

❶ "2012 年中国石油学会第三届石油软件技术交流会"优秀论文。

针对上述问题，在 A1 系统 2.0 实施时，通过对运行的平台、源和目标的支持程度、可编程的灵活性、对源数据变化的监测、数据处理时间的控制、管理和调度功能、异常情况的处理等一系列方面考量对比，决定引用 Oracle Data Integrator 技术（简称 ODI）应用于从专业数据库至中心主库数据的同步。

# 1 ODI 技术介绍

## 1.1 ODI 技术架构

oracle ODI 是使用 ELT 的理念设计出来的数据抽取 / 数据转换工具。如图 1 所示，ODI 主要由 Repository 资料库、图形管理工具和 Schedule Agent 代理三大组件构成。

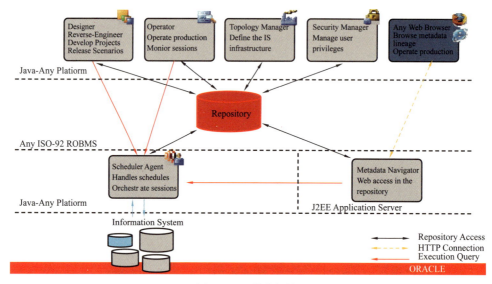

图 1 ODI 技术架构

（1）图形管理工具主要包括四个功能，分别为：Designer、Operator、Topology Manager 以及 Security Manager。

① Designer 定义出数据转化及数据完整性的声明式规则。所有项目开发都发生在该模块中，此外，数据库和应用元数据也在此模块中被引入和定义。Designer 模块利用元数据和规则来生成运行场景。

② Operator 负责管理和监控运行。它被设计供生产操作人员使用，可以显示出包括错误记录、处理行数、执行统计、执行的实际代码等项目在内的执行日志。在设计时，开发人员也可以利用 Operator 模块来调试应用。

③ Topology Manager 定义出基础的物理和逻辑体系结构。通过该模块，实现对物理体系结构、逻辑体系结构、上下文、语言、资料库等 5 类实体管理，并将信息存储在主资料库中，供所有模块共享使用。

④ Security Manager 负责管理用户资料及其访问权限。Security Manager 还可以指定对对象和特性的访问权限。

（2）Scheduler Agent，在运行时，Scheduler Agent 负责协调场景的执行。执行可以由某个图形模块发起，或通过内置的调度程序或第三方调度程序得到触发。

（3）Repository 存储库由一个主存储库和一个或多个工作存储库组成。主存储库中包含安全信息（用户资料及权限）、拓扑信息（技术及服务的定义）、以及目标的各版本。通过 Topology Manager 和 Security Manager 来管理和维护主存储库中的信息。

项目对象被存储在工作存储库上。不同的工作存储库可以在同一安装环境中共存。这对于维护不同的环境或反映特定版本生命周期，诸如开发、测试以及生产环境，是非常有用的。工作存储库中存储关于以下项目的信息：

① 模型——包括数据存储、列、数据完整性约束、交叉索引以及数据关联；

② 项目——包括声明式规则、软件包、程序、文件夹、知识模块以及变量；

③ 运行时信息——包括场景、调度信息以及日志。

用户利用 Designer 以及 Operator 模块对工作存储库的内容进行管理。还可以通过运行时的 Agent（代理程序）对工作存储库进行访问。在工作存储库仅被用于存储执行信息时（通常出于生产目的），可以将其称为执行存储库。在运行时，利用 Operator 界面以及通过 Agent（代理程序）可以对执行存储库进行访问。

## 1.2　ODI 技术主要特点

（1）ODI 采用了 ELT（Extraction Loading Transformation，简称 ELT）技术，与传统的 ETL 相比，少了中间的转换引擎，具有更好性能和成本优势。

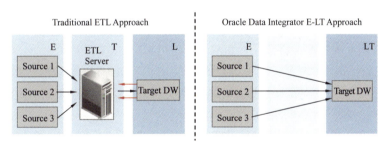

图 2　ELT 与 ETL 技术比较

（2）基于知识模块的热插拔架构，ODI 之所以能适应不同的、多种多样的数据源，灵活有效地完成数据抽取 / 载入 / 转换的过程，均是基于其知识模型体系。ODI 将数据整合的任务抽象出了 6 个组成部分。

① 反向工程 RKM，Reverse-engineering knowledge modules，用于从数据源读取表及其他对象。

② 日记 JKM，Journalizing knowledge modules，用于为单一或一组表 / 视图记录新建的和修改的数据。ODI 支持部分数据源的 Change Data Capture（CDC）功能，前提为 ODI 项目中启用该模块。

③ 加载 LKM，Loading knowledge modules，用于从数据源抽取数据。

④ 检查 CKM，Check knowledge modules，用于检测抽取出的源数据的合法性。

⑤ 集成 IKM，Integration knowledge modules，用于将 Staging Area 中的数据转换至目标

表，基于目标数据库产生对应的转换 SQL。

⑥ 服务 SKM, Service knowledge modules，提供将数据以 Web Services 的方式展现的功能。

ODI 平台为不同的集成场景和过程准备了多个 KM，用户可以通过调用这些 KM 完成不同的集成需求；另外 KM 也允许用户自己扩展、重写，当已有 KM 模板无法满足集成需求时，可以通过自定义编写 KM 而完成特殊场景下的个性化需求。

（3）统一的 CDC（Changed Data Capture）框架，Oracle Data Integrator 提供一种称为"数据集一致性的 CDC"模型。这个模型允许处理变化的数据集并保证数据的一致性。提供对修改 / 删除后数据俘获，保证数据一致性同时，提高了效率。其工作原理就是通过在源表自动创建触发器（T$ 开头）或者通过源数据库的 LOG 挖掘，得到净 DML 变更数据的主键，放到 ODI 创建的 J$ 日记表中，并通过 JV$ 日记视图提供完整的变更数据，供 ELT 直接使用。

（4）方案可设置计划定时执行，执行结果可监控。

## 2  ODI 技术在专业库至主库同步接口开发中的实施

### 2.1  ODI 项目及拓扑结构设计

由于 EPDM 主库数据涉及众多专业，数据关联性很强。为了保障数据安全，首先创建了 A1 系统 EPDM 主库的测试库 EPDM_T，并按照先开发调试（EPDM_T 测试库）、再正式布置（EPDM 正式库）原则，对整个 ODI 项目及拓扑结构进行了详细规划（表 1）。

（1）ODI 项目。

根据需求，本次同步共设计了 8 个 ODI 项目。

① 基本实体同步项目，用于从正式运行的 EPDM1.0 主库同步基本实体信息到 EPDM 2.0 主库，以保证公共数据一致性。

② 地质油藏数据同步项目，用于从 EPDM1.0 主库同步地质分层信息到 EPDM 2.0 主库。

③ 综合研究成果数据同步，用于从综合研究成果数据库中同步研究文档成果数据到 A1 2.0 的 EPDM 主库。

④ 钻井数据同步项目，用于从钻井专业数据库中同步钻井专业数据到 A1 2.0 的 EPDM 主库。

⑤ 录井数据同步项目，用于从录井专业数据库中同步录井专业数据到 A1 2.0 的 EPDM 主库。

⑥ 测井数据同步项目，用于从测井专业数据库和测井生产数据库中同步测井专业数据到 A1 2.0 的 EPDM 主库。

⑦ 试油井下数据同步项目，用于从试油井下作业专业数据库中同步试油和井下作业专业数据到 A1 2.0 的 EPDM 主库。

⑧ 分析化验数据同步项目，用于从分析化验专业数据库中同步分析化验专业数据到 A1 2.0 的 EPDM 主库。

（2）执行上下文环境。

按照规划，上下文执行环境包括开发调试和正式运行。在开发调试环境开展 ODI 项目开发和调试工作，数据同步到 A1 2.0 系统 EPDM 测试库中；测试通过后，通过切换至"正式运行"上下文环境，同步数据至正式库。

（3）物理架构。

物理架构共有 10 个，分别是 A1V1.EDMADMIN（对应 A1 1.0 主库，源端）、ZJ.ZJZYSJK（对应钻井专业数据库，源端）、LJ.LJZYSJK（录井专业数据库，源端）、CJ.CJZYSJK（测井专业数据库，源端）、CJSC.CJSCSJK（测井生产管理专业数据库，源端）、SYJX.SYJXSJK（试油井下作业专业数据库，源端）、FXHY.FXHYSJK（分析化验数据库，源端）、ZHCG.ZHYJCGSJK（综合研究成果数据库，源端）、A1V2-T.EPDM（对应 EPDM2.0 测试主库，目标端）、A1V2.EPDM（对应 EPDM2.0 主库，目标端）。

（4）逻辑架构。

逻辑架构也有 10 个，与物理架构一一对应，分别是 A1V1（对应 A1 1.0 主库，源端）、ZJ（对应钻井专业数据库，源端）、LJ（录井专业数据库，源端）、CJ（测井专业数据库，源端）、CJSC（测井生产管理专业数据库，源端）、SYJX（试油井下作业专业数据库，源端）、FXHY（分析化验数据库，源端）、ZHCG（综合研究成果数据库，源端）、A1V2-T（对应 EPDM2.0 测试主库，目标端）、A1V2 对应 EPDM 主 2.0 库，目标端）。

表 1　ODI 项目及拓扑结构规划

| 序号 | 项目 | 执行环境 | 源逻辑架构 | 源物理架构 | 目标逻辑结构 | 目标物理结构 |
|---|---|---|---|---|---|---|
| 1 | 基本实体 | 开发调试 | A1V1 | A1V1.DMADMIN | A1V2-T | A1V2-T.EPDM |
| | | 正式运行 | | | A1V2 | A1V2.EPDM |
| 2 | 地质油藏 | 开发调试 | A1V1 | A1V1.DMADMIN | A1V2-T | A1V2-T.EPDM |
| | | 正式运行 | | | A1V2 | A1V2.EPDM |
| 3 | 综合成果 | 开发调试 | ZHCG | ZHCG.ZHCG | A1V2-T | A1V2-T.EPDM |
| | | 正式运行 | | | A1V2 | A1V2.EPDM |
| 4 | 钻井 | 开发调试 | ZJ | ZJ.ZJZYSJK | A1V2-T | A1V2-T.EPDM |
| | | 正式运行 | | | A1V2 | A1V2.EPDM |
| 5 | 录井 | 开发调试 | LJ | LJ.LJZYSJK | A1V2-T | A1V2-T.EPDM |
| | | 正式运行 | | | A1V2 | A1V2.EPDM |
| 6 | 测井 | 开发调试 | CJ | CJ.CJZYSJK | A1V2-T | A1V2-T.EPDM |
| | | | SCCJ | SCCJ.SCCJZYK | A1V2-T | A1V2-T.EPDM |
| | | 正式运行 | CJ | CJ.CJZYSJK | A1V2 | A1V2.EPDM |
| | | | CJSC | CJSC.SCCJZYK | A1V2 | A1V2.EPDM |
| 7 | 试油井下 | 开发调试 | SYJX | SYJX.SYJXZYK | A1V2 | A1V2.EPDM |
| | | 正式运行 | | | A1V2 | A1V2.EPDM |
| 8 | 分析化验 | 开发调试 | FXHY | FXHY.FXHYSJK | A1V2 | A1V2.EPDM |
| | | 正式运行 | | | A1V2 | A1V2.EPDM |

## 2.2 ODI 项目开发与调试

对于一个 ODI 项目，开发过程主要包括：常用知识库导入、逆向数据模型、接口开发、包的组织、运行调试和计划执行等。

（1）常用知识库导入。

塔里木油田专业库和中石油 EPDM2.0 主库均使用了 ORACLE 数据库，在各项目中需要导入 4 类知识库。

① 逆向工程知识库。RKM Oracle 用于对 ORACLE 数据库结构进行逆向工程。

② 数据加载知识库。LKM Oracle to Oracle（DBLINK）用于使用 DBLINK 方式加载和传输数据；LKM SQL to SQL BLOB（JYTHON）用于加载和传输含有 BLOB 字段的数据；LKM SQL to SQL CLOB（JYTHON）用于加载和传输含有 CLOB 字段的数据。

③ 数据集成知识库。IKM Oracle Incremental Update 用于使用 DBLINK 方式集成时增量添加和修改数据。IKM Oracle Incremental Update Lob 用于处理含 Lob 字段数据添加和修改。

④ 日志记录知识库。JKM Oracle Simple 针对仅设计单个接口的 CDC 知识库；JKM Oracle Consistent 针对设计多个接口的 CDC 知识库。

（2）逆向数据模型。

逆向数据模型通过对 ORACLE 等数据库表、视图等进行逆向工程，形成相应数据存储模型，供接口开发使用。可以只对需在接口开发中用到表和视图进行逆向。

（3）接口开发。

接口开发用于对源数据存储与目标数据存储中对应字段进行映射，并指定合适的数据加载和集成知识库，是整个开发工作中很重要的一环。在源数据存储模型中可以使用 JOIN 连接多个模型，目标数据存储可以指定执行发生在源、目标或临时区域（stage area）等。对于映射时不同数据类型建议使用显示数据类型转换以防出现运行时错误。为了提高效率，如果接口中数据存储不含 LOB 字段，建议加载时使用 LKM Oracle to Oracle（DBLINK）知识库，集成时使用 LKM Oracle to Oracle（DBLINK）知识库。如果含有 LOB 字段（CLOB、BLOB），加载时使用 LKM SQL to SQL CLOB（JYTHON）或 LKM SQL to SQL BLOB（JYTHON）知识库，集成时使用 IKM Oracle Incremental Update Lob 知识库。另外，在处理 LOB 数据时，如果源数据存储和目标数据存储使用了不一致字符集，则应选择映射执行为临时区域，以确保数据正确转换。

（4）包组织。

包组织是用于将接口串接起来，因为表数据的关联性和完整性约束，接口必须按照一定的顺序执行，包就类似于接口运行的工作流。

（5）运行调试和计划执行。

在开发环境下，可以分别在接口和包级别进行调试运行。成功后，就可以直接经过编译后形成的可执行单元，即方案。接着就可以设定计划，使方案按计划定期执行。

（6）添加 CDC。

CDC 用于记录源数据的变化情况到日记表，选择一致性集的 CDC，可以保证数据的前后顺序和完整性制约关系。添加 CDC 是项目过程中极为重要的一环，首先进行模型的日记记录类型设置，选择 JKM 时建议选择 JKM Oracle Consistent，接着将表添加到 CDC、确定订阅者并设置好接口和包的 CDC 属性，最后启动日记。

## 3　总结分析

如上所述，应用 ODI 技术能解决各专业库到中石油 EPDM2.0 中心主库同步接口的问题。首先，通过分别设置"开发调试"和"正式运行"两个 ODI 上下文运行环境，实现高效开发同时，保障了正式主库数据安全性；其次，ODI 的统一的 CDC（Changed Data Capture）框架，提供对修改 / 删除后数据俘获，解决了数据一致性问题同时，提高了数据同步效率；最后通过 ODI 技术的使用，统一了各乙方公司数据同步手段，并可对运行情况进行统一调度和监控，解决了技术标准以及数据维护的问题。

### 参 考 文 献

［1］Oracle.Oracle Data Intergrator Documentation. http：//www.oracle.com/technetwork/middleware/data-integrator /documentation/，2011.

［2］宋鹏 . 基于 Oracle 9i 的数据迁移方案设计及性能优化 . 西安：西安电子科技大学，2007.21-23.

# 第四部分

# 管理创新与实践

# 塔里木"油公司"体制的形成与发展 ❶

## 1 塔里木"油公司"体制的基本框架和主要特点

### 1.1 在管理体制上，不搞"大而全、小而全"，实行专业化服务

（1）不搞"大而全、小而全"，建立精干的油公司主体。塔里木石油勘探开发指挥部作为中国石油天然气总公司的派出机构，是代表国家投资主体的总甲方。其主要职责是承担塔里木石油勘探开发项目的任务指标和投资效益、决策投资方向、勘探开发部署和生产经营等重大问题。总公司向指挥部派出常驻审计组和监察组。对会战投资决策、投资效益、经营管理等进行监督。按照"油公司"管理模式，指挥部不组建施工作业队伍，主要配备研究、管理和运行队伍：一是综合研究队伍，建立了勘探、开发、钻井三个研究机构，并与石油科学研究院和大多数石油企业、科研院所建立了比较密切的科研协作关系，主要承担勘探开发技术攻关和制订勘探开发部署的技术参谋部职能；二是经营管理队伍，建立健全了财务计划、企业管理、人事劳资、物资供应、审计、监察等经营管理职能机构；三是生产技术管理队伍，包括勘探、开发、基本建设方面的生产技术管理及各类专业监督、监理队伍；四是油田开发、炼化生产和油气运销管理运行队伍，负责油田开发和油气运销的生产管理和日常运行。指挥部主要依托这四支队伍实施"油公司"对勘探开发项目的决策、管理、协调、服务和监督职能。

（2）生产作业实行专业化承包，生活后勤实行社会化服务。由于甲方基本不配备生产作业队伍，勘探开发和炼化生产建设施工，主要面向全国各油田企业，通过公开招标、公平竞争，择优选用专业化施工作业队伍。目前，探区有 32 个物探作业队、45个钻井队、8 个试油队、10 个油建施工公司和其他专业技术队伍，来自全国 27 个油田企业、科研院所，都是采用招标方式择优选用的。辅助生产如运输、机修、水电供应、矿区建设和生活后勤服务工作，主要依托各油田企业和当地社会力量，进行专业承包服务。

（3）油田开发实行"油气开发公司—作业区"的管理体制。油气开发公司根据指挥部下达的投资、成本、产量和油田主要技术指标，对整个探区的油田开发工作进行全面管理。生产作业区按相对独立的油田划分，承担采油作业，负责现场管理，实现原油生产目标，修井、测压等施工实行专业化服务。通过实行专业化服务和自动化管理，大量减少了油田管理人员，实现了油田开发用人少、效率高、效益好。

---

## 1.2 在运行方式上，按照市场经济体制的要求，着力培育市场体系，实行市场化运行，合同化管理

（1）培育市场体系，引入竞争机制。会战初期，指挥部采用筑巢引凤的办法营运塔里木市场，同时依靠总公司行政手段，吸引和组织石油系统内外专业服务队伍参加会战。随着全行业市场经济体制改革的逐步深化，各油田专业队伍市场竞争意识逐渐增强，对塔里木探区市场日益看重，纷纷由会战初期的在行政干预下被动进入市场，变为积极主动参与竞争进入市场，实现了由会战初期的"万事求人"向"万事选人"的转变，探区买方市场日益形成。指挥部抓住时机，以钻井工程项目为突破口，在钻井系列首先引入竞争机制，实行公开招标，继而在总结钻井招标经验的基础上，在探区各项作业中逐步引入了规范招标竞争机制。

（2）公开招标、公平竞争。为了加强探区市场管理，保证市场竞争的公开、公平、公正，指挥部成立了招标管理委员会，下设地质勘探、钻井试油、油田运输、钻前工程、基本建设、物资供应、机修租赁、科研、生活后勤、下游工程等10个专业招标领导小组，负责十大作业市场的招标管理工作。同时先后制订了《市场准入制度》《招标管理办法》及《价格调控办法》等10多项市场运行规则和办法，保证了油田市场体系健康有序地运行。

（3）广泛推行工程项目管理。指挥部的投资安排、生产组织、监督考核、奖罚政策等，都按项目管理的要求来运行。主要生产建设项目，包括探井钻探、产能建设、管线建设、石化和化肥项目建设，指挥部都分别设有项目经理部或项目组。

（4）以合同制约为主要管理手段。塔里木探区所有施工作业，全部实行甲乙方合同制。会战七年来，指挥部已建立了15个系列、41类标准合同文本，涉及油田生产作业及后勤服务的方方面面。通过合同方式，明确规定甲乙方的责任、权利、义务，以及考核办法、违约责任等，用合同约定规范甲乙方各自的行为，保障各项工作的顺利进行。会战七年，指挥部先后签订各类合同7700多项，通过合同纽带，把全国大小280多个单位组织到塔里木探区，进行各种生产作业和科研、技术及后勤服务。

（5）实行全方位、全过程的监督、监理。为了确保工程进度和质量，指挥部从全国十多个油田企业选聘了400多名钻井、地质、试油、基建工程监督（监理），组成专业化监督（监理）队伍，派往各工程项目，作为甲方的全权代表，处置施工过程中发生的问题，负责组织、管理和监督作业项目的实施运行。

## 1.3 在人事管理制度上，甲方实行固定、借聘、临时合同工"三位一体"的劳动用工制度，乙方专业承包队伍实行定期轮换制度

（1）按照甲方管理工作的稳定性要求，调入部分固定人员。一是总师以上指挥部领导班子成员，实行部分固定与总公司委派相结合，保证会战领导工作的稳定，二是职能管理部门、科研单位和监督（监理）队伍中固定部分骨干，使各项工作具有连续性。三是近几年接收了1200多名大中专毕业生，约占固定职工的1/3，主要为油田发展培养准备人才。通过实行干部聘任制和全员劳动合同制，初步形成了能上能下，催人奋进的用人制度。

（2）根据会战工作的实际需要，借聘部分专业技术和管理人员。主要是在石油系统内部，通过行政手段和劳务合同方式，借聘部分优秀专业技术人才和管理干部参加会战。指

挥部向借聘单位每年付给一定的劳务费用；借聘人员人事关系在原单位不变，工资关系转入指挥部，提职、晋级、工资、奖金、福利待遇与固定职工同等对待。借聘期限一般为三年，到期后经双向选择可以续聘，也可以返回原单位。采用这种办法，指挥部从全国46个石油企事业单位先后借聘了1881名同志到塔里木施展才华。到去年10月底，第二批借聘的400多人已陆续返回原单位，有80多名经双向选择续签了合同，又从各油田新借聘了200多名同志接替工作。这样在塔里木逐步形成了人员能进能出、合理流动的一潭活水。

（3）生活后勤服务战线，主要招用临时合同工。指挥部统一政策标准，从当地招用了2200多名经过考核合格的临时合同工，主要从事生活后勤服务和部分生产后勤服务工作。合同一般为一年期限，对工作出色、表现突出的，经双向选择可以续签合同；不适应工作、表现不好的解除合同，做到了能招能退。

（4）乙方队伍实行"铁打的营盘轮换的兵"。目前，塔里木探区从全国石油行业组织的乙方队伍共有27个专业门类，约1.6万人。到塔里木参加会战的乙方队伍，在探区都设置长期稳定的管理机构，但原来的行政隶属关系不变；所有参战人员不迁户口，不转关系，不带家属，一律轻装上阵，一般干满3年调回原单位，轮换一批新人上来接着干。

## 1.4　坚持对党的建设、队伍建设和思想政治工作的统一领导，充分发挥党的领导和思想政治工作在会战中的政治保证

按照新的管理体制，占会战队伍总人数3/4的乙方队伍，与甲方没有直接的行政隶属关系，甲乙方之间主要是经济合同关系。会战七年多来，指挥部工委努力探索市场经济条件下党的建设和思想政治工作的新思路、新方法，把"油公司"管理体制与发挥党的领导和思想政治工作的优势结合起来，使党的领导和思想政治工作成为新体制的有机组成部分。

（1）指挥部党工委对所有参战队伍党的建设、队伍建设和思想政治工作实行统一领导。为了加强指挥部工委对全探区的统一领导，按总公司党组的要求，指挥部领导和主要乙方单位领导进入工委班子；各参战单位都成立了正式建制的党委、总支，基层队建立了正式党支部，配备专职或兼职支部书记。指挥部工委对全探区党的建设、队伍建设和思想政治工作实行统一领导，统一管理，统一安排部署，统一检查指导，努力发挥各级党组织在会战各项工作中的政治核心作用和战斗堡垒作用。

（2）积极探索形成了在新体制下开展队伍建设和思想政治工作的一些新的思路和方法。会战以来，指挥部工委坚持不懈地在会战队伍中开展以形势任务教育、艰苦奋斗教育、"两新两高"教育、民族政策教育为内容的"四项教育"，教育会战队伍树立热爱塔里木，献身塔里木，寻找大油田的使命感和责任感；针对会战工作实际，积极探索做好职工队伍"在岗工作—轮休途中—在家休息"三阶段的思想政治工作；大力弘扬大庆精神，努力培育以"真抓实干，艰苦奋斗，五湖四海"为内容的企业精神，为会战工作提供了强有力的思想政治保证。

（3）推行"两分两合"的工作方法，建立和形成了新型甲乙方关系。会战以来，指挥部工委把充分发挥甲乙方人员的主人翁精神作为职工思想教育的核心内容。为此，指挥部工委及时总结推广了"两分两合"（即甲乙双方在合同上分，思想上合；在职责上分，工作

上合）的工作方法。按照这种工作方法，指挥部与各承包公司每周召开一次甲乙方联席会议，共商勘探开发大计；在生产一线，甲方监督尊重钻井队平台经理，先民主，后决策；钻井队干部工人献计献策，为甲方分忧解难，形成了同心同德、共创大业的新型甲乙方关系。

## 2　新体制解放了生产力，在实践中显示出多方面的优越性和强大生命力

### 2.1　新体制实现了生产要素的优化配置

"油公司"管理体制的最大优势，就在于"万事选人"，指挥部采用公开招标的方式，择优选用技术精良的队伍。

（1）万事选人，用人少，优化了会战队伍结构。甲方不搞"大而小"，生产作业依托行业主力，生活后勤依靠社会基础，大大减少了甲方人员。目前甲方总人数只有 4400 多人（含 550 名借聘人员），约占会战总人数的 1/4。乙方队伍也不搞"小而全"，各乙方专业承包队伍除了一个十分精干的管理机关外，都是直接投入一线的生产人员，其生产和生活后勤保障由甲方统一组织社会力量进行服务，甲乙双方都不背包袱。据测算，按照塔里木油田目前的规模，对比同规模的老油田，实行"油公司"管理体制少用 3 万～4 万人；大量减少了后勤人员，会战队伍结构得到优化，全探区一线与二线、三线人员的比例为 3∶1，乙方队伍前线与后勤人员的比例为 8∶1。

（2）万事选人，优势互补，有利于各项技术的优化组合。塔里木石油会战通过合同招标方式，充分发挥各油田的技术专长，集中了全国石油行业技术精良的队伍，形成了优势互补的最佳整体技术阵容。

（3）万事选人，有利于资产优化配置。按照新的管理体制，乙方队伍作业装备基本实行自带、自用、自管；其他油田所不具备的沙漠运输等特殊技术装备由甲方购置，乙方通过租赁使用。几年来，指挥部只用 12 亿元的设备投入，就组织了 34.39 亿元的设备用于会战。塔里木探区投资的 95％以上，都用在了勘探开发和生产建设上，优化了投资结构和使用方向。

### 2.2　新体制促进了科技进步和队伍素质的提高，创造了一系列生产建设的高水平

（1）新体制为科研工作注入了新的活力。指挥部采用借聘方式，从全国石油行业组织了一大批技术专家，组成具有国内较高水平的勘探开发研究中心。采用合同方式，委托石油科学研究院抽调精兵强将组成塔里木分院，建立长期合作关系，负责中长期基础课题的攻关研究。同时，积极培育开放型的科研市场体系，通过依托石油系统和中科院等国内科研院所和大专院校，采用协作研究、合同委托、现场服务等多种形式，开展了包括 29 项国家"八五"课题在内的勘探开发科研课题的联合攻关。会战七年多来，指挥部共取得各类科技成果 363 项，其中，获国家级科技成果 3 项，省部级科技成果 11 项，省部级技术推广优秀项目 1 项，攻克了一些世界级的地质和工程技术难题。如国家"八五"科研项

目——塔里木沙漠石油公路的科研工作，指挥部组织中科院、交通部、铁道部及石油系统的17个科研单位及11个协作施工单位联合攻关，仅用2年零3个月的时间，成功地修建了全长523km、横贯塔克拉玛干沙漠的石油公路，是目前世界上在流动性沙漠修筑的最长一条等级公路。塔里木沙漠公路的建设，是在新体制下以科研为先导，以工程项目为依托，科研生产一体化的典范，被评为1995年度全国十大科技进步成果之一。

（2）新体制锻炼了队伍，培育了人才。塔里木油田市场竞争日趋激烈。只有整体素质好、设备精良、业绩突出、信誉良好的队伍才能中标。竞争的压力促使各路队伍苦练内功，激发了各路队伍参与竞争，争创一流的积极性，使石油会战成为各油田参战队伍竞技比武的大赛场，整体队伍素质和管理水平迅速得到提高。目前，已有10支钻井队通过石油天然气总公司的长城钻井队资格认证，有3支钻井队和2支地震队在中外合作区块内中标反承包任务。塔里木会战实行能上能下、能进能出、凭能力竞争、靠业绩上岗的人才管理体制，使塔里木成为各类人才施展才华的用武之地，大批青年科技专家和优秀管理人才脱颖而出。

（3）新体制创造了一系列生产建设的高水平。塔里木石油会战采用新的体制，有利于引进新工艺、新技术。迄今，塔里木已形成了6大配套新技术系列。通过对新技术、新工艺的研究攻关和推广应用，实现了勘探开发的高水平。会战以前，塔里木完钻1口5000m深井，需要1年时间，目前平均只用123天，最快的1口6180m超深井，只用95天，具有世界先进水平。用205天高速钻完了沙漠腹地第一口水平井，斜深4282m，水平段长500m，用24mm油嘴试采，日产油1000t以上。用6口探井基本探明了储量上亿吨的塔中4油田，用12口探井基本探明了牙哈亿吨级油气田。年产$60 \times 10^4$t的东河塘油田，采用自动化管理，一线直接操作人员仅20余人。

## 2.3  新体制创造了石油会战的高效益

塔里木盆地地表环境恶劣，地下情况复杂，油层埋藏深，基础设施投入大，但是由于采用新的体制组织生产建设，取得了勘探开发的高效益。

会战七年，相继探明了轮南等9个整装油气田，发现了26个工业性含油气构造，每口探井探明油气储量$186 \times 10^4$t，是全国石油行业同期平均水平（$68 \times 10^4$t/口）的2.7倍；每米探井进尺探明的储量是全国同期水平的1.5倍；探明1t储量的投资扣除探井转开发井后为18元，与全国水平（17.7元）基本持平。截至1995年底，塔里木探区累计探明油气当量储量$4.1 \times 10^8$t，拿到了建设$500 \times 10^4$t原油和$40 \times 10^8$m³天然气产能储量资源，为"九五"期间的加快发展奠定了基础。

会战以来，塔里木探区投入开发了5个油田，基本配套建成了年产$430 \times 10^4$t原油生严能力。按已建成的原油生产能力，在全部为4500m左右深井的情况下，每建成$100 \times 10^4$t原油生产能力需投资17.9亿元，好于全国平均水平（19.34亿元）。目前，塔里木原油日产水平已上万吨，油田开发进入规模生产阶段，步入全国十大油田行列。

会战七年多来，塔里木探区原油出产量连年大幅度增长，到去年10月10日，已累计生产原油$1000 \times 10^4$t，为进一步加快塔里木勘探开发滚动发展积累了资金。到1995年底，累计实现销售收入69.5亿元，还贷能力逐步增强；自筹资金比例逐年增加，1993年以前不到10%，1994年增至20%，1995年增至32%。石油会战正在走向投入产出的良性循环，取得良好的经济效益。1995年，塔里木探区实现利税3.4亿元，油气田工业经济效益综合指数仅次于大庆，居全国各油气田的第二位。1995年探区全员工业劳动生产率按增加值计算人均46.7万元，居全国各油田之首。

## 2.4　新体制取得了良好的社会效益

以往的石油会战，实行自成一统的封闭体制。塔里木石油会战一开始，石油天然气总公司和自治区领导就共同制订了"依靠行业主力，依托社会基础，统筹规划，共同发展"的方针。会战以来，石油勘探开发所需生活服务、医疗、基建、运输、机械加工、物资供应等，大多依托当地政府和企业，开创了石油会战面向社会、开放经营，石油与地方共同发展的新路子，取得了良好的社会效益。七年多来，塔里木石油会战通过生产、生活服务、基本建设、物资采购、机械加工、运输、劳务等，共向新疆境内注入资金53亿元，约占同期会战总投资的35%。探区主要所在地巴州，石油单位通过征用土地、缴纳税赋、采购物资、使用劳务、交通运输等，其注入资金16亿元，有力地促进了地方经济的发展。特别是投资6.62亿元，修筑了纵贯塔克拉玛干沙漠的沙漠公路，使民丰县到库尔勒的路程缩短了1000多千米，被当地人民称为脱贫致富的"幸福路"。

## 3　进一步发展完善塔里木"油公司"管理体制的基本思路

实践证明，实行油公司体制是塔里木石油会战在艰苦困难的环境下取得高水平、高效益的根本因素。七年来指挥部发展完善"油公司"管理体制的方向目标明确、基本思路清晰，"油公司"体制没有形成"大而全"，基本按市场经济的要求进行运作。但是在发展过程中，由于认识上的原因，也有当时当地客观条件的制约，塔里木"油公司"体制在早期的运作中产生了"小而全"的痕迹，建立了一些具有乙方职能的专业服务单位，运行机制还有待进一步完善。今后两年，指挥部按照"目标到位、分步实施"的原则，进一步规范完善油公司管理体制的基本思路是：解体分离具有专业技术及生活服务职能的甲方单位，实行资产经营责任制，推向市场，建立"四自"经营的专业化服务公司；严格控制甲方办社会的规模，逐步扩大依托社会的力度；理顺炼化项目与指挥部的运行机制，按油公司体制的惯例，建立用人少、效率高、效益好的炼化产业管理体制；优化多种经营产业结构，适度发展安置效益型的项目，按现代企业制度，组建专业化、集团化的多种经营企业，创造条件控制职工总量增长。按照上述思路，到1999年初将建立起符合塔里木实际的规范油公司管理体制。其基本框架包括三大块：

第一块，油公司主体由勘探、开发、炼化、销售、综合研究单位组成，实行集中统一管理，按分公司或事业部模式运行，面向市场，成为靠油气发展的经营主体。

第二块，具有专业技术及生活服务职能的甲方单位，或模拟法人，或独立法人，以产权为纽带，按子公司模式运行，作为专业化服务公司，面向市场，成为靠服务吃饭的经营主体。

第三块，多种经营单位，作为独立法人，股权多元化，按控股公司或子公司模式运行，作为专业化服务或集团化经营公司，面向油田内外市场，成为靠经济效益求发展的经营实体，承担起主业的安置任务。

这三块构成了以油公司为核心的企业集团体制，都独立地面向市场，相互问按照市场经济关系，运用市场机制配置各种资源，靠竞争求生存，以效益求发展。

# 在创新中推动科学发展 ❶

## ——来自中国石油塔里木油田公司的调研报告

**周天勇　彭劲松**

*中共中央党校课题组*

塔里木油田位于新疆南部的塔里木盆地。自 1989 年石油会战以来，油田以保障国家油气资源战略安全为己任，艰苦奋斗、勇闯禁区、挑战极限，在被称为生命禁区的塔克拉玛干大沙漠建成了我国第四大油气田。2008 年原油产量 $645 \times 10^4 t$、天然气产量 $174 \times 10^8 m^3$，油气产量当量 $2031 \times 10^4 t$，成为我国第一大产气区、西气东输主力气田。累计为西气东输供气超过 $430 \times 10^8 m^3$，东部 14 个省区市、80 多座城市、3000 余家大中型企业使用上了清洁的天然气能源，近 3 亿人受益，而且已经探明的可开采储量非常可观，发展前景广阔。在开采油气的同时，油田致力于发展循环经济，创造了保护生态的奇迹，成为落实国家能源战略的排头兵。

## 1　创新是塔里木油田开发与建设的不竭动力

为适合国民经济持续快速增长及结构调整的需要，党中央、国务院在 20 世纪 80 年代末适时做出我国陆上石油工业"稳定东部、发展西部"的战略抉择，塔里木石油会战从此拉开帷幕。从会战一开始，油田党工委就扎实贯彻"采用新的管理体制和新的工艺技术、实现塔里木石油会战的高水平和高效益"的工作方针，带领勘探开发建设者解放思想、大胆创新，取得了一系列成果。

一是探索形成了塔里木特色的油公司管理体制。会战之初，塔里木油田就突破传统的陆上石油管理模式，借鉴国际油公司管理模式，创造性地引入市场竞争与淘汰机制，将以项目管理、招标制及合同制为核心的甲乙方体制运用到油田会战中，开了陆上石油工业市场经济改革的先河。会战不搞大而全、小而全，实行市场化运作、社会化服务，避免了企业办社会，大大降低了创建成本。这一体制，既保证了公司主体的精干高效，又充分调动了甲乙方的积极性。甲乙方体制的实施，实现了塔里木油田机构及人员的相对精简，使得油田在 20 世纪 90 年代末的国企解困大浪潮中显得十分从容，不仅没有拖国家的后腿，而且夯实了自我发展的基础。

二是依靠科技创新增强发展的内驱力。塔里木石油会战中遇到了许多世界级技术难题，没有现成的经验可以借鉴。为此，油田建立了开放型科研体系，在战略联盟单位、特殊攻关专项、联合攻关三个科研模式的基础上开展理论认识创新、超前技术研究、现场生

---

❶　原载《求是杂志》，2009.（7）。

产难题攻关与应用。相继承担了国家级、省部级多个项目，直接投资 15.1 亿元，形成了一系列成熟配套的具有国际领先水平的理论和技术，填补了我国石油勘探开发和环境治理与保护领域的多项空白。创新前陆盆地油气地质理论、海相油气地质理论、碳酸盐岩油气地质理论、凝析油气地质理论，形成了复杂山地油气勘探开发、沙漠油气勘探开发、复杂碳酸盐岩油气勘探开发、高压凝析气田勘探开发配套技术。截至 2008 年底，共获得国家级科技进步奖 14 项、省部级奖 183 项，46 项技术和产品获专利授权，科研成果转化率达到 90%。先后成为国内外 210 家科研院所、知名大学开展基础理论研究和技术创新的基地。

三是创新党的领导方式汇聚发展合力。塔里木油田紧密结合开发建设实际，积极创新党在企业的领导方式，建立了统领甲乙方的党工委统一领导模式，甲乙双方在政治上平等，在经济上独立核算，在发展目标上一致，都是油田的主人，共同承担为国家寻找开发大油气田的使命。他们创造了"两分两合"的工作方法，甲乙双方在合同上分、思想上合，在职责上分、工作上合，形成了具有塔里木特色的新型甲乙方关系。这种模式，把我们党的政治优势与市场经济优势、国际油公司管理体制优势有机结合起来，使油田在市场经济条件下始终保持了正确的政治方向，使甲乙方队伍始终保持了强大的凝聚力和战斗力，甲乙方党组织的政治核心作用和战斗堡垒作用得到充分发挥，为在恶劣的自然环境和复杂的地质条件下实现开发建设稳步发展奠定了坚实的政治基础。

## 2 科学发展是塔里木油田开发与建设的基本方向

会战以来，塔里木油田在注重提高企业经济效益的同时，统筹兼顾社会效益、生态效益和各方面利益，实现了又好又快发展。2008 年油田实现销售收入 392.8 亿元、实现税费 114.7 亿元。会战以来，油田累计上缴税费 310 多亿元，储量发现成本、油气单位开发成本、操作成本居同行业较低水平。

一是坚持以人为本。塔里木油田始终坚持"以发展吸引人、以事业凝聚人、以业绩激励人、以人文关爱人"的人才观，营造温馨健康向上的氛围，为员工成长成才搭建广阔的舞台，促进人的全面发展。主要做法是：严格落实职工带薪休假制度，实施年度全员健康疗养、健康体检、职业健康体检、女工妇检，关心员工健康，构建员工扶贫帮困长效机制。坚持"环保优先、安全第一，质量至上、以人为本"的原则，油田连续多年杜绝了重大以上生产安全事故。积极改善员工生产、生活条件，实行专业化服务，高度利用自动化控制技术代替人工操作，大力实施惠民工程，不断提高员工的生产生活水平。注重引进高层次人才，近五年来共引进国家"211"工程院校毕业生 1200 人，建立了博士后流动站、研究生选拔考试工作体系。20 年来，油田先后推举出 3 名院士，培养输送 60 多名中高层领导干部，成为人才培养的基地。

二是促进人与自然的和谐发展。油田奉行"奉献能源，创造和谐"的企业宗旨，在勘探、开发、炼化和服务的全过程中，坚持清洁生产，发展循环经济，努力建设资源节约型、环境友好型企业。积极参与国际环保清洁生产项目合作，实施了中国—加拿大政府合作清洁生产项目和联合国清洁发展机制项目。推广应用放空气回收、余热利用、网电替代等技术，全面完成节能减排任务。仅 2008 年就回收天然气 $3.5 \times 10^8 \text{m}^3$，减少二氧化碳排放 100 多万吨，取得良好经济效益和生态效益。针对当地极度脆弱的生态环境，油田坚持"开发一个区块，建设一片绿洲，撑起一片蓝天"为环保目标，努力创造能源与环境的和谐。他们避开绿地建设油气井站，钻井现场实施无污染管理，油气田污水处理后回注，有效保护了环境。坚持绿化与地面产能建设同时设计、同步开展，有效改善了工作生活环境。截至 2008 年底，人工绿化面积累计 6.9 万亩 ❶。特别值得一提的是，油田与中科院联合，经过 10 多年努力，攻克了极度干旱条件下利用苦咸水大规模植树造林的技术难关，在生产油气区和沙漠公路沿线绿化面积达到 $4460 \times 10^4 m^2$。其中，总投资 2.2 亿元的沙漠公路防护林生态工程全长 436 千米，形成了一条横贯荒漠的绿色长廊，于 2008 年评为"国家环境友好工程"。

三是统筹油田与少数民族地区的发展。塔里木油田作为中央驻新疆的国有大型企业，在进行勘探开发生产的同时，主动承担社会责任。油田始终坚持"统筹规划，共同发展"的方针，积极向地方开放市场，累计注入新疆当地资金近 360 亿元，有力地支援了地方经济建设。先后投资 14.58 亿元，建成了 16 条总长 1532 千米的油地共用公路。全长 522 千米、横贯塔克拉玛干沙漠的沙漠公路使和田地区到乌鲁木齐的公路路程平均缩短 500 千米，被当地人民称为脱贫致富的"幸福路"；出资 2200 万元援建了巴州轮台县东四乡供电工程，结束了当地少数民族点煤油灯的历史；先后投资 10 亿元，加快盆地中小气田开发，使新疆南部五个地州 24 个县市的 30 多万户各族群众用上了清洁的天然气，实现了各族群众期盼的"福气"满南疆的愿望。积极承担尼勒克、洛浦、墨玉县的对口支援，累计捐资近 5000 万元，为地方建设医院、学校等。在石油开发的带动下，当地经济社会快速发展。油田总部所在地巴州的国内生产总值从 1989 年 13.5 亿元增长到 2008 年的 587 亿元，增长 43 倍；地方财政收入从 1989 年的 8812 万元，增长到 2008 年的 31.49 亿元，增长了 35 倍。巴州州府库尔勒市位列 2008 年第八届全国百强县（市）排名第 38 位，名列西北地区第一位。

## 3 塔里木油田科学发展的经验与启示

塔里木石油会战作为 20 世纪末我国建设的一个大型工业生产项目，在国民经济发展全局中的地位举足轻重。总结它的成功经验，我们得到了一些规律性的认识和思想上的启示。

牢记使命，始终坚持把国家的需要作为企业发展的第一要务。稳定增加能源产量、不断提高我国能源自给率，这是国家能源战略安全的需要，更是国家经济建设的根本保障。塔里木油田是我国能源的增储上产地区。塔里木石油人始终把贯彻党和国家"稳定东部、发展西部"战略作为自己的最高使命，坚持寻找大油田的必胜信念不动摇、完成战略接替的坚定决心不动摇，努力多找油气，为支持国民经济发展、全面建设小康社会多做贡献。

解放思想，改革创新是企业发展壮大的动力。凡是到过塔里木油田的人，都有这样的感受：从自然环境、人们的精神面貌，到企业理念、运行机制等一切都是新的。20 世纪 80 年代，在改革开放的历史背景下，我国石油工业的决策者以改革创新的巨大勇气和高

---

❶ 1 亩 =666.667m²。

瞻远瞩的战略眼光，探索新型会战组织方式，形成了以"两新两高"为特征的新模式。这种模式的关键是体制新，核心是技术新。可以说，没有思想的不断解放，没有改革创新，就没有今天的塔里木油田。

牢记"两个第一"理念，始终坚持科技和人才强企的方针。科学技术是第一生产力，人力资源是第一资源。塔里木盆地是世界上油气勘探开发难度最大的地区之一。为此，塔里木油田始终把科技创新放在突出位置，建立起更加开放的科研机制，大力提倡原始创新，积极推进集成创新和引进消化吸收再创新，充分利用国内外两种资源，形成了塔里木特色的配套技术。始终把人才培养放在突出位置，建立更加灵活的智力引进机制，培养了一批理念先进、作风优良、视野开阔、能打胜仗的高素质人才团队。从一定意义上说，塔里木油田的发展史就是一部科技创新史，就是一部人才成长史。

始终坚持社会主义核心价值观建设，不断增强企业凝聚力。面对恶劣艰苦的自然环境和极其复杂的地质条件，塔里木石油人继承和发扬了以爱国、创业、求实、奉献为内涵的大庆精神和铁人精神。结合勘探开发建设和员工个人实际，深入开展了世界观、人生观、价值观教育，进行了创业文化、企业精神等全方位的文化建设，形成了以"艰苦奋斗、真抓实干、五湖四海"为内涵的塔里木会战精神。他们在荒凉中耕耘希望，在禁区里创造奇迹。"只有荒凉的沙漠，没有荒凉的人生"，这是全体员工升华人生境界的真实写照。这种精神是大庆精神、铁人精神在改革开放新时期的具体体现，是我国石油工业宝贵的精神财富，是社会主义核心价值观的成功实践。无论过去、现在还是将来，都将是我国能源工业发展的强大精神支柱。

# 塔里木油田分公司甲乙方一体化协同发展模式的探索与实践❶

方　武　骆发前　覃　淋　田兆武　李雪超
王永远　王晓东　李　虎　杨忠东　韩忠伦

（中石油塔里木油田分公司）

**摘　要**：塔里木油田自成立之日起就实行以甲乙方管理体制为主的油公司管理模式，主要供应商已成为油田发展不可或缺、难以替代的重要资源和力量。近年来，油田在向世界一流大油气田战略目标迈进过程中，持续深化甲乙方合作，创新合作模式，探索走出了以党工委统一领导为核心，以钻井工程区块总承包、地面建设工程总承包和开发生产融合式管理为支撑的甲乙方一体化协同发展模式。经过长期的发展与合作，油田甲乙方已逐渐成为"唇齿相依、同舟共济、休戚与共"的命运共同体和经济共同体。2017年，油田产值规模达到397.5亿元，实现利润132.1亿元，上缴税费71.4亿元，盈利能力居集团公司油气田企业前列，单位发现成本、单位开发成本优于板块内多数企业。以党工委成员单位为主体的乙方队伍不断发展壮大，人员技术和装备水平不断提高，资源整合能力、综合服务能力和市场竞争能力持续提升，西部钻探巴州分公司（以下简称一勘）、川庆钻探新疆分公司（以下简称二勘）等钻井工程技术服务公司（以下简称钻井公司）产值由会战之初的3.7亿元增长到现在的33亿元。2017年，油田前十大供应商中石油占7家，结算金额达72.3亿元。甲乙方一体化协同发展取得了巨大的经济、社会和管理效益。

**关键词**：甲乙方；一体化；合作；协同发展；互利共赢

塔里木油田分公司是中国石油天然气股份公司的地区公司，主要在塔里木盆地从事油气勘探开发、炼油化工、科技研发、工程技术攻关等业务，是上下游一体化的大型油气生产供应企业。公司作业区域遍及南疆五地州，现有合同化员工1.13万人，资产总额856亿元，累计实现销售收入5772亿元、利润2500亿元，上缴税费1730亿元，是我国重要的油气生产基地和西气东输主力气源地。

会战以来，塔里木油田大打油气勘探开发进攻仗，先后发现和探明轮南、塔中、克拉2、克深等30余个大型油气田，建成了$2500 \times 10^4 t$年生产能力，累计探明油气储量当量约$28 \times 10^8 t$，生产原油$1.25 \times 10^8 t$、天然气$2469 \times 10^8 m^3$，为保障国家能源安全做出了重要贡献。

公司在29年的发展历程中，始终认真贯彻落实党中央、国务院"稳定东部，发展西部"的战略部署，坚持"采用新的管理体制和新的工艺技术，实现塔里木石油会战高水平

---

❶　本文获中国石油天然气集团公司2018年度管理创新成果二等奖；塔里木油田公司2018年度管理创新成果一等奖。

高效益"的"两新两高"工作方针，依托精干高效、技术精良的中石油内部队伍和外部优质供应商，实行专业化服务、社会化依托、市场化运行、合同化管理，探索形成了协同高效、互惠互利、休戚与共的甲乙方一体化发展模式，走出了一条少人高效的现代油公司发展之路。

# 1 甲乙方一体化协同发展的背景

塔里木油田自会战之初就建立了现代油公司管理体制，不搞"大而全、小而全"，充分利用市场化机制配置资源，聚国内外优秀供应商而用之。甲乙方围绕"寻找大场面，建设大油气田"这一目标，持续深化合作，最大限度发挥各自优势，在近 30 年的发展过程中，逐渐形成了利益交融、相互依存的甲乙方一体化协同发展模式。

## 1.1 一体化协同发展，是油田少人高效发展之路的必然选择

塔里木油田实行的是甲方与乙方、主业与辅业、生产与生活三分离的少人高效油公司体制，甲方集中精力做好勘探开发主营业务，专业技术服务、辅助生产服务、后勤服务工作全部依托乙方和社会资源，这种发展模式的最大特点是依靠市场配置资源。多年来，油田高度重视优秀供应商的培育和发展，按照"甲方承诺市场，乙方承诺服务，风险共担，共赢互利，共同发展"的原则，优选技术水平高、人员素质高、综合实力强、讲政治、顾大局的优秀供应商，为油田提供高质量的服务。在满足公司快速发展需要的同时，也带动了供应商协同发展。

## 1.2 一体化协同发展，是塔里木实现跨越式发展的现实需要

2017 年，塔里木油田油气当量顺利迈上了 $2500 \times 10^4$t 台阶，建成了我国陆上第三大油气主产区。按照油田公司"十三五"发展规划，到 2020 年要建成 $3000 \times 10^4$t 大油气田（图 1），须在未来三年内上产 $500 \times 10^4$t，完成新钻开发井 600 余口。面对如此艰巨的任务，仅凭油田一己之力是几乎不可能完成的，必须依靠乙方供应商提供强有力的支持和保障。要实现从 $2500 \times 10^4$t 迈上 $3000 \times 10^4$t 这一跨越式发展目标，不仅需要油田公司不断增

图 1 塔里木油田油气产量当量示意图

强生产组织能力、资源整合能力和经营管理水平，也需要乙方供应商持续提升综合服务能力和技术装备水平，在油田党工委统筹协调下，甲乙方拧成一股绳、劲往一处使，共同面对困难和挑战，共担风险、协同发展，共享发展成果。

### 1.3 一体化协同发展，是中石油集团利益最大化的坚强保障

截至 2017 年年底，为塔里木油田提供服务的中石油内部单位有川庆钻探、渤海钻探、东方物探、四川油建、西南油气田、天然气运输公司、中油测井和中石油管道局等148 家，主要承担油田地震勘探、钻井工程技术、地面工程建设和站场运行维护等核心业务。2016 年，受油气行业市场环境不景气影响，国际油价持续低迷，集团公司下达给油田的投资较 2015 年大幅减少 41%。在此情况下，各钻井公司、物探公司、测井公司、油建公司和运输公司的工作量随之锐减，出现了大量设备闲置、人员待岗的状况，尤其是各钻井公司钻机停等严重，钻机平均利用率不到 60%。面对如此严峻的形势，2017 年伊始，油田组织召开党工委成员单位协调发展座谈会，专题研究解决制约油田公司和中石油内部单位协同发展的瓶颈问题，力求通过采取有力措施，进一步巩固和深化甲乙方联盟伙伴关系，抱团取暖、共渡难关，想方设法扭转不利局面，实现集团公司利益最大化。

### 1.4 一体化协同发展，是带动地方经济快速发展的强力引擎

截至 2017 年年底，为油田提供服务的各类新疆当地企业达 536 家，约占准入供应商总数的 48.3%，其中仅巴州地区就有 296 家，直接带动当地上万人就业。作为巴州地区第一纳税大户，塔里木油田在快速发展的同时，已累计向当地政府缴纳税收 1730 亿元。不仅如此，2013年油田投资 45 亿建成的南疆天然气利民工程，使南疆 5 地州 42 个县（市）逐步实现气化，400 万南疆各族群众从"柴煤时代"跨入"燃气时代"，有力促进和带动了当地经济社会发展。

## 2 甲乙方一体化协同发展的内涵和主要做法

### 2.1 成果内涵

塔里木油田甲乙方一体化协同发展模式，目标是寻找大场面、建设大油气田，核心是党工委统一领导，支柱是工程技术服务领域的钻井区块总承包、钻井井组总承包和单井总承包、地面工程建设领域的 EPC 总承包和 E+PC 总承包、开发生产领域的融合式管理。这种模式是在中国特色社会主义市场经济条件下以及塔里木油田完全开放的市场环境下探索形成的，既是对油田原有的甲乙方合同制关系的继承和发展，又将油田甲乙方"一家人、一盘棋"的和谐发展理念较好地融入具体工作和合作方式上；既符合国家越来越高的市场开放和依法合规选商要求，又较好地落实了集团公司油气主业和服务业务协同高效发展的方针；既不同于老油田的关联交易，也不同于国际油公司的甲乙方合作，从某种意义来讲，是具有中国特色的甲乙方合作模式（图 2）。

甲乙方愿景目标一致：寻找大场面、建设大油气田。

实行党工委统一领导："五个统一"统揽全局，"五个共同"覆盖基层，甲乙方共同研究解决制约协同发展的瓶颈问题，做到一盘棋布局、一条心共处、同方向使劲。

探索协同发展新模式：实施钻井工程总承包，激发甲乙方协同发展活力；推行基建工程总承包，拓宽甲乙方协同发展渠道；深化开发融合式管理，增强甲乙方协同发展纽带。

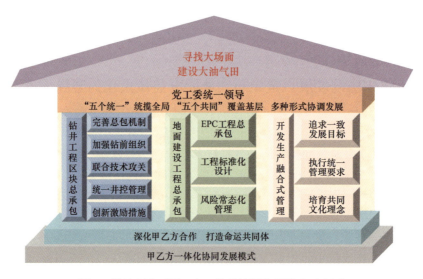

图 2　塔里木油田甲乙方一体化协同发展模式示意图

## 2.2　主要做法

### 2.2.1　坚持党工委统一领导，筑牢甲乙方协同发展根基

在近 30 年的发展历程中，油田公司始终着眼于"寻找大场面，建设大油气田"，坚持统筹谋划、统筹协调，坚持发挥一体化综合优势，创新市场经济条件下党在企业的领导方式，把党的政治优势与市场经济优势有机结合，将主要乙方单位吸纳为党工委成员单位，创造性地建立了党工委统一领导下的新型甲乙方关系，开辟了中国特色油公司发展之路，为甲乙方协同发展奠定了坚实基础（图 3）。

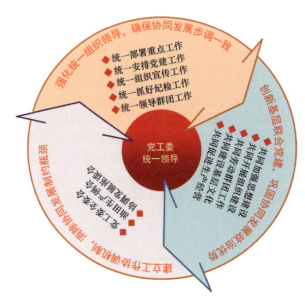

图 3　塔里木油田党工委统一领导示意图

2.2.1.1　强化统一组织领导，确保协同发展步调一致

吸收主要乙方单位负责人加入油田党工委，担任党工委委员。在党工委统一领导下，统筹规划甲乙方发展目标，共同研究重大事项，统一思想认识及工作思路，做到一盘棋布局、一条心共处、同方向使劲。通过"五个统一"统揽全局，形成了职责上分、工作上合，行政上分、党建上合，局部上分、全局上合的局面，有力促进甲乙方协同高效发展、步调一致前进。

（1）统一部署重点工作。围绕油田勘探开发核心业务和党建、纪检等工作，在一年一度的油田"两会"和每周的油田生产例会上，统一部署年度和阶段重点工作任务，明确工作目标、相关要求及甲乙方职责。建立并完善责任约束机制、督导检查机制和目标考核机制，确保甲乙方各单位将油田党工委的各项工作部署落实到日常生产经营活动中。

（2）统一安排党建工作。乙方各级党组织在党员发展、党籍管理、党费收缴等方面仍执行原隶属单位党委的要求，但同时也服从油田党工委的统一领导，并按统一规定建立健全各级党组织，按要求积极开展"创先争优"和党员专题学习教育活动，按相关文件加强基层党组织建设，参加油田党工委组织的评比表彰活动，接受油田党工委组织的党建与精神文明建设考核。

（3）统一组织宣传工作。甲乙方执行油田党工委统一的思想政治工作部署，全面贯彻落实党中央的路线方针政策和自治区党委、集团公司党组的有关要求。统一安排两级中心组理论学习和员工思想教育工作，统一组织一年一度的"形势、目标、任务、责任"主题教育活动，统一宣贯塔里木油田企业文化理念，统一处理对外关系、发表对外言论。

（4）统一抓好纪检工作。针对甲乙方经营活动中可能存在的问题，建立畅通无阻的信息沟通渠道，完善纪检监察工作机制，加大纪检监察工作力度，加强甲乙方相互监督，形成对违反中央八项规定精神和油田廉洁从业规定行为的强力震慑，构建风清气正、廉洁诚信、规范有序的市场环境。对违纪违规行为一视同仁，对甲方干部直接依纪处理，对乙方干部通报其上级单位纪委予以处理。

（5）统一领导群团工作。对工会、共青团等群团工作实行统一领导，共同构建和谐油田。在工会工作方面，乙方单位的工会隶属关系不变、工会经费上缴渠道不变，但统一按照自治区总工会和油田工会的有关要求加强工会组织建设，按规定开展职工民主管理和厂务公开工作，参加油田工会统一组织的劳动竞赛、技能比武、合理化建议等活动，做好劳动保护和职工权益维护工作。在青年和共青团工作方面，乙方单位的团组织隶属关系不变、团费缴纳渠道不变，在油田团委统一组织下开展青年文明号创建等各项青年工作。

2.2.1.2　创新基层联合党建，巩固协同发展政治优势

随着塔里木油气事业的快速发展，油田工作区域不断拓展，越来越多乙方队伍加入了新时代塔里木石油会战，但乙方基层党组织普遍存在党员人数少无法独立组建党组织、党员过于分散无法正常开展组织生活和党员学习教育、党组织工作开展不力、党员作用发挥不突出等情况。为此，2014年塔里木油田制订并发布《关于开展基层联合党建工作的指导意见（试行）》，把党工委统一领导的政治优势向基层延伸，打破行政界限，不分甲乙方、不分企业性质，由甲方党支部牵头搭建联合党建工作平台，把同一区域工作业务密切关联、隶属关系不同的甲乙方基层党组织联合在一起，把甲乙方党员凝聚在一起，构建

"五个共同"工作运行机制，做到了基层党组织全覆盖，实现了哪里冒油气哪里筑堡垒，有力促进甲乙方一体化协同发展。

（1）共同加强思想建设。组织甲乙方党员共同学习贯彻党的路线、方针、政策，贯彻落实油田党工委各项工作部署，开展经常性党员思想教育，进一步坚定甲乙方党员理想信念。坚持开展大庆精神铁人精神再学习再教育活动，引导甲乙方党员牢固树立"我为祖国献石油"的核心价值观。坚持开展"形势、目标、任务、责任"主题教育活动，统一甲乙方党员的思想认识。坚持开展业务知识学习，使甲乙方党员成为业务上的骨干和攻坚克难的中坚力量。

（2）共同开展组织建设。按照油田基层党支部工作细则，加强联合党支部建设，维护和执行党的纪律，督促党员切实履行义务。按照"双培养"原则，向甲乙方上级党组织推荐优秀员工入党。做好流动党员管理工作，将工作区域内未组建党组织的乙方单位党员作为流动党员，纳入甲方党支部开展组织生活。在共同开展的党建活动中，组织开展党员民主评议工作，作为支部评选优秀党员的依据。积极向甲乙方基层单位的上级党组织汇报工作开展情况。

（3）共同带动群团工作。围绕生产经营和队伍稳定，切实发挥好党建带工建、党建带团建的作用，将甲乙方队伍凝聚成强有力的整体。通过各种党建活动充分发挥甲乙方党员的先锋模范作用，使甲乙方党员成为技能过硬、群众信任的榜样，形成党组织带动群团组织、党员带动群众的良好局面。及时了解甲乙方员工的利益诉求和实际困难，共同开展困难帮扶，解决员工实际困难，确保队伍和谐稳定。开展形式多样的文体活动，舒缓员工工作压力，提高员工归属感和队伍凝聚力。

（4）共同建设基层文化。贯彻集团公司企业文化建设条例，坚持"六统一"要求，弘扬塔里木会战精神，牢固树立甲乙方"一家人、一盘棋"思想，增强乙方主人翁意识和大局观念。深化管理文化、QHSE文化、创新文化、和谐文化、廉洁文化建设，共同推进基层管理创新、安全自主管理、反腐倡廉建设、和谐稳定等工作，结合实际积极培育甲乙方共同的特色文化。坚定不移维护民族团结，教育引导甲乙方党员群众贯彻执行党的民族宗教政策，牢固树立"三个离不开"思想，始终做到立场坚定、旗帜鲜明，争做民族团结模范。

（5）共同促进生产经营。统筹组织甲乙方基层党支部开展创先争优、党员责任区、党员先锋岗、党建"三联"责任示范点等活动，充分发挥甲乙方党组织的战斗堡垒作用和党员的先锋模范作用。甲乙双方遵循市场化运行、合同化管理的原则，分工协作，各负其责，共同抓好基层班组建设，共同完成各项生产经营任务。针对"急、难、险、重、新"具体任务，组织甲乙方党员骨干带领群众开展攻坚活动，奋力解决现场实际问题。

2.2.1.3 建立工作协调机制，消除协同发展制约瓶颈

为解决制约甲乙方协同发展的瓶颈问题，促进甲乙方更好地共同发展，油田建立了议事协商和工作协调机制。由油田党工委统一协调事关甲乙方发展的重大事项，对涉及甲乙方共同发展的重大决策，事先广泛征求意见，后经党工委全委会研究决定。油田公司在制订或调整与乙方利益相关的重要政策时，主动征求乙方意见，最大限度地达成共识后再决策；各主要乙方单位在制订或调整与油田利益相关的重要政策时，也会主动征求油田公司

意见，追求最大限度的协同统一。此外，牢固树立"甲乙方都是油田主人"的理念，每周组织召开一次油田生产例会，安排部署阶段重点工作，及时协调解决甲乙方生产经营中存在的问题和矛盾，确保甲乙方和谐稳定发展。

2017年年初，为解决主要乙方单位持续大幅亏损、工作量严重不足和人员设备大量闲置等突出问题，油田党工委做出相应工作部署，油田公司分专业、分类别组织召开了三次党工委成员单位协调发展座谈会，共收集整理各类影响甲乙方协同发展的问题及建议82项。通过对相关问题进行深入研究分析，借鉴中石化西北分公司等单位在招标、定额标价方面的实践做法，制订了5个方面15项具体措施，竭尽全力帮助各党工委成员单位走出困境，实现甲乙方一体化高效协同、稳健发展。

### 2.2.2 实施钻井工程总承包，激发甲乙方协同发展活力

塔里木油田平均井深超6000m，钻井工程具有井身结构复杂、钻探难度大、钻探周期长等特点。在传统的钻井承包模式下，作为甲方的油田公司要直接面对"钻、试、修、固、测、录"等不同专业的承包商，工作任务重、沟通协调难度大。随着新时代塔里木石油会战号角的吹响，油田勘探开发规模不断扩大，沟通协调和管理工作量成倍增长，急需对现行钻井承包模式进行改进。鉴于此，油田在日费井、单井总包等承包模式基础上，探索形成了集约化程度更高的井组总包、区块总包等钻井承包模式，有效减轻了甲方在沟通协调方面的负担，使甲方更多地将注意力集中到进度、质量、成本、项目成果等关键绩效指标的控制上来，也有利于乙方提升资源整合能力和总结推广区块内的工程施工经验，促进资源的优质高效配置，实现甲乙方合作共赢、共同发展。

#### 2.2.2.1 完善总包运行机制，规范项目集约管理

为规范钻井总承包管理，提高钻井质量和钻井时效，促进甲乙方更好地开展钻井总承包合作，油田制订并发布了《钻井总承包管理办法》，对发包方职责、总包方职责、分包方职责、总承包分类、总承包范围、总包方资质等内容做出了明确规定，规范了总包合同签订、考核激励、争议与纠纷处理等程序和相关内容。

按照井组划分，将钻井总承包模式细分为单井总承包、井组总承包和区块总承包。其中，单井总承包是指发包方以单井为标的发包给总承包方的模式；井组总承包是指发包方以同一区块两口及两口以上的井组为标的发包给总承包方的模式；区块总承包是指发包方以同一区块全部单井为标的发包给总承包方的模式。总承包范围包括钻机搬迁、钻井、钻井液服务、取心、测井、录井、下套管、固井、定向等20余项钻井作业项目和钻头、油料、钻井液材料、套管及附件、水泥及添加剂等10余项钻井材料。

明确钻井总承包考核程序，细化考核标准，以单井为考核对象，以钻井工程设计和合同约定为考核依据，由项目实施单位组织对总包井的工程质量、钻井周期、全井时效、井下事故复杂及安全环保等情况进行全面考核。

#### 2.2.2.2 加强钻前生产组织，把握开发生产主动

为适应集约化程度更高的钻井总承包模式，促进甲乙方协同高效发展，2017年，油田在依法合规的前提下，优化生产组织方式，强化生产协调保障，加快井位部署、计划下达、队伍招标和合同签订等钻前工作节奏，各相关部门及单位提前介入、密切沟通、紧密

配合，实现钻前工作环环相扣、无缝衔接，大幅提高生产时效。

按照“时间超前、量少次多、精益求精”的井位部署原则，油田地质研究部门与物探公司密切配合，超前谋划开发井井位部署，不断深化地质认识，创新研究思路，拓展部署领域，延伸部署范围，精挑细选井位，严格效益评价，2017 年 3 月便完成了全年 122 口开发井井位的部署工作。与 2016 年相比，提前近半年完成井位部署工作，新井部署呈现出“快进”状态，赢得了开发生产全局的主动。

制订并发布《钻前施工运行管理办法（试行）》，明确常规井钻前施工工作衔接程序及时效指标，“绘制”出钻机招标和议标两种选商模式下的钻前施工运行程序及时效控制图，将钻前施工责任落实到相关部门及单位，形成跨部门、跨专业联动机制。采取提前征地、提前环评等有力措施，将从井位下达到开钻的时间从 90 余天缩短至最少 45 天，从源头上加快了新井上钻的工作节奏（图 4）。

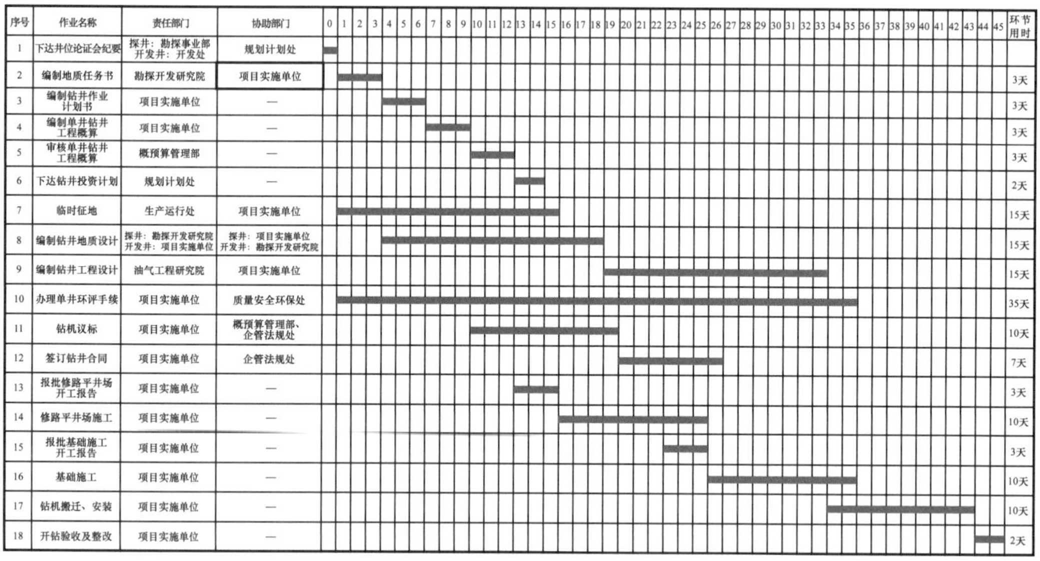

序号 作业名称 责任部门 协助部门 环节用时
0 1 2 3 4 5 6 7 8 9 10 11 12 13 14 15 16 17 18 19 20 21 22 23 24 25 26 27 28 29 30 31 32 33 34 35 36 37 38 39 40 41 42 43 44 45
1 下达井位论证会纪要 探井：勘探事业部 开发井：开发处 规划计划处
2 编制地质任务书 勘探开发研究院 项目实施单位 3天
3 编制钻井作业计划书 项目实施单位 — 3天
4 编制单井钻井工程概算 项目实施单位 — 3天
5 审核单井钻井工程概算 概预算管理部 — 3天
6 下达钻井投资计划 规划计划处 — 2天
7 临时征地 生产运行处 项目实施单位 15天
8 编制钻井地质设计 探井：勘探开发研究院 开发井：项目实施单位 探井：项目实施单位 开发井：勘探开发研究院 15天
9 编制钻井工程设计 油气工程研究院 项目实施单位 15天
10 办理单井环评手续 项目实施单位 质量安全环保处 35天
11 钻机议标 项目实施单位 概预算管理部、企管法规处 10天
12 签订钻井合同 项目实施单位 企管法规处 7天
13 报批修路平井场开工报告 项目实施单位 — 3天
14 修路平井场施工 项目实施单位 — 10天
15 报批基础施工开工报告 项目实施单位 — 3天
16 基础施工 项目实施单位 — 10天
17 钻机搬迁、安装 项目实施单位 — 10天
18 开钻验收及整改 项目实施单位 — 2天


图 4　塔里木油田钻前施工运行程序及时效控制图（钻机议标）

打破思维定式，创新招标方式，统一招标模式、评标方法及评审标准，组织开展钻井项目框架协议集中招标。抽调精干的招标评审专家组成评标团队，采用综合评标法，从技术和商务两个维度，分七个方面对投标人的人员、设备、方案、业绩、信誉等进行系统全面的专业化评审。最终，第四勘探公司、第一勘探公司、巴州派特罗尔石油钻井技术服务有限公司等 8 家钻井公司 119 支井队中标，随后根据中标排名确定中标份额，中国石油内部队伍约占中标份额的 70%。与以往“一井一招”的单井招标方式相比，采取框架协议统一集中招标至少节约招标组织时间 30 天，大幅提高了生产组织时效，为夺油上产赢得了宝贵时间。

2.2.2.3　开展联合技术攻关，突破工程技术瓶颈

建立甲乙方联合攻关和“甲方引进试验、乙方推广应用”的工程技术创新应用机制，增加相应的单井定额费用，鼓励和支持乙方钻井公司大力推广应用国内外先进的钻井新工艺新技术，突破工程技术瓶颈，实现提速提效和减少事故复杂的双重目的，为开展钻井工程总承包合作提供全方位技术支持。

针对库车山前盐上高陡构造地层倾角大（15°～87°）、自然造斜能力强等地质特点，在国内率先引进垂直钻井工具，通过设计研发抗冲击、高侧向力、倒划眼的 PDC 钻头，提升推力块抗磨损能力，优化工具作业模式，制订标准作业程序，形成了适应高陡地层的垂直钻井技术。截至 2018 年 5 月，该技术已累计在油田规模应用 345 井次，机械钻速较常规钻井技术提高 3～6 倍，井斜控制在 1° 以内，实现了 100% 降斜，杜绝了套管头及套管磨损，有效减少事故复杂，已成为塔里木乃至国内高陡地层提速标配技术。借助该技术，迪那 2 气田盐上地层平均钻井工期由 132 天缩短至 29 天（图 5）。

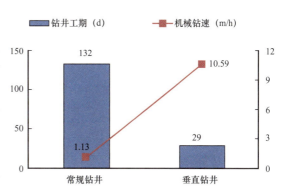

图 5　塔里木油田迪那 2 气田垂直钻井技术应用效果

针对超深盐下致密储层目的层段长（250～300m）、岩石抗压强度高（180～240MPa）和研磨性强（石英含量 40%～60%）等地质特点，引进并改良 360 旋转复合片等进口抗研磨钻头和"涡轮＋孕镶"提速工具，突破金刚石复合片深度脱钴技术，自主设计抗研磨、抗冲击 PDC 钻头，形成了克深目的层"高效抗研磨钻头、涡轮＋孕镶"提速模板。应用该技术，只需 2～3 只钻头便能完成以往最少 8 只钻头才能完成的目的层进尺，克深区块目的层钻井工期由 89 天缩短至 27 天。尤其是克深 8-6 井，仅用 1 只钻头 12 天就完成进尺 190.4m，创库车山前目的层最快钻进纪录（图 6）。

图 6　塔里木油田克深目的层提速技术应用效果

#### 2.2.2.4　强化井控统一管理，夯实安全生产根基

塔里木盆地地质情况复杂，超高压、超高温、超深、高含硫井多，做好井控工作是甲乙方保持良好合作关系的基石。为此，油田健全井控管理网络，成立由油田分管领导挂帅的井控管理领导小组，完善井控分级责任制，构建以油田井控实施细则等近 20 项制度为准则、以井控装备配套技术规范等 23 项标准为依据的井控管理体系，形成"四统一"井控管理模式，为开展钻井总承包合作提供强有力安全保障。

（1）统一井控管理要求。牢固树立"发现溢流立即关井，怀疑溢流关井检查""井控工作贯穿于全井筒、全过程乃至井的整个生命周期"等积极井控理念，由油田统一部署井控管理工作，统一组织制订、修订和发布公司井控管理规章制度及技术标准规范，明确井控工作职责和井喷失控处理等相关工作程序，对井控设计、井控培训、井控装备选用等提出具体要求。乙方各钻井公司执行油田统一的井控管理要求和标准。

（2）统一井控技术培训。根据人员持证上岗规定及井控培训取证制度，分层次分类别统一组织开展"闭环式"井控培训（图7）。采取专职和兼职培训师相结合、理论学习和实际操作相结合、走出去与请进来相结合的方式，持续强化和提升培训对象的井控技能。针对不同种类的防喷器，以技术讲座和现场演练等方式进行系统的防喷器操作培训，坚持每班每周一练，杜绝"纸上演练"，全面提升有关人员的井控意识和操作能力。

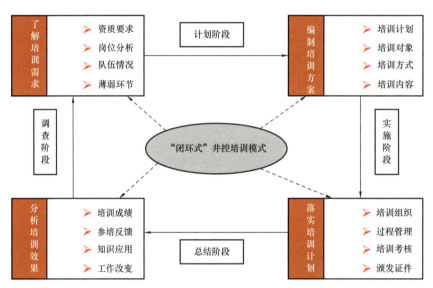

图7 塔里木油田井控培训模式示意图

（3）统一井控装备管理。油田生产所需的所有井控装备由油田公司进行统一管理，实行统一采购、统一调配、统一安装、统一维护，实现了井控装备的专业化、标准化和规范化管理。修订完善油田公司《井控装备管理办法》，进一步规范井控装备管理程序，明确井控装备的使用与管理职责，促进井控装备管理水平提升。开发井控装备综合管理信息系统和井控配件管理系统，实现井控装备信息化、动态化管理，提高了井控装备的使用效率。

（4）统一井控应急处置。成立油田公司井控应急工作组，统一组织协调井控应急处置工作。明确油田井控应急专业支持单位，负责提供除井控装备外的所有井控应急物资保障和配套服务。油田井控专家为井控应急处置工作提供抢险技术支持。按照"一井一策"的管理思路，在钻前统一组织制订单井应急预案，明确应急处置程序，确保作业风险受控。

2006—2017年，油田共发生溢流766井次、井控险情18起，均得到了有效控制，实现连续12年无井喷事故，确保了安全平稳生产（图8）。

（5）创新考核激励措施，激发提速提效潜力。在钻井总承包模式下，为充分调动各钻井公司和项目实施单位的积极性，满足油田快速上产的需要，塔里木油田制订并发布了《钻井提速激励办法》及补充规定，共设置单部钻机使用效率和区块平均钻机使用效率两类11项考核指标，明确了奖励申报程序和相应的奖励标准。办法实施以来，共对6家乙方钻井公司和 3 家甲方项目实施单位进行了奖励，极大地激发了甲乙方协同发展的活力和潜力。库车山前、轮南和哈拉哈塘等地区钻井提速效果十分显著，尤其是哈拉哈塘地区，在平均完井井深变化不大的情况下，平均机械钻速由 5.46m/h 提高到 7.32m/h，平均完井工期由 129 天缩短至 92 天，屡屡刷新钻井指标纪录，促进油田持续快速上产（表 1）。

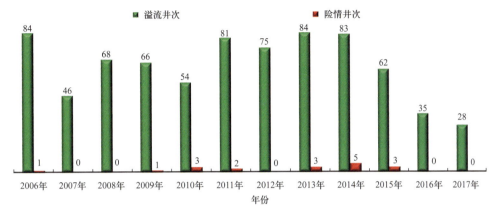

图 8　塔里木油田 2006—2017 年溢流及井控险情次数统计

表 1　塔里木油田钻井提速奖励标准（节选）

| 区域 | 项目 | 奖励条件 | 钻井公司奖励标准（万元） | 项目实施单位奖励标准（万元） |
|---|---|---|---|---|
| 库车山前 | | 开发井完钻周期不超过 255d | 100 | — |
| | | 开发井完井周期不超过 280d | 200 | 20 |
| | 一开一完 | 新构造点的探井实现"一开一完"是指同一钻井队在同一自然年度内完成一井次开钻、一井次完井（包含原钻机试油时间），且队年度进尺超过 6500m | 100 | 20 |
| 台盆区 | 四开四完 | 同一钻井队在同一自然年度内完成四井次开钻、四井次完井（包含原钻机试油时间），且队年度进尺超过 24000m | 200 | 20 |
| | 三开三完 | "三开三完"是指同一钻井队在同一自然年度内完成三井次开钻、三井次完井（包含原钻机试油时间），且队年度进尺超过 20000m | 塔中地区 100 塔北地区 50 | 塔中地区 20 |
| | 钻井队实现油田公司队年度进尺新记录 | | 100 | — |

　　2017 年，油田公司与第一勘探公司、第二勘探公司、第四勘探公司在哈拉哈塘、塔中、英买力等区块的 95 口井开展"井组 + 区块"总承包合作，占全部总包井的 63%。其中，第二勘探公司、第四勘探公司在塔中地区以井组总承包方式完成 30 口井，平均井深近 6000m，平均机械钻速 7.56m/h，较 2016 年提高 30.2%；平均钻完井周期 100 天，较 2016 年缩短 19.5 天，钻完井提速 16.3%，提速效果显著（图 9）。在井位确定、完成选商的情况下，油田按照产能建设目标科学安排工期，统一调配钻机、统一安排工作量，实现

了钻机资源的优质高效配置，各钻井公司的钻机平均利用率由 2016 年的不到 60% 提高到目前的 80% 以上。

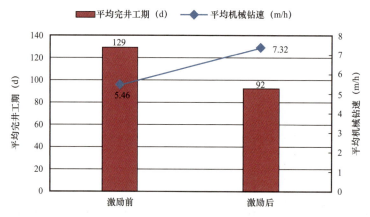

图 9　塔里木油田哈拉哈塘地区钻井提速激励前后钻井指标完成情况对比

### 2.2.3　推行基建工程总承包，拓宽甲乙方协同发展渠道

塔里木油田基建工程具有点多面广、施工环境和社会依托差、不同专业承包商交叉作业、风险管控和协调难度大等特点。按照传统的专业化承包模式开展工程建设，作为甲方的油田公司面临着项目专业管理人员不足、工程管理和协调难度大、建设周期长等一系列重大难题。为有效应对上述问题和困难，继钻井工程实施总承包以后，油田在基建领域也陆续探索试行工程建设总承包，在拓展甲乙方合作领域、深化甲乙方合作的同时，深度整合甲乙方优势资源，充分发挥甲方的管理体制机制优势和总包方专业化的人员、技术、设备特长，促进甲乙方一体化协同发展。

#### 2.2.3.1　探索 EPC 工程总承包，开启甲乙方合作新模式

2010 年以来，油田在和田河气田地面建设工程、克拉苏气田大北区块地面建设工程等部分重点基建工程项目探索实行 EPC 总承包，将工程的施工图设计、采购和施工等所有工作总包给中石油工程设计公司西南分公司，由其总体负责项目的实施和运行，把作为业主的油田公司从具体事务中解放出来，将精力更多地放在工程投资、进度和质量的把控上。项目具体实施过程中，推行以"十要素"为核心的分层分类项目管理，建立 EPC 总承包模式管理架构（图 10），明确业主、总包方、监理方在项目设计、采购、施工等各环节的职责和工作程序，形成配套的 EPC 项目管理手册。组建甲乙方联合项目组，甲乙双方、项目实施单位与用户单位合署办公，通过定期召开工程建设协调会议和实时沟通，协调解决工程建设中存在的问题，确保项目按计划有序推进。

实行地面工程 EPC 总承包，开启了甲乙方合作新模式，有效解决了设计与施工的衔接问题，减少了采购与施工的中间环节，有利于最大限度发挥甲乙方各自优势，促进项目统筹规划和协同运作，实现建设优质工程目标。以和田河气田地面建设工程和大北区块地面建设工程为例，在设计工期紧、工作量大、质量要求高的情况下，油田和总包方密切配合、通力合作，高水平、高质量、高效益如期建成了两个 EPC 总承包项目并投入运行，不仅平均节约投资 1.1 亿元，且建成的站场和集输管网多年来一直保持"安、稳、长、满、优"运行状态。

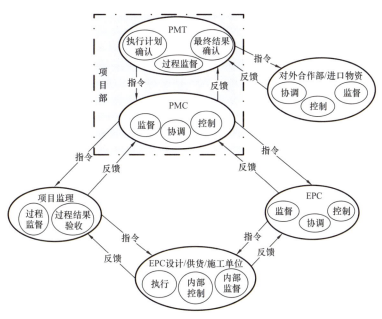

图 10 塔里木油田地面建设工程 EPC 总承包模式管理架构示意图

#### 2.2.3.2 推广工程标准化设计，适应规模化建产新要求

针对塔里木油气藏类型复杂、油气介质多变、处理工艺多样的特点，为了加快产能建设速度，实现建设 $3000 \times 10^4$t 大油气田目标，油田积极推进工程标准化设计，组织编制地面工程标准化设计规范性文件和《全面推行标准化设计助推塔里木实现三千万吨目标》实施方案。运用标准化设计理念及方法，全力推动站场布局规范化、处理规模系列化、工艺流程标准化、设计安装模块化及单井设备橇装化，助力规模化建产，确保实现产建目标（图 11）。

图 11 塔里木油田地面工程标准化设计规范性文件

对符合油田生产特点的天然气处理、凝析油稳定等标准工艺流程进行总结和固化，形成高压气田天然气处理"前置空冷 + 分级脱水 + 高效分离"等配套工艺技术，供前期设计方案选用，大幅缩短项目设计周期，提高了设计时效。目前，总结形成的一批成熟工艺技术已在迪那、大北、克深等高温高压气田建设过程中得到推广应用，效果十分显著。

为应对站场规模、油气介质和工艺参数的复杂多样性变化，开展站场模块系列定型工作。根据标准化工艺流程和功能作用，将站场划分为若干个生产单元，对生产单元内部进行模块分解和定型，把相对独立的功能分区模块化，再参照典型设计参数将模块系列化，形成模块系列定型图。实际应用时，选择不同功能模块系列进行组合拼装，大大加快了站场的设计与施工进度，实现了快速建产（表2）。

**表2 塔里木油田地面建设标准化设计定型图目录清单（节选）**

气田地面建设标准化设计定型图目录清单（节选）

一、集输部分：

| 序号 | 名称 | 编号 | 压力 | 包含专业 | 关键参数 | 模块划分根据 | 应用区域 | 完成情况 |
|---|---|---|---|---|---|---|---|---|
| 1） | 加热节流橇模块 | | | | | | | |
| 系列1 | 加热炉带底座一体化集成装置（含H$_2$S）-0.4-42/16-$\phi$100-Ⅱ | tlm-gcsj-mkqt-jrj1-01 | 0.4 | 集输、自控、结构、机械 | | 模块功能（气田类型）—管径—加热炉功率（MW）节流前压力等级/节流后压力等级 | 含硫气田 | 已完成 |
| 系列2 | 加热炉带底座一体化集成装置（含H$_2$S）-0.4-42/10-$\phi$100-Ⅲ | tlm-gcsj-mkqt-jrj1-02 | 0.4 | | | | 含硫气田 | 已完成 |
| 系列3 | 加热炉带底座一体化集成装置（含H$_2$S）-0.4-42/10-$\phi$100-Ⅱ | tlm-gcsj-mkqt-jrj1-03 | 0.4 | | | | 含硫气田 | 已完成 |
| 系列4 | 加热炉带底座一体化集成装置（含H$_2$S）-0.4-42/10-$\phi$100-Ⅲ | tlm-gcsj-mkqt-jrj1-04 | 0.4 | | | | 含硫气田 | 已完成 |

**油田地面建设标准化设计定型图目录清单（节选）**

二、计量站

| 序号 | 名称 | 编号 | 压力 | 包含专业 | 关键参数 | 模块功能及划分根据 | 应用区域 | 完成情况 |
|---|---|---|---|---|---|---|---|---|
| 1） | 8井式计量站 | | | | | | | |
| 系列1 | 计量站—计量橇（旋流）-8 | tlm-gcsj-zcyt-j1zj1q-01 | 2.5MPa | 油气集输土建电力自控 | 8井式 | 自动选择单井，对来液进行气液两相分离计量，根据计量橇计量方式划分 | 哈拉哈塘 | 完成 |
| 2） | 12井式计量站 | | | | | | | |
| 系列2 | 计量站—计量橇（旋流）-12 | tlm-gcsj-zcyt-j1zj1q-02 | 2.5MPa | 油气集输土建电力自控 | 12井式 | 自动选择单井，对来液进行气液两相分离计量，根据计量橇计量方式划分 | 哈拉哈塘 | 完成 |

全面推广地面工程三维设计，应用三维协同设计平台，实现多专业在同一平台设计，最大限度避免"错、漏、碰、缺"的发生，提高了设计质量。按照三维设计生成的单管图，结合模块定型图，积极推行工厂化预制，工艺管道冬歇期工厂预制率达80%以上。针对碳酸盐岩油气藏产量递减速度快这一特点，在碳酸盐岩油气田井场及内部集输系统全面推广橇装化设备，采用标准化、系列化、橇装化设备快速建产，实现碳酸盐岩油气田高效开发。

2011—2017年，塔里木油田共规划新建原油产能 $588 \times 10^4$ t，天然气产能 $222 \times 10^8$ m³，地面建设工作量巨大，通过实施工程标准化设计，实现了工程建设各环节的高效衔接，简化了工作程序，加快了施工节奏，提高了工程质量，有效控制了投资，满足了进度、质量、效益相统一的要求和快速规模化建产的需要。油田单井站等小型站场标准化设计覆盖率达95%，集气站等中型站场标准化设计覆盖率达90%，大型厂站标准化设计覆盖率达60%。与以往相比，地面工程设计工期缩短了40%，建设工期缩短了20%，工程投资降低了3%。

#### 2.2.3.3 狠抓风险常态化管理，应对可持续发展新形势

针对具体工程建设项目，油田从施工作业前、施工过程中和施工结束后三个环节入手，全方位狠抓风险常态化管理。采取人员资质审查、设备安全性评估、安全技术交底、工作安全分析、严格高危作业管控、严厉查处"三违"和安全绩效评估等有力措施，应对因承包商人员流动性大、不同专业承包商交叉作业多、现场高危作业频繁等带来的风险，以适应新形势下日趋严峻的安全环保要求，确保油田持续稳健发展。

为从源头把好工程建设风险控制关，施工作业前，由项目实施单位对工程参建承包商的开工手续、人员资质和设备安全性能等进行全面审查和逐项评估，一旦发现不合格项，要求承包商必须在规定时限内整改到位方能开工。同时，与承包商签订工程项目QHSE承诺书，督促承包商自主履行QHSE职责、落实油田QHSE管理制度和标准要求。扎实做好承包商入厂（场）前三级安全培训，采取标准规定专题讲解、事故案例动画演示等形式，对相关安全法律法规、油田QHSE管理制度规定、高危作业标准要求和作业区域的风险及防控措施等内容进行全面培训，提高承包商人员的安全意识和安全技能。根据工程施工方案，由施工方负责人对作业人员进行安全技术交底，使作业人员详细了解工程特点、技术质量要求、施工方法和安全风险等信息，以便科学组织施工，避免质量和安全事故发生。开展工作前安全分析，按照施工内容，由项目属地主管组织所有工程施工相关人员对施工步骤进行分解，采用"头脑风暴法"对每个施工环节可能存在的风险和危害因素进行全面辨识，通过制订有针对性的风险控制措施，实现"三不伤害"，确保作业人员安全。

建立油田HSE监督中心、项目实施单位、工程监理三方督查机制，施工过程中，分别按照油田公司相关QHSE制度、施工现场安全管理要求和行业规范及标准要求开展安全监督检查工作。制订和细化施工作业过程监督检查表，对机构人员、工作环境、施工机具、高危作业等8个方面52项内容进行重点检查，将出现现场管理混乱不能保证施工安全、发生一般A级及以上安全责任事故、受到地方政府有关部门2次及以上重大行政处罚等情况的承包商及其管理人员和违反安全施工有关规定的作业人员纳入"黑名单"。严格落实高危作业许可制度，强化高危作业管控，除工业动火、吊装作业、高处作业等七类

高危作业外，将无操作规程和作业程序的非常规作业也纳入高危作业管理。根据作业标准及要求，对高危作业申报、风险分析、措施确认、过程监督等环节实施全过程管理，实现高危作业风险全面受控。采取油田 HSE 监督巡回检查和项目实施单位属地主管现场"盯梢"等方式，严厉查处违章指挥、违规作业和违反劳动纪律等行为，做到"发现一起、叫停一起、惩处一起"，视情节轻重对违章人员进行行政处分或经济处罚，强化不敢违的震慑，营造不愿违的氛围，有效遏制事故发生。

施工结束后，由油田业务主管部门和项目实施单位采用"日常评估＋综合评估"的方式，对承包商的安全绩效进行量化评估。项目实施单位根据施工过程监督检查情况，按照评估标准和评估内容的分值权重，从 QHSE 管理体系运行、高危作业标准执行、工具设备使用、个人防护和现场目视化管理等 15 个方面，对工程参建承包商进行日常评估。业务主管部门结合承包商年度专项 QHSE 审核定级成绩（权重 40%）、项目实施单位日常评估成绩（权重 60%），对承包商进行竣工后安全绩效评估，若年度专项 QHSE 审核定级或日常评估成绩为 D 级，直接取消承包商准入资格。根据承包商年度安全绩效评估得分情况，将承包商划分为优秀、合格、观察使用和不合格四个等级，并公开评估结果。得分率 90% 及以上为"优秀"，得分率 70%（含）～90% 为"合格"，得分率 60%（含）～70% 为"观察使用"，得分率 60% 以下为"不合格"（表 3）。对评级为"优秀"的承包商，在中标条件同等的情况下优先授标。对评级为"不合格"的承包商及其管理人员纳入"黑名单"并取消准入资格，两年内或在其整改合格并通过评估验收前不允许其重新申请准入，且不得以任何方式在油田范围内施工作业。

表 3　塔里木油田承包商年度安全绩效评估分级及结果应用标准

| 序号 | 得分率 | 评级 | 应用 |
|---|---|---|---|
| 1 | ≥90% | 优秀 | 中标条件同等的情况下优先授标 |
| 2 | 70%（含）～90% | 合格 | |
| 3 | 60%（含）～70% | 观察使用 | 一年内或其整改合格并通过评估验收前不允许其参与投标 |
| 4 | <60% | 不合格 | 两年内或在其整改合格并通过评估验收前不允许其重新申请准入，且不得以任何方式在油田范围内施工作业 |

### 2.2.4　深化开发融合式管理，增强甲乙方协同发展纽带

传统的甲乙方关系完全建立在合同契约之上，由于甲乙方之间并不存在行政上的隶属关系，因此只能按照合同约定履行各自的权利和义务，在此情况下，作为甲方的油田公司很难以一般的行政管理手段来实现对乙方的深入约束和管理。为此，油田各开发生产单位在长期的生产实践和与乙方的合作过程中，逐步探索形成了融合式管理模式。甲乙双方围绕站场运行和维护等工作内容，以合同为基础，建立目标与责任、激励与约束相统一的运行机制，充分发挥各自的管理、技术和人力资源优势，将甲乙方从单纯的合同合作关系打造成风险共担、利益共享、一荣俱荣、一损俱损的命运共同体，从发展目标、管理要求和

文化理念等方面增强甲乙方纽带关系，促进双方深度融合，实现目标统一、资源共享、互利共赢。

#### 2.2.4.1 追求一致发展目标，促进互惠互利合作

在油田党工委统一领导下，基层作业区甲乙方紧紧围绕"11456"总体部署，以确保站场安全平稳运行和外输天然气质量合格为基本目标，充分发挥甲方的管理特长和乙方的技术优势，全面提升现场安全管理、工艺管理、设备管理和班组管理水平，助力 $3000 \times 10^4$t 大油气田建设。为实现互惠互利发展，油田在站场运行和维护方面建立了有效的激励与约束机制，在合同中明确了隐患查处、技术改造、创新创效、QC、管理机制改进等考核激励条款，激励乙方技术人员为站场安全平稳运行、工艺优化、节能减排和站队管理等贡献力量，同时将发生安全生产事故、装置非正常停车、不合格产品外输和甲方受到 QHSE 考核扣分等情况与乙方的合同费用挂钩，把甲乙方的目标和利益捆绑在一起，促进双方协同发展。

#### 2.2.4.2 执行统一管理要求，确保各方行动一致

基层作业区甲乙方统一执行油田公司和开发生产单位制订的制度规定及标准规范，并按相关要求开展日常工作。尤其是安全管理方面，坚持"安全不分内外"这一理念，甲乙方执行油田统一的 QHSE 管理规定，按照相同的标准要求开展员工培训和能力评估，以同样的标准对站队安全管理做出贡献的人员进行奖励，实现了安全标准一致、培训评估一致、激励机制一致。根据"同岗同手册，不分甲乙方"这一原则，编制属地管理手册，明确甲乙方相同岗位人员的属地划分、岗位职责、岗位风险、工作标准等内容，推进基层站队全面标准化建设。组织甲乙方员工共同开展安全知识与技能培训，共同进行员工能力评估，提升岗位人员"我要安全"的责任意识及"我会安全"的安全能力，确保岗得其人、人适其岗、能岗匹配。按照相同的标准对提出合理化建议、隐患查处和安全团队建设做出贡献的甲乙方员工进行奖励，激励全体员工共同为站场安全平稳运行建言献策。

#### 2.2.4.3 培育共同文化理念，营造和谐发展氛围

塔里木极其恶劣的自然环境给生产组织和员工生活造成了极大的困难，但为了祖国的石油事业，为了实现建设一流大油气田的目标，油田甲乙方员工以革命的乐观主义和大无畏精神，在号称"死亡之海"的塔克拉玛干大沙漠，战风沙、斗酷暑，在塔里木的大舞台上展示个人才华、实现人生价值，形成了"只有荒凉的沙漠，没有荒凉的人生"的人生观。基层作业区坚持以人为本、一视同仁，逐渐淡化甲乙方意识，提倡互相学习、共同提高，并通过关心人、尊重人、理解人，营造团结友爱、相互信任的良好氛围，促进员工思想观念转变，使甲乙方只在职责分工上存在差别。工作之余，统一组织群团活动，将甲乙方日常生活融为一体，创造宽松和谐的工作环境，培养全体员工"爱厂如家"的集体意识，形成了强大的组织凝聚力。

融合式管理模式，使乙方变被动服务为主动参与，极大地增强了主人翁责任感，发挥了员工的积极性、主动性和创造性，全面推动了科学管理。融合式管理在形式上是融合，实质上是以人为本，重视人的培养，挖掘人的潜能，体现人的价值，充分保障了员工交往的需要、尊重的需要、自我价值实现的需要，造就了和谐的队伍，最终目的是为了实现生产的高效率、高效益和零事故。甲乙方有了共同的目标，成为命运共同体，互相借力、优

势互补、共同成长，实现"你中有我，我中有你"，这正是融合式管理的真正魅力所在。以克拉作业区为例，通过实行融合式管理，统一组织生产、统一调配技术力量、统一开展群团活动，把甲乙方共同当作作业区主人对待，充分调动乙方队伍积极性，实现了少人高效。作业区目前有甲方合同化员工 70 人，西南油气田蜀南气矿塔里木油气工程分公司等主要承包商员工 178 人，年均产气约 $79 \times 10^8 \mathrm{m}^3$，按照 2017 年天然气均价测算，年人均产值约 3125 万元。

## 3　甲乙方一体化协同发展取得的成效

会战以来，塔里木油田始终坚持"依靠行业主力、依托社会基础，统筹规划、共同发展"的二十字工作方针，经过近三十年的发展，形成了以油气上游业务为核心的上下游一体化产业链以及围绕油田服务和油气产品深加工的产业集群，甲乙方一体化协同发展模式日趋成熟，甲乙方一体化协同发展格局完全定型，取得了显著的经济效益、社会效益和管理效益。

### 3.1　打造命运共同体，实现互利共赢发展

在长期发展和合作中，油田甲乙方共同经历了勘探和发展低潮的考验、多轮油价波峰波谷的考验以及油田市场和政策环境变化、新疆特殊地理和社会环境的考验，甲方已离不开乙方，乙方也离不开甲方，甲乙方已形成一荣俱荣、一损俱损的命运共同体。截至2017 年底，油田产值规模达到 397.5 亿元，累计实现销售收入 5772 亿元、利润 2500 亿元，上缴税费 1730 亿元，盈利能力居集团公司油气田企业前列，单位发现成本、单位开发成本优于板块内多数企业。以党工委成员单位为主体的乙方队伍不断发展壮大，第一勘探公司、第二勘探公司、第四勘探公司等钻井公司钻井队总数由会战之初的 46 支发展为现在的 94 支，收入由 3.7 亿元增长到 33 亿元。2017 年，油田前十大供应商中石油占 7 家，结算金额达 72.3 亿元。

### 3.2　带动地方同发展，促进社会长治久安

油田公司始终不忘履行央企的政治责任和社会责任，在甲乙方一体化协同发展模式下，积极支持区域内供应商发展，围绕油田勘探开发和炼油化工等主营业务，形成了以新疆博瑞能源有限公司、巴州派特罗尔石油钻井技术服务有限公司等 394 家优质供应商为主体的产业集群，解决了新疆当地上万人的就业问题。同时，积极投入资金支持当地文化教育、医疗卫生和基础设施建设，尤其是 2013 年建成的国家重点项目——南疆天然气利民工程，使南疆 5 地州 42 个县（市）逐步实现气化，400 万群众从中受益，极大地促进和带动了当地经济社会发展，为确保当地经济繁荣稳定和社会长治久安做出了巨大贡献。

### 3.3　开辟合作新模式，释放管理无限潜能

油田始终坚持党工委统一领导，将党的领导和国际油公司的市场化运行机制有机结合，走出了具有中国特色的甲乙方共同发展之路。在寻找大场面、建设大油气田的过程中，油田先后探索实施了钻井单井总承包、钻井区块总承包、地面建设 EPC 总承包和融合式管理等甲乙方合作模式，丰富、完善和巩固了甲乙方合作关系，有力地提升了主要乙

方单位的综合服务能力和资源配置能力，有力地支持了乙方与甲方共同发展、共同进步。借助乙方尤其是中石油内部队伍的人员、技术和装备优势，大大提高生产时效和资源利用效率，推动了油田快速上产。在甲乙方共同努力下，工程技术领域形成了以复杂深井超深井钻井技术、超深高温高压试油完井技术、超深复杂储层改造技术等具有塔里木特色的十大工程技术，有力解决了油气埋藏深、地质条件复杂、建井周期长、勘探发现评价慢等勘探开发难题。在地面建设领域，油气处理工艺日臻成熟，工法技术不断积累，利用两年时间快速开发超深超高压气田群——克深气田，天然气处理能力 $2000 \times 10^4 m^3/d$，2017 年克深气田年产气 $52 \times 10^8 m^3$。在开发生产领域，融合式管理持续深入推进，"融"出了甲乙方共同推动塔里木油气事业发展的新格局，"合"出了甲乙方"一家人、一盘棋"的新气象，形成了甲乙方一家亲的特色"家"文化和"只有荒凉的沙漠，没有荒凉的人生"的人生观。

# 贯彻五大发展理念做好油田地面设施本质安全 为塔里木大油气田建设生产保驾护航 ❶

李循迹

**摘　要：**伴随着塔里木油田的快速上产，在确保油气供应、取得良好经济效益的同时，也无时无刻不面对着设备和管道出现的各种问题和挑战。十八大以来特别是习近平治国理政新理念、新思想、新战略，创新、协调、绿色、开放和共享五大发展理念，给我们指明了方向。通过加大技术创新，提高管道设备本质安全；通过协调发展，补短板，确保集输管线从井口到站内的完整性；通过绿色发展，对库车复合管焊接工艺不合格的管线有计划地进行整改；通过开放发展，解决超期服役高压容器的检验和整改；通过共享发展，让各基层生产单位互相交流分享经验和成果等措施，可以进一步做好塔里木油田地面设施本质安全，为大油气田的建设及安全运行保驾护航。

**关键词：**五大发展理念；油田地面设施；本质安全

经过 28 年的勘探开发，塔里木油田油气当量已经达到 $2500 \times 10^4$t，在国内陆上油气田中排名第三。建成了 $1000 \times 10^4$t/a 原油地面生产系统，$300 \times 10^8$m³/a 天然气地面生产系统。担负着国内向西气东输供应天然气的主要任务。

去年下半年及今年上半年，库车地区的克深、大北、牙哈，塔北地区的哈拉哈塘，塔中地区的东部等油气田地面集输管道比较集中地出现多次穿孔，造成局部油气井停产和环保问题，给塔里木油气田地面生产系统的安全运行及向西气东输管线安全平稳供气敲响了警钟。

## 1　塔里木油田地面生产系统本质安全的极端重要性

### 1.1　塔里木油田的基本情况

塔里木油田 28 年新的石油大会战，是我国改革开放经济快速发展的一个缩影。盆地总面积 $56 \times 10^4$km²，其中沙漠面积 $33.4 \times 10^4$km²。据国土资源部最新资评：油气资源量达 $240 \times 10^8$t，其中石油 $121 \times 10^8$t，天然气 $14.8 \times 10^{12}$m³，是国内油气资源量最大的盆地之一。

20 世纪 50 年代初到 70 年代末，历经"五上五下"石油会战。但由于地质情况十分复杂，又限于资金不足和技术装备等方面的制约，仅发现依奇克里克、柯克亚两个小型的油气田。

1989 年 4 月 10 日，经国务院批准，塔里木石油勘探开发指挥部在新疆库尔勒成立，

---

按照"采用新体制和新技术，实现高水平和高效益"的"两新两高"工作方针，展开新的石油大会战。会战初期，面对塔里木勘探开发需要大量资金的现实问题，在党中央国务院的支持下，塔里木从中国银行贷款 12 亿美元，开启了国内贷款搞勘探的先河。

在几代石油人艰苦卓绝努力的基础上，经过将近三十年的顽强拼搏，在祖国西部边陲建成了 $2500 \times 10^4$t 级油气田，成为我国陆上第三大油气田和西气东输国内主力气源地，走出了一条成功的跨越发展之路，2000 年油气当量达到 $500 \times 10^4$t，2005 年达到 $1000 \times 10^4$t，2008 年达到 $2000 \times 10^4$t，2014 年达到 $2500 \times 10^4$t。为集团公司建设世界水平国际综合性能源公司、实现新疆社会稳定和长治久安做出了积极的贡献。

## 1.2 地面生产设施基本情况

塔里木油田地处偏远的新疆南疆地区，地质构造复杂，地面条件艰苦，春季风沙大，夏季炎热，冬季寒冷，给油气田的勘探开发带来难以想象的困难。这里既有世界级的地质工程难题。同时也有世界级的地面工艺设备难题。

油气田主要位于沙漠、戈壁和库车山前地区，具有油气埋藏深，最深达到 8000m，井口压力高，最高达到 100MPa，井口温度高，最高超过 100℃，单井产量高，腐蚀严重等特点。这就给勘探开发、钻井工程、地面工艺设备带来一系列难以想象的困难。

经过 28 年的会战，累计建成 $1000 \times 10^4$t/a 地面原油生产系统，$300 \times 10^8$m³/a 天然气生产装置。先后建成 30 多套油气处理装置，主要设备 15000 多台（套），地面管道 14500km。

## 1.3 近十几年地面设施出现的问题及所做工作

（1）加强压力容器等特种设备的管理。

近十几年来，油田处于快速增储上产阶段，地面生产系统不断扩大，每年都有新的产能建设项目投入运行。时间紧，任务重，责任重大。开发设备管理的重点：一是为新建项目保驾护航。二是确保在役装置的本质安全。

2005 年 6 月克拉 2 第六套装置低温分离器发生闪爆事件后，油田调整了设备管理的职能，将锅炉压力容器等特种设备的管理纳入设备管理部门。在摸底调查发现大量问题的基础上，油田采取两方面的措施：一是加大对已建老油气田特种设备的检验整改力度，对以往已建的存在大问题的 800 多台压力容器进行彻底的整改；同时加大在役特种设备的定期检验检测的力度，及时发现和处理设备出现的问题。二是对新建项目的特种设备，在设计审查、厂家选择、驻厂监造、入厂检验及设备专项验收上，制订一系列措施并强化执行，杜绝新建项目特种设备再出现新的问题。

（2）加大油气管道的管理。

2008 年开始，针对油田地面管道资产和技术家底不清的问题，加强了管理，做了两个方面的工作：一是摸清管道资产家底，建立集输、站场及长输管道的数据库。利用 3～5 年的时间，收集整理已建及新建油气田地面管道相关资料，建立起完整的数据库，掌握油田各类管道的资产家底。二是摸清管道技术家底，油田拨出专项资金，利用 3 年的时间，集中对已建管道进行一次全面的检验，通过这次全面的检验，基本摸清了在役管道的技术家底。从 2013 年起将管道的定期检验工作常态化，费用进各单位的成本。

（3）加强油气田地面系统腐蚀防护管理工作。

2011 年针对地面集输管线穿孔数量急剧上升的实际情况，组织一次专题调研，发现 5 个方面的问题：① 机构不健全，职责不清晰，管理制度不健全，技术无支撑；② 油气田地面系统管道腐蚀穿孔现象严重，并呈快速上升的趋势，2008 年 448 次，2009 年 577 次，2010 年 664 次，2011 年 676 次。其中塔中平均 1 次 / 天，轮南平均 1 次 /2 天，东河平均 1 次 /3 天；③ 地面系统管道内腐蚀管理存在的问题，缓蚀剂加注不规范，腐蚀监测不规范；④ 地面系统管道外腐蚀管理存在的问题，阴极保护系统工作不正常，大部分集输管道阴极保护系统处于欠保护状态，很多阴保设备不工作，一些阴保材料为假冒伪劣产品，运行管理队伍管理不到位；⑤ 非金属管道管理存在问题，质量好坏参差不齐，施工质量不稳定。

根据 2011 年 9 月总经理办公会确定的原则，按照"一年打基础，三年见效果，五年彻底扭转被动局面"的总体要求，在全油田范围内，健全组织，明确分工，加强技术支撑，集中进行隐患整改，狠抓现场规范化管理等。经过五年的努力，管线穿孔现象得到有效遏制。2012 年穿孔 590 次，2013 年 400 次，2014 年 355 次，2015 年 306 次，2016 年有所抬头达到 418 次。

## 1.4　油田地面系统本质安全面临的安全风险

（1）油气田地面系统管线腐蚀穿孔数量仍然较大。

尽管经过五年的努力，油气田地面集输管线穿孔总数量得到有效遏制，特别是老区的管道穿孔次数明显降低。但是，近几年建设的库车、塔北和塔中地面集输管道暴露出新的问题。特别是哈拉哈塘地区管道有很大一部分位于村庄和田间，油气中含有硫化氢，管线穿孔后硫化氢对地面人员的危害特别大。库车地区地面集输管线压力高、产量大，一期工程使用机械复合的双金属复合管，由于采用老的焊接工艺，焊缝腐蚀穿孔后造成爆管，对人身安全及平稳供气造成极大的威胁。

（2）管理理念、工作方法上还有不相适应之处。

通过对兄弟油田西南油田分公司地面防腐的考察学习，通过对标，感觉到我们在以下五个方面还存在一定的差距。

① 四川地区面对地面人员密集的环境，加之多年积累的经验，使西南油气田领导和工程技术人员对管道穿孔失效的态度是零容忍。我们地处沙漠戈壁地区，地面人烟稀少，在态度上有差距。

② 西南油气田对管道运行维护管理的思路是预防为主，前期舍得投入，对先进的管道内检测技术的作用认识到位，已批量使用。相比之下，我们在理念上有差距。

③ 西南集输管道的防腐主要以"碳钢 + 缓蚀剂"的方案，把定期通球清管当成天经地义的事，就像一日三餐那样平常。我们往往把通球清管当成一项工程，一件大事，就像过节一样，在习惯上有差距。

④ 西南油气田在缓蚀剂的研制上采取专业化，加注模式及效果检测评价有独到之处，是多年经验的积累，具有先进性和科学性。我们需要借鉴学习，在方法上有差距。

⑤ 西南油气田有两家专业机构对油气田地面管道及防腐进行专业技术指导、支撑和把关。我们虽有，但力量较薄弱，在技术支撑上有差距。

（3）高压复合板压力容器内部焊缝的点蚀潜在风险仍较大。

克拉 2 当初存在隐患的复合板压力容器，经过十几年的运行，在近年的检修中仍然能发现一些问题，说明这项工作要常态化管理，不能抱任何侥幸心态，该做的工作一定要做到位。新建的大北和克深的关键压力容器都采用了复合板，前几年焊缝点蚀问题比较普遍，本质安全风险也特别大。

（4）高压超期服役压力容器潜在的安全风险。

轮南的高压气举压缩机配套的缓冲罐，已经服役 25 年，牙哈的高压注气压缩机的缓冲罐已经服役 17 年，由于压缩机的缓冲罐长期承受交变负荷，平时做的检测工作都是按国家现行相关静压容器检验检测的标准，没有一套高压脉动负荷检验标准，因此其安全风险也较大。

# 2 用五大发展理念为指导，通过创新合作进一步做好地面设施本质安全，为大油气田的建设及安全生产保驾护航

塔里木新型石油大会战风风雨雨 28 年，油气勘探开发取得辉煌业绩。有成功时的欣喜若狂，也有低潮时的一筹莫展；油气田地面集输系统也是一样，伴随着油田的快速建设和快速上产，在确保了油气供应、取得良好经济效益的同时，也无时无刻不面对复杂条件下设备和管道出现的各种各样的问题和挑战，有成功时的喜悦，也有面对各种疑难杂症无从下手时的困惑。

经过 28 年的探索和实践，我们在沙漠和戈壁条件下，针对各种苛刻油气介质环境，在地面设备和管道的设计建设及运行管理上取得了很多成功的经验。但是，面对近几年出现的新情况、新问题、新挑战，怎么办？如何在油价低迷，投资压力大的情况下，确保新建油气田油气处理设施的本质安全？如何在老油气田经过 20 多年的运行、管道设备设施老化、腐蚀严重的情况下确保老油气田的设备管道本质安全，成为摆在我们面前的两大难题。

十八大以来党的方针政策特别是习近平治国理政新理念、新思想、新战略为我们指引了方向。

充分运用创新、协调、绿色、开放、共享五大发展理念，按照集团公司管道与站场完整性管理的最新要求，全面推进塔里木油田地面系统站场与管道完整性管理，认真学习西南油气田好的经验和做法，并在此基础上，根据塔里木特殊的情况进行创新和发展，从源头上扎实做好新建及老油气田地面系统设施的本质安全管理工作。现场调研几家穿孔数量较大的轮南和塔中地区，提出今后五年的总体规划，通过技术创新、合作、隐患整改和主动进攻、加强管理等措施，2017 年控制油气管道穿孔总次数不超过 300 次，2018 年控制在 200～250 次，2019 年控制在 100～200 次，2020 年控制在 100～150 次以内，2021 年控制在 100 次以内并长期保持在两位数以内。为实现上述目标要做好以下几个方面的工作。

## 2.1 加大技术创新力度，提高管道设备本质安全

（1）技术创新，继续加大缓蚀剂研发和管理力度。

塔里木油田 14500km 的管线，有 9000km 为集输管线，这其中有 6000 多千米是碳钢

管线，因此，碳钢加缓蚀剂的防腐工艺路线是我们油田的主体技术路线。

从 2015 年开始，组织工程院采用联合公关的办法，在国内及中石油内部，与行业内具有较强专业优势的科研院所进行合作，研制出自己的缓蚀剂，目前已经取得初步进展，中试合格后，在哈拉哈塘油田已经全面使用。

下一步将继续加大不同区块不同油气介质区缓蚀剂的研发力度，在全油田全面推广。同时现场加大缓蚀剂加注、跟踪检测力度，加强通球计划的管理及现场执行情况的监管。

通过这种联合研究联合生产缓蚀剂的办法，一是确保了油田碳钢管线的安全；另外，确保了知识产权核心技术掌握在油田自己的专家手中，为油田的长远发展奠定了技术基础。

（2）技术创新，对复合板压力容器内部焊缝进行改造。

针对克拉 2、大北和克深复合板压力容器内部复层焊缝出现的点蚀，在前几年试验取得初步效果的基础上，今明两年将继续对大北和克深在役的复合板内焊缝进行全面的技术整改和完善，确保复合板压力容器安全一劳永逸。

（3）管理创新，开辟压力容器内部防腐涂层管理新思路。

针对前几年压力容器内涂层在材料采购、现场施工中出现的问题，2016 年专门组织了调研，提出关于材料采购、现场施工及现场监理的意见，今年在油田组织试点，取得成功后全面推广，进一步提高压力容器内涂层的质量。

## 2.2 协调发展，补短板，确保集输管线从井口到站内的完整性

（1）补短板，确保管线不同段寿命相同。

针对哈拉哈塘、东河、塔中等地区存在的集输管线在井口段、中间站进出口段存在的管线材料不一致、有短板的问题，组织进行整改，确保不同管段的管线同等寿命。

（2）局部整改，协调发展。

针对部分集输管线在高腐蚀状态下采用普通碳钢，但又未设计加注缓蚀剂装置的情况，提出采用系统的、协调的思维，进行局部整改，解决协调发展的问题。今后新项目设计时一定要强调系统思维。

## 2.3 绿色发展，对库车复合管焊接工艺不合格的管线有计划地进行整改

库车地区井口压力高，单井产量大，流速高，对管线的冲蚀较严重，由于在该地区大面积推广双金属机械复合管是第一次，经验不足，加之当时工期较紧，先期采用老的焊接工艺焊接的复合管投产后暴露出一些问题，由于内部焊缝点蚀造成焊缝处穿孔和爆管。由于管线爆管后对产量和安全环保造成较大的压力，油田果断地更换了一批管线。

但随着时间的加长，问题还将会继续暴露。因此，按照绿色发展的理念，下一步油田将安排工程院防腐专家研究提出有针对性的措施，摸清高风险管线区，将分期分批有计划地进行整改，确保库车地区高压复合管集气管线的本质安全。

另外，对该地区新的项目设计时，一定要树立绿色发展的理念，以全生命周期费用最低为原则，不能简单地追求一次性投资的节省，寻求全生命周期的技术经济最佳方案。

## 2.4　开放发展，解决超期服役高压容器的检验和整改

塔里木地层压力高，在轮南和牙哈均采用进口的高压气举和注气压缩机，经过长期的服役，设备老化严重，有的已经超过服役寿命。由于资金和成本的压力，目前还不能全部更新。尽管按照目前国家和行业的相关法规，一直在进行相关的检验和检测，但由于法规是针对静止的容器，我们的压缩机缓蚀罐长期在高压脉动负载下工作，按目前的法规难于真正评价其安全性。

为此，需要开放的思路，充分发挥"两新两高"的优势，在国内外寻找有实力有经验的权威机构进行合作，通过专业的试验和检测的创新，科学地评估缓冲罐的安全性，确保设备的本质安全。

## 2.5　共享发展，让各生产单位互相交流分享经验和成果

塔里木盆地地域广、面积大，生产单位多。目前油气生产由5大生产单元组成，前线基层生产作业区将近20个。在各自的生产过程中都积累了很多好的经验，也取得很多教训。但由于地域广，前线生产单位的技术人员互相交流的较少，成果和经验不能充分共享。下一步油田机关和工程院要加大宏观协调力度，将各家走过的弯路，取得的经验，编制成册，在全油田循回交流，互相学习互相帮助，做到技术共享、教训共享，经验共享，成果共享。

## 3　结语

经过多年的运行，老区地面设施的老化、新区新建高压气田面临采用新材料新工艺出现的新问题，给油气田地面设施安全运行带来前所未有的挑战。按照十八届五中全会确定的"五大发展理念"，我们一定能够将创新、协调、绿色、开放、共享的理念，扎扎实实用到做好油田设备和管道的管理工作中去，为塔里木油气田地面系统的本质安全，为油气田安全平稳生产保好驾护好航。

# 实施安全文化战略，促进企业科学发展 ❶

孟国维　魏云峰　李新疆　王增志　李旭光　孟　波
李　青　万　涛　张景山　李志铭　何　斌　马　曦

（塔里木油田分公司质量安全环保处）

**摘　要：**塔里木油田安全文化在引进国际先进安全理念和科学安全管理方法的基础上，边研究边应用边改进，来自生产实践，应用于生产实际，服务于生产实践，总结形成了以风险管理为核心包括行为安全、系统安全、工艺安全三大系统的安全文化模型。通过 27 个要素最佳实践示范推动和完善配套的安全管理实用工具，全面落实直线责任和属地责任，推动安全过程管理落地，实现将塔里木油田业务风险特点、国企管理体制与文化背景、传统安全管理的优势与可靠的先进安全管理理念及最佳实践的完美结合，具备"理念文化、行为文化、制度文化、物态文化"四个方面比较完备的安全文化系统。通过这个系统的建立、运行、维护，从根本上确定企业未来安全发展战略，建立良性循环的安全生产长效机制，培育企业自身安全"基因"，着力创造稳定的无事故工作环境，最大限度地降低事故发生的概率，保障能源安全平稳供给。

**关键词：**安全文化；管理要素；行为安全；系统安全；工艺安全

　　塔里木油田公司是中国石油天然气股份有限公司的地区分公司，集油气勘探开发、炼油化工、油气销售、科技研发等业务为一体，资产总额 638.9 亿元，合同化员工1.19 万人，作业区域遍及塔里木盆地周边二十多个县市，面积近 $50 \times 10^4 km^2$。经过 20余年的发展，建成 2000 万吨级油气生产基地，累计生产石油 $9000 \times 10^4 t$，生产天然气$1100 \times 10^8 m^3$，成为我国第四大气田和西气东输工程主力供气区，为国家能源安全和能源结构调整做出了重要贡献。塔里木油田公司始终"采用新体制和新技术，实现高水平和高效益"的"两新两高"工作方针，走出了一条用人少、效率高、效益好的科学发展之路，油气发现成本、操作成本均保持国际（行业）先进水平。

## 1　塔里木油田实施安全文化战略的背景

### 1.1　安全文化建设是塔里木油田落实科学发展观的必然选择

　　党的十六届三中全会明确提出"坚持以人为本，树立全面、协调、可持续的发展观，促进经济社会和人的全面发展"。塔里木油田在贯彻落实科学发展观的具体实践中，始终秉承中国石油"奉献能源、创造和谐"的企业宗旨，坚持"环保优先、安全第一、质量至上、以人为本"的发展理念，以全面推进安全文化建设为抓手，努力提升企业发展质量，关爱

---

❶　本文 2011 年 11 月荣获自治区科技进步二等奖；2012 年 9 月荣获石油企协管理现代化创新成果一等奖。

呵护员工生命健康，构建企业与员工、企业与环境、企业与社会的和谐发展氛围。塔里木油田的安全文化建设遵循了科学发展观的要义，是油田长期执着追求科学发展的必然选择。

## 1.2　安全文化建设是塔里木油田实现一流油气田发展目标的内在需求

塔里木盆地以其广阔的勘探领域、丰富的石油资源成为最有希望的国家能源战略接替地区。盆地地理地质环境特殊，油田生产业务链长、作业区域分布广、工程技术条件复杂，以及高温、高压、高含硫的极端风险特征，客观上增加了油田的安全管理难度，追求先进和高水平的安全管理，是履行国企经济、政治、社会三大责任的基本要求，是加强基础管理、全面提升企业核心竞争力的战略性工程，是实现一流油气田发展目标的重要抓手，是企业发展内在的迫切需求。

## 1.3　安全文化建设是构建安全生产长效机制的必由之路

随着企业安全管理从单纯注重硬件设施的改善到注重管理体系的建设，安全管理的理念、方式发生了深刻变化。经验表明仅仅依靠监管，缺乏员工自我约束、自主管理的基础，体系运行的效率和效果很难充分发挥，会不同程度出现安全与生产脱节，执行落实不到位，重形式轻效果等问题，影响和制约安全管理长效机制的形成。塔里木油田于2000年建立了健康安全环境管理体系，在十余年的体系运行实践中，也同样遇到了类似问题，如何突破这些瓶颈成为体系持续改进的新课题。通过对国内外安全管理理论与实践的研究，塔里木油田认识到只有切实转变安全观念、提升安全能力，养成安全习惯，培育企业安全文化，才能更好地体现和落实"预防为主""以人为本"的安全理念，真正构建安全生产长效机制。

纵观我国工业领域安全管理现状，还没有形成完整的安全文化理论支撑体系和具有有效性、普适性的经验和做法。而杜邦安全文化因起源早、理论及实践研究经验丰富而为众多企业所推崇，已经成为其重要的标志和核心竞争力。2007年，塔里木油田开始与杜邦公司合作，借鉴杜邦安全管理理念与实践经验，传承中国石油的安全管理优势，结合塔里木油田风险特点，历经六年坚持不懈的努力，开发出具有塔里木油田特色的安全管理体系，培育了自己的安全文化。

## 2　塔里木油田安全文化建设的内涵

塔里木油田结合油田实际，一切从生产实际出发，以风险管理为核心，以提高人的安全综合素养为目的，坚持"借鉴不照搬，依靠不依赖，推行不教条"的原则，通过对安全管理最佳实践的持续固化、提炼、升华，培育、铸造具有塔里木油田特色，可传承的安全文化。其内涵主要包括以下几个方面。

（1）以人为本，体现安全核心价值。明确提出安全是企业的核心价值，是油田开展一切经营、生产活动的先决条件和底线，并将以人为本的安全理念贯穿于安全文化建设的全过程，即① 一切为了人：将安全作为企业回馈员工的最好方式，从关爱员工的角度重视安全，切实改善员工的工作生活环境；② 一切依靠人：落实各级管理层的安全管理主体责任，促进全员参与氛围的形成；③ 一切从人抓起：采用激励尊重的方式，坚持立足于培养员工的安全基因，提升员工的安全综合素养。

（2）职责归位，激发责任奉献意识。按照"谁主管谁负责"的安全管理原则，以落实直线责任和属地管理为核心，实现安全职责归位。通过健全完善全员安全绩效考核体系，各级领导带头示范，以及公正的激励考核，培养敬业、承担、执行、诚实的品格，激发各级领导和员工不找借口、主动承担的责任意识。

（3）能岗匹配，提升安全综合素养。全面梳理岗位设置与能力要求，确定岗位培训需求，开展全员能力评估，丰富培训方式，建设培训师队伍，形成科学的培训管理机制，提高安全培训的针对性和有效性，确保能岗匹配。满足风险控制需要的同时，促进员工潜能发挥，全面培养、提升员工"我要安全、我会安全、我能安全"的安全综合素养，实现员工与企业的共同成长。

（4）夯实基础，追求卓越安全品质。树立"一切事故都可以避免""安全源自基础""安全标准没有最好，只有更好"的理念，以追求零事故为目标，梳理工作流程，健全完善配套制度标准，将安全融入企业的基础管理，通过运用先进、科学的风险管理工具和方法，注重源头控制和过程管理，持之以恒强化基础建设，不断改善和提升标准，持续追求本质安全和品质卓越。

（5）融合管理，促进和谐共赢发展。按照"合同上分、思想上合；职责上分、工作上合"的"两分两合"工作方针，采取"甲方承诺市场，乙方承诺服务，风险共担，互利共赢"的市场化机制和"不分内外、融合发展"的管理模式，选择、培养承包商，实现企业、承包商互利共赢，促进和谐发展，承担社会责任。

## 3　塔里木安全文化建设主要做法

在借鉴国际先进安全管理经验基础上，塔里木油田建立了以行为安全、系统安全、工艺安全三大系统共 27 个安全管理要素（表 1）组成的具有企业特色的安全文化体系架构，按照坚持"以人为本"为核心，发挥"有感领导、全员参与"两个作用，贯穿"转变观念、培养习惯、提高能力"三条主线，抓好"安全培训、制度标准、高危作业、属地管理"四个切入点，运用"经验分享、观察沟通、安全分析、事件调查、审核定级"五种工具的推进思路（图 1），全面启动安全文化建设。

表 1　塔里木油田安全管理关键要素

| 类别 | 行为安全 | 系统安全 | 工艺安全 |
|---|---|---|---|
| 关键要素名称 | 1. 承诺和目标<br>2. 有感领导<br>3. 安全组织<br>4. 政策和措施<br>5. 直线领导<br>6. 直线组织<br>7. 属地管理<br>8. 安全审核 | 1. 培训及评估<br>2. 关键人员变更<br>3. 全员参与<br>4. 事故/事件<br>5. 承包商管理<br>6. 制度及标准<br>7. 高危作业<br>8. 应急管理<br>9. 隐患治理 | 1. 工艺人员技能<br>2. 工艺安全信息<br>3. 工艺安全分析<br>4. 施工安全管理<br>5. 操作及检维修<br>6. 工艺变更<br>7. 质量保证<br>8. 机械完整性<br>9. 投运前审查<br>10. 装置评估 |

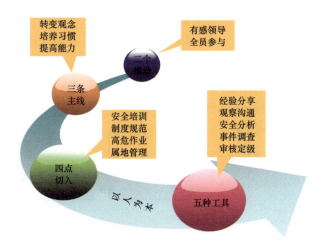

图 1　塔里木油田安全文化推进思路

### 3.1　贯彻以人为本理念，体现安全核心价值

在塔里木油田"以人为本""安全是核心价值"不是一句空洞的口号，而是在油田各个管理环节都能感觉得到的跳动的脉搏。各项政策的制订，各级领导安全感召力和领导力的展示，责任落实和执行力的提升，工作环境持续的改善，员工参与热情和氛围渐入佳境，深刻诠释了"以人为本""安全是核心价值"的理念。安全文化的巨大力量使员工从对外部的感知转变成发自内心的认同，实现了"安全是要求"向"安全是责任""安全是追求"的转变，促进了全员的安全理念内化于心、安全习惯外化于行。

#### 3.1.1　政策机制保障引导，促进安全观念转变

油田从安全管理的机构设置、政策导向、激励机制等多方面进行调整，在政策决策层面落实安全核心价值观。

机构设置上（图2），在公司层面成立安全文化建设领导小组，在 HSE 委员会下增设行为安全、工艺安全等四个专业分委会，成立油田安全文化工作站和油气工程院，在基层作业区设置工艺安全室。这样的组织架构为所有员工参与安全管理和各项安全工作提供了平台，借助"安全文化工作站"平台，从生产一线或直线管理部门分批抽调管理骨干组成团队，共同研讨策划推进方案、学习开发安全标准、总结提炼安全经验，培养了一批高素养的安全培训、咨询和管理人才。

政策制订上，全面推行直线责任和属地管理，实施鼓励事故事件报告的政策，实行领导干部聘任前的安全能力评估和关键岗位人员的变更管理制度，提高承包商施工作业安全费用定额，建立承包商优胜劣汰评估机制，开展安全自主管理争创活动并配套激励措施等，结合安全文化发展不同阶段的情况，适时推出针对性的关键政策，引导正确的推进方向。

组织策划上，制订安全文化发展规划，每周通报安全文化建设进展，每季度分析管理现状，每年召开安全文化现场推进会，实时开展审核评估，及时掌控安全文化发展现状，保持强有力的推进。

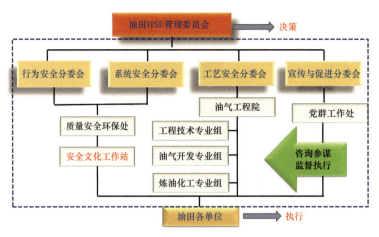

图2 塔里木油田安全管理组织机构

激励机制上，改变以往偏重结果的考核方式，建立以过程管理考核为重点的审核定级制度和正向激励为主的全员安全业绩考核体系，将有感领导的安全表现纳入领导干部的履职考核，增加安全绩效考核的过程管理指标，将员工薪酬的 40% 用于安全表现考核，同时设立各级安全文化贡献奖，将安全绩效作为评优选先的必要条件，物质激励和精神鼓励并举，引导员工的价值取向。

### 3.1.2 有感领导引领示范，促进安全观念转变

油田的安全文化建设始于有感领导的培育与展示，从培养各级领导的安全感召力和安全领导力入手，通过让员工"听到"领导强调安全，"看到"领导实践安全，"感受到"领导重视安全的引领示范作用，产生强大的推动力，带动全员参与，形成文化氛围。

油田对各级领导进行了系统的安全文化理念、管理工具方法和相关标准的宣贯培训，对处级以上领导进行"一对一"辅导。各级领导以制订并落实安全承诺和个人行动计划为主线，积极参与安全实践活动，包括主持安全会议、带头做安全经验分享、汇报安全工作和个人行动计划的落实情况、开展安全观察与沟通、面对面激励员工等，并逐渐发展到直线领导亲自开展安全培训、组织事故调查、评估督导下属等。研究开发了有感领导量化测评工具，定期开展有感领导群众测评，逐级评估督导安全履职情况及履职能力。在广泛深入和亲身参与安全管理的过程中，各级领导的安全意识、对基层安全管理状况的认知程度和驾驭安全管理的能力大幅提高，展示有感领导的具体行动和手段、方式日益丰富，并且逐渐成为习惯，员工切实感受到了油田推进安全文化的坚定决心，感受到了企业领导关心员工健康安全、重视安全工作的态度，从而带动员工安全观念和行为发生深刻转变。

### 3.1.3 理念导入、舆论导向，促进安全观念转变

油田高度重视安全文化建设过程的舆论引导和氛围营造，从油田领导入手开展大规模的安全文化理念宣贯培训，成立各级安全文化宣传与促进分委会，大力开展安全核心价值观教育和理念的宣贯，在油田电视、网络、报刊长期开设安全文化精品栏目，以新闻、访谈、视点、纪实等形式，多视角、全方位报道基层亮点和典型，宣传以直线负责和属地管理为特征的新安全责任观，普及安全知识，推广基层经验，展示安全文化建设成果，与安

全文化相关的宣传报道始终保持在宣传工作总量的 30% 以上，强有力的舆论宣传和强烈的文化氛围有力推动了安全观念的转变。

### 3.1.4 职责归位、意识强化，促进安全观念转变

油田改变了"安全部门和安全人员管安全，安全与业务隔离"的现象，按照"管工作必须管安全"的原则探索和实践从直线领导、直线组织、属地管理三个层面逐级落实安全责任的方式，有效保证了各层级安全责任的落实。

油田完成所有岗位的属地划分和职责梳理，把安全责任细分到各个管理层级和岗位，做到了属地清晰、权责明晰、能岗匹配、责任落实、考核到位、动态管理，实现了安全职责的归位。油田广泛开展了属地意识强化活动，引导员工树立"我要安全""我的安全我负责、你的安全我有责"的正确安全观念，员工的安全责任意识大为增强。

### 3.1.5 关爱健康、改善环境，促进安全观念转变

油田从关注健康、尊重生命入手抓安全，促进全员安全观念的转变。油田每年对 1200 多个职业危害场所进行检测，为相关从业人员 100% 进行年度体检，推行安全目视管理，对生产现场、办公区域等各种场所进行安全提示，持续改善工作环境，使员工切实感受到企业对生命的尊重和健康的关爱，从而发自内心地支持并参与安全文化建设。

### 3.1.6 搭建平台、激励引导，促进安全观念转变

油田搭建各种参与平台，开展丰富的活动，调动和激励员工参与热情。所有活动前首先进行安全经验分享；各层级广泛开展安全里程碑活动；通过安全审核、安全培训、安全会议、安全分析、安全标准制度及规程制订等活动，激发员工参与积极性；设立安全文化贡献奖，实施正向激励，增强员工的荣誉感。在此过程中员工的安全意识不断强化、安全技能不断提升，积极性、创造性得以激发，为促进安全文化氛围的形成奠定了坚实的群众基础。六年间，油田累积进行安全经验分享 2.2 万次，开展各级安全里程碑活动 2326 期，达成活动目标 2300 多个，一个个里程碑的实现，促进了全员安全习惯的逐步养成。

### 3.1.7 重视工作外安全，促进安全观念转变

安全文化推进过程中，油田领导逐渐意识到工作和生活中的习惯是相互影响、相互促进的。油田开始关注工作外安全，着手全方位培育安全文化，着力培养员工不分工作内外，时时刻刻、事事处处都关注安全的意识。制订通用安全标准，印发工作外安全手册，广泛开展居家、交通、消防、旅行等方面的安全知识普及活动，定期进行居民区入户安全检查和消防应急演练，开展"亲人一句话""致家属的安全表扬信"活动，实施矿区交通安全畅通工程，开展"一年无火灾，全家去旅游""小区无火灾安全里程碑"等各种活动，引导员工树立积极、健康、乐观、友爱的价值观，把安全上升到一种生活态度，营造出安全"家文化"的和谐氛围。如今，油田员工"乘车系安全带"已经成为文化并影响到当地社会；从学校到工作场所，上下楼梯扶扶手已经成为习惯；家庭成员之间的安全提醒已经成为常态；各种温馨的安全短信、生活中的经验分享也越来越受欢迎……安全文化渗透到员工工作、生活中的每一个细节，"以人为本"的安全理念不仅体现在塔里木油田的生产领域，并且逐渐向生活、向八小时之外、向社会延伸，这种"全方位、全天候"的安全文

化推进是塔里木油田安全文化建设的又一特色。

在塔里木油田安全文化建设过程中，转变安全观念始终是核心，而最大的成就也体现在油田全体员工的安全观念发生了深刻变化。2012 年，塔里木油田正式提出"六大安全理念"，即（1）一切为了人、依靠人、从人的观念习惯能力抓起的"安全以人为本"理念；（2）安全是企业管理的基础，同时必须融入企业基础管理中，强基层、打基础、提素质、促全员的"安全源自基础"理念；（3）安全管理的改进来自对风险、缺陷和事故真相的不断认知和管理持续改进的"安全始于真相"理念；（4）安全的核心是敬业、责任、执行的"安全没有借口"理念；（5）安全不分属地内外、不分工作内外、不分甲方乙方，遵从同样的原则和标准的"安全不分内外"理念；（6）安全工作只有起点，没有终点，安全标准没有最好，只有更好，必须持之以恒的"安全永无止境"理念。

"六大安全理念"提炼自塔里木油田生动的安全文化实践，是对安全文化推进实践的总结，是安全文化的灵魂，同时也成为持续推进塔里木油田安全文化的指导纲领。

## 3.2 培育责任意识，提升执行力

塔里木油田贯彻"谁主管谁负责""管工作必须管安全"的原则，通过职责梳理、属地划分、激励考核，树立"安全是我的责任"的理念，促进全员的安全责任落实和执行力提升。

### 3.2.1 直线领导自觉践行领导责任

直线领导对分管业务的安全负责，实施领导干部安全问责制，通过逐级签订安全责任书，层层分解安全指标，建立安全生产联系制度，传递责任动力。各级领导公开进行安全承诺，制订个人安全行动计划，亲自汇报分管领域的安全工作，及时研究、协调和解决分管领域的安全问题，体现出对做好安全工作的强烈责任感和坚定信心。将各级领导的职业发展与安全履职能力挂钩，竞聘前对领导在任期内分管领域的安全业绩、有感领导的表现和安全领导能力进行评估，不达标的不能提拔任用；逐级开展评估、考核和"一对一"辅导，定期组织有感领导测评，促进安全责任的落实和领导力的提升。

### 3.2.2 直线组织自觉履行直线责任

各级直线组织即各级机关部门，负责制订政策、下达生产经营指令并为企业领导提供决策建议，在安全文化推进过程中起着不可或缺的承上启下作用。为促进各级直线组织积极参与安全文化建设，油田明确了各级机关部门的安全职责和工作界面，理顺工作流程，发布"机关工作人员行为安全准则"，定期评估、通报、考核机关部门的安全履职情况，广泛开展安全联系点和与基层结对子等互动互助活动，促进了机关部门服务意识提升，形成了以直线组织为主，其他专业部门配合，部门联动、分工负责、团队合作的氛围，确保安全核心价值在政策决策和资源保障层面得到有效落实。

### 3.2.3 岗位员工自觉落实属地责任

塔里木油田按照工作区域、业务流程、实物资产等划分属地区域，将安全工作逐一分解落实到具体岗位属地，以此为依据明确属地主管具体的安全责任和权利。属地主管除了对业务安全负责外，还对自己及其所管辖区域内的工作人员、承包商、访客的安全负责；属地内有施工项目时，属地主管通过组织危害辨识、风险评估并对承包商进行培训、监管、审核等措施对施工作业过程的安全实施有效管理。属地主管的权利得到充分尊重，有权"叫停"任何违章作业，对承包商考核有相当的话语权，属地主管由以往的"被动管理"到"参与管理"，其角色、责任、权利发生了根本性的转变，积极履行属地责任，主动干预外来人员，风险管控的积极性得到释放，"属地为家"的责任意识和执行力逐步增强。

### 3.2.4　全员绩效考核促进安全责任落实

塔里木油田建立全员安全绩效考核体系，将考核的重点放在安全职责的履行、工作计划的落实和行为安全的规范上，将考核权重调整到总业绩的40%以上。员工参与制订考核办法，及时公示考核结果并与员工沟通，让员工清楚改进的方向，鼓励员工做出优异表现，既督促员工落实责任，又引导员工发挥特长，促进团队协作。科学的绩效考核体系、强有力的考核过程，切实发挥出激励约束作用，引导员工关注岗位职责履行和主动参与安全管理，使安全责任制真正转化为安全执行力。

## 3.3　注重安全能力建设，提升全员安全综合素养

安全素养是安全意识、责任心、知识、技能的综合反映，塔里木油田在安全文化推进的六年里花费时间、精力最多的就是丰富和提升全员的安全能力，培养全员的安全综合素养。六年来，塔里木油田按照"谁主管、谁培训、谁评估、谁负责"的原则，建立了安全能力培训评估体系，实施矩阵式管理，开展卓有成效的培训。这些举措在提升全员安全综合素养的同时也丰富和发展了学习型组织建设的经验和成果。

### 3.3.1　按照能岗匹配的原则，确定岗位技能需求

塔里木油田在完善岗位安全责任制的基础上，配套制订了培训管理办法等相关制度标准，根据员工岗位的风险特点与履职需要，确定所需技能，建立所有岗位的安全技能需求矩阵，始终以按需培训、能岗匹配的原则开展系统的培训和评估。

### 3.3.2　实施全员逐级能力评估，保障培训的针对性

塔里木油田结合岗位实际和岗位需求矩阵，开发了各岗位的安全能力评估清单，明确评估内容和标准，按照"谁主管、谁评估、谁负责"的原则开展全员逐级能力评估（图3）。

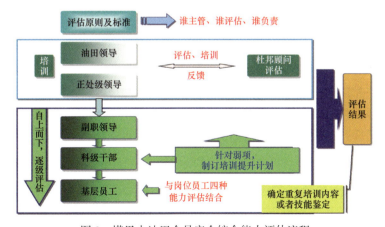

图3　塔里木油田全员安全综合能力评估流程

上级与下级领导之间的评估主要以沟通访谈、验证工作效果及安全观察与沟通的方式进行，在评估能力的同时，兼顾对岗位职责履行情况的考核，督促落实直线责任；对操作岗位员工的评估则采用以实操、演示、案例分析为主的方式进行，综合判断员工岗位能力实际水平，保证评估的客观公正和富有实效；针对评估发现的能力短板制订和落实个性化的培训辅导计划，始终将评估工作的落脚点放在促进全员能力提升上。

针对各单位的生产副经理、总工程师、安全总监、安全科长等生产安全关键岗位，油田实施了专项培训和评估，达标后方可上岗。对新进入油田的承包商队伍关键岗位人员进行轮训、考核并实行持证上岗。不允许未经培训和考核不达标的承包商队伍进入油田市场。通过实施生产安全关键岗位人员的培训评估，培养了油田及承包商安全管理的骨干队伍，并通过他们的逐级培训辅导和带动，发挥出以点带面的辐射效应。

### 3.3.3　创新培训方式，提高培训质量

油田提出"任何旨在提高员工能力的活动都是培训"的新定义，引导员工关注培训效果而不是培训形式、数量和记录。各种结合岗位实际的实操教学、"一对一"辅导、模拟演示、视频挂图等方式逐渐取代了单一的课堂培训方式，安全培训评估的方式更加丰富和多元化。

（1）培训条件大幅改善。油田建立资源共享的培训课件库、能力培训系统、技能鉴定系统、事故事件调查与经验分享系统等支撑网络，员工可以随时浏览学习。基层作业区均增设了视频培训教室，建设实操培训、设备检修培训、自动化模拟培训和高危作业培训基地，进一步满足培训需要。

（2）大力培养内部培训师队伍。油田制订鼓励员工成为培训师的激励政策，员工不仅是培训的参与者，更有可能走上讲台、发挥专长，成为培训者。油田赋予各级直线领导培训下属的职责，对员工实施培训辅导也是提高自身安全能力的过程，同时引导员工重视安全培训、鼓励员工成为培训师。在激励政策和有感领导的导向下，油田已在各层级培养出安全培训师628名，作为主力活跃在油田培训战线上。

（3）将安全实践作为重要的培训方式。油田鼓励并指导员工普及运用安全观察与沟通、安全分析、目视管理、事故事件调查、工作循环检查等先进的安全管理工具，在应用和实践中锻炼、提高风险管控能力，实现安全文化推进与员工安全能力提升双丰收。

六年来，通过40余万人次的各类培训，促进了观念的转变，提高了安全管理和操作技能，保证了岗位安全需要，实现了全员综合素养同步提升。

## 3.4　完善制度，源头控制，夯实基础，追求卓越

油田梳理工作流程，强化以"危害辨识—风险评价—风险控制—风险响应"为主线的制度、标准建设，将安全融入企业的基础管理。通过标准的持续完善，风险识别、控制、管理能力的持续提升，强化整个生命周期及工艺作业过程的源头控制和过程管理，打造本质安全、品质卓越企业。

### 3.4.1　完善制度建设，确立了塔里木特色安全文化体系架构。

在吸收杜邦安全理念基础上，结合油田实际制订了36项新的安全管理标准（表2），

整合完善了 53 项原有的安全管理制度，梳理与油田业务相关的技术标准 3700 项，汲取油气田建设和运行维护经验，开发《地面工程设计手册》等油田企业技术标准 16 项，逐渐形成了完善的管理制度与技术标准体系。

表 2  安全文化配套管理制度与技术标准体系表

| 序号 | 标准名称 | 序号 | 标准名称 |
|---|---|---|---|
| 1 | 安全生产管理规定 | 19 | 安全管理现状评估（审核）标准 |
| 2 | 管线打开安全管理标准 | 20 | 通用安全标准 |
| 3 | 安全工作许可证管理标准 | 21 | 安全培训管理标准 |
| 4 | 吊装作业安全管理标准 | 22 | 设备质量保证手册 |
| 5 | 高处作业安全管理标准 | 23 | 设备机械完整性管理指南 |
| 6 | 上锁、挂签、测试安全管理标准 | 24 | 安全文化形象展示指南 |
| 7 | 临时用电安全管理标准 | 25 | 安全评估定级管理办法 |
| 8 | 进入受限空间作业安全管理标准 | 26 | 直线领导行为安全审核管理规定 |
| 9 | 挖掘工作安全管理标准 | 27 | 工作安全分析管理规定 |
| 10 | 工艺安全分析管理标准 | 28 | 工艺安全信息管理标准 |
| 11 | 工艺设备投运前安全审查管理标准 | 29 | 塔里木油田机关工作人员安全行为准则 |
| 12 | 工艺设备变更管理标准 | 30 | 事件（未遂事故）管理规定 |
| 13 | 承包商安全管理标准 | 31 | 工程施工工艺安全管理标准 |
| 14 | 现场安全目视管理标准 | 32 | 便携式梯子安全管理标准 |
| 15 | 防火防爆场所火源控制标准 | 33 | 工业动火安全管理标准 |
| 16 | 建设项目投运前工艺安全信息编制移交管理办法 | 34 | 安全培训师、工艺安全分析师管理标准 |
| 17 | 生产安全关键岗位人员变更管理规定 | 35 | 进入生产区域安全提示和培训标准 |
| 18 | 现场应急管理通用标准 | 36 | 员工安全预警管理规定 |

### 3.4.2  强化工艺安全组织，培养高素质人才

油田在推进工艺安全管理最佳实践的过程中逐步建立、完善了工艺安全管理网络。成立了分别由油田及各单位主管生产、技术、工艺、设备的领导担任成员的两级工艺安全分委会及各专业小组，成立油气工程研究院，专职负责推进工艺安全管理；在二级单位明确工艺技术科或设备科为具体的工艺安全管理部门；在油田所属的 10 个油气生产作业区成立了工艺安全室，整合基层工艺、技术、生产、设备、安全等技术、管理人员，全面强化各级工艺安全管理的组织领导。

油田累计组织各级工艺安全管理人员能力提升培训 9300 人次，培养两级工艺安全分析师 130 余人，为推进工艺安全管理奠定了人才基础。

### 3.4.3 强化源头风险控制、夯实工艺安全管理基础

塔里木油田在中石油率先实施危险可操作研究（HAZOP）分析方法，自2008年起所有新改扩建项目100%实施了HAZOP分析，共提出设计改进建议4420条，采纳实施3244条，从设计源头消除了大量潜在的工艺安全风险。历时三年完成所有在役装置的基准工艺安全分析，并以3年为周期开展周期性的工艺安全分析，全面优化装置设备的运行管理。此外，油田建立工程项目的组织、设计、施工、监理"四位一体"的质量保障体系，开展关键设备、特种设备的设计审查和驻厂监造，制订并落实相关制度，规范设计、施工的变更管理以及投运前安全审查等关键环节的质量控制要求，确保油气生产装置的设计质量和施工投产安全，夯实了工艺安全管理基础。

为了保持工艺安全信息的完整和传承，油田制订了工艺安全信息管理制度，落实专项资金，收集、整理、补充各类工艺安全信息近5000余项；规定工艺安全信息齐全是新改扩建项目验收的先决条件；研发并投用工艺安全信息管理平台，强化信息数字化管理和应用，为基层开展油气生产装置的工艺安全分析、工艺变更、工艺数据统计分析等工艺安全管理活动奠定了基础。

### 3.4.4 强化生产过程风险管理

油田全面推进机械完整性管理，开展了井筒完整性研究，建立适合于塔里木油田高温高压气井的完整性设计、评价管理规范，提升井控安全标准，强化人员、设备、现场专业化管理和服务，推广先进的工程技术手段，定期开展井控安全检查和应急演练，率先提出并积极落实全井筒井控的安全管理理念，创造了连续六年无井喷失控事故的记录；管道完整性管理工作得到重视和加强，完成了所有工艺及长输管道的参数检测，进一步落实管道危害和风险减缓措施，建成了油气管道完整性管理系统；实施严格的工艺变更审批程序，加强连带变更的跟踪落实，严格控制工艺设备变更带来的风险，六年累计实施3091项工艺设备变更管理，有效控制了生产过程中的风险，确保了装置平稳运行。

### 3.4.5 尊重互信，融合管理，合作共建，和谐发展

承包商为塔里木油田的发展做出了重要贡献，但同时受限于经营理念、管理体制、用工制度、资金保障等因素，承包商的安全管理始终是短板，成为制约油田安全发展的瓶颈。无论从塔里木油田管理现实的角度，还是从以人为本发展理念的角度，承包商安全文化建设都是油田安全文化建设的重要组成部分，为此，塔里木油田确立了"以人为本、尊重互信、分类实施、稳步推进"的工作思路，按照"前线后线一样、甲方乙方一样、工作内外一样；安全标准一致、培训评估一致、激励机制一致"的"三个一样、三个一致"原则，统筹规划承包商安全文化建设。甲乙方和谐共建、共同发展，共同谱写了承包商安全管理的新篇章。

（1）积极营造甲乙方尊重互信氛围。

塔里木油田勘探开发早期，区域经济基础薄弱，为油田服务的工程技术市场滞后，石油会战迫切需要来自祖国各地的石油队伍，塔里木油田提出"五湖四海"的企业精神，积极吸纳国内外的施工建设队伍，并逐渐摸索出甲乙方融合式管理的油田开发经验，即充分

尊重承包商的发展诉求和身份认同需求，实行油田党工委统一领导下的工作协作机制，视承包商队伍和员工为塔里木油田的主人、重要贡献者和油田发展成果的分享者，树立"一家人，一盘棋"思想，实现共同目标下的共同发展。在这种思想指导下，塔里木油田大力推行融合式管理，促进承包商员工淡化身份界限，增进对塔里木油田主人翁的认同感，形成尊重互信、共同发展的良好氛围和发展环境，为促进甲乙方共建安全文化奠定了广泛的群众基础。

（2）分类实施、稳步推进承包商安全文化建设。

油田根据不同类别承包商的特点实行有区别的安全文化推进策略。对承担油气生产装置的操作运行及检维修的长期运行类承包商，实施与甲方完全一致的管理要求；对承担钻试修井、工程技术服务以及长期从事油田基本建设的承包商实行在甲方指导下乙方为主体的安全文化共建；对其他临时承包商实行"资质选择、合同准备、合同签订、安全培训、现场管理、定期评估"六步法管理（图4），坚持"安全是雇佣的条件"和"谁推荐谁负责、谁使用谁负责"的管理原则，以市场机制为导向、合同管理为基础，建立承包商准入及优胜劣汰机制，保持承包商持续提升安全管理的动力。

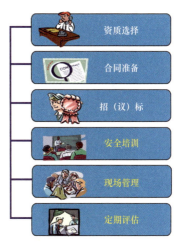

图4　承包商管理六步法

为加大推进力度，油田将安全生产联系制度扩大至承包商单位，油田领导亲自担任各承包商单位的联系人，频繁深入承包商施工作业现场实施安全观察与沟通、培训审核、沟通交流，每年召开两次全油田范围的承包商安全文化现场推进会，及时协调处理承包商安全文化建设过程中出现的问题。油田对承包商关键岗位人员实行统一管理，为施工作业队伍提供安全文化基础培训并作为准入条件之一，实行承包商关键岗位人员变更的报备评估制度，吸收承包商生产安全管理人员进入安全文化工作站进行集中培养，并由油田出资，用三年时间完成对承包商关键岗位人员的专项培训和资质认定工作；每年对承包商施工队伍进行关键设备和安全管理现状的审核定级，并将定级结果应用于费用结算、招投标管理和评优选先活动，建立了基于安全业绩的承包商优选机制。

随着承包商安全文化建设逐渐深入，承包商队伍整体安全观念发生明显转变；各级安全组织及领导力得到加强，作业队伍素质大幅提升，施工作业环境持续改善，各类生产事故事件大幅度减少，整体绩效明显提升，主人翁意识明显增强，坚定了与油田一道持续推进安全文化的信心。

### 3.4.6　审核评估，过程管理，自我完善，持续改进

塔里木油田以安全管理现状审核评估定级代替传统的监督检查，连续五年开展了覆盖所有业务领域和基层单位的审核定级工作，通过随机、动态、沟通、辅导的审核方式，对安全文化体系要素和相关安全标准的理解及执行落实情况进行全面评估，引导基层实现安全管理的常态化，随时掌握安全管理的真实现状，逐步建立自我完善、自我修复的决策系统和持续改进机制。开发贴近生产实际的油气开发、炼化、钻试修、基建、后勤等行业的个性化、针对性审核清单，对清单进行沟通、培训，选拔培养审核员，通过大量沟通访

谈、实际操作、现场模拟、演示演练等方式，检验执行效果，向基层宣贯安全政策标准、传播安全理念，为基层释疑解惑，帮助基层解决实际困难。将审核定级结果分为 ABCD 四级，定级结果与基层单位的绩效考核挂钩，对于复审仍为 D 级的单位，免去行政正职职务。对审核定级结果进行统计分析，总结经验教训，绘制反映各要素管理状况的安全气象指示图（图 5），针对短板要素，制订改进计划，引领前瞻式的安全管理。

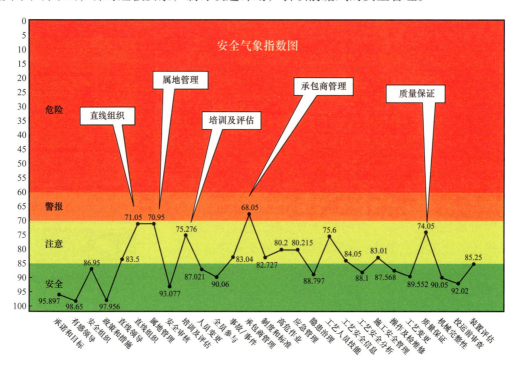

图 5　塔里木油田 2011 年安全气象指示图

## 4　安全文化建设实施以来取得的成效

塔里木油田在引入杜邦安全理念和管理方法的基础上，充分结合了国有石油企业的管理特点及传统文化，将安全管理最佳实践、传统安全管理的优势和先进安全文化的推进手段有机融合，优化、提升塔里木油田已有的健康安全环境管理体系，通过传承与借鉴、创新与发展，形成了具有塔里木特色的安全管理体系架构、安全理念原则和具有普适性的安全文化推进路径，完成了安全理念的转变、安全标准制度的完善、安全能力的提升、安全行为习惯的养成以及物态环境的优化，整体提升了油田管理水平，增强了发展软实力，奠定了油田可持续发展的坚实基础。

### 4.1　形成具有塔里木特色的安全管理体系框架

塔里木油田形成了涵盖所有安全管理要素，适合不同业务领域、适应国企管理体制和文化背景、具有鲜明塔里木特色的三大系统、27 个要素的完整安全管理体系框架（图 6），每个要素都赋有更具体的管理内容和文化内涵，且相互作用、相互促进，可单独推行，也可整体推进。

图 6　塔里木油田安全文化体系框架

## 4.2　形成塔里木油田自己的安全理念和原则

塔里木油田总结提炼安全文化实践经验，形成"安全以人为本、安全源自基础、安全始于真相、安全没有借口、安全不分内外、安全永无止境"六大安全理念（图 7），是安全文化的灵魂，也成为持续推进塔里木安全文化的指导纲领。提出体现以人为本理念的"保命"条款（图 7），成为切实保障员工生命健康的行为指南。

## 4.3　形成具有普适性的安全文化推进路径

塔里木油田创新高起点安全文化推进方法，形成的"坚持一个核心、发挥两个作用、贯穿三条主线、抓好四个切入点、运用五种工具"的推进思路（图 1），具有适应性、可复制性、前瞻性的特点，可为国有企业安全文化建设提供重要借鉴和示范。

## 4.4　探索形成了过程管理的手段和方法

塔里木油田安全文化推进过程中围绕提高全员自觉意识和安全能力，探索实践有感领导、全员参与、属地管理、行为安全审核、工作安全分析、矩阵式培训、事故事件调查、审核评估等先进的管理工具和方法，找到了实现过程管理的手段和途径（图 8），真正实现了安全管理关口前移、重心下移，开始坚信"零事故目标"经过努力完全可以实现。

## 4.5　制度标准得到持续完善

塔里木油田开发了 89 项与生产管理相适应，具有国内领先水平的安全管理制度标准和《地面工程设计手册》等企业技术标准 16 项，对指导安全管理、控制各类风险起到至关重要的作用，20 项安全管理标准在行业推广应用。

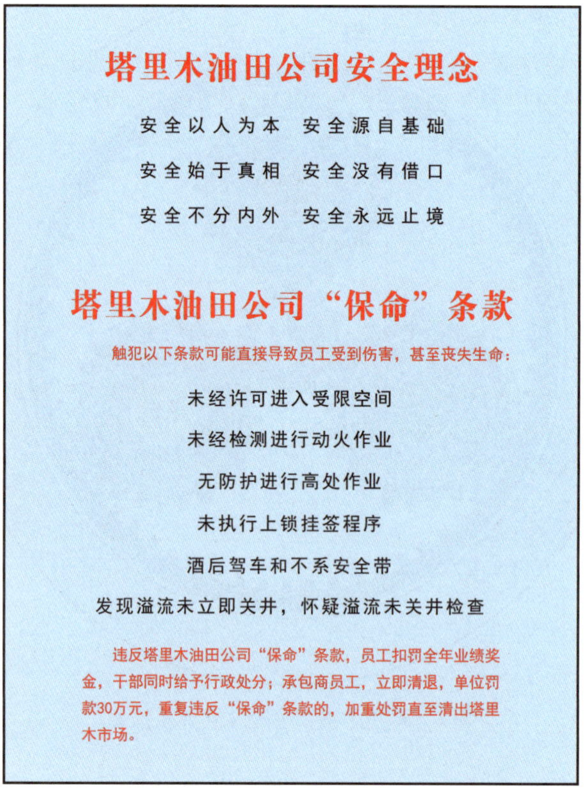

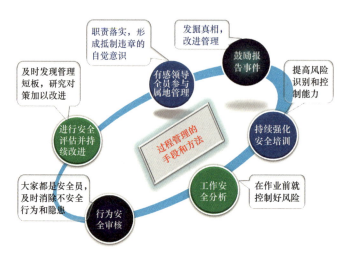

**塔里木油田公司安全理念**

安全以人为本  安全源自基础

安全始于真相  安全没有借口

安全不分内外  安全永远止境

**塔里木油田公司"保命"条款**

触犯以下条款可能直接导致员工受到伤害，甚至丧失生命：

未经许可进入受限空间

未经检测进行动火作业

无防护进行高处作业

未执行上锁挂签程序

酒后驾车和不系安全带

发现溢流未立即关井，怀疑溢流未关井检查

违反塔里木油田公司"保命"条款，员工扣罚全年业绩奖金，干部同时予行政处分；承包商员工，立即清退，单位罚款30万元，重复违反"保命"条款的，加重处罚直至清出塔里木市场。

图7　塔里木油田安全文化理念和"保命"条款

图8　过程管理的手段和方法

## 4.6　安全理念实现根本转变

塔里木油田全员安全理念实现根本转变，安全核心价值观形成共识，安全责任意识显著增强，主动性和创造性得以激发，参与安全管理的热情高涨，强烈的责任意识和良好的参与氛围为安全文化持续发展奠定了坚实的基础。

## 4.7 安全能力取得显著提升

塔里木油田员工整体安全素养全面提升，各级领导对安全理念标准的理解越来越深刻透彻，管理能力显著增强，手段逐步丰富；观察沟通、工作安全分析（JSA）、事故事件调查（Why-Tree）、工艺安全分析（PHA）、质量保证机械完整性（MIQA）、工作循环检查（JCC）等先进的管理工具方法普遍推广应用，员工风险识别和控制能力明显提高；工艺人员的技术素质普遍进步、工艺安全管理逐渐深入，系统的工艺安全管理能力显著提升。

## 4.8 安全习惯已经逐渐养成

油田各级领导对"有感领导"的认知进一步加强，践行有感领导的方式不断创新，成为安全文化建设最有力的推动者；员工主动参与制度、标准、规程开发，主动干预外来人员；观察沟通、安全分析、经验分享等习惯已经养成，乘车系安全带、上楼梯扶扶手等行为习惯得以固化，先进的安全理念已经转变为实际行动。

## 4.9 本质安全程度大幅提高

全生命周期的本质安全技术和质量保障体系逐渐建立，设计、施工质量大幅度提高，工艺设备运行管理全面优化，生产过程风险得到有效控制，生产环境持续改善，本质安全的全过程动态管理水准明显提升，本质安全程度大幅度提高。

## 4.10 企业安全业绩持续改善

通过安全文化建设，油田安全绩效逐年得以改善，生产安全事件（图9）、井喷（着）火事故（图10）、道路交通事故（图11）、钻试修工程复杂（图12）逐年下降，与2005年相比，安全业绩持续提升。

（1）生产安全事件总起数下降82.7%，百万工时损工事件率下降49%。

（2）事故直接经济损失下降89%，累计减少损失2237万元；事故间接经济损失下降93%，累计减少损失29924万元；百万元产值经济损失率（元/百万元）从2789元降至95元，下降97%。

（3）实现连续六年无重伤亡人事故、无一般火灾和交通事故、无井喷失控事故。

（4）钻机台数增加63%，钻井进尺增加11%，工程复杂起数下降56%。

（5）油田连续10年获得自治区安全生产先进单位，连续6年获得集团公司安全生产先进单位，2011年成为首批"全国安全文化示范企业"。

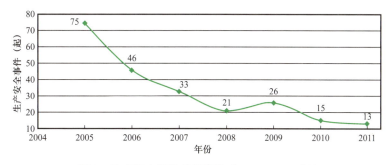

图9 生产安全事件趋势统计（2004—2011年）

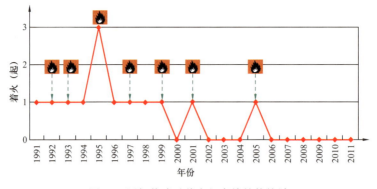

图 10　历年井喷（着火）事故趋势统计

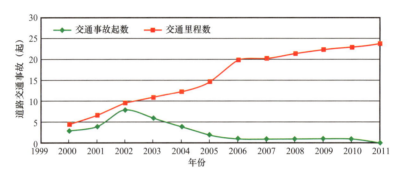

图 11　道路交通事故趋势统计（1999—2011 年）

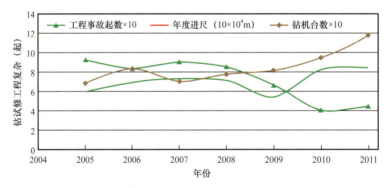

图 12　钻试修工程复杂趋势统计（2004—2011 年）

## 4.11　油田整体管理水平全面提升

安全文化建设带来的不仅仅是油田安全业绩的提升，由于理念观念和管理方式的重大转变，塔里木油田员工队伍的凝聚力、战斗力、工作作风、精神面貌和工作效率整体得到提升。通过制度、流程梳理和再造，管理更加规范，生产组织效率大幅提高。通过全面开展岗位履职能力建设，提升了基层组织的战斗力。通过建立干部与员工的平等沟通机制，油田更加稳定和谐。在安全文化建设过程中形成的一些理念和推进方法，也已经在塔里木油田廉洁文化建设、矿区稳定工作及基层党建和精神文明建设等领域推广。以安全文化为推手，油田基层基础管理水平明显提升，具备了可持续发展的基础和能力。

## 4.12 社会效益（对国企、区域和承包商的影响）

塔里木油田安全生产形势的持续稳定与改善，保证了企业长周期安全优质运行，为能源开发利用为主导的地方经济发展注入了持久活力，很好地履行了国有企业的政治、社会和经济责任。塔里木油田安全文化建设形成的实践经验及推进方法具有适应性、可复制性、前瞻性的特点，丰富了企业安全管理理论和实践案例，为国有企业建立安全生产长效机制提供重要借鉴和示范。作为第一批国家安全文化建设示范企业之一，油田的安全文化理论及实践研究成果吸引了国内企业、媒体、刊物的广泛关注，已有 20 余家企业来油田进行专项考察和交流，油田安全文化建设的经验做法已经在中国石油所有企业和新疆部分企业推广，并正在产生积极深远的影响。

# 油气勘探"五位一体"管理模式的创新与实践 ❶

## 王清华　闵　磊

（中国石油塔里木油田分公司勘探事业部）

**摘　要：** 近年来，面对国际油价持续低迷、国内需求放缓的严峻外部形势以及勘探对象日益复杂、资源品质逐渐变差等内部困难，塔里木油田紧密围绕油气勘探"提速、提质、提效"总体目标，转变管理理念，突出问题导向，创新"五位一体"管理模式，从"优选勘探目标、优化设计方案、加强过程管控、强化技术攻关、健全制度体系"等五个方面全方位发力，持续提升勘探生产效益、效率，油气勘探成果丰硕。库车克深叠置带、台盆区寒武系白云岩潜山获重大突破，克深 13 与博孜 1 气藏评价、哈拉哈塘碳酸盐岩评价、塔中西部奥陶系评价、塔北西部碎屑岩滚动评价获得重要进展，物探和钻完井工作提速、提质、提效全面开花，控投降本取得显著成效，勘探生产管理更加规范有序。

**关键词：** 国际油价；油气勘探；五位一体；管理

塔里木盆地总面积 $56 \times 10^4 km^2$，是国内油气资源量最大的盆地之一，盆地周缘为天山、昆仑山和阿尔金山所环绕，盆地中部是有"死亡之海"之称的塔克拉玛干大沙漠，面积 $33.7 \times 10^4 km^2$。盆地为古生界海相克拉通叠加中新生界陆相前陆的叠合复合盆地，多期改造、叠合成藏，地下地质情况十分复杂。据国土资源部最新资源评价，塔里木盆地油气资源量达 $178 \times 10^8 t$，塔里木油田现有矿权面积 $15.9 \times 10^4 km^2$，矿权内油气资源量 $126 \times 10^8 t$，占全盆地的 70%。

20 世纪 50 年代初到 70 年代末，原石油工业部在塔里木盆地组织了五次会战，在历经"五上五下"艰辛探索之后，1989 年 4 月 10 日，为响应党中央、国务院关于陆上石油"稳定东部、发展西部"的战略部署，来自五湖四海的塔里木石油人肩负着保障我国能源战略安全的历史使命，怀揣着寻找大场面建设大油气田、实现我国油气资源战略接替的梦想，挥师西进，开启了"六上塔里木"的新征程，展开了艰苦卓绝的石油大会战。

面对世界级勘探开发难题和恶劣的自然环境，塔里木石油人牢记责任、不辱使命，艰苦奋斗、顽强攻坚，取得了丰硕的勘探开发成果，建成了 2500 万吨级大油气田和西气东输主力气源地，累计探明油气储量当量 $24 \times 10^8 t$、生产原油 $1.2 \times 10^8 t$、天然气 $2216 \times 10^8 m^3$，油气产量当量 $2.97 \times 10^8 t$，为保障国家能源安全和促进我国经济社会发展做出了突出贡献。

---

❶　获中国石油天然气集团公司 2017 年度管理创新成果二等奖；塔里木油田公司 2017 年度管理创新成果一等奖。

# 1 创新"五位一体"管理模式的背景

2014年以来，国际形势错综复杂，原油价格持续低迷，国内经济进入新常态，油气需求逐步放缓，与此同时，油气勘探目标日益复杂，资源品质逐步变差，油气勘探工作面临严峻考验。

## 1.1 油价和外部环境对油田的发展带来巨大挑战

2014年7月，国际油价出现断崖式下跌，在短短6个月内，油价从100美元跌破50美元，跌幅超过50%。低位震荡一年后，油价继续下跌，到2015年年底跌破40美元（图1）。油价的大幅下跌，直接传导至油气生产上游企业，塔里木油田公司不可避免地受到冲击。

图1　2013—2015年国际原油价格月K线图

国内经济发展进入新常态，油气需求增速持续放缓，天然气资源供应宽松，加之国外进口气量增长、国家下调天然气价格等因素，塔里木油田的天然气以销定产，产量和商品量均受影响，天然气利润增长放缓。

集团公司大幅削减投资计划，2016年下达给塔里木油田公司的勘探投资较"十二五"平均值降幅达到39.7%。勘探投资的降低导致上交油气储量的减少，影响油田油气产量稳中有升的局面（表1）。

表1　2011—2016年探明油气储量统计表

| 年度 | 探明油地质储量（$10^4$t） | 探明气地质储量（$10^8$m³） | 探明油当量地质储量（$10^4$t） |
|---|---|---|---|
| 2011年 | 10869.63 | 602.93 | 15673.85 |
| 2012年 | 0 | 1542.93 | 12294.26 |
| 2013年 | 5704.65 | 1571.57 | 18227.12 |
| 2014年 | 5617.15 | 2312.79 | 24045.76 |
| 2015年 | 5466.1 | 1404.7 | 16658.93 |
| 2016年 | 1044.1 | 729.61 | 6857.73 |

## 1.2 勘探对象日益复杂，资源品质逐渐变差，圈闭储备质量不高，勘探难度不断增加

随着勘探工作的不断深入，大部分浅层油气藏、碎屑岩均质油气藏已被发现并进入开发后期，油田面临的勘探对象越来越深，越来越复杂。

### 1.2.1 储量区块主要集中在深层，钻井深度不断增加，难度不断增大

2008年克深2井在克拉2气田下盘、克拉苏深层古近系盐下勘探取得了战略性重大突破，推动库车天然气迈向超深勘探阶段。近几年克深地区目的层埋深突破7000m，向8000m靠近，其中完钻最深的克深902井完钻井深达到8038m，创我国陆上完钻井深记录。

2009年哈7井在奥陶系一间房组层间岩溶缝洞型灰岩获得勘探大突破，揭开了哈拉哈塘碳酸盐岩大油田的勘探序幕，随着勘探区域不断向南扩展，目的层顶面埋深也越来越深，从北部的6600m加深到南部的7500m。

近十年，塔里木油田发现的油气田目的层埋深不断增加（表2），完钻井深大于6000m的探井占比从2005的15%不断攀升，至2015年已达到92%（图2），井越深，井底的温度、压力就越高，钻井的难度就越大，对钻井设备安全施工作业的要求也越高，导致钻井成本不断上升。

**表2 2006—2015年发现的重点油气田（藏）统计表**

| 发现年度 | 油气田（藏）名称 | 发现井 | 上交储量时间 | 目的层 | |
|---|---|---|---|---|---|
| | | | | 层位 | 中部埋深（m） |
| 2006年 | 英买34-35志留系 | 英买34 | 2006 | 志留系 | 5580 |
| 2007年 | 中古2 | 中古2 | 2007 | 奥陶系良里塔格组 | 5880 |
| 2008年 | 克深2 | 克深2 | 2012 | 白垩系巴什基奇克组 | 6630 |
| 2009年 | 哈拉哈塘哈6区块 | 哈7 | 2011 | 奥陶系一间房组—鹰山组 | 6635 |
| 2010年 | 克深5 | 克深5 | 2014 | 白垩系巴什基奇克组 | 6720 |
| 2011年 | 哈拉哈塘热普区块 | 热普3 | 2013 | 奥陶系一间房组—鹰山组 | 7000 |
| 2012年 | 克深8 | 克深8 | 2013 | 白垩系巴什基奇克组 | 6890 |
| 2013年 | 克深9 | 克深9 | 2015 | 白垩系巴什基奇克组 | 7500 |
| 2014年 | 哈拉哈塘跃满区块 | 跃满3 | 2015 | 奥陶系一间房组—鹰山组 | 7200 |
| 2015年 | 哈拉哈塘富源区块 | 富源1 | 2016 | 奥陶系一间房组—鹰山组 | 7500 |

图 2　1989—2015 年完钻超深探井占比统计图

### 1.2.2　新区新领域勘探未获实质突破，原油上产缺乏优质资源基础，增储的难度逐年加大

"十二五"期间油气勘探主要集中在库车、哈拉哈塘、塔中三大富油气区带，累计投入的勘探资金占勘探总投资的 85.1%，新区、新领域勘探投入不足，研究认识程度不高，没有获得实质性发现，导致油气资源序列不合理，剩余预测储量较控制储量偏少，油气稳产上产难度日益加大。

2007 年以来，石油勘探目标主要集中在碳酸盐岩，探明的石油储量也主要集中在碳酸盐岩（图 3），由于碳酸盐岩油藏具备极强的非均质性，稳产期短，递减快，造成原油稳产上产难度大，急需在碎屑岩石油勘探上获得实质性突破，开拓油气勘探新的领域。

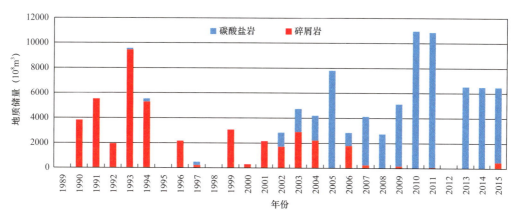

图 3　1989—2015 年探明石油地质储量统计图

### 1.2.3　储备圈闭质量不高，制约油气勘探发现

截至 2015 年年底，塔里木油田储备圈闭 106 个，圈闭总面积 3548km²，油气资源量 $30.01 \times 10^8$t。其中 I 类储备圈闭个数为 59 个，面积 1363km²，主要在塔中、塔北地区，主体为地层岩性圈闭（图 4）。

从储备圈闭的规模上看，目前天然气资源量大于 $300 \times 10^8$m³ 的储备圈闭仅 20 个，库车地区占 16 个，而 I 类圈闭仅 6 个；石油资源量大于 $3000 \times 10^4$t 的圈闭仅有 7 个，I 类圈闭仅 1 个（地层岩性），可钻探的优质圈闭储备不足（图 5）。圈闭是油气发现的前提和基础，基础不牢严重制约油气勘探发现进程。

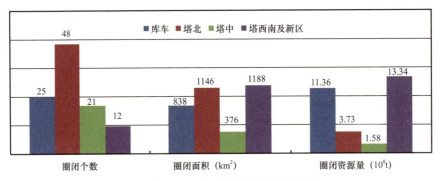

图 4 截至 2015 年年底储备圈闭统计图

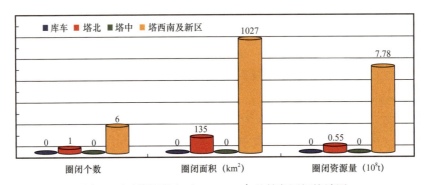

图 5 石油资源量大于 $3000 \times 10^4 t$ 的储备圈闭统计图

## 1.3 管理方面还面临一些挑战，影响勘探管理质量和效率

### 1.3.1 勘探生产管理分散，影响勘探全局战略部署

"十二五"期间，塔里木油田公司为了加强上产增储进程，强力推进勘探开发一体化管理模式，按地域划分成立了库车、塔北、塔中等三个勘探开发一体化项目经理部，把全油田的勘探、开发、钻井、采油、基建等各方面人才分散到三个项目经理部，各项目经理部分别负责本辖区的井位部署、钻完井生产组织、上交储量、油气产能建设、油气生产和投资控制的勘探开发全过程一体化管理。

勘探开发一体化加快了油气建产进程，但项目经理部的主要精力投入到开发建产，落实油田整体勘探部署存在欠缺，致使勘探的整体合力得不到有效发挥，客观上影响油气勘探的整体部署与稳步推进。

### 1.3.2 勘探管理制度和要求的落实与执行不到位，影响勘探工作效率

勘探开发一体化管理模式按地域划分各一体化项目经理部的管理范围，在生产组织中不可避免地存在本位主义，在钻机安排、生产组织和物资调配方面矛盾突出。

相关部门与个人对勘探开发一体化的必要性与紧迫性认识不足，在一体化模式的管理过程中，对勘探管理相关制度和要求落实不到位，在一定程度上存在"有令不行，有禁不

止"的现象，影响勘探工作效率及整体工作安排。

### 1.3.3 管理不到位，钻完井成本居高不下，钻井工作量到位率低

项目经理部生产管理者主要是技术干部出身，存在重生产轻经营现象，整体管控不够。项目投资管理、进度管理、质量管理、人力资源管理与规模快速发展不匹配。由于生产组织和管理不到位，造成了探井投资超计划、成本居高不下、工作量到位率低等问题。

"十二五"期间，塔里木油田公司探井进尺完成率仅为85.5%，探井投资完成率为104.4%，探井成本为股份公司下达的122.2%（表3）。

表3　2011—2015年探井投资计划执行情况统计表

| 年度 | 进尺（×10⁴m） | | | 投资完成率（%） | 成本（元/m） | | |
|---|---|---|---|---|---|---|---|
| | 下达 | 完成 | 完成率（%） | | 下达 | 完成 | 完成率（%） |
| 2011年 | 44.6 | 35.6 | 79.80 | 102.50 | 9587 | 12315 | 128.50 |
| 2012年 | 42.4 | 35.7 | 84.30 | 113.10 | 9348 | 12533 | 134.10 |
| 2013年 | 41 | 38.5 | 93.90 | 111.00 | 10876 | 12852 | 118.20 |
| 2014年 | 36.5 | 32.1 | 88.00 | 113.30 | 11160 | 14374 | 128.80 |
| 2015年 | 29.7 | 24 | 80.70 | 80.40 | 12913 | 12872 | 99.70 |
| "十二五"合计 | 194.2 | 165.9 | 85.50 | 104.40 | 10611 | 12965 | 122.20 |

面对诸多困难和挑战，集团公司董事长、党组书记王宜林在2015年勘探开发年会上要求油田企业要大力实施创新驱动，破解低油价挑战和制约发展的瓶颈。塔里木油田认真学习领会集团公司年会精神，经深入分析研究后决定：从内因上挖潜、优化，在苦练内功上下工夫，通过转变管理理念，创新组织方式，消减各种不利因素的影响，尽最大努力实现管理水平和勘探效益的提升，为油田稳健发展做出积极贡献。

## 2 创新"五位一体"管理模式的内涵和主要做法

2015年底，塔里木油田重组机构，改变勘探管理模式，成立勘探事业部，围绕油气勘探"提速、提质、提效"总体目标，转变管理理念，创新组织方式，从"优选勘探目标、优化设计方案、加强过程管控、强化技术攻关、健全制度体系"等五个方面全方位发力，持续提升油气勘探效益、效率。

### 2.1 管理内涵和创新点

#### 2.1.1 转变管理理念，突出问题导向

（1）勘探思路由重阵地向重新区转变。

2016年的油气勘探突出新区新领域、突出中浅层、突出开发可动用。有序推进库车、塔北、塔中三大阵地勘探的同时，强化预探与新区勘探，加快寻找到新的资源接替区进

程，保障油田的可持续发展。

（2）成本控制由抓过程向抓源头转变。

一口探井，在方案设计完成以后，80%以上的成本就基本锁定。以往控投降本工作注重抓过程，在剩下20%的可控范围内做文章，收效不大。2016年转变成本控制理念，以抓源头、抓决策为核心，把强化方案论证、优化方案设计作为控投降本的主要抓手，实现从源头控制钻完井成本。

（3）钻井提速由抓局部向抓全局转变。

以往钻井提速注重目的层的提速，对非目的层段的提速研究不够重视；或注重钻井阶段提速，忽视完井试油阶段的提速。2016年转变钻完井提速理念，提出钻井提速要由井段提速向全井提速、由钻井提速向钻完井提速、由单井提速向区块提速转变，实现全面提速。

### 2.1.2　创新组织方式，突出过程管控

（1）创新勘探管理模式，落实管理责任主体。

勘探事业部成立后，以地域划分设置库车、哈拉哈塘等五个勘探项目组，采取整合各专业为一体的勘探项目管理模式，负责区块内的储量任务、进尺完成、投资控制、安全环保、维稳安保等全生命周期勘探生产管理，强化责、权、利的统一和各区块勘探生产工作责任的落实。

（2）创新钻井选商方法，优选乙方施工队伍。

创新"单井招标、区块招标和N+X总承包"相结合方式钻完井选商，在降低钻完井合同成本的同时，优选优秀施工队伍承担重点探井的钻探任务，让干得好的队伍后续工作量有保障，实现甲乙双方共赢。

（3）创新过程管控方式，提升现场管理水平。

创新"六步法"钻井过程管理模式，成立甲乙方联合项目组，突出"监督、协调、服务"职能，靠前指挥，靠前决策，充分调动承包商的主动性，促进现场管理水平提升，削减生产过程的风险。

（4）创新激励兑现形式，营造良好竞争氛围。

创新对乙方队伍采取奖金、荣誉与工作量激励相结合的奖励形式，形成"比、学、赶、帮、超"的竞赛氛围。台盆区、山前每月各评出一支优秀钻井队授予钻井月度流动红旗，获奖队伍在下一轮招标中奖励加分。

## 2.2　主要做法和亮点

2016年，塔里木油田公司运用"五位一体"管理模式，强化勘探生产组织管理，圆满完成了各项勘探生产指标。

### 2.2.1　强化新区油气勘探，确保勘探持续发现

（1）加强新区、新领域地震准备，积极寻找战略接替区。

为了加快寻找战略接替区，2016年大幅增加对新区、新领域的地震部署工作量，加强圈闭搜索力度。全年完成物探总投资较"十二五"年均下降33.7%，但新区完成物探投

资占比较"十二五"年均提升 90.3%，其中新区完成三维地震工作量占比较"十二五"年均提升 421.5%（表 4），为新区、新领域目标搜索打下了良好的基础。

（2）加大新区、新领域探井部署力度，全力寻求新发现。

2016 年，勘探重心逐步向新区、新层系转移，力求在富油气区带之外寻找油气新发现。全年完成探井总投资较"十二五"年均下降 53.6%，但新区完成探井数占比较"十二五"年均提升 186.4%，新区完成探井投资占比较"十二五"年均提升 84.9%（表 4）。通过不懈努力，实现了库车山前北部叠置带、台盆区寒武系白云岩油气勘探两个领域的重大突破，为油气勘探开辟了两个新的接替区。

表 4 "十二五"—2016 年新区勘探工作量、投资占比统计表　　　　　（%）

| 项目 | 钻井占比 | | 物探占比 | | | | 总投资占比 |
|---|---|---|---|---|---|---|---|
| | 井数 | 投资 | 二维 | 三维 | 非地震 | 物探总投资 | |
| "十二五"平均 | 9.8 | 10.3 | 90.3 | 12.7 | 35.3 | 30.0 | 14.9 |
| 2016 | 28.0 | 19.0 | 65.1 | 66.0 | 55.4 | 57.1 | 30.6 |
| 2016 较"十二五"增幅 | 186.4 | 84.9 | −27.9 | 421.5 | 56.8 | 90.3 | 105.3 |

（3）高度重视圈闭和井位研究，突出中浅层、突出规模效益、突出开发可动用。

2016 年，以"突出中浅层、突出规模效益、突出开发可动用"原则加强圈闭、井位研究，部署探井的平均井深 6023m，较"十二五"的平均 6432m 下降 6.4%。罗斯 2 井在麦盖提斜坡寒武系潜山获重大发现，目的层埋深只有 5800m；中古 58 井在塔中东部寒武系潜山获重大突破，目的层埋深仅 3700m。玉东 7 岩性圈闭获得新发现，目的层埋深不到 5000m，落实了 $500 \times 10^4t$ 优质碎屑岩石油储量，可快速投入开发。

### 2.2.2　强化设计方案优化，确保成本源头控制

（1）强化地震采集方案的优化与论证，提高资料品质。

2016 年，针对地震采集项目的特点、难点，特别是重难点项目，强化了地震采集方案的优化与论证，在充分论证、试验基础上，考虑经济技术一体化进行方法优化，确保完成地质任务基础上，成本得到有效控制。

罗南—鸟山三维首次通过低频可控震源实现"两宽一高"（炮道密度 241 万次 $/km^2$，为近年沙漠区井炮的 3 倍）+ 高效采集（低频可控震源宽频激发 + 滑动扫描施工，平均日效 3486 炮，为台盆区井炮的 3.5 倍），采集成本与近年塔中地区相当，而地震资料品质得到明显改善，奥陶系内幕获得了丰富反射信息。

中古 43 三维通过低频检波器前期试验和试生产资料表明，塔中沙漠区采用单道两个组合接收能够获得满足勘探开发需要的地震资料，推动了该三维的全面实施。尽管覆盖次数（432 次）、炮道密度（138 万次 $/km^2$）较以往均有明显提高，但检波器个数明显减少，成本得到了有效控制。

在前期多地区试验的基础上，库车、柯东、柯坪等地区由以往宽线观测转变为小道距高密度单线观测，成本得到有效控制的同时，中浅层陡倾反射地震成像质量普遍改善。

（2）创新钻井工程设计模式，完善工程设计方案。

探井设计实行"一井一策"，在钻井工程方案制订中，由油气工程研究院提出初步井身结构设计，然后让有意承钻考核排名在油田前三分之一的钻井队伍所属钻探公司"背靠背"分别进行钻井方案设计，提出钻井工程设计详细方案、提速工艺、成本控制及安全环保等方面的保障措施，预测完成周期、预算投资，勘探事业部组织方案讨论，最后，油气工程研究院在各个钻探公司方案的基础上，集成各家方案设计优点，完善工程设计方案，钻井方案较为合理的钻探公司参与竞标时，在技术分上给予加分激励。

这样编制钻井工程设计，充分发挥了各钻探公司的主观能动性，有效激发并吸收利用了各钻探公司所储备的丰富经验及技术，大幅提升了钻井工程设计的科学合理性，对钻完井安全提速发挥了重要作用。另外也营造了公平竞争的市场环境，促进钻井技术不断创新进步。

（3）强化地质工程一体化方案研究，提高方案的科学性。

立足地质工程一体化研究，优化井身结构及钻井液密度设计，大幅度减少了事故与复杂，节约了钻井周期及钻井费用。

根据库车地区岩性分段的特点，优化井身结构、钻井液密度设计，制订针对性工程技术方案。开展库车盐层段分层研究，明确各小段的岩性组合、压力系数、导致工程中容易出现的复杂情况，指导钻井工程方案设计。明确盐层中完原则：二开防止泥岩水化，中完套管下到盐顶；三开钻井液密度 2.4 左右防止阻卡，中完套管下到欠压实段底；四开钻井液密度 2.3～2.35 防止漏失，中完套管下到膏盐岩段底。

该套方案在克深 10、克深 24 等井实施过程中取得良好效果，克深 24 井完钻井深 6382m，钻井周期仅 215 天，其中三开盐层段进尺 2160m 用时 26 天，钻至三开中完 5759m 只用 92 天，比设计提前 37 天。库车地区 2016 年平均单井钻井液漏失量较 2015 年下降了 66%，处理漏失复杂时间减少了 55.4%（表 5）。

表 5　库车山前 2015 与 2016 年钻井漏失情况对比表

| 项目 | 2015 年 | 2016 年 | 2016 年比 2015 年增幅 |
|---|---|---|---|
| 平均单井钻井液漏失量（m³） | 205.78 | 70.05 | −66.0% |
| 平均单井损失时间（h） | 226.8 | 101.04 | −55.4% |

（4）引入储层地质力学理论，优化完井改造方案。

引入储层地质力学理论，针对库车白垩系储层地应力、天然裂缝、地层脆性及韧性特征，建立储层可压裂性模型，计算可压裂性指数，优化完井改造方案。

根据可压裂性指数大小，实现射孔定量、优化，射孔量减少 40%～50%；建立天然裂缝剪切滑移率与改造产能的关系，指导施工注入压力，提升改造效果；形成"五阀一封"测试工艺技术，提高测试安全性和成功率，目前"五阀一封"测试工艺在库车山前使用 4 井次，成功率 100%；细化暂堵转向工艺，完善了缝网体积酸压配套技术，提高了储层改造效果。克深 131 井井深 7476m，采用"五阀一封"测试工艺技术，用 5mm 油嘴求产，油压 89.9MPa，日产天然气 $28 \times 10^4 m^3$。

### 2.2.3 强化生产过程管理，确保风险有效管控

创新"六步法"钻井过程管理模式，认真做好钻井策划，推行岗位能力评估，严格施工前验收，强化关键作业指导，精细钻井液管理，深入开展风险识别，有效管控生产风险，提高钻井速度。

（1）第一步——开钻前做好钻井策划，明确要做好哪些事。

按照"一井一策、一段一法"管理思路，每口井开钻前提前收集邻井钻井资料，做好钻井策划，内容主要包括：本井基本情况、各开次岩性描述、邻井事故复杂、地质风险、钻井难点、工程技术措施、钻井液性能及配方、易发事故复杂处理预案、质量控制目标和措施、项目运行保障措施等方面的内容。

单井钻井策划由平台经理或井队工程师组织编制，突出重点要求、便于操作，针对各阶段可能存在的风险识别到位、风险控制措施制订到位。编制完成的钻井策划由勘探公司技术科审核把关，勘探事业部项目组检查审定后执行。

（2）第二步——开展关键岗位能力评估，明确哪些人有资格做哪些事。

每口井开钻前对平台经理、钻井工程师、泥浆工程师等全部承包商关键岗位进行能力评估，能力评估由所属项目组负责组织实施，评估采取笔试、访谈、实操三种方式相结合的形式从岗位专业技能、安全技能、井控技能、应急、工作年限等方面进行综合的能力评估，评估不合格的员工不得上岗。2016年总共对22个钻井队合计266人开展了岗位能力评估。

在能力评估具体实施过程中实行差异化的能力评估模式：上年度油田公司安全审核定级为A、B级的队伍，评估对象为变更后的关键岗位人员；上年度审核定级为C级的队伍，评估对象为所有关键岗位人员；新进入油田、离开勘探业务领域半年以上或无相应区块施工经验和人员流动变化较大的队伍进行全员能力评估。

（3）第三步——严格执行施工前验收，确保工程作业开好头。

制订发布了《勘探事业部钻前、开钻、录井开工、油基钻井液使用前、钻开油气、钻井转试油交接、完井交井验收管理实施细则》，明确部门职责和验收标准，对验收的申报程序、参加人员、问题整改反馈等提出具体要求，验收组对照清单开展现场验收，实现施工前验收全方位、无死角。

钻前、开钻、录井开工、油基钻井液使用前、钻开油气层、钻井转试油等重点工作，开工前由工程、地质、安全等各专业人员组成验收小组赴现场进行验收，查找问题，提出整改要求，施工队伍必须完成整改，经再次验收合格后方可开工，确保工程开好头。

（4）第四步——关键作业专家现场把关，确保施工安全。

风险探井与重点探井中完与完井测井、下套管、固井等作业时，勘探事业部和钻井公司相关领导及专家上井指导；山前井中完与完井测井、下套管、固井等作业时，勘探事业部和钻井公司相关技术负责人上井指导；其他井中完与完井作业时，勘探事业部和钻井公司相关技术人员上井指导。

针对盐层、目的层、中完等关键层位、复杂井段，甲乙方工程、钻井液、地质人员驻

井把关，从资料收集、人员、方案、设备、物资储备等方面编制现场工作检查清单，便于现场监督对照清单逐一检查落实，确保钻井液转型及时到位，防漏、防卡措施到位，地层岩性预测到位，主动预防事故复杂。

（5）第五步——实施钻完井液精细管理，保障安全快速钻井。

认真分析邻区钻井及钻井液使用情况，细化单井钻井液设计方案。尤其是针对不同井段，有针对性地设计钻井液，通过钻井液精细化设计，保障钻井安全。同时，在钻完井过程中，强化钻完井液质量监督管理，通过委托油田质量检测中心开展第三方钻完井液质量检测工作，从根本上强化钻完井液性能质量管理，确保探井钻完井作业安全。具体实施过程中，要求第三方必须对勘探事业部作业井每月至少进行一次全套钻完井液性能检测，对于发生事故复杂或需要特殊作业（如下套管、MDT测井、放射性测井、下油管等）的井必须上井取样化验全套钻完井液性能。

（6）第六步——强化风险预测、识别，提前制订削减预案。

探井一开钻进过程中，勘探事业部相关项目组负责对现场监督、钻井队、录井队进行地质与工程交底。交底内容包括：钻探目的、钻探意义、钻探难点及可能出现的复杂情况等；特殊施工作业，认真分析可能出现的风险，制订相应的预案，最大限度削减风险。

哈拉哈塘区块超深超长裸眼井段长达6000m、局部目的层异常高压，极易发生卡钻或其他复杂情况。项目组结合工程地质情况制订《哈拉哈塘非目的层钻井工作要点》，主要内容包括：工程与地质风险、异常汇报要点、汇报程序、各开次钻井、钻井液推荐做法等，通过加强对现场作业人员的培训、指导，进一步提高风险防范意识；建立钻井井下风险诊断评分制度，制订配套评分卡，要求现场管理人员从井眼状况、钻井液性能、关键岗位人员、司钻履职能力、方案设计执行、设备管理等六个方面对井下各种风险进行全面的量化评估打分，全面、系统地识别井下风险；工况发生变化或井下出现异常时，驻井监督对钻井队下达《风险诊断结果告知书》，告知主要风险、防控措施、注意事项等内容，最大限度地防控和削减作业风险。

### 2.2.4 强化工程技术攻关，确保提速提质提效

（1）强化库车叠置目标区地震资料处理攻关，积极落实钻探目标。

克深区带瞄准北部逆掩带、构造转换带和三维地震接合部，在精细开展微测井约束层析静校正、"六分法"去噪等工作的基础上，采用网格层析速度建模、砾岩膏盐岩等特殊岩体速度建场、地震非地震联合速度反演、TTI各向异性叠前深度偏移等先进技术，开展了2130km²三维地震资料的重新处理，提高了地震成像质量，新发现和落实圈闭13个，圈闭面积293km²，天然气资源量近4000×10⁸m³。

（2）优化钻头选型，促进山前巨厚砾石层钻井提速。

针对库车山前博孜地区巨厚砾石层机械钻速慢，严重影响钻井周期的问题，通过细化该区砾石层分层，对其岩性组合、压实程度、各层段的可钻性、以往发生的复杂进行详细分析，分段制订了博孜103、104井的钻头优选方案。通过优化井身结构，优选钻头，提速效果显著。

在该区优选"涡轮＋孕镶钻头"钻进，较进口PDC钻头机械钻速提高2倍、单只钻头进尺提高1.2倍（图6），博孜103井采用新型MV516TIU钻头提速，单只进尺429m。博孜地区第三轮井与第二轮井相比，平均完井周期缩短188天。实现区块总体提速32.4%，费用下降35.9%。（表6）

表6　博孜1区块第二、三轮探井指标对比表

| 项目 | 2014年完钻的第二轮探井<br>（博孜101、博孜102井） | 2016年完钻的第三轮探井<br>（博孜103、博孜104井） | 第三轮比<br>第二轮增幅 |
|---|---|---|---|
| 平均井深（m） | 7050 | 7150 | 1.4% |
| 平均周期（d） | 580 | 392 | −32.4% |
| 平均费用（亿元） | 3.2 | 2.05 | −35.9% |

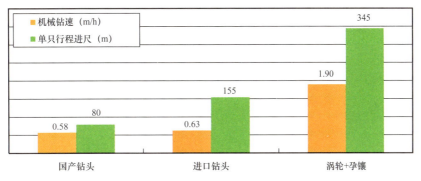

图6　博孜地区不同型号钻头机械钻速、进尺对比图

（3）库车地区集成成熟技术规模化应用，实现深部井段提速。

库车钻井在盐膏层使用油基钻井液＋垂直钻井工具＋高效PDC钻头，实现了深部井段提速的整体突破。2016年，克深—大北区带在完钻井深与上年持平的情况下，机械钻速较2015提升122.4%，钻井周期较2015年缩短120天，降幅达31.9%（表7）。其中重点探井克深24井盐膏层机械钻速相比邻井提高210.8%，日进尺提高195.4%。

表7　2015—2016年克深—大北区带探井指标对比表

| 项目 | 2015年 | 2016年 | 2016年比2015年增幅 |
|---|---|---|---|
| 完钻井数（口） | 12 | 3 | −75.0% |
| 平均井深（m） | 6837 | 6843 | 0.1% |
| 机械钻速（m/h） | 2.05 | 4.55 | 122.4% |
| 平均钻井周期（d） | 376 | 256 | −31.9% |

（4）富源区块全面推广模块化集成提速技术，区块整体提速，创多项纪录。

富源区块钻井，二开上部至二叠系顶采用"国产PDC钻头＋国产螺杆"一趟钻提速模式；二叠系至奥陶系中完采用"扭力冲击器＋个性化定制PDC"四至五趟钻提速模式，

平均每口井使用扭力冲击器钻进进尺 2496m，平均机械钻速 5.19m/h。其中富源 205 井自井深 4392m 下入扭力冲击器，4 趟钻便钻至二开中完井深 7111m，创富源区块直井最快施工纪录。富源 103 井创富源区块定向井最快施工纪录。

富源区块第二轮探井平均机械钻速 7.61m/h，较 2015 年的第一轮探井提高 27.3%；第二轮探井平均完钻周期 99 天，较 2015 年第一轮探井缩短 52.8 天，整体提速 34.8%（表 8）。

表 8　2015—2016 年富源区块第一、二轮探井指标对比表

| 项目 | 第一轮钻井（2015 年） | 第二轮钻井（2016 年） | 第二轮比第一轮增幅 |
| --- | --- | --- | --- |
| 完钻井数（口） | 5 | 5 | 0.0% |
| 平均井深（m） | 7466.3 | 7274.2 | −2.6% |
| 机械钻速（m/h） | 5.98 | 7.61 | 27.3% |
| 平均周期（d） | 151.8 | 99 | −34.8% |

（5）低孔砂岩储层试油工程技术逐渐完善，攻克困扰多年难题。

不断完善"三超气井"测试技术，基本形成多套适用于不同区块测试完井工艺配套技术。克深 131 井采用国产耐压 210MPa、耐温 200℃/100h 的 89 型超高温超高压射孔器材及配套工具，创造国内地层压力 137MPa 条件下使用 210MPa 射孔器材的新纪录。博孜 104 井是博孜地区第一口加砂压裂井，油气层埋深超过 6700m，该井通过大规模加砂压裂获得高产油气流，日产气 $51 \times 10^4 m^3$，日产油 $41 m^3$，较之前评价井酸化测试产量提高了两倍多，一举攻克了困扰该区块多年的井筒结蜡问题，为该地区开发上产打开了突破口，同时为高效开发该区块储备了工程技术。

### 2.2.5　强化制度体系建设，确保管理水平提升

（1）完善管理制度标准，理清勘探业务流程。

梳理完善勘探管理制度、操作规程、岗位职责等制度与规范，确保工作界面清晰、权责关系明确、组织运行高效。勘探事业部重组成立一年来，全年制订《塔里木油田公司勘探生产组织管理办法（试行）》等规章制度 61 个，初步建立了油田公司勘探业务规章制度体系，为规范勘探管理奠定了坚实的基础。

组织完善勘探部署、动态调整、合同签订等业务流程，明确管理权限，简化审核审批程序，提高管理时效。认真梳理钻前、钻井、录井、测井、试油等岗位的工作流程，将现场每一个施工环节进行细化分解，绘制监督流程图、制订监督要点，确保各项工作规范有序开展。

（2）强化对标考核管理，确保责任落实到位。

2016 年对 5 个勘探项目组强化对标考核管理，针对不同项目组分别设置钻井进尺完成率、生产时效、试油成功率、储层改造有效率、中完层位（盐底目的层）卡准率等 10～13 个考核指标，实现勘探任务的层层分解、勘探指标的个性化设置、考核指标目标值的量身定制。

对标考核实行半年预考核，考核情况反馈至被考核项目组，协助项目组及时发现问题，寻找差距，及时整改。年终对标考核与绩效考核挂钩，对标考核作为绩效考核的补充和完善，让每个工作目标都被分解为具体的工作，每项工作都有具体的考核指标，每个考核指标都分解到具体的责任人，实现了事事有人管，责任无死角。

## 3 创新"五位一体"管理模式的实施效果

2016年，在外部环境严峻，内部困难重重的逆境中，塔里木油田勘探战线通过不懈的努力，交出了一份亮丽的答卷。

### 3.1 油气勘探成果丰硕，新区新领域获重大突破

转变勘探思路，强化新区、新领域、新层系的勘探指导思想发挥了重要引领作用，2016年油气勘探成果丰硕：库车克深叠置带、台盆区寒武系白云岩潜山获重大突破，分别获得股份公司2016年勘探发现特等奖、二等奖。克深13与博孜1气藏评价、哈拉哈塘碳酸盐岩评价、塔中西部奥陶系评价、塔北西部碎屑岩滚动评价获得重要进展。

#### 3.1.1 主攻构造转换带及逆冲叠置带，库车天然气再获重大发现与规模储量

克深10井是部署在克深区带克深10号构造上的一口预探井，2016年2月22日完钻。完钻井深6467.60m，揭开$K_1bs$砂岩厚295m。完井对井段6180～6365m酸压测试，用6mm油嘴求产，油压34.33MPa，日产气$21.46 \times 10^4 m^3$，新发现一个含气构造。2016年新增天然气预测储量超过$800 \times 10^8 m^3$。

克深11井是部署在克深区带克深11号构造上的一口预探井，2016年6月19日完钻。完钻井深6453m，揭开$K1bs$砂岩厚196m。完井对井段6257～6345m酸压测试，用8mm油嘴求产，油压80.54MPa，日产气$69.78 \times 10^4 m^3$，新发现一个含气构造。2016年新增天然气预测储量近$500 \times 10^8 m^3$。

#### 3.1.2 台盆区寒武系白云岩潜山获得重大突破，开辟了塔里木油田油气勘探的新战场

中古58井2016年9月25日完钻，对井段3604.59～3730m酸化测试，日产油11.5$m^3$，日产气64934$m^3$，塔中东部潜山勘探时隔27年取得重大发现。中古58井的成功，证实了塔中东部潜山区具备优越的油气成藏地质条件，目前基本落实有效盖层区白云岩潜山面积112km²，资源量：天然气$200 \times 10^8 m^3$，石油$4000 \times 10^4 t$。

罗斯2井2016年5月10日完钻，对井段5741～5830m常规测试，用6mm油嘴求产，日产气214476$m^3$，日产油3.02$m^3$，取得巴楚隆起—麦盖提斜坡及和田河气田发现20年来又一重大发现。2016年新增天然气预测地质储量$291.37 \times 10^8 m^3$。该区潜山带面积206km²，发育罗斯2、罗斯3、山1三个白云岩潜山构造，具备$500 \times 10^8 m^3$天然气资源规模。

### 3.2 全面完成储量任务

2016年，塔里木油田公司全面完成年度油气储量任务（表9）。累计上交石油三级地质储量近$8000 \times 10^4 t$，天然气三级地质储量近$3400 \times 10^8 m^3$。

表 9　2016 年三级储量任务完成情况统计表

| 储量级别 | 种类 | 类别 | 完成率（%） |
|---|---|---|---|
| 探明 | 石油（$10^4$t） | 可采储量 | 102.3 |
| | 天然气（$10^8$m³） | 可采储量 | 106.1 |
| 控制 | 石油（$10^4$t） | 地质储量 | 101.2 |
| | 天然气（$10^8$m³） | 地质储量 | 105.9 |
| 预测 | 石油（$10^4$t） | 地质储量 | 111.9 |
| | 天然气（$10^8$m³） | 地质储量 | 159.6 |

## 3.3　提速、提质、提效成果丰硕

通过转变提速理念，强化生产组织与管理，强化工程技术攻关，探井钻完井提速、提质、提效取得了丰硕成果。

### 3.3.1　提速——钻完井速度大幅提升

2016 年，塔里木油田公司探井钻机月速为 924.1m/ 台·mon，较 2015 年提升 15%，机械钻速为 4.03m/h，较 2015 年提升 3.6%，纯钻时效为 31.9%，较 2015 年提升 11%。

2016 年，克深大北区块探井钻机月速为 810.3m/ 台·mon，较 2015 年大幅提升 108.3%，哈拉哈塘地区钻机月速为 1661.1m/ 台·mon，较 2015 年大幅提升 65.2%，塔中地区钻机月速为 1729.3m/ 台·mon，较 2015 年大幅提升 34.9%。

2016 年，克深大北区块探井机械钻速为 4.55m/h，较 2015 年大幅提升 122.4%，哈拉哈塘地区机械钻速为 7.27m/h，较 2015 年提升 23.5%，塔中地区机械钻速为 7.4m/h，较 2015 年提升 34.4%。（表 10）。

表 10　2015—2016 年探井钻井指标对比表

| 项目 | 年度 | 克深—大北 | 哈拉哈塘 | 塔中 | 全油田 |
|---|---|---|---|---|---|
| 钻机月速（m/ 台·mon） | 2015 | 389.0 | 1005.8 | 1281.6 | 803.3 |
| | 2016 | 810.3 | 1661.1 | 1729.3 | 924.1 |
| | 2016 比 2015 增 | 108.3% | 65.2% | 34.9% | 15.0% |
| 机械钻速（m/h） | 2015 | 2.05 | 5.89 | 5.51 | 3.89 |
| | 2016 | 4.55 | 7.27 | 7.40 | 4.03 |
| | 2016 比 2015 增 | 122.4% | 23.5% | 34.4% | 3.6% |
| 纯钻时效 | 2015 | 26.40% | 23.70% | 32.30% | 28.70% |
| | 2016 | 24.70% | 31.70% | 32.50% | 31.90% |
| | 2016 比 2015 增 | −6.4% | 33.8% | 0.6% | 11.1% |

### 3.3.2 提质——事故复杂明显降低

2016年探井事故复杂时效为7.88%，与2015年相比下降24.59%，其中山前探井事故复杂时效6.28%，与2015年相比下降15.36%，台盆区探井事故复杂时效7.1%，与2015年相比下降48.3%（图7）。事故复杂的大幅降低标志着工程质量的不断提升。

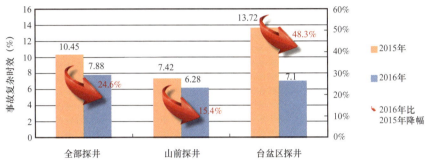

图7 2015—2016年探井事故复杂时效对比图

### 3.3.3 提效——工作量到位率创纪录，钻完井成本大幅降低

塔里木油田"十二五"期间，探井进尺完成率平均值为83.5%，最高值为2013年油价高峰期的91.5%，2016年塔里木油田探井进尺完成率达到99.02%，较2015年提升46%，创"十二五"以来最好成绩。二维地震完成率96.2%，也创"十二五"以来最高纪录（表11、图8）。

表11 2016年勘探工作完成情况统计表

| 项目 | | 下达 | 部署 | 完成 | 完成率（%） |
|---|---|---|---|---|---|
| 钻井 | 井数（口） | 26 | 27 | 24（跨年12口） | 92.31 |
| | 进尺（10⁴m） | 15.51 | 15.78 | 15.36 | 99.02 |
| 物探 | 二维（km） | 3453 | 3322 | 3321.76 | 96.20 |
| | 三维（km²） | 810 | 750 | 801.96 | 99.01 |

图8 2011—2016年探井进尺完成率统计图

全年探井单位成本 11355 元 /m，较"十二五"平均值降低 23.6%，其中克深大北区块探井单位成本 24021 元 /m，较"十二五"平均值降低 25.4%，在困难重重的逆境之中，有效提升了勘探效益。

## 3.4 控投降本成效显著

2016 年通过加强方案论证，优化钻完井方案，节约投资 32711 万元；加大招投标力度，推行区块招投标或 N+X 总承包，节约投资 19125 万元；加强生产组织，降低事故复杂，提高钻井时效，节约投资 856 万元；加大修旧利废、降低库存力度，节约费用 459 万元。合计节约勘探投资 53154 万元。

## 3.5 勘探生产管理更加规范有序

通过加强勘探生产顶层设计，完善相关制度标准和业务流程，强化对标管理，实现了勘探业务人、财、物等有限资源的集中统一调配，促进了工作时效和全员执行力的提升，最大限度保障勘探业务规范有序开展。

# 规范化管理体系在塔石化的建设与实践 ❶

郭建军　吴文阳　陈尚斌　钟绍奎　王　俊　姚　德
杨小英　宋书林　李　斌　卞　凯　张晓东

（塔里木油田分公司石化分公司）

**摘　要**：所有生产经营活动按规范运行，企业自主运转；所有部门及其员工按标准行事，员工自主管理；所有资源得到充分调动和发挥，资源高效配置。一切有序运行。

**关键词**：塔里木油田；岗位说明书；薪酬福利；岗位评价；企业发展战略；企业战略；组织结构设计；高效配置；职能分解；岗位描述

中国石油塔里木石化分公司（简称塔石化）是塔里木油田公司下属副局级单位，位于新疆维吾尔自治区巴音郭楞蒙古自治州库尔勒市经济技术开发区，占地面积 $396 \times 10^4 m^2$。现有机关处室 10 个，附属单位 2 个，生产及辅助单位 12 个。在册员工 385 人，大专及以上学历 316 人，占在册人员总数 83%，中高级以上职称 159 人，占在册人员总数 41%。塔石化主要生产设施有 $45 \times 10^4 t/a$ 合成氨、$80 \times 10^4 t/a$ 尿素装置等。塔石化作为国内单套生产能力最大的化肥生产企业，2011 年化肥装置正式投产，第一年即达到设计产能，能耗和物耗等技术经济指标达到设计标准；从投产到竣工验收不到 20 个月，创造中石油大型炼化项目完成竣工验收最快纪录；全年实现销售收入 14.99 亿元，利润率超过 20%，利润总额名列中石油炼化企业前列。2012 年实现销售收入 15.96 亿元，销售利润率达 26.4%。

2005 年以来，塔石化基于建设"国际先进、国内一流"石化企业的愿景，提出大力实施"产业立企、人才兴企、管理强企"的发展战略，以全面建立现代企业规范化管理体系为基，以构建战斗力强的人才队伍为本，打造国内大型先进的化肥生产基地。塔石化规范化管理体系（Standardization Management System in Tarim Oilfield Petrochemical Company，简称 TSMS），是在学习借鉴国内知名管理专家尹隆森教授现代企业规范化管理体系的基础上，结合塔石化实际，进行改进优化，形成以人力资源开发为核心，以企业发展战略为龙头，将企业管理的各项主要专业管理进行模块化建设，以整体提升管理水平的管理体系。

## 1　企业规范化管理体系建设的背景

塔石化前身为塔里木石化工程建设指挥部，成立于 1996 年，原拥有 $250 \times 10^4 t/a$ 炼油加工能力相应的配套装置，长期未投产。2004 年 8 月，原塔里木石化工程建设指挥部与塔里木油田公司重组，成立塔里木石化分公司。2005 年初完成组织机构搭建和岗位员工竞聘，在此期间，企业适时组织管理团队学习，了解发展形势，学习管理理论。集中学习了 GE 管理模式、学习型组织建设和规范化管理等各种管理理论课程，结合企业经营发展

---

❶　2013 年获中国石油企协"三评"成果评审一等奖。

实际进行深入讨论和比选，最终确定建立以企业规范化管理体系为中心的企业管理架构。

## 1.1 建设规范化管理体系是企业科学发展的客观要求

企业是社会经济的细胞是市场的主体，尤其对大型国有企业，应该实现经济效益和社会效益的最大化，在促进国民经济健康平稳运行和社会和谐发展中发挥重要作用。

塔石化作为地处边疆的石化企业，肩负自身发展和促进和谐双重使命，必须统筹考虑如何实现企业更好发展和培养员工快速成长的有机结合，建立一种机制，充分发挥人才的主观能动性和积极性，进而推动企业各项事业取得成绩，最终形成"企业发展、员工成长"的科学发展道路。现代企业规范化管理体系以人力资源开发为核心，抓住"人"这个管理关键要素，强调以人力的最大发挥带动企业所有资源功效的最大发挥，最终实现一流的管理、创造一流的业绩，充分体现了"以人为本"的科学管理理念。

## 1.2 建设规范化管理体系是塔石化从实际出发谋划发展的必然选择

由于过去长期的停厂看厂，塔石化面临着员工生产经营意识淡薄和思想观念落后，缺乏企业发展必然依赖的文化基础和管理理念；员工实践操作技能长期未提升，整体素质难以满足现代化企业生产经营对人才的需要；各项规章制度不系统，良好的运营管理秩序尚未建立；企业内部尚未形成卓越争先的发展氛围。石油石化行业的竞争激烈程度和塔里木油田公司"两新两高（新体制、新技术、高水平、高效益）"工作方针、"少人高效"的盈利模式，要求塔石化建立一种全新的系统化的管理体系，着力转变员工思想意识、提高员工操作及管理技能以及建立健全企业管理规范。现代企业规范化管理体系涵盖企业职责划分、人力资源开发、管理流程设计、目标绩效管理等基础管理内容，对于塔石化积极转变状态，投身紧张有序的施工建设，做好生产准备以及长期运营管理都具有很强的可借鉴性，也将为塔石化努力打造先进石化企业奠定坚实基础。

## 1.3 建设规范化管理体系是整合企业各种管理体系和管理方法的简捷途径

目前国内外各种管理理论和应用方法（体系）层出不穷，但往往只是针对企业某一两个领域的，在实践中常出现工作重复、职能冲突、责任难落实等问题，增加了管理的工作量和综合成本，整体实施效果不理想。规范化管理体系涵盖了目标管理、企业战略管理、流程再造、组织管理、学习型组织建设、绩效考核等内容，属于企业创立之初就该做的顶层设计，能系统性规划企业整个管理脉络，使各项管理有机协调、发挥最大功能，最终实现"管理一盘棋"的良好局面。

## 2 塔石化规范化管理体系建设的内涵和主要做法

塔石化遵循"在中国石油塔里木油田公司两新两高工作方针的指导下，借鉴现代企业先进管理成果，整体部署，分步实施，逐步建立符合塔石化实际的规范化管理体系，努力实现一流的管理目标"的总体思路，坚持"所有生产经营活动按规范运行，企业自主运转；所有部门及其员工按标准行事，员工自主管理；所有资源得到充分调动和发挥，资源高效配置"的管理目标，按照"培训、发布、实施、评估、改进"闭环运行的模式，努力实践，最终形成完整顺畅的实用体系。

## 2.1 在石油化工行业，率先建立了系统的规范化管理体系和评估机制

### 2.1.1 建立了涵盖企业生产经营全过程的管理体系

塔石化规范化管理体系在借鉴现代企业先进管理成果的基础上，构建了包括企业发展战略、组织结构设计、职能分解、岗位设置、岗位描述、岗位评价、薪酬福利体系设计、人力资源开发、管理流程设计、目标管理、绩效考核和奖惩兑现、全面预算管理、TNPM、项目管理、QHSE 等 16 个模块、涵盖企业生产经营全过程的管理体系（图 1）

图 1 塔石化规范化管理体系整体框架

### 2.1.2 系统解决了困扰企业管理的"5W2H"问题

规范化管理体系以企业发展战略为龙头，抓住不断提高"人力资源"能力和效能的中心思想，通过三条主线，系统性解决了困扰许多企业管理的"5W2H"（谁、时间、地点、做什么、为什么做、如何做、做好怎样）核心问题，对于提高企业生产经营效果、改善管理效率具有重要意义。

（1）第一条主线：按照企业发展战略→组织结构设计→职能分解→岗位设置→岗位描述→管理流程设计→人力资源开发的思路，规范基于企业战略和主导流程下的组织与岗位管理，解决"谁""什么时间""什么地点""做什么"和"如何做"。

（2）第二条主线：按照企业发展战略→年度计划与目标→目标分解→目标追踪→绩效考核的思路，规范基于企业战略下的目标管理与绩效考核，解决"为什么做""做什么"的问题。

（3）第三条主线：按照岗位描述→岗位评价→薪酬福利体系→绩效考核→奖惩兑现的

思路，规范基于岗位管理下的薪酬和奖惩管理，解决"做好又怎样"的问题。

### 2.1.3 逐步建立了体系的自我评估和完善机制

作为企业自主运转和员工自主管理的保证，并要适应市场竞争变化，满足企业不断发展的需要，要求规范化管理体系能始终稳定运行和推进，不断充实先进理论，始终保持先进性。通过运用管理工具，常态化开展规范化管理评估，就能及时解决出现的问题，不断改进、完善，使体系呈螺旋上升趋势发展，从而促进塔石化在现有基础上的管理持续改进、提升和创新。

（1）建立体系各模块的建设评价标准。按照模块划分及建设要求，分析和提炼，建立了各模块要素清单分解表，对每个要素制订了明确的可操作的建设评价标准，并根据使用效果，每年组织修订。评价标准、评估方式、评估人的能力和水平是保证体系的先进性和评估质量的关键。

（2）定期开展内部的体系评估。每季度，各模块责任人，根据评估标准，采用当面访谈、沟通，查阅资料的方式，对公司各部门的模块建设及运行情况进行检查评估，发现问题及时进行指导，通过分析总结，掌握规范化管理体系的整体运行情况及存在的共性问题和短板。每年底，召开体系推进会，对运行情况进行总体评价，交流经验做法，商讨解决办法。并不定期聘请外部咨询机构帮助进行体系的诊断和评估，以保证体系的正常运行和发现问题能得到及时整改。

（3）评估结果运用。对评估中发现的问题，按照PDCA方式，制订整改措施，落实责任人，限期完成。对涉及相关体系文件进行修订完善后，重新发布和更新。对不适用的评价标准进行修改，用更先进和严格的标准替代。对评估成绩与部门考核挂钩，加大体系的推进和执行力度。

通过评估，使规范化管理知识及理念得到普及，逐步深入人心。岗位责任制建设、人力资源开发、制度流程建设、目标管理及绩效考核等管理工具在实际工作中得到广泛运用，系统提升了企业的各项管理水平。做计划、做总结成为一种良好的工作方式，员工自主管理成为一种习惯。规范化管理体系的自我完善机制已经建立，体系运行常态化，已逐步形成完具有塔石化特色的管理体系。

## 2.2 坚持少人高效的用人方针，建立精干高效的组织机构运作机制，为企业高效运转提供强有力的组织保障

遵循"战略目标决定组织结构，产业发展决定管理范围"的指导思想，坚持立足先进、精干高效和扁平化的管理原则，抓住"产业立企"这一战略发展方向，按照优化主业、精干辅业、辅助生产及后勤业务外包的思路，精心设计组织结构。瞄准建设"国际先进、国内一流"的石化企业发展愿景，全面推行甲乙方和扁平化管理体制。按照经营决策层—专业技术支持层—执行操作层三级管理模式设置，实行扁平化管理。针对大化肥装置建设和生产运行特点，划分装置生产、项目管理、辅助生产及后勤服务等业务领域。

（1）做精化肥生产、水电供应主营业务。装置生产实行联合车间、横大班、大岗位管理体制，设置合成氨、尿素、动力三个生产部，每个生产部管理运行多套装置，生产班组统一管理并组织日常生产运行；做专仪表、化验、物资供应等辅助业务。按照淡化工种

细分、强化专业技术支持保障和工作效能最大化原则，设置仪表维修部、质检部、物资供应部。机构设置上，机关不设科室、基层不设站队，部门领导直接管理到具体岗位，岗位人员直接行使行业或专业管理职责。扁平化组织结构对于企业提高管理效率、降低管理费用、扩大管理幅度具有重要作用。

（2）大化肥项目实行一体化管理。装置建设期间构建矩阵式项目管理模式，组建合成氨、尿素、公用工程三个项目部。工程建设后期即中交前，项目部与生产车间实施整合，建管合一，组建一套班子，所属机构及人员重组为合成氨生产部、尿素生产部，履行项目建设和生产准备两项任务。一体化管理统筹了项目部和生产车间的人力资源优势，增强了基层生产单位的技术力量，建设及运行两个关键环节无缝衔接，有利于化肥项目试车、投产的整体组织。

（3）遵循"少人高效、以产定人、系统化"理念，运用岗位调查、工作分析、岗位研究等方法，并充分考虑工作饱满度、难度以及工作环境和条件，严格设置各类岗位。机关按照空编1人进行配置，减少岗位约10%。引入AB岗制，建立岗位人员相互接替机制，既有利于拓宽岗位员工知识技能范围和提供岗位间交流学习机会，帮助员工成长，也能最大限度发挥各岗位效能，实现最精简的岗位设置数量。塔石化合同化员工不足380人，比国内同类型企业减少30%～50%的用人，人员配置属较高水平。

（4）大力倡导辅助生产及后勤业务外包，实施专业化服务，市场化运作。化肥产品包装储运、编织袋生产、机械维修、电气维修等原本在老的炼化企业由自己承担运行的辅助生产业务，按照甲乙方管理模式，依托行业主力，实行项目承包。按照对外实行合同化约束，对内纳入辅助生产单位管理的模式，成立包装储运部、机械维修部及电气维修部，依照塔石化相关管理制度及标准自主运营。专业化外包不仅发挥了专业队伍的技术优势，提高了管理效率，而且减少了企业用人压力，减少直接用工近400人，降低了成本；对资质等级严格、运行成本高的消防业务，采取与地方联合建站的方式，实行有偿服务；厂区保安、绿化、保洁、食堂公寓、后勤保障等低附加值业务依托当地社会力量承包运行。所有生活后勤业务统一划归行政事务部管理，一定程度上提高了管理的集中度和工作效率。

## 2.3 明确业务职能，强化权责主体，全面落实岗位责任制，促进生产经营高效有序运转

坚持以职能分解和岗位描述2个管理模块为抓手，以规范部门三级职能、细化岗位责权为重点，按照"谁主管谁负责""谁的工作谁负责"的管理原则，形成规范有效的责权管理框架，全面落实岗位责任制。整体上解决了权上移责下移，权责分离，职责横向交叉权限纵向重叠，责权不清和冗员低效等困扰许多企业的难题，保证了日常业务高效、有序运转，实现管理层集中精力进行重大问题决策和例外事项解决的目标。

（1）职能分解是实现部门责任"主体唯一、分权授权、责权下移"的基础。塔石化引入"三级职能"划分模式，贯彻部门之间职能不交叉、不脱节、权力下移、责权对等，责任主体具有唯一性和职能与业务流程有效搭接的设计思路，严格按照编制、测试、审批发布、实施调整等程序，从宏观到微观，引入"三级职能"划分模式，科学准确定位机关部室、直属单位的职能。其中一级职能表述部门的核心职能，与二级流程对应；二级职能

表述主要业务，与三级流程对应；三级职能对二级职能的分解细化，明确到可操作性的具体业务，与某件具体事务操作流程对应。2006年至今发布四版职能分解表，覆盖所有部门。编制各部门职能分解表24个，其中，一级职能24项，二级职能164项，三级职能818项。

（2）职能分解解决了各部门"做什么"的问题，形成机关部室以制订规则、监督和服务，生产单位以战略执行、安全生产、经营管理，辅助生产单位以技术支持与服务为职能定位的责任主体，解决了部门间责权利划分不清、推诿扯皮，困扰许多企业的老大难问题。

（3）岗位描述是现代人力资源管理的基础，也是落实岗位责任制的根基。塔石化以明确各岗位职责为重点，依据岗位设置、定员编制，结合生产经营业务工作实际，遵循有权必有责、权责下移的原则，严格按照编制、测试、审批发布、实施调整等程序，细化各项业务职责分工。按照责权对等、分层负责、事事有人做的理念和创建"321"的模式，即3个管理层次，2层业务监督，1岗负主责，交叉职责由排序在前领导负主责，部门副职有专责，将各个岗位上下级关系、任职条件、培训要求、沟通关系、工作标准与权限等逐一进行规范。职责范围内容要求部门所有员工职责之和必须涵盖部门所有三级职能并表述一致。工作标准内容要求明确、具体、可量化、可考核并与工作流程规定保持一致，编制战略决策、经营管理、业务执行三个层次的岗位说明书177个。每个人都有清晰的岗位说明书，岗位职责清晰、工作标准明确、管理权限具体，员工依据岗位说明书进行自我管理。

（4）岗位说明书解决了岗位"做什么、为何而做、需要什么样的人来做、需要做到什么程度"等问题，为岗位招聘和员工教育培训、晋升开发提供了依据，为目标管理与绩效考核提供了清晰、合理的工作目标和考评标准（表1）。

表1　岗位说明应用前后对比

| 岗位说明书作用 | 编制岗位说明书前 | 编制岗位说明书后 |
|---|---|---|
| 员工招聘 | 每次招聘临时拟定招聘条件 | 岗位说明书的任职条件作为依据 |
| | 新员工了解沟通关系、职责、工作标准过程时间长，不能很快适应工作 | 通过岗位说明书认识自己所处岗位的沟通关系、职责、工作标准等，很快适应工作 |
| 确定薪酬 | 无从客观评定岗位情况，通常以领导主观意愿为准，企业与员工的矛盾也难以调和 | 可以清楚地认识岗位之间职责的差异、责任程度的差异、沟通强度的差异等 |
| 目标与考核 | 很容易出现职责不明，目标不易落实到人，即使人为分到个人，难免互相冲突 | 工作职责清晰，目标可以明确分解到个人，便于目标管理与考核 |
| 教育与培训 | 根据主观判断，决定哪些员工应该参加哪些教育、培训 | 根据岗位说明书中的任职条件、岗位目的、工作职责等，有针对性地进行教育、培训 |
| 人力资源开发 | 没有具体的参考依据，企业人力资源向何处发展只能凭主观意识决定 | 根据现有岗位说明书的任职条件等规定，提出人力资源发展的方向与目标 |

## 2.4　转变思想，提升知识和技能，人力资源开发为企业发展奠定人才基础

人才是决定企业发展的最关键要素，塔石化把"人才兴企"作为三大战略之一，如何不断提高人才素质、改善人才结构是关系企业发展战略实现和整个规范化管理体系高效运转的重要课题。塔石化人力资源开发是从人力资源规划、学习型组织建设、员工职业生涯规划、员工提案制度建设等方面展开的，尤其在学习性组织建设方面成效显著。

（1）按照"围绕目标，保障主营业务，促进发展；控制总量，优化结构；循序渐进，有序接替"的原则，编制完成塔石化5～10年人力资源规划，作为人才引进、培养和开发的纲领性文件。将增强员工的履职和发展能力作为"以人为本"的核心内容，设计员工职业生涯规划，通过自身愿望和企业机制引导双向结合，规划员工的职业前景和途径，体现了"企业发展、员工成长"理念。职业发展规划通过自身愿望和企业机制引导双向结合编制，规划员工的职业前景和途径。员工提案制度主要建立了职工代表大会提案、合理化建议、高层定期调研等多种渠道，听取员工对企业经营发展的各种建议。

（2）持续创建学习型组织。注重培养员工追求卓越、奋发图强、创新有为的精神，营造全员自我超越的文化氛围。把员工知识技能提高和改善心智模式放在同等地位，员工的工作态度、思维方式和工作作风出现显著改观。通过全员的学习、思考和分析讨论，形成共同愿景，对创建一流石化企业思想统一、步调一致奠定了精神基础。一是坚持团队学习。塔石化内部建立了管理层定期团队集中学习、部门内部定期团队学习、基层班组定期团队学习制度，形成层次分明、内容全面的培训学习体系，人均年度学习培训时间超过100学时。2005年6月至今，管理层团队学习172期。二是坚持组织经营管理人员学习先进管理思想和管理方法，以先进理论武装头脑，指导实践。结合生产实际和工作进展，采用外送学习、导师带徒、主操授课、单点课、OTS模拟演等形式多样的技术和操作人员培训。岗位员工基本技能、应急能力和解决实际问题的能力不断提升。三是着力开展培训基础体系建设。建立化肥装置OTS模拟仿真培训师、高危作业实训站和行车练兵室等多个实训基地。健全完善培训教材和岗位技能题库体系。按照岗位应知应会、操作技能素质、能力提升三个层面建立岗位技能题库。同时，鼓励员工不断总结工作经验，自主开发各类培训教材30余本。四是重视内部兼职培训师队伍建设。坚持"能进能出"的动态管理机制，严格开展年度考核，打造高素质的培训师队伍。目前共有培训师26人，专业覆盖合成氨、尿素、仪表、设备、安全、法律法规等多个主干专业。

（3）为了使员工学习培训更有针对性，塔石化推行培训计划系统化和员工胜任能力模型两项新举措。培训计划系统化就是公司每年初进行培训需求调查，员工编制个人培训需求，部门根据个人需求编制部门培训计划，塔石化结合部门计划制订企业培训计划，从而形成企业计划—部门计划—员工计划的培训计划链条并衔接一致，使学习培训目的性、计划性更强。员工胜任能力模型是制订各岗位能力因子并赋予应该达到的系数，编制胜任能力雷达图模型。员工每年对照模型检查个人能力欠缺情况，从而提出学习培训的重点方向，达到"缺什么补什么"目的。

通过几年学习，塔石化中高层管理人员普遍在系统思考、思想意识和管理技能方面产生巨大飞跃。17人获得职业经理人资格，培养出1名集团公司技术专家、1名油田公司技

术专家、2 名油田公司技能专家和 7 名分公司技能专家。拥有高级职称人员 46 人，专业技术人员占总数的 30%。先后在本地区各项技能大赛中获得 5 个第一名，总成绩名列前茅。化肥装置一次性投产成功和连续安全平稳运行检验了员工的技术水平。2008 年被评为"中国学习型组织优秀单位"。

## 2.5 统一规范、全面推行，逐步实现企业由制度管理向流程管理转变

塔石化管理流程设计模块作为统筹各项专业管理工作的基本载体，按照"简洁高效、路线顺畅、权责分明、各司其职、有效制衡、减少内耗"的思路，在学习借鉴众多流程设计模式基础上，设计出一套科学规范、清晰有效的流程模式并运行效果明显。目前发布 238 个工作流程，涵盖 95% 以上的生产经营业务。克服了大企业存在的规章制度烦琐、执行程序不清、责任权利含糊、制度间冲突等弊端。

（1）规范流程设计方案和具体标准方法。确定了包括工作流程、管理标准、管理表单等内容的流程具体编制规范，强调流程节点描述上责任明确、程序清晰、工作要求和标准（包括执行岗位、工作时限、工作内容）具体可量化、文件或资料规范。建立了企业核心级、部门专业级以及部门内部级的三级流程架构，按照专业管理将流程分为 21 类，统一部门和岗位的编码。设计方法的规范保证流程体系的完整，为流程管理工作的有序化创造了条件。

塔石化流程设计采取"分工负责、全员参与，统一组织"的方式。流程由专业管理部门岗位人员根据职责分工自行编制，不但提高了岗位员工对整个业务工作乃至企业管理要求的认识，体现了员工参与企业管理的思想，也促进了流程执行中员工自主运行的积极性和效果。流程设计充分考虑与三级职能分解、岗位描述内容的一致性，并确定"先设计流程、后配套制度"的工作思路，形成了明确职责—明确流程—明确制度的整体配套而不脱节的经营管理文件体系，也体现了整个规范化管理体系系统化的原则。

（2）严格流程的沟通测试、发布、评估检查过程，确保编制质量和执行到位。按照"成熟一个、发布一个"原则，采取流程编制人与各节点实施人进行"面对面、岗对岗"式的逐节点沟通确认，使流程整个链条参与者形成共识和提高设计质量。采取专门部门独立测试的方式，对完成的流程全过程测试检查，提高流程与专业管理要求的契合度。采取生产例会学习发布的方式，强化流程学习掌握，提升发布执行的严肃性。采取独立监管部门检查流程执行的方式，每月抽查生产经营相关的重点流程执行状况并通报结果，对于违反流程情况予以考核处罚，增强了员工执行流程的自觉性和主动性。操作按规程、管理按流程已成为员工共识和行动指针。

## 2.6 树立目标导向和全员、全过程目标管理，推动各项工作自主运转、员工自主管理

目标管理作为一项有效的管理工具，是以目标为导向，以人为中心，以成果为标准，使组织和个人取得最佳业绩的先进管理方法。

（1）建立完整的目标管理体系，客观评价，确保年度总体目标的实现。目标管理作为塔石化分公司规范管理体系中的一个重点模块，在实施中，充分结合企业发展战略、职能分解、岗位描述以及管理流程设计等模块的建设，运用 SMART 原则（即具体的、可量化

的、可实现的、切合实际的）和 PDCA（即计划、实施、检查、改进）工作方法，横向到边纵向到底，自上而下地确定分解目标，年初根据企业发展战略的实施要求以及上级下达的年度业绩指标，结合分公司本年度的实际生产经营状况，分解确定分公司年度主要生产经营指标、年度重点管理工作，并按照分公司—部门—班组—员工的顺序，有效沟通，逐级进行目标分解，各岗位员工签订年度业绩合同。分公司和各部门签订季度业绩合同，并采用平衡积分卡和关键指标法，将产销量、成本费用等关键量化指标根据年度工作任务落实到季度业绩合同中，建立起完整的目标管理体系。通过建立企业完整的目标体系，使得各级工作方向一致并形成合力并以目标的有效实现作为衡量工作业绩的标准，确保年度总体目标的实现。

（2）激发员工主动参与目标的制订，实现员工的自主管理。在目标管理中，企业的每位员工，参与整个目标管理的过程，体现出员工参与管理、自主管理和以人为本的管理理念。为保证目标的实现。部门和员工自下而上制订工作实施计划，员工自己编制年度—季度—月度—周工作计划，自己检查评估目标完成情况，对各项目标定期检查评估，实施周检查月考核季度年度兑现。各部门对每周的工作完成情况进行检查，每个月对计划完成情况进行考核，把目标管理的实施结果应用于员工收入分配和职业发展，激励和调动员工的工作积极性和自主性，达到良性循环的目的，实现员工自主管理，各项工作有序运行。

## 2.7　创建全过程项目管理模式，项目九要素全面受控

塔石化所有工程项目严格按照"时间、费用、质量安全、范围、采购、综合、人力资源、沟通、风险"项目九要素的管理内容要求，坚持"谁主管谁负责""先算账后干活"的原则，组建工程项目组，不签业绩合同不开工，责任工程师对项目全过程终身负责，创新建立了全过程项目管理模式，使项目从设计、施工、采购、试车等各环节顺畅，投资、安全、质量、工期等要素全面受控。

### 2.7.1　用九要素理论指导项目建设

在塔里木大化肥工程建设过程中，塔石化"以创建国家优质工程"为目标，以科学发展观为指导，以创先争优为载体，以规范化管理为基石，以项目管理九要素为抓手，按照现代项目管理要求，在国内炼化工程建设中首次采用了"项目九要素"管理，使工程管理运用了先进的项目管理模式和现代化的项目管理理论和方法。通过"项目九要素"的建立与运行，在项目风险控制、沟通机制方面，使有关建设各方的职责和管理程序更加明确，程序作业文件更加细化、更具操作性，在设计、采购、施工的协调性、统一性、连贯性方面优势明显。同时，引入安全文化建设，加强了现场的受控性，符合安全工程、示范工程、阳光工程、绿色工程的要求。塔石化始终坚持以计划为龙头、以质量为根本、以安全为前提、以投资为依据，克服南方雪灾、"5.12"四川汶川大地震、新疆乌鲁木齐"7.5事件"等不利因素的影响，最终取得了项目的成功，经济效益与社会效益显著，项目管理成果处于国内领先水平。

### 2.7.2　实现了项目的全过程管理

为落实岗位责任制，塔石化创新性地提出以项目部为项目管理责任主体，通过充分分

权、授权，各专业工程师全面负责属地范围内的工程设计、设备物资采购及验收、工程投资、现场施工管理（进度、质量、安全）及单机试车等工程建设的管理，并对项目终身负责的全过程管理模式，同时，充分发挥专业处室、项目部、施工单位、监理单位和质量监督的"全网络"质量安全管理作用，落实项目投资控制责任，坚持"先算账、后干活"原则，推行全面预算管理，实施"PC"管理和分段结算，资金得到科学合理利用。如，大化肥项目自 2007 年 8 月 15 日开工建设至 2009 年 9 月 28 日工程中交，使工程投资、进度、质量、安全四大控制目标始终处于受控状态，充分体现了在采用项目管理九要素方法，实行各专业工程师负责制下的项目建设全过程管理的优越性和先进性。

## 2.8 整合经营管理，强化专业职能，提升规范化管理体系的整体效能和作用

根据现代企业经营管理的需要，全面考虑规范化管理体系的完整性和对企业重要性而增加了全面预算管理、TNPM、项目管理、QHSE 四个专业管理模块。四个模块按照规范化管理体系的整体管理思路，借助目标管理、流程管理、绩效考核等管理工具，对企业经营管理中具有重要影响的资金、设备、安全质量健康环保等要素以及生产管理、项目组织等过程实施规范管理，将体系进一步向专业职能延伸，实现公司生产经营活动的全覆盖。

全面预算管理推行大预算管理思想，以"全员、全资源、全过程"管控为目标，对生产经营活动中的人、财、物等资源实施预算管理，不断强化"控制投资，降本增效"管理文化，从预算编制、执行、分析、跟踪调整到考核评价等工作全过程开展，车间班组成本管理及模拟内部经济核算工作持续推进，达到"整合资源""内部沟通""强化控制"和"考评业绩"的目标。TNPM 是通过对生产设备（含设施、工具）的设计、选型、采购、安装、运行全过程管理，以建立全系统的预防维修体系为载体。从而提高设备的最高综合效率（OEE）和完全有效生产率（TEEP），强调实物资产的精细化管理。QHSE 是基于生产中质量、健康、安全、环保管理的重要地位，通过 HSE 及相关管理标准和管理手册，全面推行生产受控制度，提升安全文化，保障生产装置的安稳长满优运转目标的实现。

## 3 推行规范化管理体系的效果

经过近八年的摸索实践，规范化管理已在塔石化生根发芽、开花结果，取得显著的实际效果。

## 3.1 管理更加规范，促成了组织的高效率

"以人为本""人与环境和谐统一""企业与员工共同成长"等先进管理理念深入人心并成为企业的核心指导思想，科学发展观全面落实。根据实际工作需要，创造性的增加了"全面预算管理""TNPM""项目管理""QHSE"四个模块使规范化管理体系更加完整，覆盖了企业生产经营管理全过程。明确了"产业立企、人才兴企、管理强企"三大战略并稳步实施，实现了组织机构"扁平化"，部门（岗位）职责明晰、权责对等，管理秩序好、效率高；员工在不同岗位都能充分发挥自身的才干，企业对精干的员工队伍加大培养力

度，用工人数为国内同行企业的一半，仅此一项可每年节约成本 5000 多万元。国内规范化管理专家尹隆森教授评价："在全面开展规范化体系建设与其他先进管理工具相结合方面，塔石化是目前国内开展最好的一家"。2011 年被全国企协主办的《企业管理》杂志主为"第六届全国十佳企业管理案例"。2012 年 5 月，塔石化《现代企业规范化管理体系—原理与实务》书籍出版发行。2012 年 8 月，规范化管理体系建设获得新疆首届企业管理现代化创新成果一等奖。

## 3.2 保证了大化肥工程建设的高水平

2009 年 9 月 28 日工程总体高水平中交，安全、质量、投资、工期全面受控。建设期间，实现 960 万工时无一起人身伤害事故，隐蔽工程质量合格率 100%，一次焊接合格率 98.6% 的优良业绩，并节约投资 1.95 亿元。按照生产准备与项目建设同步推进规划，项目初期成立生产准备管理机构，提前落实人员、技术、保障系统、开车指导等投产准备工作。2010 年 4 月 11 日一段炉点火，5 月 19 日打通全部工艺流程产出合格大颗粒尿素产品，一次投料成功。创造了国内化肥行业一段炉点火至产出合格大颗粒尿素 38 天良好纪录。

2011 年 4 月，塔里木大化肥装置顺利通过性能考核。同年 12 月完成竣工验收，创造了中石油炼化项目自投料试车至竣工验收仅用 19 个月的最快纪录。

2011 年、2012 年生产尿素 160 多万吨，正式投产后连续两年达到设计产能，物耗能耗、经济效益等指标处于国内化肥行业前列。2012 年 3—12 月，塔里木石化大化肥项目分别荣获中国石油优质工程金奖、中国石油建设工程项目管理成果一等奖、全国建设工程优秀项目管理成果一等奖、国家优质工程银奖等建设成果。

塔石化年产 $45 \times 10^4$t 合成氨和 $80 \times 10^4$t 尿素建设工程是中国石油落实党的十六大精神、实施西部大开发和可持续发展战略的重大举措，也是一项富民工程，延伸了新疆石化产业链，属于国内单套生产能力最大的化肥装置。

## 3.3 实现了生产经营的高效益

2011 年，生产合成氨 $47 \times 10^4$t，尿素 $80 \times 10^4$t，实现装置投产第一年达到设计产量目标。在石化行业普遍亏损的情况下，塔石化实现利润总额 32513 万元（在中国石油化肥企业中排第一位），人均产值超过 400 万元、人均利润超过 80 万元。各项技术经济指标在中石油同类企业中名列前茅：大颗粒尿素单位现金加工费 315 元 /t、合成氨单位成本 1369.83 元 /t，散装尿素单位成本 1029.24 元 /t，成品尿素单位成本 1185.37 元 /t，装置综合能耗为中石油同类企业最低。其中，成品尿素生产成本较中石油集团公司同类企业平均 1377.88 元 /t 低 192.51 元 /t，按照 2011 年产量计算节约成本增效额约为 15400 万元。

管理出效益，管理是生产力。塔石化将按照中国石油集团公司提出的"全力打造标杆示范化肥企业，为实现新疆的长治久安和跨越式发展做出应有的贡献"目标要求，坚持推行和持续改进规范化管理体系，坚持整体建设、系统规划、各项专业管理有机融合的体系建设思路，坚持注重实效、持续改进，不断加强企业管理、推动管理创新，将规范化管理体系塑造成塔石化的铭牌，早日跻身国际一流的现代化石化企业，为建设美好新疆、更好服务社会做出更大贡献。

# 塔里木油田党工委统一领导体制研究 ❶

陈 祺 杨 能 王志新 高 翔 李 东

（中国石油塔里木油田分公司课题组）

**摘 要：**本文采用文献法和调查访谈法，系统阐述了塔里木油田党工委统一领导的主要做法、重要意义及其经验启示，分析了新形势下塔里木油田党工委统一领导实践中存在的问题，并探索性地提出了今后的改进举措。

**关键词：**党工委统一领导；意义；经验；问题；措施

塔里木油田的成功开发建设，既体现了国内油气勘探开发事业发展的新水平，也为国内探索油公司管理体制机制创新提供了经典范例。实行党工委统一领导是塔里木油田体制机制创新的一项重要举措，对新时代探索加强党对国有大型企业领导的有效方式，具有很高的参考价值，值得深入研究分析。

## 1 塔里木油田党工委统一领导体制的形成背景、主要内容、意义及经验启示

1989 年，塔里木石油会战正式打响。会战首次尝试了陆上石油甲乙方分开运行的油公司模式[1]。塔里木油田的党工委统一领导，作为油公司模式的重要组成部分，贯穿了会战以来油田发展的始终，在油田发展历程中发挥了重要作用。

### 1.1 塔里木党工委统一领导体制的形成背景

20 世纪 80 年代中期，在历经 30 多年"五上五下"的艰辛探索后，石油部成立南勘公司，组织"六上"塔里木。南勘公司借鉴中国海洋油公司的成功经验，打破"大而全、小而全""全家老少齐上阵"的陆上石油会战传统模式，首次采用了招标方式选择钻井和后勤服务队伍，实现了甲方和乙方、生产和生产辅助的分离，在探索甲乙方新体制上迈出了实质性步伐，为随后成立的塔里木勘探开发指挥部正式建立具有中国特色的新型陆上油公司管理模式奠定了坚实基础。但在初期新体制的探索过程中，也出现了一些问题：由于甲乙方各自按照合同履行职责，彼此没有行政隶属关系，南勘公司临时党委无权过问乙方党组织工作，而乙方队伍分散作业、远离生活基地，其党组织又鞭长莫及，这就造成了参战队伍思想政治工作淡化，受到了一些错误、腐朽思想的侵蚀，干部员工中有质疑新体制的，有作风散漫的，甚至有打糖衣炮弹的，等等。这些问题都迫切要求加强甲乙方队伍党的领导。在此背景下，1989 年，原中国石油天然气总公司（以下简称总公司）党组决定

---

❶ 2018 年获中国石油党建研究会颁发的"集团公司优秀党建研究成果一等奖"。

成立中共塔里木石油勘探开发指挥部临时委员会，作为总公司党组的下辖机构，对油田开发建设和各参战队伍思想政治工作、队伍建设等实行统一领导。1990年9月，撤销临时党委，成立中共塔里木石油勘探开发指挥部工作委员会（以下简称油田党工委），领导成员由总公司党组任命，党工委委员由指挥部和乙方参战队伍（副局级单位）负责人组成。2003年，党工委党组织关系划转自治区党委，作为自治区党委的派出机构，接受自治区党委的属地管理。

## 1.2 塔里木油田党工委统一领导的主要做法

从职能上讲，油田党工委的统一领导主要包括两个方面：一方面，作为自治区党委的派出代表机关，按照属地管理原则，油田党工委需要认真贯彻落实自治区党委的重大决策部署，开展好防恐维稳、民族团结、扶贫帮困等重点工作，为新疆维护社会稳定和长治久安做出应有贡献。另一方面，作为中石油集团公司下属地区公司的领导机构，油田党工委必须深入落实集团公司党组的重大决策部署，按照集团公司的长远整体发展规划，创造性地完成集团公司党组提出的生产经营任务目标，为集团公司建设世界一流综合性国际能源公司提供最大支持。

油田党工委统一领导的主要方式是：选取主要乙方单位担任党工委成员单位，由各成员单位主要领导担任党工委委员，由党工委对会战各项工作进行统一要求、检查和考核，实行统一领导。油田党工委2018年甲乙方成员单位党组织及党员数量见表1。

**表1 油田党工委2018年甲乙方成员单位党组织及党员数量**

|  | 党委（个） | 党总支（个） | 党支部（个） | 党员（名） | 在岗党员（名） |
|---|---|---|---|---|---|
| 甲方 | 33 | 42 | 511 | 7026 | 5514 |
| 乙方 | 18 | 7 | 282 | 4343 | 4343 |

具体做法主要包括以下几个方面：

（1）统筹规划甲乙方共同发展。统一研究制订事关油田发展全局的整体规划、发展思路、改革举措、政策部署等，并通过党工委全委会讨论决定[2]。其中，一年一度的部署思路原则要体现在甲乙方的工作报告中，五年一度的发展规划思路部署原则要体现在各自的规划中。

（2）统一协调事关甲乙方和谐发展的重大政策。围绕事关甲乙方利益的重大部署、重大事件、重要情况，通过甲乙方联席会、党工委全委会等形式，建立甲乙方共同协商的程序和机制。督促甲乙方在调整或建立与对方利益攸关的重要政策时，需主动征求对方意见，最大限度达成共识后再决策。对甲乙方贯彻执行党和国家方针政策、落实上级党组织决策部署情况进行检查考核。

（3）统一部署甲乙方党的建设。在组织建设方面，所有参战队伍党组织和党员全部纳入油田甲乙方各级党组织进行管理。在思想政治工作方面，统一组织部署思想教育、"形势目标任务责任"主题教育、精神文明创建等工作。在党风廉政建设方面，吸收党工委成员单位的纪委书记加入油田纪工委，拓宽甲乙方互相监督渠道，对违纪违规的乙方干部通报其上级单位纪委予以处理。在群团工作方面，依法维护所有职工的权益，开展民主管理、厂务公开工作，统一组织劳动竞赛、合理化建议、岗位练兵、青年文明号创建等工作。

### 1.3 塔里木油田党工委统一领导的重要意义

实行党工委统一领导，是油田为开展新型石油会战所采取的创举，对保障油田又好又快发展具有重要而深远的意义。

（1）始终把准了油田正确的发展方向。会战以来，油田党工委始终高举中国特色社会主义伟大旗帜，认真贯彻执行党中央关于国内石油工业"稳定东部、发展西部"、全面深化国有企业改革、推动能源生产与消费革命等一系列重大战略方针政策，根据不同阶段的形势目标任务，科学谋划事关油田全局性、长远性和方向性的重大部署和战略举措，相继研究制订了"一手抓500万，一手抓大场面""1521""5511""11456"等发展目标，先后提出了"油气资源、科技人才、协调发展"以及"资源、创新、市场、低成本"等战略，引领甲乙方广大干部员工在世界级勘探禁区成功建成2500万吨级国内陆上第三大油气生产基地和西气东输主力气源地，为推动国家石油工业发展、保障国家能源战略安全、加快能源消费结构转型等做出了重要贡献。会战以来塔里木油田历年油气产量当量情况如图1所示。

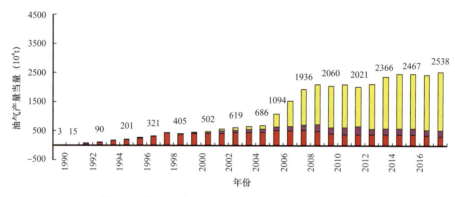

图1 会战以来塔里木油田历年油气产量当量情况

（2）有力保障了油田充分履行央企责任。油田党工委始终把发展塔里木油气事业作为根本任务，矢志寻找大场面、建设大油气田，会战29年来累计生产石油 $1.28 \times 10^8$t、天然气 $2599 \times 10^8$m$^3$、油气当量 $3.3 \times 10^8$t，实现收入5979亿元，上缴税费1546亿元，投资资本回报率保持在11%以上，使油田成为我国百强纳税企业，有力保障了国有资产保值增值。2000年以来塔里木油田投资资本回报率如图2所示。

针对新疆特殊的社会环境，油田党工委坚决贯彻党中央治疆方略，自觉把支援地方经济社会发展、维护新疆社会稳定和长治久安作为义不容辞的责任，坚持"依靠行业主力、依托社会基础，统筹规划、共同发展"的油地共建"二十字"方针，认真落实自治区党委有关防恐维稳、民族团结、扶贫帮困、合资合作等重要部署，累计注入当地资金400亿元支援地方建设，建成了塔克拉玛干沙漠公路、南疆天然气利民工程等重要民生工程，先后派出11个"访惠聚"驻村工作组，投运了两个重大油地合资合作项目，等等。油田党工委以实际行动塑造了有担当、负责任的中石油驻疆央企良好形象，也由此建立了和谐良好的油地关系。

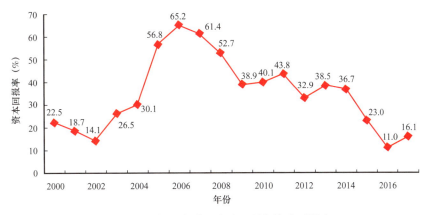

图 2　2000 年以来塔里木油田投资资本回报率

（3）有效发挥了甲乙方整体优势。油田党工委着眼于统一甲乙方思想和行动，创造性地提出了"合同上分、思想上合，职责上分、工作中合"的"两分两合"工作法，使甲乙方干部员工摆正了各自定位，凝聚了"甲方乙方都是塔里木主人"的思想共识。建立健全甲乙方沟通协商机制，通过党工委全委会等方式统一安排重大工作部署、共同协商解决涉及甲乙方的重大问题，强化了甲乙方的战略协同。坚持"甲方承诺市场、乙方承诺服务、风险共担、互利双盈、共同发展"的原则，持续优化承包商队伍结构，选取优质承包商建立战略联盟，建立了公开、公平、规范的市场，形成了甲乙方互利共赢的良好合作关系。积极构建"以我为主、联合攻关"的开放科研体系，充分发挥中石油整体优势以及国内外科研院所等专业优势，攻关制约油田发展的技术瓶颈难题，创新形成了一批适应塔里木特点、具有国际先进水平的技术系列，培养了一批勘探开发、工程技术、经营管理等领域的高素质人才，累计获得科学技术奖国家级 18 项、省部级 304 项、专利授权 380 项，先后走出了 4 位院士，4 名同志享受政府特殊津贴。坚持统一部署甲乙方党建工作，创新形成了基层联合党建模式，推动了甲乙方融合式、一体化管理，实现了党的组织和工作全覆盖。

（4）创造形成了宝贵精神财富。油田党工委始终坚持"两个文明"一起抓，持续开展以大庆精神铁人精神为核心的"石油精神"再学习再教育，扎实推进思想政治工作与企业文化建设，凝练出了以"艰苦奋斗、真抓实干、求实创新、五湖四海"为核心内涵的塔里木精神，喊出了"只有荒凉的沙漠，没有荒凉的人生"的豪迈誓言，创建了以 QHSE、管理、创新文化等专项子文化和"家文化""先锋文化""深井文化"等基层特色文化为内容的塔里木特色企业文化体系，极大增强了油田企业文化的吸引力、感召力，成功凝聚了甲乙方干部员工共同的价值追求，为激励甲乙方参战干部员工扎根边疆、干事创业提供了无穷精神动力。会战以来，油田涌现出一大批先进模范人物，有 9 个集体荣获全国五一劳动奖状，11 个集体荣获全国青年文明号，105 人次荣获全国五一劳动奖章、全国劳动模范、全国三八红旗手、开发建设新疆奖章等国家级、省部级以上荣誉称号。

## 1.4　塔里木油田党工委统一领导带来的经验启示

针对如何更好发挥党工委的领导作用这一课题，通过回顾和总结油田 29 年的党工委统一领导实践，可以得出一些值得借鉴的经验和启示。

### 1.4.1 必须坚持政治先行

国有企业是我们党执政兴国的重要支柱和依靠力量，无论何时都要以党的旗帜为旗帜、以党的方向为方向、以党的意志为意志，都要坚持党的领导、加强党的建设，这是国有企业的"根"和"魂"。随着中国特色社会主义进入新时代，党中央明确提出要坚持和加强党对一切工作的领导、把党的政治建设摆在首位。在此背景下，国有企业更要旗帜鲜明讲政治，增强"四个意识"，深入贯彻习近平新时代中国特色社会主义思想，坚决落实党中央及上级党组织的各项决策部署，在政治立场、政治方向、政治原则、政治道路上同以习近平同志为核心的党中央保持高度一致。

### 1.4.2 必须融入中心工作

国有企业的党工委统一领导，只是坚持和实现党的领导的一种工作方式，其根本目的依然是要发挥党对国有企业把方向、管大局、保落实的领导作用。因此实行党工委统一领导，必须坚持服务生产经营不偏离，紧紧围绕解决企业生产经营、改革发展面临的实际问题来谋思路、做决策、干事情，把提高企业效益、竞争实力和实现国有资产保值增值作为工作的出发点、落脚点，把党工委统一领导的政治优势、体制优势转化为企业的经济优势、发展优势和竞争优势。

### 1.4.3 必须强化思想文化引领

国有企业要想发挥集中力量办大事的优势，必须先在思想上把干部员工动员起来，通过扎实开展宣传思想文化工作，增强干部员工对企业愿景、目标、战略、文化等的心理认同。在实行党工委统一领导的过程中，为了有效统筹协调管理不同隶属关系的单位，更加需要抓好思想文化引领，明确共同的形势目标任务责任，增进甲乙方干部员工对党工委统一领导的思想、政治和情感认同，牢固树立"一家人""一盘棋"的思想，真正做到心往一处想、劲儿往一处使。

### 1.4.4 必须夯实组织基础

发展壮大国有企业，离不开一个坚强有力的领导班子、一支勇于攻坚克难的高素质党员干部队伍、一支充分组织起来的员工队伍，这就要求国有企业必须加强党的组织建设、筑牢组织根基。党工委要想有效整合甲乙方力量、发挥甲乙方整体优势，更加需要健全完善组织建设工作机制，建强各级党组织特别是基层党组织，这是党工委全部工作和战斗力的基础所在。如果甲乙方党组织软弱涣散、各自为战，党工委的决策部署就无法得到有效贯彻落实，党工委统一领导也就无从谈起。

## 2 新形势下塔里木油田党工委统一领导体制存在的问题

塔里木油田实行党工委统一领导，创造性地把发挥市场对资源配置决定性作用与党的领导优势结合在了一起，但随着市场经济的不断发展，油田党工委的统一领导也遇到了一些新情况新挑战，在具体实践上也出现了一些不适应不符合的问题，影响了党的领导作用的充分发挥。

（1）在凝聚甲乙方思想共识上还需更加努力。

受油田内外部发展环境变化等因素影响，部分甲乙方干部员工对会战新体制产生了消极错误认识，没有摆正自身的位置。比如，有的甲方干部员工由于手握监管审批权力，在与乙方接触时总觉得高人一等，对乙方人员态度傲慢甚至提出不合理要求，成了"少东家"；有的乙方成员单位领导干部，会战主人翁意识淡化，只关心本单位的利益，不能主动研究解决油田发展面临的突出问题，不能认真贯彻油田党工委的决策部署，有的甚至不愿参加油田组织的工作例会，或者参会了也不发言、人在心不在。对这些问题，油田党工委未能及时有针对性地开展思想政治工作加以解决。

（2）在统筹规划甲乙方共同发展上还不够均衡。

随着油田油气产量规模的不断扩大，油田党工委对乙方成员单位装备保障、技术水平、人员素质等方面的要求也越来越高，但党工委在研究制订政策的过程中，并没有为乙方成员单位达到这些要求创造足够的有利条件。比如，2015年国际油价大幅下跌，为了应对投资、成本压力，油田实行了统一大幅下浮定额标价、项目招标控制价等控投降本措施，向乙方成员单位转移了不少经营压力，使乙方成员单位一时难以适应、面临较大经营困难，出现了工作量越多亏损越多、不参与投标或故意不中标等现象，乙方成员单位难以在人员配置、培训等方面做出足够投入，造成了队伍普遍缺员、人员素质偏低等一系列问题。

（3）促进甲乙方分工协作的能力还需进一步提高。

油田党工委在工作中既要充分调动乙方成员单位的自主性、积极性，又得保证甲方的监督指导不缺位，对其中的平衡点有时把握得还不够精准，突出表现在对甲乙方职责定位的划分还不够清晰。特别是在现场实际操作过程中，有大量的具体管理事项一时难以清晰界定该由谁负责，而油田党工委并未组织力量系统梳理这些事项并在合同中详细明确，也没有建立相应机制对现场可能出现的各种情况临时进行有效协调，这就给工作正常推进带来了阻碍。

（4）对乙方成员单位的监管还不到位。

油田党工委始终注重对乙方成员单位的各路工作提出明确要求，但在督促保障其落实这些工作要求上，手段相对不多、效果相对有限。比如，在安全管理方面，油田的安全生产管理规章制度是比较健全的，也三令五申要求加强承包商安全生产管理，但依然未能杜绝承包商的违规违章行为；在党建工作方面，油田党工委对乙方成员单位落实党建工作责任制的情况，缺乏全面有效的了解途径，更缺少对其党建工作的有效问责机制，乙方成员单位的党建工作也就出现了总体相对薄弱、内部参差不齐的现象。

出现以上问题，根源主要来自两方面。一方面，油田党工委虽然已经研究总结了实施党工委统一领导的举措并形成了制度成果，但对其中的一些举措落实得还不够深入。另一方面，随着市场经济的不断发展，乙方成员单位干部员工队伍的结构、素质、思想状态等都在不断变化，但油田实施党工委统一领导的具体举措并未及时创新完善，影响了党工委统一领导作用的有效发挥。

# 3　改进塔里木油田党工委统一领导的可行举措

进入新时代，如何将坚持党工委统一领导与市场机制更好地有机结合，是油田党工委亟需解决的一个重要课题。解决这一课题，应从以下方面入手。

## 3.1　加强对党工委统一领导的再学习再教育再落实

（1）强化思想教育引导。

通过两级中心组和全员理论学习、"形势目标任务责任"主题教育、新闻宣传报道等途径，加大对油田党工委统一领导的宣贯解读力度，纠正甲乙方干部员工对甲乙方管理新体制的认识偏差，进一步凝聚干事创业的思想共识。

（2）科学规划共同发展。

积极发挥党工委统一领导的宏观调控作用，弥补市场机制失灵，统筹规划甲乙方单位的长远发展，切实保障甲乙双方能够均衡地共享油田发展成果。

（3）健全完善协调机制。

深入调整优化甲乙方的职能配置，用好党工委全委会、生产例会等甲乙方沟通协商平台，最大限度地消除甲乙方分歧、增进甲乙方协同，形成工作合力。

（4）持续促进基层融合。

深化基层甲乙方"联合党建"实践，不断探索丰富"联合"的方式和内容，更加注重以工团活动来拉近甲乙方心理距离、提升乙方人员的归属感，以情感融合促进工作融合，切实增强甲乙方的凝聚力、战斗力。

（5）强化工作推进保障。

加大基层调研、督查督办力度，全面动态掌握甲乙方落实油田党工委重点决策部署的情况，消除执行走样、工作漂浮现象，确保各项部署得到有效落实。

## 3.2　丰富完善党工委对乙方成员单位的统一领导方式

（1）改进党工委中心组理论学习。

探索把乙方成员单位主要领导一同纳入油田党工委中心组理论学习参会范围，并对其参加学习情况进行考核，促进甲乙方领导干部思想统一、步调一致。

（2）强化对乙方成员单位的干部管理。

加强对乙方成员单位选人用人工作的把关，改进乙方成员单位主要领导的考核评价方式，对其履职综合表现进行考核评价，考评结果占其上级单位党组织对其考评成绩的一定权重。

（3）加强对乙方成员单位履职情况的监督。

对乙方成员单位实行特派员制度，负责监督、检查、了解所驻单位落实油田党工委重要决策部署情况；建立乙方成员单位向油田党工委报告工作和定期述职制度；将乙方成员单位纳入油田党工委巡察工作范围，适时开展巡察，对发现的问题责令其限期整改，并向其上级党组织通报。

（4）改进对乙方成员单位的考核评价。

对乙方成员单位科学设置合同执行、安全环保、维稳安保、党的建设等方面的年度考核指标，根据考核结果将乙方成员单位综合工作表现划分不同级别，并将年度综合考评结果与其市场份额挂钩。

### 3.3 建立健全对非党工委成员单位的领导机制

油田党工委自成立以来，一些民营企业因条件所限未能被纳为党工委成员单位。相比于乙方成员单位，党工委对这些乙方非成员单位的影响力也相对薄弱。然而，党政军民学，东西南北中，党是领导一切的[3]。油田党工委应积极探索对乙方非成员单位的有效监管举措，避免党工委统一领导出现盲区。

（1）严格实行属地管理。

对未纳入党工委成员单位的乙方队伍，按照属地管理原则，由油田公司二级单位党委或基层党组织统一管理，实现党工委统一领导全覆盖。

（2）加强对乙方非成员单位履职情况的监督。

向乙方非成员单位派驻特派员，动态掌握其重点工作开展情况，督促乙方非成员单位干部员工及时学习油田党工委重要决策部署，并定期严格检查；建立乙方非成员单位向党工委报告工作制度，树立党工委的权威。

（3）改进对乙方非成员单位的考核评价。

结合安全环保、维稳安保、合规经营等方面对乙方非成员单位设置考评指标，依据考评结果在工作量等方面建立配套激励约束机制，对考评结果靠前的，给予工作量奖励；表现特别突出的，额外给予专项奖励；对考评结果较差的，相应调减工作量，等等。

## 4 结束语

面对新形势新目标新任务，油田既要坚持实施党工委统一领导的好经验好做法，也要针对存在的问题，在强化对乙方单位的干部管理、履职监督、考核评价等方面采取创新性举措，进一步改进党工委统一领导的具体方式，确保更好发挥油田党工委统一领导的作用。

**参 考 文 献**

[1]张占平.中国特色油公司模式的演变历程与启示[J].国际石油经济，2016（2）.

[2]中央党校课题组.在不断创新中实践科学发展——来自中国石油塔里木油田的调研报告[B].塔里木油田档案中心，2009（3）.

[3]习近平.在中国共产党第十九次全国代表大会上的报告[N].人民日报，2017–10–27（2）.

# 油田企业项目管理体系构建研究 ❶

李雪超　骆发前　彭海军　李艳茹

（中国石油塔里木油田分公司）

**摘　要：** 通过塔里木油田公司项目管理体系建设项目实践，结合了塔里木油田21年的项目管理经验与国内外项目管理最新理论与实践成果，从体系建设的必要性、总体思路、项目管理体系架构、主要内容等几个方面，阐述了油田企业项目管理体系建设的主要思路及项目管理的难点和要点。研究表明，完善的项目管理体系是提升项目管理水平的有力保证，对于全面规范地指导项目运作，提高企业的运作效益有着重要的意义。

**关键词：** 项目管理；体系；项目过程管理；项目管理要素

近年来随着塔里木油田公司的快速发展，项目数量和项目投资规模不断增加，在这种情况下，项目管理控制难度也随之不断增加，单靠项目经理自身的能力已不能满足企业项目管理未来的发展要求。因此，塔里木油田公司开始探索并尝试建立一套完整的项目管理体系，不断完善现有的管理模式，逐步实现项目管理执行过程的规范化、科学化，使项目管控更具高效性和标准化，促进加快实现油田公司的整体发展目标。

## 1　体系建设的必要性

### 1.1　企业项目化管理的需要

企业项目化管理是站在企业高层管理者的角度对企业中与生产经营相关的各种任务实行"项目管理"。企业项目化管理的核心就是"按项目进行管理"，是一种以项目为中心的长期性管理方式。企业项目化管理的表现为：（1）以项目为中心——将企业业务划分为有目标、资源约束的过程或过程组；（2）以项目团队为管理主体——运用项目管理知识、工具、方法，在一定资源约束下，实现项目目标；（3）以企业项目管理体系为支撑——为项目提供资源、管理环境、规范性文件、行为一致性支持等。因此，项目管理体系的建设是实现企业项目化管理的基础和快速提升企业项目化管理能力的重要手段。

### 1.2　行业管理发展的需要

石油行业内多数企业都是以项目管理作为生产运营的主要方式，建立适合企业自身环境、项目特点的项目管理体系。采取企业项目化管理的模式，能够高效利用资源，提高项目管理质量。例如，壳牌公司通过对公司组织架构的项目化调整、项目管理与 QHSE 体系

❶　本文获得中国石油学会石油经济专业委员会"第三届青年论坛"论文一等奖，收录于《石油企协第三届青年论坛文集》。

的整合以及项目管理信息系统的开发，建立了涵盖整个项目从启动到收尾的全过程的项目管理体系。近年来，国内越来越多的石油石化企业开始重视项目管理体系的建设工作，如中国石油工程设计有限公司（CPE）建立的 EPC 项目管理体系、中石油管道局的长输管道建设项目管理体系等，都是我国石油石化企业项目管理体系建设的成功案例。

### 1.3 实现战略目标的需要

战略是企业发展的核心，它为企业设立远景目标，为实现目标提供总体性和指导性规划。如塔里木油田公司根据内外部环境要求，结合实际提出了"建成国际一流水平的大油气田"的总体战略构想。战略最终要通过公司的各种生产运营活动和管理活动来实现，而项目是各种活动的主要呈现方式，因此，项目管理是战略实现的载体。项目管理体系的建立和完善，能够在企业内形成体系化的项目管理理念，建立支持项目管理的组织体系和企业环境，提供可视化的项目管理工具、动态化的过程控制方法、程序化的项目作业流程，最终推动企业战略的实现。

## 2 体系建设的总体思路

项目管理体系建设的目的是在企业内建立一套项目管理的标准方法，并与企业的业务流程集成在一起，形成以项目管理为核心的运营管理体系。塔里木油田公司项目管理体系的建设需要在认真总结公司在项目管理中成功经验和方法的基础上，借鉴国内外项目管理的先进思想和方法，针对公司在项目管理中存在的问题，围绕公司战略目标和规划，确定总体思路，将现代项目管理的理论和方法与公司实际管理情况相结合，建立一套以矩阵组织为核心的涵盖项目全生命周期、全过程、全要素的项目管理运作模式。

### 2.1 总体框架

合理的体系构架是建立有效的项目管理体系的基础，项目管理体系需要从组织管理、过程管理和要素管理三方面来规范项目，将项目管理的要素、管理过程和项目的生命周期有效融合，同时，为方便一线管理人员的阅读和使用，项目管理体系中还应提供操作流程和操作模板，以提高体系文件的可视化特性。综合以上因素，经过分析、讨论，最终确定塔里木油田项目管理体系结构，如图1所示。

（1）组织管理。项目管理体系的建设是一个系统工程，因此首先要明确企业层面的组织机构、管理职责、考核制度等，并建立纲领性指导文件，直接引用或修改后使用已有的标准、制度、程序，同时对需要补充的内容提出要求。

（2）项目过程管理文件。此部分文件主要以项目生命周期的发展为主要脉络，涵盖了项目生命周期的所有过程，规定了项目每一过程的输入条件（工作基础）、过程主要工作流程和控制要求、输出成果（工作成果）等，是过程管理的纲领性文件和指导性文件，既保证了过程的连续性和职责的可追溯性，又规范每个过程涉及的主要工作。

（3）项目要素管理文件。项目管理体系采用要素与过程双维度管理方式搭建。此部分以项目管理知识体系为基础，将项目范围、进度、质量、HSE 等管理要素融合到项目管理过程中，实现项目控制的双保险。

（4）作业指导文件。此部分文件是项目一线工作人员的案头工作指导文件，主要包括岗位职责、操作流程、操作模板等。

（5）基础环境。项目管理体系的顺利运行需要目标公司具备一定的基础环境支撑，主要包括信息平台、项目管理工具的推广和应用以及项目管理培训、项目经理培养等方面。

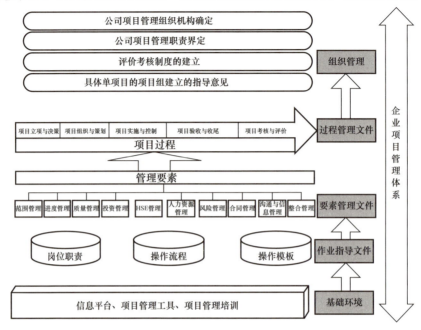

图1　塔里木油田项目管理体系结构

## 2.2　实现目标

项目管理体系建立，需要"五统一、四指导"的成功实施。"五统一"即在公司内统一项目管理思路、统一项目管理术语、统一项目管理过程、统一项目管理关键要素、统一项目管理操作规则；"四指导"则是指指导公司项目岗位职责界定、指导项目工作流程、指导项目管理操作模板、指导项目管理工具方法应用。同时项目管理体系建成并投入使用后，要努力实现项目"利益相关方的满意"的目标，以促进项目管理人员转变观念，提高项目质量。

# 3　体系的主要内容

由于油田企业存在业务类型多、涉及学科广、业务之间差别大的现象，对项目进行合理分类是建立合理的项目管理体系的基础。通过认真研究分析油田公司项目管理历史，项目组对油田现有项目分为科研、勘探开发、基本建设、炼油化工、大型设备采购等五个类别。并按项目类型设计科学合理的项目管理模式，并形成具体可执行的体系文件，构建与油田发展相适应的项目管理体系。

## 3.1　确定油田公司项目管理的组织机构

在项目进行科学分类的基础上，确立项目管理的各级机构，确定归口管理部门和责任部门，确定相关部门的工作责任、权限和相互协作关系，建立和完善项目管理的相关监督、考核、重大项目问题专项处理等机制，梳理配套的相关制度和标准。

塔里木油田公司的项目管理组织可分为四个层级：企业项目管理决策层、企业多项目管理层、企业多项目实施层和单项目实施层，如图 2 所示。

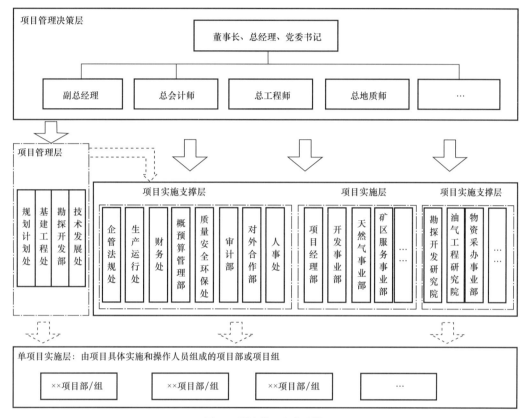

图 2　项目管理组织层级

（1）企业项目管理决策层。

为解决多项目平衡、资源平衡等问题，公司在原有组织结构的基础上增设了项目管理委员会。项目管理委员会主任由总经理兼任，副主任由公司党委副书记、副总经理、总会计师、总地质师、总工程师兼任，委员由公司机关部门和二级单位负责人、技术专家兼任，作为公司项目管理的最高管理机关，委员会根据公司发展战略对项目进行决策，确保了项目的目标与公司战略目标的一致性。

（2）企业多项目管理层。

企业多项目管理层致力于解决矩阵组织中项目管理与职能管理间的协调平衡问题，通过建立项目的整合机制，实现资源的有效配置。企业多项目管理层是企业项目管理的决策支持和监督管理机构，负责维护和更新油田公司项目管理体系，建立配套的管理制度、流程和标准，并进行必要的资源协调、项目监督和评价等。

（3）企业多项目实施支撑层。

企业项目实施支撑层是指多项目的管理和实施单位，以及为各个项目提供专业服务和职能支撑的部门及单位。塔里木油田公司成立的勘探开发项目经理部为最主要的多项目管理和实施单位，其他单位配合主要单位实施本职工作，如矿区服务事业部主要负责基地小区的建设工程项目；专业服务部门如勘探开发研究院和油气工程研究院等提供设计支持，物资采办事业部则负责提供物资的供给；专业职能支撑部门如质量监督站提供质量管理监督，企管法规处等提供合同的审批功能。企业多项目实施支撑层负责具体项目的管理制度、流程和标准的事实工作以及单项目管理团队的组建、管理和考评等工作。

（4）单项目实施层。

单项目实施层是指为一个具体项目而成立的柔性项目团队。项目组按项目目标对项目工作全面负责，并接受监督。项目组成员由各个支撑层各个部门抽调人员组成，核心人员可以作为项目专职管理，其他配合人员可以兼职完成项目工作。项目组全面负责项目生命周期全过程的管理和要素管理，以确保项目成功。

## 3.2 界定油田公司项目管理模式

项目管理体系在对项目进行分类的基础上，确立各类项目的管理模式，确定主要项目类型管理模式的适用条件和适用范围，推荐优选的项目管理模式。如基本建设类项目中，优先推荐 EPC 模式，可以最大限度降低甲方单位的管理风险，主要项目类型的项目管理模式见表1。

表 1　主要项目类型项目管理模式

| 项目类型 | | 项目管理模式 |
|---|---|---|
| 勘探开发类项目 | 物探、油气藏项目 | 合作方式 |
| | | 委托方式 |
| | 钻完井项目 | 日费制 |
| | | 总包制：总承包、切块承包和分段承包 |
| 基本建设类项目 | | EPCC 模式 |
| | | EPC 模式 |
| | | 单独发包模式 |
| | | PMC 模式 |
| 科技类项目 | | 自研技术开发方式 |
| | | 合作技术开发方式 |
| | | 委托技术开发方式 |

## 3.3 界定项目过程管理的内容

项目管理体系中对项目过程的界定体现了通用与实用兼顾的原则。为了保证项目管理过程的统一性和一致性，对油田公司的所有项目都规定了项目立项与决策、项目组织与策划、项目实施与控制、项目验收与收尾、项目考核与评价五个过程，确保涵盖项目生命周期的所有工作。在此基础上，为了与公司的组织职责划分相对应并在使用方便的前提下，在研究了油田公司各类项目特点的基础上，对每一类项目进行了深入的过程划分，并与项目的五过程对应起来，这些过程如下。

（1）项目立项与决策过程。正式批准一个项目成立并委托实施的过程。一般包括项目建议书、项目可行性研究、项目立项审批等过程。如塔里木油田公司基本建设项目立项与决策过程包含项目建议书、可行性研究、初步设计等工作。

（2）项目组织与策划过程。包括实施方案研究、项目质量标准的确定、项目资源保证、项目环境保证、主计划的制订、项目经费及现金流量的预算、项目的工作结构分解（WBS）、项目政策与过程的制订、风险评估等。如塔里木油田公司基本建设项目组织与策划过程包含项目组织及人员准备、建立项目管理制度、编制建设项目总体部署等工作。

（3）项目实施与控制过程。执行项目计划并通过定期测量和监控项目的进展情况，确定实际值与计划基准值的偏差，必要时采取纠正措施，确保项目目标实现的过程。包括建立与完善项目联络渠道、实施项目激励机制、建立项目工作包、细化各项技术需求、执行WBS 的各项工作及工作过程中的变更等。如塔里木油田公司基本建设项目实施与策划过程包含施工图设计、物资采购、承包商招标、施工准备、施工管理等工作。

（4）项目验收与收尾过程。包括项目验收、文档总结、资源清理等。如塔里木油田公司基本建设项目验收与收尾过程包含项目专项验收、初步验收、生产准备、试运行、竣工验收等工作。

（5）项目考核与评价过程。是指对项目团队的人员表现及已经完成的项目（或规划）的目的、执行过程、效益、作用和影响所进行的系统的、客观的分析，对项目团队人员或项目做出评估的过程。如塔里木油田公司基本建设项目考核与评价包含项目后评价、项目考核、项目奖惩兑现等工作。

## 3.4 健全项目管理要素

项目管理要素是指项目管理中最重要的组成部分。关于要素的数量并没有统一定义，ISO10006 中强调项目要高质量地实现需要两个要素：过程的高质量和产品的高质量。美国项目管理协会发布的项目管理知识体系指南（PMBOK® 指南，第四版）中将项目管理划分为九大重点知识领域，也就是通常所说的九要素，即整合管理、范围管理、时间管理、成本管理、质量管理、人力资源管理、沟通管理、风险管理、采购管理[1]。国际项目管理协会发布的 ICB3.0（国际项目管理专业资质认证标准）中将项目管理划分为 46 个能力要素：方法能力要素 20 个、行为能力要素 15 个、环境能力要素 11 个。依据塔里木油田公司重点管理要求，项目管理体系中将项目管理要素界定为整合管理、范围管理、进度管理、投资管理、质量管理、HSE 管理、人力资源管理、沟通与信息管理、风险管理、合同管理等 10 个要素。

（1）项目范围管理。包括如何制订项目需求计划、如何制订项目范围说明书、如何进行项目任务分解（WBS）、如何定义项目关键控制点等内容。

（2）项目进度管理。包括如何制订里程碑清单、如何分析各种环境和因素并进行工作排序、如何根据现有的人力物力及时间制订进度计划等内容。

（3）项目人力资源管理。包括项目管理组织机构的确定、人员配置、团队建设、人员考评等内容。

（4）项目费用管理。包括如何进行项目成本预算、如何有效地控制成本和费用等内容。

（5）项目质量管理。包括如何选择合理的项目管理模式、如何保证项目实施的质量、如何正确处理质量与工期及成本的关系等内容。

（6）项目 HSE 管理。包括职业健康、项目安全、环境等方面的管理等内容。

（7）项目合同管理。包括项目合同的订立、履行、变更、中止、终止、违约、索赔、争议处理等内容。

（8）项目风险管理。包括项目风险类型的确定、项目风险评估、项目风险处理、风险预警等内容。

（9）项目沟通与信息管理。包括项目信息资料的收集、分析和处理，项目验收的要求、程序等，项目沟通的内容、方式和渠道等内容。

（10）项目整合管理。包括项目的启动、项目计划制订、项目计划实施、综合变更控制和收尾等内容。

## 4　结束语

项目式的运行和管理是油田企业生产运营管理的主要模式，项目管理的能力是油田企业核心能力的重要组成部分，项目管理水平的高低直接关系到油田企业整体的管理效益，因此，重视项目管理的能力的提高，加强项目管理的理论与方法体系的研究与建设，是不断提高油田企业生产运营管理水平及核心能力的重要推手。针对不同类型的项目和不同的管理需求，建立适合的项目管理体系，是油田企业可持续发展的需要。塔里木油田公司项目管理体系的建立，其方法、结构和内容对于其他油田企业具有很好的引领和指导作用。

## 参 考 文 献

［1］项目管理协会.项目管理知识体系指南［M］.王勇，张斌，译.4版.北京：电子工业出版社，2009.

［2］白思俊.现代项目管理［M］.北京：机械工业出版社，2002.

［3］胡春萍，马立红.构建卓越的"EPC项目管理体系"——中国石油工程设计有限公司EPC项目管理体系实践［J］.项目管理技术，2009，7（6）：53-56.

# "昆仑"牌尿素的品牌创建与实施 ❶

李 进 何 欢 胡洪英 聂新玲 臧稳林 刘 懿

（塔里木油田分公司塔西南勘探开发公司化肥厂）

**摘 要**：针对新疆化肥市场的严峻形势，分析塔西南尿素产品质量中的瓶颈问题，提出并践行"除了优等品都是不合格品"的质量管理理念；采取多种措施和攻关使尿素产品的内、外在质量得到明显提升；同时将该理念扩展到企业生产的各个方面，创建了融入鲜明地域特色品牌承诺——"昆仑尿素亚克西"和"用昆仑尿素走富裕之路"。利用互联网、文化下乡等媒介广泛传播，提升了品牌的知名度和美誉度，市场占有率逆势上升，品牌价值不断提升，最终使塔西南"昆仑牌"尿素站稳新疆南疆四地州市场，并获得"中国石油和化学工业知名品牌产品"等称号；取得了一定经济效益和社会效益，提升了员工综合素质，为当地农业发展和脱贫致富做出了积极的贡献。

**关键词**：尿素质量；品牌

中国石油天然气集团公司（简称中国石油）的昆仑牌产品众多，尿素是其化工产品之一。生产"昆仑"牌尿素的厂家有大庆石化、宁夏石化、乌鲁木齐石化、塔里木油田石化分公司和塔西南化肥厂等。其中塔西南化肥厂是地理位置最为偏僻的一家中型化工企业，位于新疆喀什地区泽普县奎依巴格镇，地处塔克拉玛干沙漠的西南边缘；设计年产 $20 \times 10^4$t 合成氨、$34 \times 10^4$t 尿素；为中国石油塔里木油田分公司塔西南勘探开发公司所属的二级单位；于 2001 年 11 月 27 日建成投产。

塔西南化肥厂主导产品是尿素。自建成投产以来，累计生产尿素 $415.29 \times 10^4$t，销售部负责将尿素产品销往喀什、和田、阿克苏、克州等南疆四地州，覆盖耕地面积 2000 余万亩，为南疆四地州的农业发展和农民的脱贫致富做出了巨大贡献。

十多年来塔西南化肥厂通过不断的资源整合，管理和科技创新，不仅持续提高了尿素产品质量，而且经过长期的实践和总结，丰富了"昆仑"牌尿素品牌内涵，提炼出了具有新疆地域特色的品牌营销文化，提升了品牌的价值。2006 年化肥厂与上述四家一起荣获"中国名牌产品"称号；2007 年 2 月获得"二〇〇六年度石油工业实施卓越绩效模式先进企业"称号；2013 年获得"中国石油和化学工业知名品牌产品"称号，为当年中国石油唯一一家获此荣誉者。

## 1 品牌创建面临的主要问题及分析

### 1.1 外部因素

（1）国家政策调整带来的不利局面。

"十二五"末期，国家对化肥产业"去政策化"的步伐加快。2014 年 10 月 8 日，将

---

❶ 2017 年获中国石油企协"三评"成果评审二等奖。

化肥投资项目改为备案管理；2015 年 9 月 1 日起对化肥恢复征收增值税；2016 年 4 月 20 日起化肥生产用电按工商业用电价格执行。一系列政策导致化肥企业生产成本增加。

（2）化肥行业结构性调整步伐加快。

2015 年 2 月 17 日农业部发布了《到 2020 年化肥使用量零增长行动方案》，提出了"力争到 2020 年，主要农作物化肥使用量实现零增长。"的目标，由此使化肥产能原本已过剩的市场竞争更加激烈，化肥价格持续低迷，行业亏损加大。

（3）环保压力加剧。

2015 年 1 月 1 日起实施的新版《中华人民共和国环境保护法》加大了惩治力度；而《合成氨工业水污染物排放标准》（GB 13458—2013）和《石油化学工业污染物排放标准》（GB 31571—2015）均提高了水污染物的排放标准，并分时间段进行加严执行，从 2017 年 7 月 1 日起工业污水总排限制指标为 $COD \leq 60mg/L$，比 2014 年降低了 40%；氨氮限制指标 $\leq 8.0mg/L$，比 2014 年降低了 5 倍。化肥企业环保达标压力剧增。

（4）疆内化肥企业增多，煤制尿素逐渐占主导。

自 2006 年以来全疆大中型氮肥企业数量不仅逐年增加，已达到十多家，而且产能也迅速膨胀。2015 年疆内总产能达到 $742 \times 10^4 t$，而实际需求只占约 30%，南北疆用量各占一半。另外，新增化肥企业中煤制尿素占到 44.4%，主要分布在北疆地区的奎屯、玛纳斯等地。因煤制尿素成本低廉，加上交通便利，具有天然气制尿素无可比拟的价格竞争优势，由此使得南疆的化肥市场竞争更加达到白热化，企业生存陷入困境。

（5）尿素市场受众分散。

由于化肥厂地处土地面积超过全疆 1/3 的少数民族聚集区，仅和田地区的少数民族人口达到 96.5% 以上；既有自然村落、乡镇相对分散的特点，又有语言交流困难的瓶颈。品牌创建和维护成本加大。

## 1.2 内部因素

（1）因冬季民用用户增多，天然气耗量增加。为保民用，自 2014 年冬季开始，化肥厂每年冬季均被迫停工，到来年的二季度开始复工生产，导致尿素成本增加。

（2）产品结构单一，以生产小颗粒尿素为主，同质化严重，难以面对差异化的市场竞争和用户需求。

（3）制造尿素产品过程中还存在溢流、结块风险；成品袋装尿素在夏季码垛时间或出现板结、流液；长时间贮存也对尿素质量提出了更高要求。

## 1.3 面临的机遇和挑战

（1）强大的品牌优势。

"昆仑"牌尿素起源于 20 世纪 80 年代中期，是因塔西南公司南依昆仑山而得名，并在新疆南疆地区率先使用。随后集团公司将自身所有产品，包括中国石油所有尿素产品统一为"昆仑"牌。

根据 2016 年世界品牌实验室发布的中国 500 最具价值品牌排行榜（第十三届），中国石油位列石油化工类第一位，总排名第十四位。依托中国石油这个极具竞争力的品牌，昆仑尿素在南疆四地州具有极高的知名度、美誉度和普及度。特别是化肥厂生产的"昆仑"

牌尿素履行中国石油"诚实守信负责任"的企业经营之道，深耕尿素市场二十多年，通过过硬的产品质量和优质的售后服务体系，不仅在新疆南疆地区树立了中国石油旗下尿素产品的金字招牌，而且创建了具有地域特色的营销文化，为"昆仑"品牌注入了新的活力。

（2）健全的营销网络。

随着市场经济改革的深入，农资流通由统购统销转为市场化，塔西南公司销售部顺势而为，自2005年起开始创建自主营销网络，并确定了"两条腿"走路的营销战略。一是主动创建自主化肥销售网络，将销售触角延伸到农村，直接服务农民，控制终端市场，扭转客大欺店、受制于人的被动局面；二是确立以大客户销售为主线，积极推进战略联盟，适度发展中小客户，采取合同化管理模式。2008年取得了尿素产品销售市场的话语权；2009年整合各片区，形成以和田、喀什、阿克苏为中心的三大销售中心。2010—2012年三级营销网络形成标准化、规模化运营，销售渠道直达终端用户，甚至把尿素送到田间地头，受到了农民的欢迎，增强了"昆仑"品牌在农民心中的亲和力。

（3）独特的地缘优势。

南疆四地州主要以第一产业为主，耕地面积接近全疆的30%，主要种植小麦、玉米、棉花等，果林业也发展迅速，尿素需求市场巨大；拥有天然气等得天独厚的能源资源，制造尿素原料便捷。另外，化肥厂地处喀什地区，西北距喀什市240km，南距和田300km，北距阿克苏500km，西距克州270km，处在四地州的核心位置，为尿素的运输提供了便利条件。

（4）"一带一路"的发展机遇。

自国家"一带一路"发展战略提出并实施的三年多来，新疆作为"丝绸之路经济带"核心地区，交通枢纽中心和商贸物流中心建设快速发展，如2014年10月完成乌鲁木齐—莎车（喀什）的高速公路建设；2016年5月15日起乌鲁木齐—和田火车提速近4小时。而喀什作为"中巴经济走廊"的战略重镇，也正在飞速变化着，2015年11月中国企业已接手瓜达尔港运营，这对化肥厂将来的发展也带了前所未有新机遇。

## 2 品牌创建的思考

面对内外环境的诸多不利因素和面临的机遇，为使企业持续生存和发展，唯有通过创新管理机制，持续提升产品质量，降低成本，丰富品牌内涵，达到卓越的信誉，进而彰显品牌价值，实现塔西南"昆仑"牌尿素深耕传统市场，站稳南疆四地州市场的目标。

### 2.1 "昆仑"牌尿素品牌在南疆四地州的定位

因企业规模和经营体制已限定，加上南疆特殊的地理位置和人口结构，企业的维稳安保压力形势严峻；与此同时还要做好安全生产，应对南疆尿素市场的竞争局面，以使企业持续发展，为此塔西南"昆仑"牌尿素品牌的定位是：以品牌锻造为核心，以管理创新为引领，统筹兼顾，系统优化，局部突破；在安全环保健康达标的条件下，为市场提供优质的产品和服务，使企业发展，员工成长。

（1）品牌锻造是指丰富"昆仑"牌尿素的品牌内涵，主要通过开展企业小故事征集、质量回访、油企帮扶等活动，践行"除了优等品都是不合格品"质量管理理念和"昆仑尿素亚克西"的品牌承诺；融合地域特点，提炼出具有本土特色的品牌文化，利用各种媒介广泛传播，逐步成为南疆的强势品牌。

（2）统筹兼顾是指做好"三驾马车"的工作，这是企业的基础工作，即在现有条件和人员结构下，扎实开展安保维稳工作，以营造良好的工作和生活环境；努力提升安全环保健康的质量，以此使企业管理高效、规范有序；依托品牌建设，提升经营质量，促进企业持续发展。

（3）系统优化是指从生产、销售的整体利益出发，使员工和相关方坦诚合作，高效解决装置安全运行、产品质量、节能降耗、环保达标排放等的问题，为品牌的创建奠定坚实的基础。

（4）局部突破是指充分发挥品牌优势，在产品结构方面进行分阶段，由易而难的进行调整和研发，为市场提供优质的产品和服务奠定基础。

## 2.2 基本思路及发展目标

根据集团公司提出的"有质量、有效益、可持续发展"的要求，强化产品全过程质量监管，保障品牌品质；优化企业和相关方现有资源，注重科技投入，以内涵式发展促进低成本战略的实施；提炼并制订品牌定位策略，诚信经营，着力维护品牌形象，进而实现塔西南生产的"昆仑"牌尿素（图1）成为南疆四地州的强势品牌的目标。

图1 "昆仑"牌尿素

## 3 措施制订和实施

（1）创新质量管理内容，及时总结、固化有益元素，使质量管理体系运行富有活力。

在建厂时化肥厂确立了"保证质量，信誉至上；科学管理，持续改进。"和"无质量缺陷"的质量方针、目标。然而随着市场激烈竞争和用户对产品质量的要求不断提高，建立卓越绩效管理体系已成必然。为此，化肥厂通过自学《卓越绩效评价准则》《卓越绩效评价准则实施指南》等标准内容，于2006年导入卓越绩效模式进行实践和自我评价，并撰写了《塔西南化肥厂卓越绩效自评报告》。该总结获得中国质量协会石油分会的认可，在 2007 年 2 月，化肥厂被授予"二〇〇六年度石油工业实施卓越绩效模式先进企业"的称号。

通过 7 年运行，在 2014 版的体系文件修订时，将质量方针与企业经营目标进行融合，创新制订了"质量至上，卓越诚信；计量准确，科学公正"的质量方针。新增两条质量目标"不浪费资源，无计量差错"。

另外，为使质量管理体系文件保持活力，特别是好的经验做法能及时得到固化，及时收集、整理车间员工撰写的小故事、论文、先进操作经验、"最佳实践"、事故事件等中的经验和教训，进行提炼、总结到《产品质量管理规定》中，如为防止夏季尿素易结块的问题，2008 年 6 月尿素车间的技师李志建通过研制了 2 个犁式翻斗器，加装到尿素输送带上，使尿素粒子的温度降低了 3～5℃，解决了入袋尿素粒子温度高易结块的问题。由此将尿素粒子的入袋温度控制纳入该规定中。

（2）秉持卓越诚信，细化尿素产品质量的过程控制，确保尿素出厂优等品率 100%。

在总结化肥厂多年的产品质量管理经验后，于 2010 年提出了"除了优等品都是不合格品"的质量管理理念，这里的不合格品不仅是指尿素内在指标未能达到优等品的数值，还包括尿素袋重的超差、外包装（含包装袋）的美观程度、喷码的清晰度和装车出厂等环节。

2008 年 4 月份尿素袋重偶然会出现净重不足的问题，化肥厂领导高度重视，不仅对成品车间的包装秤和抽检的电子台秤进行了全面的检查和检定，还制订加密抽检袋重频次，同时在当班尿素出厂前由发货班员工进行再次抽检至少 1‰，如有不合格的，整批次进行逐袋过秤。同时将袋重指标严格控制在（40+0.4）kg，扣除袋重，每袋尿素要多装至少 0.15kg，一天少计产量 3.75t，折合一年损失 180 多万元。由此也体现了塔西南"昆仑"牌尿素对用户诚实守信，不让用户吃亏的负责任态度！

针对影响尿素优等品中的缩二脲和水分出现偏高的问题，尿素车间采用 QC 小组、"五小"创新创效活动等活动开展，充分发挥基层员工的主动性，通过正交实验、控制图等数理统计工具的应用，摸索出了降低缩二脲和水分的优化操作数据区间，编入操作卡指导班组生产，缩二脲含量由 0.96% 降到 0.85% 以下，使尿素优等品率由 2007 年 83.43% 到 2011 年提升到 99.67%，并在 2012 年 4 月尿素包装袋上标注"优等品"，为南疆尿素市场的首家。

另外，2012—2013 年持续优化工艺参数和设备改造并重，实施降低蒸发系统 1.5～2.0℃ 等措施，最终使尿素 Biu 不大于 0.8%，为 $CO_2$ 汽提法的最优值。实施升压器改造，消除尿素生产过程中的溢流和结块；增加振动筛等设施，将过程结块尿素及时发现和滤除，确保出厂尿素优等品率 100%，为获 2013 年度中国石油和化学工业知名品牌奠定了坚实的基础。

（3）顺应市场需求，积极主动的协助相关部门开展产品结构调整工作。

2010 年 11 月通过调研，建立了 SODm 尿素生产线，不仅改变塔西南昆仑尿素产品单一的现状，而且因 SODm 尿素具有缓释增产，节约肥料等特性，受到南疆用户的欢迎，（图 1）。在 2011 年秋季的质量回访中，和田地区墨玉县一大客户反映当地一个乡的农民在订购尿素，指明要 SODm 尿素，说 SODm 尿素增产还施肥少，收益高。由此也进一步巩固了"昆仑"牌尿素的市场占有率。

2016 年通过周边市场调研，了解各电厂急需液氨产品。而化肥厂因原料组分的差异，在生产过程中存在氨多二氧化碳少的不匹配问题，多余的氨按放空或回收处理，由此既浪费能源，也不利于节能和环保。为此，化肥厂积极了解相关政策法规，主动协调相关方，申请办理液氨生产许可证，现已完成。这标志着塔西南公司产品又有了新成员，而且提高了能源利用率，并为当地的环保事业贡献了力量，同时开拓了新的市场。

（4）树立大质量意识，运用实验和分析，查明尿素流液的原因，做好尿素产品质量全过程监管。

尿素流液虽然是在贮存时出现较多，不属于化肥厂生产经营范围，但为践行"昆仑尿素亚克西"的品牌承诺，保证尿素从出厂到用户手中都是优等品，我们先后开展了尿素生产过程中影响尿素粒子水份的测试、模拟贮存条件下的尿素堆放实验及尿素流液组分分析实验等。

① 2014～2015 年开展了尿素堆放实验，耗时 8 个月，采用六个厂家的编织袋包装化肥厂生产的尿素，在同一时间、环境的条件下进行贮存。经过 8 个月的观察，发现不加防雨雪篷布保护的尿素垛子，如果通风环境不好，极易造成尿素流液出现。

② 分析尿素流液组分试验。自行设计了试验方法，用蒸汽冷凝液配置了一个模拟尿素溶液进行分析。从模拟样品与尿素流液的对比分析可看出，在比重和尿素溶液浓度接近的情况下，模拟样品只检测出钙硬，并远低于流液的钙硬含量，其余未检出。这说明尿素在生产制造过程中的水分与尿素流液无明显的相关性。该项总结论文已在 2017 年 2 月被《化肥工业》录用。

根据实验结果，对相关方在雨天运输或装卸尿素时提出建议，获得采纳，由此进一步提高了尿素的贮存质量和用户满意度。

（5）践行"昆仑尿素亚克西"的品牌承诺，创新销售渠道，优质服务用户。

"昆仑尿素亚克西"的品牌承诺是来自 2007 年的一则小故事。2007 年 8 月 16 日 23：00 左右，驻和田墨玉县销售点的销售部员工艾斯卡尔，在睡梦中听到敲门声，并伴随一洪亮而沙哑的声音说："我要买昆仑尿素！"艾斯卡尔听到"尿素"两个字，立即爬起来穿好衣服开门，看到一 70 岁左右的托乎拉乡维吾尔农民站在门口，问明情况后，他连夜把一袋崭新的尿素放到用户毛驴车上，老人高兴地说："昆仑尿素，亚克西！"

为推广 SODm 尿素，也让农民看到该尿素的特性，2009—2010 年塔西南公司在四地州选取了 12 块复合肥和 5 块 SODm 尿素示范田进行对比实验。让农民真切地感受到 SODm 尿素的优越性。

面对严峻的南疆尿素市场形势，销售部大胆创新，积极拓宽销售渠道。2012 年销售部与疆内昆仑加油站合作，实施"昆仑尿素一站式购物"模式，即将尿素产品纳为加油站的便利商品之一，由此既方便了农民用户的购买，也增加了销售渠道。

在产品配送方面实施全过程监控。对运输尿素车辆安装 GPS 监控，既保证了化肥配送准确率达到 100%，也保障了对化肥市场的有利掌控。

（6）强化品牌荣誉感和使命感建设，采用多种方式加大"昆仑"牌尿素的知名度和影响力。

作为塔西南昆仑尿素的生产方，自 2007 年开始建立厂家与化肥用户的零距离回访机制。从"昆仑"牌小颗粒尿素和 SODm 尿素的使用效果、抽检现场袋重、外包装、服务质量、品牌认知、同行产品对标等六个方面开展。回访组由厂领导、主管质量科室和尿素及成品车间的技术骨干组成，走访和田、阿克苏、喀什等县、乡、村，每次行程 2000km 多。采用与关键客户开现场交流座谈会、农民用户访谈和顾客满意度调查问卷（汉、维两种文字）填写等方式，广泛获取不同层次用户对塔西南尿素产品（包括 SODm 尿素）的质量意见和建议。另外，回访组还实地查看当地的贮存条件，同时对照同行产品的质量，找出产品的改进短板。每次回访结果均进行分享和总结，制订整改意见，并以此加深员工对尿素产品质量高标准要求和"昆仑"牌尿素品牌荣誉感的培养。

充分发挥现代科技和信息传播媒介的强大功能，2014 年在阿里巴巴网站注册成立了第一个网络销售平台；在新疆人民广播电台、和田—乌鲁木齐列车、广告牌、村村通广播发布"昆仑"牌尿素产品广告；参展 2016 年阿克苏南疆农博会，宣传、推广昆仑品牌尿素，成为唯一一家用广告车进行宣传参展的厂家；2016 年销售部还成立宣传小分队 5 个，深入乡镇，走街串巷进行宣传促销，共进行实地宣传销售 117 场次，在南疆利民天然气管线 32 个场站粉刷墙体广告 37 处。这一系列的举措，起到了很好的宣传效果，大大提高了市场对"昆仑"牌尿素的认知度。

（7）积极推进营销文化建设战略，优化销售网络布局，巩固品牌优势。

经过多年的产、销一体化管理，塔西南公司已有近百个乡镇网点，配送乡镇 500 余个，达到南疆四地州全覆盖的销售网络；建立了分级管理经销商体系，终端建设日趋完善；形成了"穿红工服，讲解生动易懂，笑容亲切，服务及时专业，做事用心细致"的营销人员标准形象；销售网点动态管理；尿素配送及时准确、品牌宣传地域特色鲜明的营销文化，由此使市场营销步入了从销售产品到销售文化的快车道，塔西南"昆仑"尿素也因此成了四地州农民的首选。昆仑品牌优势和价值得到进一步提升和巩固。

# 4 取得的成效

## 4.1 品牌价值得到明显提升

通过十多年的持续改进和总结，提出并实施"除了优等品都是不合格品"的产品质量管理理念；精抓尿素生产的全过程质量，尿素优级品率连续 5 年达到 99.6% 以上。2013年度塔西南"昆仑"尿素获得"中国石油和化学工业知名品牌产品"称号，为当年中石油生产尿素的唯一一家企业。自治区和集团公司监督抽查连续多年年合格率达到 100%。"昆仑"牌尿素的品牌效益日益凸显，在南疆知名度和美誉度也得到大幅巩固和提升。

## 4.2 市场占有率得到提升

2007—2016 年化肥厂尿素优等品率变化趋势如图 2 所示。

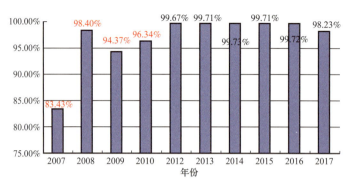

图 2　2007—2016 年化肥厂尿素优等品率变化趋势图

## 4.3　经济效益

根据销售部 2015 年和 2016 年市场销售量计算，2016 年化肥厂尿素销售比去年同期多 $3.88 \times 10^4$t，增加利润 255.304 万元。另外，化肥厂生产的"昆仑牌"尿素销售价格每吨比其他厂家产品价格高 50 元 /t，仍受农民青睐。且用户满意度为 90% 以上。

## 4.4　社会效益

员工质量意识的提高，拓宽了工作思路，使品牌维护、节能降耗、降本增效的工作得到持续推进。

（1）尿素装置蒸发系统经改造并实施后，因结块而造成装置大循环次数由改造前 12 次 /mon 降低为 2 次 /mon，尿素产品质量和产量得到明显提升。

（2）通过 QC 小组攻关，2016 年尿素装置氨耗比 2015 年降低 12.02kg/t 尿素，回收氨和 $CO_2$，实现节约效益 280.5 万元。

优化装置开工流程，回收放空工艺气做燃料气使用，减少天然气和 $CO_2$ 放空量。实现年节约效益 93.25 万元，减少 $CO_2$ 排放 1865.6t。

## 5　结束语

在十多年的尿素生产经营中，化肥厂的产品质量管理内容不仅得到了丰富，创造性地提出并践行"除了优等品都是不合格品"的质量管理理念，而且将其扩展到企业生产的各个方面，既提高了工作效率，也培养了员工的专业素养。同时创建了"昆仑"牌尿素品牌，并融入具有鲜明地域特色品牌承诺——"昆仑尿素亚克西""用昆仑尿素走富裕之路"，进而利用互联网、文化下乡等媒介广泛传播，提升了品牌的知名度和美誉度，市场占有率逆势上升，品牌价值不断提升。

尽管如此，"昆仑"牌尿素品牌建设仍在路上，我们将继续秉承"质量至上，卓越诚信"的企业方针消除短板，为南疆四地州用户共建和谐家园。

# 参 考 文 献

［1］田一波，赵飞，姚青伟：减少尿素粒子结块技改总结［J］.中氮肥 2010（5）：27-28.

［2］田一波：提高尿素产品优等品率的措施探讨［J］.大氮肥 2009（5）：289-291.

［3］赵飞：浅析尿素粒子结块的原因与预防措施［J］.大氮肥 2009（6）：384-386.

［4］顾金兰：品牌意识与品牌建设［J］；大庆师范学院学报 2007（6）：49-52.

［5］吴建安，郭国庆，钟育赣：市场营销学［M］.北京：高等教育出版社，2007：281-287.

# 塔里木油田勘探项目管理实践与探索 ❶

## ——玛扎塔克项目管理

姚　勇　娄渊明

（塔里木油田分公司）

**摘　要**：玛扎塔克勘探项目是塔里木油田第一个以项目管理方式运作的勘探项目，项目经理部除了承担储量、工期、成本等项目管理工作内容外，还赋予了勘探项目管理运行探索这一任务。玛扎塔克项目经理部经过将近一年的工作，于 1998 年 12 月圆满完成了勘探任务，项目管理运行顺畅，基本上探索出了一套既符合项目管理要求，又适合塔里木油田的勘探项目管理实施办法。文中对玛扎塔克勘探项目概况和管理目标、组织结构及运行框架、运行情况和取得的经验与认识进行了介绍。

**关键词**：塔里木油田；勘探项目；项目管理；经验；认识

为了探索适应勘探规律的新的管理模式，借鉴国外油公司勘探项目管理的经验，原塔里木石油勘探开发指挥部选择玛扎塔克构造带作为实施勘探项目管理的试点。该项目于 1997 年 12 月 25 日提出，1998 年 2 月 24 日签订项目管理承包协议书，项目经理部正式成立。玛扎塔克勘探项目，范围包括玛扎塔克构造带及其周缘、古董山构造带，项目经理部的任务是：探明玛扎塔克构造带玛 2、玛 4 构造的油气地质储量，组织实施玛 2—玛 4 构造周缘及古董山构造带的圈闭预探工作。项目目标为，利用一年时间在资金预算内探明和田河气田。

玛扎塔克项目位于新疆维吾尔自治区喀什地区墨玉县北部，塔克拉玛干沙漠腹地，距沙漠支撑点——山 1 井支撑点约 200km，玛扎塔克山横亘于该项目中部，高 200～400m，宽 2～3km，为古近系—新近系单面山，自然环境十分恶劣。

## 1　组织结构及运行框架

遵循"不打乱现有的生产组织管理体系，以加强技术管理为主"这一原则，在广泛协商和征求意见的基础上，确定了玛扎塔克勘探项目管理组织体系为矩阵式，实行纵向的层次结构与横向的专业部门及经营管理部门结合起来的组织形式。项目经理部侧重于地质综合研究、技术管理、经营管理和生产组织，纵向上接受指挥部勘探管理委员会的领导和决策支持，横向上接受专业技术部门、经营管理部门及生产保障部门的支持和监督（图 1）。

项目经理部内部为纵向上由经理授权的各岗位直接对经理负责、横向上各岗位间相互协调配合的组织形式。项目内的勘探生产只有两个管理层次，最大限度地减少了勘探生产管理环节，这种组织形式保持了适当的管理跨度，简化了管理层次，加快了信息传递速

---

❶　原载《中国石油勘探》，2001，6（3）。

度，为勘探生产的有序进行打下了基础。玛扎塔克项目经理部根据项目目标所涉及的工作内容，项目经理部设立了 7 个岗，由 22 人构成。

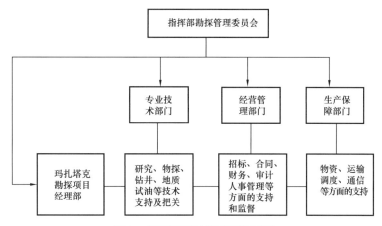

图 1　指挥部项目管理组织框图

勘探管理委员会作为勘探项目的领导层，对项目工作进行全面检查、监督和指导，保证人员到位，做好协调工作，在勘探部署、井位、设计、试油方案及重大生产问题予以决策把关（图 2）。项目经理部作为勘探项目的管理组织全权负责勘探评价工作的方案设计和组织实施，负责在现场对生产、资料录取和变更设计及部署调整等做出决策；负责对经费使用、费用结算进行签字认可；负责合同审核、工作考核、内部管理及专业服务队伍奖罚等。

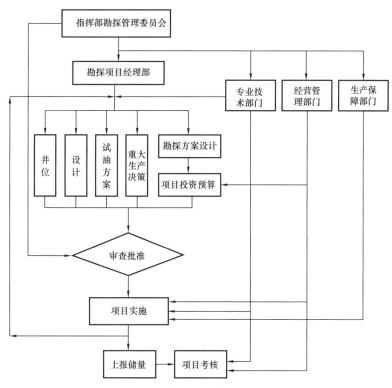

图 2　玛扎塔克项目管理运行框架

# 2 项目经理部运行情况

## 2.1 前期工作

玛扎塔克项目管理前期工作主要进行了勘探方案的编制并报批、投资预算（包括物探投资及钻探投资）的编制、项目经理部运行框架制订、项目管理承包协议签订。

## 2.2 内部运行

项目经理部制订了详细的岗位职责，按照系统化原则，对各岗位的授权范围、职责分工、协调配合等方面全盘考虑，形成一个内部闭合系统，并明确各岗位间的相互关系，对岗位间的协调配合也做出了明确细致的规定，以避免职责不清、工作疏漏等情况的出现。

同时经理部还建立了生产管理、经营管理等一系列内部工作制度。

## 2.3 决策程序

项目经理部在原有的决策体系和程序基础上，制订了项目内各项工作的决策程序，这也是项目经理部准确定位的一项重要工作，与项目管理组织结构相适应，大致分为勘探管理委员会、项目经理、专业岗位等三个层次。

## 2.4 外部协调配合

项目的外部支持包括专业技术、经营管理、生产保障等三个方面的工作。在项目运行过程中，项目经理部坚持以提高效率为原则，以运行框架规定为依据，立足现有工作体系，与相关部门共同协商合作完成各项工作。经过不断协商调整，逐步形成了一套科学合理的协作配合方法。

（1）在项目内为点状不连续工作，而在指挥部为一个方面的工作，这类工作在满足项目经理部要求的前提下由原主管部门负责进行，如监督管理、录井资料验收、完井报告审核、钻井资料验收、固井技术管理、试油资料验收、测井资料解释等工作，项目经理部负责及时通报相关情况。

（2）在各项工作流程中，立足交叉点，抓住关键环节，充分发挥项目经理部的协调和控制作用，如材料组织，项目经理部抓住要料这一环节，通过要料审核、通报现场剩余料等手段达到对材料的控制与协调。

（3）招标、合同签订等工作采用委托的方式由相关部门负责完成，项目经理部派人参加。

（4）由于项目经理部人员较少，工作紧张时，部分具体工作经协商由相关部门完成。

## 2.5 项目控制

项目经理部从以下几个方面入手控制项目的运行。

（1）以项目目标为中心组织各项工作。每一项工作都要明确其目的是否与项目目标一致，其做法是否成本最低。

（2）以地质认识为先导开展各项工作。如部署调整、物探测线部署、井位确定、试油方案、测井项目、钻井工程等都是在一定的地质认识的基础上做出决策的。

（3）充分掌握、利用信息，做到科学决策。

（4）充分发挥项目经理部的协调功能，形成合力。

（5）探索项目管理下的成本控制方法。在实际工作中以提高勘探综合效益为原则，进行了多方面的成本控制探索和实践，形成了一套项目管理条件下的成本控制方法，包括整体勘探部署调整、甲方材料消耗控制、通过科技创新加快施工进度、严格控制作业费用等。

## 2.6　项目管理完成成果

经过近一年的实施，完成地震测线 57 条，实物工作量 1514.82km，钻井完成玛 2 井等 9 井，完成进尺 21583.05m，试油 8 口井，共 76 层，探明天然气储量 $620 \times 10^8 m^3$，节约勘探项目投资 1.56 亿元。

# 3　取得的经验与认识

实行项目管理是勘探管理体制的核心，要不断优化勘探项目管理的内外部环境，实现勘探项目管理系统中各要素的最优配置。

（1）项目经理部要有配套的责权利，责、权、利的统一可以使生产组织管理、科研立项、成本控制具有针对性，较好地解决了油气发现、技术应用、成本控制和时间的关系。有利于项目经理部处理好上级领导对项目运行的指导、决策与命令的关系。有利于明确支持部门与项目经理部间的工作界面，明确的工作界面和工作程序，将给勘探项目管理提供科学的制度和良好的运行环境。

（2）要充分发挥地质认识的先导作用，避免勘探工作各阶段前后脱节、目标不一致以及各自为战的现象。同时要紧紧围绕项目目标，加强综合地质研究，勘探项目的特殊性决定了综合地质研究在勘探项目管理中的作用和地位，将综合地质研究置于勘探项目管理的整个过程之中，以此提高勘探的成功率和勘探效益。

（3）全过程管理模式符合勘探系统工程的要求，不同专业人员的集合，有利于提高工作效率，有利于决策优化、控制成本。实行勘探项目管理，精练了管理机构，简化了管理层次，人员的流动机制，加快了复合型人员的培养。勘探各专业各阶段的协调变成各岗位间面对面的直接协调，提高了工作效率，保证了信息传递通畅快速。但对如何避免人员的临时性带来的消极因素、保持人员的工作热情是需要各方面予以关注的重要问题。

（4）要加强对项目管理以及项目组内部的考核，同时建立必要的激励机制，发挥项目组成员积极能动性、创造性，这是完成项目任务的重要措施和手段。

（5）勘探工程服务市场的开放及内部的规范化管理是实行勘探项目管理的基础。要进一步健全适合市场机制的价格体系，根据勘探单项项目的特点，采用不同的合同策略，建立市场机制下的以合同为约束的甲乙方共同发展的双赢关系。

（6）加强勘探项目的监督管理工作、确保工程质量和资料质量。在勘探的过程中，获得的资料的品质和质量是项目实施有效与否的生命线。实行项目的监督体制是保证质量的关键。在监督体制的建设方面，需要解决好以下几个问题：① 油公司必须认识到施工管理是自身核心业务的组成部分，必须拥有满足基本业务量的监督队伍。② 必须做好监督的需求预测，必要时人事部门应积极配合项目实施单位借聘监督，确保工程质量。③ 建立健全监督管理的制度体系，包括监督的资质要求、工作规范、责任和权利、考核评估以及奖惩措施、培训等。④ 确定合理的报酬，保证油公司拥有一定数量的高水平的监督队伍。

（7）项目管理制度体系的建立是项目管理的主要内容之一，必须建立系统的、全面的项目管理的具体的、可操作的制度体系，从而完善油气勘探项目管理体制的内容，为提高勘探的综合效率和整体的管理水平提供制度保证。这些制度体系涉及以下方面：组织制度体系、项目实施制度体系和项目成本控制制度体系等。

## 参 考 文 献

［1］丁贵明，等编 . 油气勘探项目管理工作手册 . 北京：石油工业出版社，1995.

# 一种定量综合评价钻井作业队伍的方法 ❶

## 王永远[1]　杨忠锋[1]　樊洪海[2]

（1.中国石油塔里木油田分公司；2.石油大学（北京）石油工程系）

**摘　要：**在钻井队评价指标体系的建立和评价信息搜集整理的基础上，介绍了一种定量综合评价钻井作业队伍的方法。应用表明，该方法具有综合性、科学性的特点，为油公司钻井工程服务市场的管理和作业招标提供了依据。

**关键词：**钻井队；综合评价；定量；矩阵；数学分析

在油气田企业逐步开放的工程服务市场中，如何科学合理地评价钻井作业队伍，不仅是油公司市场管理的主要内容，而且是油公司在钻井作业招标中公开、公正、公平地选择作业队伍需解决的问题之一。

## 1　综合评价的基础工作

### 1.1　评价内容

在钻井作业招标中，应以单个钻井队为对象来进行，因此，评价内容的确定以反映钻井队综合实力为目的。

（1）设备类型。

随着钻探难度的增加和不同开发方案的选择，油公司首先应选择适应勘探开发要求的设备。例如：对于4500～6000m的井要选择6000m工作能力的钻机，对于6000～7000m的井要选择7000m工作能力的钻机等。

（2）设备的新旧程度。

设备的新旧程度不仅决定作业队伍的作业效率，而且对作业的安全程度有重大的影响。

（3）设备的技术状况。

设备的技术状况可分为完好和非完好。完好设备指同时符合三个条件的设备：① 设备性能良好；② 设备运转正常、配件齐全、没有大的缺陷，磨损程度不超过规定的技术标准，主要仪器、仪表和其他系统正常；③ 设备的材料和燃料消耗正常。

（4）人员情况。

井队的人员情况包括人员的年龄、文化程度、技术等级结构及身体素质等。

（5）服务情况。

钻井队在施工过程中，所表现的服务意识、服务质量，履行合同条款和甲方作业指令

---

❶　原载《石油钻探技术》，2001，29（3）。

的情况。

（6）管理水平。

井队的生产作业管理水平、HSE 管理水平。

## 1.2 评价内容权数的确定

根据各评价内容的重要程度来确定其权数。在确定时，既要考虑权数的科学性，又要考虑实际可行性。一般情况下，可以采用专家经验法和德尔菲法来确定权数。无论采用哪种方法，最终形成设备类型、设备新旧程度、设备技术状况、人员情况、服务情况和管理水平的权数分别为 $P_1$、$P_2$、$P_3$、$P_4$、$P_5$ 和 $P_6$，合计为 1.0。

## 1.3 评价等级的确定

对于井队的评价等级，采用品质标志来反映。对评价的内容用很好、好、一般、差 4 个等级来描述。在实际操作中，可将等级评价调查设计为表 1 的格式。

**表 1　井队评价调查表**

井队：

| 评价项目 | 很好 | 好 | 一般 | 差 |
|---|---|---|---|---|
| 设备类型 | | | | |
| 设备新旧程度 | | | | |
| 设备技术状况 | | | | |
| 人员情况 | | | | |
| 服务情况 | | | | |
| 管理水平 | | | | |

评价单位或个人：　　　　　　　　　　　　　　　　　　　　　　年　　月　　日

# 2　综合评价方法

评价井队的资信状况，实际上是对模糊的现象进行定性描述，采用定量分析的方法，达到对评价对象进行排序。在完成上述的基础工作后，拟采用综合定量评价方法处理所获得的信息。步骤如下：

## 2.1 井队的评语集合

收集的评语资料进行整理，形成各个井队的评语集合。

## 2.2 模糊矩阵的形成

对评语集合按以下规则进行处理，形成模糊评价矩阵。

$$\boldsymbol{R} = \begin{bmatrix} y_{11} & y_{12} & y_{13} & y_{14} \\ y_{21} & y_{22} & y_{23} & y_{24} \\ \cdots & \cdots & \cdots & \cdots \\ y_{61} & y_{62} & y_{63} & y_{64} \end{bmatrix} \tag{1}$$

$$\sum_{J=1}^{4} y_{ij} = 1 \qquad (2)$$

式中 $y_{i1}$——第 $i$ 个评价项目评很好的单位（或人）的个数 / 第 $i$ 个评价项目收回的有效的单位（或人）的总数；

$y_{i2}$——第 $i$ 个评价项目评好的单位（或人）的个数 / 第 $i$ 个评价项目收回的有效的单位（或人）的总数；

$y_{i3}$——第 $i$ 个评价项目评一般的单位（或人）的个数 / 第 $i$ 个评价项目收回的有效的单位（或人）的总数；

$y_{i4}$——第 $i$ 个评价项目评差的单位（或人）的个数 / 第 $i$ 个评价项目收回的有效的单位（或人）的总数。

### 2.3 确定井队评价项目的重要程度矩阵

按照基础工作中介绍的方法确定井队评价项目的重要程度矩阵：

$$\boldsymbol{A}_0 = [x_1, x_2, x_3, x_4, x_5, x_6] \quad \sum_{i=1}^{6} x_i = 1 \qquad (3)$$

### 2.4 作模糊变换，计算钻井队的评价结果

$$\boldsymbol{B} = \boldsymbol{A}_0 \ \boldsymbol{R} = (\alpha_1, \ \alpha_2, \ \alpha_3, \ \alpha_4) \qquad (4)$$

$$\sum_{i=1}^{4} \alpha_i = 1 \qquad (5)$$

### 2.5 求综合评价值

先确定 $\alpha_1, \alpha_2, \alpha_3, \alpha_4,$ 的重要程度权数 $w_i$，然后用加权算术平均指数法计算综合评价指数，公式如下：

$$k = \sum_{i=1}^{4} \alpha w_i \qquad (6)$$

## 3 应用实例

按照上述方法对某次钻井投标的五个钻井队进行评价，以 $60 \times 1$ 队为例说明。其模糊矩阵如下：

$$\boldsymbol{R} = \begin{bmatrix} 0.65 & 0.20 & 0.10 & 0.05 \\ 0.50 & 0.30 & 0.15 & 0.05 \\ 0.70 & 0.15 & 0.10 & 0.05 \\ 0.80 & 0.15 & 0.05 & 0.00 \\ 0.55 & 0.25 & 0.10 & 0.10 \\ 0.40 & 0.40 & 0.20 & 0.00 \end{bmatrix}$$

按照专家意见法确定评价内容的重要程度矩阵如下

$$A_0 = [\ 0.1,\ 0.2,\ 0.1,\ 0.1,\ 0.2,\ 0.3\ ]$$

根据 $R$ 和 $A_0$，求 $60 \times 1$ 队的模糊评价结果为

$$B = A_0 R = [0.1, 0.2, 0.1, 0.1, 0.2, 0.3] = [0.545, 0.28, 0.135, 0.04] \times \begin{bmatrix} 0.65 & 0.20 & 0.10 & 0.05 \\ 0.50 & 0.30 & 0.15 & 0.05 \\ 0.70 & 0.15 & 0.10 & 0.05 \\ 0.80 & 0.15 & 0.05 & 0.00 \\ 0.55 & 0.25 & 0.10 & 0.10 \\ 0.40 & 0.40 & 0.20 & 0.00 \end{bmatrix}$$

用专家意见法，确定 $w_i$ 为（0.4，0.3，0.2，0.1），然后计算 $K_{60 \times 1}$ 为：

$$K_{60 \times 1} = [\ 0.4,\ 0.3,\ 0.2,\ 0.1\ ] \times [\ 0.545,\ 0.28,\ 0.135,\ 0.04\ ],\ = 0.3330$$

同样，计算其余四个钻井队的综合评价指数，结果如下：

$$K_{60 \times 2} = 0.3512,\ K_{60 \times 4} = 0.3408,\ K_{60 \times 1} = 0.3330,\ K_{60 \times 3} = 0.3325,\ K_{60 \times 5} = 0.2986。$$

结果表明，$60 \times 2$ 队的综合评价指数最高，在其他投标要求条件相同的前提下，建议 $60 \times 2$ 队中标。

## 4　结论

（1）该方法对钻井队的评价建立在综合定量排序的基础上，提高了对钻井队伍评价的科学性、合理性，为在钻井作业招标中坚持公平、公正的原则提供了依据。

（2）该方法的应用取决于评价内容的确定和相关信息搜集的质量，因而，评价的基础工作对评价结果至关重要。

（3）该方法不仅可用于钻井作业队伍的评价，而且也适用于油公司对其他作业队伍的评价。

### 参 考 文 献

［1］施建军.统计学教程［M］.南京：南京大学出版社.1992.

［2］孙东明.刘毅军.李海清.油气勘探投资效益评价方法.陈玲主编.油气勘探经营管理文集［C］.北京：石油工业出版社，1999.

# 信息化条件下油气产能建设项目跟踪审计评价指标研究 ❶

盛长保　王　新　谭　云　杨　涛　卜鹏鹏　张军伟

（塔里木油田公司审计处）

**摘　要：**油气产能建设是塔里木油田生产经营活动主要内容之一，具有高投入、高风险、专业技术性强等特征，它是油田固定资产投资的重要组成部分，也是内部审计关注重点。开展产能建设项目跟踪审计，可以及时揭示风险，提升管理效益。随着信息技术不断发展，传统审计方法和手段已不能满足审计需要，内部审计需要开拓创新、与时俱进，将信息技术应用于审计工作中。本文以风险为导向，结合产能建设领域信息化成熟度，融合审计思维方式和经验方法，开展产能建设项目跟踪审计评价指标研究，探索重点业务跟踪预警方法，提高审计效率与质量。

**关键词：**产能建设；跟踪审计；评价指标；信息化

## 开展产能建设项目跟踪审计的意义

油气产能建设是指在油气勘探基础上，通过编制实施开发方案，建成一定规模的产能，将油气储量转化为油气生产能力的系统工程。历史上、国内外各种失败案例层出不穷。特别是在国际油价持续低迷背景下，经营压力和风险进一步加大，迫切要求油田公司不断加大风险管控水平和力度，确保投资有效益，国有资产保值增值。

通常审计工作是在产能建设结束后开展，存在对油田公司风险管理的再管理、再控制作用滞后问题。为提高审计效率、提前发现问题和预防风险转化为事故，审计处尝试利用已建信息系统，开展产能建设项目跟踪审计，注重过程控制和事前防范，把问题解决在萌芽状态，对全面实现项目产量和效益双重目标具有重要意义，主要体现在：（1）对建设和运营过程中各种因素与设计状况的变化引起的项目建设投资（运行成本）和规模变化提前量化预知；（2）对关键因素的变化提前预警，以便采取更正措施，减少设计油气产能（产量）和效益目标的偏离度；（3）有助于完善油田公司内部控制和风险管理制度，强化风险管理运行机制，直接有效地规避和防范风险。

## 1　产能建设项目的阶段性及审计特征

按照项目建设周期，产能建设项目划分为开发方案、产能建设和开发过程管理三个阶段。

---

❶　2018 年中国石油企协"三评"成果评审一等奖。

## 1.1 开发方案是跟踪审计指标及基准数据的来源

（1）开发方案。

开发方案是指导油气田开发的重要技术文件，是油气产能建设的主要依据。开发方案编制的原则是确保油气田开发取得好的经济效益和获得较高的采收率，其中工程方案和经济评价部分的内容是跟踪审计指标和基准数据的主要来源。

（2）工程方案。

开发方案工程指标一般用产能建设实施计划表的形式表现出来，这些指标代表了项目实施的进度（钻井、地面）和预期效果（产量），是跟踪审计过程中工作量、工作进度和产量评价指标基准数据的来源。

（3）经济评价。

开发方案经济评价按照费用、效益一致的原则，科学合理地进行费用（现金流出）与效益（现金流入）的估算，得出项目内部收益率、净现值和投资回收期等指标，它是跟踪审计经济指标基准数据的来源。

## 1.2 产能建设和开发过程是跟踪审计的关键阶段

（1）产能建设跟踪审计。

油气田开发产能建设阶段要坚持整体建设的原则，主要任务是按开发方案要求完成钻井、地面、采油等工程，建成方案设计的油气生产能力并按时投产。

在建设过程中，跟踪审计工作要按照既定的时间点，通过信息系统选取项目实际数据并与开发方案进行对比，依据偏差做出判断，给出跟踪审计指标的判别结果，提出是否应开展专项审计的结论。

在产能建设项目中，钻井工程和地面工程建设投资额度较大，其变动大小对项目经济目标中现金流出部分影响较大；与此同时，该阶段建设规模、建设周期和时序的变化也直接影响产量目标和经济目标的现金流出，变动幅度大小直接关系到项目成败，是跟踪审计重点。跟踪审计指标测算工作按照既定时间点，通过信息系统选取项目实际数据与开发方案对比，依据偏差做出判断，提出下一步需要开展工作的方向或建议至关重要。

（2）开发过程跟踪审计。

产能建设阶段完成后，项目进入开发生产阶段，实施油气田开发过程管理，项目跟踪审计结束，具备开展产能建设项目审计的条件。

## 2 信息化条件下产能建设项目审计数据采集

集团公司勘探与生产板块统建的信息系统较为全面地包含了产能建设项目的数据，为开展跟踪审计及指标评价工作奠定了基础，相关系统包括勘探与生产技术数据管理系统、油气水井生产数据管理系统、采油与地面工程运行管理系统、ERP综合管理信息系统等，这些信息系统的建立在一定程度上实现了信息的统一和共享，可以满足审计人员实时采集数据的需求，帮助内部审计工作从传统的"笔＋纸＋计算器"的审计手段中解放出来，为审计人员应用信息技术构筑了可操作平台。

根据产能建设项目包含的主要内容，跟踪审计需要的数据可分为油气藏工程、钻完井工程、采油工程、地面工程、生产运行、经济效益等六个部分进行分类采集。

# 3  产能建设项目跟踪审计评价指标体系

## 3.1  A 类评价指标

### 3.1.1  A 类指标的选择

从政治和经济角度而言，完成一定数量的油气产量和获取期望的经济效益是油气田产能建设项目两个并列的本质目标（A 类指标）。油气产量和经济效益一般采取累计油气产量符合率和内部收益率偏差两个指标来反映其与预定（设计）目标的偏离程度。但从跟踪审计角度而言，由于跟踪审计时间节点的随机性，有必要根据跟踪审计的节点不同，设立建设期跟踪审计和运营期跟踪审计两个指标体系。建设期跟踪审计的 A 类产量指标和 A 类经济指标分别为新建产能完成率和百万吨产能投资符合率。

### 3.1.2  A 类指标的描述

（1）累计油气产量或新建产能。

根据跟踪审计的钻井数量、单井产量（产能），形成这一时点的产能建设跟踪计划表，得出产能建设项目的跟踪审计累计油气产量（新建产能），它对产能建设项目的总体效益指标影响较大。

（2）内部收益率或百万吨产能投资。

按照产能建设跟踪计划表和跟踪审计产能建设规模、投资或油气产量、油气价格、油气单位经营成本指标，结合集团公司经济评价方法与参数要求，计算项目现金流出（投资）和流入（产量），得出跟踪审计内部收益率、净现值和投资回收期或百万吨产能投资指标，用于判定跟踪审计时点预测的项目效益。

### 3.1.3  A 类指标的敏感（影响）因素

产能建设项目周期可划分为开发方案、产能建设和开发过程管理三个阶段。每个环节均存在投资（成本）金额变化、工程建设周期变化、建设数量变化等影响 A 类指标变化的因素，理论上需要对每个环节的每个因素设定指标，通过指标计算以反映每个环节实际建设或发生的结果与设计数据存在的差异。该类指标是 A 类指标互为因果关系中的因，将其定为 A 类指标的 B 类指标。审计部门根据 A 类指标的变化幅度决定是否对该项目进行跟踪审计，某个 B 类指标变化幅度的大小反映出该环节与设计的吻合程度，某个 B 类指标偏离越多、表明该环节存在的问题越多，是开展跟踪审计的重点。

## 3.2  B 类评价指标

### 3.2.1  B 类指标的设置

在项目建设期，影响新建产能完成率 A 类指标的 B 类指标有钻井周期、钻井规模、单井产能、采油井数、注水规模、油气处理规模、污水处理规模、集输规模和系统配套规模符合率等九个指标；在项目开发期，影响累计产量到位率 A 类指标的 B 类指标还有综合递减率。

在项目建设期，影响百万吨产能投资符合率A类指标的B类指标有前期、钻井工程、地面工程、采油工程、油气集输、注水工程、原油处理、污水处理和系统配套投资符合率等九个指标；在项目开发期，影响内部收益率偏差A类指标的B类指标还有单位操作成本符合率和油气价格符合率。

### 3.2.2　B类关键指标选择

在产能建设项目建设和运营过程中，项目涉及的环节和影响因素很多，但从完成产量和经济效益目标角度来看，关键影响因素为油气价格、钻井规模、单井投资、单井产能（量）及单位操作成本的变化。

## 4　产能建设项目跟踪审计指标评价基本程序

跟踪审计要选择有正式批准的油气田开发方案的油气开发项目，结合开发方案确定跟踪审计周期，计算跟踪审计指标。在跟踪审计时点根据提取的实际数据，计算相应指标实际值（图1）。开展指标对比，判断指标的符合性，给出指标评价结论。指标评价结论大致分为三种：（1）符合率较好，允许项目继续实施；（2）符合率出现一定的偏差，启动跟踪审计工作；（3）符合率大于一定的偏差，跟踪审计指标发生重大变化，跟踪审计停止，建议相关专业部门重新开展项目方案调整的报批工作。

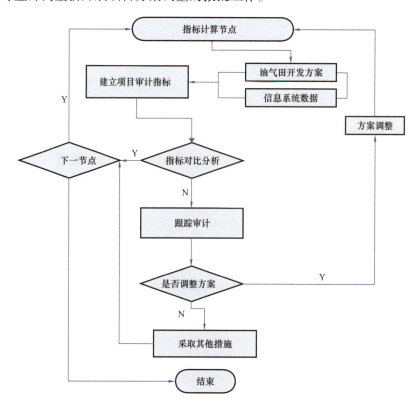

图1　开发项目指标评价过程示意图

（1）项目选择。

选择有正式批准的油气田开发方案的产能建设项目。

（2）确定指标评价时点。

根据项目特点，结合审计工作需要，明确跟踪审计指标评价的时点。这些时间点可以是等间隔的，也可以是离散的时间点，通常选取以年为单位的等间隔时间序列。

（3）数据的选取。

批准的油气田开发方案进入 ERP 系统，形成产能建设实施计划表。根据确定的跟踪时点，读取开发方案的油气价格 $Z1m$、计划井数 $Z2m$、单井投资额 $Z3m$、单井产能 $Z4m$、单位成本 $Z5m$、累计产量 $Z6m$ 和内部收益率 $Z7m$。

指标评价节点的实际井数 $S2m$、单井投资额 $S3m$、单井产能 $S4m$、单位成本 $S5m$、累计产量 $S6m$ 和内部收益率 $S7m$ 等数据一般需要在 FMIS 和 A2 系统分别获取相应产量、投资、成本等数据后经过简单计算得出；实际的油气价格 $S1m$ 一般采用权威机构发布的年度数据。

（4）判断跟踪审计指标符合率偏差。

根据项目特点，结合 A 类指标大小，确定指标符合率偏差，此偏差分为二级。第一级 $\delta_{11}$ 属于安全级，当评价指标符合率偏差｜ $100\%-F1$ ｜$\leqslant\delta_{11}$ 时，开发项目产能建设工作可以继续进行，等待下一个指标评价时点；第二级属于跟踪审计级，当评价指标符合率偏差｜ $100\%-F1$ ｜$>\delta_{11}$ 时，开发项目跟踪审计工作启动，参考各评价指标符合率偏差情况，开始跟踪审计工作。$\delta_{11}$ 的取值大小，应根据 A 类指标的项目类别以及对目标的控制精度要求不同而分别确定。

实际上，在产能建设项目指标评价的实践过程中，受地质类别差异等不可控因素的影响及评价指标的不同，准确和合理确定 $\delta_{11}$ 的取值大小是较为困难的工作；但借鉴以前的工程经验，针对不同的 A 类指标可以取得一定的经验值：新建产能完成率：85%～120%；百万吨产能投资符合率：85%～110%；累计产量符合率：85%～120%；内部收益率偏差：一般控制在 $\leqslant\pm2$，但当内部收益率为负偏差时，应当不低于行业基准内部收益率。

# 5 产能建设项目跟踪审计评价指标应用实例

以塔里木油田开展的克拉苏气田克深 2、克深 8 区块产能建设项目为例，解析产能建设项目跟踪审计评价指标的实际应用情况。

## 5.1 项目概况

开发方案设计新钻井 44 口，老井利用 8 口，平均单井配产 $29\times10^4\text{m}^3/\text{d}$，先期建成天然气年产规模 $35\times10^8\text{m}^3$，开发 30 年累计产天然气 $763\times10^8\text{m}^3$。项目计划总投资 191 亿元，包含建设期投资 166 亿元和稳产期运营投资 25 亿元，天然气按不含税价 867 元 $/10^3\text{m}^3$ 测算，项目税后内部收益率 15.81%。

## 5.2 跟踪审计时点选择

为体现不同阶段指标评价的特点，测试时点选择两个时点：2013 年底和 2015 年底，通过测试跟踪产能建设关键指标，以确定是否介入跟踪审计。2013年底是项目建设初期，新钻井投产时间短，初期气井压力大，生产不规律，采用建设期跟踪审计评价指标体系；2015年底项目进入开发期，采用开发过程管理期跟踪审计评价指标体系。

## 5.3 测试结果及分析

### 5.3.1 2013年底节点

2013年底方案计划钻井13口，实际钻井13口；方案单井投资20205万元，实际平均单井费用19339万元；方案设计单井产能$29 \times 10^4 m^3/d$，实际单井产能$58.5 \times 10^4 m^3/d$。从跟踪结果来看，该项目在2013年底跟踪评价节点时，实际单井产能远高于方案设计产能，新建产能完成率100%；万方产能投资符合率88.0%，单井投资控制良好。各项指标均对目标具有正面影响，项目进展良好，指标评价结论为可以继续实施。

### 5.3.2 2015年底节点

2015年底方案计划钻井33口，实际钻井22口；方案单井投资20205万元，实际平均单井费用19401万元；方案设计单井产能$29 \times 10^4 m^3/d$，实际单井产能$29 \times 10^4 m^3/d$，详细对比数据见表1。

从表1中可以看出，项目在2015年底跟踪评价节点时，A类指标中内部收益率差异为+8.54，对后期达到经济目标具有正面影响，主要原因为B类指标中油气价格比方案值增加了1.5倍；从内部收益率差异指标看，项目经济指标控制良好，指标评价结论可以继续实施。

**表1 ××项目2015年底关键评价指标对比表**

| 序号 | 指标名称 | | 开发方案值 | 跟踪审计值 |
|---|---|---|---|---|
| 1 | 累计产量（$10^4 m^3$） | | 643 | 360 |
| 2 | 内部收益率（%） | | 15.8 | 24.34 |
| 3 | 油气价格（元/$10^4 m^3$） | | 867 | 1298 |
| 4 | 钻井规模（口） | | 33 | 22 |
| 5 | 单井投资（万元） | | 21909 | 19401 |
| 6 | 单井产能（$10^4 m^3/d$） | | 29 | 28.9 |
| 7 | 单位操作成本（元/$10^4 m^3$） | | 123 | 116 |
| 8 | A类指标：累计产量到位率56% | 钻井规模符合率（%） | 67 | |
| 9 | | 单井产能符合率（%） | 100 | |
| 10 | A类指标：内部收益率差异+8.54 | 油气价格符合率（%） | 150 | |
| 12 | | 单井投资符合率（%） | 89 | |
| 13 | | 单位操作成本符合率（%） | 94 | |

但 A 类指标中累计产量到位率为 56%、偏差为 44%，后期完成产量目标的风险较大，指标评价结论为应对项目开展跟踪审计工作。B 类指标中的钻井规模符合率为 67%，比开发方案少打新井 11 口；单井产能符合率 100%；因此，在跟踪审计时有关钻井规模的变化就是审计的重点方向。实际在跟踪审计过程中了解到该项目在产能建设过程中开发区块地质构造和气水界面等气藏因素发生较大变化，剩余开发井不再实施。跟踪审计结论为油田需开展开发方案调整报批工作。

## 6 结束语

产能建设项目跟踪审计将项目全生命周期划分成若干阶段或确定若干重点事项，由审计人员随着项目进程及时对各阶段的审计对象或确定的重点事项进行审计并提出审计意见建议，供建设或运行管理单位纠正存在的问题，改善建设或运行管理工作，使项目得以规范、有序、有效运行，以取得尽可能好的产量和效益，有效降低了风险转化为事故的可能性。

从案例测试情况来看，根据项目不同阶段的特点，设定了建设期和开发过程管理期两套指标体系，提高了覆盖范围，适用于产能建设项目在任何节点的指标评价。每个指标体系设置 A、B 两类指标，A 类指标用于是否进行跟踪审计的判断，B 类指标用于跟踪审计时抓住主要问题环节和矛盾，既能够反映项目在实现产量和效益目标的风险，也能够为进一步分析问题解决问题指明方向。同时，评价指标的基础数据基本来源于集团公司统建的信息系统，数据结构好、时效性强，跟踪审计评价指标真实可靠，切实提高了审计工作效率和质量，达到了信息技术推动审计工作的目标。

# 附录 塔里木油田公司省部级及以上科技成果奖励获奖情况统计表

| 序号 | 奖励级别 | 奖励年度 | 奖励名称 | 获奖成果名称 | 获奖等级 | 完成人 | 备注 |
|---|---|---|---|---|---|---|---|
| 1 | 国家级 | 1995 | 全国十大科技成就奖 | 塔里木沙漠公路工程 | 其他 | 塔里木石油勘探开发指挥部 | |
| 2 | | 1995 | 国家"八五"重大科技攻关奖 | 塔里木沙漠石油公路工程技术研究 | 其他 | | |
| 3 | | 1995 | | 塔中地区石炭系大油田的发现与勘探方向 | 二等奖 | 王秋明 罗春熙 苟光汉 张宗命 汪道源 段书府 邓良全 刘经明 种建民 | |
| 4 | | 1995 | | 塔里木盆地沙漠膜地钻井工程配套技术 | 二等奖 | 钟树德 俞蒨水 张炳珉 石林 秦刚 郭建军 李循迹 王书琪 | |
| 5 | | 1993 | | 二维盆地模拟图形工作站系统BMWS及其应用 | 三等奖 | 石广仁 郭秋麟 李惠芬 范毓惠 胡福祥 | |
| 6 | | 1996 | 国家科学技术进步奖 | 塔里木沙漠石油公路工程技术研究 | 一等奖 | | |
| 7 | | 1997 | | 塔里木北部牙哈油气田的勘探与评价 | 三等奖 | 黄华波 田军 皮学军 张玮 蒋佳华 | |
| 8 | | 1997 | | 6000米电驱动沙漠钻机 | 一等奖 | 张仁俊 张建华 李远程 徐玄惠 胡志祥 陈茂松 肖自尚 张秉皆 朱奇先 马中允 余生福 刘育生 李昭华 饶广平 | 联合申报 |
| 9 | | 1998 | | 塔里木地构造特征 | 三等奖 | 贾承造 魏国齐 王良书 高增海 | |
| 10 | | 1999 | | 塔克拉玛干沙漠综合科学考察 | 三等奖 | 夏训诚 李崇舜 黄光荣 秦刚 周兴佳 | 联合申报 |

| 序号 | 奖励级别 | 奖励年度 | 奖励名称 | 获奖成果名称 | 获奖等级 | 完成人 | | | | 备注 |
|---|---|---|---|---|---|---|---|---|---|---|
| 11 | 国家级 | 2000 | 国家科学技术进步奖 | 塔里木盆地海相碎屑岩通油气勘探开发技术及其应用 | 二等奖 | 贾承造 刘昌玉 | 孙龙德 田军 | 邸超 梁狄刚 | 王招明 | |
| 12 | | 2001 | | 克拉2大气田的发现和山地超高压气藏勘探技术 | 一等奖 | 邱中建 吴奇之 张福祥 | 梁狄刚 刘超颖 | 钱荣钧 唐继平 | 贾承造 王招明 高岩 张玮 | 俞新水 皮学军 | |
| 13 | | 2005 | | 塔里木盆地高压凝析气田开发技术研究及应用 | 一等奖 | 孙龙德 肖香姣 朱卫红 | 王家宏 唐明龙 王新裕 | 宋文杰 周理志 冯积累 | 江同文 敬祖佑 | 王振彪 李保柱 | |
| 14 | | 2006 | | 中国中西部前陆盆地石油地质理论、勘探技术及油气重大发现 | 二等奖 | 贾承造 马立协 | 宋岩 魏国齐 | 刘埃平 赵孟军 | 田军 王卫华 | 范铭涛 | |
| 15 | | 2007 | | 中低丰度岩性地层油气藏大面积成藏地质理论、勘探技术及重大发现 | 一等奖 | 贾承造 付锁堂 金道志 | 赵文智 张以明 李明 | 王玉华 袁选俊 杨智光 | 吴河勇 赵占银 | 杨文静 吕焕通 | |
| 16 | | 2008 | | 塔里木沙漠公路防护林生态工程建设技术开发与应用 | 二等奖 | 孙龙德 李新文 | 马振武 孙书信 | 熊建国 周智彬 | 雷加强 买光荣 | 周发伟 | 联合申报 |
| 17 | | 2005 | | 油气勘探和储层预测新技术 | 二等奖 | 王尚旭 黄捍东 | 姚逢昌 沈金松 | 撒利明 魏建新 | 狄帮让 | 赵应成 | 联合申报 |
| 18 | | 2009 | | 大幅度提高油气产量的非平面压裂技术与工业化应用 | 二等奖 | 陈勉 张广清 | 曾义金 赵振峰 | 雷群 张旭东 | 胥云 | 张福祥 | |
| 19 | | 2010 | | 西气东输工程技术及应用 | 一等奖 | 无 | | | | | |
| 20 | | 2012 | | 水平井钻完井多段压裂增产关键技术及规模化工业应用 | 一等奖 | 刘乃震 张守良 向喷章 | 兰中孝 丁云宏 王文军 | 汪海阁 王峰 宋朝晖 | 王玉云 雷群 | 王金云 王志明 | |

续表

| 序号 | 奖励级别 | 奖励年度 | 奖励名称 | 获奖成果名称 | 获奖等级 | 完成人 | 备注 |
|---|---|---|---|---|---|---|---|
| 21 | 国家级 | 2012 | 国家技术发明奖 | 超高温钻井液体系技术及工业化应用 | 二等奖 | 孙金声 刘绪全 杨智光 蒲晓林 张振华 杨泽星 蒋官澄 白相双 于兴东 张斌 | 联合申报 |
| 22 | | 2013 | 国家技术发明奖 | 碳酸盐岩油气藏转向酸压技术与工业化应用 | 二等奖 | 周福建 刘玉章 张贵才 张福祥 郭建春 熊春明 | |
| 23 | 国家级 | 2014 | 国家科学技术进步奖 | 基于巨磁阻效应的油井管损伤磁记忆检测技术及工业化应用 | 二等奖 | 张来斌 樊建春 宋周成 谢永金 温东 苏建文 | |
| 24 | | 2015 | | 库车前陆冲断带盐下超深特大型砂岩气田的发现与理论技术创新 | 二等奖 | 王招明 李勇 田军 胥志雄 杨海军 谢会文 杨举勇 王清华 胡剑风 张义杰 | |
| 25 | | 2017 | 国家技术发明奖 | 深层油气藏靶向暂堵高导流多缝改造增产技术与应用 | 二等奖 | 周福建 李根生 熊雄飞 杨向同 石阳 | |
| 26 | 中国石油天然气总公司 | 1990 | 中国石油天然气总公司科学技术进步奖 | 塔里木盆地周缘库鲁克塔格、柯坪和西南缘地区古生代地层沉积相及含油性研究 | 二等奖 | 王正元 王炯章 高振中 钟端 张师本 张戚单 | |
| 27 | | 1990 | | 沙漠（胡杨林）罗布麻道路技术 | 三等奖 | 范社稳 熊建国 | |
| 28 | | 1991 | | 塔里木盆地油气分布规律和勘探方向 | 一等奖 | 童晓光 梁狄刚 王秋明 严伦 沈成营 贾承造 陈永武 顾家裕 王会祥 周光熙 张国良 戴春山 罗春熙 谢佳华 种建民 蒋佳华 谢晓安 | |
| 29 | | 1992 | | 高抗挤套管在塔里木深井和超深井的应用及推广 | 三等奖 | 张仲民 俞新水 胡朝君 李志厚 刘兴和 | 联合申报 |

- 484 -

| 序号 | 奖励级别 | 奖励年度 | 奖励名称 | 获奖成果名称 | 获奖等级 | 完成人 | 备注 |
|---|---|---|---|---|---|---|---|
| 30 | 中国石油天然气总公司 | 1993 | 中国石油天然气总公司科学技术进步奖 | 中国油气区第三系 | 特等奖 | 钟筱春 王仪诚 孙镇城 徐金鲤 魏景明 陈仲勤 叶得泉 杨时中 关学婷 蔡治国 夏玉蓉 付智慧 姚益民 赵时中 罗治国 宁崇善 魏德恩 陈秉麟 杨 潘 沈 后 高琴琴 曾 麟 曲新国 赵志清 张师本 梁鸿德 郑国光 穆曰孔 蒋仲雄 唐文松 | 联合申报 |
| 31 | | 1993 | | 塔中地区石炭系油田的发现及勘探方向 | 二等奖 | 罗春熙 刘登明 苟光汉 张宗命 汪道源 张登府 邓良全 | |
| 32 | | 1993 | | 塔里木盆地测井储层描述与油气评价 | 二等奖 | 欧阳健 秦瑞宝 陈学义 燕 军 王贵文 孙建孟 | |
| 33 | | 1993 | | 塔里木轮南地区地层岩石矿物组分合理化性能及泥浆技术的研究 | 二等奖 | 王书琪 徐同台 李荫甜 陈星元 金唯一 朱金智 黎 明 | |
| 34 | | 1994 | | 塔里木盆地沙漠腹地钻井工程综合配套技术 | 一等奖 | 钟树德 郭建军 张志翔 李晓平 俞新水 李循武 冯鼎武 车建铭 王炳诚 王书琪 日汉民 朱建智 石 林 闫建富 陈恩强 金唯铎 袁尚贤 | |
| 35 | | 1994 | | 塔里木盆地深井中途测试及试油工艺技术 | 二等奖 | 闫建富 杨继辉 刘德海 刘建助 | |
| 36 | | 1994 | | 塔里木盆地东河一号油藏开发概念设计 | 二等奖 | 金毓荪 唐养吾 阎存章 李松泉 果二杨 周经才 | 联合申报 |
| 37 | | 1994 | | 轮南油田深井注水工艺及解堵酸化技术研究 | 二等奖 | 侯华业 王振铎 王益清 顾元东 汪绪刚 胡国优 | |
| 38 | | 1994 | | 塔里木盆地石炭系油气藏分布规律与勘探方向 | 三等奖 | 贾承造 何登发 马永生 张益铫 | |

| 序号 | 奖励级别 | 奖励年度 | 奖励名称 | 获奖成果名称 | 获奖等级 | 完成人 | | | 备注 |
|---|---|---|---|---|---|---|---|---|---|
| 39 | | 1994 | | 塔里木盆地沙漠钻井装备配套技术 | 三等奖 | 王炳诚 胡志祥 | 曾祥龙 刘兴和 | 周平 | |
| 40 | | 1996 | | 塔里木盆地北部牙哈油气田的发现及轮台断隆油气分布规律 | 一等奖 | 黄传波 皮学军 李智明 顾乔元 | 田 军 何开泉 祁兴中 | 蒋佳华 张 玮 徐 峰 | |
| 41 | | 1996 | | 沙漠公路筑路材料、路面结构及路基稳定研究 | 一等奖 | 纪明申 于好泳 李莅君 刘 宏 | 彭晓玉 许海彬 张 琼 | 王宗玉 赵继良 | |
| 42 | | 1996 | | 塔里木盆地构造特征 | 二等奖 | 贾承造 王良书 张宗命 肖安成 | 魏国齐 部学忠 | 高增海 郭召杰 何登发 | |
| 43 | 中国石油天然气总公司 | 1996 | 中国石油天然气总公司科学技术进步奖 | 牙哈地区配套钻井工艺技术 | 二等奖 | 金唯择 陈星元 朱金智 雒发前 | 王书琪 周建东 | 唐德余 杨成新 唐继平 | |
| 44 | | 1996 | | F23-70 液压防喷器组 | 二等奖 | 耿志宏 赵蕴国 | 许宏奇 边欣生 | 秦世宽 李 锋 | 联合申报 |
| 45 | | 1996 | | 沙漠地区石油工人劳动卫生与劳动生理的研究 | 二等奖 | 石仲暖 张亚雄 | 陆草锉 荆岩林 | 周殿松 姚元鹏 | 联合申报 |
| 46 | | 1996 | | 塔里木阿尔金断隆古生代地层沉积相及含油性研究 | 三等奖 | 王秋明 钟 端 | 种建民 | 夏维书 王招明 | |
| 47 | | 1996 | | 塔里木盆地勘探目标评价 | 三等奖 | 童晓光 梁狄刚 | 荀光汉 黄传波 | 胡云杨 | |
| 48 | | 1996 | | 阳离子聚合物系列处理剂研制及其应用 | 三等奖 | 孙金声 | 王书琪 王永艳 | 刘雨晴 何涛 | 联合申报 |
| 49 | | 1996 | | 塔里木油田深层超深层油藏地质开发特征研究 | 三等奖 | 王家宏 周根凤 | 徐秀琴 | 王凤国 王锦云 | |
| 50 | | 1997 | 中国石油天然气总公司新技术推广奖 | 地震资料处理解释配套技术在塔里木盆地油气勘探中的推广应用 | 二等奖 | 匡祥友 杨金华 李家金 | 高宏亮 徐振宏 | 朱红卫 张耀堂 | |

| 序号 | 奖励级别 | 奖励年度 | 奖励名称 | 获奖成果名称 | 获奖等级 | 完成人 | 备注 |
|---|---|---|---|---|---|---|---|
| 51 | 中国石油天然气总公司 | 1997 | 中国石油天然气总公司新技术推广奖 | 塔里木盆地测井储层描述与油气评价推广应用 | 二等奖 | 关雎 毛志强 肖承文 郭秀丽 刘兴礼 王娥增 | |
| 52 | | 1997 | | 塔里木盆地沙漠腹地钻井工艺技术的推广应用 | 二等奖 | 贾立强 杨成新 谢又新 范兆元 何涛 孙吉军 | |
| 53 | | 1997 | | 深井沙漠丛式井、水平井配套钻井工艺技术的推广应用 | 二等奖 | 唐继平 周建东 赵金洲 周跃云 顾伟康 于好泳 张斌 康建利 贾超 许树谦 赵子荣 孙海芳 宋周成 | |
| 54 | | 1997 | | 深井试油封隔油气水层技术在塔里木油田的推广应用 | 二等奖 | 杨继辉 张福祥 李元斌 彭建新 秦世勇 邵青山 陶世军 | |
| 55 | | 1997 | | 塔里木储层保护技术推广应用 | 三等奖 | 俞新永 王书琪 李元斌 常泽亮 朱金智 | |
| 56 | | 1999 | 中国石油天然气科学技术进步奖 | 塔里木深井超深井钻井工艺技术研究 | 一等奖 | 俞新永 唐立强 张书琪 杨锦源 朱金智 李峰 陈发前 贾华明 孙金声 康毅力 樊洪海 楼一珊 周志世 谢又新 周建东 宋周成 | |
| 57 | | 1999 | | 深井超深井压裂酸化技术研究 | 一等奖 | 王振祥 汪绪刚 杨长祜 张明志 霄维心 崔明月 徐敏杰 代自勇 单全生 王益清 | |
| 58 | | 1999 | | 塔里木地钻井工程中泥页岩井段井壁稳定问题及对策研究 | 二等奖 | 王书琪 刘雨晴 孙金声 何涛 黎明 王永艳 杜德林 | |
| 59 | | 1999 | | 塔中4油田C油组以水平井为主的开发配套技术 | 二等奖 | 邸超 王家宏 林志芳 王凤国 顾元东 朱卫红 杨长祜 | |
| 60 | | 1999 | | 塔里木盆地中央隆起古生代地层研究 | 三等奖 | 赵治信 刘静江 杨文静 张宝民 高琴琴 | |

| 序号 | 奖励级别 | 奖励年度 | 奖励名称 | 获奖成果名称 | 获奖等级 | 完成人 | 备注 |
|---|---|---|---|---|---|---|---|
| 61 | 中国石油天然气总公司 | 1999 | 中国石油天然气总公司科学技术进步奖 | 塔里木、陕甘宁盆地高分辨率高精度大地水准面的确定及GPS系统基准网的建立 | 三等奖 | 熊翥 杨毅 崔民元 李建成 赵世万 邹大文 王明世 | |
| 62 | | 1999 | | 碳酸盐岩大平衡钻井配套技术 | 三等奖 | 俞新永 唐继平 杨忠锋 滕学清 李峰 | |
| 63 | | 1999 | | 利用地层测试资料对油藏进行早期评价的研究与应用 | 三等奖 | 王新海 刘建勋 郭康良 程时清 | 联合申报 |
| 64 | | 1999 | | 塔克拉玛干沙漠-塔中4联合站地基基础技术研究 | 三等奖 | 张良杰 朱滕明 袁声森 张万昌 袁海洋 | 联合申报 |
| 65 | | 2000 | 中国石油天然气集团公司技术创新奖 | 塔里木克拉2大气田的发现和山地超高压气藏勘探技术 | 特等奖 | 邱中建 梁荣钧 钱荣钧 张珲 吴奇之 王卫国 闫万朝 刘招颖 贾承造 王招明 邓志文 田军 唐东磊 李启明 高岩 皮学军 杨广文 张少华 关睇 赵建章 王贵重 胡德连 谢会文 傅德连 贾进华 李树新 蔡振忠 | |
| 66 | 中国石油天然气集团公司 | 2000 | | 塔里木盆地和田河气田的发现探明和勘探技术应用 | 二等奖 | 胡云扬 王招明 王清华 唐继平 江文波 王媛 杨金华 陈伟中 赵仁德 | |
| 67 | | 2001 | | 轮南油田中含气水期以水平井为主的调整挖潜稳产技术研究与应用 | 二等奖 | 孙龙德 朱文杰 江同文 伍铁鸣 徐安娜 朱中谦 甘功宙 李汝勇 吴迪 范颂文 | |
| 68 | | 2002 | | 牙哈凝析气田开采新技术研究 | 一等奖 | 孙龙德 王家宏 江同文 朱卫红 王振彪 敬朝佑 弓麟 吴年宏 冯积累 贺增喜 单全生 高贵柱 李保柱 | |
| 69 | | 2002 | | 探井油气保护技术 | 一等奖 | 罗平亚 何湘清 杨龙 王书琪 张恒晨 杨宪民 张琰 鄢捷年 林安村 王振昌 周志世 张辉绪 王永清 张彦平 樊宏海 | 联合申报 |

续表

| 序号 | 奖励级别 | 奖励年度 | 奖励名称 | 获奖成果名称 | 获奖等级 | 完成人 | 备注 |
|---|---|---|---|---|---|---|---|
| 70 | 中国石油天然气集团公司 | 2002 | 中国石油天然气集团公司技术创新奖 | 塔里木盆地西南地区山前近年油气勘探成果及石油地质认识 | 二等奖 | 刘胜 杨举勇 陈新安 邱斌 江民 袁玉春 杨芝林 尹宏 赵少宇 祁兴中 李建立 吴超 朱登朝 吴宇兵 陈军 | 联合申报 |
| 71 | | 2002 | | 深井、超深井油管/套管选择与管柱设计因素研究 | 二等奖 | 韩勇 史交齐 林凯 唐继平 宋治 高智海 宋延鹏 刘亚旭 张国正 陈军 | 联合申报 |
| 72 | | 2003 | | 凝析气田地面工艺及配套技术研究 | 二等奖 | 裴红 郭野愚 苑秀杰 尹有胜 李爽 赵守义 赵文学 宋清平 曹婧 王福贤 卜祥军 邢立新 全兆坤 王义 赵福俊 | 联合申报 |
| 73 | | 2003 | | 油套管CO$_2$腐蚀机理防护措施及油田应用研究 | 二等奖 | 白真权 赵国仙 路民旭 张玉芳 严密林 姜放 周建东 李鹤林 赵新伟 刘亚旭 | |
| 74 | | 2003 | | 沙漠油田地面建设工程技术研究 | 二等奖 | 熊建国 张昌兴 姚仲平 于好润 义宗质 崔占荣 陈友立 许海民 李立军 张长民 | |
| 75 | | 2003 | | 油田勘探生产数据传输系统 | 二等奖 | 买光荣 王小波 唐荣华 周云 熊伟 贾平 廖善格 杨松 | |
| 76 | | 2004 | | 深井测试技术 | 二等奖 | 王祖文 王志章 陈中一 刘德海 杨万盛 李钦道 王新海 廖涛 朱东明 梁政 | 联合申报 |
| 77 | 中国石油天然气股份有限公司 | 2004 | 中国石油天然气股份有限公司技术创新奖 | 塔里木盆地复杂地区地震资料采集、处理技术攻关及效果 | 三等奖 | 杨举勇 杨金华 胡建强 肖又军 严峰 | |
| 78 | | 2004 | | 深井超深井井下作业技术研究及应用 | 三等奖 | 刘建勋 陈竹 钟家维 欧如学 秦世勇 | |
| 79 | | 2004 | | 东河塘油田精细油藏描述及综合调整研究与应用 | 三等奖 | 唐明龙 施英 练章贵 张涛 刘加元 | |

| 序号 | 奖励级别 | 奖励年度 | 奖励名称 | 获奖成果名称 | 获奖等级 | 完成人 | 备注 |
|---|---|---|---|---|---|---|---|
| 80 | 中国石油天然气股份有限公司 | 2005 | 中国石油天然气股份有限公司技术创新奖 | 哈得逊亿吨级深海相砂岩油田高效勘探开发技术 | 一等奖 | 江同文 朱卫红 杨海军 昌伦杰 赵福元 李东亮 温声明 杨成新 陈新林 牛玉杰 赵飞 白晓飞 吴迪 卞万江 肖君 | 联合申报 |
| 81 | | 2005 | | 中国前陆盆地石油地质理论及勘探实践 | 一等奖 | 贾希玉 宋岩 田军 刘埃平 范铭韬 马立协 魏国齐 赵孟军 王招明 涂涛 刘楼军 何登发 柳少波 雷刚林 | |
| 82 | | 2005 | | 塔里木盆地轮南奥陶系大油气田特征及勘探技术 | 二等奖 | 何均 史鸿祥 潘文庆 杨桂荣 韩剑发 高洪亮 祁新中 胡文革 刘兴晓 张秋茶 | |
| 83 | | 2005 | | 统一授权与数字认证在塔木油田的开发与应用 | 三等奖 | 陈伟 王冬梅 李松 杨金华 进 | |
| 84 | | 2005 | | 深井超深井水基试油泥浆完井液研究与应用 | 三等奖 | 张福祥 王书琪 李元斌 何涛 刘得海 | |
| 85 | 中国石油天然气集团公司 | 2005 | 中国石油天然气集团公司奖 | 哈得逊亿吨级深海相砂岩油田高效勘探开发技术 | 一等奖 | 江同文 朱卫红 杨海军 昌伦杰 赵福元 李东亮 温声明 杨成新 陈新林 牛玉杰 赵飞 白晓飞 吴迪 卞万江 肖君 | |
| 86 | | 2005 | | 塔里木盆地轮南奥陶系大油气田特征及勘探技术 | 一等奖 | 何均 史鸿祥 潘文庆 杨桂荣 韩剑发 高洪亮 祁新中 胡文革 刘兴晓 张秋茶 | |
| 87 | | 2005 | | 中国前陆盆地石油地质理论及勘探实践 | 一等奖 | 贾承造 宋岩 田军 刘埃平 范铭韬 马立协 魏国齐 赵孟军 王招明 涂涛 刘楼军 何登发 柳少波 雷刚林 | 联合申报 |
| 88 | 中国石油天然气股份有限公司 | 2006 | 中国石油天然气股份有限公司技术创新奖 | 岩性地层油气藏地质理论与勘探技术 | 特等奖 | 贾承造 赵文智 邹才能 张以明 赵志魁 吕焕通 袁选俊 牛嘉玉 李明 杨文静 李景明 池英柳 郑晓东 陶士振 胡剑峰 罗平 赵占银 邹伟宏 李熙喆 张兴阳 朱如凯 张满郎 唐勇 姚逢昌 邵雨 乌光辉 朱立忠 武耀辉 蔡建刚 寿建峰 | |

| 序号 | 奖励级别 | 奖励年度 | 奖励名称 | 获奖成果名称 | 获奖等级 | 完成人 | 备注 |
|---|---|---|---|---|---|---|---|
| 89 | 中国石油天然气股份有限公司 | 2006 | | 塔里木油田高温高压超深井测试技术研究与应用 | 二等奖 | 张福祥 姜学海 李元斌 刘德海 康建利 王书琪 杨继辉 雷胜林 郑新权 彭建新 | |
| 90 | | 2006 | 中国石油天然气股份有限公司技术创新奖 | 塔里木盆地大中型气田生烃动力学及成藏规律研究 | 三等奖 | 王招明 王国林 肖中尧 杨文静 李宇平 | |
| 91 | | 2006 | | 中国北方石炭-二叠系划分对比,古环境研究及含油气远景评价 | 三等奖 | 许怀先 邓胜徽 赵应成 朱如凯 张海杰 | |
| 92 | | 2006 | | 塔中16油田提高采收率技术攻关与实践 | 三等奖 | 吴迪 韩易龙 任今明 王双才 伍铁鸣 | |
| 93 | 中国石油天然气集团公司 | 2006 | | 岩性地层油气藏地质理论与勘探技术 | 一等奖 | 贾承造 邹才能 张以明 杨文静 赵志魁 吕焕通 袁选俊 牛嘉玉 李明 罗平 李景明 池英柳 郑晓东 陶士振 | 联合申报 |
| 94 | | 2006 | 中国石油天然气集团公司技术创新奖 | 连片叠前时间偏移处理配套技术 | 一等奖 | 曹孟起 谢占安 冯许魁 刘占族 高岩 梁向豪 王兆旗 李宏博 朱宏权 罗文山 张占江 郭彦民 高宏亮 尹天奎 | 联合申报 |
| 95 | | 2006 | | 塔里木油田高温高压超深井测试技术研究与应用 | 二等奖 | 张福祥 姜学海 李元斌 刘德海 康建利 王书琪 杨继辉 雷胜林 彭建新 | |
| 96 | 中国石油天然气股份有限公司 | 2007 | | 塔里木沙漠公路防护林生态工程建设研究 | 特等奖 | 马振武 熊建国 孙书偁 周宏伟 买光荣 史家振 彭晓王 杨震 张中放 邱承志 王宜民 石泽云 班兴安 余洪波 潘裕民 王强 许波 任旭辉 刘劲松 符长海 张恒 刘明赐 李成文 陈东风 曾程 袁海龙 | |
| 97 | | 2007 | 中国石油天然气股份有限公司技术创新奖 | 塔中I号坡折带奥陶系生物礁型大油气田的发现与勘探技术 | 一等奖 | 杨举勇 杨海军 邹宗举 赵宗举 廖涛 刘运宏 王招明 江文波 海川 彭建新 申银民 范德章 刘兴晓 张丽娟 黄有晖 | |
| 98 | | 2007 | | 高压高产油气井控技术 | 二等奖 | 骆发前 王书琪 唐继平 贾继平 张耀明 李峰 严永发 程德礼 刘绘新 孟英峰 | |

| 序号 | 奖励级别 | 奖励年度 | 奖励名称 | 获奖成果名称 | 获奖等级 | 完成人 | 备注 |
|---|---|---|---|---|---|---|---|
| 99 | 中国石油天然气集团公司 | 2007 | | 塔里木沙漠公路防护林生态工程建设研究 | 一等奖 | 马振武 熊建国 周宏伟 孙书彭 买光荣 史家振 彭晓玉 杨 震 张承志 石泽云 余洪波 潘裕民 王 强 邱承志 许波 | |
| 100 | | 2007 | | 塔中 I 号坡折带奥陶系生物礁型大油气田的发现与勘探技术 | 二等奖 | 杨举勇 王招明 杨海军 邹光辉 廖 涛 刘运宏 江文波 彭建新 赵宗举 海川 | |
| 101 | | 2007 | | 高压高产油气井井控技术 | 二等奖 | 骆发前 贾华明 唐继平 李 峰 孟英峰 王书琪 严永发 程德祥 刘绘新 | |
| 102 | | 2007 | | 克拉 2 地面建设工程集成技术研究 | 二等奖 | 雒定明 李为卫 宋德琦 陈彭兵 霍春勇 姜 放 刘亚池 王天祥 陈朝晖 | 联合申报 |
| 103 | | 2008 | | 水平井技术与规模化应用 | 特等奖 | 何 君 宋周成 | 联合申报 |
| 104 | | 2008 | | 克拉 2 异常高压气田开发技术 | 一等奖 | 江同文 王振彪 滕学清 王天祥 周理志 李保柱 肖香娇 赵 春 汪如军 李汝勇 夏 静 张 强 刘明球 朱玉新 | |
| 105 | | 2008 | | 深井超深井碳酸盐岩油气藏深度改造理论与配套技术研究 | 二等奖 | 张福祥 周福建 雷 群 丁云宏 刘玉章 杨向同 胥 云 王永辉 杨建军 | |
| 106 | | 2008 | | 高陡构造垂直钻井技术应用研究 | 三等奖 | 唐继平 滕学清 胥志雄 梁红军 | |
| 107 | | 2008 | | 塔木油田物流信息平台开发与应用 | 三等奖 | 刘 胜 隋永春 赵 盈 陈 江 王春生 | |
| 108 | 中国石油天然气集团公司科技进步奖 | 2009 | | 塔里木盆地复杂山地地震勘探技术 | 一等奖 | 杨举勇 梁向豪 严 峰 张晓斌 胡彩梅 肖又生 施海峰 陈 猛 李大军 杨彩虹 王志勇 殷 军 申志忠 周 翼 冯许魁 彭更新 刘新文 | |
| 109 | | 2009 | | 复杂地表地震工程遥感配套技术研究与实践 | 二等奖 | 叶 勇 张友焱 胡 艳 雷迎春 梁向豪 吕 焕 飚 杜玉斌 黄永平 刘 松 | 联合申报 |

| 序号 | 奖励级别 | 奖励年度 | 奖励名称 | 获奖成果名称 | 获奖等级 | 完成人 | 备注 |
|---|---|---|---|---|---|---|---|
| 110 | 中国石油天然气集团公司科技进步奖 | 2009 | | 塔中北斜坡奥陶系鹰山组碳酸盐岩大型油气田的发现与关键技术 | 三等奖 | 田军 杨海军 韩剑发 温声明 廖涛 罗春树 | |
| 111 | | 2009 | | 塔里木盆地寒武－奥陶系石油地质综合研究与有利区带优选 | 三等奖 | 张惠良 寿建峰 范国章 吴兴宁 杨海军 赵宗举 | 联合申报 |
| 112 | | 2009 | | 提升尿素装置生产能力工艺优化技术研究 | 三等奖 | 成三民 阿不力米提·买买提 马敬 肖显华 李小平 邹进 | |
| 113 | | 2009 | | 塔里木油田缝洞型碳酸盐岩油气藏安全试油配套技术 | 三等奖 | 张福祥 杨建新 朱向同 朱纪云 彭建新 秦世勇 | |
| 114 | 中国石油天然气股份有限公司重大发现奖 | 2009 | | 塔北哈拉哈塘地区奥陶系碳酸盐岩石油勘探 | 一等奖 | 王清华 史鸿祥 杨海军 蔡振中 廖涛 张丽娟 罗秀羽 周翼 肖又明 徐代才 朱永峰 杨谭 韩利军 | |
| 115 | | 2009 | | 库车回陷大北地区天然气勘探 | 二等奖 | 谢会文 张存 唐继平 张福祥 梁向豪 李勇 杨文静 马玉杰 吴超 陈伟中 | |
| 116 | 中国石油天然气集团公司技术发明奖 | 2010 | | 高密度压裂液与清洁压裂液技术研发与应用 | 二等奖 | 张福祥 丁云宏 彭建新 程兴生 邱晓慧 徐敏杰 | 联合申报 |
| 117 | 中国石油天然气集团公司科学技术进步奖 | 2010 | | 特殊天然气藏开发配套技术 | 二等奖 | 贾爱林 卢涛 钟兵 江同文 徐正顺 陆家亮 何东博 钱根宝 李保柱 冀光 | 联合申报 |
| 118 | | 2010 | | 库车前缘隆起带盐下油气藏水平井钻井技术研究与实践 | 二等奖 | 滕学清 李宁 金衍 王春生 周志世 陈勉 张惠霆 艾正青 卢运虎 樊文 | |
| 119 | | 2010 | | 英买力复杂疑断高效开发研究及应用 | 三等奖 | 王天祥 昌伦杰 朱卫红 李保柱 肖香姣 成荣红 | |
| 120 | | 2010 | | 塔里木石油勘探开发专业基础数据库建设与应用 | 三等奖 | 田军 杨金华 董斌 松 熊伟 李家金 | |

| 序号 | 奖励级别 | 奖励年度 | 奖励名称 | 获奖成果名称 | 获奖等级 | 完成人 | 备注 |
|---|---|---|---|---|---|---|---|
| 121 | 中国石油天然气集团公司 | 2011 | 中国石油天然气集团公司科学技术进步奖 | 中国大油气区成藏理论、物探技术创新与油气储量快速增长 | 特等奖 | 赵政璋 朴金富 赵文智 邹才能 杨 华 徐春春 王招明 张 纬 赵邦六 何海清 胡素云 冯许魁 付金华 沈 平 杨海军 | 联合申报 |
| 122 | | 2011 | | 大型气田天然气成藏机理与富集规律研究 | 一等奖 | 魏国齐 张水昌 刘新社 张 奇 杨海涛 李 剑 杨 威 李 琛 谢增业 李志生 胡国艺 张光武 | 联合申报 |
| 123 | | 2011 | | 礁滩储层测井解释评价技术与规模应用 | 一等奖 | 李 宁 肖承文 伍丽红 王兑文 武宏亮 柴 华 谢 冰 冯 周 陶 果 王贤清 张承森 王才志 | 联合申报 |
| 124 | | 2011 | | 塔中奥陶系鹰山组特大型凝析气田的发现与钻探技术 | 二等奖 | 王招明 田 军 杨海军 韩剑发 肖 义军 蔡振忠 潘文庆 敬 兵 胡晓勇 | 联合申报 |
| 125 | | 2011 | | 塔里木盆地海相碳酸盐岩储层预测方法攻关（国际合作） | 二等奖 | 沈安江 寿建峰 潘文庆 张惠良 郑剑锋 乔占峰 倪新锋 郑兴平 李小芳 李保华 | |
| 126 | | 2011 | | 塔里木碳酸盐岩超深稠油油藏高效开发技术攻关与实践 | 二等奖 | 宋华中 潘昭才 何新兴 单全生 魏凤艳 毛小飞 沈建新 袁镜清 肖 云 | 联合申报 |
| 127 | | 2012 | | 迪那2低渗裂缝超高压凝析气田高效开发技术及应用 | 一等奖 | 江同文 张福祥 肖香娇 朱卫红 朱忠谦 夏 静 常志强 郑广全 王洪峰 袁学芳 刘永雷 彭明益 张明益 王春生 | 联合申报 |
| 128 | | 2012 | | 碳酸盐岩储层改造及采油工艺技术研究与应用 | 一等奖 | 王永辉 汪绪刚 邹洪岚 周福建 康健利 何 治 程兴生 张宝瑞 杨向同 赫安乐 刘雄飞 李 勇 杨宝乐 | 联合申报 |
| 129 | | 2012 | | 精细控压钻井技术与装备 | 一等奖 | 石 林 周英操 伍贤柱 方世良 闫永起 韩烈祥 伊 明 杨雄文 肖润德 谯抗逆 李 杰 杨 玻 刘 伟 | 联合申报 |

| 序号 | 奖励级别 | 奖励年度 | 奖励名称 | 获奖成果名称 | 获奖等级 | 完成人 | 备注 |
|---|---|---|---|---|---|---|---|
| 130 | 中国石油天然气集团公司 | 2012 | 中国石油天然气集团公司科学技术进步奖 | 中国海相石油地质基础理论与应用 | 二等奖 | 张水昌 潘文庆 杨海军 邓胜徽 张宝民 张胜臻 陈建平 张丽娟 朱如凯 朱光有 | 联合申报 |
| 131 | | 2012 | | "筋脉"理论与塔中海相碳酸盐岩凝析气藏勘探开发实践 | 三等奖 | 刘建勋 韩剑发 邓兴梁 刘会良 宋玉斌 | |
| 132 | 中国石油天然气股份有限公司 | 2012 | 中国石油天然气股份有限公司油气勘探重大发现奖 | 库车坳陷博孜区带天然气勘探取得重要发现 | 一等奖 | 王招明 田军 张福祥 贾华明 胥志雄 杨海军 胡剑风 谢会文 李勇 尹达 杨翼 周翼 | |
| 133 | | 2012 | | 库车坳陷克深1-2构造天然气勘探取得重要进展 | 一等奖 | 王招明 张福祥 胥志雄 龙平 王春生 彭建新 肖承文 杨文静 李晓春 雷刚林 王锋 吴超。 | |
| 134 | | 2012 | | 塔东地区古城6井风险勘探取得重大突破 | 一等奖 | 王招明 田军 王清华 杨海成 杨文静 齐英敏 韩剑发 李毓良 申银民 张浩 陈永权 刘会良 | |
| 135 | | 2012 | | 塔里木油田分公司迪那2高效开发气田 | 一等奖 | 宋文杰 何君 郑广全 袁学芳 王海应 黄鹤 吴永平 李宁 孟学敏 牛明勇 张宝 张春生 谭建华 | |
| 136 | 中国石油天然气集团公司 | 2013 | 中国石油天然气集团公司科学技术进步奖 | 克拉苏深层大气区的发现与理论技术创新 | 特等奖 | 王招明 李勇 田军 张福祥 王清华 杨海军 梁向豪 谢会文 胡剑风 雷刚林 滕学清 季晓红 吴超 杨宪彰 贾更新 陈伟中 尹达 张义杰 马玉杰 王勤耕 徐振平 谷永兴 满益志 宋红军 梁红军 李青 | |
| 137 | | 2013 | | 塔里木盆地白垩系深层碎胥岩储层研究及成藏特征 | 二等奖 | 斯春松 张荣虎 杨海虎 张惠良 刘春 陈戈 王俊鹏 王寿建峰 赵继龙 王戈 | 联合申报 |
| 138 | | 2013 | | 塔中奥陶系礁滩型凝析气田提高单井产量技术创新及应用 | 二等奖 | 刘建勋 宋昌民 韩剑同成 陈军 谭宾 周英操 单锋 徐俊博 周新宇 | |

| 序号 | 奖励级别 | 奖励年度 | 奖励名称 | 获奖成果名称 | 获奖等级 | 完成人 | 备注 |
|---|---|---|---|---|---|---|---|
| 139 |  | 2013 |  | 大温差固井配套技术及规模应用 | 二等奖 | 刘顿琼 李连江 邹建龙 靳建洲 龙平 宋元洪 齐奉金 张成金 孙勤亮 | 联合申报 |
| 140 |  | 2013 |  | 塔里木油田"三超"气井油管柱服役安全性研究 | 三等奖 | 宋生印 滕学清 王鹏 李宁 冯春 杨向同 | 联合申报 |
| 141 |  | 2014 |  | 中国古老海相碳酸盐岩大油气田形成理论、评价技术与应用实效 | 一等奖 | 胡素云 张研 赵文智 沈安江 潘文庆 汪泽成 洪海涛 李永新 谢继容 包洪平 刘伟 李艳平 王铜山 李劲松 | 联合申报 |
| 142 |  | 2014 |  | 和田河碳酸盐岩酸性气田高效开发研究 | 二等奖 | 江同文 崔陶峰 张福祥 卡德尔 阳建平 刘磊 张现军 |  |
| 143 | 中国石油天然气集团公司 | 2014 | 中国石油天然气集团公司科学技术进步奖 | 碳酸盐岩气藏开采工艺关键技术与应用 | 二等奖 | 雷群 裴智超 周理志 谢南星 叶正荣 赵春 佘朝毅 常泽亮 刘翔 | 联合申报 |
| 144 |  | 2014 |  | 碳酸盐岩钻完井提速配套技术与应用 | 二等奖 | 滕学清 康延军 李宁 周波 陶思才 袁鑫伟 杨成新 白登相 汪海阁 陈世春 |  |
| 145 |  | 2014 |  | 塔里木"三超"气井油管柱完整性技术研究 | 二等奖 | 冯耀荣 韩燕 白真权 王鹏 付安庆 杨向同 | 联合申报 |
| 146 |  | 2014 |  | 钻完井工程地质力学建模技术及应用 | 二等奖 | 陈朝伟 王玺 杨向同 周云章 张辉 周英操 王倩 赵亦明 项德贵 刘玉石 | 联合申报 |
| 147 |  | 2015 |  | 库车前陆构造7000米超深井钻井技术及应用 | 一等奖 | 胥志雄 王延民 胡剑风 陈世林 尹达 周波 贾利春 刘艳春 章景城 唐晓明 程荣超 苏建文 李晓春 |  |
| 148 |  | 2015 |  | 大型高压水侵气藏稳产技术及应用 | 二等奖 | 李保柱 焦玉卫 陈文龙 李汝勇 江同文 肖香姣 夏静 张勇 朱忠谦 | 联合申报 |
| 149 |  | 2015 |  | 460MPa级钢接头铝合金钻杆关键技术研究 | 二等奖 | 冯春 王鹏 宋生印 徐欣 刘永刚 李广山 王新虎 韩礼红 李东风 | 联合申报 |

| 序号 | 奖励级别 | 奖励年度 | 奖励名称 | 获奖成果名称 | 获奖等级 | 完成人 | 备注 |
|---|---|---|---|---|---|---|---|
| 150 | 中国石油天然气集团公司科学技术进步奖 | 2015 | | 深井钻机动力气化配套技术研究及推广应用 | 三等奖 | 李循迹 龙平 相建民 李树生 杨文 周清平 | |
| 151 | | 2016 | | 哈拉哈塘碳酸盐岩百万吨油田的发现及勘探开发技术 | 一等奖 | 王招明 杨海军 张丽娟 郑多明 史鸿祥 蔡振忠 朱光有 李国会 马培领 陈利新 赵觅志 周翼 杨春林 朱永峰 | |
| 152 | | 2016 | | 塔里木超深高温高压井全生命周期完整性关键技术研究与应用 | 二等奖 | 彭建新 刘洪涛 向银达 杨向同 龙平 周理志 刘明球 曾努 景宏涛 | |
| 153 | | 2016 | | 超深高温高压油藏动态监测技术研究与应用 | 二等奖 | 张强 昌伦杰 刘勇 苟柱银 刘敏 于洪涛 李洪 田新建 王霞 | |
| 154 | | 2016 | | 8000米钻机开发及应用 | 二等奖 | 方大安 马洪钟 石林 李循迹 黄悦华 贾应林 雷应平 王世军 | 联合申报 |
| 155 | | 2016 | | 库车盐下超深层低孔砂岩储层高产稳产预测机理、评价预测技术及应用 | 三等奖 | 张荣虎 高志勇 张惠良 王俊鹏 刘春 | 联合申报 |
| 156 | | 2017 | | 中国石油第四次油气资源评价 | 特奖 | 贾承造 郭秋麟 李建忠 赵文智 邹才能 郑民 金成志 吴晓智 姚泾利 王社教 杨少英 黄光 陈践发 王建 杨海波 邓守伟 蔡国刚 苟红光 肖敦清 李涛 陈晓明 郑曼 刘晓 谢红兵 周松源 时阳 董大忠 陈宁生 梁江平 王颖 黄旭楠 郭庆新 王延山 滑双君 张润合 王权 王建伟 李贵中 杨占龙 张宝收 贾希玉 金额 朱华 王玉满 雷涛 黄金亮 李欣 高日丽 胡俊文 | 联合申报 |
| 157 | | 2017 | | 塔里木凝析油气年产1000万吨关键技术应用 | 一等奖 | 江同文 王振彪 李汝勇 李保柱 滕学清 朱忠谦 昌伦杰 陈文龙 成荣红 夏静 肖香姣 阳建平 邓兴梁 杨向同 施英 焦国娟 曹国娟 王勇 | |

| 序号 | 奖励级别 | 奖励年度 | 奖励名称 | 获奖成果名称 | 获奖等级 | 完成人 | 备注 |
|---|---|---|---|---|---|---|---|
| 158 | 中国石油天然气集团公司 | 2017 | 中国石油天然气集团公司科学技术进步奖 | 西部油田非金属管关键技术研究与应用 | 一等奖 | 李厚朴 蔡雪华 齐国权 毛学强 魏斌 李先明 邵晓东 常泽亮 张冬娜 | 联合申报 |
| 159 | | 2017 | | 难钻地层个性化PDC钻头提速研究与应用 | 一等奖 | 王旭 刘宇 赵力 白登相 杨雄文 韩福彬 周健 马攀 程晓敏 陶思才 邢小行 周波 陈德民 韩卫海 侯维琪 王汉潇 赵亮 | 联合申报 |
| 160 | | 2017 | | 库车山前"三超"气井测试技术研究与应用 | 二等奖 | 刘军严 黎丽丽 谢宇 刘兴华 宋周成 刘会涛 张浩 彭建新 牛占山 戴强 | |
| 161 | | 2017 | 中国石油天然气集团公司技术发明奖 | 塔里木超深复杂井筒碳酸盐岩储层测井关键技术与应用 | 三等奖 | 肖承文 祁新忠 杨海军 张承森 吴大成 | |
| 162 | | 2017 | | 塔里木老区碎屑岩复杂油藏固井技术研究与应用 | 三等奖 | 刘爱萍 李宁 盛勇 曾建国 瞿志浩 余纲 孙晓杰 | 联合申报 |
| 163 | | 2017 | | 深层碳酸盐岩储层杆控性、继承性、规模性及对储层预测的意义 | 三等奖 | 姚根顺 倪超 杨雨 胡安平 李保华 潘立银 郑剑锋 | 联合申报 |
| 164 | | 2018 | 中国石油天然气集团公司科学技术进步奖 | 天然气上产1000亿方开发关键技术研究 | 一等奖 | 贾爱林 沈生福 郭建林 任东 王天祥 郭洪勇 吴正 王振彪 余浩杰 戴勇 韩永庆 赵松 陆家亮 杨炳秀 韩永新 位云生 | 联合申报 |
| 165 | | 2018 | | 地质力学技术研究在复杂油气藏勘探开发中的应用 | 二等奖 | 张辉 唐雁刚 尹国庆 李世银 董仁 王海应 韩兴杰 陈胜 王攀 刘特博 | |
| 166 | | 2018 | | 塔里木库车山前超深复杂气藏固井配套技术研究与应用 | 二等奖 | 胥志雄 梁红军 徐周平 袁进平 贾应林 李晓春 刘锐 丁辉 冯彬 艾正青 袁中谦 孟凡忠 | |

续表

| 序号 | 奖励级别 | 奖励年度 | 奖励名称 | 获奖成果名称 | 获奖等级 | 完成人 | 备注 |
|---|---|---|---|---|---|---|---|
| 167 |  | 2018 | 中国石油天然气集团公司科学技术进步奖 | 塔北西部深层低幅度碎屑岩油气藏滚动评价技术与规模效益增储上产实践 | 三等奖 | 蔡振忠 刘永福 孙琦 杨海军 郑多明 苗青 王兴宇 吉云刚 |  |
| 168 |  | 2018 |  | 高温高压复杂组份天然气处理关键技术研究与应用 | 三等奖 | 谭建华 邹应勇 艾国生 崔兰德 赵建彬 李国娜 余鹏翔 王坤 |  |
| 169 |  | 2018 | 中国石油天然气集团公司技术发明奖 | 缝洞型碳酸盐岩高保真 OVT 域处理关键技术研发与应用 | 三等奖 | 段文胜 彭更新 崔永福 陈猛 赵锐锐 黄录忠 |  |
| 170 | 中国石油和化学工业联合会 | 2006 | 中国石油和化学工业联合会科技进步奖 | 高温酸化压裂添加剂的应用 | 一等奖 | 孙铭勤 张贵才 葛际江 宋文杰 林涛 阚淑华 相建民 苏玉亮 张福祥 江同文 尚朝辉 | 联合申报 |
| 171 |  | 2009 |  | 复杂碳酸盐岩油气藏高效酸化酸压技术研究与应用 | 一等奖 | 周福建 甘振维 张福祥 刘玉章 何君 熊春明 刘雄飞 杨贤友 张烨 何宇迪 李向东 石阳 连胜江 刘建东 | 联合申报 |
| 172 |  | 2009 |  | 西部油田高温高压含 $CO_2$ 气井油套管冲刷腐蚀预测预防技术研究 | 二等奖 | 林冠发 白真权 尹成先 冯耀荣 常泽亮 苗健 田伟 魏斌 赵雪会 胥勋源 | 联合申报 |
| 173 |  | 2010 |  | 裂缝型异常高压储层酸化压裂技术研究与应用 | 一等奖 | 丁云宏 张福祥 彭建新 胥云 程兴生 李永平 杜长虹 李素参 崔明月 车明光 刘泽 舒玉华 高跃宾 彭翼 | 联合申报 |
| 174 |  | 2010 |  | 复杂构造 WEFOX 分裂法双向聚焦三维叠前偏移成像技术 | 二等奖 | 周锦明 王招明 郑启芬 周永仙 肖又军 韩剑发 杨海军 敬兵 | 联合申报 |
| 175 |  | 2011 |  | 超高温钻井流体技术研究与应用 | 一等奖 | 孙金声 刘绪全 蒲晓林 杨智光 杨泽星 白相双 王平全 张斌 张振华 刘进京 于兴东 王伟忠 史海民 | 联合申报 |

| 序号 | 奖励级别 | 奖励年度 | 奖励名称 | 获奖成果名称 | 获奖等级 | 完成人 | 备注 |
|---|---|---|---|---|---|---|---|
| 176 | 中国石油和化学工业联合会 | 2011 | 中国石油和化学工业联合会科技进步奖 | 独立主板式直线电机抽油机的开发及应用 | 一等奖 | 肖文生 袁建波 汪志刚 谷玉洪 王玉 朴坚强 沈建新 孙木国 董维彬 杨木灵 王全兵 张世京 崔俊国 袁占立 张岩京 | 联合申报 |
| 177 | | 2011 | | 塔里木盆地塔北地区油气成藏机制与分布规律研究 | 一等奖 | 张水昌 蔡振中 郑多明 朱光有 朱永峰 何坤 杨文静 王晓梅 张劲 李峰 苏劲 张昱 | 联合申报 |
| 178 | | 2012 | | 塔中海相碳酸盐岩凝析气田勘探理论技术与重大油气发现 | 特等奖 | 王招明 敬兵 朱绕云 杨海军 昌修发 孙崇浩 韩剑发 吕修祥 刘虎 张福祥 于红枫 徐彦龙 王清华 朱光有 刘修德 罗春树 肖承文 张海祖 | |
| 179 | | 2012 | | 巨磁阻效应磁记忆检测技术及其在油井管完整性管理中的应用 | 特等奖 | 张末斌 樊建春 赵坤鹏 李先兵 卢强 李世玉 胡劳婷 张兰 姜明明 罗坤林 张静 赵坤鹏 贾运行 李世玉 温建文 曹文塔 郑文塔 孙秉才 储胜利 苏建文 龚建文 李贵川 胡瑾秋 王军平 陈家福 中 祖强 熊毅 | 联合申报 |
| 180 | | 2012 | | 库车山前深层高温高压气井完井改造工艺技术研究与应用 | 一等奖 | 张福祥 申昭熙 乔雨 周理志 曾努 秦世勇 李世芳 毛学强 牛新年 杨向同 季晓红 罗剑 刘辉 | |
| 181 | | 2012 | | 非均质碳酸盐岩油气藏转向酸化压裂技术与工业化应用 | 一等奖 | 周福建 杨贤友 窦红梅 刘玉章 蒋卫东 石阳 徐敏兵 高跃宾 丁云宏 张福祥 熊春明 车明光 刘雄飞 | 联合申报 |
| 182 | | 2012 | | 塔里木油田深井超深井下作业配套技术研究与应用 | 二等奖 | 单全生 王高坚 张新礼 宋中华 石元宏 杨国洪 李强 张卫贤 钟家维 赵丽丽 | |
| 183 | | 2012 | | 超深高温高压及复杂岩性储层试油关键技术 | 二等奖 | 张绍礼 杨振国 杨向同 卢拥军 邱金平 何冶 崔明月 杨立峰 许显志 | 联合申报 |

| 序号 | 奖励级别 | 奖励年度 | 奖励名称 | 获奖成果名称 | 获奖等级 | 完成人 | 备注 |
|---|---|---|---|---|---|---|---|
| 184 | 中国石油和化工业联合会 | 2012 | 中国石油和化学工业联合会科技进步奖 | 油气井控安全评价及控制技术 | 三等奖 | 刘刚 金业权 曹武敬 李再钧 宋林松 | 联合申报 |
| 185 | | 2013 | | 精细控压钻井技术及工业化应用 | 特等奖 | 石林 韩烈祥 谯抗逆 霍小强 周英祥 伊明 李杰 蒋宏伟 伍贤柱 方世良 刘伟 宋周成 王贵 腾学清 王瑛 郭庆丰 闫永起 李枝林 赵庆 | 联合申报 |
| 186 | | 2013 | | 库车前陆冲断带超深井钻井关键配套技术及工业化应用 | 一等奖 | 滕学清 贾应林 卢运虎 胥志雄 张民立 吕拴录 李宁 苏建文 王春生 周怀阳 金衍 梁红军 尹达 卢强 | |
| 187 | | 2013 | | 塔里木油田超深井举升配套技术研究与应用 | 一等奖 | 宋中华 孙玉国 王法鑫 沈建新 任令全 胡松阳 陈洪 周怀光 袁建波 杨成新 张新礼 王志明 | |
| 188 | | 2013 | 中国石油和化学工业联合会科技进步奖 | 中国古老海相碳酸盐岩油气成藏理论新认识与勘探实践 | 一等奖 | 赵文智 姜华 潘文庆 胡素云 王兆云 李永新 汪泽成 江青春 包洪平 刘伟 郑红菊 张宝军 王铜山 洪海涛 | 联合申报 |
| 189 | | 2013 | | 塔里木油田超深砂岩油藏高含水期剩余油挖潜研究与应用 | 二等奖 | 伍轶鸣 姜许健 宋中华 于志楠 潘昭才 赵丽宏 刘勇 任令明 李洪 单全生 | |
| 190 | | 2013 | | 库车冲断带深层流体演化、充注机制与大气田形成 | 二等奖 | 宋岩 李勇 赵孟军 鲁雪松 刘可禹 孟庆洋 方世虎 姜林 柳少波 卓勤功 | 联合申报 |
| 191 | | 2013 | | 英买力地区碳酸盐岩储集空间精细刻画及高效开发技术 | 三等奖 | 蔡振忠 邓兴梁 陈方方 袁玉春 廖发明 | |
| 192 | | 2014 | | 油气站场动力机组精确诊断预警技术开发及应用 | 一等奖 | 张来斌 谭东杰 柳楠 段礼祥 胡瑾秋 先姗姗 毛仲强 阳广龙 李柏松 梁伟 幺子云 李国海 叶迎 任世科 郑文培 | 联合申报 |

| 序号 | 奖励级别 | 奖励年度 | 奖励名称 | 获奖成果名称 | 获奖等级 | 完成人 | 备注 |
|---|---|---|---|---|---|---|---|
| 193 | | 2014 | | 叠复连续型致密砂岩气藏成因机制、预测方法及其在库车坳陷的重大发现 | 一等奖 | 庞雄奇 刘洛夫 姜福杰 杨海军 黄少英 袁文芳 姜振学 李卓 魏红兴 胡剑风 张宝收 黄捍东 陈冬霞 肖中尧 孙雄伟 | 联合申报 |
| 194 | | 2014 | | 塔中缝洞型碳酸盐岩凝岩气藏动态描述及配套技术 | 二等奖 | 孙兴哥 曹雯 邓兴梁 李世银 万玉金 赵勇 路琳琳 施英 张冕 | 联合申报 |
| 195 | | 2014 | | 塔里木盆地塔北地区超深复杂碳酸盐岩地震精细勘探技术及应用 | 二等奖 | 王招明 彭更新 冯许魁 杨平 梁向豪 郑多明 高宏亮 周翼 王乃建 | |
| 196 | | 2014 | | 超深井安全钻井配套技术与应用 | 二等奖 | 滕学清 杨晓勇 李宁 秦宏德 狄勤丰 周波 朱金智 迟军 王孝亮 | |
| 197 | 中国石油和化工业联合会 | 2014 | 中国石油和化学工业联合会科技进步奖 | 超深低幅度非稳态油藏地理论与滚动勘探开发实践 | 三等奖 | 江同文 杨海军 张宝收 朱光有 单家增 | |
| 198 | | 2015 | | 超深层碳酸盐岩成像测井配套技术与应用 | 一等奖 | 肖承文 信毅 陈宝 刘瑞林 刘英明 曹江宁 祁新忠 吴大成 宋周成 张天军 施宇峰 郭洪波 熊方明 王贵文 刘长新 | |
| 199 | | 2015 | | 库车前陆盐下狼形冲断体地质认识创新及超深层大气田的发现 | 二等奖 | 杨海军 梁河豪 谢会文 吴超 李勇 胡剑风 雷刚林.能源 彭更新 张惠良 | |
| 200 | | 2015 | | 塔北碳酸盐岩凝析油气藏超深水平井开发关键技术及应用 | 二等奖 | 刘建勋 李有伟 韩剑发 周锦明 杨向同 周国君 季晓红 张浩 单锋 陈军 | |
| 201 | | 2015 | | 凝析气藏变相态流渗理论和高效开发技术及应用 | 二等奖 | 朱维耀 李治平 江同文 阳建平 夏静 朱华银 罗凯 朱忠谦 李保柱 | 联合申报 |
| 202 | | 2015 | | 塔里木油田超高压高温气井测试技术与工业化应用 | 三等奖 | 张福祥 滕学清 杨向同 彭建新 刘洪涛 | |
| 203 | | 2015 | | 异常高温高强腐蚀（$CO_2$）气田地面防腐措施研究 | 三等奖 | 姜放 常泽亮 施岱艳 李科 邹应勇 | 联合申报 |

| 序号 | 奖励级别 | 奖励年度 | 奖励名称 | 获奖成果名称 | 获奖等级 | 完成人 | 备注 |
|---|---|---|---|---|---|---|---|
| 204 | 中国石油和化学工业联合会 | 2016 | 中国石油和化学工业联合会科技进步奖 | 叠合盆地复杂油气藏成因机制与预测方法及应用成效 | 一等奖 | 庞雄奇 杨海军 林畅松 姜振学 朱筱敏 罗晓容 孙赞东 黄旺东 贾希玉 何登发 李素梅 陈践发 黄少 | 联合申报 |
| 205 | | 2016 | 中国石油和化学工业联合会科技进步奖 | 深井超深井暂堵分层转向改造技术及工业化应用 | 一等奖 | 周福建 杨向同 刘贤飞 石阳 彭建新 杨晨 熊春明 姚二冬 韩秀玲 刘合锋 李秀辉 谭艳芳 汪道兵 | 联合申报 |
| 206 | | 2016 | 中国石油和化学工业联合会技术发明奖 | 塔里木超深非均质碳酸盐岩储层提产技术研究与工业化应用 | 二等奖 | 杨向同 周福建 刘洪涛 滕学清 宋元成 李元斌 季晓红 | |
| 207 | | 2016 | 中国石油和化学工业联合会科技进步奖 | 超深超高压裂缝性砂岩气藏高效开发技术及应用 | 三等奖 | 江同文 王振彪 肖香姣 王洪峰 赵力彬 | |
| 208 | | 2016 | 中国石油和化学工业联合会科技进步奖 | 超深复杂井大修配套工艺、工具研究与应用 | 三等奖 | 单全生 陆爱华 张卫贤 双志强 钟承维 | |
| 209 | | 2017 | 中国石油和化学工业联合会技术发明奖 | 复杂工况油井套管柱的完整性与失效控制技术 | 二等奖 | 冯耀荣 韩礼红 王建东 高德利 谢俊峰 聂明虎 | 联合申报 |
| 210 | | 2017 | 中国石油和化学工业联合会科技进步奖 | 复杂环境气体钻井关键技术 | 三等奖 | 孟英峰 李皋 蒋祖军 邓虎 魏纳 王春生 刘厚彬 石祥 王希勇 | 联合申报 |
| 211 | | 2017 | 中国石油和化学工业联合会科技进步奖 | 库车超深复杂裂缝性低孔砂岩储层高产机制与关键预测技术及应用 | 三等奖 | 张荣虎 唐雁刚 曾庆鲁 孙雄伟 高志勇 | 联合申报 |
| 212 | 中国石油和化工自动化行业 | 2011 | 中国石油和化工行业科技进步奖 | 塔西南社会化用工人事管理及工资管理系统的开发应用 | 三等奖 | 王春奇 孔翎 许延平 李磊 马永峰 付志远 | |
| 213 | | 2011 | 中国石油和化工自动化行业科技进步奖 | 石化厂化肥大机组集中监控系统改造 | 三等奖 | 周忠勇 吴景堂 王小成 马久文 梁新民 艾斯卡尔·买买提 | |

续表

| 序号 | 奖励级别 | 奖励年度 | 奖励名称 | 获奖成果名称 | 获奖等级 | 完成人 | 备注 |
|---|---|---|---|---|---|---|---|
| 214 | 中国石油和化工自动化行业 | 2011 | 中国石油和化工自动化行业科技进步奖 | 哈得油田油气处理站集散控制系统优化与应用 | 三等奖 | 蒋仁裕 王升 谢民政 周文龙 夏东胜 胥伟 | |
| 215 | | 2011 | | 塔中Ⅰ号气田硫磺回收主燃烧炉自动点火控制系统研究与应用 | 三等奖 | 孔伟 喻文均 王子强 王善恒 杨其展 丁启耀 | |
| 216 | 中国石油和化工自动化行业 | 2012 | | 塔里木盆地碳酸盐岩缝洞储层量化雕刻技术在油气勘探开发中的应用 | 一等奖 | 王招明 杨海军 高宏亮 蔡振忠 郑多明 潘文庆 张丽娟 杨平 朱永峰 | |
| 217 | | 2012 | | 库车挤压型相关构造建模技术及应用 | 一等奖 | 徐振平 李青 唐雁刚 陈元勇 何巧林 许安明 李伟 周露 张敬洲 | |
| 218 | | 2012 | | 昆仑山前油气勘探重大突破潜力评价 | 三等奖 | 黄智斌 师骏 曾昌民 杜治利 冯晓军 张亮 | |
| 219 | 新疆维吾尔自治区 | 1995 | 新疆维吾尔自治区科学技术进步奖 | 塔里木油气资源勘探开发新疆经济发展研究 | 一等奖 | 杨周方 李生有 梁狄刚 牛敬劳 钟文余 何景柏 樊自立 刘彦群 | 联合申报 |
| 220 | | 1995 | | 塔里木盆地塔北隆起轮台断隆带第三系勘探成果及油气分布规律 | 一等奖 | 黄传波 邹义声 赵治信 安振兴 王月华 田军 胡太平 王媛 | |
| 221 | | 1995 | | 沙漠石油钻井平台基础施工新工艺 | 三等奖 | 凌伟 孔庆根 王益民 张胜利 谢树标 李卫 于好冰 | 联合申报 |
| 222 | | 1995 | | 超深井采油管柱工艺技术研究 | 三等奖 | 王俊 田相民 王益清 贺满普 杨继辉 马集敏 杜佳鸣 | 联合申报 |
| 223 | | 1995 | | 应用盆地模拟技术评价塔里木盆地油气资源潜力 | 三等奖 | 张建世 沈成喜 徐志明 同刚 李梅 董斌 张水昌 | |
| 224 | | 1996 | | 塔里木盆地油藏条件下饱和度测井解释方法研究 | 二等奖 | 毛志强 章成广 王青 李进福 李进祥 陈仲中 肖传文 刘举礼 李军 | |
| 225 | | 1996 | | 塔里木东河油田超深井增注配套工艺技术研究 | 三等奖 | 杨长柏 王安塔 魏吉祥 王振铎 刘汉明 汪续刚 单全生 | |

| 序号 | 奖励级别 | 奖励年度 | 奖励名称 | 获奖成果名称 | 获奖等级 | 完成人 | 备注 |
|---|---|---|---|---|---|---|---|
| 226 | 新疆维吾尔自治区 | 1996 | 新疆维吾尔自治区科学技术进步奖 | 塔里木油田地面工程设计中气候极值概率分布规律研究及应用 | 三等奖 | 马淑红 蔡承侠 何剑玲 由静涛 熊建国 候勤东 | 联合申报 |
| 227 | | 1997 | | 深井超深井裸眼测井技术在塔里木油田的应用 | 二等奖 | 杨锦源 秦宏 吴富强 范兆元 胥志雄 邵海蓉 | |
| 228 | | 1997 | | 油气开发办公自动化系统的研制和推广应用 | 二等奖 | 付国君 黄天生 李建江 王钊 张振华 黄晓东 陈小右 杨德良 | |
| 229 | | 1997 | | 新疆维吾尔自治区塔里木盆地水文地质研究报告 | 三等奖 | 熊建国 肖军 张鑫生 霍传英 荀新华 惠熙祥 | |
| 230 | | 1998 | | 塔里木盆地高分辨率高精度大地水准面的确定及卫星全球定位系统基准网的建立 | 二等奖 | 熊蓍 崔民元 王明世 孙绍斌 龚福华 朱健敏 李建成 刘经南 | |
| 231 | | 1998 | | 深井测试技术在塔里木油田油气勘探中的应用 | 二等奖 | 刘德海 周忠明 林承裕 何银达 吉玉林 王克仁 彭进府 | |
| 232 | | 1998 | | 小井眼钻井技术在6井和4井的应用 | 三等奖 | 贾立强 黄超 宋延鹏 赵文平 胡宁平 | |
| 233 | | 1998 | | 塔里木盆地塔中地区奥陶系碳酸盐岩储层研究 | 三等奖 | 刘效曾 孙玉善 杨帆 曾强 刘静江 孔金平 杨文静 | |
| 234 | | 1998 | | 塔中四油田采油方案的制订与实施 | 三等奖 | 张永华 贾传忠 饶文艺 白晓飞 张启 高运宗 周小平 | |
| 235 | | 1998 | | 破碎性白云岩地层防塌技术 | 三等奖 | 朱金智 周志世 邹盛礼 李再均 何涛 翟凌敏 王伟 | |
| 236 | | 1999 | | 塔里木盆地车前陆逆冲构造分析与目标评价 | 一等奖 | 贾承造 李启明 谢会文 皮学军 汪薪 田作基 蔡振忠 雷刚林 卢华复 吕修祥 胡晓勇 | |

| 序号 | 奖励级别 | 奖励年度 | 奖励名称 | 获奖成果名称 | 获奖等级 | 完成人 | 备注 |
|---|---|---|---|---|---|---|---|
| 237 | | 1999 | | 塔中16油田CⅢ油藏滚动开发技术 | 一等奖 | 孙龙德 朱卫红 刘昌玉 牛玉杰 秦发伟 昌伦杰 于翠跃 王北芳 君 江同文 郑 威 | |
| 238 | | 1999 | | 塔里木盆地天然气分布规律及勘探方向 | 二等奖 | 赵孟军 周兴熙 肖 君 卢双舫 李中尧 蒲鸿春 李 梅 彭 燕 李 剑 秦胜飞 陈义才 | |
| 239 | | 1999 | | 塔里木盆地中央隆起及相邻地区勘探目标选择及评价 | 二等奖 | 胡云扬 皮学军 刘 胜 杨海军 彭明全 刘云祥 何际平 何开泉 戴富贵 | |
| 240 | | 1999 | | 塔里木石油勘探开发者塔部广域网工程技术 | 二等奖 | 廖善福 潘晓军 杨 松 孙赋强 赵 群 钱顺星 潘发承 李四海 欧阳海 | |
| 241 | | 1999 | | 柯克亚油田凝析气田西五—（3）循环注气先导试验 | 三等奖 | 赵立春 孙国际 李玉冠 张兴林 张 虹 杨炳荣 王新材 | |
| 242 | 新疆维吾尔自治区 | 1999 | 新疆维吾尔自治区科学技术进步奖 | 油田健康、安全与环境（HSE）管理体系建立指南 | 三等奖 | 张林寿 黎跃东 杨 勇 武文渊 何保生 唐全宏 李志扬 | |
| 243 | | 2000 | | 塔中油田生物防沙绿化示范工程技术 | 二等奖 | 马振武 潘伯荣 龚福华 徐新文 秦 刚 胡玉昆 王益清 雷益青 李丙文 | |
| 244 | | 2000 | | 库车坳陷钻井配套技术研究与应用库车山前钻井技术研究与应用 | 二等奖 | 贾立强 朱金智 梁红军 迟 军 胥志雄 王书琪 孙吉军 李清华 | |
| 245 | | 2000 | | 塔里木盆地生油岩与油源研究 | 二等奖 | 张水昌 梁狄刚 肖中尧 王飞宇 王国林 张宝民 李 梅 边立曾 王清华 | |
| 246 | | 2000 | | 塔里木盆地深层、超深层沙漠油田开发新技术及其应用 | 三等奖 | 孙龙德 相建民 朱文杰 刘建勋 朱卫民 范地华 | |
| 247 | | 2001 | | 西气东输塔里木年输120亿立方米天然气资源评价及开发前期研究 | 一等奖 | 朱文杰 班兴安 汪如军 周理志 谢义新 牛新年 肖尚斌 刘明球 刘会良 邬国营 郑国苦 胡海东 | |
| 248 | | 2001 | | 塔里木盆地油气分布规律与资源、经济评价 | 二等奖 | 李启明 赵靖舟 王红军 邬 宏 朱卫民 冈 磊 柳少波 杨东坤 田作基 | |

| 序号 | 奖励级别 | 奖励年度 | 奖励名称 | 获奖成果名称 | 获奖等级 | 完成人 | 备注 |
|---|---|---|---|---|---|---|---|
| 249 | | 2001 | | 库车坳陷圈闭评价及勘探 | 二等奖 | 皮学军 王长勋 徐 峰 叶 林 郝祥保 张国伟 黄新林 赵福元 | |
| 250 | | 2001 | | 塔里木盆地盐膏层钻井技术 | 三等奖 | 唐继平 贾立强 朱金智 仲文旭 藤学清 尹 达 | |
| 251 | | 2001 | | 塔里木盆地哈得4低幅度油田的发现与探明 | 三等奖 | 廖涛 周 勇 韩剑发 赵福元 孙丽霞 周 翼 苗 青 | |
| 252 | | 2002 | | 塔里木盆地深油井复杂条件波谱分析井技术开发及应用 | 二等奖 | 王子章 陈道金 蔡 毅 李进兴 晁重阳 邱正松 廖 涛 李相方 | |
| 253 | | 2002 | | 库车坳陷盐构造研究及油气勘探 | 二等奖 | 孙龙德 金之钧 王清华 邹光辉 吕修祥 皮学军 罗明慧 杨俊成 | |
| 254 | 新疆维吾尔自治区 | 2002 | 新疆维吾尔自治区科学技术进步奖 | 2001年轮南奥陶系潜山油藏描述及勘探目标优选 | 一等奖 | 潘文庆 管文胜 高宏亮 刘兴晓 刘静江 韩剑发 周 勇 赵乐元 祁兴中 | |
| 255 | | 2002 | | 克拉205井高压气田钻井、完井及储层保护配套技术 | 二等奖 | 朱文杰 周建东 张福祥 彭晓刚 李再均 沈建新 康建利 张 毅 | |
| 256 | | 2002 | | 随钻测井技术在塔里木盆地油田的应用 | 三等奖 | 张向东 郭清滨 赵元良 陈大棋 刘长新 李进兴 | |
| 257 | | 2002 | | 柯克亚凝析气田增产、稳产方案研究 | 三等奖 | 宋文杰 杨和平 王新裕 邓兴梁 牛新年 鹿克锋 王北方 | |
| 258 | | 2002 | | 深层超深层砂岩油层直井开发堵水技术应用 | 三等奖 | 孙龙德 刘建勋 陈 竹 钟家维 吴兴国 欧如学 | |
| 259 | | 2002 | | 现场生产数据信息管理系统 | 三等奖 | 买光荣 王小波 唐荣华 周 云 熊 伟 | |
| 260 | | 2003 | | 油田水平井测井工艺及解释技术的开发 | 一等奖 | 陈新林 宋 帆 赵乾富 海 川 彭晓玉 张定卫 王 青 王焕增 李伟玮 朱志芳 蒋智格 朱登朝 | |

| 序号 | 奖励级别 | 奖励年度 | 奖励名称 | 获奖成果名称 | 获奖等级 | 完成人 | 备注 |
|---|---|---|---|---|---|---|---|
| 261 | 新疆维吾尔自治区 | 2003 | 新疆维吾尔自治区科学技术进步奖 | 油井倾角、井壁成像测井资料在地质勘探中应用的研究 | 二等奖 | 王招明 肖承文 王贵文 祁兴中 李进福 赵军 张莉 李军 赵乾富 | |
| 262 | | 2003 | | 超深低压油藏提高电泵寿命工艺开发 | 二等奖 | 刘建勋 沈建新 王兑松 杨勇 王红标 党永维 钟家维 付道明 | |
| 263 | | 2003 | | 迪那2凝析气田的气藏描述 | 三等奖 | 王招明 皮学军 王清华 蔡振忠 谢会文 马玉杰 | |
| 264 | | 2003 | | 轮古地区奥陶碳酸盐岩油田测井储层解释评价技术的开发 | 三等奖 | 肖承文 祁兴中 张承森 赵军 郭秀丽 傅海成 张永中 | |
| 265 | | 2003 | | 大苑齐油田生产的增储上产研究 | 三等奖 | 孙龙德 宋文杰 刘昌玉 朱卫红 汪如军 于登跃 | |
| 266 | | 2003 | | 柴油机余热利用研究 | 三等奖 | 唐成人 孟国维 梁生荣 张志辉 苏运国 | |
| 267 | | 2004 | | 塔里木盆地大中型气田天然气生经动力学与主控因素研究 | 一等奖 | 王招明 王国林 肖中尧 李贤庆 张水昌 徐志明 吕修祥 胡国艺 张秋茶 | |
| 268 | | 2004 | | 塔里木沙漠公路综合防护关键技术开发与应用 | 一等奖 | 马振武 徐新文 熊建国 相建民 李丙文 买光荣 周智彬 周发伟 雷加强 | |
| 269 | | 2004 | | 改进型二氧化碳汽提法尿素生产新工艺在塔西南化肥厂的应用 | 二等奖 | 邵波 董泰斌 郭青 阿不都热合木·托乎提 孙 新生 李茂挺 李进 吕勇 徐凯 | |
| 270 | | 2004 | | 柯深地区超深油井射井配套技术 | 三等奖 | 周建东 何钧 白登相 李再均 孙吉军 彭晓刚 | |
| 271 | | 2004 | | 超深油井水基泥浆完井液研制 | 三等奖 | 张福祥 王书琪 李元斌 刘德海 冯广庆 于松法 | |
| 272 | | 2004 | | 油田测井技术在钻井和测井工程设计中的应用 | 三等奖 | 张向东 王豪复 郭清滨 赵元良 刘长新 刘会良 雷军 | |
| 273 | | 2005 | | 运用新理论、新技术对塔里木盆地中部奥陶系油藏描述及在勘探中的应用 | 一等奖 | 杨海军 李宇平 邹光辉 王振宇 江文波 黄广建 邓述友 李新生 刘运宏 刘兴礼 李文华 | |

| 序号 | 奖励级别 | 奖励年度 | 奖励名称 | 获奖成果名称 | 获奖等级 | 完成人 | 备注 |
|---|---|---|---|---|---|---|---|
| 274 | | 2005 | | 超高压油气井控制装备的研制及压井工艺开发 | 二等奖 | 康延军 魏明杨 龚建文 李锋 蒋光强 严永发 杨进 程德祥 孙新堂 | |
| 275 | | 2005 | | "塔中四"油田提高采收率技术开发与应用 | 二等奖 | 任今明 韩易龙 相建民 吴迪 范明国 阳建平 陈文龙 牟泽盛 石增利 | |
| 276 | | 2005 | | 塔里木盆地及周边地层划分对比研究 | 三等奖 | 贾承造 张师本 黄智斌 王宝瑜 杜品德 周守沄 | |
| 277 | | 2006 | | 哈得油田超深水平井套损模式及防治对策研究 | 二等奖 | 王陶 蒋仁裕 张建华 黄倩 徐东后 王海 韩易龙 赵丽丽 刘慧荣 | |
| 278 | | 2006 | | 轮南奥陶系碳酸盐岩深层气藏测井描述技术研究 | 二等奖 | 肖承文 祁兴中 刘兴礼 张承森 刘瑞林 袁仕俊 付海成 单文义 吴大成 | |
| 279 | 新疆维吾尔自治区 | 2006 | 新疆维吾尔自治区科学技术进步奖 | 塔里木盆地复杂山地、大沙漠区地震技术攻关及效果 | 二等奖 | 梁向豪 杨金华 肖文军 周翼 彭更新 满益志 黄有晖 邓建峰 冉体文 | |
| 280 | | 2006 | | 塔里木盆地天然气资源潜力与勘探方向 | 三等奖 | 王招明 肖中尧 胡剑风 田辉 卢玉红 张丽娟 黄黎晖 徐志军 | |
| 281 | | 2007 | | 哈得逊油田薄砂层油藏注水开发技术研究与应用 | 一等奖 | 朱卫红 汪如军 牛玉杰 昌伦杰 宿晓斌 李东亮 王陶 赵乾富 肖君 卞万江 杜涛 | |
| 282 | | 2007 | | 高陡构造垂直钻井配套技术 | 二等奖 | 唐继平 滕学清 胥志雄 张斌 王春生 石晓兵 梁红兵 卢秀 何世明 | |
| 283 | | 2007 | | 库车坳陷复杂构造圈闭落实方法研究与应用 | 二等奖 | 杨举勇 彭更新 满益志 王兴军 向东 高辉 李世昌 段文胜 李建军 | |
| 284 | | 2007 | | 高压气田及凝析气田动态监测新技术的应用与开发 | 三等奖 | 王天祥 李汝勇 伍藏原 朱忠谦 廖发明 宿晓斌 邓军 | |
| 285 | | 2007 | | 礁滩型碳酸盐岩储层测井描述与定量评价 | 三等奖 | 海川 王青 吴远东 周阳 信毅 李多丽 袁仕俊 | |

续表

| 序号 | 奖励级别 | 奖励年度 | 奖励名称 | 获奖成果名称 | 获奖等级 | 完成人 | 备注 |
|---|---|---|---|---|---|---|---|
| 286 | 新疆维吾尔自治区 | 2009 | 新疆维吾尔自治区科学技术进步奖 | 塔里木油田海相碳酸盐岩储层增产技术研究与应用 | 一等奖 | 张福祥 张绍礼 彭建新 杨向同 李元斌 杨继辉 朱绕云 秦桂英 秦桂江 钱春江 杨建军 谢宇 | |
| 287 | | 2009 | | 塔里木盆地奥陶系礁滩体特征与油气勘探 | 二等奖 | 王招明 杨海军 张丽娟 黄智赋 顾乔元 李 勇 韩剑发 王振宇 | |
| 288 | | 2009 | | 塔里木盆地超深复杂井筒质量测井评价评价技术 | 三等奖 | 袁仕俊 肖承文 李进福 陈新林 傅海成 尹国庆 吴庆宽 | |
| 289 | | 2009 | | 英买力薄油环凝析气藏开发 | 三等奖 | 冯积累 肖香姣 朱忠谦 成荣红 林 娜 刘本明 | |
| 290 | | 2009 | | 克拉2气田高压气井风险评估方法研究 | 三等奖 | 周理志 何银达 白晓飞 杨淑珍 彭建云 段泽新 秦世勇 | |
| 291 | | 2009 | | 碳酸盐岩超深稠油藏干采配套技术研究 | 三等奖 | 潘昭才 杨人平 肖 云 徐明军 李 勇 刘百春 田新建 | |
| 292 | | 2010 | | 中古8井区奥陶系亿吨级大型凝析气田的探明与关键技术 | 一等奖 | 王招明 田 军 杨海军 韩剑发 于红枫 吉云刚 肖承文 黄广建 张虎权 彭建新 | |
| 293 | | 2010 | | 碳酸盐岩压力敏感性地层井控技术研究 | 二等奖 | 李锋 郑新权 刘绘新 梁红军 张 志 何世明 阎刚凯 胥志雄 | |
| 294 | | 2010 | | 大北地区气藏描述与评价勘探 | 三等奖 | 谢会文 马玉杰 吴 超 徐振平 王 媛 张敬洲 杨宪彰 | |
| 295 | | 2010 | | 库车前陆盆地高压低渗储层测井响应机理与综合评价 | 三等奖 | 肖承文 祁兴中 李进福 徐俊博 刘 妮 吴兴能 周 磊 | |
| 296 | | 2011 | | 新一代高性能钻杆关键技术研究及应用 | 一等奖 | 贾华明 赵 鹏 黄子阳 施大和 卢 强 苏建文 周月明 冯少波 韩 勇 潘存强 | |
| 297 | | 2011 | | 盐相关构造建模在库车天然气勘探大发现中的应用 | 二等奖 | 王招明 谢会文 黄少英 雷刚林 朱世忠 徐振平 李 青 吴 超 王步清 | |

| 序号 | 奖励级别 | 奖励年度 | 奖励名称 | 获奖成果名称 | 获奖等级 | 完成人 | 备注 |
|---|---|---|---|---|---|---|---|
| 298 | | 2011 | | 油那2超高压气藏缝网酸压技术研究及应用 | 二等奖 | 刘建勋 袁学芳 金玉 黄世财 杨绍龙 秦世勇 冯觉勇 | |
| 299 | | 2011 | | 塔里木油田安全文化探索与实践 | 二等奖 | 孟国维 魏云峰 李莉疆 | |
| 300 | | 2011 | | 大宛齐油田滚动勘探开发及加密调整研究与应用 | 三等奖 | 江同文 练章贵 王平 左泽光 李志凤 罗辑 | |
| 301 | | 2011 | | 深层、复杂异常高压气藏动态分析技术及软件编制 | 三等奖 | 苗继军 陈文龙 杨磊 常忠强 廖发明 肾洪俊 吕波 | |
| 302 | 新疆维吾尔自治区 | 2012 | 新疆维吾尔自治区科学技术进步奖 | 哈拉哈塘大油田的发现及勘探开发技术 | 一等奖 | 王招明 杨海军 张丽娟 田军 王清华 蔡振忠 廖涛 朱永峰 高宏亮 肖承文 郑多明 邱斌 | |
| 303 | | 2012 | | 牙哈凝析气田高产、稳产技术研究与应用 | 二等奖 | 江同文 肖香姣 昌伦杰 周理志 陈文龙 谢伟 徐文圣 | |
| 304 | | 2012 | | 塔里木深层超深层砂岩油藏稀油井网条件下精细描述技术与应用 | 二等奖 | 朱忠谦 冯积累 练英贵 马斌 周学慧 赵东明 | |
| 305 | | 2012 | | 塔中1号气田提高单井产量钻完井配套技术研究与应用 | 三等奖 | 刘建勋 末周成 康延军 彭建新 李怀仲 刘会良 肾志雄 | |
| 306 | | 2012 | | 库车前陆冲断带高压气井完井技术研究与应用 | 三等奖 | 张福祥 周理志 杨向同 彭建新 贾海 乔雨 | |
| 307 | | 2012 | | 塔里木油田信息运维中心研究与建设应用 | 三等奖 | 陈伟 李晓林 杨松 潘晓军 邓秋生 刘庆宏 朴永红 | |
| 308 | | 2013 | | 超深高温碳酸盐岩储层完井产化研究与应用 | 一等奖 | 张福祥 杨向同 滕学清 刘洪涛 李晓红 季晓峰 巴旦 马维海 周鹏遥 袁学芳 刘军严 郭锐锋 | |
| 309 | | 2013 | | 缝洞型碳酸盐岩测井评价技术及工业化应用 | 一等奖 | 肖承文 田军 李新欣 吴大成 吴兴能 单文文 王建伟 张承森 赵元良 鄂清岱 | |

| 序号 | 奖励级别 | 奖励年度 | 奖励名称 | 获奖成果名称 | 获奖等级 | 完成人 | 备注 |
|---|---|---|---|---|---|---|---|
| 310 | | 2013 | | 一种淹没点刻度电成像资料计算视地层电阻率谱及参数的方法 | 一等奖 | 肖承文 杨海军 刘瑞林 李宁 刘兴礼 张承森 吴兴能 信毅 周 冯 鄂秀丽 | |
| 311 | | 2013 | | 塔里木山前高温、高地应力、高含盐地层钻井完井液技术及应用 | 二等奖 | 尹达 肖志雄 卢 刘 毅 梁红军 李磊 张震 | |
| 312 | | 2013 | | 荒漠肉苁蓉高产稳产规模化种植技术研发与示范 | 二等奖 | 徐新文 李丙文 孙永强 蒋进 常青 张忠良 王鲁海 许波 | 联合申报 |
| 313 | | 2014 | | 塔里木深层致密砂岩气藏气钻完井技术 | 一等奖 | 王春生 肖志雄 贾国玉 冯少波 王延民 王裕海 梁红军 李莘 周玉良 张志 | |
| 314 | | 2014 | | 塔里木盆地下古生界白云岩石油地质新认识与勘探发现 | 二等奖 | 杨海军 陈懋 陈永权 潘文静 李启明 潘文庆 董瑞霞 徐彦龙 | |
| 315 | 新疆维吾尔自治区 | 2014 | 新疆维吾尔自治区科学技术进步奖 | 超深超高压高温井射孔技术研究与应用 | 二等奖 | 杨向同 周理志 彭建新 刘明球 陈锋 唐凯 张绍礼 贾宝贵 刘洪涛 | |
| 316 | | 2014 | | 迪那2深层超高压复杂凝析气田高效生产关键技术及应用 | 三等奖 | 朱忠谦 王天祥 吴永平 肖香姣 许建华 郑严全 昌伦杰 | |
| 317 | | 2015 | | 库车前陆区超深裂缝性致密砂岩气藏储层改造技术研究与工业化应用 | 一等奖 | 张福祥 彭建新 袁学芳 邹国庆 刘举 袁芳 王磊 张辉 | |
| 318 | | 2015 | | 塔中缝洞型碳酸盐岩凝析气藏开发方式与高产水平井优化关键技术 | 二等奖 | 刘建勋 潘文庆 杨海军 韩剑发 于红枫 陈军 敬兵 李世银 邓兴梁 唐雁刚 高文祥 刘辉 | |
| 319 | | 2015 | | 高温高压超深井套管设计技术及国产化应用 | 二等奖 | 李宁 滕学清 吕拴录 张新平 秦宏德 李东风 杨沛 杨成新 田青超 张成超 | |
| 320 | | 2015 | | 深层高温高压油气井完井工具研发与配套技术 | 三等奖 | 李志国 杨向同 朱进府 路尧 王秀萍 李超 刘洪涛 | 联合申报 |
| 321 | | 2016 | | 库车山前超高温超高压固井技术及应用 | 一等奖 | 李晓春 王延民 李坤 刘锐 丁辉 李早元 宾国成 袁中涛 赵力 张昌铧 李卫东 邓强 | |

| 序号 | 奖励级别 | 奖励年度 | 奖励名称 | 获奖成果名称 | 获奖等级 | 完成人 | 备注 |
|---|---|---|---|---|---|---|---|
| 322 | | 2016 | 新疆维吾尔自治区科学技术进步奖 | 塔里木油田苟刻腐蚀环境中地面生产系统防腐蚀集成技术研究与应用 | 二等奖 | 李循迹 周理志 陈东凤 常泽亮 赵志勇 张强 王福善 毛伸强 戚东涛 | |
| 323 | | 2016 | 新疆维吾尔自治区技术发明奖 | 哈得逊油田超深薄油藏高效开发及稳产技术 | 二等奖 | 孙海航 伍铁银 王超 陶 李宜强 赵安 乔霞 徐程宇 | |
| 324 | 新疆维吾尔自治区 | 2017 | | 缝洞型碳酸盐岩油气藏储层与流体弹性域预测评价技术及应用 | 一等奖 | 孙赞东 韩剑发 王学军 陈军 张远银 刘立峰 | |
| 325 | | 2017 | | 克拉苏超深超高压裂缝性致密砂岩气藏高效开发技术 | 二等奖 | 王振彪 肖香姣 孙雄伟 郭平 王洪峰 李青 赵力刚 张建业 杨学君 | |
| 326 | | 2017 | | 克拉苏盐下深层裂缝性低孔砂岩储层评价技术及效益勘探 | 三等奖 | 唐雁刚 谢会文 周健 周鹏 张荣虎 高志勇 | |
| 327 | | 2017 | 新疆维吾尔自治区科学技术进步奖 | 塔里木盆地复杂区变速成图技术研究与应用 | 三等奖 | 王兴军 陈猛 王川 满益志 崔永福 李文燕 彭更新 | |
| 328 | | 2017 | | 库车山前裂缝性致密砂岩气藏钻完井储层防害评价与保护技术 | 三等奖 | 朱金智 游利军 李家学 尹达 康毅力 张绍俊 李磊 | |
| 329 | | 2017 | | 塔里木超深井录井工程预警与油气评价技术 | 三等奖 | 王国瓦 郭清滨 邱斌 李新 侯向辉 陈慧 胡伟 | |
| 330 | | 2018 | 新疆维吾尔自治区技术发明奖 | 塔里木超深复杂井简测井采集关键技术创新与应用 | 二等奖 | 肖承文 杨海军 郭清滨 张天军 郭洪波 刘建成 | |

| 序号 | 奖励级别 | 奖励年度 | 奖励名称 | 获奖成果名称 | 获奖等级 | 完成人 | 备注 |
|---|---|---|---|---|---|---|---|
| 331 | 新疆维吾尔自治区 | 2018 | 新疆维吾尔自治区科学技术进步奖 | 塔里木盆地第四次油气资源评价 | 二等奖 | 张宝收 赵青 卢玉红 张科 凡闪 曹淑娟 段云江 左小军 | |
| 332 | | 2018 | | 库车前陆盆地超高温高压井完整性关键技术研究与应用 | 二等奖 | 刘洪特 滕学清 彭建新 胥志雄 杨向同 张雪松 曾努 刘明球 | |
| 333 | | 2018 | | 塔里木超深层复杂油气藏经济高效钻井关键技术研究与工业化应用 | 二等奖 | 李宁 张峰 朱金智 段永贤 袁中涛 杨成新 张权 余纲 | |
| 334 | | 2018 | | 塔里木高密度油基泥浆国产化研究与应用 | 二等奖 | 刘锋报 李磊 王建华 尹达 李龙 晏智航 刘毅 王延民 迟军 | |
| 335 | | 2018 | | 库车山前"三高"气井采气配套技术集成与应用 | 三等奖 | 徐明军 尹红卫 郑保领 王胜军 王洪峰 王小培 黄钟新 | |
| 336 | | 2018 | | 塔中超深缝洞型碳酸盐岩复式油气藏评价开发关键技术研究及应用实践 | 三等奖 | 李世银 邓兴梁 关宝珠 于红枫 施英 沈春光 王彭 | |
| 337 | 国家能源局 | 2010 | 国家能源局科技进步奖 | 水平井技术与规模化应用 | 一等奖 | 刘乃震 杨学文 薄珉 陆海泉 秦文贵 郑新权 汪海阁 宋周成 徐学军 孙才才 王绍春 韩辉 张明民 伍贤柱 周明信 | 联合申报 |
| 338 | | 2010 | | 塔里木盆地复杂山地地震勘探技术及应用 | 二等奖 | 王招明 夏义平 杨举勇 田军 李亚林 严峰 黄有晖 施海峰 张新东 戴晓云 | |
| 339 | | 2012 | | 海相碳酸盐岩储层改造与测试配套技术研究及应用 | 三等奖 | 王永辉 张福祥 何治 周福建 程兴生 彭建新 唐庚 | 联合申报 |
| 340 | 其他 | 2005 | 四川省科技进步奖 | 钻柱动力学研究与现场应用 | 三等奖 | 林元华 付建红 施太和 石晓兵 | 联合申报 |
| 341 | | 2010 | | 复杂气藏高效开发基础理论与技术研究 | 一等奖 | 杜志敏 李曙光 郭平 王招明 孙雷 刘义成 杨洪志 | 联合申报 |

| 序号 | 奖励级别 | 奖励年度 | 奖励名称 | 获奖成果名称 | 获奖等级 | 完成人 | 备注 |
|---|---|---|---|---|---|---|---|
| 342 | 其他 | 2010 | 湖北省科技进步奖 | 塔里木油田物资储备定额研究 | 二等奖 | 李成标 王贯中 王勇 王金洲 郭睦庚 刘占军 吴先金 李诗珍 吴爱军 吴杰 | 联合申报 |
| 343 | | 1996 | 中国机械工业部科学技术进步奖 | 6000米电驱动沙漠钻机 | 特等奖 | 张仁俊 张建华 徐远程 胡志祥 陈茂松 肖自健 张秉昌 李青平 马中允 余生福 刘青华 李昭华 朱苟先 张建斌 陈重生 曾祥龙 李臣 侯广平 张少民 王先武 田树贵 刘杰 严心海 陈博 田政方 马双富 张学倍 刘立民 王兰达 段薇 马永和 | 联合申报 |
| 344 | | 1997 | | 油气水分离处理成套装置 | 三等奖 | 刘陆一 陈冠富 任军 刘德海 张钢 | 联合申报 |
| 345 | | 2003 | 中国船舶重工集团公司科学技术奖 | 燃气轮机进气系统喷雾蒸发冷却提高高温季节燃气轮机功率的研究 | 二等奖 | 陈仁贵 | |
| 346 | | 2008 | 中国岩石力学与工程学会科学技术奖 | 非平面水力裂缝设计方法及控制裂缝提高油气产量技术 | 特等奖 | 陈勉 雷群 胥云 张广清 张福祥 丁云宏 赵振峰 李忠兴 侯冰 蒋廷学 王振铎 杨振周 陈作 彭建新 王克雄 杨向同 赵文 陆红文 崔明月 | 联合申报 |
| 347 | | 2009 | 中国消防协会科学技术创新奖 | 边远地区中小型可燃液体储罐的消防保护 | 二等奖 | 孟国维 徐洪新 魏云峰 杨勇 李志扬 王增志 李青 王晗 李金显 | |
| 348 | | 2012 | 自治区级企业管理现代化创新成果 | 现代化企业规范化管理体系 | 一等奖 | 主要创造人：郭建军 参与创造人：吴文阳 陈尚斌 王俊 姚德 李亚军 程采青 李斌 杨小英 朱书林 | 联合申报 |
| 349 | 中国石油天然气集团公司 | 2017 | 中国石油天然气集团公司管理创新成果 | 油气勘探"五位一体"管理模式的创新与实践 | 一等奖 | 王清华 冈磊 贾应林 邱斌 蔡振忠 尹达 彭建新 周健 章景城 申彤 胡晓勇 罗俊成 | 联合申报 |

| 序号 | 奖励级别 | 奖励年度 | 奖励名称 | 获奖成果名称 | 获奖等级 | 完成人 | 备注 |
|---|---|---|---|---|---|---|---|
| 350 | | 2017 | 中国石油天然气集团公司管理创新成果 | 油气田企业工艺安全管理实践与创新 | 一等奖 | 孟波 张景山 艾国生 吴超 郭海清 宋美华 官彦双 孙凤枝 赵卫明 高洁玉 刘文东 | |
| 351 | | 2017 | | "全过程看得见"的实验室目视化管理体系创建与应用 | 三等奖 | 赖宏萍 黎曙路 张彦 郭显路 薛爱玲 陈军华 廖文 刘壮丽 张文东 | |
| 352 | | 2017 | | 总承包模式在区块钻完井中的实践与运用 | 三等奖 | 王清华 申彪 邱斌 陈永衡 郇志鹏 刘锋报 杨双宝 魏民卫 徐鹏奇 曾台华 刘德智 | |
| 353 | | 2018 | | 甲乙方一体化协同发展模式的探索与实践 | 一等奖 | 方武 骆发前 覃淋 田兆武 李雪超 王永远 王晓东 李虎 杨忠东 韩忠伦 | |
| 354 | | 2018 | | 钻井工程方案全过程精细化管理探索与实践 | 一等奖 | 朱金智 李宁 张权 杨成新 刘洪涛 董仁 赵力 娄尔标 张绍俊 袁中涛 | |
| 355 | | 2018 | | 超深井"全生命周期节点成本控制"管理模式的创新与实践 | 三等奖 | 王清华 罗俊成 周健 张浩 朱长见 刘德智 贾应林 包助虎 | |
| 356 | 行业部级 | 2016 | 中国石油企协"三评"获奖（成果） | 塔里木油田油气外输管道完整性管理体系构建与实践 | 一等奖 | 亢春华 张中放 张献军 唐鑫 何仲伟 张 勇 周卫军 常桂川 袁柱 张器 | |
| 357 | 行业部级 | 2016 | | 创新应用PMI核心理念 探索项目管理最佳实践 | 一等奖 | 熊建国 刘劲松 庹浩 郭伟 张帆 耿远力 史晓慧 蔡毅德 李旭光 罗洋 | |
| 358 | 行业部级 | 2017 | | 油气勘探"五位一体"管理模式的创新与实践 | 一等奖 | 王清华 贾应林 邱斌 蔡振忠 彭建新 冈磊 周健 章景城 申彪 胡晓勇 罗俊成 | |
| 359 | 行业部级 | 2016 | 中国石油企协"三评"获奖（著作） | 塔里木油田安全文化建设探索与实践 | 一等奖 | 宋文杰 何新兴 魏云峰 王小鹏 牛明勇 孟波 李志铭 梁玉磊 吴超 | |
| 360 | 行业部级 | 2014 | 中国石油企协"三评"获奖（论文） | 油田企业项目管理体系构建研究 | 一等奖 | 李雪超 骆发前 彭海军 李艳茹 李恒心 | |

| 序号 | 奖励级别 | 奖励年度 | 奖励名称 | 获奖成果名称 | 获奖等级 | 完成人 | | | | 备注 |
|---|---|---|---|---|---|---|---|---|---|---|
| 361 | | 2014 | | 企业智能型风险管理体系构建研究 | 三等奖 | 李建超 | 陈学佩 | 侯泽森 | 李雪超 王春放 张军霞 | |
| 362 | | 2014 | | 现代企业经营的风险化解和激励服务研究 | 三等奖 | 孙 燕 | 覃 淋 | 许文潮 | 李玉林 | |
| 363 | | 2014 | | 钻完井工程 EPC 总承包风险导向审计实务探讨 | 一等奖 | 许忠强 | 张巧军 | 侯泽森 | 盛长保 肖天君 | |
| 364 | | 2014 | | 优化审计方案对提升审计项目质量的实践与探讨 | 二等奖 | 许雪莲 | 金 绥 | 李艳茹 | 邓君香 | |
| 365 | | 2014 | | 油田企业内部审计信息化建设研究与实践——基于 SST 视角的分析 | 三等奖 | 骆 萍 | 许雪莲 | 姬鲁阳 | 肖天君 | |
| 366 | 行业部级 | 2014 | 中国石油企协"三评"获奖（论文） | 基于内部审计视角的油田企业 EPC 总承包项目业主管理模式的构建 | 一等奖 | 王 新 | 王 萍 | 万 力 | 盛长保 杨 涛 | |
| 367 | | 2014 | | 提高基层班组 JSA 质量的管理实践 | 三等奖 | 韩占方 | 任承苍 | 牛明勇 | 钟 毓 | |
| 368 | | 2014 | | 构建塔里木油田采购管理提升长效机制的思考 | 三等奖 | 朱树兵 | | | | |
| 369 | | 2014 | | 寿命周期费用采购在石油石化企业中的应用研究 | 三等奖 | 朱树兵 | | | | |
| 370 | | 2014 | | 综合提升仓储物流功能保障物资供应服务能力 | 三等奖 | 孙朝夫 | 冷红卫 | 姜存郡 | 朱 斌 冯丽梅 | |
| 371 | | 2014 | | 浅析塔里木油田 ERP 系统下物资管理内部控制风险与防范 | 三等奖 | 杨彩虹 | 汪雪莲 | | | |
| 372 | | 2014 | | 优化成本控制"抓手"提升精细化管理水平 | 三等奖 | 张晓东 | 李 伟 | | | |
| 373 | | 2014 | | 常态化考核浅析与应用 | 三等奖 | 卜 凯 | 宋韦林 | 王新祥 | | |

| 序号 | 奖励级别 | 奖励年度 | 奖励名称 | 获奖成果名称 | 获奖等级 | 完成人 | 备注 |
|---|---|---|---|---|---|---|---|
| 374 | 行业部级 | 2014 | 中国石油企协"三评"获奖（论文） | 中国石油数字化油田迈人物联网与云计算时代 | 二等奖 | 于 杰 王保平 郭家全 | |
| 375 | | 2014 | | 浅析西部大开发中本土化肥企业的困境与发展思路 | 三等奖 | 李 进 李 莉 | |
| 376 | | 2015 | | 塔里木油田推进民主化管理的实践与展望 | 二等奖 | 刘 虎 赵志忠 张露 马海波 高 翔 王志新 | |
| 377 | | 2015 | | 油田企业法律风险评估及防控措施探讨 | 二等奖 | 覃 淋 路发前 李雪超 任淑芳 朱海明 | |
| 378 | | 2015 | | 关于GE模型在企业业务战略选择中的思考 | 一等奖 | 朱海明 李雪超 覃 淋 潘 旭 | |
| 379 | | 2015 | | "五关"法承包商安全管理在钻试修井领域的实践与应用 | 二等奖 | 魏云峰 何新兴 刘德叶 刘双伟 翟志刚 | |
| 380 | | 2015 | | 传统文化"四维八德"视角下审计职业道德提升研究 | 三等奖 | 崔艳敏 王 磊 徐 冰 | |
| 381 | 行业部级 | 2015 | 中国石油企协"三评"获奖（论文） | 内部审计增值功能在油田公司基本建设项目审计中的具体运用 | 二等奖 | 邓君香 许祖军 杨 涛 | |
| 382 | | 2015 | | 企业内部审计增值贡献度综合评价模型实证研究 | 一等奖 | 汪 军 邓君香 李艳勇 许雪莲 | |
| 383 | | 2015 | | 塔石化企业发展战略研究 | 二等奖 | 郭建军 赵建军 钟绍全 | |
| 384 | | 2015 | | 以对标管理为"抓手"实现节能降耗 | 三等奖 | 杜 岩 阿不都热木·托乎提 任振东 | |
| 385 | | 2015 | | 基层队伍凝聚力战斗力执行力提升的方法与途径初探 | 三等奖 | 王开国 冯志刚 王亚军 | |
| 386 | | 2015 | | 构建塔里木油田物资采购管理升级版的思考 | 三等奖 | 朱树兵 | |

续表

| 序号 | 奖励级别 | 奖励年度 | 奖励名称 | 获奖成果名称 | 获奖等级 | 完成人 | 备注 |
|---|---|---|---|---|---|---|---|
| 387 |  | 2015 | 中国石油企协"三评"获奖（论文） | 塔里木油田 ERP 系统物料模块深化应用探索与实践 | 三等奖 | 杨彩虹 |  |
| 388 | 行业部级 | 2015 |  | 精益六西格玛在工程技术部的应用 | 三等奖 | 张 莎 刘金宏 袁坤鹏 林小丽 陈 蕾 |  |
| 389 |  | 2015 |  | 做出三种改变促进企业安全可持续发展 | 三等奖 | 杨德才 梁玉磊 熊 伟 李虹坤 杨 骏 |  |
| 390 |  | 2016 |  | 塔石化组织结构设计及岗位设置探索与实践 | 三等奖 | 王 俊 宋书林 |  |
| 391 |  | 2016 |  | 塔里木油田矿区扁平化组织结构设计与实践 | 三等奖 | 王 琦 张小龙 唐 芳 段 红 冯 媛 |  |
| 392 |  | 2016 |  | 扁平化改革、专业化管理、市场化发展——积极探索薪形势下矿区业务可持续发展新途径 | 三等奖 | 汤立新 邹跃飞 乔丽萍 |  |
| 393 |  | 2016 |  | 实行融合式管理 提升物业服务水平 | 三等奖 | 周 艺 黄 杰 杨 林 孙夕茗 |  |
| 394 | 行业部级 | 2016 | 中国石油企协"三评"获奖（论文） | 石油矿区节能管理探索 | 三等奖 | 吴国权 陈念龙 衡闪虎 |  |
| 395 |  | 2016 |  | 油气田企业管理体系整合途任思考与探索 | 二等奖 | 覃 淋 路发前 朱海明 李雪超 夏志刚 |  |
| 396 |  | 2016 |  | 油气田企业内部控制审计发展探析——基于 COSO 全面风险管理整合框架 | 二等奖 | 胡琼玲 肖天君 杨晨光 赵卫斌 孟祥启 |  |
| 397 |  | 2016 |  | 油气田企业完井试油工程风险导向审计实务探讨 | 二等奖 | 盛长保 黄焕益 张巧军 |  |
| 398 |  | 2016 |  | 基于增加价值的内部咨询式审计机制研究 | 三等奖 | 王 新 万 力 谭 云 黄焕益 |  |

| 序号 | 奖励级别 | 奖励年度 | 奖励名称 | 获奖成果名称 | 获奖等级 | 完成人 | 备注 |
|------|---------|---------|---------|-------------|---------|--------|------|
| 399 | | 2016 | | 油气田企业油气操作成本控制探索与实践 | 三等奖 | 杨晨光 索玉山 段春红 | |
| 400 | | 2016 | | 迪那"家"文化建设的实践与探索 | 三等奖 | 王开国 冯志刚 任淑芳 刘俊喜 高 阳 修云明 | |
| 401 | | 2016 | | 对标管理在基层作业区的实践 | 三等奖 | 单 华 杨 刚 呵 张明岗 郝丽丽 | |
| 402 | | 2016 | | 库车山前钻完井投资动态实时监测系统的开发与应用 | 三等奖 | 苏 亚 周利军 王春放 袁子茜 张利红 任淑芳 | |
| 403 | 行业部级 | 2016 | 中国石油企协"三评"获奖（论文） | 试油"四标管理"在塔里木油田的应用 | 三等奖 | 汪旭东 郭晓维 叶 红 张 锋 冯梓轩 王春放 | |
| 404 | | 2016 | | 油地双赢的管道保护长效机制创新与实践 | 三等奖 | 亢 春 蒋仁格 季秀河 常桂川 李俊峰 项庭均 | |
| 405 | | 2016 | | 工程量清单报价在油井水泥外加剂采购的实践与思考 | 三等奖 | 朱树兵 万林峰 刘小丽 | |
| 406 | | 2016 | | 基于寿命周期费用理论的有机热载体采购研究 | 二等奖 | 朱树兵 万林峰 刘小丽 | |
| 407 | | 2016 | | 石油物资物流终端配送系统建设研究 | 三等奖 | 孙朝夫 冷洪卫 邓建权 李建庆 陈月华 | |
| 408 | | 2017 | | 油气田企业保密工作信息化探索与研究 | 三等奖 | 董志君 杨小林 张伟军 石圆圆 李 雷 | |
| 409 | 行业部级 | 2017 | 中国石油企协"三评"获奖（论文） | 油气田企业工程总承包审计关注重点及方法研究 | 二等奖 | 杨晨光 盛长保 谭 云 杨 涛 | |
| 410 | | 2017 | | 油气田企业科研项目管理审计实务探讨 | 三等奖 | 卜鹏鹏 盛长保 张巧军 许雪莲 | |
| 411 | | 2017 | | 昆仑牌尿素的品牌创建与实施 | 二等奖 | 李 进 何 欢 胡洪英 臧新玲 臧稳林 刘 懿 | |

| 序号 | 奖励级别 | 奖励年度 | 奖励名称 | 获奖成果名称 | 获奖等级 | 完成人 | 备注 |
|---|---|---|---|---|---|---|---|
| 412 | | 2017 | | 践行规范化理念 缔造卓越班组 | 三等奖 | 袁光华 | |
| 413 | | 2017 | 中国石油企协 "三评" 获奖 （论文） | 物资采购电子商务系统的探索与应用 | 二等奖 | 冯京涛 胡锋梅 张 蓬 | |
| 414 | 行业部级 | 2017 | | 浅谈数字化仓储系统项目的开发背景和油田使用前景 | 三等奖 | 彭杰切 张强军 | |
| 415 | | 2017 | | 浅析搭里木油田物资管理内部控制优化策略 | 三等奖 | 杨彩虹 汪雪莲 | |
| 416 | | 2018 | | 信息化条件下油气产能建设项目跟踪审计评价指标研究 | 一等奖 | 盛长保 王 新 谭 云 杨 涛 卜鹏鹏 张军伟 | |
| 417 | 行业部级 | 2018 | 中国石油企办 "三评" 获奖 （论文） | 用大数据思维在企业内部审计中应用 | 二等奖 | 王 新 张丽丽 谭 云 盛长保 | |
| 418 | | 2018 | | "两新两高" 模式下油气田企业机关职能优化的探索与实践 | 二等奖 | 林俊杰 陈 旭 韩光普 | |
| 419 | | 2018 | | 油气田地面投资项目前期剪管理审计实务探讨 | 二等奖 | 杨 涛 邓君香 陈 亮 林伟娟 张巧军 苑 冬 | |